# 普通物理实验

主　编／王玉新

编　者／霍伟刚　夏　洋

蔡　新　陈　阳

辽宁师范大学出版社

·大 连·

图书在版编目(CIP)数据

普通物理实验 / 王玉新主编. -- 大连 ：辽宁师范大学出版社，2023.11

ISBN 978-7-5652-4276-2

Ⅰ. ①普…　Ⅱ. ①王…　Ⅲ. ①普通物理学－实验－高等学校－教材　Ⅳ. ①O4－33

中国国家版本馆 CIP 数据核字(2023)第 251358 号

PUTONG WULI SHIYAN
普 通 物 理 实 验

责任编辑：王　虹
责任校对：苏洋洋
装帧设计：方力颖

出 版 者：辽宁师范大学出版社
地　　址：大连市黄河路 850 号
网　　址：http://www.lnnup.net
　　　　　http://www.press.lnnu.edu.cn
邮　　编：116029
印 刷 者：大连天骄彩色印刷有限公司
发 行 者：辽宁师范大学出版社

幅面尺寸：185 mm×260 mm
印　　张：23
字　　数：500 千字

出版时间：2023 年 11 月第 1 版
印刷时间：2023 年 11 月第 1 次印刷
书　　号：ISBN 978-7-5652-4276-2

定　　价：40.00 元
销售热线：(0411)82159912　82159913　82159127

# —前　言—

物理学是一门以实验为基础的科学。普通物理实验课是高等学校理工科类专业对学生进行科学实验基本训练的必修基础课程，是本科生接受系统实验方法和实验技能训练的开端。它在培养学生严谨的治学态度、活跃的创新意识、理论联系实际和适应科技发展的综合应用能力等方面具有其他实践类课程不可替代的作用。

本书根据《理工科类大学物理实验课程教学基本要求(2023年版)》的精神，结合辽宁师范大学几十年的物理实验教学经验，考虑实验室仪器设备情况、人才培养目标、课程思政建设等的需求而编写。本书主要分为物理实验基本知识，力学、热学，电磁学，光学，特色实验设计五个单元。第一单元主要介绍测量误差及数据处理等物理实验基本知识。中间三个单元中的每个实验均包含引言、实验目的、仪器用具、实验原理、内容要求、注意事项、问题讨论等内容。引言部分融入科学与人文素养；实验目的部分突出分层思想，各级目的分别对应基础实验内容、提升实验内容、进阶实验内容和高阶实验内容；其他部分详细地介绍理论基础和实验原理，并给出实验的方法和步骤。第五单元是本教材特有内容，即生活中的物理实验，是本校拓展、增设的特色实验，用以实现特色育人的目标。本书可作为高等学校理工科各专业基础物理实验课程的教材或参考书，也可供有关专业的技术人员和中学物理教师参考。

本书由王玉新、霍伟刚、夏洋、蔡新、陈阳五位老师共同编写完成，王玉新担任主编。本书编写参考了近年来出版的部分优秀大学物理实验教材(见参考文献)，并得到辽宁师范大学教务处领导的大力支持，在此表示衷心的感谢！书中不当之处，恳请读者不吝指正。

王玉新

2023年11月于大连

# 目　录

# 第一单元 物理实验基本知识

## 第一章 绪 论

### 一、物理实验的地位和作用

物理学是既包含物理理论又包含物理实验的科学。从本质上说，物理学是一门以实验为基础的科学。物理学的每个规律的发现和每个原理的确立，都必须有坚实的实验基础，而且只有经过实验的检验才能得到公认，所以说物理实验在物理学的创立和发展中占有十分重要的地位。

被称为近代实验科学奠基者之一、实验物理学先驱的意大利物理学家伽利略，就是用实验的方法打开近代科学大门的。

伽利略做了单摆实验，得到单摆做简谐运动的周期与摆长的平方根成正比，而与摆球的质量和材料无关的结论。他通过斜面实验，验证了物体在重力作用下做匀加速运动的性质，推证出初速度为零的匀加速运动的距离与时间的平方成正比的普遍公式。他还根据斜面实验结果，利用演绎推理得出“一个运动物体，假如有了某种速度以后，只要没有增大或减小速度的外部原因，便会始终保持这种速度——只有在水平平面上才可能具备这个条件。”这实际上就是惯性定律。同样，他不断改变斜面的倾斜度，得出如果最终把斜面竖起来，物体的运动就是自由落体，自由落体也是一种匀加速运动。

伽利略把科学的实验方法发展到了一个全新的高度，从此开启了物理学的一个新时代。爱因斯坦曾评论说：“伽利略的发现以及他所应用的科学的推理方法是人类思想史上最伟大的成就之一，而且标志着物理学真正的开端。”

在物理学的发展过程中，有许多理论规律是直接从大量实验事实中总结概括出来的。如经典物理学中，开普勒三定律是由开普勒依据第谷·布拉赫(丹麦天文学家，1546—1601 年)所积累的大量观测资料，采纳了哥白尼体系，又把哥白尼的圆轨道修改为椭圆轨道而得到的。

牛顿又在伽利略、开普勒、胡克、惠更斯等人的实验分析基础上，总结归纳出万有引力定律并形成了比较完整的经典力学体系。电磁学中的库仑定律、安培定律、毕奥—萨伐尔定律及法拉第电磁感应定律等也都是从实验中总结出来的。麦克斯韦在上述实验基础上，又提出“涡旋电场”和“位移电流”假说，建立了著名的麦克斯韦方程组，形成了完整的电磁学理论体系。他预言了电磁波的存在，并指出光是一种电磁波，从而完成了物理学史上一次重大变革。

但是，新理论在得到实验证实之前，只能看成一种假说，直到1888年赫兹以一个特制的谐振器作为接收器，接收到了振荡电偶极子发射的电磁波，并且做了电磁波反射、折射和偏振实验，测出电磁波的传播速度等于光速，才用实验结论证实了麦克斯韦的全部假说，使麦克斯韦电磁学理论开始被普遍接受。

在物理学理论的形成和发展过程中，常出现不同学说之争，不同学说固然有各自的实验基础，而解决这些纷争，使理论趋于完善，最终还得靠实验。如，在对光的本性认识过程中，人们对牛顿的微粒说和惠更斯的波动说进行了长期争论，孰是孰非，莫衷一是。最初，光的直线传播和成影的事实，很自然地支持了微粒说。可是光的独立传播，即两束光交叉之后，各自按原来的方向传播，这个实验事实，又给波动说提供了有力的佐证。杨氏双缝干涉实验，显然证明了光是一种波。1808年，马吕斯发现光的偏振现象，证明光是一种横波。然而到19世纪末20世纪初，光电效应实验和康普顿实验，又揭示了光的粒子性。最后以光的波粒二象性结束了这场旷日持久的争论，解释了全部实验事实。

在物理学的发展过程中，常出现由于旧的理论不能解释新的实验现象，从而促使新理论诞生的情况。量子理论的建立，正是这样的一个过程。

19世纪末，科学家对黑体辐射的电磁波能量进行测定，找不到适当的理论来说明实验结果。维恩根据经典理论提出的公式解释不了长波区域，而瑞利—金斯公式又解释不了短波区域，于是，普朗克提出了能量量子化，对实验进行了解释，这就是量子论的开端。从此，量子力学逐步发展为20世纪物理学的重要支柱之一。

综上，仅从上述物理学发展的几个片段，就足以看出物理实验在物理学发展中所起的极其重要的作用。充分认识这一问题，对学生的学习及学生树立正确的思想观念和思想方法，都是有深远意义的。

**二、普通物理实验课的任务和基本要求**

普通物理实验课是高等学校理工科类专业的学生进行科学实验基本训练必修的基础课程，是本科生接受系统实验方法和实验技能训练的开端。普通物理实验课内容覆盖面广，涵盖丰富的实验思想、方法、手段，同时提供综合性很强的基本实验技能训练，是培养学生科学实验能力、提高学生科学素质的重要基础。该课程在培养学生严谨的治学态度、活跃的创新意识、理论联系实际和适应科技发展的综合应用能力等方面具有其他实践类课程不可替代的作用。

本课程的具体任务如下：

1.培养学生的基本科学实验技能，提高学生的科学实验基本素质，使学生初步掌握实验科学的思想和方法。培养学生的科学思维和创新意识,使学生掌握实验研究的基本方法,提高学生的分析能力和创新能力。

2.提高学生的科学素养,培养学生理论联系实际和实事求是的科学作风、认真严谨的科学态度、积极主动的探索精神以及遵守纪律、团结协作、爱护公共财产的优良品德。

普通物理实验课的基本要求如下:

1.掌握测量误差的基本知识,具有正确处理实验数据的基本能力。

(1)掌握测量误差与不确定度的基本概念,能逐步学会用不确定度对直接测量和间接测量的结果进行评估。

(2)掌握处理实验数据的一些常用方法,包括列表法、作图法和最小二乘法等。随着计算机及其应用技术的普及和发展,应掌握用计算机通用软件处理实验数据的基本方法。

2.掌握基本物理量的测量方法。

如长度、质量、时间、热量、温度、湿度、压强、压力、电流、电压、电阻、磁感应强度、发光强度、折射率、元电荷、普朗克常量、里德伯常量等常用物理量及物性参量的测量,注意加强数字化测量技术和计算机技术在物理实验教学中的应用。

3.了解常用的物理实验方法,并逐步学会使用。

例如:比较法、转换法、放大法、模拟法、补偿法、平衡法和干涉(衍射)法,以及在近代科学研究和工程技术中广泛应用的其他方法。

4.掌握实验室常用仪器的性能,并能够正确使用仪器。

例如:长度测量仪器、计时仪器、测温仪器、变阻器、电表、交/直流电桥、通用示波器、低频信号发生器、分光计、光谱仪、常用电源和光源等仪器。

5.掌握常用的实验操作技术。例如:零位调整、水平/竖直调整、光路的共轴调整、消视差调整、次逼近调整、根据给定的电路图正确接线、简单的电路故障检查与排除,以及在近代科学研究与工程技术中广泛应用的仪器的正确调节。

各校应根据条件,在物理实验课中逐步引进当代科学研究与工程技术中广泛应用的现代物理技术。例如:激光技术、传感器技术、微弱信号检测技术、光电子技术、结构分析波谱技术等。

6.适当介绍物理实验史和物理实验在现代科学技术中的应用知识。

### 三、物理实验的基本过程

物理实验是学生在教师指导下,独立进行实验的一种实践活动。因此在实验过程中应当发挥学生的主观能动性,有意识地培养他们独立工作的能力和严肃认真的工作作风。

无论实验内容如何,实验课的基本过程都是相同的,一般包括课前预习、课上观测和记录、课后总结。

1.课前预习

实验课前应认真仔细地阅读实验教材,充分掌握本次实验的原理和方法,明确学习重点,初步了解所用仪器的性能和操作规程。根据实验的要求,写出简要的实验预习报告,其中包括原理公式及实验电路图(电学实验)、简要的实验步骤,明确哪些是直接测量的量,哪些是间接测量的量,画好记录数据的表格。

课前预习非常重要,只有预习充分,才能保证实验顺利进行,高质量地完成实验课的任务;反之,如果不认真预习,那么做实验时就会处于盲目被动状态,也就不能达到实验的预期目的。课前未做预习,不得动手做实验。

2.课上观测和记录

实验开始前要先熟悉仪器的使用方法和注意事项,将仪器安装调试好后就可以按步骤进行正式观测。观测时,一定要集中精力,认真思考,仔细测量,以保证读数准确。要根据仪表的分度值确定实验数据的有效数字位数。每次测量后,应立即将原始数据记录在预习报告中的数据表格内。切勿先将数据随意记在草稿纸上,然后再誊写在表格内,因为誊写数据时容易出现错误。如果发现记录的数据有错误,不要用黑圆圈或方块涂掉,而要在错误的数据上画一条水平的直线,再把正确的数据记录在旁边。

测量结束后,要尽快整理好数据,计算出结果,这些工作尽可能在课上完成,以便及时根据数据整理过程中发现的问题做必要的补充测量。此外还要记录所用仪器的型号、编号、规格,以便在以后核对数据时查用。实验结束后,应把实验仪器整理清点好,经指导教师同意后方可离开实验室。

3.课后总结

实验报告是对实验工作的全面总结。写出一份合格的实验报告,也是实验课的一项重要的基本功训练。要养成实验完成后尽早将实验报告写出来的习惯。

实验报告要用统一印制的实验报告纸书写,写实验报告时要文字通顺,简单明了,字迹清楚,图表规范,结果正确。

## 四、实验报告

完整的实验报告中除写明实验名称、日期、姓名、班级、同组人员外,还应包括实验目的、原理、仪器、步骤、数据记录、数据处理、实验讨论。

1.实验目的

写明实验所希望得到的结果。如:第二单元第二章实验五“杨氏模量的测定”,实验目的包括:①用拉伸法测定金属丝的杨氏模量。②掌握用光杠杆法及新型光杠杆放大法测微小长度变化的原理和方法。③学习用逐差法处理数据。④进一步掌握实验技巧和应用实验原理的能力。使用更为复杂的装置进行杨氏模量的测量实验,并进行数据分析和计算。⑤比较不同材料的杨氏模量,进一步了解该物理量在不同材料中的应用和意义。

2.原理

写明实验的理论根据。一般只需写出原理概要(包括原理图)或测量公式,注明公式中各量的物理意义。

3.仪器

应详细注明仪器名称、型号、编号,必要时画出仪器简图。

4.步骤

用自己的语言写出简要步骤及注意事项，切忌照抄书本。

5.数据记录

这是实验中最主要的部分，数据记录要详细、准确。实验数据要采用表格形式记录，在预习时，就应设计好数据记录表格。写实验报告时，将预习报告所记录的数据仔细地转记其上。记录时，要按测量工具或仪表的实际情况正确地表示数据的有效数字及单位。

6.数据处理

这是实验报告中最重要的部分，包括计算实验结果及其不确定度分析，给出实验结果。计算实验结果时，只要求写出公式，代入实验数据，计算出相应的结果，并标出单位。误差计算是对测量结果的合理评价，如果没有不确定度的估算，实验结果是不完整的。

7.实验讨论

该部分主要说明实验目的是否达到，分析产生误差的原因。实验中出现的异常现象、特殊发现以及进一步改进此实验的看法等都应被写入该部分。

### 五、学生实验守则

1.必须携带实验预习报告和实验教材进入实验室。

2.保持实验室肃静，禁止大声喧哗、打闹。

3.未了解仪器性能之前切勿动手乱按硬扭，使用仪器时必须严守仪器的操作规程；与本实验无关的仪器设备不得动用；不许擅自拆卸仪器。

4.爱护仪器设备，仪器发生故障时要立即报告指导教师。损坏仪器设备要填《仪器设备损坏报审表》，凡属学生责任事故者，根据损坏情况确定赔偿费用。

5.注意安全，避免事故。

6.实验完毕立即关闭电源和水阀，将仪器归整到实验前的状态。值日生做好实验室清扫。

7.实验结束后请指导教师检查并在实验记录上签字，经指导教师同意后方可离开实验室。

# 第二章　测量误差与数据处理

## 第一节　测量与误差

### 一、测量的基本概念

1.测量

物理实验离不开对物理量的测量。为了进行测量，必须规定一些基本物理量的计量单位，如长度单位为“米”、质量单位为“千克”、时间单位为“秒”、电流单位为“安培”等。所谓测量就是把被测的物理量与选作计量单位的同类物理量进行比较，找出被测量是计量单位的多少倍，其倍数即为物理量的测量值，带上单位记录下来便是数据。

2.直接测量和间接测量

根据数据获得方法的不同，测量可分为直接测量和间接测量。所谓直接测量就是用计量仪器和被测物进行比较，从计量仪器直接读数，得到测量数据。例如，用米尺测得单摆摆长为 0.987 5 m，用停表测得振动周期为 1.05 s。在物理实验中，直接测量是测量的基础。还有一些物理量无法用计量仪器直接测量，但能够找到这些量与某些可以直接测量的量的函数关系。测出可直接测量的量以后，通过函数关系就可获得被测量的大小，这种测量称为间接测量。例如，重力加速度不能被直接测量，但可通过测量单摆的摆长和周期，再根据单摆周期公式算出。间接测量的量的种类要远远多于直接测量的量。

3.等精度测量和不等精度测量

根据测量条件的不同，测量可分为等精度测量和不等精度测量。

等精度测量是指在同样的实验条件下，进行的多次重复测量。例如，同一实验者，在同一仪器上采用同样的测量方法，在同一实验环境下对同一被测物理量进行多次测量，各次测量结果又有所不同，没有任何理由说某次测量一定比另一次测量更精确，只能认为每次测量的可靠程度相同，这种测量就是等精度测量。

不等精度测量是指在多次重复测量中，只要上述实验条件中有一个发生变化，如实验人员不同，或测量方法不同，或测量仪器不同，那么，各次测量结果的可靠程度自然也不相同，这种测量便是不等精度测量。

对等精度测量的数据处理比较容易，所以绝大部分实验都采用等精度测量。对不等精度测量的数据处理较为复杂，除非特殊情况，一般不采用不等精度测量。本书只限于研究等精度测量的数据处理问题。

## 二、误差的基本概念

1.测量误差

被测量客观存在的真实数值称为真值。测量的最终目的是力图获得真值，然而由于测量仪器、实验方法、实验环境和观测者等多种因素的影响，测量是不能无限精确的，测量结果和被测量的真值之间总存在一定差异，这种差异就称为测量值的误差，也称真误差。即

$$\text{真误差}=\text{测量值}-\text{真值}$$

因为真值很难被准确测定，所以真误差实际上也得不到。近真值可视为真值的最佳估计值，是多次测量的算术平均值。测量值与近真值之差叫作测量误差，本书简称为误差。即

$$\text{误差}=\text{测量值}-\text{近真值}$$

设被测量的近真值为 $a$，测量值为 $x$，误差为 $\varepsilon$，则

$$\varepsilon=x-a$$

误差存在于一切测量之中，而且贯穿测量过程的始终，没有误差的测量结果是不存在的。实验者的主要任务就是正确地分析、评价测量结果以及设法减小误差，以求获得较好的测量结果。

2.误差的种类

根据误差的性质及产生的原因，可将误差分为系统误差、偶然误差和粗大误差三类。

(1)系统误差

在一定条件下，对同一个物理量进行多次测量，由于这种误差的影响，测量结果向一个方向偏离，即测得结果相对于真值或者总是偏大，或者总是偏小，或者条件改变时按照一定规律变化(如递增、递减或呈周期性变化等)。简言之，系统误差的特征是确定性。例如，米尺本身刻度划分得不准，或米尺受热膨胀；天平两臂不严格等长；秒表计时有恒定误差，恒快或恒慢……这些均为仪器本身结构或环境变化导致的恒定误差。

系统误差产生的原因主要有五个方面：

①仪器误差：由仪器的固有缺欠及分辨率限制而导致的误差，如刻度不准等。

②方法误差：由测量依据的理论公式本身的近似性以及实验条件不合要求等引起的误差。如单摆的周期公式 $T=2\pi\sqrt{\frac{l}{g}}$，此公式成立的条件是摆角 $\theta\rightarrow0°$，摆球的大小忽略不计，近似看成质点。当实验条件得不到满足时引起的误差是方法误差。

③环境误差：由于各种环境因素如温度、湿度、气压、电场、磁场等的影响而产生的误差。

④人员误差：由观测人员的感官，特别是眼睛有疾病或缺陷等而导致的习惯性误差。如色盲、色弱带来的误差，记时间总是超前或滞后，瞄准目标始终偏左或偏右等。

⑤装置误差：由于测量设备安装得不尽合理、仪器调整不当而产生的误差。如仪器没有调到说明书要求的程度，如不垂直、偏心或定向不准等。

每个实验中的误差分析，几乎全是讨论系统误差及校正方法。由于系统误差的出现一般都有其确定的原因，因此应设法减小或消除。能否发现这些系统误差并分清它们的主次，采取适当措施加以减小或消除，是衡量一个实验者技能、水平、素养高低的重要尺度。我们应对教材已经设计好的实验装置、实验方法，进行认真学习、领会和讨论，逐步积累经验，增长才干。

(2)偶然误差

在一定条件下，对同一个物理量进行多次测量，测量值总是有稍许差异，时大时小，变化不定，即使在消除系统误差之后依然如此，其偏差的绝对值和符号无规则变化，这种误差称为偶然误差。简言之，偶然误差的特征是随机性。这种误差是由人的感官分辨能力的限制，仪器精密程度的制约，周围环境的干扰(温度不均匀、振动、气流、噪声等)以及随测量而出现的其他不可预测的偶然因素造成的。

偶然误差的存在使每次测量的测量值偏大或偏小，具有随机性，但大量测量所得一系列数据的偶然误差服从一定的统计规律。表现为：

①比真值大或比真值小的测量值出现的机会相同。

②误差较小的数据比误差较大的数据出现的机会多。

③绝对值很大的误差出现的机会趋于零。

因此增加测量次数，可以减小偶然误差，这就是我们在实验中常常采取重复多次测量的原因。

(3)粗大误差

粗大误差亦称过失误差。凡是用测量的客观条件不能合理解释的那些突出误差都称作粗大误差。它是由实验者使用仪器方法不当、实验方法不合理、粗心大意记错数据或其他偶然因素引起的。

实验数据中若存在粗大误差，将显著歪曲测量结果，因此实验中应力求避免。因为这种误差是人为的，只要实验者采取严肃认真的态度，具有一丝不苟的作风，粗大误差是可以避免的。

3.绝对误差和相对误差

(1)绝对误差

测量值 $x$ 与真值 $a$（或近真值）的差称为绝对误差，用 $\varepsilon$ 表示。前面所定义的真误差及测量误差都是绝对误差，它反映测量值偏离真值（或近真值）的大小，与测量值 $x$ 具有相同的单位。

(2)相对误差

测量值 $x$ 的绝对误差与真值 $a$（或近真值）之比称为相对误差，用 $\delta$ 表示。相对误差是一个比值，没有单位，通常用百分数表示。即

$$\delta=\frac{\text{绝对误差}}{\text{真值(或近真值)}}\times 100\%$$

或

$$\delta=\frac{\varepsilon}{a}\times 100\%$$

相对误差也称百分误差。绝对误差可以表征一个测量结果的可靠程度，但在表征不同测量结果优劣时，除绝对误差外还需用到相对误差。例如，用米尺分别测两物体的长度，得出一个是 25.30 cm，另一个是 2.53 cm，如果测量值的绝对误差都是 0.03 cm，那么从绝对误差来看对二者评价是相同的，但前者的误差占最佳测量值（多次测量取得的平均值）的 0.12%，而后者占 1.2%，自然是第一个测量结果更精确些，或说测量结果更可靠些。

4.测量的精密度、准确度和精确度

(1)精密度

精密度是指重复测量所得结果相互分散的程度。它是描述实验或测量重复性的尺度，反映偶然误差的大小。如果某一物理量经多次重复测量，其测量值彼此很接近，差异很小，

说明此组测量重复性好，偶然误差小，即测量精密度高。反之，对同一物理量进行多次测量，所得结果很分散，彼此差异很大，则说明该组测量重复性差，偶然误差大，即测量精密度低。

(2)准确度

准确度是指测量值的平均值或实验结果与真值的偏离程度。它描述测量值的平均值接近真值的程度，即反映测量结果系统误差的大小。如果某一物理量的测量结果偏离真值大，即可认为测量的准确度低，系统误差大。反过来说，某一物理量的测量结果偏离真值小，即可认为测量的准确度高，系统误差小。显然，要提高实验结果的准确度，就需要研究系统误差的规律和产生的原因，进而采取措施对它加以限制、削弱。

(3)精确度

精确度是精密度和准确度的综合，是对测量结果做出的全面评价，既描述测量的重复性又描述测量结果的准确性。测量的精确度高，是指测量数据比较集中在真值附近，即测量的系统误差和偶然误差都比较小。

总之，精密度、准确度和精确度都是用来定性评价测量结果的，正因为它们的含义不同，故在使用时应加以区分。

## 第二节　有效数字及其运算规则

实验离不开测量，测量总要记录数据，然后把数据代入测量公式进行运算，最后写出测量结果。测量数据是由测量数值和单位构成的，数值用阿拉伯数字表示。在记录时，数值应留取几位、运算后(包括计算器运算)应保留几位，不是随意的，它必须遵循一定的规则，这个规则就称为有效数字及其运算规则。

### 一、有效数字的基本概念

1.有效数字的两种定义

第一种是通过仪器读数来定义的。一般的仪器或量具上都有最小刻度，每个最小刻度代表的数值为仪器或量具的最小分度。如米尺的最小分度为 1 mm，温度计的最小分度为 1 ℃。从仪器上读出的数字，通常都要尽可能估读到最小分度的下一位。例如用一把米尺测量某物体长度为 5.27 cm，其中前两位数“5.2”是从米尺上准确读出的，最后一位数“7”是测量者估读的。估读的结果因人而异，有人测得为 5.26 cm，有人测得为 5.28 cm。估读位是可疑数字，是有误差的，但它还是在一定程度上反映了客观实际，也是有效的。因此从仪器上直接读出的确切的几位数字加上可疑的一位数称为有效数字。有效数字的个数叫有效数字位数，上例物体长度 5.27 cm 为三位有效数字。

根据上面有效数字的定义，有效数字最后一位是有误差的。从误差角度还可以这样定义有效数字，即从误差所在位算起，包括这一位及以上各位数字都是有效数字，这是有效数字的第二种定义。

2.数值中的“0”

表示小数点位置的“0”不是有效数字。如一物体长度为1.35 cm，也可以写成13.5 mm或写成0.013 5 m。虽然单位发生了变换，但有效数字位数不变，仍为三位。因此有效数字的位数与小数点的位置无关。

在数字中间或数字后面的“0”都是有效数字。如1.350 cm和1.035 cm的有效数字都有四位，1.0 cm的有效数字有两位，1.00 cm的有效数字有三位。显然数据最后的“0”既不能随便加上，也不能随便去掉。有效数字的位数，往往能反映测量时所用仪器的精度。例如，一物体的长度用米尺测量得1.35 cm，用游标卡尺测量得1.350 cm，用千分尺测量得1.350 0 cm。另外，有效数字位数不对的记录是错误的记录。

3.有效数字数量级表示法

如果被表达的数值很大或很小，而且有效数字位数不多时，经常用10的指数形式来表示，并采取标准写法，即任何数值都只写有效数字，并规定在小数点前一律取一位有效数字。如，0.075 3 m可写成$7.53\times10^{-2}$ m；太阳质量$M=1.989\times10^{30}$ kg。这样表达不仅简单明了，而且数字运算及定位也方便。这种将一个数值写成$k\times10^{n}$（$n$可为正，也可为负）的形式，称为数值的科学记数法。

**二、仪器的正确读数**

根据前面的讨论可知，从仪器上直接测读的有效数字多少是被测物理量大小与所用仪器精度的反映，不能随意增减，一定要读准。

对于没有标明仪器误差的分度式仪器和量具，正确的测读原则是按仪器或量具的最小分度决定测读的有效数字位数，即一般要估读到该测量仪器或量具最小分度的下一位。如，用米尺测量，应估读到0.1 mm；用千分尺测量，应估读到0.001 mm；最小刻度为0.1 ℃的体温计，应估读到0.01 ℃。

对于游标卡尺，则应视游标尺刻度线间距确定如何读数。最小分度为0.1 mm的10分度游标卡尺，至少可估读到0.05 mm（误差为±0.05 mm）；最小分度为0.02 mm的50分度游标卡尺，因游标尺刻度线较密，总能找到一刻度线与主尺某刻度线对齐，所以可以选择其最小分度作为估读范围（误差为±0.02 mm）。用这种游标卡尺去测同一对象时，所得结果的有效数字位数是相同的。

对于有些指针式仪表，它的分度较窄，而指针较宽$\left(\text{大于最小分度的}\frac{1}{5}\right)$，要读到最小分度的$\frac{1}{10}$有困难，可以估读到最小分度的$\frac{1}{5}$，甚至$\frac{1}{2}$。

对于标明误差的仪器，正确的测读原则是根据仪器误差确定测量值中可疑数字的位置。例如，一级电压表的最大基本误差$\Delta U=\frac{1}{100}\times$量程，若测量时，选用的量程为0～3 V，则$\Delta U$为0.03 V，所以用该电压表测量时，其电压数值只需读到小数点后第二位。

对于数字式仪表，没有估读，而把直接读出的数字记下来，我们仍然认为最后一位数是可疑的。

## 三、有效数字的运算规则

实验中大多时候遇到的是间接测量，而间接测量的物理量是由直接测量的物理量计算出来的，这必然涉及有效数字的运算及确定运算结果有效数字的取位问题。为了做到不因计算而引进“误差”，影响结果，应使计算尽量简洁方便，少做徒劳的运算。有效数字的运算规则如下：

1.有效数字的加、减

**例** 1 $$99.57\underline{4}+1.\underline{5}=101.\underline{1}$$

我们在可疑数字下面加一横线，以区别其他数字。根据有效数字的定义，在相加的结果中只能取一位可疑数字，其后的两位数字便无意义了。结果应写成 $101.\underline{1}$，有效数字有四位。

**例** 2 $$325.\underline{7}-16.7\underline{8}=308.\underline{9}$$

根据可疑数字只应有一位的原则，其结果为 $308.\underline{9}$，有四位有效数字（舍去了数字“$\underline{2}$”）。

结论：加、减运算后小数点后有效数字的位数，与参加运算的各数中小数点后位数最少的相同。

2.有效数字的乘、除

**例** 3 $$5.18\underline{7}\times 10.\underline{2}=52.\underline{9}$$

根据可疑数字只保留一位，其结果应为 $52.\underline{9}$，即三位有效数字。

**例** 4 $$27.1\underline{3}\div 3.141\ \underline{6}=8.63\underline{6}$$

根据可疑数字只保留一位，其结果应为$8.63\underline{6}$，即四位有效数字。

结论：乘、除运算后的有效数字位数，与参加运算的各数中有效数字位数最少的相同。

3.乘方与开方

乘方、开方运算后的有效数字位数与其底数的有效数字位数相同。

**例** 5 $(2.\underline{5})^2=6.\underline{2}$（见下文“尾数舍入法则”）

（两位）

4.对数

常用对数其尾数的有效数字位数与真数的有效数字位数相同，对数首数对应于乘方，不计入有效数字位数。

**例** 6 $$\lg 1\ 994 = 3.\underbrace{299\ 725\ 1\cdots}$$

⇓ ⇓ ⇓

真数（四位）首数 尾数

根据结果尾数的有效数字位数与真数的有效数字位数相同，其首数不计入有效数字位数，lg1 994=3.299 7 仍为四位有效数字。

5.指数[①]

指数运算后的有效数字位数和指数的小数点后的位数相同(包括紧接小数点后面的0)。

**例7** $10^{5.25}=177\ 827.94\cdots$

即 $10^{5.25}=1.8\times10^{5}$ (为两位有效数字)

**例8** $10^{0.006\ 5}=1.015\ 079\ 3\cdots$

即 $10^{0.006\ 5}=1.015$ (为四位有效数字)

6.三角函数

三角函数的有效数字位数与相应的角度(以弧度为单位)的有效数字位数相同。

**例9** $\sin\frac{\pi}{4}=\sin 0.785\ 4=0.707\ 106\ 7\cdots$

即 $\sin 0.785\ 4=0.707\ 1$ (为四位有效数字)

**四、有效数字运算还应注意如下几点**

1.物理公式中有些数值不是实验中的测量值,那么在确定运算后的有效数字位数时,不必考虑这些数值的位数。

如测量圆柱的直径 $d$ 和长度 $h$,求其体积的公式 $V=\frac{1}{4}\pi d^2h$ 中的$\frac{1}{4}$不是测量值,因此在确定 $V$ 的有效数字位数时不考虑$\frac{1}{4}=0.25$ 的位数。

2.有效数字与已知无理常数(如 π、e)相乘除时,已知无理常数一般往后多取一位,结果仍与原来的有效数字位数相同。

如 $1.047\times\pi=1.047\times3.141\ 6=3.289$

(四位)(五位) (四位)

3.计算器运算的有效数字取位

在处理实验数据时,目前普遍采用计算器进行运算,既省时又准确。但计算器运算出的结果位数很多,其中有些数是无效数,应随时舍去。有人认为结果取位越多越精确,于是把计算器运算的结果原封不动地记录下来,这显然是错误的。因为他们不懂得,运算结果的有效数字位数的多少取决于测量仪器的精度和误差,而不取决于运算工具。

4.尾数的舍入法则

四舍五入是通常所用的尾数舍入法则,对于大量尾数分布概率相同的数据来说,这样的舍入不是很合理,因为总的入的概率大于舍的概率,合理的舍入法则是“小于五则舍,大于五则入,等于五则把尾数凑成偶数”。

如 101.074 取四位有效数字为 101.1

308.92 取四位有效数字为 308.9

8.635 取三位有效数字为 8.64

① 非10为底的指数有例外。

6.25　　　取两位有效数字为 6.2

12.205　　取四位有效数字为 12.20

## 第三节　直接测量结果的表示和不确定度的估算

对于一般实验，在实验前对系统误差已做过修正或消除，实验中主要解决偶然误差问题。在下面的讨论中，我们约定在没有系统误差和粗大误差的情况下来讨论偶然误差问题。

### 一、多次测量的算术平均值代表近真值

前面说过，为了减小偶然误差，在可能的情况下，总是进行多次测量，而每次测量结果不会完全一样，那么怎样最佳地表示测量结果呢？根据误差统计理论，将各次测量值的算术平均值作为测量结果，这样能最接近真值。

如果在相同条件下，对某物理量 $x$ 进行了 $n$ 次重复测量，其测量值分别为 $x_1, x_2, \cdots, x_n$，用 $\overline{x}$ 表示算术平均值，则

$$\overline{x}=\frac{1}{n}(x_1+x_2+\cdots+x_n)=\frac{1}{n}\sum_{i=1}^{n}x_i$$

当测量次数无限增加时，该算术平均值将会无限接近真值。

实际上，实验测量次数 $n$ 不可能是无限次，而是有限次，这时算术平均值 $\overline{x}$ 是非常接近真值的最佳测量值。

若要求对被测物理量进行已定系统误差修正，通常将已定系统误差从算术平均值 $\overline{x}$ 中减去，从而求得被修正后的测量结果，该结果即为近真值。如用千分尺测钢球直径，多次测量的近真值为“$\overline{D}$－初读数”。

### 二、多次测量结果偶然误差的估计

根据误差定义可知，由于真值不能确定，所以误差也就无法得到。从上面讨论知道，算术平均值是近真值，因此可以用近真值来估算误差。我们把测量值与平均值之差称为偏差，又叫残差，它与误差(测量值与真值之差)是有区别的。在实验误差分析中，要经常计算这种偏差，用偏差来表征测量结果的可靠程度。

估算某一次测量值的偶然误差的方法有许多种，通用的是用算术平均偏差和标准偏差表示，现分别介绍如下。

1.算术平均偏差

设各次测量值 $x_i$ 与平均值 $\overline{x}$ 的差为 $\Delta x_i$，用绝对值表示，则有

$$\Delta x_1=|x_1-\overline{x}|$$

$$\Delta x_2=|x_2-\overline{x}|$$

$$\cdots$$

$$\Delta x_n=|x_n-\overline{x}|$$

取
$$\overline{\Delta x}=\frac{1}{n}\sum_{i=1}^{n}|\Delta x_i|$$

称$\overline{\Delta x}$为算术平均偏差。

多次测量值的结果表示为

$$x=\overline{x}\pm\overline{\Delta x}$$

2.标准偏差(亦称均方根偏差)

当测量次数无限多时,各次测量值 $x_i$ 与平均值 $\overline{x}$ 差的平方和的平均值的平方根,定义为该列测量值某一次测量结果的标准偏差,用 $\sigma_x$ 表示。即

$$\sigma_x=\sqrt{\frac{\sum_{i=1}^{n}\Delta x_i^2}{n}} \tag{1-2-1}$$

或

$$\sigma_x=\sqrt{\frac{\sum_{i=1}^{n}(x_i-\overline{x})^2}{n}}$$

当测量次数 $n$ 有限时,根据误差理论,上式应该改写为

$$\sigma_x=\sqrt{\frac{\sum_{i=1}^{n}(x_i-\overline{x})^2}{n-1}} \tag{1-2-2}$$

由于实际实验中测量次数都是有限的,因此在以后的误差估算中,我们就用式(1-2-2)来估算实验的偶然误差。根据误差理论,其意义表示某次测量值的偶然误差在 $-\sigma_x \sim \sigma_x$ 之间的概率为68.3%。即标准偏差只反映这列测量值的离散性。作为描述偶然误差大小的量,$\sigma_x$ 小表示测量值密集,测量的精密度高;$\sigma_x$ 大表示测量值分散,测量的精密度低。

需要注意的是,式(1-2-2)是某列测量结果中某一次测量值的标准偏差,只反映获得算术平均值 $\overline{x}$ 的那列数据 $x_i$ 的离散性,而不能表示平均值偏离真值的情况。平均值 $\overline{x}$ 的离散性指的是平均值 $\overline{x}$ 本身的波动,例如当我们通过测量获得一组数据 $x_i$,并得到平均值 $\overline{x}$ 作为测量结果,如果我们自己再按完全相同的情况重复上述实验时,由于偶然误差的影响,不一定能得到完全相同的 $\overline{x}$,假设这样重复实验共进行了 $k$ 次,就得到 $k$ 个不同的平均值$\overline{x_j}$ $(j=1,2,\cdots,k)$,表征 $\overline{x}$ 本身的离散性,用平均值的标准偏差 $\sigma_{\overline{x}}$ 表示。理论分析表明,一组 $n$ 个测量值的标准偏差 $\sigma_x$ 与其算术平均值的标准偏差 $\sigma_{\overline{x}}$ 之间的关系是 $\sigma_{\overline{x}}=\frac{\sigma_x}{\sqrt{n}}$。

算术平均值的标准偏差为

$$\sigma_{\overline{x}}=\sqrt{\frac{\sum_{i=1}^{n}(x_i-\overline{x})^2}{n(n-1)}}$$

其意义表示测量值的平均值的偶然误差在$-\sigma_{\bar{x}}\sim\sigma_{\bar{x}}$之间的概率为68.3%，或者说被测真值在$(\bar{x}-\sigma_{\bar{x}})\sim(\bar{x}+\sigma_{\bar{x}})$范围内的概率为68.3%，因此$\sigma_{\bar{x}}$反映了平均值接近真值的程度。

当偶然误差用标准偏差来表示时，测量结果应写成

$$x=\bar{x}\pm\sigma_x$$

或

$$x=\bar{x}\pm\sigma_{\bar{x}}$$

### 三、关于测量的不确定度

如上所述，以前通用实验教材把多次测量结果表示为

$x=\bar{x}\pm\overline{\Delta x}$　单位，$\overline{\Delta x}$为算术平均偏差

$x=\bar{x}\pm\sigma_x$　单位，$\sigma_x$ 为标准偏差

$x=\bar{x}\pm\sigma_{\bar{x}}$　单位，$\sigma_{\bar{x}}$为平均值的标准偏差

其中后两式为国际通用式，科技论文均采用$\sigma_x$ 或$\sigma_{\bar{x}}$评价数据。随着测量学的不断发展，根据国际标准化组织发表的《测量不确定度表示指南 ISO1993(E)》的相关表述，从20世纪末开始，大学物理实验测量结果的表示都引入了不确定度，测量结果的标准表达式为

$x=\bar{x}\pm\sigma$　单位，$\sigma$ 为不确定度

近真值$\bar{x}$、不确定度$\sigma$及单位三者缺一不可，否则不能全面表达测量结果。

1.不确定度的含义

由于测量误差是不可避免的，也是未知的，因此被测物理量的真值是得不到的，不可能用指出误差的方法去说明可信赖的程度，而只能用误差的某种可能值去说明可信赖的程度。不确定度正是误差可能数值的量度，表征测量结果代表被测物理量的程度，或者说由于误差的存在，而对被测物理量不能肯定的程度。

具体来说，不确定度是指测量值(近真值)附近的一个范围，测量值(近真值)与真值之差(误差)可能落在其中。不确定度越小，测量结果的可信赖程度越高；不确定度越大，测量结果的可信赖程度越低。测量值(近真值)附近的范围是$-\sigma\sim\sigma$(又称区间)，不确定度的表征值是半区间的长度$\sigma$，在这个区间内，包含真值的概率是某一确定值。

测量结果的标准表达式$x=\bar{x}\pm\sigma$单位，给出了一个范围$(\bar{x}-\sigma)\sim(\bar{x}+\sigma)$，表示被测物理量的真值在$(\bar{x}-\sigma)\sim(\bar{x}+\sigma)$之间的概率为68.3%，不要误认为真值一定在$(\bar{x}-\sigma)\sim(\bar{x}+\sigma)$之间，同样认为误差一定在$-\sigma\sim\sigma$之间也是错误的。

2.不确定度的计算

实验的不确定度，一般来源于测量方法、测量人员、环境和测量对象的变化等。计算不确定度是将各种来源的不确定度按计算方法分两类：A类指多次重复测量，用统计方法估算出的不确定度；B类指用非统计方法估算出的不确定度。

A类统计不确定度，用$S_i$表示。这类不确定度被认为服从正态分布规律，因此可以像计算标准偏差那样，用贝塞尔公式计算。

$$S_i = \sqrt{\frac{\sum_{i=1}^{n}(x_i - \overline{x})^2}{n-1}} \qquad i=1,2,\cdots,n \text{ 表示测量次数}$$

有时因条件所限,不可能进行多次测量;有时由于仪器精度太低,偶然误差很小,多次测量读数相同;有时对测量结果精确度要求不高,也不必多次测量,只测一次就够了。单次测量的结果也要写成 $N \pm \Delta N$ 的形式,这时 $\Delta N$ 常常用极限不确定度 $e$ 来表示。$e$ 的取法一般有两种:一种是取仪器出厂时的允差;另一种是根据仪器结构、环境条件、测量对象、测量者本人感官灵敏度估计。(两者取一即可)

在计算不确定度时,有时需要在极限不确定度 $e$ 与标准不确定度 $\sigma$ 之间进行换算。对于正态分布,可以认为 $e=3\sigma$;对于均匀分布,可以认为 $e=\sqrt{3}\sigma$。请注意,这些换算只能用于直接测量的物理量。

B 类非统计不确定度,用 $\sigma_B$ 表示。评定 B 类不确定度时,常用估计方法,且估计要适当,需要确定参照标准,确定分布规律,更需要测量人员丰富的实践经验和较高的学识水平,因此往往是意见纷纭,争论颇多。这里我们对 B 类不确定度的估计只做简化处理,仅讨论因仪器不准对应的不确定度,即 $\sigma_B = \Delta_{仪}$。

仪器不准确的程度,主要用仪器误差表示,$\Delta_{仪}$ 即仪器基本误差或允许误差。一般仪器说明书都以某种方式注明仪器误差。在物理实验教学中,一般由实验室提供仪器误差,如米尺 $\Delta_{仪}=0.5$ mm;游标卡尺(50 分度) $\Delta_{仪}=0.02$ mm;千分尺 $\Delta_{仪}=0.004$ mm 或 0.005 mm;分光计 $\Delta_{仪}$ = 最小分度($1'$或 $30''$);物理天平(0.1 g) $\Delta_{仪}=0.05$ g;计时器(0.01 s,0.1 s,1 s) $\Delta_{仪}$ = 仪器最小分度;电表 $\Delta_{仪}=(KM)\%$,$K$ 为准确级别,$M$ 为量程。

3.总不确定度的合成

总不确定度又称合成不确定度,用 $\sigma$ 表示,当测量次数 $n$ 符合 $5<n\leqslant 10$ 时,采用方和根计算,即

$$\sigma = \sqrt{S_i^2 + \sigma_B^2} = \sqrt{S_i^2 + \Delta_{仪}^2} \tag{1-2-3}$$

式(1-2-3)是今后实验中估算不确定度经常要用到的公式。

当然,有时可以不必全面计算不确定度。对于以随机误差为主的测量,可以只将 A 类标准不确定度作为总的不确定度;对于以系统误差为主的测量,可以只将 B 类标准不确定度作为总的不确定度。

**例 1** 用毫米刻度的米尺,测量物体长度 10 次,其测量值分别为 $l$=53.27 cm, 53.25 cm, 53.23 cm, 53.26 cm, 53.24 cm, 53.28 cm, 53.26 cm, 53.20 cm, 53.24 cm, 53.21 cm,试计算合成不确定度,并写出测量结果。

解:$l$ 的近真值 $\overline{l} = \frac{1}{n}\sum_{i=1}^{10} l_i = \frac{1}{10} \times (53.27 + 53.25 + \cdots + 53.21) = 53.24(\text{cm})$

A 类不确定度 $S_i = \sqrt{\frac{\sum_{i=1}^{n}(x_i - \overline{x})^2}{n-1}}$

$$=\sqrt{\frac{(53.27-53.24)^2+(53.25-53.24)^2+\cdots+(53.21-53.24)^2}{10-1}}$$

$=0.03(\mathrm{cm})$

B 类不确定度为米尺的仪器误差 $\Delta_{仪}=0.5\ \mathrm{mm}=0.05\ \mathrm{cm}$

$$\sigma_B=\Delta_{仪}=0.05\ \mathrm{cm}$$

合成不确定度 $\sigma=\sqrt{S_i^2+\sigma_B^2}=\sqrt{0.03^2+0.05^2}\approx 0.06(\mathrm{cm})$

测量结果 $l=\bar{l}\pm\sigma=53.24\pm0.06(\mathrm{cm})$

**例 2** 用螺旋测微器测量小钢球的直径，5 次的测量值分别为 $d=11.922$ mm，11.923 mm，11.922 mm，11.922 mm，11.922 mm，螺旋测微器的最小分度为 0.01 mm，试写出测量结果的标准式。

解：直径 $d$ 的算术平均值

$$\bar{d}=\frac{1}{n}\sum_{i=1}^{5}d_i=\frac{1}{5}\times(11.922+11.923+11.922+11.922+11.922)=11.922(\mathrm{mm})$$

A 类不确定度

$$S_i=\sqrt{\frac{\sum_{i=1}^{n}(d_i-\bar{d})^2}{n-1}}=\sqrt{\frac{(11.922-11.922)^2+(11.923-11.922)^2+\cdots+(11.922-11.922)^2}{5-1}}=$$

$0.000\ 5(\mathrm{mm})$

B 类不确定度 $\Delta_{仪}=0.005\ \mathrm{mm}$

$$\sigma_B=\Delta_{仪}=0.005\ \mathrm{mm}$$

合成不确定度 $\sigma=\sqrt{S_i^2+\sigma_B^2}=\sqrt{0.000\ 5^2+0.005^2}(\mathrm{mm})$

式中由于 $0.000\ 5<\frac{1}{3}\times0.005$，故可略去 $S_i$，于是

$$\sigma=0.005(\mathrm{mm})$$

测量结果 $d=\bar{d}\pm\sigma=11.922\pm0.005(\mathrm{mm})$

由此可以看出，当有些不确定度分量的数值很小时，相对而言可以略去不计。在计算合成不确定度求方和根时，若某一平方值小于另一平方值的 $\frac{1}{9}$，则该项就可略去不计，这叫微小误差原则。利用微小误差原则可减少不必要的计算。不确定度的计算结果一般保留一位数，多余的位数按有效数字的修约原则取舍。

评价测量结果时，有时需要引入相对不确定度，定义为 $E_\sigma=\frac{\sigma}{\bar{x}}\times100\%$，$E_\sigma$ 的结果取两位数。此外，有时需要将测量结果的近真值 $\bar{x}$ 和公认值 $x_{公}$ 进行比较，得到测量结果的百分偏差 $B$，$B$ 的定义式为 $B=\frac{|\bar{x}-x_{公}|}{x_{公}}\times100\%$，其结果取两位数。

## 第四节 间接测量结果的表示和不确定度的估算

间接测量的近真值和合成不确定度是由直接测量结果通过函数式计算出来的。

设间接测量的函数式为 $N=F(x,y,z,\cdots)$，各直接测量的测量结果分别为

$$x=\overline{x}\pm\sigma_x$$

$$y=\overline{y}\pm\sigma_y$$

$$z=\overline{z}\pm\sigma_z$$

$$\cdots$$

将各直接测量的近真值代入函数式中，即得间接测量的近真值 $\overline{N}=F(\overline{x},\overline{y},\overline{z},\cdots)$。

由于不确定度均为微小量，相似于数学中的微小增量，对函数式 $N=F(x,y,z,\cdots)$ 求全微分，即得

$$\mathrm{d}N=\frac{\partial F}{\partial x}\mathrm{d}x+\frac{\partial F}{\partial y}\mathrm{d}y+\frac{\partial F}{\partial z}\mathrm{d}z+\cdots$$

式中 $\mathrm{d}N,\mathrm{d}x,\mathrm{d}y,\mathrm{d}z,\cdots$ 均为微小增量，代表各变量的微小变化。$\mathrm{d}N$ 的变化由各自变量的变化决定，$\frac{\partial F}{\partial x},\frac{\partial F}{\partial y},\frac{\partial F}{\partial z},\cdots$ 为函数对自变量的偏导数，记为 $\frac{\partial F}{\partial A_i}$。

将微分符号"d"改为不确定度符号 $\sigma$，并将微分式中的各项求方和根，即得间接测量的合成不确定度 $\sigma_N$，

$$\sigma_N=\sqrt{\left(\frac{\partial F}{\partial x}\sigma_x\right)^2+\left(\frac{\partial F}{\partial y}\sigma_y\right)^2+\left(\frac{\partial F}{\partial z}\sigma_z\right)^2+\cdots}$$

$$=\sqrt{\sum_{i=1}^{K}\left(\frac{\partial F}{\partial A_i}\sigma_{A_i}\right)^2} \tag{1-2-4}$$

上式表明：在间接测量的函数式确定后，即可测出它所包含的直接测量的结果，将各直接测量的不确定度 $\sigma_{A_i}$ 乘函数对各变量（直接测量的量）的偏导数 $\left(\frac{\partial F}{\partial A_i}\sigma_{A_i}\right)$，求方和根就是间接测量结果的不确定度。

当间接测量的函数式为"积商"形式时，为使运算简便，可以先将函数式两边同时取自然对数，然后再求全微分，即

$$\ln N=\ln F(x,y,z,\cdots)$$

$$\frac{\mathrm{d}N}{N}=\frac{\partial \ln F}{\partial x}\mathrm{d}x+\frac{\partial \ln F}{\partial y}\mathrm{d}y+\frac{\partial \ln F}{\partial z}\mathrm{d}z+\cdots$$

同样，将微分符号改为不确定度符号，求其方和根，即得间接测量的相对不确定度 $E_N$。

$$E_N=\frac{\partial N}{N}=\sqrt{\left(\frac{\partial \ln F}{\partial x}\sigma_x\right)^2+\left(\frac{\partial \ln F}{\partial y}\sigma_y\right)^2+\left(\frac{\partial \ln F}{\partial z}\sigma_z\right)^2+\cdots}$$

$$=\sqrt{\sum_{i=1}^{K}\left(\frac{\partial \ln F}{\partial A_i}\sigma_{A_i}\right)^2} \tag{1-2-5}$$

已知 $E_N$、$N$，由上式即可求出合成不确定度 $\sigma_N$，

$$\sigma_N=N\cdot E_N$$

今后在计算间接测量的不确定度时，若函数式为“和差”的形式，则可直接利用式(1-2-4)求合成不确定度 $\sigma_N$；若函数式为“积商”等较复杂的形式，则可直接采用式(1-2-5)，先求相对不确定度 $E_N$，再求合成不确定度 $\sigma_N$。

**例** 测得一金属环的内径 $D_1=2.880\pm0.004$ cm，外径 $D_2=3.600\pm0.004$ cm，厚度 $h=5.575\pm0.004$ cm，求该金属环的体积 $V$ 的测量结果。

解：该金属环的体积 $V=\frac{\pi}{4}h(D_2^2-D_1^2)$

该金属环体积的近真值 $V=\frac{3.1416}{4}\times5.575\times(3.600^2-2.880^2)=20.43(\text{cm}^3)$

因为函数式不是简单的“和差”形式，所以先求相对不确定度。先将体积公式两边同时取自然对数，再求全微分。

$$\ln V=\ln\frac{\pi}{4}+\ln h+\ln(D_2^2-D_1^2)$$

$$\frac{\mathrm{d}V}{V}=0+\frac{\mathrm{d}h}{h}+\frac{2D_2\mathrm{d}D_2-2D_1\mathrm{d}D_1}{D_2^2-D_1^2}$$

则相对不确定度为

$$E_V=\frac{\sigma_V}{V}=\sqrt{\left(\frac{\sigma_h}{h}\right)^2+\left(\frac{2D_2\sigma_{D_2}}{D_2^2-D_1^2}\right)^2+\left(\frac{-2D_1\sigma_{D_1}}{D_2^2-D_1^2}\right)^2}$$

$$=\sqrt{\left(\frac{0.004}{5.575}\right)^2+\left(\frac{2\times3.600\times0.004}{3.600^2-2.880^2}\right)^2+\left(\frac{-2\times2.880\times0.004}{3.600^2-2.880^2}\right)^2}$$

$$=0.0081=0.81\%$$

总不确定度 $\sigma_V=V\cdot E_V=20.43\times0.0081=0.2(\text{cm}^3)$

该金属环体积的测量结果为 $V=20.4\pm0.2(\text{cm}^3)$

在 $V$ 的标准式中，$V=20.43$ cm$^3$ 应与不确定度位数相同，因此将小数点后的第二位 3 按尾数的舍入法则舍掉，为 20.4 cm$^3$。

## 第五节 数据处理

数据处理是指从获得数据起到得出实验结果止的整个加工过程，包括记录、整理、计算、分析等处理方法。

这里仅介绍实验中常用的几种数据处理方法：列表法、作图法、逐差法、最小二乘法。

## 一、列表法

列表法就是把要记录和处理的数据列成表格。只有做好预习准备，明确实验内容及要求，才能画出完整的数据表格。

1.列表的作用

(1)便于记录数据，使所记录的实验内容一目了然。

(2)便于整理数据，提高处理数据的效率。

(3)在处理数据时，及时把计算过程的中间值列入表内，以便于检查运算结果，可以随时从表格中发现运算是否正确。

(4)便于分析误差。

(5)便于找出有关物理量之间的规律性联系，得出正确的结论。

2.列表的要求

(1)成行成列，便于看出有关物理量之间的关系。

(2)要用符号标明所代表的物理量，并在符号后面写明单位。注意单位不要重复写在各个数值的后面。

(3)表格中的数据，要正确反映被测物理量的有效数字。

(4)给予必要的说明。

3.列表法举例

将刚体转动实验中绕线半径 $r$ 与砝码下落时间 $t$ 的相关测量数据列表如下：

**表 1-2-1　刚体转动实验数据表格**

| $r$/cm \ $t$/s | 1.50 | 2.00 | 2.50 | 3.00 |
|---|---|---|---|---|
| 第一次 | 8.80 | 6.70 | 5.65 | 4.60 |
| 第二次 | 8.90 | 6.80 | 5.60 | 4.50 |
| 第三次 | 8.85 | 6.70 | 5.70 | 4.60 |
| 平均 | 8.85 | 6.73 | 5.65 | 4.57 |
| $\frac{1}{t_{平均}}$ | 0.113 | 0.148 | 0.177 | 0.219 |

4.列表法的常见问题

(1)斜记数字，破坏行列整齐原则。

(2)横排数据，不便于前后数据比较。

(3)单位所标位置不妥或不写单位。

(4)表格太窄，以致改写数据时没有位置。

(5)表断成两截，达不到一目了然的效果。

## 二、作图法——图示法和图解法

物理实验所研究的物理性质及其所揭示的物理规律，不用数学公式表示而用实验图线表示的方法叫图示法。实验结果不使用公式计算，而是通过计算实验图线的斜率和截距，再求出某些物理量，这种求解方法叫图解法。

1.作图法的作用和优点

(1)可由图直观地了解两物理量的相互关系和变化趋势。

(2)能简便地从图线上求出实验需求的某些结果(其中直线的截距和斜率最重要，许多量可由此求得)。

(3)由图线可找到没进行实测的数值(内插法)，在一定条件下可以从图线的延伸部分读出测量数据以外的数值(外推法)。

(4)在某些特殊情况下，可利用实验图线找出与该实验曲线对应的经验方程式。

(5)可以作出仪器的校准曲线。

(6)可以帮助我们发现个别的测量错误，并可通过图线对系统误差进行分析。

2.作图要求

(1)选择坐标纸类型，确定坐标纸大小。当确定了作图的参量以后，根据具体情况选用直角坐标纸、对数坐标纸或极坐标纸。坐标纸大小的选取及坐标轴分度的标定，应根据所测得数据的有效数字的位数来确定。其原则如下：测量数据中的可靠数字在图中应为可靠的，测量数据中的可疑数字在图中应是估计的，即坐标中的最小格对应测量有效数字中可靠数字的最后一位。

(2)标明坐标轴，确定坐标比例和标度。通常以横轴代表自变量，纵轴代表因变量，画两条粗细适当的线表示纵轴和横轴，并加箭头以表示坐标轴方向，在轴的末端近旁注明所代表的物理量及其单位。在纵、横坐标轴上每隔一定距离用整齐的数字来标度。要适当选取横轴和纵轴的比例和坐标的起点，使图线比较对称地充满整个图纸，不要偏向一角或一边。两轴的交点一般不取(0,0)，而取比数据最小值再小一些的整数开始标值。对于特别大的或特别小的数据可以用数量级表示法写出，如 $10^3$ 或 $10^{-2}$，并放在坐标轴最大值的右边。

(3)描点。依据实验数据，用削尖的硬铅笔在图纸上清楚地描出“+”标记点，使实验数据对应的坐标准确地落在“+”的交点上。当图纸上超过两条图线时，每条图线可用不同的标记，如“×”“⊙”“$\triangle$”“⊡”。

(4)连线。除了作校正图线时，相邻两点一律用直线连接外，一般来说，连线时应尽量使图线紧贴所有观测点，并使观测点均匀分布于图线两侧。连接时要借助透明直尺或曲线板，用削尖的铅笔连成光滑曲线。在画线时，对于个别偏离过大的数据，应当舍去或重新测量。

(5)标图名。在图纸上空旷位置写清图的名称，一般将纵轴代表的物理量写在前面，横轴代表的物理量写在后面，在图名下方允许附加必不可少的实验条件或图注。

现以毫米方格坐标纸作图为例，来说明作图的具体要求。例如用伏安法测电阻的数据如表 1-2-2 所示：

**表 1-2-2 伏安法测电阻表格**

| $U$/V | 0.00 | 1.00 | 2.00 | 3.00 | 4.00 | 5.00 | 6.00 | 7.00 | 8.00 | 9.00 | 10.00 |
|---|---|---|---|---|---|---|---|---|---|---|---|
| $I$/mA | 0.00 | 2.00 | 4.01 | 6.05 | 7.85 | 9.70 | 11.83 | 13.75 | 16.02 | 17.86 | 19.94 |

用直角坐标纸作图如图 1-2-1。

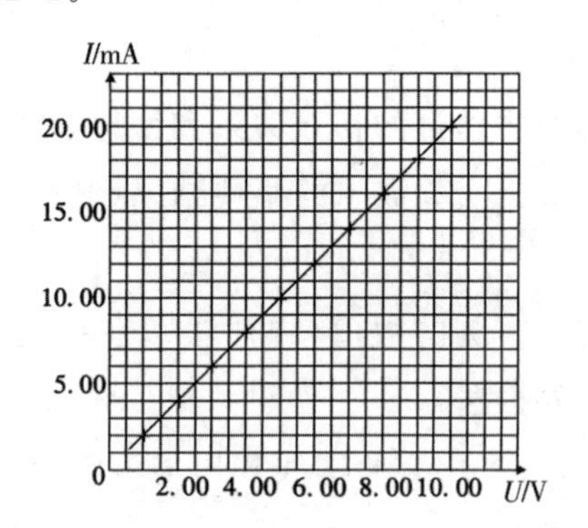


（图中每个小格代表毫米方格纸上 1 个大格，即 1 cm，其中应再有 10 个毫米格，因不易画，故未画出）

图 1-2-1 直角坐标纸示例

3.求直线的斜率和截距

通过求直线的斜率和截距，来求得有关的物理量，是常用的处理数据的方法之一。

直线方程为 $y=a+bx$

其斜率为
$$b=\frac{y_2-y_1}{x_2-x_1} \tag{1-2-6}$$

在直角坐标纸上所作的图线中，任意选取两点 $P_1(x_1,y_1)$ 和 $P_2(x_2,y_2)$，为了减小误差，这两点的选取可尽量远些，且不允许使用原点。将点 $P_1$、$P_2$ 的坐标值代入式(1-2-6)中便可求出斜率 $b$，截距 $a$ 为 $x=0$ 时的 $y$ 值。求斜率和截距时都应写明单位。

4.曲线改直

实验中遇到的测得量的函数关系，一般并非简单的直线关系，但可以经过适当的变换使之成为线性关系，即把曲线改成直线，再按图解直线的方法处理就方便得多。

**例 1** $pV=C$ 是玻意耳定律的公式，$p$-$V$ 图线是双曲线，如图 1-2-2 所示。当作变量置换处理后，可作以 $p$ 为纵坐标，$\frac{1}{V}$为横坐标的 $p$-$\frac{1}{V}$图，如图 1-2-3 所示，则双曲线变为直线，其斜率对应的就是 $C$，很容易求出。

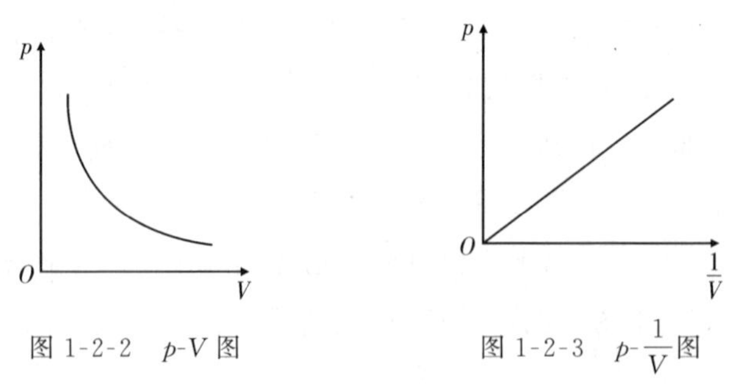


图 1-2-2 $p$-$V$ 图　　图 1-2-3 $p$-$\frac{1}{V}$图

**例 2** 根据单摆周期公式 $T=2\pi\sqrt{\frac{l}{g}}$，解得周期与摆长的关系为 $l=\frac{g}{4\pi^2}T^2$。对上述函数关系用等分度的坐标纸作图，得到图 1-2-4 所示的抛物线图形。若将此图线化成直线，

可令 $T^2 = T'$，即作 $l$-$T^2$ 图，如图 1-2-5 所示。再根据直线斜率 $b = \frac{g}{4\pi^2}$ 即可求出重力加速度 $g$。

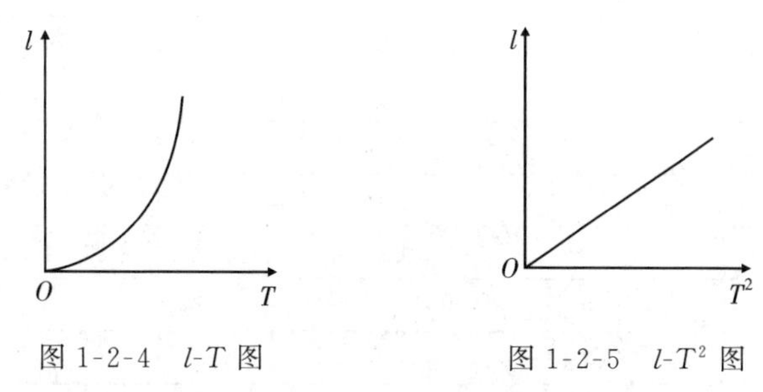


图 1-2-4　$l$-$T$ 图　　图 1-2-5　$l$-$T^2$ 图

**例 3**　其他复杂函数形式经变换得到线性关系，如下：

①$y = ax^b$（$a$、$b$ 为常量）

则
$$\lg y = b\lg x + \lg a$$
$\lg y$ 为 $\lg x$ 的线性函数，斜率为 $b$，截距为 $\lg a$。

②$y = ae^{-bx}$（$a$、$b$ 为常量）

则
$$\ln y = -bx + \ln a$$
$\ln y$ 为 $x$ 的线性函数，斜率为 $-b$，截距为 $\ln a$。

③$y = ab^x$（$a$、$b$ 为常量）

则
$$\lg y = (\lg b)x + \lg a$$
$\lg y$ 为 $x$ 的线性函数，斜率为 $\lg b$，截距为 $\lg a$。

④$s = v_0 t + \frac{1}{2}at^2$（$v_0$、$a$ 为常量）

改写成
$$s = \left(v_0 + \frac{1}{2}at\right)t$$
即
$$\frac{s}{t} = v_0 + \frac{1}{2}at$$
则 $\frac{s}{t}$-$t$ 图线为一直线，斜率为 $\frac{1}{2}a$，截距为 $v_0$。

**三、逐差法**

逐差法又称逐差计算法，是物理实验中常用的一种处理数据的方法。一般用于等间隔线性变化测量中所得数据的处理。

在等间隔线性变化的测量中，若仍用一般求平均值的方法，我们将发现中间的测量值彼此抵消，只剩下第一次测量值和最后一次测量值有用，这样将失去多次测量的意义。为了保持多次测量的优越性，充分利用所有数据和减小随机误差，逐差法把实验测量数据分成高低两组，实行对应项测量数据相减。

我们以拉伸法测杨氏模量为例说明逐差法处理数据的过程。

测量数据如表 1-2-3 所示。

表 1-2-3　拉伸法测杨氏模量

| 次数 | 负荷/kg | 伸长量/($\times10^{-2}$ m) |
|---|---|---|
| 0 | 0.0 | 0.11 |
| 1 | 0.5 | 0.44 |
| 2 | 1.0 | 0.73 |
| 3 | 1.5 | 1.04 |
| 4 | 2.0 | 1.36 |
| 5 | 2.5 | 1.64 |
| 6 | 3.0 | 1.95 |
| 7 | 3.5 | 2.35 |

根据平均值的定义，对应于加 0.5 kg 砝码相应的伸长量为

$$d_1=(0.44-0.11)\times10^{-2}\ \text{m}$$
$$d_2=(0.73-0.44)\times10^{-2}\ \text{m}$$
$$d_3=(1.04-0.73)\times10^{-2}\ \text{m}$$
$$d_4=(1.36-1.04)\times10^{-2}\ \text{m}$$
$$d_5=(1.64-1.36)\times10^{-2}\ \text{m}$$
$$d_6=(1.95-1.64)\times10^{-2}\ \text{m}$$
$$d_7=(2.35-1.95)\times10^{-2}\ \text{m}$$

则每增加 0.5 kg 砝码相应的平均伸长量为

$$\begin{aligned}\overline{d}&=\frac{d_1+d_2+d_3+d_4+d_5+d_6+d_7}{7}\\&=\frac{(0.44-0.11)\times10^{-2}+(0.73-0.44)\times10^{-2}+(1.04-0.73)\times10^{-2}}{7}+\\&\quad\frac{(1.36-1.04)\times10^{-2}+(1.64-1.36)\times10^{-2}+(1.95-1.64)\times10^{-2}+(2.35-1.95)\times10^{-2}}{7}\\&=\frac{(2.35-0.11)\times10^{-2}}{7}(\text{m})\end{aligned}$$

从上面计算可知，若采取相邻两项相减的方法（逐项逐差）求平均值，中间值全部抵消，只有始末两次测量值起作用，与增加 3.5 kg 砝码的单次测量等价。而我们采取隔多项逐差法，将测量数据分成两组：

第一组为

$$\begin{cases}0 & 0.11\\1 & 0.44\\2 & 0.73\\3 & 1.04\end{cases}$$

第二组为

$$\begin{cases}4 & 1.36\\ 5 & 1.64\\ 6 & 1.95\\ 7 & 2.35\end{cases}$$

取对应项的差值。这样把相隔 0.5 kg 测量一次转换成了相隔 2.0 kg 测量一次，即有

$$d_{4-0}=(1.36-0.11)\times10^{-2}\ \text{m}=1.25\times10^{-2}\ \text{m}=d_{\text{Ⅰ}}$$

$$d_{5-1}=(1.64-0.44)\times10^{-2}\ \text{m}=1.20\times10^{-2}\ \text{m}=d_{\text{Ⅱ}}$$

$$d_{6-2}=(1.95-0.73)\times10^{-2}\ \text{m}=1.22\times10^{-2}\ \text{m}=d_{\text{Ⅲ}}$$

$$d_{7-3}=(2.35-1.04)\times10^{-2}\ \text{m}=1.31\times10^{-2}\ \text{m}=d_{\text{Ⅳ}}$$

从而有

$$\begin{aligned}\overline{d}&=\frac{d_{\text{Ⅰ}}+d_{\text{Ⅱ}}+d_{\text{Ⅲ}}+d_{\text{Ⅳ}}}{4}\\&=\frac{(1.25+1.20+1.22+1.31)\times10^{-2}}{4}\text{m}\\&=1.24\times10^{-2}\ \text{m}\end{aligned}$$

与上面不同，这时各个数据都用上了。但应注意 $\overline{d}$ 是增加 2 kg 砝码时金属丝的平均伸长量。

**四、最小二乘法**

在实验中，有一类数据处理实质是属于曲线拟合问题。如用单摆测重力加速度：根据周期与摆长的关系式 $T^2=\frac{(2\pi)^2}{g}l$，每改变一次摆长 $l$，会新测得一个周期 $T$。处理数据时，根据所测得的一组 $T_i$、$l_i$ 数据作 $T^2$-$l$ 图，求出直线斜率后，进而求得 $g$。又如验证牛顿第二定律：根据公式 $F=ma$，当系统质量 $m$ 一定时，每改变一个 $F$，会新测得一次加速度 $a$，由所测得的一组 $F_i$、$a_i$ 数据作 $F$-$a$ 图，求出的直线斜率即是质量 $m$，再与称量的系统质量 $m$ 进行比较。再如灵敏电流计研究实验：根据关系式 $R=\frac{R_b}{I_gR_a}U-R_g$，每改变一个 $U$，会新测得一个 $R$，由所测得的一组 $U_i$、$R_i$ 数据作 $R$-$U$ 图，通过求斜率进而计算出 $I_g$，求出的截距即为灵敏电流计的内阻 $R_g$。

以上三例数据处理的共同点：在已知函数关系的情况下，根据一组实验数据，通过作图求得一条“最佳”曲线（或直线），进而得到直线斜率、截距的最佳估计值，求出实验所要测得的量。这是一个曲线拟合问题。我们以前介绍的作图法，都是用目测的办法拟合曲线或直线，即在拟合曲线或直线时，应顾及各坐标点，使被拟合的曲线呈光滑曲线或直线，使不在曲线上的各坐标点能匀称地分布于曲线或直线两侧。这种用目测的方法拟合曲线，虽然简捷，但当测量数据比较分散时，对同一组数据，不同人去拟合，所得结果可能相差很大。有没有一种方法，当不同人用它拟合同一组数据时，所得结果相同呢？有，这就是在曲线拟合

方面得到广泛应用的一种方法——最小二乘法，这是一种更为客观、结果更为准确的方法。

1.最小二乘法的基本原理

最小二乘法的基本原理：一组测得值的最可信赖值是当各测定值的偏差平方和最小时所对应的值。即

$$\sum_{i=1}^{n}(x_i-\overline{x})^2=\min$$

最小二乘法的应用是有条件的，这个条件是各测量数据误差的分布近似服从正态分布，或者各数据的测量误差都很小。

2.运用最小二乘法拟合具有线性关系的曲线

拟合具有线性关系的曲线，就是用实验数据来确定具有线性关系的常数参量。下面我们从一些简单的情况看如何确定这些待定常数。

设一测得量 $y$ 和另一测得量 $x$，满足以下线性关系

$$y=a+bx$$

其中 $x$ 和 $y$ 均可通过实验直接测得。通过实验得到的数据是

$$x=x_1,x_2,x_3,\cdots,x_n$$

$$y=y_1,y_2,y_3,\cdots,y_n$$

如果我们用图解法求出满足此直线方程的常数参量即截距 $a$ 和斜率 $b$，就存在上面已指出的问题，即用目测所描的直线是否为最佳直线？由该直线求出的参量 $a$、$b$，是否为最可信赖的呢？为了消除主观因素影响而获得客观的、令人满意的结果，我们需借助最小二乘法。

我们将测得的实验数据 $(x_i,y_i)$ 表示在图上，各点分布如图 1-2-6 所示。根据最小二乘法的基本原理，若能找到这样一条直线，使各实验点与此直线的偏差平方和最小，那么这条直线就是所求的最佳直线。从几何意义来看，就是使各实验点到此直线的垂直距离的平方和最小。用数学语言可表示为

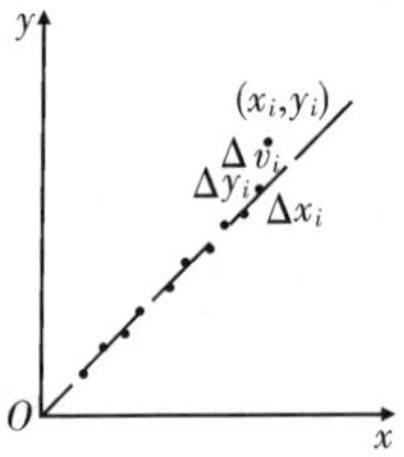

图 1-2-6 实验数据标点

$$\sum_{i=1}^{n}v_i^2=\sum_{i=1}^{n}[(\Delta x_i)^2+(\Delta y_i)^2]=\min$$

其中 $v_i$ 为第 $i$ 个实验点到此直线的垂直距离，$\Delta x_i$、$\Delta y_i$ 分别为第 $i$ 个点的 $x$ 分量和 $y$ 分量的误差。

怎样确定满足上述条件的最佳直线呢？原则上讲，只要能确定直线方程的常数参量截距 $a$ 和斜率 $b$ 的最可信赖值 $a_0$ 和 $b_0$，则最佳直线便可被确定。但怎样确定最可信赖的 $a_0$ 和 $b_0$ 呢？

为了简化问题的处理，我们假设在测量 $y$ 和 $x$ 的过程中，$x$ 分量的偶然误差比 $y$ 分量的偶然误差小得多，以至可以忽略不计，即 $\Delta x_i \ll \Delta y_i$，可认为 $\Delta x_i \to 0$，于是有

$$y_1-(a_0+b_0x_1)=v_1$$

$$y_2-(a_0+b_0x_2)=v_2$$

$$y_3-(a_0+b_0x_3)=v_3$$

$$\cdots$$

$$y_n-(a_0+b_0x_n)=v_n$$

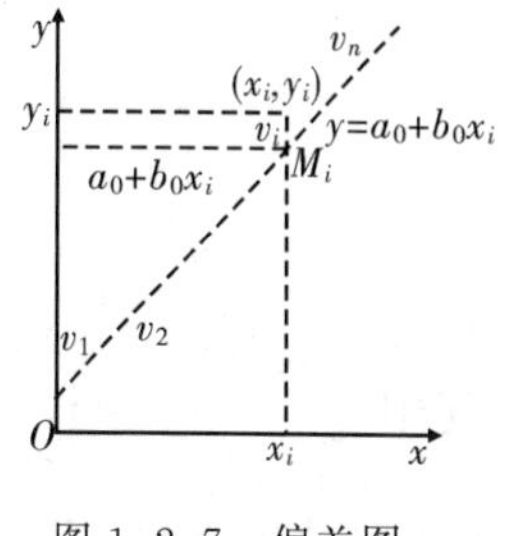

图 1-2-7　偏差图

式中 $v_i$ 是当忽略 $\Delta x_i$ 时，直接测定的 $y_i$ 与最佳直线 $y=a_0+b_0x_i$ 的偏差，如图 1-2-7 所示。

根据最小二乘法的基本原理，若 $a_0$、$b_0$ 为直线方程最可信赖的常数，则应满足

$$\sum_{i=1}^{n}v_i^2=\min$$

即
$$\sum_{i=1}^{n}[y_i-(a_0+b_0x_i)]^2=\min$$

为此应有

$$\frac{\partial\sum v_i^2}{\partial a_0}=0 \quad 和 \quad \frac{\partial\sum v_i^2}{\partial b_0}=0$$

注意：$x_i$、$y_i$ 为一些已知的测得值，$a_0$ 和 $b_0$ 为待定值，所以把它们看作变量。

由此不难得出
$$\begin{cases} na_0+(\sum x_i)b_0=\sum y_i, \\ (\sum x_i)a_0+(\sum x_i^2)b_0=\sum(x_iy_i) \end{cases}$$

由这两个方程可确定 $a_0$ 和 $b_0$ 的唯一解。此方程组称为正则方程组。

利用行列式法求出它们的解，得到

$$a_0=\frac{\begin{vmatrix}\sum y_i & \sum x_i \\ \sum(x_iy_i) & \sum x_i^2\end{vmatrix}}{\begin{vmatrix}n & \sum x_i \\ \sum x_i & \sum x_i^2\end{vmatrix}}=\frac{\sum x_i^2\sum y_i-\sum x_i\sum(x_iy_i)}{n\sum x_i^2-(\sum x_i)^2}$$

$$b_0=\frac{\begin{vmatrix}n & \sum y_i \\ \sum x_i & \sum(x_iy_i)\end{vmatrix}}{\begin{vmatrix}n & \sum x_i \\ \sum x_i & \sum x_i^2\end{vmatrix}}=\frac{n\sum(x_iy_i)-\sum x_i\sum y_i}{n\sum x_i^2-(\sum x_i)^2}$$

由此看出，$a_0$ 和 $b_0$ 的有解条件为 $n\sum x_i^2-(\sum x_i)^2\neq 0$。

如果令

$$\begin{cases} S_{xx}=\sum(x_i-\overline{x})^2=\sum x_i^2-\dfrac{(\sum x_i)^2}{n}, \\ S_{yy}=\sum(y_i-\overline{y})^2=\sum y_i^2-\dfrac{(\sum y_i)^2}{n}, \\ S_{xy}=\sum(x_i-\overline{x})(y_i-\overline{y})=\sum x_iy_i-\dfrac{\sum x_i\sum y_i}{n} \end{cases}$$

其中
$$\overline{x}=\frac{\sum x_i}{n} \qquad \overline{y}=\frac{\sum y_i}{n}$$

则(推导从略)

$$\begin{cases} a_0=\overline{y}-b_0\overline{x}, \\ b_0=\dfrac{S_{xy}}{S_{xx}} \end{cases}$$

这种表达式常见于具有“统计计算”功能的计算器中。

为了反映变量 $x$ 和 $y$ 之间线性关系的密切程度,我们引入相关系数的概念来定量描述。定义相关系数 $r$ 为

$$r=\frac{S_{xy}}{\sqrt{S_{xx}S_{yy}}}$$

可以证明,对直线方程来说,相关系数 $r=\pm1$。一般来说,$r$ 值总是在 0 与 $\pm1$ 之间。若相关系数越趋近于 1,则说明 $x$ 与 $y$ 间的线性关系拟合得越好;若 $r$ 很小,甚至为 0,则说明 $x$ 与 $y$ 间根本不存在线性关系。

各参量的标准误差估算:

$a_0$ 的标准误差

$$\sigma_{a_0}=\sigma_{b_0}\sqrt{\frac{\sum x_i^2}{n}}$$

$b_0$ 的标准误差

$$\sigma_{b_0}=\frac{\sigma_s}{\sqrt{S_{xx}}}$$

其中 $\sigma_s=\sqrt{\dfrac{(1-r^2)S_{yy}}{n-2}}$,是描述 $n$ 个点$(x_i,y_i)$对最佳直线偏离程度的量,又称为剩余标准差,$r$ 为相关系数。

我们给出以上公式,主要目的是使读者清楚用最小二乘法处理数据的原理及具体过程,了解各量的实际意义。在具体的实验数据处理过程中,我们并不需要运用这些公式进行如此繁杂的运算,而是利用实验室提供的 DS-5 型袖珍计算器进行统计计算。具体操作过程见下例。

**例** 采用等偏法测灵敏电流计的常数 $k$ 和内阻 $R_g$。已知 $R$ 与 $U$ 呈线性关系

$$R=a+bU$$

根据表 1-2-4 的测量数据，求出相关系数 $r$ 和直线的截距 $a$ 和斜率 $b$。

**表 1-2-4　等偏法数据表**

| 序号 | 电压 $U$/V | 电阻 $R$/Ω |
|---|---|---|
| 1 | 0.6 | 550.0 |
| 2 | 0.7 | 646.0 |
| 3 | 0.8 | 736.0 |
| 4 | 0.9 | 836.0 |
| 5 | 1.0 | 930.0 |
| 6 | 1.1 | 1 030.0 |

首先，需将工作方式选择开关置于“STAT(统计)”，然后按表 1-2-5 进行操作。

**表 1-2-5　统计测量操作**

| 操作 | 显示 | 注 |
|---|---|---|
| [F] [CA] | 0 | |
| 0.6 [$x$, $y$] 550 [DATA] | 1 | 样本个数 |
| 0.7 [$x$, $y$] 646 [DATA] | 2 | 样本个数 |
| 0.8 [$x$, $y$] 736 [DATA] | 3 | 样本个数 |
| 0.9 [$x$, $y$] 836 [DATA] | 4 | 样本个数 |
| 1.0 [$x$, $y$] 930 [DATA] | 5 | 样本个数 |
| 1.1 [$x$, $y$] 1 030 [DATA] | 6 | 样本个数 |
| [F] [$r$] | 0.999 80 | 相关系数 ($r$) |
| [F] [$a$] | −26.057 | 系数 ($a$) |
| [F] [$b$] | 957.714 | 系数 ($b$) |

由已知函数关系

$$R=\frac{R_b}{I_g R_a}U-R_g \qquad (\text{其中 } R_b=1\ \Omega, R_a=8\ 000\ \Omega)$$

可知 $b=\frac{R_b}{I_g R_a}$，则 $I_g=\frac{1}{957.7\times 8\ 000}=1.3\times 10^{-7}(\text{A})$

故电流计常数 $k=\frac{I_g}{50}=2.6\times 10^{-9}(\text{A/mm})$(其中“50”为满偏格数)

由 $a=-R_g$，得 $R_g=-a=26\ \Omega$。

# 第六节　常用计算机数据处理及作图软件

物理实验学习可通过使用以下两款软件，熟悉利用计算机进行数据分析、数据处理及作图等工作。这在提高学习效率、完成实验报告的同时，也利于巩固和加强计算机应用能力的训练，为今后的学习、研究工作打下良好的基础。

## 一、Microsoft Excel

Microsoft Excel 是微软公司的办公软件 Microsoft Office 的组件之一，是微软公司为 Windows 和 Apple Macintosh 操作系统的电脑编写和运行的一款试算表软件。Microsoft Excel 是微软办公套装软件的一个重要组成部分，它可以进行各种数据的处理、统计分析和辅助决策操作，广泛地应用于管理、统计财经、金融等众多领域。

用户可以使用 Excel 创建工作簿(电子表格集合)并设置工作簿格式，以便分析数据和做出更明智的业务决策。特别是，可以使用 Excel 跟踪数据，生成数据分析模型，编写公式对数据进行计算，以多种方式透视数据，并以各种具有专业外观的图表来显示数据。简而言之，Excel 是用来更方便地处理数据的办公软件。Excel 拥有大量的公式函数可供应用选择，可以执行计算，分析信息并管理电子表格或网页中的数据信息列表，可以制作数据资料图表，具备许多方便使用者进行数据计算和管理的功能。Excel 还支持 VBA 编程。VBA 是 Visual Basic for Application 的简写形式，使用 VBA 可以执行具有特定功能或重复性高的操作。

## 二、Origin

Origin 是美国 Origin Lab 公司(其前身为 MicroCal 公司)开发的图形可视化和数据分析软件，是公认的简单易学、操作灵活、功能强大的软件。它既可以满足一般用户的制图需要，也可以满足高级用户数据分析、函数拟合的需要，是科研人员和工程师常用的高级数据分析和制图工具。

Origin 于 1991 年问世，由于其操作简便、功能开放，很快就成为国际流行的分析软件之一，是公认的快速、灵活、易学的工程制图软件。

### 1.软件特点

当前流行的图形可视化和数据分析软件有 MATLAB、Mathematica 和 Maple 等。这些软件功能强大，可满足科技工作中的许多需要，但使用这些软件需要具备一定的计算机编程知识和矩阵知识，并熟悉其中大量的函数和命令。而使用 Origin 可以像使用 Excel 和 Word 那样便捷，只需点击鼠标，选择菜单命令就可以完成大部分工作，并获得满意的结果。

像 Excel 和 Word 一样，Origin 是一个多文档界面应用程序，它将所有工作都保存在 Project( *.OPJ)文件中，该文件可以包含多个子窗口，如 Worksheet、Graph Matrix、Excel 等；各子窗口之间是相互关联的，可以实现数据的即时更新；子窗口可以随 Project 文件一起存盘，也可以单独存盘，以便其他程序调用。

2.软件功能

Origin 具有两大主要功能:数据分析和绘图。Origin 的数据分析主要包括统计信号处理、图像处理、峰值分析和曲线拟合等各种完善的数学分析功能。使用 Origin 进行数据分析时,只需选择所要分析的数据,然后再选择相应的菜单命令即可。Origin 的绘图是基于模板的,Origin 本身提供了几十种二维和三维绘图模板,而且允许用户自己定制模板,绘图时,只要选择所需要的模板就行。用户可以自定义数学函数、图形样式和绘图模板,还可以和各种数据库软件、办公软件、图像处理软件等方便地连接。

Origin 可以导入包括 ASCII、Excel、pClamp 在内的多种数据。另外,Origin 可以把图形输出为多种格式的图像文件,如 JPEG、GIF、EPS、TIFF 等。

Origin 也支持编程,以方便拓展 Origin 的功能和执行批处理任务。Origin 里面有两种编程语言——LabTalk 和 Origin C。

在 Origin 原有的基础上,用户可以通过编写 X-Function 来建立自己需要的特殊工具。X-Function 可以调用 Origin C 和 NAG 函数,且可以很容易地生成交互界面。用户可以定制自己的菜单和命令按钮,把 X-Function 放到菜单和工具栏上就可以非常方便地使用自己的定制工具了。

# 第二单元　力学、热学

## 第一章　实验基本仪器介绍

在物理实验中，无论观察现象还是进行定量测试，都离不开实验设备。实验设备根据构造原则和用途不同，又有仪器、量具、器件之分。一般来讲，凡具有指示器和在测量过程中有可以运动的测量元件的都称为测量仪器，如千分尺、温度计、电表、分光计等；没有上述特点的则称为量具，如米尺、标准电阻、标准电池等。仪器和量具统称为器具。凡不能用于测量的称为器件。本部分只介绍力学、热学实验中常用的基本器具。

### 一、长度测量器具

1.米尺

实验室常用的米尺有 30 cm、50 cm、100 cm 等不同的规格。米尺的分度值为 1 mm。用米尺测量长度时，可以读准到毫米这一位上，毫米以下的一位，要凭视力估读，得到的数为可疑数字。

使用米尺测量时，必须使被测物体与米尺刻度面紧贴，并使被测物体的一端对准选作起点的米尺上某一刻度线(一般不选 0 刻度线)，根据被测物体另一端在米尺刻度上的位置，正视读出数值，物体两端读数之差，即为被测物体的长度。按上述使用米尺测量的方法，可以避免米尺端边磨损而引入的误差，亦可以避免由于米尺具有一定厚度，观测者视线方向不同而引入的视差。

2.游标卡尺

米尺不能进行精度较高的测量。在实际长度测量中，常需要将被测物体的长度测准到 0.1 mm。为此可在米尺旁附加一个能够移动的有刻度的小尺，称为游标尺，利用它就可以把米尺估读的那位数值准确地读出来。

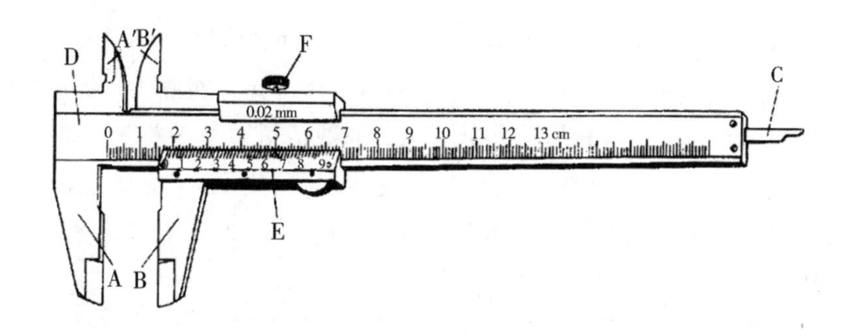


A.、B.外测量爪　A′.、B′.内测量爪　C.深度尺　D.主尺　E.游标尺　F.紧固螺钉

图 2-1-1　游标卡尺构造说明图

(1)游标卡尺的构造

游标卡尺主要由两部分构成,如图 2-1-1 所示。一部分是与量爪 A、A′相连的主尺 D(主尺按米尺刻度);另一部分是与量爪 B、B′及深度尺 C 相连的游标尺 E。游标尺可紧贴着主尺滑动。量爪 A、B 用来测量厚度和外径,量爪 A′、B′用来测量内径,深度尺 C 用来测量槽的深度。它们的读数,都是用游标尺的 0 刻度线与主尺的 0 刻度线之间的距离表示出来的。F 为紧固螺钉。

(2)游标卡尺的读数原理

以 10 分度游标卡尺为例(即游标尺上 10 个小格的总长度为9 mm,游标卡尺的最小分度 $\Delta x=0.1$ mm),如图 2-1-2 所示。被测物长度的毫米整数为 5 mm,毫米以下的长度 $\Delta l$ 由游标尺读出,在游标尺上查出第 8 条刻度线与主尺某刻度线对齐,则 $\Delta l=8\Delta x=8\times 0.1$ mm$=0.8$ mm,所以被测物长度 $l=5$ mm$+0.8$ mm$=5.8$ mm。由于用了游标尺,毫米以下这一位读数是准确的。根据读数的一般规则,读数最后一位应该是读数误差所在的一位,故被测物的长度应该是5.80 mm。使用 10 分度游标卡尺读数时,如果不能断定游标尺上相邻两条刻度线中的哪一条与主尺上某刻度线重合或更接近,那么最后一位可估读为“5”,如图 2-1-3 所示,$l=2.25$ mm。

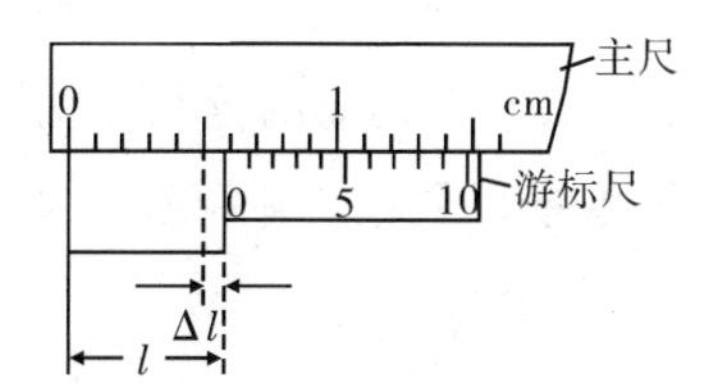


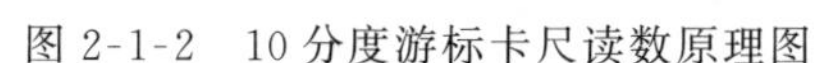

图 2-1-2　10 分度游标卡尺读数原理图

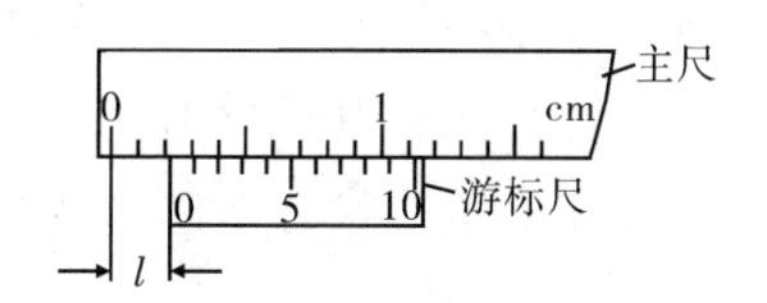


图 2-1-3　游标卡尺读数原理估读图示

实验室常用的是 50 分度游标卡尺(游标尺上 50 个小格的总长度为 49 mm,游标卡尺的最小分度 $\Delta x=0.02$ mm)。下面以 50 分度游标卡尺为例,讨论其读数规则。当游标卡尺合拢时,游标尺的 0 刻度线与主尺的 0 刻度线对齐,如图 2-1-4 所示。当用游标卡尺测量时,如果物体的长度为 $l$,那么游标尺的 0 刻度线与主尺的 0 刻度线之间的距离即为 $l$,如图 2-1-5 所示。长度 $l$ 的毫米以上整数部分可以直接从主尺上读出,即游标尺 0 刻度线左侧的主尺刻度线读数为 $l_0$,毫米以下部分从游标尺上读出,由图 2-1-5 可知,游标尺上第 24

条刻度线与主尺上某条刻度线对齐，故 $\Delta l=24\times0.02\ \text{mm}=0.48\ \text{mm}$。而 $l_0=21\ \text{mm}$，所以被测物体总长度 $l=l_0+\Delta l=21\ \text{mm}+0.48\ \text{mm}=21.48\ \text{mm}$。实际上，为了读数的方便，在游标尺上刻有 0，1，…，10 数字，利用这些数字，$\Delta l$ 的数值可以从游标尺上直接读出，不需要从头数格数。如游标尺上 2 刻度线与主尺某刻度线对齐，则 $\Delta l=0.20\ \text{mm}$；若 5 刻度线与主尺某刻度线对齐，则 $\Delta l=0.50\ \text{mm}$；如图 2-1-5，游标尺上“4”右边第4 条刻度线与主尺某刻度线对齐，则$\Delta l=0.48\ \text{mm}$。

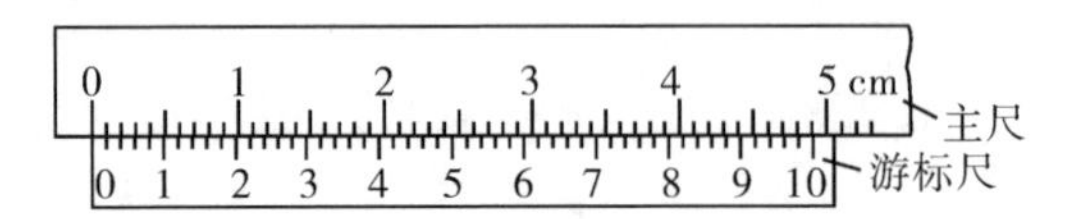


图 2-1-4　50 分度游标卡尺读数初始状态图

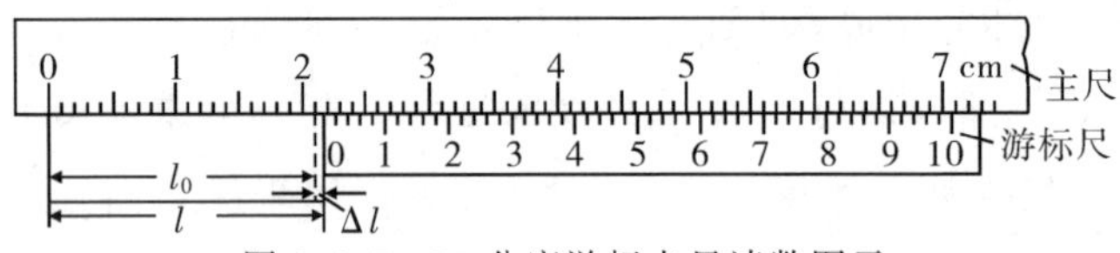


图 2-1-5　50 分度游标卡尺读数图示

参照以上两例，可总结出游标卡尺的读数规则，读数分两步：①从游标尺 0 刻度线在主尺的位置读出毫米的整数；②从游标尺上与主尺某刻度线对齐的位置读出毫米以下的小数。用游标卡尺测量长度 $l$ 的普遍表达式为

$$l=l_0y+k\Delta x$$

式中 $l_0$ 是游标尺的 0 刻度线所在主尺位置对应的整毫米数，$k$ 是游标尺的第 $k$ 条刻度线与主尺的某刻度线对齐，$y=1\ \text{mm}$。

50 分度游标卡尺的测读误差，可认为在 0.01 mm 这一位上，因此不需要估读。

(3)游标卡尺的使用方法

测量前先检查零点，合拢量爪，检查游标尺 0 刻度线与主尺 0 刻度线是否对齐，应记下初读数，加以修正。若游标尺 0 刻度线在主尺 0 刻度线右方，初读数为正；若游标尺 0 刻度线在主尺 0 刻度线左方，初读数为负。被测物体的长度等于修正前的读数减去初读数。使用游标卡尺时，要特别注意保护量爪的量刃，使之不被磨损，不允许用游标卡尺来测量表面粗糙的物体，尤忌在卡紧的状态下挪动被测物体。

3.螺旋测微器

螺旋测微器又叫千分尺，它是比游标卡尺更精密的长度测量仪器。它的分度值是 0.01 mm，测量时，应估读到 0.001 mm 这一位。常用的螺旋测微器的量程是 0～25 mm。

(1)螺旋测微器的构造

螺旋测微器的结构如图 2-1-6 所示。它的主要部分是一根微动螺杆 B(其螺距是 0.5 mm)和固定套管 D。当微动螺杆在固定套管中转动一周时，螺杆本身就会沿轴线方向前进或后退 0.5 mm。微分筒 E 和微动螺杆连成一体，其周边等分 50 个小格。当微动螺杆沿轴线方向前进(1/50)×0.5 mm(即 0.01 mm)时，微分筒转过一小格。这一小格所表示的

0.01 mm称螺旋测微器的分度值。因此借助螺旋的转动，将螺旋的角位移转变成直线位移，可进行长度的精密测量，这就是所谓机械放大原理。棘轮旋柄 F 通过摩擦与微分筒连在一起，转动棘轮旋柄，微分筒也随之转动。安装棘轮旋柄的目的是保证测量过程中微动螺杆 B 与测砧 G 之间的压力保持一致，并保护微动螺杆的螺距不因压力过大而损坏。

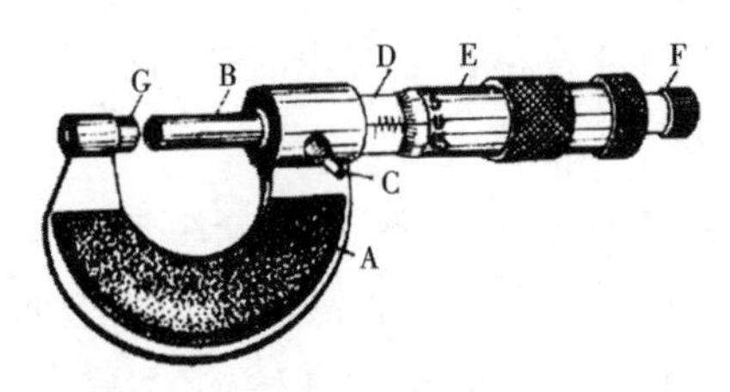


A.尺架　B.微动螺杆　C.锁紧装置　D.固定套管　E.微分筒（或活动套管）　F.棘轮旋柄　G.测砧

图 2-1-6　螺旋测微器结构说明图

(2)螺旋测微器的读数方法

测量物体长度时，应轻轻转动螺旋柄后端的棘轮旋柄，推动微动螺杆，把被测物体刚好夹住。读数也分两步：①根据微分筒(或活动套管)的前沿在固定套管上的位置，从固定套管的固定标尺横线上边读出整格数(每格为 1 mm)；②从固定套管横线下边的“过半线”和横线所对微分筒圆周上的刻度，读出毫米以下的部分，估读到 0.001 mm 这一位上。两者相加就是测量值。

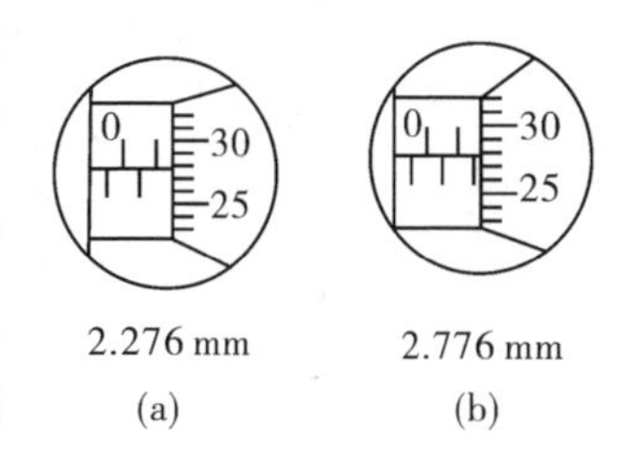


图 2-1-7　螺旋测微器读数方法原理图

所谓“过半线”是指固定套管标尺横线下边的半毫米指示线。如图 2-1-7 中的(a)和(b)的读数分别为 2.276 mm 和 2.776 mm。(b)的情况表示微动螺杆移动 2 mm 后，微分筒又转动了一周，即微动螺杆又移动了 0.5 mm，所以应该把这半毫米连同微分筒上刻度 0.276 mm 一同加起来，最后读成 2.776 mm。这种情况容易少读 0.5 mm。

(3)使用螺旋测微器的注意事项

①测量前应记录初读数。转动棘轮旋柄，使螺杆和测砧刚好接触，看微分筒的边与固定套管的0 刻度线是否对齐，微分筒的 0 刻度线与固定套管上标尺中线是否对准。若对准了，则零点读数为 0。实验中使用的螺旋测微器，由于调整得不充分或使用不当，其初始状态一般达不到上述要求，都有一个不为 0 的初读数，要如实记录。如图 2-1-8 所示，记录时注意初读数的正负号。若微分筒上的 0 刻度线在标尺中线以上，则初读数为负值[如图 2-1-8(a)]；反之，若 0 刻度线在标尺中线以下，则初读数为正值[如图 2-1-8(b)]。测量时，测出的读数减去初读数后才是被测长度的测量值。

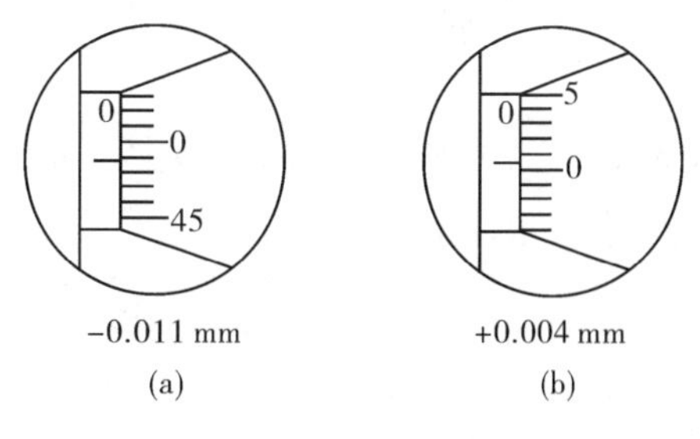


图 2-1-8　初读数为负值的螺旋测微器(a)和初读数为正值的螺旋测微器(b)

②记录初读数及夹紧被测物进行测量时，应轻轻转动棘轮旋柄推进微动螺杆，不要直接用力拧转微分筒，以免被测物被夹得过紧而产生形变，影响测量结果及损坏仪器。在转

动棘轮旋柄时只要听到“喀喀……”的声响，就可以进行读数了。

③使用完毕后，应在微动螺杆和测砧之间留有一定的间隙，以免因受热膨胀而损坏螺纹。

4.读数显微镜（详见第四单元第一章中光学实验基本仪器介绍部分）

5.光杠杆

光杠杆是一种利用放大法测量微小长度变化的常用仪器，具有很高的灵敏度。

(1)光杠杆放大装置的结构

光杠杆放大装置主要由光杠杆和镜尺两大部分组成。光杠杆装置如图 2-1-9 所示。在一平板（或一“T”形横架）下面固定 3 个尖足 a、b、c，平板上面在 b、c 两尖足方向安置一平面镜 M，M 可绕 d、e 轴转动。测量时一般先调节镜面与平板垂直。镜尺装置如图 2-1-10 所示，它由望远镜 T 和标尺 S 组成。

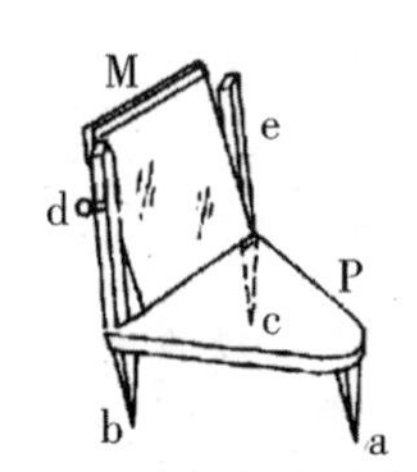

图 2-1-9　光杠杆装置结构图

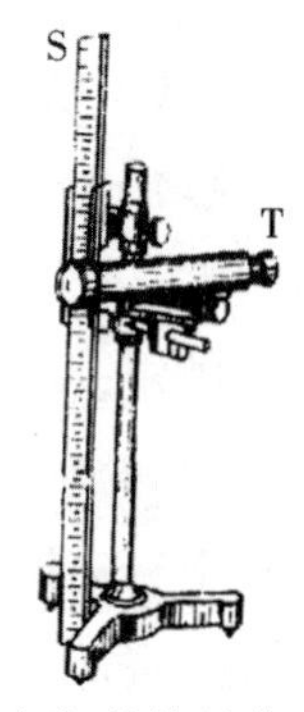

图 2-1-10　光杠杆的镜尺装置结构示意图

(2)光杠杆装置的放大原理

如图 2-1-11 所示，当有一光线 $SO$ 射到平面镜 M 上时，$ON_1$ 为其法线，则反射光线为 $OA_1$，若这时尖足 a 因某种原因被抬高 $\delta$，光杠杆将以尖足 b、c 的连线为轴转动 $\theta$ 角，由图可知

$$\tan\theta=\frac{\delta}{Z} \tag{2-1-1}$$

式中 $Z$ 为光杠杆的臂长，即尖足 a 到 b、c 连线的垂直距离。当 $\delta \ll Z$ 时，$\theta$ 很小，则

$$\tan\theta\approx\theta$$

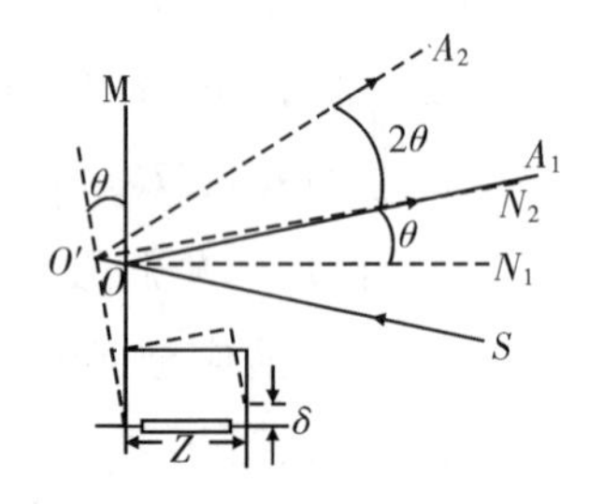

图 2-1-11　光杠杆放大原理光线图

即有

$$\theta\approx\frac{\delta}{Z} \tag{2-1-2}$$

此时法线 $ON_1$ 转到 $O'N_2$ 位置，反射光线为 $O'A_2$。反射光线的偏转角为 $2\theta$，它是光杠杆偏转角的 2 倍。

测量时，如图 2-1-12 所示，将镜尺装置放于光杠杆正前方 1.5～2.0 m 处，标尺在铅直方向，仪器调整好后，可从望远镜中看到经平面镜反射的标尺 S 的像。平面镜在 $M_1$ 位置时，望远

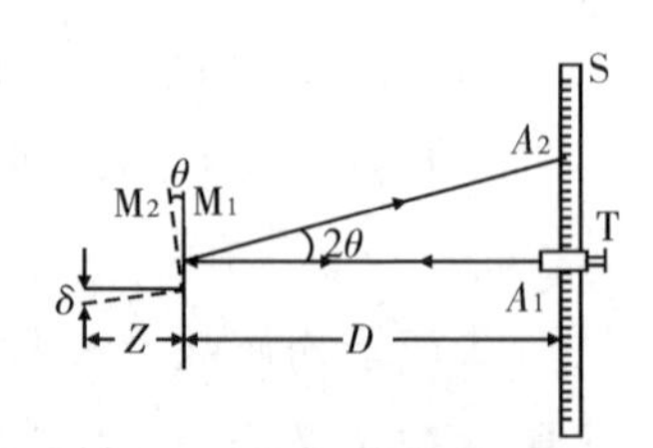

图 2-1-12　光杠杆放大原理图

镜 T 中叉丝对准竖直标尺上的刻度为 $A_1$，当平面镜转动 $\theta$ 角到 $M_2$ 时，根据光的反射定律，反射光线将转动 $2\theta$ 角，这时望远镜中的叉丝对准竖直标尺上的刻度为 $A_2$，由图可见

$$\tan 2\theta = \frac{|A_2 - A_1|}{D}$$

式中 $D$ 为标尺到平面镜 $M_1$ 的距离。当 $2\theta$ 很小时，

$$\tan 2\theta \approx 2\theta$$

即有

$$2\theta \approx \frac{|A_2 - A_1|}{D} \tag{2-1-3}$$

由(2-1-2)(2-1-3)两式可得

$$\delta = \frac{Z|A_2 - A_1|}{2D} \tag{2-1-4}$$

由式(2-1-4)可知，微小变化 $\delta$ 可以通过 $Z$、$D$、$|A_2 - A_1|$ 这些易测准的量间接地测量出来。光杠杆将微小长度 $\delta$ 放大为标尺上的相应位移 $|A_2 - A_1|$，$\delta$ 被放大了 $\frac{2D}{Z}$ 倍。实验中，若取 $D=1.5$ m，$Z=7.5$ cm，则 $\delta$ 被放大了约 40 倍。为了进一步提高放大倍数，有的仪器(如灵敏电流计)采用了光杠杆多次反射。

(3)光杠杆放大装置的调节

①将光杠杆放在平台上，使平面镜镜面与平台垂直，光杠杆三尖足在同一水平面内。

②将望远镜、标尺架先靠近平台，使望远镜中心与光杠杆反射中心等高，再移开至 1.5～2.0 m 远处。先用肉眼从不同方向观看平面镜，直到看见镜中有观察者自己面部的像为止，这时视线大致位于镜面法线方向上。

③稍稍转动镜尺支架，使望远镜筒轴对准平面镜。这时，顺着望远镜镜筒的上沿看去，可看到标尺的像。

④调节望远镜目镜至看清叉丝。再调节物镜，从望远镜中能看到标尺的刻度线和叉丝。仔细调节物镜，消除叉丝与标尺刻度线像间的视差。

## 二、时间测量仪器

时间是基本物理量之一，时间的测量也是基本测量，时间的测量可分为时段测量和时刻测量。机械秒表是典型的时段测量仪器，而钟是时刻测量仪器。在物理实验中，常用的计时仪器有机械秒表、电子秒表和数字毫秒计等。

1.机械秒表

机械秒表简称秒表，它分为单针式和双针式两种。单针式秒表只能测量一个过程所经历的时段。双针式秒表能分别测量两个同时开始不同时结束的过程所经历的时间。图 2-1-13 所示的秒表是一种单针式秒表。秒表由频率较低的机械振荡

图 2-1-13 机械秒表——单针式

系统,锚式擒纵调速器,操纵秒针起动、制动和指针回零的控制机构(包括按钮),发条以及齿轮等机械零件组成。

(1)秒表的规格

一般秒表有两个针,长针是秒针,每转一周是 30 s(还有 60 s);短针是分针,每转一圈是 15 min 或30 min(即测量范围是 0~15 min 或 0~30 min)。表面上的数字分别表示秒和分的数值。这种秒表的分度值为 0.1 s 或 0.2 s。

(2)使用机械秒表测量时间所产生的误差

①短时间的测量(几十秒以内),其误差主要是按表和读数的误差,其值约为 0.2 s。如果测量者本人的注意力不够集中或操作不够熟练,这项误差可能增大。

②长时间的测量(1 min 以上),其误差主要是秒表本身存在的快慢的误差,即秒表走动的快慢和标准时间之差。这种误差,每只秒表都不同。因此,在进行较长时间的测量时,使用前应用标准钟对秒表进行校准。

校准时间为所测时间乘校准系数,校准系数是标准表走时与秒表走时之比。例如标准表走时为 215.96 s,秒表走时为 216.8 s,则校准系数 $c=\frac{215.96}{216.8}$,因此真正的时间应是所测时间乘系数 $c$ 的结果。

(3)使用方法

①使用秒表前,须先检查发条的松紧程度。如果发现发条过松,那么应旋动秒表上端的按钮,上好发条,但不宜过紧。

②测量时间时,按下它的按钮,指针开始运动,再按按钮指针停止运动,再按一次则使指针回到零点位置。用秒表可以很方便地记录物体运动的时间。

(4)使用注意事项

①使用时应轻拿轻放,尽量避免震动和摇晃。

②未测量时,不要随便按按钮,以免损坏表针。

③指针不指零时,应记下其数值(即初读数),计时读数时应从测量值中将其减去(注意符号)。

2.电子秒表

实验室常用的电子秒表和数字毫秒计一样是一种较精密的电子计时器。它的机芯采用电子器件 CMOS 大规模集成电路,体积小。目前国产的电子秒表一般都利用石英振荡器的振荡频率作为时间基准,采用 6 位液晶数字显示时间。电子秒表的使用功能比机械秒表多,它不仅能显示分、秒,而且还能显示时、日、星期及月,并且计时精度,可以达到 0.01 s。电子秒表用容量为 100 mA·h 的氧化银电池供电,工作电流一般小于 6 μA,功耗小。电子秒表连续累计计时时间为 59 min 59.99 s,可读到 0.01 s,平均日差±0.5 s。

电子秒表配有 3 个按钮,如图 2-1-14 所示。$S_1$ 为秒表按钮,$S_2$ 为功能变换按钮,$S_3$ 为调整按钮。基本显示的计时状态为"时""分""秒"。

测量时段的方法：

(1)在计时显示的情况下，按住 $S_2$ 按钮 2 s，即可呈现秒表功能，如图 2-1-14(a)所示。按一下 $S_1$ 按钮即可开始自动计秒，然后再按一下 $S_1$ 按钮，停止秒计数，显示所计数据，如图 2-1-14(b)所示。按住 $S_3$ 按钮 2 s，则自动复零，即恢复计时显示，呈现图 2-1-14(a)所示状态，可进行下一次计时。

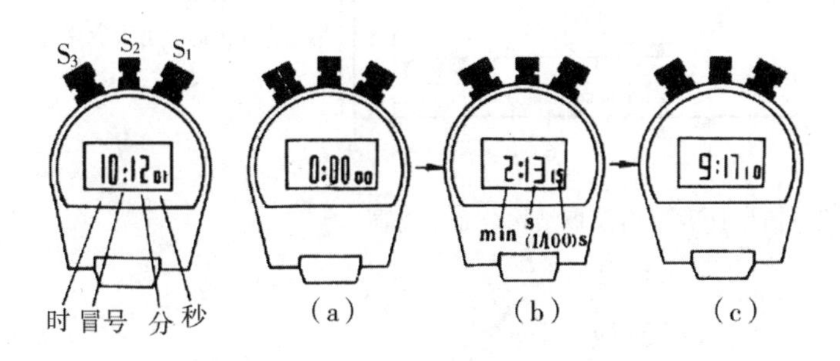


图 2-1-14　电子秒表使用方法说明图

(2)若要记录甲、乙两物体同时出发，但不同时到达终点的运动时间，则可采用双计时功能方式。首先按住 $S_2$ 按钮 2 s，即呈现图 2-1-14(a)所示的秒表功能。然后再按一下 $S_2$ 即开始自动计秒，待甲物体到达终点时再按一下 $S_3$，则显示甲物体的秒计数即停。此时在液晶屏上的冒号仍在闪动，电路内部继续为乙物体累积计秒。待甲物体运动的时间记录下来后，再按一下 $S_3$，显示乙物体的累积秒计数。待乙物体到达终点时，再按一下 $S_1$，冒号不闪动，呈现出乙物体运动的时间。这时若要再次测量，就按住 $S_3$ 按钮 2 s，呈现图 2-1-14(a)所示状态。

(3)若需要进行时刻的校对和调整，首先要持续按住 $S_2$ 按钮，待呈现出时、分、秒的计秒数字闪动时，松开 $S_2$，然后间断地按 $S_1$，待显示出所需调整的正确秒数为止。如还需校正分、时，可按一下 $S_3$，此时，显示分的数字闪动，再次间断地按 $S_1$，待显示出所需调整的正确分数为止。时、日、星期及月的校正方法同上。

**三、MUJ-6B 计算机通用计数器**

电子计时器是近代发展起来的计时仪器，如常用的数字毫秒计、数字频率计等均属此类。这里介绍的 MUJ-6B 计算机通用计数器，是一种采用单片微处理器、程序化控制的仪器，可广泛应用于计时、计数、测频、测速实验中。

1.工作原理

本机以 51 系列单片微机为中央处理器，并编入与气垫导轨等实验相适应的数据处理程序，具备多组实验的记忆存储功能，通过功能选择复位键输入指令，通过数值转换键设定所需数值，通过数据键提取记忆存储的实验数据。本机以 P1、P2 光电输入口采集数据信号，由中央处理器处理数据，通过发光二极管(简称 LED)数码显示屏显示各种测量结果。

2.面板示意图(如图 2-1-15、2-1-16)

(前面板)

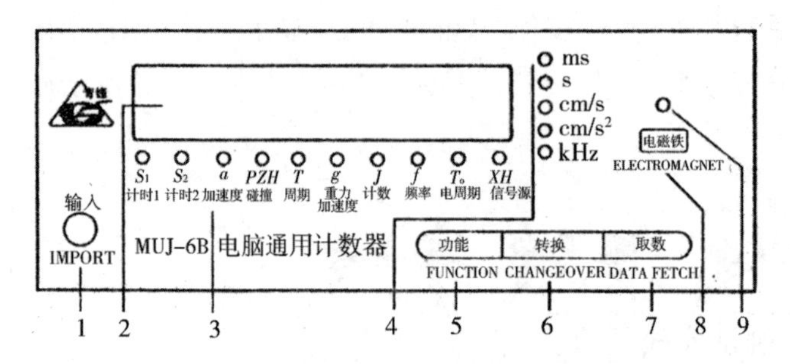


1.测频输入口　2.LED 显示屏
3.功能转换指示灯　4.测量单位指示灯
5.功能选择/复位键　6.数值转换键
7.取数键　8.电磁铁键
9.电磁铁开关指示灯

图 2-1-15　计算机通用计数器前面板结构分布示意图

(后面板)

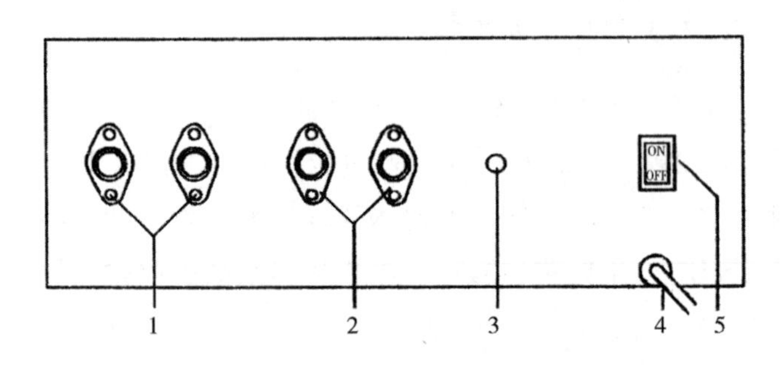


1.P1 光电门插口(外侧口兼电磁铁插口)
2.P2 光电门插口　3.频标输出插口
4.电源线　5.电源开关

图 2-1-16　计算机通用计数器后面板结构分布示意图

3.4 个按键

(1)功能键

用于 10 种功能的选择及取消,显示数据复位。若光电门遮过光,按下功能键后,则清“0”,功能复位。若光电门没遮过光,按下功能键后,则仪器将选择新的功能;或按下功能键不放,则可循环选择功能,直至所需的功能灯亮时,放开此键即可。

(2)转换键

用于测量单位的转换、挡光片宽度的设定及简谐运动周期值的设定。

(3)取数键

在选择计时 1($S_1$)、计时 2($S_2$)、加速度($a$)、碰撞($PZH$)、周期($T$)和重力加速度($g$)功能时,仪器可自动保留前几次实验测量值,按下取数键,即可显示。当显示“E×”时,提示将显示存入的第×次实验测量值。在显示存入值的过程中,按下功能键,会清除已存入的数值。

(4)电磁铁键

按下此键可改变电磁铁的吸合(键上方发光管亮)、放开(键上方发光管灭)。

4.仪器功能与操作

(1)计时 1($S_1$)

该功能键可对任一光电门的挡光时间进行连续测量。自动存入前 20 个数据,按下取数键可查看。

(2)计时 2($S_2$)

测量 P1 口或 P2 口光电门两次挡光时间间隔及自由落体仪配套滑块通过 P1 口或 P2 口光电门的速度。

本仪器可自动存入前 20 个数据，按下取数键可查看。

(3)加速度($a$)

测量滑块通过每个光电门的速度及通过相邻光电门的时间或这段路程的加速度 $a$。

本机会循环显示下列数据：

1　　　　　　第 1 个光电门

××××××　第 1 个光电门测量值

2　　　　　　第 2 个光电门

××××××　第 2 个光电门测量值

1～2　　　　第 1 个至第 2 个光电门

××××××　第 1 个至第 2 个光电门测量值

如连接 3 个或 4 个光电门时，将继续显示 3，2～3，4，3～4 段的测量值。只有再按功能键，清“0”，方可选择下一次测量。

本仪器除显示本次实验数据还具有以下功能：

①存储 2 个光电门前 4 次实验测量值。

②存储 3～4 个光电门前 2 次实验测量值。

③按下取数键可查看存储的测量值。

(4)碰撞($PZH$)

等质量或不等质量碰撞。

P1 口、P2 口各接一个光电门，两只滑行器上装好相同宽度的凹形挡光片和碰撞弹簧，让滑行器从气轨两端向中间运动，各自通过一个光电门后相撞，相撞后根据滑行器质量、初速度的不同分别通过光电门。

本机会循环显示下列数据：

P1.1　　　　　P1 口光电门第 1 次通过

××××××　　P1 口光电门第 1 次测量值

P1.2　　　　　P1 口光电门第 2 次通过

××××××　　P1 口光电门第 2 次测量值

P2.1　　　　　P2 口光电门第 1 次通过

××××××　　P2 口光电门第 1 次测量值

P2.2　　　　　P2 口光电门第 2 次通过

××××××　　P2 口光电门第 2 次测量值

①如滑块第 3 次通过 P1 口，本机将不显示 P2.2 而显示 P1.3。

②如滑块第 3 次通过 P2 口,本机将不显示 P1.2 而显示 P2.3。

本仪器除显示本次实验数据,还可以记忆存储前 4 次实验测量值。按下取数键可查看。

(5)周期($T$)

测量简谐运动 1~9 999 个周期的时间。可选用以下两种方法测量。

①不设定周期数:在周期数显示 0 时,每完成一个周期,显示周期数会加 1。按下转换键即停止测量。显示最后一个周期数约 1 s 后,显示累计时间值。

②设定周期数:按下转换键不放,确认到所需周期数时放开此键即可。(只能设定 100 以内的周期数)每完成一个周期,显示周期数会自动减 1,当最后一次遮光完成时,显示累计时间值。

按下取数键可显示本次实验(最多前 20 个周期)每个周期的测量值,如显示 E2…… 表示第 2 个周期的时间值。

待运动平稳后,按下功能键,即可重新开始测量。

(6)重力加速度($g$)

将电磁铁插入 P1 光电门外侧插口,2 个光电门插入 P2 光电门插口,电磁铁键上方发光管亮时,吸上小钢球;按下电磁铁键,小钢球下落,(同步计时)到小钢球前沿遮住光电门,(记录时间)显示:

1　　　　　　　第 1 个光电门

×××××× $t_1$ 值

2　　　　　　　第 2 个光电门

×××××× $t_2$ 值

本仪器除显示本次实验数据,还可以存储前 5 次实验测量值,按下取数键可查看。

按下功能键或电磁铁键,仪器可自动清“0”,电磁铁吸合。

重力加速度还可用计时 2($S_2$)功能测量。

(7)计数($J$)

测量光电门的遮光次数。

(8)频率($f$)

测量正弦波、方波、三角波。

(9)电周期($T_0$)

$T_0=1/f$,频率较低时,用电周期测量频率值较准确。

(10)信号源($XH$)

将信号源输出插头插入信号源输出插口,可输出频率为 10.000 kHz、1.000 kHz、0.100 kHz、0.010 kHz、0.001 kHz 的方波信号,按下转换键可改变电信号的频率。

如果测试信号误差较大,请检查本仪器地线与测试仪器地线是否相连接。

**四、质量称量仪器——天平**

质量也是一个基本物理量。在物理实验中,测量质量的基本仪器是天平,它是根据等臂杠杆原理设计的。按其称量的准确度高低划分等级:准确度低的称为物理天平;准确度高的称为分析天平。本部分主要介绍物理天平的结构和使用方法。

1.物理天平的构造

如图 2-1-17 所示，物理天平的主要结构：天平的横梁上有 3 个刀口，两侧的刀口 b、b′向上，用以承挂左右秤盘 P、P′；而中间的刀口 a，在称量时，会承担全部重量（包括横梁、秤盘、砝码、被测物），横梁 B、B′中部装有一根与之垂直的指针 J，立柱 H 下部有一标尺 S（从左到右有 20 个分度），通过指针在标尺上所指示的读数，可以确定天平是否达到平衡。在立柱内部装有制动器，而在底部有一制动旋钮 K，旋转制动旋钮可使刀承 d 上下升降。平时刀承降下，使横梁搁在托承 A、A′上，借此保护刀口，同时横梁也不会摆动。天平底座左面装有托架 Q，供有的实验放杯子用。底座上装有底脚螺丝 F、F′，可以调节天平水平放置，底座上有指示水平的水平仪。

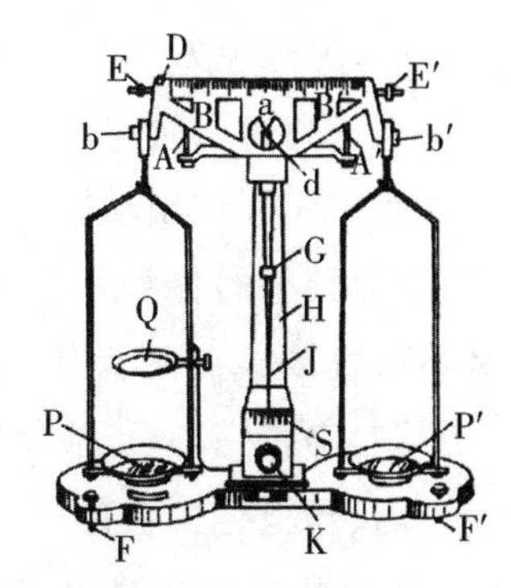


A.、A′.托承　B.、B′.横梁

D.游码　E.、E′.平衡螺母

a.中间刀口　b.、b′.两端刀口

d.刀承　F.、F′.底脚螺丝

G.重心螺丝　H.立柱

J.读数指针　K.制动旋钮

S.标尺　P.、P′.秤盘　Q.托架

图 2-1-17　物理天平构造说明图

2.天平的规格

物理天平的规格由最大称量和感量两个参数来表示。

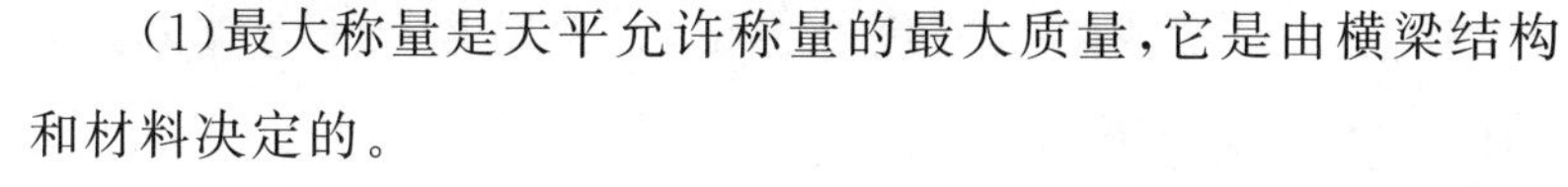

（1）最大称量是天平允许称量的最大质量，它是由横梁结构和材料决定的。

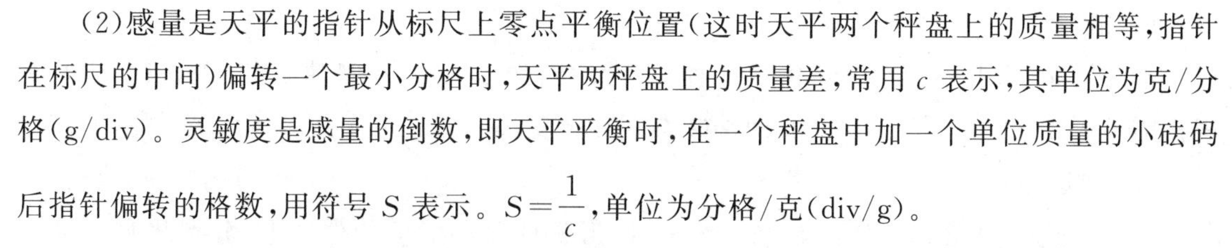

（2）感量是天平的指针从标尺上零点平衡位置（这时天平两个秤盘上的质量相等，指针在标尺的中间）偏转一个最小分格时，天平两秤盘上的质量差，常用 $c$ 表示，其单位为克/分格（g/div）。灵敏度是感量的倒数，即天平平衡时，在一个秤盘中加一个单位质量的小砝码后指针偏转的格数，用符号 $S$ 表示。$S=\frac{1}{c}$，单位为分格/克（div/g）。

天平的灵敏度由臂长、指针长度、梁的质量和质心到中间刀口的距离决定。调节套在指针上的重心螺丝的位置，可以改变天平的灵敏度，重心越高，灵敏度越高。

实验室常用的物理天平的规格有两种：一种最大称量为 500 g，空载状态的感量为 0.2 g/div；另一种最大称量为 1 000 g，空载状态的感量为 0.1 g/div。

3.天平的使用规则

（1）使用天平前，要首先了解天平的最大称量和感量（参见天平标牌）；检查天平横梁、吊耳、秤盘是否安装正确；检查砝码是否齐全。

（2）调水平：调节天平底脚螺丝，使水平仪的气泡移到中心小圈中，以保证立柱铅直。（有的天平用垂直锤是否对准铅垂准钉来判断）

（3）调等臂：将游码移到横梁左端 0 刻度线上，顺时针旋转制动旋钮，支起横梁，观察指针是否停在标尺中央。如不在中央，可调节横梁两端的平衡螺母，使指针指向中央或左右摆动格数相等。

（4）称量时，左盘放待测物，右盘放砝码。被测物和砝码要放在天平秤盘中央。加减砝码和移动游码时，必须使用镊子，严禁用手拿或拨动。异组砝码不可混用。

(5)为避免刀口受损，使天平处于良好工作状态，必须切记：在取放物体和砝码，或调节平衡螺母和游码时，都应将制动旋钮逆时针旋转到底，使天平处于制动状态。最佳操作应为左手始终握住制动旋钮，以便随时升降横梁。

(6)天平的各部分及砝码都要防锈、防蚀。因此高温物体、液体及具有腐蚀性的化学药品不得直接放在秤盘内。

(7)实验完毕后，应使天平处于制动状态，并将吊耳摘离刀口。

## 五、气垫导轨装置

1.气垫导轨装置的基本结构(如图 2-1-18)

(1)导轨

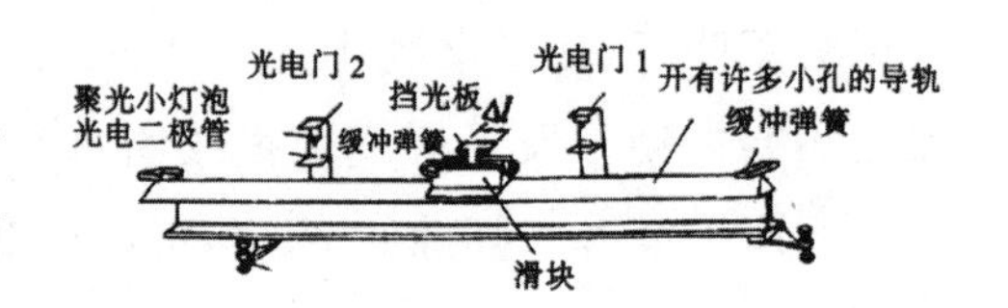


图 2-1-18　气垫导轨装置基本结构示意图

导轨是用三角形中空铝合金管制成的，为防止发生形变，被固定在工字钢梁上，梁下有 3 个用以调节水平的底脚螺丝。导轨长 1.5～2 m，两个侧面均匀分布着两排小气孔。导轨一端被封住，另一端装有进气嘴。压缩空气被气泵送入空腔管后，就从侧面的小孔喷出，可以将运动在导轨上的物体(滑块)托起 10～100 $\mu$m。导轨两端装有缓冲弹簧，一端还装有气垫滑轮。在工字钢梁上的前沿表面上粘有一个薄片式的刻度尺。

(2)滑块

滑块用角铝制成。分大、小滑块两种：大滑块长约 25 cm，小滑块长约 15 cm。其上面根据需要可安置挡光片或附加物，两端装有缓冲弹簧等。

(3)光电门

光电门是一种光电转换装置，在一块铝 U 形板两侧相对应的位置上，分别装有小聚光灯和光电二极管。当光电二极管上的光发生变化时，利用其产生的脉冲信号触发数字毫秒计进行计时或停止计时。

2.气垫导轨装置的使用和维护

(1)先送气，再将滑块骑在导轨上；实验完毕后，先将滑块取下，再断气源。在没有送气时，不得推动滑块，以免磨损导轨表面。

(2)经常对气垫表面进行清洁保养，去掉表面的油污、灰尘。导轨的气腔也要定期清除灰尘，气孔也要经常疏通，以保证对滑块产生的浮力是均匀的。

(3)定期检查导轨的平直度，并做相应的校正。

## 六、温度测量仪器

温度的测量是热力学基本测量之一。测量温度的仪器有多种，如利用体积与温度的关系制成的气体温度计、液体温度计、固体温度计；利用电阻与温度的关系制成的铂电阻温度计、热敏电阻温度计；利用热电动势与温度的关系制成的热电偶温度计；利用辐射与温度的关系制成的光学高温计等。它们均利用了物质的某种物理特性随本身热状态的改变而变化的性质制造而成。各种测温仪器都有相应的测温范围和误差,实验时要根据温度的高低和被测物体的状态,选取适当的温度计。

实验室常用的测温仪器有玻璃水银温度计和热电偶温度计。关于热电偶温度计详见第一篇的有关内容,本部分只介绍水银温度计。

1.水银温度计的优点

以水银、酒精或其他有机液体作为测温物质的玻璃柱状温度计统称为玻璃液体温度计。这种温度计是利用测温物质的热胀冷缩性质来测量温度的。测温物质被封闭在一支下端为球泡、上端接一内径均匀的毛细管玻璃柱体内。测温液体受热后,由于液体的体胀系数大于玻璃的体胀系数,我们从而能看到毛细管中的液柱升高,从管壁的标度可读出相应的温度值。

多数液体温度计,用水银作为测温物质,它具有下列优点:

(1)水银不润湿玻璃。

(2)在 101 325 Pa 大气压强(1 个标准大气压)下,可在 -38.87 ℃(水银凝固点)~356.58 ℃(水银的沸点)较广的温度范围内保持液态。

(3)水银随温度上升而均匀地膨胀,可以认为其体积改变量与温度改变量成正比;热传导性能良好且较纯净。

正因为水银作为测温物质有上述优点,因此较精密的玻璃液体温度计多为水银温度计。

2.水银温度计的种类和规格

(1)标准水银温度计

一等、二等标准水银温度计是用以校正各类温度计的标准仪器。一等标准水银温度计总测温范围为 -30 ℃~350 ℃,其分度值为 0.05 ℃,仪器误差为 0.01 ℃。每套由 9 支或 13 支测温范围不同的温度计组成,用于检定或校正二等标准水银温度计。二等标准水银温度计总测温范围也为 -30 ℃~350 ℃,分度值为 0.1 ℃或 0.2 ℃,一般是 7 支一组,是用以校正各种常用玻璃液体温度计的标准温度计。标准温度计出厂时,每支均有检定证书,应当每过一段时间再送计量部门去复检。

(2)实验玻璃水银温度计

在实验室和工业生产中精确测量温度时,均采用实验玻璃水银温度计,其总测温范围为 -30 ℃~300 ℃,由 6 支不同测温范围的温度计组成,分度值为 0.1 ℃或 0.2 ℃,仪器误差为0.05 ℃。

(3)普通玻璃水银温度计

测温范围分为 0 ℃~60 ℃、0 ℃~100 ℃、0 ℃~150 ℃、0 ℃~300 ℃等几种,分度值为 1 ℃或 2 ℃。

(4)贝克曼水银温度计

贝克曼水银温度计是实验室用于精细测量温度变化的温度计,分度值为 0.01 ℃,测量范围只有 5 ℃，但是测量温度的起点可在一定范围内调节。

3.水银温度计的误差与校正

在制造玻璃水银温度计时，玻璃中总会残留些应力，它将使温度计的玻璃逐渐有些微小的变形，致使校准过的温度计经过一段时间后，其校准值又出现偏差，因此温度计的校准要定期进行。

(1)二定点的校正

温度计的校准，一般在实验室是进行水的冰点和沸点这二定点的校正。

①冰点校正

将用蒸馏水制造的冰做成冰屑，放到清洁的冰点计中(如图 2-1-19)，压紧后，倒入蒸馏水，用一清洁的玻璃棒插入冰屑中形成一空洞，将温度计插入洞中，使 0 ℃刻度线刚刚露在上面，将多余的水从下面放出。经过约 10 min，如果示值稳定就读出温度计指示值为 $\Delta_0$，它即是 0 ℃时温度计的指示值。

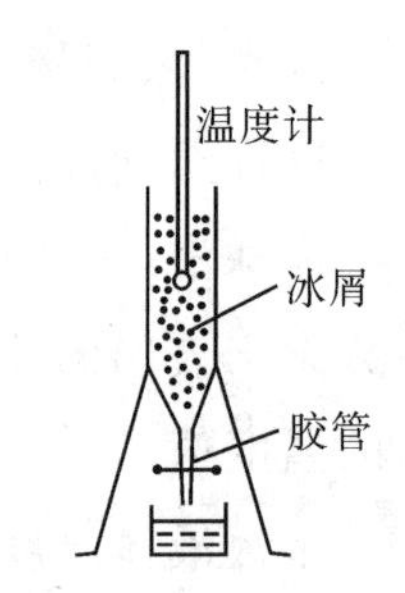

图 2-1-19 水银温度计冰点校正示意图

②沸点校正

图 2-1-20 所示的为沸点计，用以在水的沸点对温度计进行定点校正。将温度计插入筒中，只露 100 ℃刻度线附近的刻度线。用电炉或煤气炉加热，待水沸腾 10 min 后，如果示值稳定就可读出温度计指示值 $\theta$，水压计读数 $\Delta h$(cm)及气压计读数 $p$(Pa)，则指示值 $\theta$ 对应的准确温度 $\theta_0$ 为

$$\theta_0 = 100 + 2.753 \times 10^{-4}(p - 101\ 325 + \Delta h \times 9.8) \quad (2\text{-}1\text{-}5)$$

经过二定点校正，可求出温度计刻度的每 1 ℃的实际温度差 $a$

$$a = \frac{\theta_0}{\theta - \Delta_0} \quad (2\text{-}1\text{-}6)$$

使用 0 ℃读数为 $\Delta_0$、刻度每 1 ℃的实际温度差为 $a$ 的温度计，测得某一温度的温度计读数为 $t'$，则其实际温度 $t$ 为

$$t = (t' - \Delta_0) \cdot a \quad (2\text{-}1\text{-}7)$$

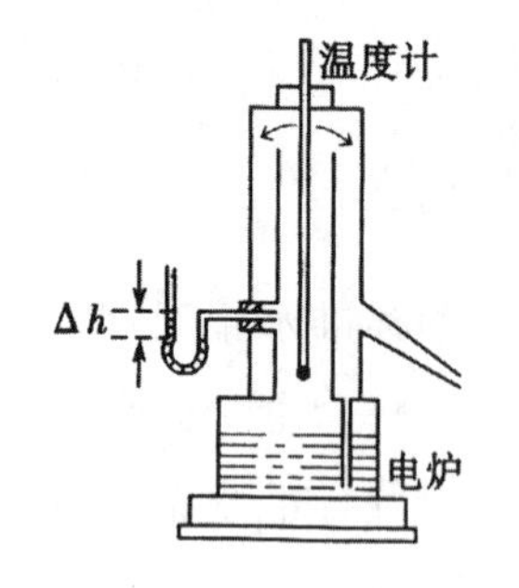

图 2-1-20 水银温度计沸点校正示意图

(2)对水银温度计露出部分的校正

制作水银温度计的刻度时，有的是将温度计全部浸入温度已知的介质中，在水银柱全部均匀受热的情况下刻出来的，这种称为全浸式温度计；有的是将温度计的局部浸入介质中，仅有部分水银柱受热时刻出来的，这种称为局浸式温度计。

在使用全浸式温度计测温度时，必须将温度计全部(指水银柱全部)浸入测温介质中。如果实验时做不到这一点就会引入误差，就要对露出部分进行校正。

设温度计读数为 $t$，露出部分周围的气温为 $t'$，露出部分的刻度为 $n$，水银的体胀系数为 $\beta$，玻璃的线胀系数为 $\alpha$，则所测的实际温度 $\theta$ 为

$$\theta = t - n + n\,\frac{1+\beta(t-t')}{1+3\alpha(t-t')}$$

$$\approx t + (\beta - 3\alpha)(t-t')n \tag{2-1-8}$$

式(2-1-8)中$(\beta-3\alpha)(t-t')n$为露出部分的修正值。

(3)滞留与滞后问题引入的误差

温度计的上部是很细的毛细管。在升温和降温后，毛细管中水银丝上部的形状不同，在温度变化时，总有滞留现象，因此在测量温度读数前，应轻轻叩一叩温度计再读数。另外由于热传导速率和热容量的影响，温度计的示值常滞后于实际温度，因而在待测温度变化较快时，不宜使用水银温度计，可以改用反应迅速的热电偶温度计去测量。

## 七、干湿球湿度计

干湿球湿度计由两支相同的温度计A和B组成，如图2-1-21所示。温度计B的测温球上裹着细纱布，纱布的下端浸在水槽内。由于水蒸发时需吸热，所以温度计B所指示的温度低于温度计A所指示的温度。环境空气的湿度越小，水蒸发就越快，吸收的热量就越多，两支温度计指示温度的差就越大。反之，环境空气的湿度越大，水蒸发就越慢，吸取的热量就越少，两支温度计指示温度的差就越小。各温度下温度差与相对湿度(相对湿度$C\%$为实际水蒸气压强和同温度下饱和水蒸气压强之比)关系可从空气的相对湿度表中查出。

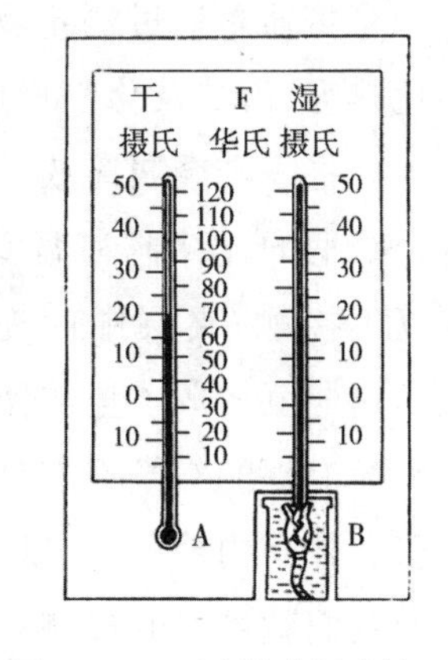


图2-1-21　干湿球湿度计结构示意图

## 八、水银气压计

气压计有多种式样，实验室常用的是福廷式水银气压计(图2-1-22)，其中(a)为其整体图，(b)为上、下部分的断面图。水银槽的上部为玻璃圆筒A，下部为水银囊R，螺旋S可调节水银槽中水银面的高低。水银槽的盖上有一向下的象牙尖I，测气压和定零点时必须使象牙尖I和水银面刚好接触。装水银的玻璃管G置于黄铜管B中。在B的上部窗口露出一部分玻璃管，用以测量水银面的位置。转动游标尺调节螺旋P可上下移动游标尺VV′。当VV′的下沿连线和水银柱顶端相切时，从游标尺读出的标尺读数，为水银面上水银柱的高度，即大气压强。T为温度计，测量室温时使用。

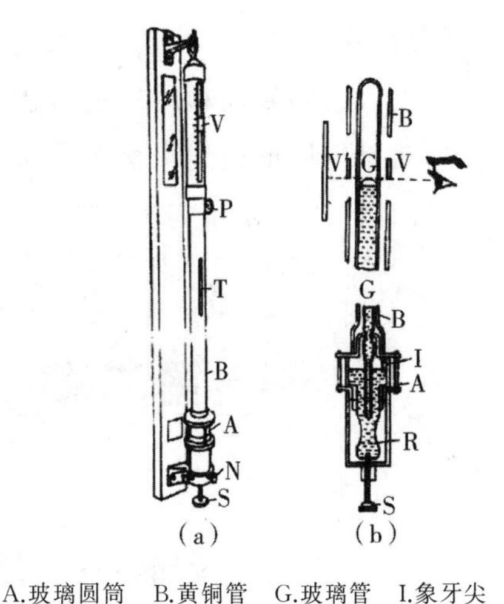


A.玻璃圆筒　B.黄铜管　G.玻璃管　I.象牙尖　N.铅直调节固定螺旋　P.游标尺调节螺旋　R.水银囊　S.汞槽液面调节螺旋　T.温度计　V.游标尺

图2-1-22　水银气压计结构示意图

气压值测量步骤如下：

1.读出气压计上温度计T的数值。

2.松开气压计下部的3个螺旋$N_1$、$N_2$、$N_3$，使气压计自由下垂，在保持气压计铅直方向不变的条件下，重新将 3 个螺旋拧紧。

3.用 S 调节水银面的位置达到和象牙尖 I 刚接触为止，可通过观察 I 和 I 在水银面中的像刚接触去判断。这一步骤对测准气压值很重要，要仔细检查。这时，气压计游标尺的零点刚好在水银面上。

4.旋动 P 慢慢下移游标，直至 VV′的连线与水银柱凸面的顶端相切。

5.从游标上读出的水银柱高度值，就是未经修正的气压值。精确测量时，还必须考虑对温度、重力和仪器误差等项进行修正，这样才能得到当时实际的气压值。

**九、量热器**

1.量热器的结构

量热器是通过测定物体间传递的热量来求出物质的比热容、潜热及化学反应热的仪器，结构如图 2-1-23 所示。将一个金属筒放入另一有盖的大筒中，并插入带有绝缘柄的搅拌器和温度计，内筒放置在绝热架上，两筒互不接触，夹层中间充满不传热的物质（一般为空气），这样就构成了量热器。量热器外筒用绝热盖盖住，使内筒上部的空气不与外界发生对流。一般常将内筒外壁和外筒内壁镀亮，以减小热辐射影响。这样内筒与外筒及环境之间不易进行热交换，因而我们就可以通过测定量热器内筒中被测物体和已知热容量诸物体之间交换的热量，来计算被测物的比热容或潜热等。

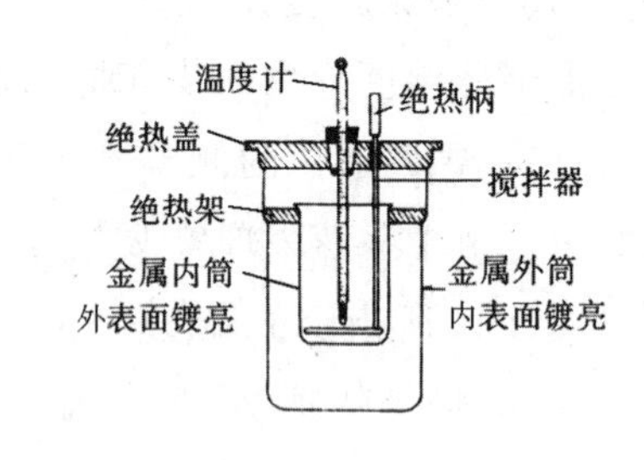


图 2-1-23　量热器结构分布示意图

2.测量方法

用混合法测量物体间传递热量的步骤如下：在内筒中放一定量的水，待内筒温度和水温相同后，投入已知温度和质量的被测物体以进行热交换。用搅拌器不停地搅拌，使整体温度均匀，而且较快地达到平衡。测量被测物体投入前后的水温差，就可以确定被测物体与水、金属内筒、搅拌器间交换的热量。

# 第二章　力学、热学实验

## 实验一　用单摆测重力加速度

［引言］

单摆测重力加速度实验是物理学和科学教育中的一个重要实验，该实验旨在通过单摆的摆动周期和摆长之间的关系，计算出重力加速度的值。重力加速度（$g$）是一个很重要的物理量。测定重力加速度在实际应用中具有重要作用。在有矿床或蕴藏石油的地区，地球的密度不同，$g$ 的数值就会不同。精确测量被勘探地区 $g$ 的数值，能为地下矿藏的性质的探测提供有价值的资料。用单摆测重力加速度的方法是许多测试重力加速度方法中最具代表性的一种，它实验装置简单，方法比较容易被掌握，测量结果的精确度也比较高。

同时，用单摆测重力加速度实验具有一定的人文素养教育价值，能够激发学生对科技和文化的兴趣和探究欲。该实验需要学生进行观察和思考，发现和分析实验数据和结果。这能够促使学生具备一定的批判性思维和判断能力，还能够促进学生的创造性思维和创新能力的发展。

用单摆测重力加速度实验虽然是一种传统的实验方法，但随着科技的发展，现代科技已经被广泛应用于该实验中，进一步提高了实验的精度和可靠性。

高精计时器：现代高精计时器可以精确测量时间，确保实验中计时的准确性。

光电传感器：光电传感器可以检测单摆的运动，并通过计算机软件处理数据，自动测量单摆的振动周期和角度，从而提高实验的精度和效率。

计算机模拟：计算机模拟可以模拟单摆的运动过程，通过输入单摆的周期和长度，计算出重力加速度的值。这种方法能够更快速地获取实验数据，并且可以进行多次模拟实验，有助于提高实验结果的准确性。

［**实验目的**］

1.使用计时器和直尺等简单工具，测量单摆的摆动周期和长度。

2.利用多次测量所得的测量数据，计算出重力加速度的值。

3.掌握用图表法处理实验数据的方法。可以使用更高级的测量仪器和数据处理方法，如计算机模拟软件等。分析采用不同的操作和测量方式产生的实验结果的差异性，以及对实验结果的影响。

4.进行更深入的学习，以了解单摆运动背后的物理规律和科学原理。了解并学习单摆在实际中的应用，例如地震测量、导航、钟表的调整等。

5.采用不同的操作和测量方式对单摆进行改变摆角大小等多个实验。

［**仪器用具**］

单摆、米尺、游标卡尺、秒表、MUJ-6B 计算机通用计数器等。

［**实验原理**］

把一根长为 $l$、质量可以忽略不计的细线的一端固定，另一端拴住一个可以看成质点的小球，使小球在重力作用下摆动，这就构成一个简单的单摆装置，如图 2-2-1 所示。设小球的质量为 $m$，如果不计空气对它的阻力，那么小球位移为 $x$（即摆角为 $\theta$）时所受到的合力为

$$F=-mg\sin\theta \tag{2-2-1}$$

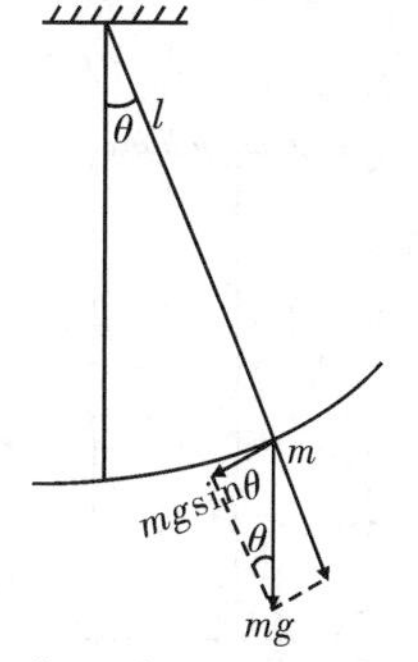

图 2-2-1　单摆装置受力分析示意图

当摆角 $\theta$ 很小时，$\sin\theta\approx\theta$，则上式可以写成

$$F=-mg\theta=-mg\frac{x}{l}$$

即

$$F=-\frac{mg}{l}x \tag{2-2-2}$$

由式(2-2-2)可以看出，当摆角 $\theta$ 很小时，小球的摆动可以近似地看作简谐振动，其常数 $k=\frac{mg}{l}$，周期 $T=2\pi\sqrt{\frac{m}{k}}$，则

$$T=2\pi\sqrt{\frac{l}{g}} \tag{2-2-3}$$

显然，只要测出单摆周期及摆长就可以求出 $g$ 的值。

[仪器描述]

如图 2-2-2 所示，单摆的立柱安装在 T 形三足座上，座上有螺丝来调节立柱的铅直方向。摆长的起始位置有夹紧刀口 E，立柱上端有 4 个螺丝，A、B 为支架螺丝，C、D 为摆线的绕线轴，绕着两条质量不同的单摆摆线。中间 G 为读单摆周期的反射镜，H 为摆幅度板。使用时先调节底座螺丝至在前方看时摆线处于立柱正中，侧面看时摆线与立柱平行。然后调节摆线长，旋松螺丝 A，按下 E 同时旋动绕线轴 D，则摆线可以从缝隙中伸缩，直到符合要求时放开 E 夹住摆线。测摆线长时要旋松螺丝 F，夹住米尺上端，用秒表计时测周期时要注意当摆线、镜上刻度线、摆线在镜中的像三者重合时计时。

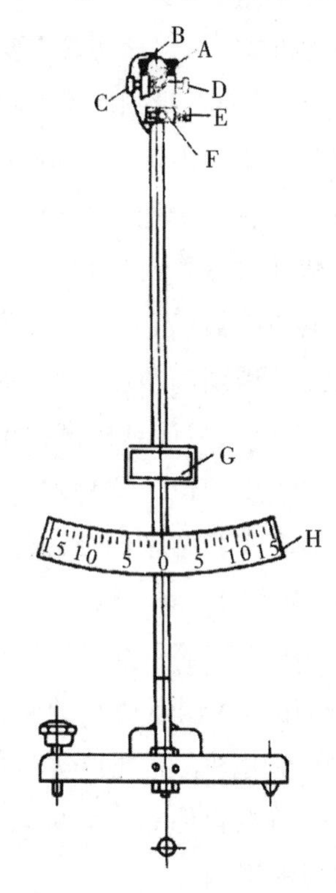


A、B.支架螺丝　C、D.绕线轴　E.夹紧刀口

F.夹尺螺丝　G.反射镜　H.摆幅度板

图 2-2-2　单摆实物装置结构说明图

测量单摆周期一般用秒表，也可用毫秒计、多用数字测试仪等，其构造及使用方法见本单元第一章。

[内容要求]

**基础实验内容——固定、改变摆长测重力加速度**

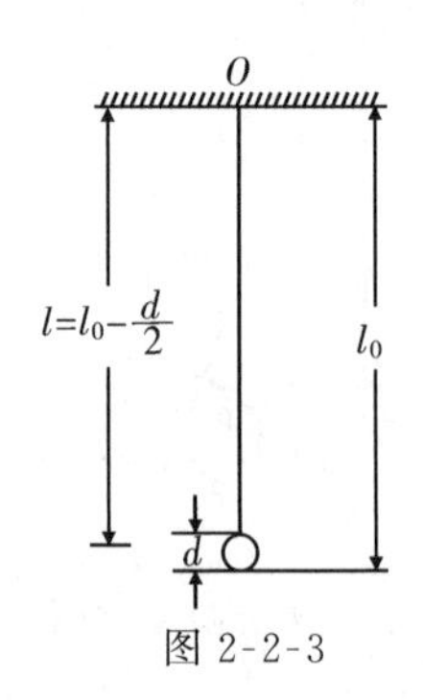


图 2-2-3

1.固定摆长测重力加速度

(1)如图 2-2-3 所示，取摆长约 1 m，用带刀口的米尺测量悬点 $O$ 到小球最低点的距离 $l_0$，再用游标卡尺测小球直径 $d$，则摆长 $l=l_0-\frac{d}{2}$。$l_0$、$d$ 各测 5 次，取平均值。

(2)用秒表测出单摆 30 个周期所用的时间 $t$，共测 5 次。测周期时要注意调好单摆装置，使单摆确实在一个铅垂面内摆动，摆角要小于 5°，要求从小球通过平衡位置时开始计时。

(3)由式(2-2-3)求出 $g$ 值,并求不确定度。

2.改变摆长,用作图法求出 $g$ 值

(1)使摆长从 1 m 开始,每次缩短摆长 10 cm 左右,改变 5 次,测摆长与周期,依据所得数据作 $T^2$-$l$ 图。因为 $T^2=\frac{4\pi^2}{g}l$,所以斜率 $k=\frac{4\pi^2}{g}$,求出图象的斜率就可以求得 $g$ 值。

(2)根据当地重力加速度的标准值,求出所测重力加速度的百分偏差。

**进阶实验内容——改变摆角大小对单摆进行多个实验**

固定摆长约 1 m,改变摆角,测重力加速度。

(1)测量摆角分别为 5°、10°时的周期。

(2)分别求出不同摆角下的 $g$ 值,并加以比较。

实验步骤及其注意事项,依据基础实验内容,自行拟定。并完成相关实验数据表格的设计与填写。

[**问题讨论**]

1.实验中为什么要求 $\theta<5°$,$\theta$ 太小行不行?为什么要使悬线质量很轻、小球必须能看成质点?

2.实验中如果单摆不在一个铅垂面内运动,将会给实验结果带来什么影响?

3.试分析本实验中的偶然误差与系统误差有哪些。怎样减小这些误差?

4.根据式(2-2-3),用 $g$ 的相对改变 $\frac{\Delta g}{g}$ 表示周期的相对改变 $\frac{\Delta T}{T}$。假设有一摆钟,在 $g=980.00\ \text{cm/s}^2$ 处准确计时,拿到高处每天则慢 10 s,利用这个结果求高处 $g$ 的近似值。

5.为了求直线的斜率,在直线上取两点。问:这两点如何选取?

[**数据处理示范**]

1.固定摆长测重力加速度

(1)测摆长

用游标卡尺测小球的直径

**表 2-2-1 用游标卡尺测小球的直径数据记录表**

| 次数 | 1 | 2 | 3 | 4 | 5 | 平均/cm | $\sigma_{\bar{d}}$/cm |
|---|---|---|---|---|---|---|---|
| $d$/cm | | | | | | | |

用米尺测量悬点 $O$ 到小球最低点的距离 $l_0$

**表 2-2-2 单摆装置摆长测量数据表**

| 悬点 $O$ 的位置 $x_1$/cm | 小球最低点的位置 $x_2$/cm | $l_0$/cm | $\sigma_{l_0}$/cm |
|---|---|---|---|
| | | | |

$$\text{则摆长 } l=l_0-\frac{\bar{d}}{2}$$

$$\sigma_l=\sqrt{\sigma_{l_0}^2+\left(\frac{\sigma_{\bar{d}}}{2}\right)^2}$$

用秒表测周期

**表 2-2-3　单摆装置周期测量数据表**

| 次数 | 1 | 2 | 3 | 4 | 5 | 平均/s | $\sigma_{\overline{30T}}$/s |
|---|---|---|---|---|---|---|---|
| $30T$/s | | | | | | | |

$$g=\frac{4\pi^2 l}{T^2}$$

$$\frac{\sigma_g}{g}=\sqrt{\left(\frac{\sigma_l}{l}\right)^2+\left(\frac{2\sigma_{\overline{30T}}}{30T}\right)^2}$$

$$g=\_\_\_\_\_\_\pm\_\_\_\_\_\_(\quad)$$

# 实验二　固体和液体密度的测定

[引言]

密度是物质的基本特性之一,物质的密度与该物质的纯度有关,工业上常用它来作为原料成分的分析和液体浓度测定的依据。一般来说,要测量密度必须先测出物质的质量,而测物质质量时需要使用物理实验中常用的基本仪器——天平。天平是常用的称量物质质量的仪器,是一种等臂杠杆。按其称量的精确度分为几个等级,精确度低的是物理天平,精确度高的是分析天平。不同精确度的天平配置不同等级的砝码。本实验主要是学习物理天平的使用及固体、液体密度测量的基本方法。

物理天平是一种用于比较物体质量的实验仪器,可以用于测量物体的质量和密度。物理天平通常包括两个平衡臂和一个用于调节微小平动的调整钮,可以通过调整调整钮使天平达到平衡状态,从而测量物体的质量或密度。物理天平及其与密度测量相关的原理和应用是物理学和实验科学中的基本内容,对物理学和实验教育的发展具有重要意义。

使用物理天平测定固体和液体密度需要准确测量物体的质量,这要求学生具有诚信和实验精神,不得弄虚作假。要引导学生遵守实验规则,注重实验过程,培养学生诚信、负责、严谨和探究的实验态度。

使用物理天平测定固体和液体密度可以引导学生进行跨学科思维和创新思维,例如运用统计学、数学建模、计算机模拟等方法来处理实验数据,探索新的测量方法和应用。

[实验目的]

1.使用物理天平和试管等简单工具,测量固体和液体的质量和密度。

2.精确读取实验数据,控制实验条件(温度、湿度等),观察和记录实验内容。

3.掌握流体静力称衡法。

4.掌握比重瓶法测密度。

［仪器用具］

物理天平、游标卡尺、比重瓶、被测的固体和液体、蒸馏水、温度计、吸水纸。

［实验原理］

密度是物质的重要属性之一，物质的密度是指单位体积中所含物质的质量，用公式表示为

$$\rho=\frac{m}{V} \tag{2-2-4}$$

式(2-2-4)中，$\rho$ 为物质的密度，单位为千克/立方米($kg \cdot m^{-3}$)；$m$ 为物质的质量，单位为千克(kg)；$V$ 为物质的体积，单位为立方米($m^3$)。测量物质的密度，就是要称量其质量和确定其体积。物体的质量可用天平去称量。而其体积，只有外形规整且不复杂的固体，才可以直接测量其外形尺寸，利用公式计算；对于外形不规则的固体或液体，则必须用其他方法。

1.用流体静力称衡法测固体的密度

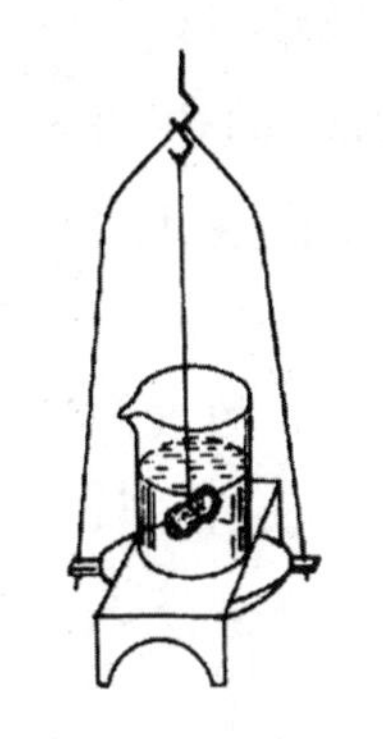

图 2-2-4　流体静力称衡法结构示意图

设被测物不溶于水，其质量为 $m_1$，在空气中的重力为 $m_1g$，用细丝将其悬吊在水中所称量的值为 $m_2$，视重为 $m_2g$，如图 2-2-4 所示。又设水在当时温度下的密度为 $\rho_0$，物体体积为 $V$，依据阿基米德定律，物体在水中所受浮力的大小等于它排开水所受的重力。即

$$m_1g-m_2g=\rho_0Vg$$

其中 $g$ 为重力加速度。可得

$$V=\frac{m_1-m_2}{\rho_0} \tag{2-2-5}$$

测出水的温度，就可从常数表中查出 $\rho_0$ 的值，因此可从上式求出物体的体积，而物体的密度为

$$\rho=\rho_0\frac{m_1}{m_1-m_2} \tag{2-2-6}$$

若被测物的密度小于液体的密度，则可以采用如下方法：将物体拴上一个重物，加上这个重物后，物体连同重物可以全部浸没在水中，这时进行称量，如图 2-2-5(a)，称量后质量为 $m_3$，再将物体提升到水面之上，而重物仍浸没在水中，这时再进行称量，如图 2-2-5(b)，称量的质量为 $m_4$，则物体在水中所受的浮力为$(m_4-m_3)g$。物体的密度为

$$\rho=\rho_0\frac{m_1}{m_4-m_3} \tag{2-2-7}$$

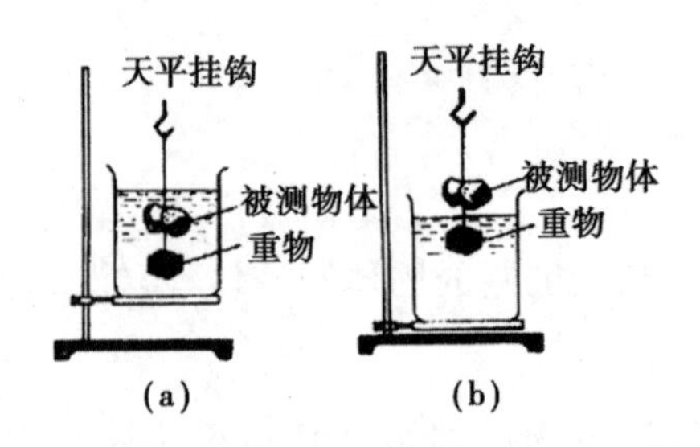


图 2-2-5　流体静力称衡法(测量物体密度小于液体密度)示意图

2.用静力称衡法测液体的密度

此法要借助于不溶于水并且和被测液体不发生化学反应的物体(一般用玻璃块)。

设物体质量为 $m_1$,将其悬吊在被测液体中所称量的值为 $m_2$,悬吊在水中所称量的值为 $m_3$,则参照上述讨论,可得被测液体密度为

$$\rho=\rho_0\frac{m_1-m_2}{m_1-m_3} \tag{2-2-8}$$

3.用比重瓶法测液体的密度

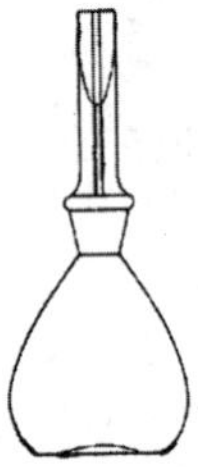

图 2-2-6 所示的为常用的比重瓶,它在一定的温度下有一定的容积。如将液体注入比重瓶中后,塞好瓶口,多余的液体将从塞中的毛细管流出,比重瓶中液体的体积将保持一定。

图 2-2-6　比重瓶结构图

设空比重瓶的质量为 $m_1$,比重瓶充满密度为 $\rho$ 的被测液体时的质量为 $m_2$,充满和液体同温度的蒸馏水时的质量为 $m_3$,比重瓶在该温度下的容积为 $V$,则

$$\rho=\frac{m_2-m_1}{V} \tag{2-2-9}$$

$$V=\frac{m_3-m_1}{\rho_0} \tag{2-2-10}$$

其中 $\rho_0$ 为水的密度。由式(2-2-9)(2-2-10)得出

$$\rho=\rho_0\frac{m_2-m_1}{m_3-m_1} \tag{2-2-11}$$

$\rho_0$ 可从附录表中查出,因此可用上式求出被测液体的密度 $\rho$。

[内容要求]

### 基础实验内容——利用天平测量固体、液体的密度

1.调整天平

具体要求见本单元第一章天平的结构和使用部分。

2.测量外形规整的物体的密度

(1)用游标卡尺测量物体的外形尺寸并求出其体积 $V$。

(2)首先,将物体放在物理天平的左盘上,称量物体的质量为 $m_1$。所放砝码的质量要调整到使测得的天平的停点和已测出的天平零点之差小于 0.5 分格为止。

其次，将物体放在天平的右盘上，再称量一次，得出质量为 $m_2$。二者的差异是由天平横梁两侧的实际臂长不等引起的，可以认为物体的质量等于 $m_1$ 和 $m_2$ 的平均值。（见附记）

天平横梁不等臂将使质量的测量产生误差，用在左、右两侧称量的方法——复称法可以消除这种误差。

(3)计算物体的密度及不确定度。

3.用流体静力称衡法测固体的密度

(1)将物体放在左盘上称得其质量为 $m_1$。（是否需要复称，要依据要求 2 确定）

(2)用细尼龙线将物体吊在天平横梁左侧的挂钩上，如图 2-2-4 所示，将物体浸入盛有水的烧杯中，测出天平平衡时的质量为 $m_2$。

(3)测出水温，并从附表中查出该温度时水的密度 $\rho_0$。

(4)计算物体的密度及不确定度。

**进阶实验内容——用静力称衡法和比重瓶法测液体的密度**

1.用静力称衡法测液体的密度

(1)将玻璃块放在左盘上称得其质量为 $m_1$。（是否需要复称，要依据要求 2 确定）

(2)用细尼龙线将玻璃块悬吊在天平横梁左侧的挂钩上，并将玻璃块浸入被测液体中，称衡值为 $m_2$。

(3)将其悬吊在水中称衡值为 $m_3$。

(4)测出水温，并从附表中查出该温度时水的密度 $\rho_0$。

(5)计算液体的密度及不确定度。

2.用比重瓶法测液体的密度

(1)用天平称得烘干的比重瓶的质量为 $m_1$。

(2)用移液管将被测液体注入比重瓶中，称得其质量为 $m_2$。

(3)将液体倒回原瓶中，用蒸馏水冲洗几次比重瓶之后再注入蒸馏水，将比重瓶外部擦干后，称得其质量为 $m_3$。

(4)测量液温和水温，保持二者温度一致。

(5)计算液体在测量温度下的密度及不确定度。

［注意事项］

1.使用天平时必须遵守操作规则。

2.使用天平称量时，要按天平的操作步骤进行。

3.测固体的密度时，测量前要注意除去物体周围附着的气泡。

4.实验中手不要直接接触比重瓶、水和被测液体。流到外面的液体用吸水纸或小毛巾擦干。

［问题讨论］

1.在天平的操作规则中，哪些规定是为了保护刀口的？哪些规定是为了保证测量精确度的？

2.何谓复称法？为何要进行复称？是否任何情况下都必须进行复称？当用两臂长之比 $\frac{l_1}{l_2}=1.0001$ 的物理天平称一质量为 30.00 g 的物体时，要加多少克砝码才能使天平平衡？此时是否有复称的必要？

3.实验中所用的水是事先放置在容器里的蒸馏水。用当时从水龙头里放出来的自来水好不好？

4.实验中用来把物体吊起来的线为什么要用细线而不用粗线？如果线的粗细相同，用棉线、尼龙线、铜线，哪种好？试定性说明。

［附记］

### 天平不等臂引起的系统误差的修正

假设天平横梁的左右两臂有稍许差异，左侧长为 $l_1$，右侧长为 $l_2$。将质量为 $m$ 的物体置于左盘上称量，右盘上加质量为 $m_1$ 的砝码时横梁保持水平；再将物体置于右盘上称量，左盘上加质量为 $m_2$ 的砝码时，横梁保持水平，则必定有

$$mgl_1=m_1gl_2,\quad m_2gl_1=mgl_2 \tag{2-2-12}$$

两式相除消去 $g$、$l_1$、$l_2$，得出

$$\frac{m}{m_2}=\frac{m_1}{m}$$

即

$$m^2=m_1m_2$$

所以

$$m=\sqrt{m_1m_2}$$

实际上 $m_1$ 和 $m_2$ 相差很小。为了计算简便，令 $m_2=m_1+\Delta m$，并将其代入上式得

$$m=m_1\sqrt{1+\frac{\Delta m}{m_1}}$$

展开上式，取一次近似可得

$$m=m_1\left(1+\frac{1\Delta m}{2m_1}\right)=\frac{1}{2}(m_1+m_2)$$

一般是在复称之后，根据上式求物体的质量 $m$。

另外，从式(2-2-12)的二式消去 $m$ 和 $g$，可得出

$$\frac{l_1}{l_2}=\frac{m_1l_2}{m_2l_1}$$

即

$$\frac{l_1}{l_2}=\sqrt{\frac{m_1}{m_2}}$$

上式表明,可从一次复称算出天平的臂长之比,(实际考查中,物质质量取大一些时,$m_1$、$m_2$ 的差异才明显)当天平的臂长之比已知后,又可依据式(2-2-12)预测某一被测量可能由于不等臂引起的误差,从而确定该被测量是否有必要进行复称。

[数据处理示范]

用流体静力称衡法测固体的密度

物体在空气中的质量 $m_1=$

估计极限不确定度 $e_{m_1}=$ ,则 $\sigma_{m_1}=\dfrac{e_{m_1}}{\sqrt{3}}$

物体在水中的质量 $m_2=$

估计极限不确定度 $e_{m_2}=$ ,则 $\sigma_{m_2}=\dfrac{e_{m_2}}{\sqrt{3}}$

密度 $\rho=\rho_0\dfrac{m_1}{m_1-m_2}$

$$\frac{\sigma_\rho}{\rho}=\sqrt{\left[\frac{m_2\cdot\sigma_{m_1}}{m_1(m_1-m_2)}\right]^2+\left(\frac{\sigma_{m_2}}{m_1-m_2}\right)^2}$$

$\rho=$______$\pm$______(　　)

## 实验三　牛顿第二定律的验证

[引言]

牛顿第二定律是描述力学系统运动的基本定律之一,通常表述为 $F=ma$,其中 $F$ 表示作用力,$m$ 表示物体的质量,$a$ 表示物体的加速度。该定律表明,物体所受合外力等于物体质量与加速度之积。通过实验,可以验证牛顿第二定律在不同场合下的正确性,促进学生对物理学原理及其应用的深刻理解。本实验与中学物理教学有直接关系,能够使学生较深入地掌握其实质、内容,对提高和加强中学物理教学有重要意义。本实验是利用气垫导轨来测量滑块速度、加速度,进而验证牛顿第二定律的。由于滑块在气垫导轨上运动近似于无摩擦运动,并采用光电控制的数字毫秒计来计时,因此实验结果与理论在一定的误差范围内基本保持一致。

验证牛顿第二定律的实验需要学生具有科学精神和实验精神,要追求真理和实验结果的准确性和可靠性。通过这一实验,可以培养学生勇于探究事实真相、精益求精的优良品质。在实验中,学生需要合作进行实验操作,互相配合,确保实验过程顺利进行,并及时记录实验数据。通过实验,学生可以培养责任意识和团队合作精神,并学习如何在紧张的环境下高效协作完成任务。

在验证牛顿第二定律的实验教学中,可以将现代科学技术与实验教学相结合,提高实验的效率和精度,便于学生理解物理定律的应用和现代科学技术的发展。

实验采用数字化数据采集和处理方法。在实验过程中使用数字式设备和计算机软件实时采集和处理数据,不仅大大提高了实验精度,也使学生能够更快、更直观地得到实验结果,进一步增强他们的实验能力和数据分析能力。

为了便于学生掌握物理定律,还可以利用虚拟实验工具进行实验。通过数字化技术,学生可以在计算机上模拟不同情景下的物理实验,并进一步探究不同场景下的牛顿第二定律的定量变化规律。

[实验目的]

1.熟悉气垫导轨的结构和调节方法。

2.在气垫导轨上测量滑块的速度和加速度。

3.通过实验操作和数据处理,初步了解 $F=ma$ 的基本内容,并实际验证牛顿第二定律。

4.通过不同物体质量和不同合外力的实验操作和数据分析,进一步了解牛顿第二定律在实际应用中的复杂性和适用性。

[仪器用具]

气垫导轨、滑块、光电门、MUJ-6B 电脑通用计数器、砝码及其托盘、游标卡尺、天平等。

[实验原理]

1.速度的测量

当物体所受的合外力为零时,物体保持静止或做匀速直线运动。一个自由地飘浮在水平安置的平直气垫导轨上的滑块,它所受的合外力为零,因此,滑块在气垫导轨上可以静止或以一定的速度做匀速直线运动。

在滑块上放置一中间开孔的 U 形挡光片,如图 2-2-7 所示,在滑块经过光电门时,U 形挡光片的四条边依次经过光电门,第一条边经过光电门挡光时,计数器开始计时,当第三条边经过光电门并再次挡光时,计数器停止计时。因而计数器记录的时间 $t$ 就是滑块移动距离 $d$ 所需要的时间。由于 $d$ 比较小,在 $d$ 范围内滑块的速度变化也小,所以可以把滑块通过光电门的平均速度近似为挡光片的中点经过光电门时的瞬时速度,即

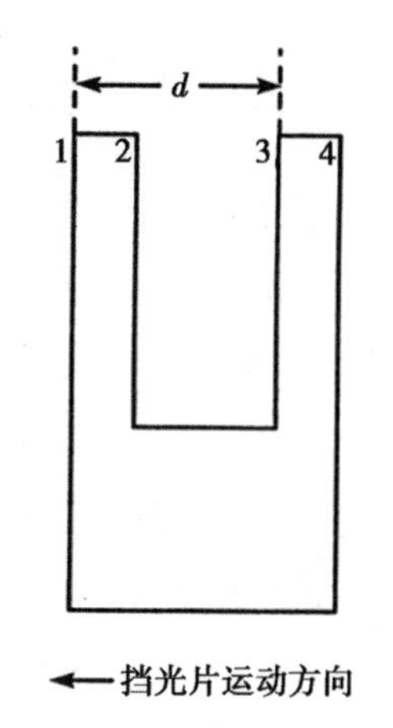


图 2-2-7　滑块上 U 形挡光片结构示意图

$$v=\frac{d}{t} \tag{2-2-13}$$

实验中所用的 MUJ-6B 电脑通用计数器,需要确认所选择的挡光片宽度后,方可测量挡光片经过光电门时的瞬时速度。

2.加速度的测量

若滑块在水平方向上受一恒力作用，则它将做匀加速运动。在气垫导轨中间选一段距离 $s$，并在 $s$ 两端分别放置光电门 $E_1$ 和 $E_2$。测出滑块通过 $s$ 两端的始末速度 $v_1$ 和 $v_2$，则滑块的加速度为

$$a=\frac{v_2^2-v_1^2}{2s} \tag{2-2-14}$$

选择计数器的加速度挡，可以直接测量滑块在 $E_1$、$E_2$ 间的加速度。

3.验证牛顿第二定律

牛顿第二定律的数学表达式为

$$F_{合}=ma \tag{2-2-15}$$

验证此定律可分为两步：

(1)当物体的质量 $m$ 保持一定时，物体所受到的合外力 $F_{合}$ 与其运动的加速度 $a$ 成正比。

(2)当物体所受到的合外力 $F_{合}$ 保持一定时，物体的加速度 $a$ 与其质量 $m$ 成反比。

在本实验中，气垫导轨上的滑块用细线与砝码托盘(或小布袋)相连，且细线绕过滑轮。因此，滑块、砝码、砝码托盘、滑轮组成了一个完整的运动系统，如图 2-2-8 所示。该系统所受到的合外力 $F$ 等于砝码(含砝码托盘)的重力 $G$ 减去阻力。由于实验在气垫导轨上进行，滑块运动时的摩擦阻力基本消除，而其他阻力又很小可以忽略不计。因此，$F=G$，该系统的总质量 $m$ 应等于滑块的质量 $m_0$、砝码的质量 $m_1$、砝码托盘的质量 $m_2$、滑轮的折合质量 $m_3$ 的总和($m_3=I/r^2$，$I$ 为滑轮的转动惯量，$r$ 为滑轮半径，由于在实验过程中滑轮在转动，因此它对该系统的作用相当于系统的质量增加了 $I/r^2$)。因此

$$G=\left(m_0+m_1+m_2+\frac{I}{r^2}\right)a \tag{2-2-16}$$

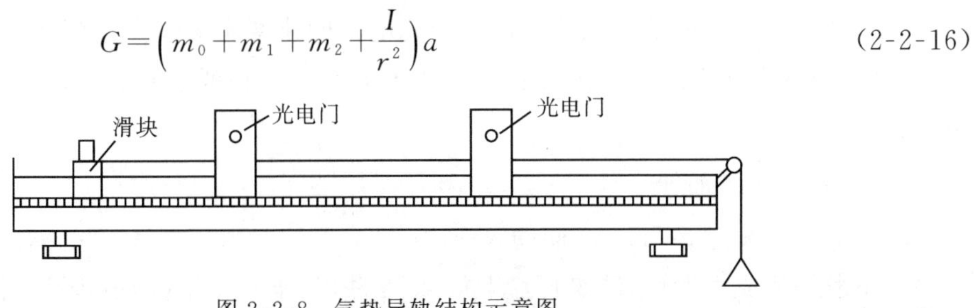


图 2-2-8 气垫导轨结构示意图

式(2-2-16)中，$G$ 为砝码和砝码托盘的重力，是已知的；滑块的质量可用天平称量，因此系统质量可测；$a$ 为系统运动的加速度，可由式(2-2-14)求得。

**[仪器描述]**

气垫导轨及电脑通用计数器的结构、工作原理、使用方法等请参阅第一篇第三章力学、热学基本仪器部分。

［内容要求］

## 基础实验内容——气垫导轨的调节

接通气源，把两个相同的光电门 $E_1$ 及 $E_2$ 放在气垫导轨的不同位置上，再将滑块放在气垫导轨上，轻微推动滑块，使之获得一定速度。令其顺次通过 $E_1$ 和 $E_2$，从计数器上先后读出时间 $\Delta t_1$ 和 $\Delta t_2$，如果 $\Delta t_1$ 及 $\Delta t_2$ 相差不超过千分之几秒，便可认为滑块速度相等，导轨已调平；如其不然，可调节单脚螺旋，直到气垫导轨水平为止。

## 提升实验内容——速度的测量

观察匀速直线运动，测量速度。

1.用转换键确认所选择的挡光片的宽度。轻轻推动滑块，分别记下滑块上挡光片经过两个光电门时的速度 $v_1$ 和 $v_2$。算出滑块经过两光电门时速度的差值。

2.用比前次稍大的力推动滑块，重复步骤 1，算出滑块经过两光电门时速度的差值，观察它比步骤 1 中测算的结果大些还是小些。

## 进阶实验内容——验证牛顿第二定律

测量加速度，验证牛顿第二定律。

1.若 $m$ 一定，测量 $a$ 与 $F_{合}$ 之间的关系

(1)用天平称量大、小滑块的质量 $m_0'$、$m_0$，砝码托盘(或小布袋)的质量 $m_2$。

(2)将气垫导轨上的滑块用细线与砝码托盘(或小布袋)相连并使细线绕过滑轮。

(3)小滑块上放总质量为 10 g 的小砝码(1、2、2、5 g)。砝码托盘上(或小布袋里)放 10 g 砝码。

(4)将滑块放于第一光电门 $E_1$ 的外侧，使挡光片距 $E_2$ 20 cm。(每次实验时，滑块位置不变)松开滑块，分别记录挡光片经过两个光电门的速度及加速度，重复测量 6 次。

(5)逐次从滑块上取下砝码放到砝码托盘上，重复(4)的步骤，直到滑块上的 10 g 砝码全部移到砝码托盘上。

(6)作 $a$-$F$ 关系曲线。

2.$F_{合}$ 一定，测量 $a$ 与 $m$ 之间的关系

将小滑块换成大滑块，砝码托盘上放 20 g 砝码，重复 1 中(4)的步骤，并分析结果。

［注意事项］

1.实验开始时先将气垫导轨接通气源，后放滑块；实验结束后，先将滑块从气垫导轨上取下，后断气源。滑块要轻拿轻放。

2.挡光片的挡光边与运动方向要保持垂直。

［问题讨论］

1.为什么在进阶实验 1 的第(3)步骤中要将备用砝码放在滑块上，而不是实验台上？

2.如何调节导轨水平？如何判断导轨水平？

3.实验开始时，如果导轨未调水平，对本实验的结论会有什么影响？

4.挡光片的挡光边与运动方向不垂直会给实验结果带来什么影响?

5.测量数据中德尔塔 $t_1$ 和德尔塔 $t_2$ 哪个大? 如果 $t_2>t_1$,那么说明什么问题?

[数据处理示范]

验证 $m$ 不变时,$a$ 与 $F$ 成正比的数据表

$d=$ $m_0=$ $m_1=$ $m_2=$

表 2-2-4 牛顿第二定律 $a$ 与 $F$ 成正比例数据表格

| $F$/N<br>$a$/(m/s$^2$) | | | | | | |
|---|---|---|---|---|---|---|
| 1 | | | | | | |
| 2 | | | | | | |
| 3 | | | | | | |
| 4 | | | | | | |
| 5 | | | | | | |
| 6 | | | | | | |
| 平均 | | | | | | |

验证 $F_{合}$ 不变时,$a$ 与系统质量 $m$ 成反比的数据表

$d=$ $m'_0=$ $m_1=$ $m_2=$

表 2-2-5 牛顿第二定律 $a$ 与系统质量 $m$ 成反比例数据表格

| $m$/g<br>$a$/(m/s$^2$) | $m=m_0+m_1+m_2$ | $m'=m'_0+m_1+m_2$ |
|---|---|---|
| 1 | | |
| 2 | | |
| 3 | | |
| 4 | | |
| 5 | | |
| 6 | | |
| 平均 | | |

## 实验四 用落体仪测重力加速度

[引言]

初速度为 0,只在重力作用下而降落的物体所做的运动,叫“自由落体”,如仅在地球引力作用下由静止状态开始下落的物体。地球表面附近的上空可看作存在恒定的重力场。如不考虑大气阻力,在该区域内的自由落体运动是匀加速直线运动,其加速度恒等于重力

加速度 $g$。重力加速度是物理学中的一个重要参量。地球上各个地区重力加速度 $g$ 的值，随该地区的地理纬度和相对海平面的高度不同而稍有差异。一般来说，在赤道附近重力加速度 $g$ 的值最小，愈靠近南北两极，$g$ 的值愈大。测定 $g$ 的值的方法有多种，在本实验中，我们介绍用落体仪测重力加速度的方法。

在实验操作过程中感受前人（如亚里士多德）崇尚科学、勇于探索的人格魅力，培养学生严谨务实的科学态度，促进学生形成科学思想和正确的世界观，培养其科学思维和实验技能。

自由落体运动在物理学、机械学等领域都有广泛的应用，如计算机模拟、航空航天、极限运动等。研究重力加速度的分布在地球物理学中具有重要意义。

**[实验目的]**

1.用落体仪测定重力加速度。

2.掌握用落体仪测重力加速度的 3 种方法。

3.探究不同实验结果的产生原因，比较不同方法的差异，针对操作进行适当的改进，比较实验结果。

4.使用空气阻力装置来控制物体受到的空气阻力，从而测试物体在不同条件下的运动规律。

**[仪器用具]**

落体仪、MUJ-6B 电脑通用计数器、光电门、电源。

**[实验原理]**

方法 1　根据自由落体公式

$$h=\frac{1}{2}gt^2 \tag{2-2-17}$$

测出 $h$、$t$，就可以算出重力加速度 $g$ 的值。用重力加速度功能，在小球下落的同时开始计时，$t$ 是小球下落时间，$h$ 是时间 $t$ 内小球下落的距离，如图 2-2-9 所示。

图 2-2-9　落体仪物体下落高度说明图 1　　图 2-2-10　落体仪物体下落高度说明图 2

这种方法操作时有两个困难：一是 $h$ 算到哪里为止，因为小球下落经过光电门时，小球到达什么位置才算挡住了光是不容易准确确定的；二是电磁铁有剩磁，当一断电即开始计时，小球不见得立即下落，于是测出的 $t$ 就不准了。

方法 2　为解决测定 $h$ 的问题，采用方法如图 2-2-10 所示。将两光电门 $E_1$、$E_2$ 分别放置于 $A$、$B$ 两点，用重力加速度功能，小球下落后，计数器记录小球到达 $A$、$B$ 两点的时间 $t_1$、$t_2$，则

$$\left.\begin{aligned} h_1 &= \frac{1}{2}gt_1^2 \\ h_2 &= \frac{1}{2}gt_2^2 \end{aligned}\right\} \tag{2-2-18}$$

得

$$g = \frac{2(h_2 - h_1)}{t_2^2 - t_1^2} \tag{2-2-19}$$

这样可以不测 $h_1$ 和 $h_2$ 而测 $h_2 - h_1$，$h_2 - h_1$ 可以由立柱上的标尺较准确地读出。

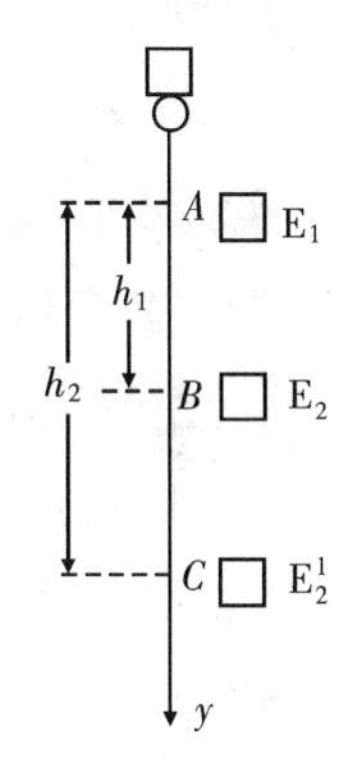

图 2-2-11　落体仪物体下落高度说明图 3

方法 3　在方法 2 中测 $t_1$、$t_2$ 时，还是从 $v_0 = 0$ 起测的，消除不了电磁铁剩磁的影响，$t_1$、$t_2$ 的测量误差较大。因此在本方法中又进一步解决了 $t$ 测不准的问题。方法如图 2-2-11 所示，将光电门 $E_1$ 放在 $A$ 点，$E_2$ 放在 $B$ 点。用方法 2 的计时方式测得小球从 $A$ 点下落至 $B$ 点的时间 $t_1$ 及 $h_1(h_1 = AB)$，然后将 $E_2$ 移至 $C$ 点，同样测得 $t_2$ 和 $h_2(h_2 = AC)$。因此

$$\left.\begin{aligned} h_1 &= v_0 t_1 + \frac{1}{2}gt_1^2 \\ h_2 &= v_0 t_2 + \frac{1}{2}gt_2^2 \end{aligned}\right\} \tag{2-2-20}$$

则

$$g = \frac{2\left(\dfrac{h_2}{t_2} - \dfrac{h_1}{t_1}\right)}{t_2 - t_1} \tag{2-2-21}$$

式(2-2-20)中 $v_0$ 为小球通过 $A$ 点的速度。

**[仪器描述]**

本实验的主要仪器是落体仪，其结构如图 2-2-12 所示。立柱固定在底座上，底座安装了调整立柱铅直的螺钉。标尺(未画出)贴在立柱上。立柱上端装有一个电磁铁，下部装有漏网，可防止小球落地时反弹。光电门 $E_1$、$E_2$ 安装在立柱上(可上下滑动)并与计数器连接。电磁铁与光电门及计数器联动。

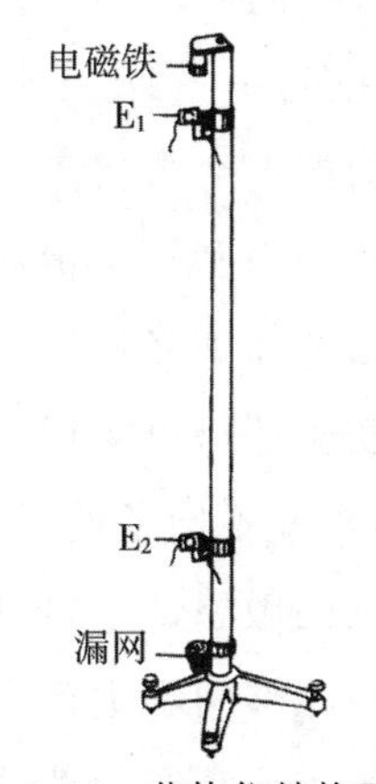

图 2-2-12　落体仪结构示意图

[内容要求]

**基础实验内容——用落体仪测重力加速度**

1.调整立柱铅直，以小球下落轨迹与立柱平行为准(或以小球经过两个光电门时计数器能正常计时为准)。

2.连接光电门与计数器，检查计时是否正常。

3.按方法 1 放置光电门，测 $t$ 和 $h$ 各 3 次。

4.按方法 2 将光电门放于 $A$ 点和 $B$ 点，测 $t_1$、$t_2$ 和 $h_1$、$h_2$ 各 3 次。

5.按方法 3 将光电门放于 $A$、$B$ 两点，测 $t_1$ 和 $h_1$ 各 3 次；将光电门 $E_2$ 从 $B$ 点移至 $C$ 点，测 $t_2$ 和 $h_2$ 各 3 次。

6.计算结果，并分别与当地重力加速度值比较，求百分偏差。

**进阶实验内容——考虑空气阻力后的运动状况**

实验步骤及注意事项参看本章基础实验内容[内容要求]介绍部分，自行拟定。完成相关实验数据表格的设计并填写记录。

[问题讨论]

1.试比较用上述 3 种方法测重力加速度各有哪些缺点。

2.试分析本实验产生误差的主要原因，并讨论如何减小重力加速度的测量偏差。

3.实验中若立柱不铅直，将对结果造成怎样的影响？

4.用方法 3 做实验，$A$ 点的选取距立柱的顶端近一些时误差小还是远一些时误差小？为什么？

# 实验五　杨氏模量的测定

[引言]

杨氏模量是材料科学中的一个重要参数，是描述固体材料抵抗形变能力的重要物理量，是一种描述固体物质在纵向受拉力或压力作用下表现出来的刚度的物理量，是工程技术中常用的一个参数。杨氏模量的测定在传统的物理实验中常被拿来作为考查学生科学实验能力的一个项目。该实验可以让学生深入了解杨氏模量的物理意义和测定方法，并培养其实验能力和科学精神。杨氏模量的测量方法很多，本实验中将介绍拉伸法、霍尔位置传感器法和新型光杠杆放大法 3 种测量方法。

该实验还可以实现对学生创新意识的培养。在实验教学中，可以鼓励学生自己设计实验方案，探究不同条件对杨氏模量的影响，增强学生的创新能力。同时，也可以培养学生对科技发展的敏感性，引导他们关注新技术、新材料，促进其未来的创新和发展。

实验能够向学生传递诚信意识。诚信不仅是一个道德范畴，也是科学实验中必不可少的一种品质。在实验教学中，应当加强学生对诚信的认识和理解，强化学生的道德和职业操守，确保实验数据的真实性和可靠性。

近年来随着信息技术的发展，线上实验平台实现了让学生通过网络进入远程实验室进行杨氏模量的测定实验，使学生可以掌握更多的实验知识并更好地理解计算的过程，同时增强了学生的创新意识和实验技能。

使用数字化仪器能够更为准确地测量出样品的长度、直径和受力变形值，降低人为操作误差。例如，光栅位移传感器、压力传感器、微影仪、计算机控制仪器等现代数字化仪器的运用，可以提高实验的精度和操作效率。

**[实验目的]**

1.用拉伸法测定金属丝的杨氏模量。

2.掌握用光杠杆法及新型光杠杆放大法测微小长度变化的原理和方法。

3.学习用逐差法处理数据。

4.进一步掌握实验技巧和应用实验原理的能力。使用更为复杂的装置进行杨氏模量的测量实验，并进行数据分析和计算。

5.比较不同材料的杨氏模量，进一步了解该物理量在不同材料中的应用和意义。

**[仪器用具]**

1.杨氏模量测定仪、光杠杆、尺读望远镜、螺旋测微器、游标卡尺、砝码、标尺、金属丝、米尺。

2.数显液压加力杨氏模量测定仪、新型光杠杆、螺旋测微器、钢卷尺、游标卡尺、标尺。

**[实验原理]**

1.拉伸法测金属丝杨氏模量实验原理

物体在外力作用下所发生的形状和大小的变化称为形变。形变可以分为弹性形变和范性形变两类。如果外力在一定限度以内，当外力撤去后物体能完全恢复原状，这种形变称为弹性形变。如果外力过大，当外力撤去后物体不能恢复到原来的形状和大小，这种形变称为范性形变。本实验只研究弹性形变，所以，应当控制外力的大小，以保证物体做弹性形变。

最简单的弹性形变是棒状物体(或金属丝)仅受轴向外力作用而发生伸长的形变，也称拉伸形变。设有一长度为 $l$、截面积为 $S$ 的金属丝沿长度方向受一外力 $F$ 后伸长了 $\delta$。单位横截面积上的垂直作用力 $F/S$ 称为正应力，金属丝的相对伸长 $\delta/l$ 称为线应变。胡克定律指出，在弹性限度内，弹性体的正应力与线应变成正比，即

$$\frac{F}{S}=E\frac{\delta}{l} \tag{2-2-22}$$

式(2-2-22)中的比例系数

$$E=\frac{F/S}{\delta/l} \tag{2-2-23}$$

称作材料的杨氏模量，$E$ 的单位为帕斯卡(即 Pa，$1\ \text{Pa}=1\ \text{N/m}^2$)。它表征材料本身的性

质，而与其长度 $l$、截面积 $S$ 无关。$E$ 越大的材料，要使它发生一定的相对形变所需的单位横截面积上的作用力也越大。

设钢丝直径为 $d$，则 $S=\frac{1}{4}\pi d^2$，将此代入式(2-2-23)并整理后得出

$$E=\frac{4Fl}{\pi d^2\delta} \tag{2-2-24}$$

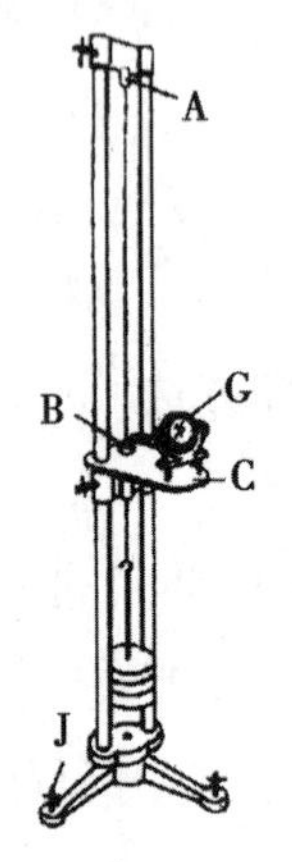

A、B.螺丝夹 C.平台 G.光杠杆 J.底脚螺丝

图 2-2-13 杨氏模量实验装置示意图

式(2-2-24)中 $F$、$l$、$d$ 可以直接测得，而 $\delta$ 是很小的长度变化，普通方法很难测准，我们用光杠杆及尺读望远镜放大进行测量。实验装置如图 2-2-13 所示。A、B 为金属丝两端的螺丝夹，在 B 的下端挂有砝码托盘，调节仪器底部的底脚螺丝 J 可使平台 C 水平，即金属丝与平台垂直，并且 B 刚好悬在 C 的圆孔中间。G 为光杠杆(参阅本单元第一章基本器具中关于微小长度变化的测量有关内容)，它的后尖足放在 B 上，两个前尖足放在平台 C 的固定槽内。

参照图 2-2-14 安置光杠杆 G 及尺读望远镜，光杠杆前、后尖足的垂直距离为 $Z$，光杠杆平面镜到尺的距离为 $D$，设加质量为 $m$ 的砝码时金属丝伸长量为 $\delta$，加砝码前、后，望远镜中直尺的读数分别为 $A_0$ 和 $A_m$，则根据光杠杆原理可得

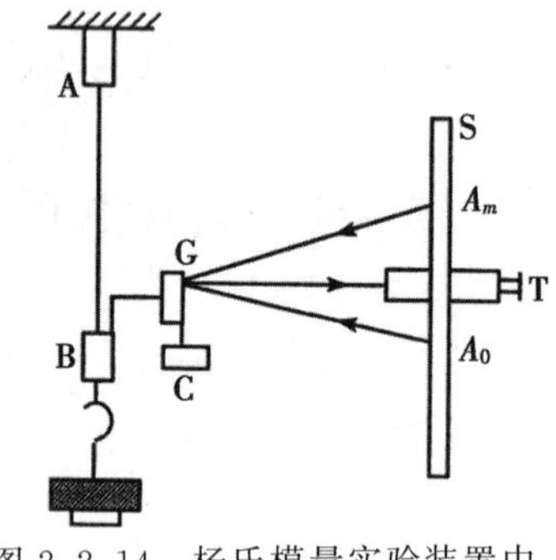

图 2-2-14 杨氏模量实验装置中光杠杆光路示意图

$$\delta=\frac{|A_m-A_0|}{2D}Z \tag{2-2-25}$$

将 $F=mg$ 和式(2-2-25)代入式(2-2-24)，得出用拉伸法测金属丝的杨氏模量 $E$ 的公式为

$$E=\frac{8mglD}{\pi d^2|A_m-A_0|Z} \tag{2-2-26}$$

2.新型光杠杆放大法测金属丝杨氏模量实验原理

设长为 $L$、横截面积为 $S$ 的均匀金属丝，受到两端的外力 $F$ 拉伸后，伸长为 $\Delta L$。实验表明，在弹性范围内，单位面积上的垂直作用力 $F/S$(正应力)与金属丝的相对伸长 $\Delta L/L$(线应变)成正比，其比例系数就称为杨氏模量，用 $E$ 表示，即

$$E=\frac{F/S}{\Delta L/L}=\frac{FL}{S\Delta L} \tag{2-2-27}$$

这里的 $F$、$L$ 和 $S$ 都易于测量，$\Delta L$ 属于微小变量，我们将用光杠杆放大法测量。

设微小变量用 $\Delta L$ 表示，放大后的测量值为 $N$，我们称 $A=\frac{N}{\Delta L}$ 为放大倍数。

本实验的整套装置由数显液压加力杨氏模量测定仪和新型光杠杆组成。

数显液压加力杨氏模量测定仪如图 2-2-15 所示。金属丝上下两端用钻头夹具夹紧，上端夹具固定于双立柱的横梁上，下端夹具的连接拉杆穿过固定平台中间的套孔与拉力传感器相连。加力装置施力给传感器，从而拉伸金属丝。所施力的大小由电子数字显示系统显示在液晶显示屏上，加力大小由液压调节阀改变。

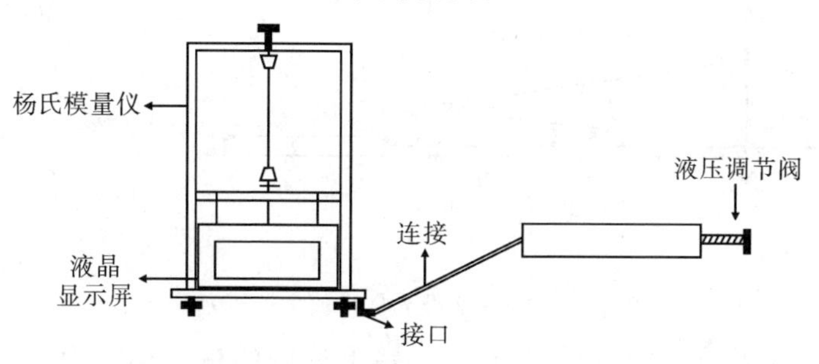


图 2-2-15　数显液压加力杨氏模量测定仪结构示意图

设金属丝的直径为 $d$，将 $S=\frac{\pi d^2}{4}$ 代入式(2-2-27)，得

$$E=\frac{4FL}{\pi d^2 \Delta L} \tag{2-2-28}$$

图 2-2-16(a)为新型光杠杆的(三维)结构示意图。在等腰三角形铁板 1 的三个角上，各有一个尖头螺钉，底边连线上的两个螺钉 B 和 C 称为前尖足，顶点上的螺钉 A 称为后尖足，2 为光杠杆倾角调节架，3 为光杠杆反射镜。操作调节架可使反射镜水平转动并可调节俯仰角。测量标尺在反射镜的侧面并与反射镜在同一平面上，如图 2-2-16(b)所示。测量时两个前尖足放在杨氏模量测定仪的固定平台上，后尖足则放在被测金属丝的测量端面上，该测量端面就是与金属丝下端夹具相固定连接的水平托板。当金属丝受力后，产生微小伸长，后尖足便随测量端面一起做微小移动，并使光杠杆绕前尖足转动一微小角度，从而带动光杠杆反射镜转动相应的微小角度，这样标尺的像在光杠杆反射镜和调节反射镜之间反射，便把这一微小角度位移放大成较大的线位移。

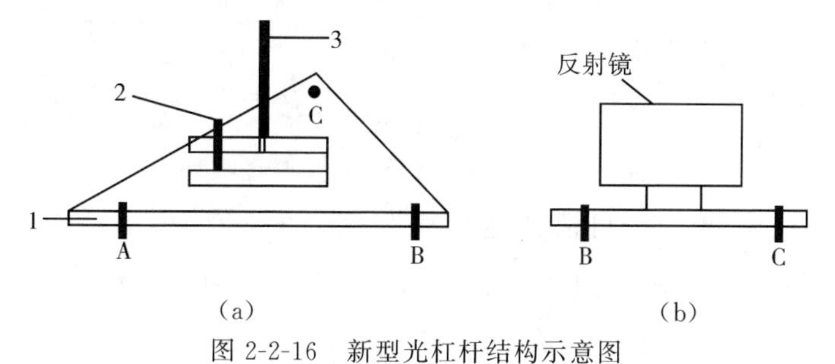


图 2-2-16　新型光杠杆结构示意图

图 2-2-17(a)为 NKY-2 型光杠杆放大原理示意图，标尺和观察者在两侧，如图 2-2-17(b)所示。

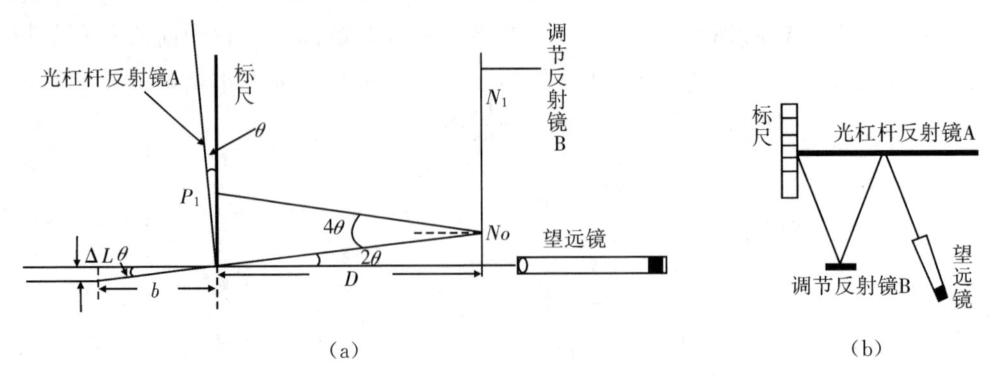


图 2-2-17　NKY-2 型光杠杆放大原理示意图

开始时光杠杆反射镜与标尺平行，在望远镜上读到的标尺读数为 $P_0$；当光杠杆反射镜的后尖足下降 $\Delta L$ 时，产生一个微小偏转角 $\theta$，在望远镜上读到的标尺读数为 $P_1$。$P_1-P_0$ 即为放大后的金属丝伸长量 $N$，常称作视伸长。由图可知

$$\Delta L=b\tan\theta\approx b\theta$$

$$N=P_1-P_0=D\tan 4\theta\approx 4D\theta$$

所以它的放大倍数为 $A_0=\dfrac{N}{\Delta L}=\dfrac{P_1-P_0}{\Delta L}=\dfrac{4D}{b}$，将其代入式(2-2-28)可得

$$E=\frac{16FLD}{\pi d^2 bN} \tag{2-2-29}$$

式(2-2-29)中 $b$ 称为光杠杆常数或光杠杆腿长，为光杠杆后尖足 A 到两前尖足 B 和 C 连线的垂直距离，如图 2-2-18(a)所示。

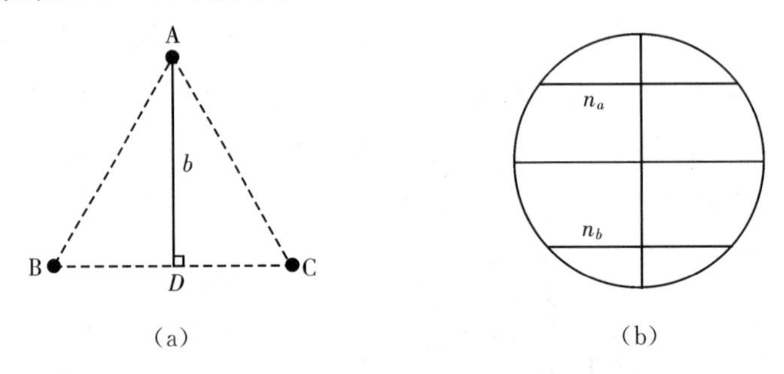


图 2-2-18　光杠杆光路常数测量说明图

调节望远镜的目镜，聚焦后可清晰地看到叉丝平面上有上、中、下三条平行基准线，如图 2-2-18(b)所示，其中心分别记为 $a$、$f$、$b$，中间基准线称为测量准线，用于读取金属丝长度变化的测量值 $P_1$、$P_2$、…，上下两条准线称为辅助准线，其间距被称为“视距”。根据光学原理可以导出 $D=\dfrac{100}{3}\times$视距。

［内容要求］

## 基础实验内容——用拉伸法测定金属丝的杨氏模量

1.杨氏模量仪的调整

(1)调节杨氏模量仪三脚底座上的调整螺丝，使立柱保持铅直。

(2)将光杠杆放在平台上，两前足放在平台前面的横槽内，后足放在活动夹子上，但不可与金属丝相碰。调整平台的上下位置，使光杠杆三尖足位于同一水平面上(即使活动夹子稍低于平台平面)。

(3)在砝码托盘上加 1 kg 砝码(此砝码不计入所加外力 $F$ 之内)，把金属丝拉直。观察夹子是否能在平台的孔中上下自由地运动，上下夹子是否夹紧金属丝。

2.光杠杆及尺读望远镜的调节

详细阅读本单元第一章基本仪器中关于微小长度变化测量的光杠杆部分。

安装尺读望远镜并调节好，记下望远镜中和叉丝横线(或交点)重合的标尺读数 $A_0$($A_0$ 应尽可能选择在标尺的 0 刻度线附近)。

3.测量

(1)轻轻地依次将 1 kg 砝码加到砝码托盘上，共 5 次(或 7 次、9 次，视情况而定)。记录每次镜中读得的尺像读数，直至 $A_5$ 为止。加砝码时注意勿使砝码托盘摆动，并将砝码缺口交叉放置，以免倒下。

(2)再将所加的 5 kg 的砝码轻轻地依次取下，并分别记录每取下 1 kg 砝码时镜中尺像的读数 $A_5'$、$A_4'$、$A_3'$、$A_2'$、$A_1'$、$A_0'$。

应当注意，在增加和减少砝码的过程中，当金属丝荷重相等时，读数应基本相同，如果发现读数相差很大，应找出原因，再重做实验。

(3)求出同一负荷下 $A_i(i=0,1,2,\cdots,5)$ 的值，用逐差法求出平均值，并求不确定度。

(4)用米尺测量光杠杆镜面至标尺的距离 $D$ 及上下夹子之间金属丝的长度 $l$，各测 5 个数据，求其平均值 $\overline{D}$、$\overline{l}$ 及不确定度。

(5)将光杠杆放在纸上压出 3 个尖足的痕迹，用游标卡尺量出后尖足痕迹点至两前尖足痕迹点连线的垂直距离 $Z$，测 5 个数据，求其平均值 $\overline{Z}$ 及不确定度。

(6)用螺旋测微器测量金属丝的直径，要选择金属丝的不同位置来测量，测 5 个数据，求其平均值 $\overline{d}$ 及不确定度。

(7)根据上面数据计算金属丝的杨氏模量 $E$ 及总不确定度。

## 进阶实验内容——用新型光杠杆放大法测定金属丝的杨氏模量

1.观察杨氏模量测定仪上的圆形水平仪中的气泡是否居中，若不居中可调节底脚螺丝直至气泡居中，此时意味着杨氏模量测定仪的立柱铅直，平台水平。

2.将光杠杆的前尖足放在固定平台上，后尖足放在测量端面托板的平面上，并使其反射镜面基本在竖直面内，否则应调节光杠杆的倾角调节螺钉。

3.连接液压连接管接口(一般实验室内的已经连接好),使液压调节螺杆沿减力方向调至“零位”。(注意:顺时针转动螺杆为加力方向,逆时针转动螺杆为减力方向)

4.调节光路

(1)调节光杠杆平面镜的各倾角螺丝,使平面镜与平台面基本垂直。

(2)放置光杠杆后,调节反射镜的倾角螺丝,使反射镜镜面与光杠杆镜面基本平行。

(3)调节望远镜倾角螺丝,使望远镜基本水平,通过望远镜找到标尺的像。若找不到,应调节光杠杆、反射镜倾角螺丝和望远镜的位置。

(4)调节望远镜的目镜焦距看清叉丝平面的三条准线,调节物镜焦距看清反射回的标尺的像。

5.测量

(1)按下数显测力秤的“开/关”键,待显示屏出现“0.000”后,用液压螺杆加力,显示屏上会出现所施拉力。

(2)为使测量数据准确方便,先测量加载过程,将数显拉力从 14 kg 开始,每间隔 1 kg 记录标尺读数 $P_0$、$P_1$、$P_2$、$P_3$、$P_4$、$P_5$、$P_6$、$P_7$、$P_8$、$P_9$。隔数分钟后,连续减载,每减少 1 kg 观测一次标尺读数。读取 10 组数据,记录到表格中。注意,由于存在弛豫时间,一定要等数显拉力值完全稳定后才能记录标尺读数。

(3)重复上述步骤(2)一次。

(4)观测完毕应将液压调节螺杆旋至最外,使测力秤指示“0.000”附近后,再关掉测力秤“电源”。

(5)测量 $D$、$L$、$b$、$d$ 的值,其中 $D$、$L$、$b$ 只测 1 次,$d$ 用螺旋测微器在金属丝的不同位置测 6 次,记录到自行设计的表格中。

**[注意事项]**

1.光杠杆、望远镜和标尺所构成的光学系统一经调节好,在实验过程中就不可再移动。否则,所测的数据无效,实验应从头做起。

2.注意保持金属丝的平直状态,在用螺旋测微器测量其直径时勿将它扭折。

3.加减砝码一定要轻拿轻放,应等金属丝不晃动并且形变稳定之后再进行测量。

4.调节好光路是新型光杠杆放大法测金属丝杨氏模量实验的基础,为此必须充分理解光杠杆的放大原理。调节标尺—反射平面镜—望远镜光路系统,使标尺在平面镜中的反射像能进入望远镜;调节望远镜的目镜和物镜焦距,确保在望远镜中能清晰且无视差地看到叉丝平面的三条准线和标尺像的刻度线。弄清光杠杆调节俯仰角的方法,操作时动作要轻,要精细准确。

**[系统误差分析与消减办法]**

1.由于金属丝不直或钻头夹具夹得不紧将出现假伸长,为此,必须用力将钻头夹具夹紧金属丝。同时,在测量前应将金属丝拉直并施加适当的预拉力。

2.金属丝在施加外力后,要经过一段时间才能达到稳定的伸长量,这种现象称为滞后效应，这段时间称为弛豫时间。为此，每次加力后应等到显示器数据稳定后再进行数据测读。

3.金属丝锈蚀或长期受力产生所谓金属疲劳，将导致应力集中或非弹性形变，因此，当金属丝发生锈蚀或使用 2 年以上应做更换。

4.本实验所用的数字测力秤的示值误差为±10 g。

5.由于测量条件的限制，$L$、$D$、$b$ 三个量只做单次测量，它们的极限误差应根据具体情况估算。其中 $L$、$D$ 用钢尺测量时，其极限误差可估算为 1～3 mm。

测量光杠杆常数 $b$ 的方法是，将三个尖足压印在硬纸板上，作等腰三角形，从后尖足至两前尖足连线的垂直距离即为 $b$。由于压印、作图连线宽度可达 0.2～0.3 mm，故其误差可估算为 0.5 mm。

6.金属丝直径 $d$ 用螺旋测微器多次测量时，应注意测点要均匀地分布在上、中、下不同位置，螺旋测微器的仪器误差取 0.004 mm。

［问题讨论］

1.你是怎样判断拉伸法测金属丝杨氏模量实验是在弹性形变范围内进行的？

2.什么是光杠杆原理？如何用它来测量金属丝的微小伸长量？

3.用拉伸法测定金属丝的杨氏模量需测量哪几个量？关键是测准哪几个量？为什么？

4.何谓逐差法？逐差法处理数据有什么好处？怎样的数据才能用逐差法处理？

5.我们是在金属丝下端加有初始负载时测量其长度 $l$ 的，你认为这样做可以吗？

6.测量数据 $N$ 若不用逐差法而用作图法处理，请想一想，如何处理？

7.根据误差分析，要使 $E$ 的实验结果理想，关键应抓住什么量进行测量？为什么？为什么不同的长度量（共几个）要用不同仪器进行测量（有哪几种）？

8.用新型光杠杆放大法测量微小长度变化有什么优点？怎样提高光杠杆放大系统的放大倍数？

9.试证明：若测量前光杠杆反射镜与调节反射镜不平行，不会影响测量结果。

［数据处理示范］

1.金属丝伸长量的测定值

**表 2-2-6　金属丝伸长量测定数据表**

| 次数 | 荷重/kg | 增重时 $A_i$/($\times10^{-2}$ m) | 减重时 $A_i$ /($\times10^{-2}$ m) | 平均值$\overline{A_i}$ /($\times10^{-2}$ m) | 每增重 3 kg 砝码 $\Delta A_i=\overline{A_{i+3}}-\overline{A_i}$ ($\times10^{-2}$ m) |
|---|---|---|---|---|---|
| 0 | 0.00 | | | | $\Delta A_0=$ |
| 1 | 1.00 | | | | $\Delta A_1=$ |
| 2 | 2.00 | | | | $\Delta A_2=$ |
| 3 | 3.00 | | | | $\overline{\Delta A}=$ |
| 4 | 4.00 | | | | |

续表

| 次数 | 荷重/kg | 增重时 $A_i/(\times10^{-2}\ \mathrm{m})$ | 减重时 $A_i$ $/(\times10^{-2}\ \mathrm{m})$ | 平均值$\overline{A_i}$ $/(\times10^{-2}\ \mathrm{m})$ | 每增重 3 kg 砝码 $\Delta A_i=\overline{A_{i+3}}-\overline{A_i}$ $(\times10^{-2}\ \mathrm{m})$ |
|---|---|---|---|---|---|
| 5 | 5.00 | | | | $\sigma_{(\overline{\Delta A})}=$ |

2.金属丝直径的测定值

**表 2-2-7　金属丝直径测定数据表**

| $d$/mm | | | | | $\bar{d}$/mm | $\sigma_{\bar{d}}$/mm |
|---|---|---|---|---|---|---|
| | | | | | | |

3.金属丝长度 $l$、距离 $D$、垂直距离 $Z$ 的测定值，均单次测量

$l$　　$e_l$　　$\sigma_l$

$D$　　$e_D$　　$\sigma_D$

$Z$　　$e_Z$　　$\sigma_Z$

将各测量值代入公式

$$E=\frac{8mglD}{\pi d^2|A_m-A_0|Z}$$

$$\frac{\sigma_E}{E}=\sqrt{\left(\frac{\sigma_{\bar{F}}}{F}\right)^2+\left(\frac{\sigma_l}{l}\right)^2+\left(\frac{\sigma_D}{D}\right)^2+\left(\frac{\sigma_{\bar{d}}}{d}\right)^2+\left(\frac{\sigma_{\overline{\Delta A}}}{\Delta A}\right)^2+\left(\frac{\sigma_Z}{Z}\right)^2}$$

其中 1 kg 砝码的极限不确定度 $e=10$ g，

则 $\sigma_F=\frac{10}{\sqrt{3}}\approx6$ g

$\frac{\sigma_F}{F}=0.6\%$

4.标尺读数记录

**表 2-2-8　标尺读数记录表**

| 次数 | 拉力/N | 标尺读数/mm | | | | | | 逐差值/mm | | |
|---|---|---|---|---|---|---|---|---|---|---|
| | | 第一次 | | | 第二次 | | | | | |
| | | 加载 | 减载 | 平均 1 | 加载 | 减载 | 平均 2 | | 逐差 1 | 逐差 2 |
| 0 | | | | | | | | $N_1=\|P_5-P_0\|$ | | |
| 1 | | | | | | | | $N_2=\|P_6-P_1\|$ | | |
| 2 | | | | | | | | $N_3=\|P_7-P_2\|$ | | |
| 3 | | | | | | | | $N_4=\|P_8-P_3\|$ | | |
| 4 | | | | | | | | $N_5=\|P_9-P_4\|$ | | |
| 5 | | | | | | | | 平均 | | |

续表

<table>
<tr><td rowspan="3">次数</td><td rowspan="3">拉力/N</td><td colspan="6">标尺读数/mm</td><td colspan="3" rowspan="2">逐差值/mm</td></tr>
<tr><td colspan="2">第一次</td><td></td><td colspan="2">第二次</td><td></td></tr>
<tr><td>加载</td><td>减载</td><td>平均 1</td><td>加载</td><td>减载</td><td>平均 2</td><td></td><td>逐差 1</td><td>逐差 2</td></tr>
<tr><td>6</td><td></td><td></td><td></td><td></td><td></td><td></td><td></td><td>总平均 $\overline{N}$</td><td></td><td></td></tr>
<tr><td>7</td><td></td><td></td><td></td><td></td><td></td><td></td><td></td><td colspan="3" rowspan="3"></td></tr>
<tr><td>8</td><td></td><td></td><td></td><td></td><td></td><td></td><td></td></tr>
<tr><td>9</td><td></td><td></td><td></td><td></td><td></td><td></td><td></td></tr>
</table>

5.自行设计记录表格，记录 $D$、$L$、$b$、$d$ 数据。

6.数据处理与结果表达

(1)报告各直接测量结果。

(2)报告杨氏模量测量结果。

先由 $E=\dfrac{16FLD}{\pi d^2 bN}$ 导出相对不确定度传导公式，再求 $\sigma_E$。$N$ 要求用逐差法处理，在计算 $E$ 时，式中视伸长 $\overline{N}$ 对应的力 $F=49$ N，$E$ 的单位为 N/mm$^2$。

## 实验六　转动惯量的测定(三线摆)

[引言]

转动惯量是量度刚体绕轴转动时的惯性的一个基本物理量。刚体在各向同性的情况下，其转动惯量与它自身的形状、质量分布及转轴的位置有关。三线摆法是一种经典的测定转动惯量的方法，即使球在竖直平面内做铅垂摆动，同时以球心为轴做小幅度摆动，观察球的摆幅和周期，通过计算得到球的转动惯量，具有实验简单、误差小等优点，使用范围较广。

用三线摆法测定转动惯量实验，可以使学生更好地理解转动惯量的基本概念和测量方法，深入了解碰撞和旋转过程中惯性物理特性，提高学生的实验操作能力、数据处理能力及科学研究能力。同时，用三线摆法测定转动惯量实验也是建立数理关系和推导物理公式的实验平台。

该实验能够培养学生科学严谨的实验态度。在实验课程中，学生需要按照严格的操作步骤进行实验，对各种实验因素进行仔细的检查和控制。学生须学会运用科学方法和思维，如精确定位、数据分析和计算等，来保证实验精度和结果的准确性。

实验还能够培养学生的探索和创新精神。实验课程提供的不仅仅是一种理论知识的传授，更是一种实验探索和创新的机会。学生须发扬实验精神，寻找问题，探索知识，发现问题，并且开展创造性工作。

实验与现代科技的结合也比较紧密。在旋转机械领域中，测量汽车、船舶、飞机等旋转设备的转动惯量,可为机构优化设计提供重要的参考和数据。在机械工程领域,测量转动惯量也被广泛应用于空间机器人、精密仪器、纺织机械等中。在材料科学领域中,转动惯量也是一种描述材料工程中力学特性的量,在材料领域的研究中,测定转动惯量对于改善材料的力学性能、提高材料的机械强度等有着重要作用。

[实验目的]

1.掌握用三线摆法测量转动惯量的原理和方法。

2.用三线摆法测定物体的转动惯量。

3.检验转动惯量的平等轴定理。

4.研究物体回转轴的位置和转动惯量的关系。

[仪器用具]

三线摆、米尺、游标卡尺、停表、天平、水准器、圆柱及圆环各两个(外形尺寸及质量相同)。

[实验原理]

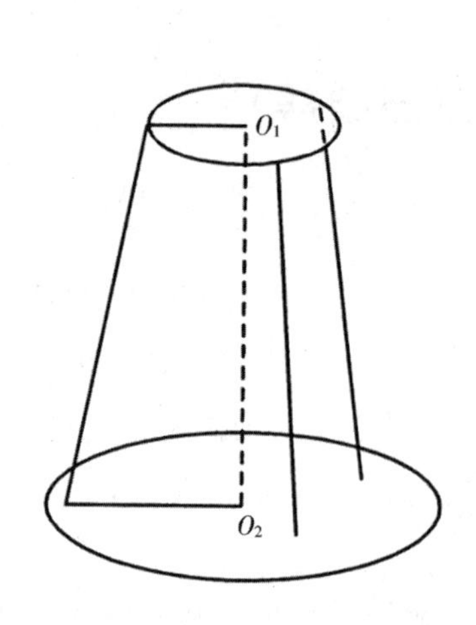


图 2-2-19　三线摆结构装置示意图

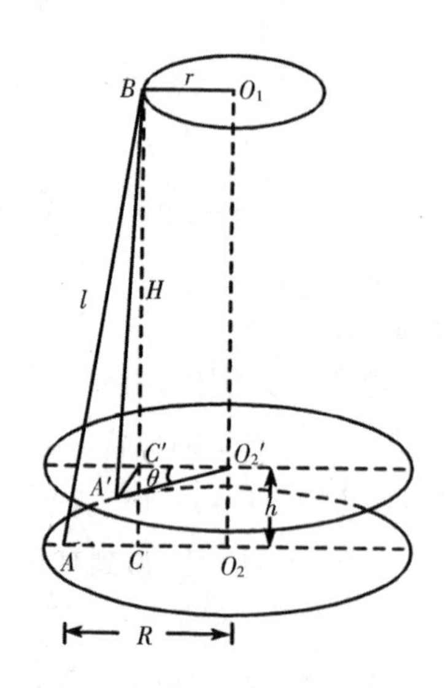


图 2-2-20　三线摆装置几何说明图

三线摆(如图 2-2-19、2-2-20 所示)是由长度相等的三根线上下连接两个平行的匀质圆盘所组成,上盘小于下盘,作悬吊用。两盘圆心在同一直线 $O_1O_2$ 上。使用时,先把上下两盘都调节成水平状态,三根线应保持张力相等。给上盘一个初始策动力矩,下盘可绕中心线 $O_1O_2$ 扭转,同时又做垂直升降运动。其扭转周期 $T$ 与下盘的质量分布有关,当改变下盘的转动惯量和其质量的比值,即改变质量分布时,扭转周期将发生变化。三线摆就是通过测量它的扭转周期 $T$,求出任一已知质量物体的转动惯量的。

设下圆盘的质量为 $m_0$,当它绕 $O_1O_2'$扭转一小角度时,圆盘的位置升高 $h$,它的势能增加 $E_p$,则

$$E_p = m_0 gh \tag{2-2-30}$$

式(2-2-30)中,$g$ 为重力加速度。这时圆盘的角速度为$\frac{\mathrm{d}\theta}{\mathrm{d}t}$,它具有的动能为 $E_k$,则

$$E_k = \frac{1}{2} I_0 \left( \frac{\mathrm{d}\theta}{\mathrm{d}t} \right)^2 \tag{2-2-31}$$

式(2-2-31)中,$I_0$ 为圆盘对 $O_1O_2'$轴的转动惯量。如果略去摩擦力,根据机械能守恒定律,圆盘的动能与势能之和应等于一个常数,即

$$\frac{1}{2} I_0 \left( \frac{\mathrm{d}\theta}{\mathrm{d}t} \right)^2 + m_0 g h = \text{常量} \tag{2-2-32}$$

设悬线长为 $l$,上圆盘悬线处距圆心的距离为 $r$,下圆盘悬线处距圆心的距离为 $R$,当下圆盘转一角度 $\theta$ 时,从上圆盘 $B$ 点作下圆盘垂线,与升高 $h$ 前、后的下圆盘分别交于 $C$ 和 $C'$点(图 2-2-20),则

$$h = BC - BC' = \frac{(BC)^2 - (BC')^2}{BC + BC'} \tag{2-2-33}$$

因为$(BC)^2 = (AB)^2 - (AC)^2 = l^2 - (R - r)^2$

$(BC')^2 = (A'B)^2 - (A'C')^2 = l^2 - (R^2 + r^2 - 2Rr\cos\theta)$

所以

$$h = \frac{2Rr(1 - \cos\theta)}{BC + BC'} = \frac{4Rr\sin^2 \frac{\theta}{2}}{BC + BC'} \tag{2-2-34}$$

在扭角很小时,$\sin\frac{\theta}{2}$近似等于$\frac{\theta}{2}$,而 $BC + BC'$可近似为两盘间距离 $H$ 的 2 倍,则

$$h = \frac{Rr\theta^2}{2H} \tag{2-2-35}$$

将它代入式(2-2-32)中,并对 $t$ 微分,可得

$$I_0 \frac{\mathrm{d}\theta}{\mathrm{d}t} \frac{\mathrm{d}^2\theta}{\mathrm{d}t^2} + m_0 g \frac{Rr}{H} \theta \frac{\mathrm{d}\theta}{\mathrm{d}t} = 0$$

即

$$\frac{\mathrm{d}^2\theta}{\mathrm{d}t^2} = -\frac{m_0 g R r}{I_0 H} \theta \tag{2-2-36}$$

这是一简谐振动方程,其振动的圆频率 $\omega$ 的平方应等于

$$\omega^2 = \frac{m_0 g R r}{I_0 H}$$

而振动周期 $T_0$ 等于$\frac{2\pi}{\omega}$,所以

$$T_0^2 = \frac{4\pi^2 I_0 H}{m_0 g R r} \tag{2-2-37}$$

由此得出

$$I_0 = \frac{m_0 g R r}{4\pi^2 H} T_0^2 \tag{2-2-38}$$

实验时,测出 $m_0$、$R$、$r$、$H$ 及 $T_0$,就可由上式求出圆盘对 $O_1O_2$ 轴的转动惯量 $I_0$,如在下盘

上放另一质量为 $m$、转动惯量为 $I$(对 $O_1O_2$ 轴)的物体时，测出周期 $T$，则有

$$I + I_0 = \frac{(m + m_0)gRr}{4\pi^2 H}T^2 \tag{2-2-39}$$

由上式减去式(2-2-38)，得出被测物体对 $O_1O_2$ 轴的转动惯量

$$I = \frac{gRr}{4\pi^2 H}[(m + m_0)T^2 - m_0 T_0^2] \tag{2-2-40}$$

[内容要求]

### 基础实验内容——简单情况转动惯量测定

1.用水准器检查并调节两圆盘使其水平。

2.测量下盘的质量 $m_0$，上下圆盘的悬线处到圆心的距离 $r$ 与 $R$，两盘的垂直距离 $H$，以及待测物的质量和外形尺寸(以上各量有的在仪器上已标明)。

3.测定空盘转动惯量 $I_0$。

扭动上圆盘，通过悬线使下圆盘做扭转摆动(注意不要使下圆盘出现前后、左右的晃动)，测量出它扭转 50 个周期的时间，并算出周期 $T$(重复 5 次)，应用式(2-2-38)计算出 $I_0$ 的值。并与应用理论公式 $I = \frac{1}{2}mR^2$ 计算的结果进行比较，求出百分偏差。

4.测量一个圆柱的转动惯量。

把一个圆柱放在下盘中心，使其圆心和圆盘中心一致，测量它扭动 50 个周期的时间，算出周期 $T_1$(重复 5 次)，用式(2-2-40)计算圆柱对 $O_1O_2$ 轴的转动惯量，并与应用理论公式 $I = \frac{1}{2}mR^2$ 计算的结果进行比较，计算百分偏差(此时 $R$ 为圆柱的半径)。

5.测量一个圆环、两个圆环的转动惯量。

把一个圆环放在下盘上，使环心和圆盘中心一致，重复上述测量方法，计算出 $T$。把另一圆环同心地叠放在第一个圆环上，同样，重复上述测量方法，计算出 $T$，并分别求出转动惯量，与用理论公式 $I = \frac{1}{2}m(r_1^2 + r_2^2)$计算的结果进行比较，求出百分偏差(式中 $r_1$、$r_2$ 分别为环内径、环外径)。

### 进阶实验内容——复杂情况转动惯量测定

把两圆柱相接，对称地置于圆盘中心两侧，测量其周期 $T$，测量方法同内容 3。在测量时，每次将两圆柱之间的间隔增加 1 cm，测量转动周期，直至圆柱移至圆盘边缘。注意：测量时要始终保持两圆柱与圆盘中心对称。

根据平行轴定理，把两圆柱对称置于圆盘中心两侧时，它的转动惯量为 $2(I_1 + md^2)$，其中 $d$ 为圆柱质心到回转轴的距离，$I_1$ 为圆柱绕质心转动的转动惯量。把式(2-2-39)中的 $I$ 代以 $2(I_1 + md^2)$，并把 $T^2$ 单独移到一侧，可得

$$T^2 = \frac{4\pi^2 H}{(2m + m_0)gRr}(2I_1 + I_0) + \frac{4\pi^2 H}{(2m + m_0)gRr}2md^2 \tag{2-2-41}$$

由此可知，$T^2$ 与 $d^2$ 之间保持线性关系，并且其截距与斜率之比等于$\frac{2I_1+I_0}{2m}$。

用测得的各 $d$ 值与对应的 $T$ 值，作 $T^2$-$d^2$ 图线，从图上求出截距和斜率，把两者的比值和用$\frac{2I_1+I_0}{2m}$算出的值进行比较。

实验步骤及注意事项，参见本章基本实验[内容要求]介绍部分自行拟定，完成相关实验数据表格的设计，并填写记录。

[问题讨论]

1.三线摆的振动方程是怎样导出的？

2.用式(2-2-40)求转动惯量时，应满足哪些实验条件？

3.怎样才能防止三线摆出现前后或者左右的摆动？

## 实验七　验证动量守恒

[引言]

动量守恒定律是一个基本的物理定律，表明系统总动量在任何闭合系统内保持不变。在物理实验中，可以通过验证动量守恒来检验该定律是否成立。通过实验测量的速度、高度、质量以及角度，可以计算出物体的动量，并通过比较碰撞前后动量和轨道的运动来验证动量守恒定律。其应用领域极其广泛，不仅能用来研究宏观物体的运动（如物体碰撞、火箭发射），还能用来研究微观基本粒子的运动（如康普顿散射效应、放射性衰变等）。由于气垫导轨装置能很好地消除摩擦，保证滑块组所受外力矢量和为零，我们用此装置来验证动量守恒定律。

实验可以培养学生的科学方法和科学态度。在实验中，学生需要严谨规范地操作，使用科学方法和科学思维，精确计算和测量相关参数。同时，学生需要保持严谨的科学态度，保证实验结果的真实性和可靠性。

实验也可以实现对学生实践能力的培养。动量守恒实验需要学生通过实践体验，从中获取相关知识和技能。在实验过程中，学生需要进行实验设计、操作仪器并处理数据。实验还可以培养学生独立思考和解决问题的能力。

在机械工程领域中，轨道交通的设计需要对车辆的动量进行精确的计算和掌控，实验和计算机模拟工具则是必不可少的辅助手段。在航空航天领域，动量守恒的应用有助于优化设计动力控制系统，提高飞行的效率和安全性。

在生物医学领域中，验证动量守恒可以帮助测量人体的动量和反作用力，从而研究人体的步态、肌肉和关节等方面的功能特性。此外，动量守恒还可以用于描述衡量心脏收缩和舒张时的压力变化等生理过程。

［实验目的］

1.在完全弹性碰撞和完全非弹性碰撞两种情形下，验证动量守恒定律。

2.了解完全弹性碰撞和完全非弹性碰撞的特点。

3.强调实验数据处理和动量守恒计算方法的掌握。

4.使用实验数据来验证动量守恒定律，并了解碰撞过程中动量的转移规律。

［仪器用具］

气垫导轨、滑块（质量相同的小滑块两块，大滑块 1 块）、MUJ-6B 电脑通用计数器、光电门、天平、电源等。

［实验原理］

动量守恒定律指出：若一个物体系受到的合外力等于零，则组成该物体系的各物体动量的矢量和保持不变。即

$$\text{若} \quad \sum F_i = 0, \quad \text{则}\ k = \sum_{i=1}^{n} m_i v_i = \text{恒量} \tag{2-2-42}$$

式(2-2-42)中的 $m_i$ 和 $v_i$ 分别是物体系中第 $i$ 个物体的质量和速度，$F_i$ 是物体系中第 $i$ 个物体所受到的外力，$n$ 是物体系中的物体的数目。

若物体系所受合外力在某个方向的分量为零，则此物体系在此方向的总动量守恒。

本实验研究两个滑块在水平气垫导轨上沿直线发生的碰撞。由于气垫的漂浮作用，滑块受到的摩擦力可忽略不计。这样，当发生碰撞时，系统在水平方向上不受外力，故系统的动量守恒。即

$$m_A v_A + m_B v_B = m_A v_A' + m_B v_B' \tag{2-2-43}$$

式中 $m_A$、$m_B$ 为物体 A、B 的质量，$v_A$、$v_A'$ 分别代表物体 A 碰撞前后的速度，$v_B$、$v_B'$ 分别代表物体 B 碰撞前后的速度。

1.完全弹性碰撞

完全弹性碰撞的特点是碰撞前后系统的动量守恒，机械能也守恒。如果在两个滑块的相碰端装上缓冲弹簧，则滑块相碰时，由于缓冲弹簧发生弹性形变后恢复原状，系统的机械能近似于没有损失，即两个滑块碰撞前后的总动能不变。用公式可表示为

$$\frac{1}{2}m_A v_A^2 + \frac{1}{2}m_B v_B^2 = \frac{1}{2}m_A v_A'^2 + \frac{1}{2}m_B v_B'^2 \tag{2-2-44}$$

若两滑块质量相等，即 $m_A = m_B = m$，且 $v_B = 0$，则由(2-2-43)式和(2-2-44)式可得

$$v_A' = 0 \qquad v_B' = v_A \tag{2-2-45}$$

通过观测碰撞后滑块 A 是否静止、$v_B'$ 是否等于 $v_A$，来验证动量守恒定律。

若两个滑块质量不相等，即 $m_A \neq m_B$，仍令 $v_B = 0$，则有

$$m_A v_A = m_A v_A' + m_B v_B' \tag{2-2-46}$$

分别测出 $m_A$、$m_B$、$v_A$、$v_A'$、$v_B'$，比较 $m_A v_A$ 与 $m_A v_A' + m_B v_B'$ 是否相等，来验证动量守恒定律。

2.完全非弹性碰撞

完全非弹性碰撞是指两滑块在碰撞后以同一速度运动而不分开，其特点是碰撞前后系统的动量守恒，但机械能不守恒。实验时，在两滑块的相碰端装上尼龙搭，就可以实现完全非弹性碰撞。

若两滑块质量相等，即 $m_A=m_B$，仍令 $v_B=0$，碰撞后

$$v_A'=v_B'=\frac{1}{2}v_A \tag{2-2-47}$$

通过观测碰撞后物体 A 与物体 B 是否粘在一起运动，且 $v_A'$ 和 $v_B'$ 是否为 $v_A$ 的二分之一，来验证动量守恒定律。

若 $m_A\neq m_B$，仍令 $v_B=0$，碰撞后两物体粘在一起，$v_A'=v_B'=v$，则

$$m_A v_A=(m_A+m_B)v \tag{2-2-48}$$

测出 $m_A$、$m_B$、$v_A$ 及 $v$，比较等式两边是否相等，来验证动量守恒定律。

3.关于碰撞后动能的损耗

动量守恒定律成立的条件要求物体系所受合外力为零。不论碰撞是弹性的或是非弹性的，动量守恒都应成立。但动能在碰撞过程中是否守恒，除了与在碰撞过程中外力是否对系统做功有关以外，还与碰撞的性质有关，若碰撞物体是用弹性材料制成的，碰撞结束后物体没有发生形变，则物体系的总动能不变，这就是弹性碰撞；若物体材料具有一定塑性，碰撞结束后物体有部分形变残留，则物体系的总动能有所损耗（转变为其他形式的能量），这就是非弹性碰撞。碰撞的性质可以用恢复系数

$$e=\frac{v_B'-v_A'}{v_A-v_B} \tag{2-2-49}$$

来表达。完全弹性碰撞时，$e=1$，机械能守恒；完全非弹性碰撞时，$e=0$，机械能损耗最大；一般情况下 $0<e<1$。

［内容要求］

**基础实验内容——实验仪器的调节**

调整仪器达到测量要求，将光电门放在能记下最接近碰撞前后滑块速度的位置。

**进阶实验内容——验证动量守恒**

1.分别在 $m_A=m_B$ 和 $m_A\neq m_B$ 的情况下，验证完全弹性碰撞中的动量守恒定律。

2.分别在 $m_A=m_B$ 和 $m_A\neq m_B$ 的情况下，验证完全非弹性碰撞中的动量守恒定律。

3.研究碰撞过程中的能量损耗问题。

［问题讨论］

1.为了检验动量守恒，在本实验操作上如何来保证实验条件，减小测量误差？

2.为什么调节滑块在导轨上做匀速运动而不强调调节导轨完全水平？在本实验条件下能否将导轨调得很理想？为什么？

3.为什么要调节挡光片使挡光边与运动方向垂直？如果不垂直会带来什么后果？如果滑块 A 与 B 上的挡光边都倾斜同一角度，其影响会不会抵消？

4.在进行完全非弹性碰撞时，为什么在碰撞前后都用同一个挡光片？这与用两个挡光片计时相比有什么好处？

## 实验八　用混合法测固体比热容

［引言］

物质比热容的测量是物理学的基本测量之一，属于量热学的范围。用混合法测固体比热容是一种常见的实验方法。该方法的基本原理是将待测固体样品与比热容已知的物质混合，在保证混合物达到热平衡的条件下，利用热量守恒原理来计算出待测固体样品的比热容。量热学的基本概念和方法在许多领域中都有广泛应用，特别是在新能源的开发和新材料的研制中，量热学是必不可少的。由于散热因素多而且不易控制和测量，量热实验的精度往往较低。为了做好量热实验，常常需要分析产生各种误差的因素，进而考虑减小误差的方法。这些锻炼有利于提高学生的实验能力。本实验介绍用混合法测固体比热容。

在实验中，教师可以引导学生探究物理实验背后的科学方法和思维方式，培养学生的科学探究兴趣，激发学生的创新意识。

教师可以引导学生进行实验结果的分析和解释，让他们了解科学研究领域对实验数据准确性的要求，以及如何在数据分析过程中减小误差和提高精度。

该实验还实现了与现代科技的结合。在工业质量控制领域，测固体比热容可以用于工业产品质量的控制过程。例如，在生产金属制品、建材等产品时，需要测量样品的比热容，确定产品的物理性质，从而指导优化制造过程和提高产品质量。当代计量学的出现，更是将此理念推向了计量仪器的研发中。

在能源利用方面，固体比热容的测量数据也可用来测量热能贮存容量或传递能量的速度。在城市规划和市政工程中，也可以通过固体比热容来优化建筑物的能源利用，从而达到节能减排的目的。

利用固体比热容，还可以评估各种不同的矿物材料，以及岩石构成的地球物质对热的传输和贮存容量。这在地球化学领域有着重要的应用，能够帮助科学家深入探究地球的物理和化学组成。

［实验目的］

1.掌握用混合法测金属比热容的方法。

2.了解量热实验中产生误差的因素及减小误差的措施。

3.学习一种修正散热的方法——修正温度。

［仪器用具］

量热器、温度计、物理天平、停表、加热器、小量筒、待测物(金属颗粒)。

[实验原理]

1.温度不同的物体混合之后，热量将由高温物体传给低温物体，最后系统将达到稳定的平衡温度。如果在混合过程中与外界没有热交换，则高温物体放出的热量等于低温物体所吸收的热量，用这种热平衡原理测量比热容的方法就是混合法。

将金属颗粒投入量热器的水中，在忽略量热器与外界热交换的情况下，有下列关系式成立

$$mc(t_2-\theta)=(m_0c_0+q)(\theta-t_1) \tag{2-2-50}$$

$$c=\frac{(m_0c_0+q)(\theta-t_1)}{m(t_2-\theta)} \tag{2-2-51}$$

式(2-2-51)中$c$——金属颗粒的比热容；

$m$——金属颗粒的质量；

$t_2$——金属颗粒投入水中之前的温度；

$m_0$——水的质量；

$c_0$——水的比热容；

$t_1$——金属颗粒投入水中之前的水温；

$q$——量热器(包括量热器内筒、搅拌器和温度计插入水中的部分)的热容；

$\theta$——混合后的平衡温度。

量热器的热容 $q$ 可以根据其质量和比热容算出，即

$$q=m_1c_1+1.9V \tag{2-2-52}$$

式(2-2-52)中$m_1$——量热器内筒和搅拌器(二者都是铜制的)的质量之和；

$c_1$——铜的比热容；

$1.9V$——温度计插入水中部分的热容。为了计算方便，$V$ 的单位取“$cm^3$”，详见附记。

2.散热修正

式(2-2-51)是在没有考虑系统散热的条件下得到的，但实际上，在混合过程中，系统要与外界交换热量，这就破坏了式(2-2-51)成立的条件。本实验热损失主要来自三部分：

(1)金属颗粒在投入量热器过程中散失的热量；

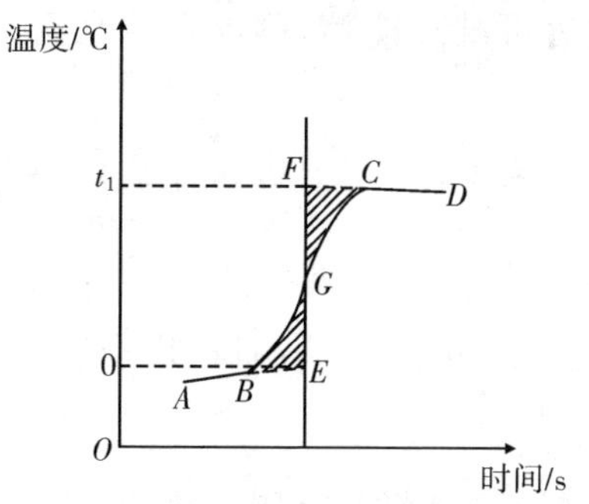

图 2-2-21　散热修正说明图

(2)量热器外部附有水珠，因水的蒸发而损失一定的热量；

(3)在混合过程中量热器与外界的热交换。

为使式(2-2-51)成立，必须考虑防止热量损失并对热量损失进行修正。对(1)，应尽量缩短将金属颗粒投入量热器的时间；对(2)，用干毛巾揩干量热器外筒壁；对(3)，可选系统的初温与终温在室温左右，使一部分热交换抵消。另外，我们用作图法对散热进行修正，这种方法是把

系统温度外推到假定与外界的热交换进行得无限快(即系统无热量损失与获得)的方法。如图 2-2-21 所示,设低温系统(量热器的冷水)为Ⅱ,高温系统(金属颗粒)为Ⅰ,若系统Ⅱ的温度随时间变化如曲线 $ABCD$ 所示,过 $G$ 点并作垂直时间轴的直线,与 $AB$、$DC$ 的延长线分别相交于 $E$ 点和 $F$ 点,使它与实测曲线(图中 $BGC$)所围面积 $BEG$ 和 $FGC$ 相等,这样,$E$ 点和 $F$ 点的温度就是热交换进行得无限快时(因而没有热量损失)系统Ⅱ和系统Ⅰ的平衡温度。

此外,要修正温度计本身的系统误差。设温度计在冰点时读数为 $t_0$,温度计刻度值 1 ℃对应的真实值为 $a$,则温度计读数为 $t'$时,其真实温度

$$t=(t'-t_0)a \tag{2-2-53}$$

$t_0$ 和 $a$ 值都标在仪器卡片上。

[仪器描述]

量热器结构及使用方法见本单元第一章基本仪器介绍部分。

加热器如图 2-2-22 所示,由内筒、外筒和插筒组成,内筒、外筒间注入水。由电炉或其他器具对其加热。插筒插入内筒后即可堵住内筒下部流出口。插筒内装被加热物,当拔出插筒时,加热物便从内筒流出。

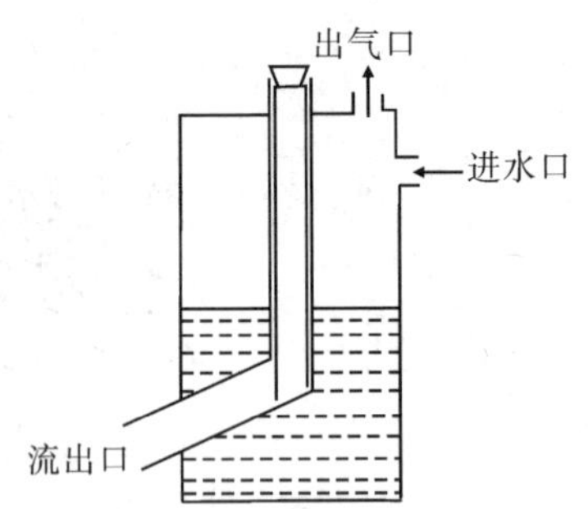

图 2-2-22　加热器结构示意图

[内容要求]

**基础实验内容——混合法测固体比热容**

1.向加热器中加入半筒水,并用电炉给加热器加热。

2.用物理天平称待测金属颗粒的质量 $m$,然后将其放入加热器中加热,注意,加热器内的温度计应靠近待测金属颗粒。

3.称量量热器内筒和搅拌器的总质量 $m_1$,然后加入适量冷水再称质量 $m_2$,则量热器中水的质量 $m_0=m_2-m_1$。开始测水温并计时,每 30 s 测一次,连续测下去。

4.当加热器中温度计指示值稳定不变后,再过 5 min 测出其温度 $t_2$,就可将被测金属颗粒投入量热器中。用搅拌器进行搅拌并观察温度计的指示值,继续每隔 30 s 记录一次水温,直到指示值稳定不变后,记录其平衡值,即混合温度,然后再继续搅拌,测混合后水温,每 30 s 记录一次读数,测量时间为 5 min。

5.根据要求 3 的测量和物体放入量热器的时间,确定出物体放入量热器时的水温。

**进阶实验内容——固体比热容的计算**

1.用直角坐标纸作散热修正曲线,由作图法求出修正后 $E$ 点和 $F$ 点的温度,即系统Ⅱ混合前的瞬间温度 $t_1$ 和两系统混合后最终应达到的温度 $\theta$。

2.将测得的数据代入式(2-2-51),求待测金属颗粒的比热容,与标准值相比较,求百分偏差。

［注意事项］

1.加热器中温度计要靠近待测金属颗粒。量热器中温度计位置要适中，不要使它靠近放入的高温物体，因为未混合好的局部温度可能很高。

2.温度 $t_1$ 不宜比室温低很多(控制在 2～3 ℃即可)，因为温度过低可能使量热器附近的温度降低到露点，致使量热器外侧出现凝结水，而在温度升高后这些凝结水蒸发时将吸收较多的热量。

3.搅拌时不要过快，防止有水溅出。

4.将待测金属颗粒从加热器放入水中时，动作一定要迅速、准确。

［问题讨论］

1.用混合法测量比热容的理论根据是什么？实测条件与假定条件不符时应如何处理？

2.讨论一下，本实验的主要误差来自何处？

3.温度计浸入系统的那部分体积在哪些方案中可以被忽略，在哪些方案中不能被忽略？

4.可否用混合法测液体的比热容？若可以，实验应如何安排？

［附记］

温度计插入水中部分的热容可按以下方法求出。已知水银的密度为 13.6 $g/cm^3$，比热容为 0.139 J/(g·℃)，其 1 $cm^3$ 的热容为 1.89 J/℃。制造温度计的玻璃的密度为 2.58 $g/cm^3$，比热容为 0.83 J/(g·℃)，其 1 $cm^3$ 的热容为 2.14 J/℃，它和水银的热容相近，因为温度计插入水中部分的体积不大，其热容在测量中占次要地位，因此可认为它们1 $cm^3$ 的热容是相同的。设温度计插入水中部分的体积为 $V$ $cm^3$，则该部分的热容可取为1.9$V$ J/℃，$V$ 可用盛水的小量筒去测量。

## 实验九　液体黏滞系数的测定

［引言］

液体的黏滞系数是液体黏滞性大小的量度。它所描述的是黏性流体的流动阻力，与液体内部的组成和形态特征，以及液体中悬浮物质的浓度、分子大小等因素有关。在液体输送、润滑、液压传动等工程技术和科学研究中，常需要知道液体的黏滞系数。通常，液体的黏滞系数随温度升高而迅速减小。测定液体的黏滞系数的主要方法有落球法、扭转法、转筒法和毛细管法等。

在教学过程中可适当融入思政教育，培养学生的实践能力、创新意识和社会责任感。

在实验课堂中，教师可以引导学生探究物理实验背后的科学方法和思维方式，培养学生的科学探究兴趣，激发学生的创新意识。实验过程还涉及安全和环保等问题。

现代科技的不断创新，推动液体黏滞系数测定方法不断更新和改进，让测定变得更加快捷、精准。这些新的技术在精密医学、化学工程和生物制药等领域的发展，将有助于人类更深入地了解和应用流体物理的基本特性。如微尺度混合器，通过微流控技术和微米级的混合器结合，可以快速、准确地测量液体的黏滞系数。微米混合器通过将液体样品和稳定的流体混合在一起，利用微细结构表面的阻力力学原理，来测量黏滞系数。此外，现代科技的快速发展，使得传感器技术得到了大力推广和应用。智能传感器通过内嵌纳米传感器技术，可以测量液体中分子的数量和特性，进而测算液体的黏滞系数。这种技术适用于各种环境，例如空气、水、油和化学溶剂等，为自动化流体物理实验的快速发展提供了可能。

[实验目的]

1.学习用斯托克斯公式测定液体的黏滞系数。

2.进一步熟悉游标卡尺、千分尺、停表的使用方法。

3.通过调节温度、测定不同浓度的样品液体黏滞系数来探究测量的影响因素。

4.探究实际应用场景中含有不同浓度溶液的黏滞系数的测算方法。

5.用毛细管法测水的黏滞系数。

[仪器用具]

1.玻璃圆筒、停表、千分尺、游标卡尺、比重计、温度计、小球、镊子、待测液体(蓖麻油)、漏勺、米尺。

2.毛细管和支架、水位计、恒水位槽、物理天平、停表、烧杯、温度计、水平仪。

[实验原理]

1.落球法测液体黏滞系数实验原理

当半径为 $r$ 的光滑小球以速度 $v$ 在均匀的无限宽广的液体中运动时，如果速度很小，且在液体中不产生涡流的情况下，这时的黏滞阻力 $f$ 为

$$f=6\pi\eta vr \tag{2-2-54}$$

此式为斯托克斯公式。

式中 $\eta$——液体的黏滞系数；

$v$——小球下落的速度；

$r$——小球的半径。

如图 2-2-23 所示，小球在液体中下落时，作用在小球上的力有 3 个，这 3 个力都在竖直方向，重力向下，浮力和阻力向上，阻力随小球速度的增大而增大。显然，从静止开始小球做加速运动，当小球下落速度达到一定大小时，这 3 个力之和等于零，于是小球匀速下落。所以有

$$mg=\rho Vg+6\pi\eta vr \tag{2-2-55}$$

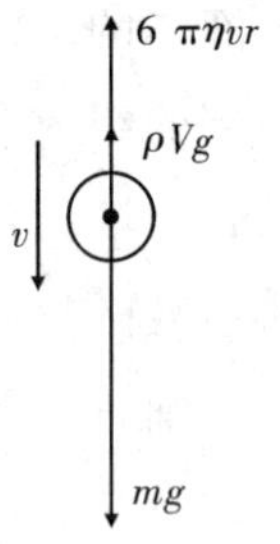

6 πηvr

ρVg

v

mg

图 2-2-23　金属球在液体中下落受力分析示意图

此式可写成

$$\frac{4}{3}\pi r^{3}(\rho'-\rho)g=6\pi\eta vr \tag{2-2-56}$$

式中 $\rho'$——小球密度；

$\rho$——液体密度。

由式(2-2-56)可得

$$\eta=\frac{2}{9}\cdot\frac{(\rho'-\rho)gr^2}{v} \tag{2-2-57}$$

因为液体放在容器内总不是无限宽广的，若小球沿内半径为 $R_0$ 的圆筒下落，筒内液体高度为 $h$，那么考虑容器壁的影响，修正后式(2-2-57)变为

$$\begin{aligned}\eta&=\frac{2}{9}\cdot\frac{(\rho'-\rho)gr^2}{v\left(1+2.4\dfrac{r}{R_0}\right)(1+3.3\dfrac{r}{h})}\\&=\frac{1}{18}\cdot\frac{(\rho'-\rho)gd^2}{v\left(1+2.4\dfrac{d}{2R_0}\right)\left(1+3.3\dfrac{d}{2h}\right)}\end{aligned} \tag{2-2-58}$$

式中 $d$ 为小球的直径。

若小球匀速下落通过路程 $s$ 的时间为 $t$，则

$$\eta=\frac{1}{18}\cdot\frac{(\rho'-\rho)gd^2}{\left(1+2.4\dfrac{d}{2R_0}\right)\left(1+3.3\dfrac{d}{2h}\right)}\cdot\frac{t}{s} \tag{2-2-59}$$

2.毛细管法测液体黏滞系数实验原理

液体在层流情况下流过一均匀细管时，根据泊肃叶公式，在 $t$ s内流过的体积为

$$V=\frac{\pi R^4}{8l\eta}(p_1-p_2)t \tag{2-2-60}$$

式中 $\eta$ 为液体的黏滞系数；$R$、$l$ 分别为毛细管的半径和长度；$p_1-p_2$ 为毛细管两端压强差。此式变形可得

$$\eta=\frac{\pi R^4 t}{8lV}(p_1-p_2) \tag{2-2-61}$$

式中右侧各量均可测得，故液体的黏滞系数可求得。

把式(2-2-61)中压强差 $p_1-p_2$ 改为柱压强计的液柱高度差 $h_1-h_2$，即 $p_1-p_2=\rho g(h_1-h_2)$，$\rho$ 为待测液体的密度；把单位时间流出的体积改为单位时间流出的质量，即 $\frac{V}{t}=\frac{m}{\rho}$，其中 $m$ 为单位时间流过的液体质量。考虑上述变动后，式(2-2-61)改写成

$$\eta=\frac{\pi R^4\rho^2 g}{8lm}(h_1-h_2) \tag{2-2-62}$$

此式只适合于层流的情况。

**[仪器描述]**

如图 2-2-24 所示，将毛细管水平放置在可调平板支架上，水位计的两端分别与毛细管两端相接。恒水位槽的连接方法如图 2-2-24 所示。调整恒水位槽的高度可以限制出口流量，以便调节毛细管两端的压强差。

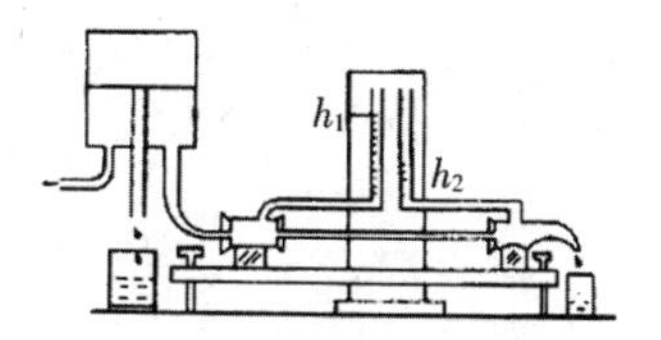

图 2-2-24　毛细管法测黏滞系数装置示意图

［内容要求］

## 基础实验内容——用落球法测液体的黏滞系数

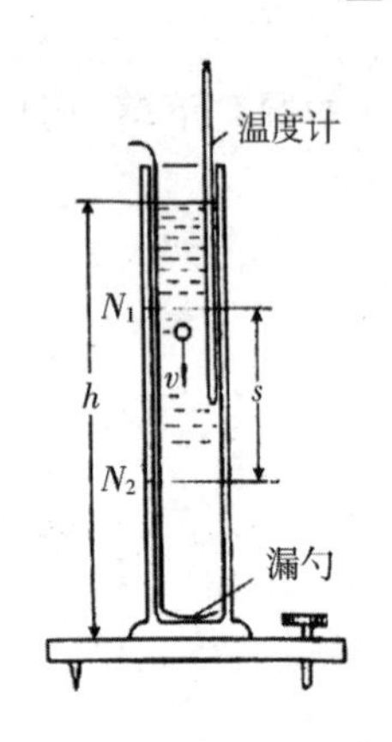


图 2-2-25　黏滞系数测量装置结构示意图

1.如图 2-2-25 所示，利用铅锤和可调平台将玻璃筒调到铅直方向。

2.选 5～10 个小钢球，用千分尺测各球的直径，每个球测两次，求其平均直径。

3.测出待测液体的温度。

4.在盛油的玻璃筒上选取上下两个位置标记 $N_1$、$N_2$，在 $N_1$ 处要保证小球已匀速下落，而 $N_2$ 处不要太靠近底部。

5.用游标卡尺测筒内直径 $2R_0$ 三次，取平均值（或由实验室给出），用米尺测出 $h$ 和 $s$ 各一次。

6.将小球从圆筒中心轻轻放下，用停表测出小球下落距离 $s$ 所需时间 $t$，这是本实验的关键步骤，要仔细测量，避免视差。

7.式中 $\rho'$、$\rho$、$g$ 由实验室给出。

8.求出液体的黏滞系数及其百分偏差。

9.自行设计记录数据的表格。

## 进阶实验内容——用毛细管法测液体的黏滞系数

1.按图 2-2-24 所示将装置连接好，调整底座使毛细管水平。

2.调整恒水位槽的高度，按要求控制水流量，使毛细管两端的压强差大于 20 mm 水柱高。

3.用物理天平称出 $t$ 时间（可取 2～3 min）流出水的质量，并算出 $m$ 值，重复三次取 $m$ 的平均值。每次测 $m$ 时要同时记录压强计水位 $h_1$、$h_2$。

4.测出水温。

5.$R$、$l$、$g$ 由实验卡片给出，$\rho$ 可查表得到。

6.由式(2-2-62)计算水的黏滞系数和不确定度。

［注意事项］

1.油必须静止，小球要圆滑，表面洁净。

2.筒一定要铅直。

3.测 $t$ 时，视线要与筒壁垂直。

4.保持水流稳定，排出管中气泡。

5.测 $m$ 值时，动作要敏捷，不要拖长时间，以保证在测量过程中水的温度不变。

［问题讨论］

1.若小球不是在圆筒中心下落，而是在靠近筒壁处下落，是否可以？为什么？

2.实验时,如果不标记 $N_2$,而是直接测出小球从 $N_1$ 下落到筒底的时间,是否可以?

3.如何判断小球在通过路程 $s$ 时是匀速的?

4.能否用落球法测量水的黏滞系数?

5.下列因素造成的影响会使结果偏大还是偏小?

(1)油筒不铅直;(2)油不静止;(3)油中有气泡;(4)小球不圆滑。

6.水流中若有气泡将会影响测量结果,应如何排除气泡?用什么方法可以减少水中的气泡?

7.式(2-2-62)的成立条件是什么?在实验中如何保证这一条件?

## 实验十　液体表面张力系数的测定

[引言]

液体表面张力系数是描述液体表面的性质和强度的物理量。液体表面层分子所处的环境与内部不同,使表面层有如张紧的弹性薄膜,具有尽量缩小其表面积的趋势,即存在表面张力。它对于液体的一些特殊性质和现象具有重要影响,如液滴形状、液体湿润性、气液界面的稳定性和遵循的规律等。因此,液体表面张力系数的测定对于生物、化学、材料等学科都具有重要意义,是一项重要的物理实验。

该实验强调科学精神。在实验教学过程中,要强调学生应该具备科学研究的精神。科学研究的精神是实验教学的核心,也是学生成长和发展的关键。

培养实验素养。实验素养是指学生在实验中培养的实践能力和创新意识,包括实验思维、实验技能、实验方法、实验安全等。在液体表面张力系数的测定实验中,要引导学生全面掌握实验方法,提高实验技能,同时培养学生的创新意识和实验素养。

液体表面张力系数的测定是一个涉及物理、化学、材料等学科交叉领域的活动,具有广泛的应用价值,与现代科学技术密切相关,比如纳米技术。液体表面张力系数对纳米材料的表面性质具有重要影响,对纳米材料的制备、性能优化和应用具有重要作用。通过测定纳米材料的表面张力系数,可以探究其表面性质和现象,加深对纳米材料的认识,指导纳米材料的研制和应用。再如在化妆品、涂料和油墨制造等领域中,液体表面张力系数对产品的质量和性能具有重要影响。通过测定液体表面张力系数,可以调节液体的黏度、表面张力等性质,优化产品性能,提高质量。

[实验目的]

1.掌握用焦利氏秤测量微小力的原理和方法。

2.了解液体表面的性质,测定水的表面张力系数。

3.掌握用毛细管法测水的表面张力系数的原理和方法。

4.掌握测高仪的调整和使用方法。

[仪器用具]

1.焦利氏秤、砝码、$\pi$ 形金属丝、温度计、玻璃皿、蒸馏水、游标卡尺。

2.测高仪、读数显微镜、毛细管、烧杯、温度计。

［实验原理］

1.拉脱法测液体表面张力系数实验原理

设想在液面上作一条长为 $l$ 的线段，线段两侧液面以一定的力 $f$ 相互作用，而且力的方向与线段垂直，其大小与线段长 $l$ 成正比，即

$$f=\alpha l \tag{2-2-63}$$

式中，$\alpha$ 为液体表面张力系数。

将一表面洁净的 $\pi$ 形金属丝竖直地浸入盛水的玻璃皿中，令其底面保持水平，然后将其慢慢地拉出水面，由于表面张力的作用，$\pi$ 形金属丝将带起水的薄膜，水面呈弯曲形状，如图 2-2-26 所示，当水膜即将破裂时，有

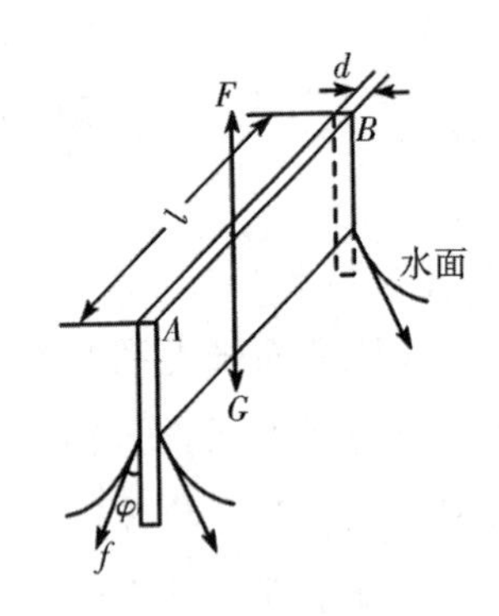

图 2-2-26　金属丝受力分析示意图

$$F=G+2\alpha l+lhd\rho g \tag{2-2-64}$$

式中 $F$——向上的拉力；

$G$——$\pi$ 形金属丝所受重力和浮力之差；

$l$——$\pi$ 形金属丝的长度；

$h$——水膜被拉破时与水面的距离；

$d$——$\pi$ 形金属丝的直径；

$\rho$——水的密度；

$g$——重力加速度。

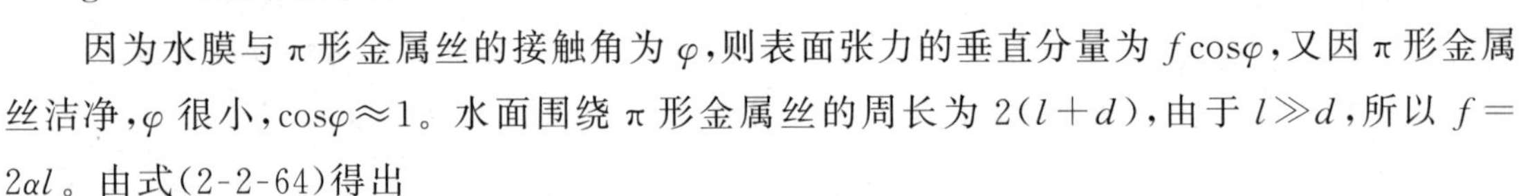

因为水膜与 $\pi$ 形金属丝的接触角为 $\varphi$，则表面张力的垂直分量为 $f\cos\varphi$，又因 $\pi$ 形金属丝洁净，$\varphi$ 很小，$\cos\varphi\approx1$。水面围绕 $\pi$ 形金属丝的周长为 $2(l+d)$，由于 $l\gg d$，所以 $f=2\alpha l$。由式(2-2-64)得出

$$\alpha=\frac{(F-G)-lhd\rho g}{2l} \tag{2-2-65}$$

本实验是用焦利氏秤在水膜被拉破时测量 $F-G$ 的值，然后根据式(2-2-65)计算水的表面张力系数 $\alpha$ 的值。

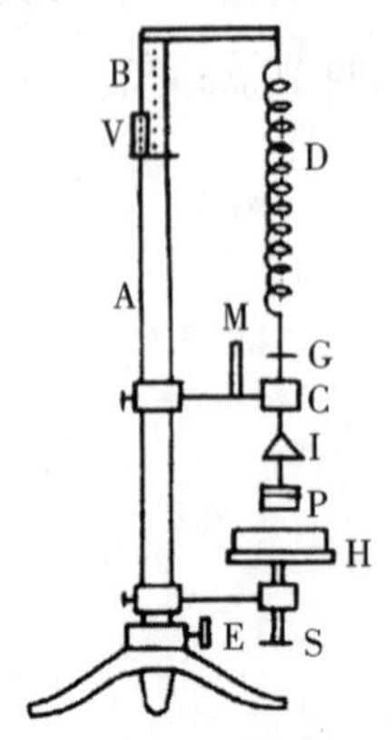

图 2-2-27　测液体表面张力系数装置示意图

液体表面张力系数的值一般都很小，测量微小力必须用特殊的仪器。焦利氏秤是测量液体表面张力系数的一种装置，如图 2-2-27 所示，A 为套管，在套管的顶端装有 0.1 mm 刻度的游标 V，在套管内装有带毫米刻度的铜柱 B，读数时需要将游标同柱上的刻度相配合。手轮 E 可以调节铜柱使它在套管内升降。G 为十字形金属丝，M 为平面镜，镜面上有一标线，实验时，使十字形金属丝 G 的横线及其在平面镜中的像以及镜面标线三者始终重合，这样可以保持 G 的位置

不变。H 为一平台，它可由螺旋旋钮 S 升降，在升降时平台不转动。I 为秤盘。

如果在力 $F$ 作用下，弹簧伸长 $\Delta L$，则根据胡克定律，可知

$$F = k\Delta L$$

式中，$k$ 为弹簧的劲度系数。

2.毛细管法测液体表面张力系数实验原理

将直径为 0.2～1.0 mm、长约为 20 cm 的玻璃毛细管插入水中，见图 2-2-28，由于水对玻璃是浸润的，管内的水面将是凹面，它对下层的水施以负压，使管内水面下方 $B$ 点的压强比水面上方的大气压小，与 $B$ 点在同一水平面上的 $C$ 点的压强仍与水面上方的大气压相等，当液体静止时，同一水平面上两点的压强应相等。所以管中水面将会升高，直到同一高度处的 $B$ 点和 $C$ 点的压强相等为止。

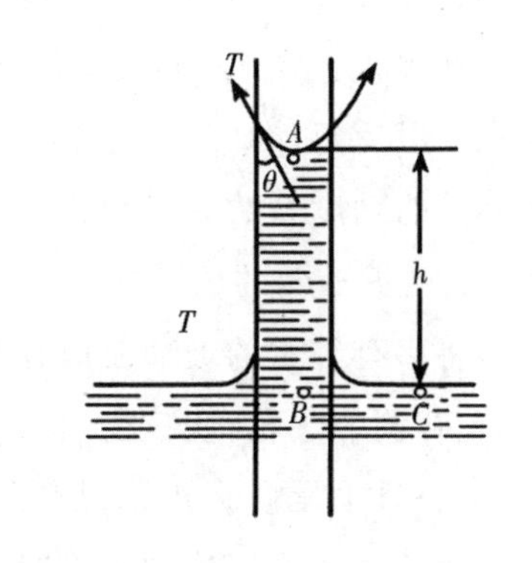

图 2-2-28　毛细管水面分布说明图

若毛细管的截面为圆形，那么管内的凹形水面可以近似地看成半球面。则水面平衡条件为

$$\Delta p \pi r^2 = 2\pi r\alpha\cos\theta \tag{2-2-66}$$

式中$\Delta p$——$A$ 点与大气压的压强差；

$r$——毛细管半径；

$\alpha$——水的表面张力系数。

其中

$$\Delta p = \rho g h$$

式中 $\rho$——水的密度；

$g$——重力加速度；

$h$——水在毛细管中上升的高度。

将上式代入式(2-2-66)得

$$\rho g h\pi r^2 = 2\pi r\alpha\cos\theta$$

即

$$\alpha = \frac{\rho g h r}{2\cos\theta} \tag{2-2-67}$$

由于水和玻璃是清洁的，所以接触角 $\theta \approx 0°$。另外，水柱高度 $h$ 是从水面到凹面最低点的距离，而在此高度以上还有少量水，这些水的体积为$(\pi r^2)r - \frac{1}{2}\left(\frac{3}{4}\pi r^3\right) = \frac{5}{8}\pi r^3 = \frac{5r}{8}(\pi r^2)$，即等于管中高为$\frac{5r}{8}$的水柱的体积。因此，上述讨论中的 $h$ 值，应增加$\frac{5r}{8}$的修正值。则式(2-2-67)变为

$$\alpha = \frac{1}{2}\rho g r\left(h + \frac{5r}{8}\right) \tag{2-2-68}$$

［内容要求］

**基础实验内容——用拉脱法测液体表面张力系数**

1.测量弹簧的劲度系数。

将劲度系数相当的弹簧挂在焦利氏秤上，调节支架的底脚螺旋，使十字形金属丝 G 的竖直线穿过平面镜支架上小圆孔的中心，此时套管与水平面垂直。

在秤盘上加 1 g 砝码，旋转 E 使三线重合，用游标读出标尺的值 $L$，并设该位置为参考零点。以后每加 0.20 g 砝码测一次 $L$，直至加到 1.00 g 后再逐次减下来。用分组求差法求出弹簧的劲度系数 $k$ 的值。

2.测 $F-G$ 的值。

将盛有纯水的玻璃皿放在平台上，再将金属丝浸入盛水的玻璃皿中，调节平台上下位置，配合调节手轮，使三线对齐，选定参考零点。继续用一只手慢慢调节 E 使弹簧向上伸长，另一只手慢慢旋转旋钮 S 使玻璃皿下降，在这个过程中要保持 G 始终在零点处不动。当金属丝 $AB$ 刚好达到水面时，用游标卡尺记下旋钮 S 的位置 $S_1$。继续转动 E 和 S，直至水膜破裂为止，记下 B 上标尺读数 $L_1$ 和旋钮 S 的位置 $S_2$。

用吸水棉拭去 π 形金属丝上的小水珠，转动 E 使金属丝缓缓下降，直到 G 回到零点，读出标尺读数 $L_2$，则有

$$F-G=k\mid L_2-L_1\mid$$

上述过程要求重复测量 6 次，最后取平均值。

3.求 $h$ 的值。

以上测量中，对应 $S_1$ 和 $S_2$ 的平台 H 位置的高度差就是拉断水膜时，水膜的高度 $h$，即 $h=S_2-S_1$。

4.测出水的温度及 π 形金属丝的 $l$、$d$ 的值。

5.计算出水的表面张力系数 $\alpha$ 及其不确定度。

**进阶实验内容——用毛细管法测液体表面张力系数**

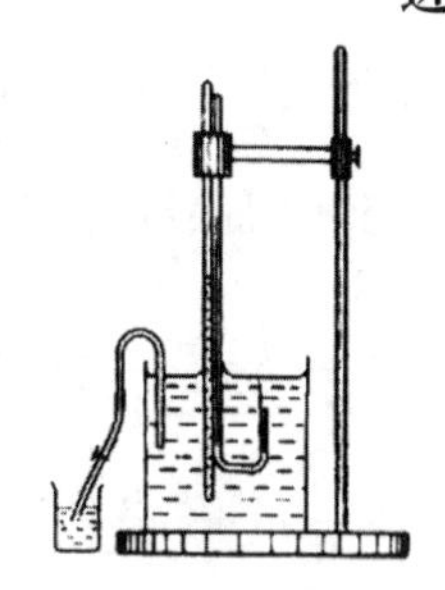

图 2-2-29　毛细管和玻璃棒组装测试装置图

1.将一弯钩形并附有针尖的玻璃棒和毛细管夹在一起(图 2-2-29)，并插在盛水的烧杯内。将烧杯放在升降台上，上下升降烧杯，以使毛细管壁充分浸润。然后放稳烧杯，使针尖在水面的稍下方。在烧杯中插入一 U 形虹吸管，拧动夹子，使烧杯中的水一滴滴地流出。从水面下方观察针尖与水面所成的针尖的像，两者刚相接时，表示针尖正在水面处，拧紧夹子，使水面稳定在这个位置。

2.在毛细管前方 0.5～1 m 远处安置测高仪，调整望远镜，使其水平。上下平移望远镜，使其叉丝和毛细管中凹面的最低处相切，从测高仪上的标尺读出 $a$。移开烧杯，向下平移望远镜，使叉丝横线和针尖刚好相接，记下此时测高仪上标尺的

读数 $b$，则 $h=|a-b|$。反复测量 4 次，取平均值。

3.测量水的温度 $t$。

4.用读数显微镜测毛细管的孔径，注意应在相互垂直的位置各测一次，取平均值。

5.用式(2-2-68)计算在温度 $t$ 时，水的表面张力系数及其相对不确定度。

[注意事项]

1.$\pi$ 形金属丝横框要直，勿用手去拉金属丝，以免变形。提拉时使其横框水平，且处于铅直面内。

2.一定要把金属丝和玻璃皿处理洁净，绝不能有污物，实验时手指不能接触液面。

3.实验过程中不要使操作台振动，液膜破裂前，提升金属丝时一定要缓慢适度，太快不行，而太慢时水膜又会因水流动而过早破裂。

4.不要用手任意拉弹簧，加载量不得超过 3 g，否则弹簧会被拉坏而不能使用。

5.应使用纯净水。不能用手接触水、毛细管的下半部和烧杯的内侧。

6.每次实验前毛细管应用蒸馏水充分冲洗，烧杯也要用酒精擦拭后冲洗干净。实验后要将毛细管浸在洗涤液中。

7.测完毛细管中凹面位置后移开烧杯时，不要碰到毛细管和针尖。

[问题讨论]

1.测 $\alpha$ 的值时，为什么必须在液膜破裂时记录数据？

2.如果毛细管偏离竖直方向，会对待测液体的表面张力系数的测量值产生什么影响？

3.如果 $\pi$ 形金属丝不清洁会给测量带来什么影响？所测 $\alpha$ 的值偏大还是偏小？为什么？

4.对几个量多次测量的目的是什么？是为了减小哪些因素带来的测量误差？

5.说明在慢慢向上拉金属丝的过程中，拉力 $F$ 变化的情况。

6.试分析测定液体表面张力系数 $\alpha$ 的值时，产生系统误差的主要原因。

7.毛细管中水面为何能上升？假如毛细管在水面以上的长度小于水在毛细管中可能上升的高度，水是否将源源不断地流出毛细管？

8.在毛细管法测液体表面张力系数实验中，哪一个量的误差对 $\alpha$ 值的精度影响最大？

9.实验时，如果毛细管与水平面不垂直，对 $h$ 的测量是否有影响？如果测高仪的立柱不垂直，对 $h$ 的测量是否有影响？如何检查？

10.能否用毛细管法测量水银的表面张力系数？

## 实验十一　铜的导热系数的测定

[引言]

导热是一种特定的传热方式，材料的导热系数是反映材料导热性能的重要参数，它直接影响物体内热流的大小(热流的大小与材料的导热系数成正比)。各种物质的导热系数相差悬殊，最大的是纯金属，最小的是气体，而且导热系数还随温度的变化而变化。大多数金属的导热系数随温度的升高而减小，气体与绝热材料的导热系数随温度的升高而增大。由于物质的性能（如良导体、不良导体等）和形状（如管状、柱状等）不同，测定其导热系数的方法也不同，在这个实验中我们用一种基本的方法——流体换热法来测定常温下金属（铜）的导热系数。

该实验能够培养学生的实验素养。铜的导热系数测定实验需要学生掌握实验方法、热学平衡等基本操作技能，能够培养学生实验思维和创新意识。

实验强调科学精神。实验教学应引导学生养成科学研究的精神，包括勇于实践、严谨求证、尊重事实、重视创新等。同时，教育学生重视实验数据的准确性和真实性，培养学生认真负责、严守实验守则的科学态度。

铜的导热系数测定实验是一项重要的物理实验，与许多现代科技密切相关。

在电子技术领域，铜作为一种优良的导体被广泛应用于电子器件中。通过测定铜的导热系数，可以更好地了解铜的物理性质和特点，指导电子器件材料的研制和使用。太阳能电池可以将光能转化为电能，而铜作为电池电极的材料之一，其电极性能与导热系数密切相关。通过测定铜电极的导热系数，可以优化铜电极的性能，提高太阳能电池的能量转化效率。在航天工程中，火箭发动机是一个非常重要的组成部分，而铜恰是制作火箭发动机的材料之一。火箭发动机启动后，需要在极短的时间内获得高温高压下的燃烧产物，因此火箭发动机的高温传导性能需要得到很好的保证。铜的导热系数测定实验，可以更好地了解铜作为材料的导热性能，指导火箭发动机的设计和制造。

[实验目的]

1.用流体换热法测定铜的导热系数。

2.熟悉热学平衡的概念及基本操作。

3.测量温度变化并记录数据。

4.根据导热方程计算每个位置上的导热系数。

[仪器用具]

导热系数测定仪、恒水位器、电炉、烧杯(3个)、大量筒、停表等。

[实验原理]

设有一粗细均匀的金属圆柱，如图 2-2-30 所示。其侧面绝热（如在侧面包上绝热材料），若将一端加热到某一稳定温度，另一端维持在另一较低的稳定温度，在垂直于导热的方向上，相距为 $l$ 的两个截面 $S_1$、$S_2$ 处的温度分别为 $t_1$、$t_2$，截面面积为 $S$，则在时间 $T$ 内由 $S_1$ 传到 $S_2$ 的热量 $Q$ 由傅里叶定律给出

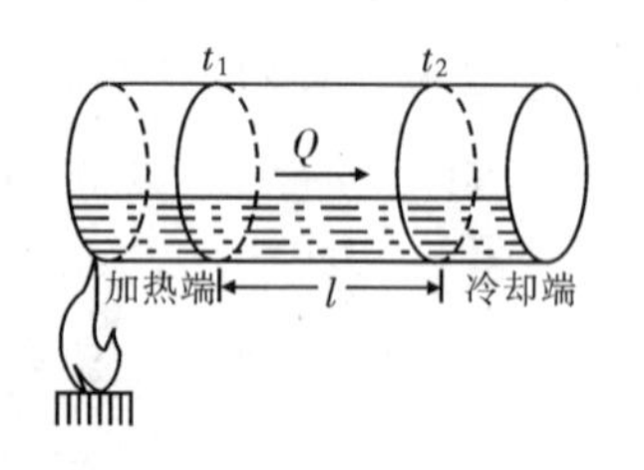


图 2-2-30　用流体换热法测定铜的导热系数装置示意图

$$Q = kS\frac{t_1 - t_2}{l}\tau \qquad (2\text{-}2\text{-}69)$$

式中 $k$ 就是待测物体的导热系数。

［仪器描述］

如图 2-2-31 所示，将待测圆柱形金属铜棒一端置于蒸汽室 A 内，另一端盘绕着细铜管 B。从稳压水槽(亦称恒水位器)流出的冷水由冷水进口流入，经铜管 B 从热水出口流出而使铜棒冷却。整个仪器用绝热材料裹住塞于箱中，相距 $l$ 处的两截面处及冷水进口、热水出口处分别装有温度计 1、2、3、4。在稳定状态下(温度和水流都要稳定)，如果 $\tau$ 时间内从热水出口流出 $m$ g 的水，水温由 $t_3$ 升高到 $t_4$，则水吸收的热量为 $Q'=m(t_4-t_3)c_0$($c_0$ 为水的比热容)。在实验装置保证绝热的条件下，铜棒传递的热量 $Q$ 等于水所吸收的热量，即 $Q=Q'$。又因 $S=\frac{1}{4}\pi d^2$($d$ 为铜棒的直径)，所以式(2-2-69)可以写成

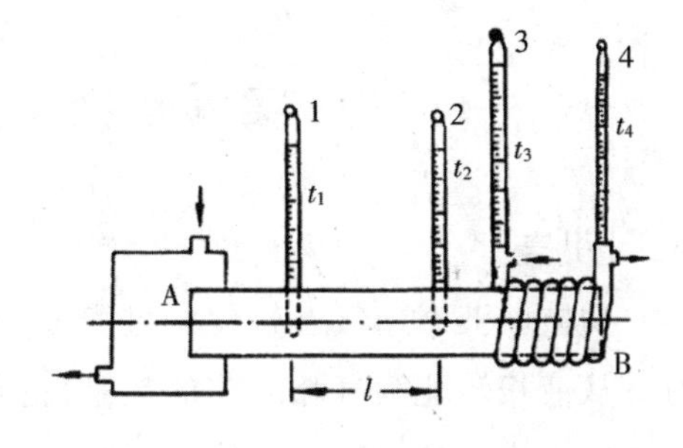


图 2-2-31　流体换热法测定铜的导热系数采点温度计分布说明图

$$k=\frac{4lc_0(t_4-t_3)m}{\pi d^2(t_1-t_2)\tau} \tag{2-2-70}$$

在国际单位制中导热系数 $k$ 的单位是瓦特每米开尔文，或写成 W/(m·K)。

［内容要求］

**基础实验内容——铜的导热系数的测量**

1.首先记下 4 支温度计的初始温度 $t_{10}$、$t_{20}$、$t_{30}$、$t_{40}$，以便在计算时加以修正。

2.仔细调节恒水位器的高低与通入恒水位器的自来水的水流大小，使水流适中、稳定。

3.接通电源把水烧开，向蒸汽室 A 内通入水蒸气。

4.待达到稳定状态后，开始用烧杯接热水出口流出的水，重复三次，并用天平测出水的质量，求出单位时间内流出水的质量的平均值，即式(2-2-70)中的$\frac{m}{\tau}$。

5.用游标卡尺测出 $l$ 及 $d$(也可由实验室给出)。

**进阶实验内容——铜的导热系数的计算**

将所测数据代入式(2-2-70)求出待测物件的导热系数 $k$ 及其不确定度，或与查表值比较，求百分偏差。

［注意事项］

1.在做实验前要先读出 4 支温度计的初始温度。

2.给蒸汽室通入水蒸气后不能马上做实验，要等温度达到平衡，并且仔细调节恒水位器，使水流稳定后才可接水。

［问题讨论］

1.式(2-2-70)在什么条件下成立？

2.如图 2-2-31 所示，$t_1$、$t_2$、$t_3$、$t_4$ 中哪个温度最不易稳定？为什么？

3.测量 $t_1$、$t_2$、$t_3$、$t_4$ 所用的温度计精度是否应该相同？为什么？

4.这种稳定流动法能否用来测量诸如橡胶等不良导体的导热系数？

5.在实验中水的流速如果太大或太小，会对测量结果有什么影响？

## 实验十二　液体比汽化热的测量

[引言]

物质由液态向气态转化的过程称为汽化。液体比汽化热是指单位质量液体在恒定压力下从液相转化为气相所需的热量，也是一个重要的物理量。本文将介绍一种常见的测量液体比汽化热的方法。液体比汽化热的测量是重要的物理实验，其中涉及量热实验、加热实验、滴定实验等操作和计算。这些技术方法和实验手段在现代工业生产和科学研究中具有广泛应用，为实验和科技领域的发展提供了支持和指导。本实验通过测量水蒸气凝结时放出的热量来测定水的比汽化热。

在液体比汽化热的测量实验中，要帮助学生掌握实验方法、技能和操作步骤，并培养学生的实验思维和创新意识。实验素养是指学生在实验中培养的实践能力和创新意识，在实验教学过程中应注意培养学生实验素养，提高其实验技能。

实验强调科学精神。实验教学应引导学生养成科学研究的精神，包括勇于实践、严谨求证、尊重事实、重视创新等。同时，应教育学生重视实验数据的准确性和真实性，培养学生认真负责、严守实验守则的科学态度。

在液体比汽化热的测量实验中，要增强安全意识，注意实验室安全，防止操作中出现的意外事故。教育学生在实验中重视实验安全，切实做到安全第一，遵守实验安全规定。

液体比汽化热测量是一项基础和重要的物理实验，与现代科学技术有许多密切的联系。

在能源研究方面，液体比汽化热是研究能源转化和利用的关键参数之一。研究能源转化过程中，需要了解液体比汽化热，以指导能源的储存和利用。液体比汽化热的测量技术在发电技术中也得到了广泛的应用。在燃煤发电和核电等领域中，液体比汽化热被用来计算能量和效率等重要因素。在化工工艺中，液体比汽化热是计算和控制反应温度的一项重要参数。例如，正确控制液体汽化过程的温度可以使反应转化率更高。

[实验目的]

1.用量热器测定水在沸腾时的比汽化热。

2.学习如何进行实验数据的收集、处理和分析。

3.增加数据处理模型，提升计算方案的复杂性，进一步开展测量实验。

[仪器用具]

量热器、温度计(分度值为 0.1 ℃)、冷凝器(铜制)、天平、蒸汽发生器、蒸汽过滤器、小量筒。

［实验原理］

实验装置如图 2-2-32 所示。从蒸汽发生器 A 出来的水蒸气，经过蒸汽过滤器 B 将水蒸气中的小水滴分离出去之后进入冷凝器 C。在冷凝器中水蒸气凝结成水，放出的热量使量热器及其中的水和冷凝器的温度升高。

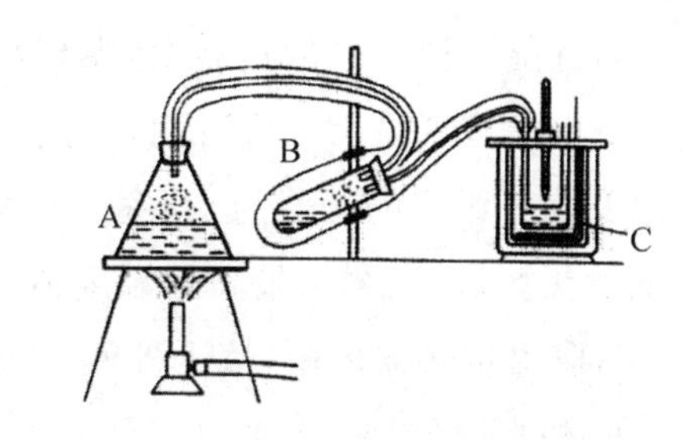


图 2-2-32　用量热器测定水在沸腾时的比汽化热实验装置图

物质由液态向气态转化的过程称为汽化。在物质的自由表面上进行的汽化称为蒸发。如果液体内部的饱和气泡膨胀，以致上升到液面后破裂，这样的汽化过程称为沸腾。

在液体中总有一些运动速率大（即动能大）的分子飞离表面而成为气体分子，随着这些高速分子的逸出，液体的温度将下降，若要保持温度不变，就需要外界不断地供给热量。1 kg的液体汽化时所吸收的热量就是该物质的比汽化热。比汽化热与汽化时的温度有关，温度升高时比汽化热减小。因为随着温度的升高，液相与气相之间的差别将逐渐减小。

物质由气态向液态转化的过程称为凝结。凝结时要放出在同一条件下汽化时所吸收的热量。本实验即从测量凝结时放出的热量来测定水的比汽化热。

设有质量为 $m$、沸点为 $t_2$ 的水蒸气凝结成水并降温至 $\theta$，水蒸气放出的热量使量热器整体的温度从 $t_1$ 升至 $\theta$，则水蒸气放出的热量为 $mL+m(t_2-\theta)c_0$，$L$ 为水在沸点时的比汽化热，$c_0$ 为水的比热容，而量热器整体吸收的热量为$(m_0c_0+m_1c_1+m_2c_2+C')(\theta-t_1)$，$m_0$ 为量热器中原有水的质量，$m_1$ 为量热器内筒（包括搅拌器）的质量，$c_1$ 为其比热容，$m_2$ 为冷凝器的质量，$c_2$ 为其比热容，$C'$为温度计插入水中部分的热容，$C'$的数值为$\{C'\}_{J\cdot ℃^{-1}}=1.9\{V\}_{cm^3}$，$V$ 为温度计插入水中部分的体积，$\{C'\}_{J\cdot ℃^{-1}}$表示 $C'$以 J·℃$^{-1}$为单位时的数值，$\{V\}_{cm^3}$表示 $V$ 以 cm$^3$ 为单位时的数值。假设没有其他的热损失，则下式成立：

$$mL+m(t_2-\theta)c_0 \\ =(m_0c_0+m_1c_1+m_2c_2+C')(\theta-t_1) \tag{2-2-71}$$

即

$$L=\frac{1}{m}(m_0c_0+m_1c_1+m_2c_2+C')(\theta-t_1)-(t_2-\theta)c_0 \tag{2-2-72}$$

本实验就根据式(2-2-72)测量水的比汽化热 $L$。

测量液体比汽化热，要使误差小于 1%是很困难的。误差的主要来源有：①向冷凝器通水蒸气时管道传导的热量；②水蒸气中带来的小水滴；③量热器的散热。虽然在装置上和测量时可采取一些措施，但精确修正是较困难的。

［内容要求］

1.给蒸汽发生器加水之后，将其连接上蒸汽过滤器，并给蒸汽发生器加热。

2.分别称量量热器内筒(包括搅拌器)的质量 $m_1$ 和冷凝器的质量 $m_2$。在量热器内筒装水后(水量以刚淹没冷凝器为宜),称得总质量为 $m_{总}$,则水的质量 $m_0=m_{总}-m_1-m_2$。

3.将温度计插入量热器中,观察水温变化。在送入水蒸气前,记下水的初温。

4.在水蒸气喷出一段时间,水蒸气中已无水滴后,迅速将其与冷凝器接通,搅拌并观察水温变化。设水的初温为 $t_1$,室温为 $t_0$,当水温和室温之差接近于 $t_0-t_1$ 时停止通水蒸气,并继续搅拌,注意测出最高的温度值 $\theta$。

5.取出量热器内筒,擦干外侧,称出其总质量 $m'_{总}$,则凝结水的质量 $m=m'_{总}-m_{总}$。

6.测量温度计插入水中部分的体积 $V$。

7.计算比汽化热 $L$ 及其标准不确定度。

水的初温 $t_1$ 为开始通水蒸气时温度计的读数,$t_2$ 即当时大气压下水的沸点,可从附表中查出。

提示:

(1)送入量热器的水蒸气中绝不允许含有小水滴。为防止该问题,可在送气前的 2~3 min,用手指轻轻敲击过滤器的出气管,使依附在管壁上的冷凝水流出。

(2)搅拌时不可过快或用力过猛,以防量热器内的水溅出。

[问题讨论]

1.实验时凝结水的质量是不多的,能否设计一个小型电加热器,将蒸汽发生器和过滤器结合在一起?

2.实验过程中,由于系统与外界绝热不理想,因而必有热量损失,如何进行散热的修正?试写出方法和步骤(提示:参阅实验三)。

3.当铁板的温度不是很高时,滴一滴水,水很快就蒸发掉,当铁板的温度很高时,滴一滴水,则水要稍长的时间才蒸发完。你是否见过这种现象?请说明原因。

## 实验十三　弯梁法测杨氏模量

[引言]

弯梁法是一种常见的测量材料杨氏模量的实验方法,该方法利用悬臂梁弯曲变形与荷载之间的关系来推导材料的杨氏模量。用弯梁法测量材料杨氏模量,需要确保仪器的精度和测量的准确性。本实验中,我们利用霍尔位置传感器进行金属的弯曲位置监测。

实验能培养实验精神和科学态度。实验是科学研究和应用中必不可少的部分,杨氏模量的实验教学,可以帮助学生培养积极探索、实事求是、求真务实的实验精神和科学态度。实验还能培养创新思维和实践能力。在实验中,学生可以积极探索和尝试,运用所学知识解决实际问题,从而培养创新思维和实践能力,为未来的学习和工作打下坚实的基础。

弯梁法测杨氏模量的课程教学与现代科学技术联系紧密。

弯梁法测杨氏模量可用于研究各种先进材料(如复合材料和纳米材料)的特性。这些材料具有复杂的结构和性质，需要准确的测量和分析以满足实际需求。在实际工程应用中，弯梁法测杨氏模量可以用于评估各种工程材料的弹性性能，如建筑、桥梁和航空航天工程中所使用的钢材和铝合金，有助于设计更安全、更高效的建筑结构。

在监控技术的应用中，弯梁法测杨氏模量甚至可以用于材料的在线监控和实时分析，对于各种工业应用（如汽车制造、机械加工等）都非常重要，用以维护产品质量和安全性。

**[实验目的]**

1.加深对霍尔位置传感器原理的认识。

2.学会霍尔位置传感器的定标方法，并测量金属材料的杨氏模量。

**[实验原理]**

1.将霍尔元件置于磁感应强度为 $B$ 的磁场中，在垂直于磁场的方向通以电流 $I$，则与二者相垂直的方向上将产生霍尔电势差 $U_H$，则

$$U_H = KIB \tag{2-2-73}$$

式(2-2-73)中 $K$ 为元件的霍尔灵敏度。如果保持霍尔元件的电流 $I$ 不变，而使其在一个均匀梯度的磁场中移动时，则输出的霍尔电势差变化量为

$$\Delta U_H = KI\frac{\mathrm{d}B}{\mathrm{d}Z}\Delta Z \tag{2-2-74}$$

式(2-2-74)中 $\Delta Z$ 为位移量。此式说明当 $\frac{\mathrm{d}B}{\mathrm{d}Z}$ 为常数时，$\Delta U_H$ 与 $\Delta Z$ 成正比。

为实现均匀梯度的磁场，可按图 2-2-33 所示选用两块相同的磁体（磁体横截面积及表面磁感应强度相同），磁体相对而放，即 N 极与 N 极相对放置，两磁体之间留一等间距间隙，将霍尔元件平行于磁体放在该间隙的中轴上。间隙大小根据测量范围和测量灵敏度要求而定，间隙越小，磁场梯度就越大，灵敏度就越高。磁体横截面要远大于霍尔元件，以尽可能地减小边缘效应影响，提高测量准确度。

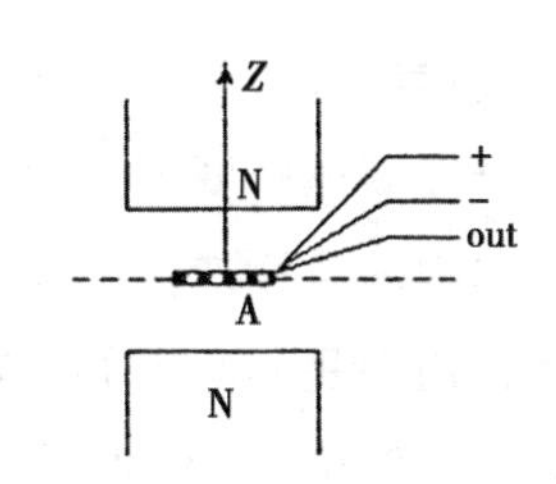

图 2-2-33 磁体与霍尔元件位置关系说明图

若磁体间隙内中心截面 A 处的磁感应强度为零，霍尔元件处于该处时，输出的霍尔电势差应为零。当霍尔元件偏离中心沿 $Z$ 轴发生位移时，由于磁感应强度不再为零，霍尔元件也就产生相应的电势差输出，其大小可由数字电压表测量。由此可以将霍尔电势差为零时元件所处的位置作为位移参考零点。

霍尔电势差与位移量之间存在一一对应关系，当位移量较小（$<2$ mm）时，这一对应关系则呈现良好的线性关系。

2.在横梁弯曲的情况下，杨氏模量 $E$ 用下式表示

$$E = \frac{d^3 Mg}{4a^3 b\Delta Z} \tag{2-2-75}$$

其中，$d$ 为两刀口间的距离，$a$ 为横梁的厚度，$b$ 为横梁的宽度，$M$ 为加挂砝码的质量，$\Delta Z$

为横梁中心由于外力作用而下降的距离，$g$ 为重力加速度，实验装置如图 2-2-34 所示。

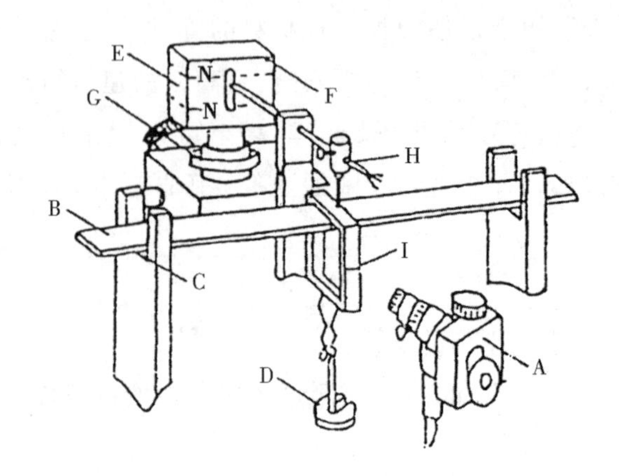


A.读数显微镜　B.横梁　C.刀口　D.砝码　E.有机玻璃盒(内装磁体)　F.磁体(两块)

G.三维调节架　H.铜杠杆(杠杆顶端贴有 95A 型集成霍尔传感器)　I.铜刀口上刻度线

图 2-2-34　霍尔位置传感器测杨氏模量实验装置示意图

[内容要求]

霍尔位置传感器定标，并测量给定样品的杨氏模量。参考实验指导材料，自拟实验步骤。

## 实验十四　未知液体密度测试(盐水溶液配制及密度测定)

[引言]

未知液体密度测试是常见的物理实验，它有助于学生了解密度的定义和测量方法以及相关的物理学原理。可以通过精确测量密度来加深对物理学原理的理解，而盐水溶液的配制和使用则是实验中的重要步骤之一，需要格外注意实验安全和数据准确性。

在实验中，学生可以积极探究和研究实际问题，培养实用主义精神和科学精神。要教育学生善于发现问题、解决问题，培养其创新思维。

实验能够增进学生的实践能力。未知液体密度测试课程的实验部分对学生实践能力有很大的培养作用。它能让学生亲身体验实践操作，能有效培养学生动手实践的能力，提高学生的实践学习能力和综合素质。

实验还能增进学生思考和判断能力。未知液体密度测试实验过程中需要学生对实验数据进行处理和分析，从而增强学生的思考和判断能力。学生还需要运用所学知识来解决实际问题，从而培养他们独立思考和解决问题的能力。

实验可采用数字化实验技术。利用计算机、多媒体、网络等技术，将未知液体密度测试的实验过程数字化，如采用数码摄像机进行实验过程的拍摄和记录，对实验过程进行在线的现场监测，数据采集、处理和分析等。

实验还可与光学测量技术相结合。如利用激光测距仪、激光三角测量仪、高分辨率

CCD或CMOS传感器等现代光学测量技术,分别测量液体容器的内径、高度等,并结合惠斯顿定律、密度的公式等,计算未知液体的密度。

[实验目的]

1.知道密度的定义和单位等基本概念。

2.掌握常见的密度测量方法和技巧,如质量法、体积法等。

3.掌握测量工具的使用和数据采集的基本方法。

4.精密天平的使用和精度控制。

[仪器用具]

物理天平、游标卡尺、比重瓶、被测的固体和液体、蒸馏水、温度计、吸水纸、适量盐、烧杯、玻璃棒。

[实验原理]

依据本章实验二,固体和液体密度的测定,依据物理天平的使用原理与方法,配制适当浓度的适量盐水溶液。

[内容要求]

根据实验二的内容要求,自行拟订实验步骤和实验内容,完成盐水溶液配制及密度测定实验。

## 实验十五　线胀系数的测量

[引言]

线胀系数是物质温度升高或降低时线性尺寸变化率的比例系数。测量线胀系数通常需要运用一些实验方法和原理,如昂纳德法、精密比较法、光学测量法等。线胀系数测量需要一定的实验仪器和技术,并且对实验环境要求较高。线胀系数测量的意义,除了可以通过此实验学习温度变化对于物质的影响以外,由于线胀系数在很多工程领域中应用广泛,包括电子器件、尺寸稳定技术等,它对许多行业在产品设计、制造技术、尺寸稳定与调节方面具有重要的参考价值和实用价值。

实验可以培养学生科学研究的态度和方法。线胀系数测量实验涉及仪器的调试、数据的收集和分析等多项工作。在实验操作的过程中,学生应主动探索,勇于尝试,严谨认真地完成实验。这样不仅可以熟练掌握实验技巧,还可以提高学生的科研素养和科学精神。

实验能够提高学生的创新精神和团队合作能力。在线胀系数测量实验中,可能会遇到实验中的问题或意料之外的情况,因此能够锻炼学生的创新思维和解决问题的能力。

随着现代科技的发展,可以结合一些新兴技术来进行线胀系数的测量。

采用光学测量技术,利用激光干涉仪等光学仪器对线胀系数进行测量,不仅可以提高测量精度,还可以自动、实时地采集测量数据,使实验过程更加快捷高效。通过利用线胀系数的特性和热敏打印技术,可以实现线胀系数的实时测量。可以将测量结果自动打印输出，借助计算机分析和处理，更加直观地展示相关实验数据，提高实验效率。还可以采用红外线测量技术，应用红外线传感器等设备可以测量被测物质的温度变化，进而反推出线胀系数。此类设备可以无须接触被测体，不仅方便实验者使用，而且大大降低了误差率，提高了测量准确度。

［实验目的］

1.学会测定金属的线胀系数。

2.分析线胀系数的大小与材料的性质之间的关系。

3.探讨实验误差来源，并尝试利用数据分析方法来减小误差。

［仪器用具］

线胀系数测定仪、光杠杆、标尺、望远镜、钢卷尺、游标卡尺。

［实验原理］

当温度升高时，一般固体由于原子的热运动加剧而发生膨胀，设 $L_0$ 为物体在温度 $t=0$ ℃时的长度，则该物体在温度 $t$ 时的长度 $L_t$ 为

$$L_t = L_0(1+\alpha t) \tag{2-2-76}$$

$\alpha$ 为该物体的线胀系数，在温度变化不大时，$\alpha$ 是一个常量，式(2-2-76)又可写成

$$\alpha = \frac{L_t - L_0}{L_0 t} = \frac{\delta / L_0}{t} \tag{2-2-77}$$

由此可见，$\alpha$ 的物理意义就是温度每升高 1 ℃时物体的伸长量 $\delta(\delta = L_t - L_0)$ 与它在 0 ℃时的长度之比，单位是$℃^{-1}$。

当温度变化较大时，精密的测量表示 $\alpha$ 与 $t$ 有关，这时 $L_t$ 可写成

$$L_t = L_0(1+at+bt^2+ct^3+\cdots) \tag{2-2-78}$$

即

$$\alpha = a+bt+ct^2+\cdots \tag{2-2-79}$$

式(2-2-79)是经验公式，$a$，$b$，…是与被测物质有关的常数，都是很小的数值，而 $b$ 以下各系数和 $a$ 相比甚小。而实际测量时，测得的是材料在室温 $t_1$ 下的长度 $L$ 及其在 $t_1$ 至 $t_2$ 间的伸长量 $\delta$，那么 $b$ 以下的系数可忽略，认为 $\alpha$ 是常量。

根据式(2-2-76)有

$$L = L_0(1+\alpha t_1)$$

$$L+\delta = L_0(1+\alpha t_2)$$

两式相比，消去 $L_0$ 整理后得出

$$\alpha = \frac{\delta}{L(t_2 - t_1) - \delta t_1} \tag{2-2-80}$$

由于 $\delta \ll L$，即 $L(t_2-t_1) \gg \delta t_1$，所以式(2-2-80)可以近似写成

$$\alpha = \frac{\delta}{L(t_2 - t_1)} \tag{2-2-81}$$

由式(2-2-81)求得的 $\alpha$ 是在温度 $t_1 \sim t_2$ 间的平均线胀系数。

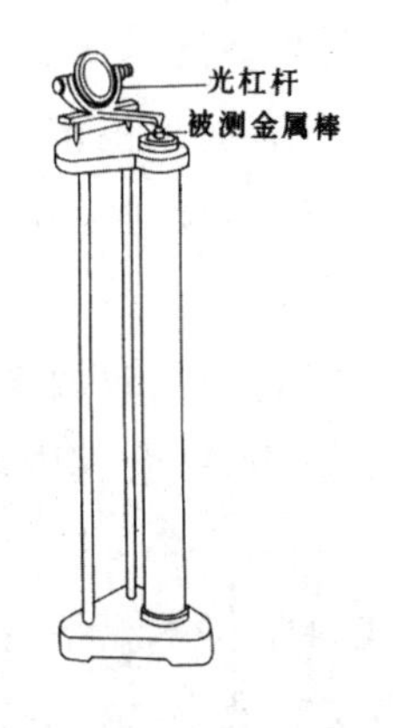


图 2-2-35　电热法测定金属线胀系数实验装置示意图

本实验采用电热法测定金属的线胀系数。装置如图 2-2-35 所示。在仪器顶部放置测量微小长度变化的光杠杆装置,同时在距线胀系数测定仪一定距离处配以尺读望远镜来进行测量。

设在温度 $t_1$ 时,通过望远镜和光杠杆平面镜看见直尺上的刻度 $x_1$ 刚好在望远镜叉丝横线(或交点)处;当温度升至 $t_2$ 时直尺上的刻度 $x_2$ 移至叉丝横线上,则根据光杠杆原理可得

$$\delta = \frac{(x_2 - x_1)Z}{2D} \tag{2-2-82}$$

式(2-2-82)中,$D$ 为光杠杆镜面到直尺的距离,$Z$ 为光杠杆后足尖到两前足尖连线的垂直距离。

将式(2-2-82)代入式(2-2-81)中,得

$$\alpha = \frac{(x_2 - x_1)Z}{2DL(t_2 - t_1)} \tag{2-2-83}$$

[内容要求]

测量给定材料的线胀系数,自拟实验步骤。

[问题讨论]

1.应如何考虑样品长短的取法?你认为本次实验中所取样品的长度是否合适?请说明理由。

2.简述调节光杠杆的程序。

3.测 $\delta$ 时为什么要用光杠杆,其他方法可以吗?如果可以,请自己设计一种测量 $\delta$ 的装置。

4.将一线胀系数为 $\alpha$、重为 $W_g$ 的金属块悬在某液体中称量。液温为 $t_1$ 时,视重为 $W_{1g}$;液温为 $t_2$ 时,视重为 $W_{2g}$。求液体的膨胀系数。

## 实验十六　冷却法测量金属的比热容

[引言]

冷却法测量金属的比热容是一种基本的物理学实验,旨在使学生掌握基本的热力学原理和测量技术。通过这个实验,学生可以更好地理解热力学原理,并学会如何利用现代科学技术进行精确的实验操作,提高实验操作的程序规范性和技术操作水平。

根据牛顿冷却定律用冷却法测定金属或液体的比热容是量热学中常用的方法之一。若已知标准样品在不同温度的比热容,通过作冷却曲线可测得各种金属在不同温度时的比热容。本实验以铜样品为标准样品,测定铁、铝样品的比热容。通过实验了解金属的冷却

速率和它与环境之间温差的关系，以及进行测量的实验条件。热电偶数字显示测温技术是当前生产实际中常用的测试方法，它与一般的温度计测温方法相比，有着测量范围广、计值精度高、可以自动补偿热电偶的非线性因素等优点。它的电量数字化还可以对工业生产自动化中的温度量直接起到监控作用。

冷却法测量金属比热容实验不仅是一种基础物理实验，还具有很高的思政教育价值。通过该实验，学生不仅可以锻炼实验操作技能，更能感受科学精神的魅力，领会其中所包含的思想性和人文性。

冷却法测量金属比热容是一项经典的实验，为了更好地与现代科学技术相结合，可以在以下方面进行探索和创新：利用计算机模拟与数据处理技术提高实验效率。计算机模拟可模拟金属样品的加热和冷却过程，对实验数据进行优化和处理。利用这种技术，可以使实验更为高效，提高实验数据的精度和准确度。利用高精度传感器提高测量精度。传感器的应用使温度的测量变得更加准确、快速和持续。运用热电技术和激光辐射技术可提高数据处理效率和准确性。

[**实验目的**]

1.掌握冷却法测量金属比热容的方法。

2.了解金属冷却速率与环境的温差关系，把握实验测量的实验条件。

[**仪器用具**]

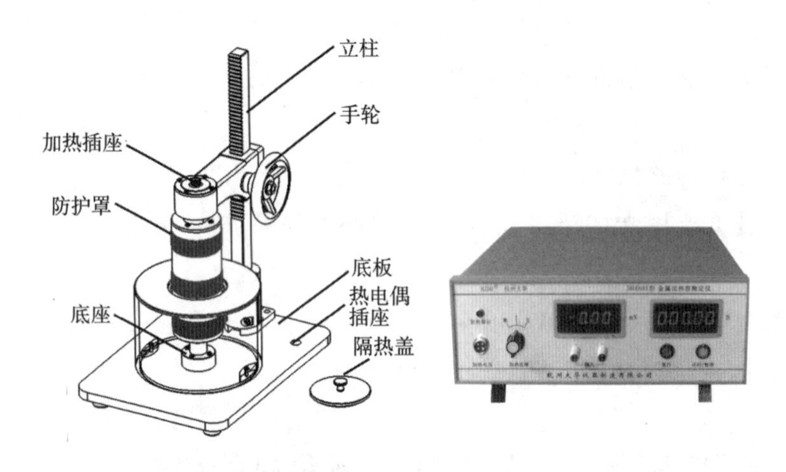


图 2-2-36　DH4603 型冷却法金属比热容测量仪

如图 2-2-36 所示，本实验装置由加热仪和测试仪组成。加热仪的加热装置可通过调节手轮自由升降。被测样品放在有较大容量的防风圆筒即样品室内的底座上，测温热电偶放置于被测样品内的小孔中。当加热装置向下移动到底后，对被测样品进行加热；样品需要降温时，则将加热装置上移。仪器内设有自动控制限温装置，防止因长期不切断加热电源温度不断升高。

测量试样温度采用常用的铜—康铜做成的热电偶(其热电势约为 0.042 mV/℃)，将热电偶的冷端置于冰水混合物中，带有测量扁叉的一端接到测试仪的“输入”端。热电势差的二次仪表由高灵敏、高精度、低漂移的放大器放大加上满量程为 0～20 mV 的三位半数字电压表组成。这样当冷端为冰点时，由数字电压表显示的电压值查表即可换算成对应待测温度值。

［实验原理］

单位质量的物质，其温度升高 1 K（或 1 ℃）所需的热量称为该物质的比热容，其值随温度而变化。将质量为 $M_1$ 的金属样品加热后，放到较低温度的介质（例如室温的空气）中，样品将会逐渐冷却。其单位时间的热量损失（$\Delta Q/\Delta t$）与温度下降的速率成正比，于是得到下述关系式：

$$\frac{\Delta Q}{\Delta t}=c_1 M_1 \frac{\Delta\theta_1}{\Delta t} \tag{2-2-84}$$

式(2-2-84)中 $c_1$ 为该金属样品在温度 $\theta_1$ 时的比热容，$\frac{\Delta\theta_1}{\Delta t}$ 为金属样品的温度下降速率，根据冷却定律有

$$\frac{\Delta Q}{\Delta t}=\alpha_1 S_1 (\theta_1-\theta_0)^m \tag{2-2-85}$$

式(2-2-85)中 $\alpha_1$ 为热交换系数，$S_1$ 为该样品外表面的面积，$m$ 为常数，$\theta_1$ 为金属样品的温度，$\theta_0$ 为周围介质的温度。由式(2-2-84)和(2-2-85)，可得

$$c_1 M_1 \frac{\Delta\theta_1}{\Delta t}=\alpha_1 S_1 (\theta_1-\theta_0)^m \tag{2-2-86}$$

同理，对质量为 $M_2$，比热容为 $c_2$ 的另一种金属样品，可有同样的表达式：

$$c_2 M_2 \frac{\Delta\theta_2}{\Delta t}=\alpha_2 S_2 (\theta_2-\theta_0)^m \tag{2-2-87}$$

由式(2-2-86)和(2-2-87)，可得

$$\frac{c_2 M_2 \frac{\Delta\theta_2}{\Delta t}}{c_1 M_1 \frac{\Delta\theta_1}{\Delta t}}=\frac{\alpha_2 S_2 (\theta_2-\theta_0)^m}{\alpha_1 S_1 (\theta_1-\theta_0)^m}$$

所以

$$c_2=c_1\frac{M_1 \frac{\Delta\theta_1}{\Delta t}}{M_2 \frac{\Delta\theta_2}{\Delta t}}\cdot\frac{\alpha_2 S_2 (\theta_2-\theta_0)^m}{\alpha_1 S_1 (\theta_1-\theta_0)^m}$$

假设两样品的形状尺寸都相同（例如细小的圆柱），即 $S_1=S_2$；两样品的表面状况也相同（如涂层、色泽等），而周围介质（空气）的性质当然也不变，则有 $\alpha_1=\alpha_2$。于是当周围介质温度不变（即室温 $\theta_0$ 恒定），两样品又处于相同温度 $\theta_1=\theta_2=\theta$ 时，上式可以简化为

$$c_2=c_1\frac{M_1\left(\frac{\Delta\theta}{\Delta t}\right)_1}{M_2\left(\frac{\Delta\theta}{\Delta t}\right)_2} \tag{2-2-88}$$

所以已知标准金属样品的比热容 $c_1$、质量 $M_1$，待测样品的质量 $M_2$ 及两样品在温度 $\theta$ 时冷却速率之比，就可以求出待测金属材料的比热容 $c_2$。

几种金属材料的比热容见表 2-2-9：

**表 2-2-9 几种金属的比热容**

| 比热容 / 温度 | $c_{Fe}$[cal/(g·℃)] | $c_{Al}$[cal/(g·℃)] | $c_{Cu}$[cal/(g·℃)] |
|---|---|---|---|
| 100 ℃ | 0.110 | 0.230 | 0.094 |

[内容要求]

开机前先连接好加热仪和测试仪，共有加热四芯线和热电偶线两组线。

1.选取长度、直径、表面光洁度尽可能相同的三种金属样品（铜、铁、铝），用物理天平或电子天平称出它们的质量 $M_0$。再根据 $M_{Cu}>M_{Fe}>M_{Al}$ 这一特点，把它们区别开来。

2.使热电偶端的铜导线与数字电压表的正端相连，冷端铜导线与数字电压表的负端相连。当样品加热到 150 ℃（此时热电势显示约为 6.7 mV/℃）时，切断电源移去加热源，样品继续放在与外界基本隔绝的有机玻璃圆筒内自然冷却（筒口须盖上盖子），记录样品的冷却速率 $\left(\frac{\Delta\theta}{\Delta t}\right)_\theta=100$ ℃。具体做法是记录数字电压表上示值约从 $E_1=4.36$ mV 降到 $E_2=4.20$ mV所需的时间 $\Delta t$（因为数字电压表上的值显示数字是跳跃性的，所以 $E_1$、$E_2$ 只能取附近的值），从而计算 $\left(\frac{\Delta E}{\Delta t}\right)_E=4.28$ mV。按铁、铜、铝的次序，分别测量其温度下降速度，每一样品应重复测量 6 次。因为热电偶的热电势与温度的关系在同一小温差范围内可以看成线性关系，即 $\frac{\left(\frac{\Delta\theta}{\Delta t}\right)_1}{\left(\frac{\Delta\theta}{\Delta t}\right)_2}=\frac{\left(\frac{\Delta E}{\Delta t}\right)_1}{\left(\frac{\Delta E}{\Delta t}\right)_2}$，式(2-2-88)可以简化为

$$c_2=c_1\frac{M_1(\Delta t)_2}{M_2(\Delta t)_1}$$

3.仪器的加热指示灯亮，表示正在加热；如果连接线未连好或加热温度过高（超过 200 ℃）导致自动保护时，指示灯不亮。升到指定温度后，应切断加热电源。

4.注意：测量降温时间时，按“计时”或“暂停”按钮应迅速、准确，以减小人为计时误差。

5.加热装置向下移动时，动作要慢，应注意要使被测样品垂直放置，以使加热装置能完全套入被测样品。

[问题讨论]

1.为什么实验应该在防风筒（即样品室）中进行？

2.测量三种金属的冷却速率，并在图纸上绘出冷却曲线，如何求出它们在同一温度的冷却速率？

[数据处理示范]

样品质量：$M_{Cu}=$　　　g；$M_{Fe}=$　　　g；$M_{Al}=$　　　g。

热电偶冷端温度：　　℃。

样品由 4.36 mV 下降到 4.20 mV 所需时间(单位为 s)。

表 2-2-10　热电偶降温时间分布数据

| 样品＼次数 | 1 | 2 | 3 | 4 | 5 | 6 | 平均值 $\Delta t$ |
|---|---|---|---|---|---|---|---|
| Fe | | | | | | | |
| Cu | | | | | | | |
| Al | | | | | | | |

以铜为标准：$c_1=c_{Cu}=0.094\ 0$ cal/(g·K)；

铁：$c_2=c_1\dfrac{M_1(\Delta t)_2}{M_2(\Delta t)_1}=$　　　cal/(g·K)；

铝：$c_3=c_1\dfrac{M_1(\Delta t)_3}{M_3(\Delta t)_1}=$　　　cal/(g·K)。

下面是一组实测的数据，来举例数据的处理和分析。

样品质量：$M_{Cu}=9.549$ g；$M_{Fe}=8.53$ g；$M_{Al}=3.03$ g。

样品由 4.36 mV 下降到 4.20mV 所需时间(单位为 s)。

表 2-2-11　热电偶降温时间分布数据

| 样品＼次数 | 1 | 2 | 3 | 4 | 5 | 6 | 平均值 $\Delta t$ |
|---|---|---|---|---|---|---|---|
| Cu(s) | 17.33 | 17.70 | 17.42 | 17.76 | 17.57 | 17.58 | 17.56 |
| Fe(s) | 19.40 | 19.54 | 19.52 | 19.35 | 19.44 | 19.45 | 19.45 |
| Al(s) | 13.89 | 13.82 | 13.82 | 13.83 | 13.80 | 13.81 | 13.83 |

以铜为标准：$c_1=c_{Cu}=0.094$ cal/(g·K)；

铁：$c_2=c_1\dfrac{M_1(\Delta t)_2}{M_2(\Delta t)_1}=0.094\times\dfrac{9.54}{8.53}\times\dfrac{19.45}{17.56}=0.116$ cal/(g·K)；

铝：$c_3=c_1\dfrac{M_1(\Delta t)_3}{M_3(\Delta t)_1}=0.094\times\dfrac{9.54}{3.03}\times\dfrac{13.83}{17.56}=0.233$ cal/(g·K)。

* 以上数据仅供参考。

表 2-2-12　附录　铜—康铜热电偶分度

| 温度/℃ | 热电势/mV | | | | | | | | | |
|---|---|---|---|---|---|---|---|---|---|---|
| | 0 | 1 | 2 | 3 | 4 | 5 | 6 | 7 | 8 | 9 |
| −10 | −0.383 | −0.421 | −0.458 | −0.496 | −0.534 | −0.571 | −0.608 | −0.646 | −0.683 | −0.720 |
| −0 | 0.000 | −0.039 | −0.077 | −0.116 | −0.154 | −0.193 | −0.231 | −0.269 | −0.307 | −0.345 |
| 0 | 0.000 | 0.039 | 0.078 | 0.117 | 0.156 | 0.195 | 0.234 | 0.273 | 0.312 | 0.351 |
| 10 | 0.391 | 0.430 | 0.470 | 0.510 | 0.549 | 0.589 | 0.629 | 0.669 | 0.709 | 0.749 |
| 20 | 0.789 | 0.830 | 0.870 | 0.911 | 0.951 | 0.992 | 1.032 | 1.073 | 1.114 | 1.155 |
| 30 | 1.196 | 1.237 | 1.279 | 1.320 | 1.361 | 1.403 | 1.444 | 1.486 | 1.528 | 1.569 |
| 40 | 1.611 | 1.653 | 1.695 | 1.738 | 1.780 | 1.882 | 1.865 | 1.907 | 1.950 | 1.992 |
| 50 | 2.035 | 2.078 | 2.121 | 2.164 | 2.207 | 2.250 | 2.294 | 2.337 | 2.380 | 2.424 |
| 60 | 2.467 | 2.511 | 2.555 | 2.599 | 2.643 | 2.687 | 2.731 | 2.775 | 2.819 | 2.864 |
| 70 | 2.908 | 2.953 | 2.997 | 3.042 | 3.087 | 3.131 | 3.176 | 3.221 | 3.266 | 3.312 |
| 80 | 3.357 | 3.402 | 3.447 | 3.493 | 3.538 | 3.584 | 3.630 | 3.676 | 3.721 | 3.767 |
| 90 | 3.813 | 3.859 | 3.906 | 3.952 | 3.998 | 4.044 | 4.091 | 4.137 | 4.184 | 4.231 |
| 100 | 4.277 | 4.324 | 4.371 | 4.418 | 4.465 | 4.512 | 4.559 | 4. 607 | 4.654 | 4.701 |
| 110 | 4.749 | 4.796 | 4.844 | 4.891 | 4.939 | 4.987 | 5.035 | 5.083 | 5.131 | 5.179 |
| 120 | 5.227 | 5.275 | 5.324 | 5.372 | 5.420 | 5.469 | 5.517 | 5.566 | 5.615 | 5.663 |
| 130 | 5.712 | 5.761 | 5.810 | 5.859 | 5.908 | 5.957 | 6.007 | 6.056 | 6.105 | 6.155 |
| 140 | 6.204 | 6.254 | 6.303 | 6.353 | 6.403 | 6.452 | 6.502 | 6.552 | 6.602 | 6.652 |
| 150 | 6.702 | 6.753 | 6.803 | 6.853 | 6.903 | 6.954 | 7.004 | 7.055 | 7.106 | 7.156 |
| 160 | 7.207 | 7.258 | 7.309 | 7.360 | 7.411 | 7.462 | 7.513 | 7.564 | 7.615 | 7.666 |
| 170 | 7.718 | 7.769 | 7.821 | 7.872 | 7.924 | 7.975 | 8.027 | 8.079 | 8.131 | 8.183 |
| 180 | 8.235 | 8.287 | 8.339 | 8.391 | 8.443 | 8.495 | 8.548 | 8.600 | 8.652 | 8.705 |
| 190 | 8.757 | 8.810 | 8.863 | 8.915 | 8.968 | 9.024 | 9.074 | 9.127 | 9.180 | 9.233 |
| 200 | 9.286 | | | | | | | | | |

注意：不同的热电偶的输出会有一定的偏差，所以以上表格的数据仅供参考。

## 第一章　实验基本仪器介绍

电磁测量是科学研究和现代生产中应用很广的一种实验方法和实用技术，使用电磁测量技术的电子线路和各种电学仪器在许多实际生产和实验场合都被广泛应用。除了直接测量电磁量外，还可以通过换能器把许多非电磁量（如压力、温度、流量、厚度等）变为电磁量来进行测量。电磁学实验的目的：学习电磁学中常用的典型测量方法（如比较法、转换法、模拟法、补偿法等）；进行实验方法和操作技能的训练；培养看图、正确连接线路和分析判断实验故障的能力；熟悉和掌握常用电学仪器的性能和使用方法；通过实际观测，深入认识电磁学理论的基本规律。

在电磁学实验中，对系统误差要予以适当考虑。一般来说，电学仪器带来的系统误差，往往比偶然误差大。因此，在实验中应根据仪器的精度，对实验结果进行一定的修正，避免影响测量结果的准确度。

### 一、电路的基本元件

电磁测量电路通常由电源、负载、开关和导线四种基本元件构成。这些元件可以根据需要设计进行组合和连接，形成各种不同的电路。

1.电源

电源是电路的能量供应装置。可分为交流电源和直流电源两大类。

(1)交流电源

一般电路中用符号 AC 表示。实验室中常用的是 220 V、50 Hz 交流电。欲获得 0～250 V 连续可调的电压，常用调压变压器（亦称自耦变压器），如图 3-1-1 所示。从①、②两个接线柱输入 220 V 交流电压，转动调节手柄 A，从③、④两接线柱可输出 0～250 V 连续可调的交流电压。主要技术指标有容量（用 kV 表示）和最大允许电流。

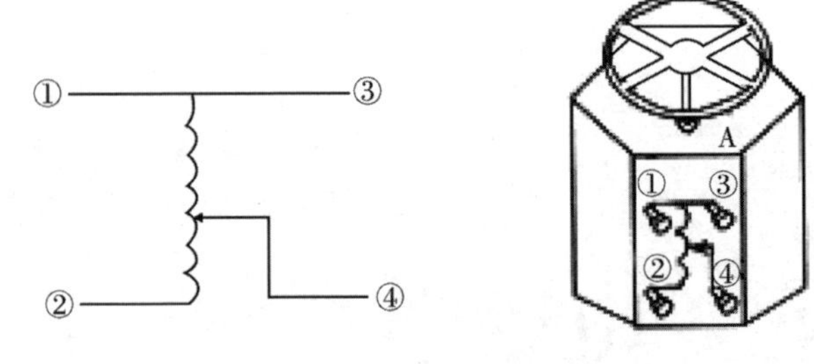


图 3-1-1　常用调压变压器

(2)直流电源

电路中用 DC 表示。目前实验室常用的直流电源是干电池、蓄电池和晶体管稳压电源。干电池体积小、重量轻、便于携带,但容量较小,适用于耗电少的实验。蓄电池也常被使用,其电压比较稳定,特别是多个蓄电池并联可以获得较大的电流。每节镍铁蓄电池的电动势为 1.3 V,铅蓄电池的电动势为 2 V(若低于 1.8 V 时,一定要及时充电)。晶体管直流稳压电源的电压稳定性好、内阻低、功率大,便于使用,只要接到 220 V 交流电源上即能获得直流输出的电压。固定电压的电源有 4.5 V、6 V;可调式的有 0～24 V 或 0～30 V 分挡输出。使用时注意它所能输出的电压值和允许的最大电流,严禁超载。

在实验过程中可以利用电源适配器把交流电源转换成直流电源。我国的台湾固纬电子实业股份有限公司生产的多组输出直流电源供应器(GPS-3303C 型)就是电源适配器的一种。该直流稳压电源具有 3 组独立直流电源输出,3 位数字显示器,可同时显示两组电压及电流,具有过载及反向极性保护、自动串联及自动并联同步操作、定电压及定电流操作等特性。其主要工作特性如表 3-1-1 所示。

**表** 3-1-1　GPS-3303C **型直流稳压电源主要工作特性**

| | CH1 CH2 CH3 | |
|---|---|---|
| 输出电压 | 0～30 V | 5 V 固定 |
| 输出电流 | 0～3 A | 3 A 固定 |
| 串联同步输出电压 | 0～60 V | |
| 并联同步输出电流 | 0～6 A | |

GPS-3303C 型电源主要由四组相同、独立、可调整的直流电源供应器组成。其前面板及说明见图 3-1-2 和表 3-1-2。从前面板的追踪模式(TRACKING)选择开关可选择三种模式:独立输出(INDEP)、串联输出(SERIES)或并联输出(PARALLEL)。当处在独立输出模式状态时,每组电源供应器的输出电压、电流为独立分离输出,而其输出端子到机壳或输出端子到输出端子的隔离度(ISOLATED)有 300 V。当处在追踪模式状态时,CH1 和 CH2 两个输出端子会自动地连接成串联模式或并联模式,不需另外从输出端子接任何导线。在串联模式时,调整通道一(CH1)输出电压(+),通道二(CH2)有等量的电压(−)输出;在并联模式时,调整 CH1 输出电流,则 CH1 输出端有 2 倍的电流量输出。

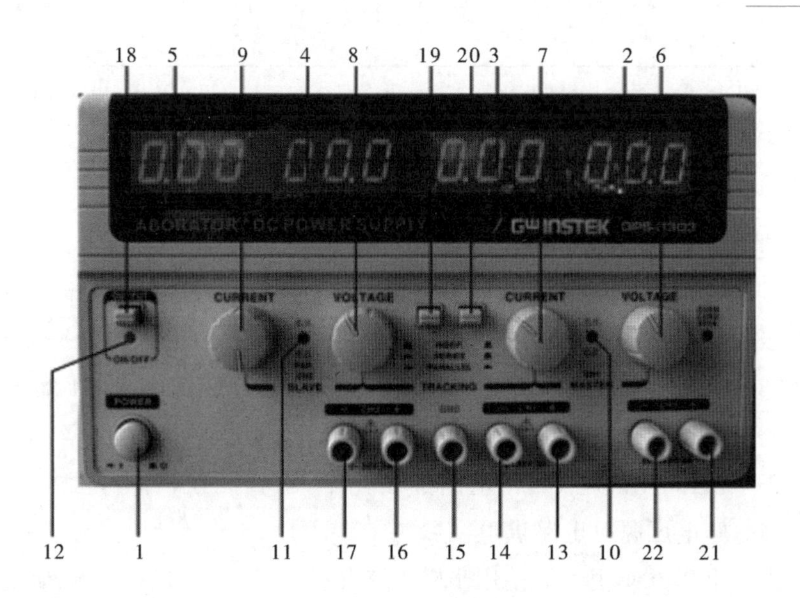


图 3-1-2 GPS-3303C 型直流稳压电源前面板

**表** 3-1-2 GPS-3303C **型直流稳压电源面板说明**

| 1 | 电源开关 |
|---|---|
| 2 | CH1 输出电压显示 LED |
| 3 | CH1 输出电流显示 LED |
| 4 | CH2 输出电压显示 LED |
| 5 | CH2 输出电流显示 LED |
| 6 | CH1 输出电压调节旋钮,在双路并联或串联模式时,该旋钮也用于 CH2 最大输出电压的调整 |
| 7 | CH1 输出电流调节旋钮,在并联模式时,该旋钮也用于 CH2 最大输出电流的调整 |
| 8 | CH2 输出电压调节旋钮,用于独立模式的 CH2 输出电压的调整 |
| 9 | CH2 输出电流调节旋钮,用于独立模式的 CH2 输出电流的调整 |
| 10/11 | C.V./C.C.指示灯。输出在恒压源状态时,C.V.灯(绿灯)亮;输出在恒流源状态时,C.C.灯(红灯)亮 |
| 12 | 输出指示灯,输出开关 18 按下后,指示灯亮 |
| 13 | CH1 正极输出端子 |
| 14 | CH1 负极输出端子 |
| 15 | GND 端子,大地和底座接地端子 |
| 16 | CH2 正极输出端子 |
| 17 | CH2 负极输出端子 |
| 18 | 输出开关,用于打开或关闭输出 |

续表

| | |
|---|---|
| 19/20 | TRACKING 模式组合按键,组合两个按键可将双路构成独立(INDEP),串联(SERIES)或并联(PARALLEL)的输出模式 |
| 21 | CH3 正极输出端子 |
| 22 | CH3 负极输出端子 |

GPS-3303C 型直流稳压电源可以作为独立电源使用,也可以用作电压源串联或并联。

作独立电压源使用步骤如下:打开电源开关[1];保持[19][20]两个按键都未按下;选择输出通道,如 CH1;将 CH1 输出电流调节旋钮[7]顺时针旋到底,CH1 输出电压调节旋钮[6]旋至零;调节旋钮[6],输出电压值由显示 LED[2]读出;关闭电源,红/黑色测试线分别插入输出端正/负极,连接负载。待电路连接完毕,检查无误,打开电源,按下输出开关[18],信号灯[12]亮,电压源对电路供电。

作并联或串联电压源使用时的使用步骤参考相关说明书。使用时,必须正确与市电电源连接,并确保机壳有良好接地。同时为了避免损坏仪器,请不要在周围温度超过 40 ℃的环境下使用此电源。

2.负载

常用的负载包括电阻、电感、电容和二极管等。电阻包括定值电阻、滑动变阻器和电阻箱。这里详细介绍滑动变阻器和电阻箱。

(1)滑动变阻器

滑动变阻器的用途是控制电路中的电压和电流,故亦称为控制器。它的构造如图 3-1-3(a)所示。电阻丝(熔点高,受温度影响小,阻值稳定且由电阻大的镍铬合金、铁铬铝合金和锰铜合金等制成)密绕在绝缘陶瓷管上,两端分别与接线柱 A、B 相连,电阻丝上涂有绝缘物,使相邻电阻丝之间相互绝缘。滑动接触器紧压在电阻丝圈上(接触处的绝缘物已被刮掉),并通过金属滑杆与接线柱 C 相连。所以当接触器沿金属杆滑动时,就可以改变 A、C 或 B、C 之间的电阻。

滑动变阻器的主要参数有:

①全电阻:即 A、B 间的电阻。

②额定电流:即变阻器所允许通过的最大电流。

滑动变阻器在电路中有两种用法:

①用作限流器来改变电路中电流的大小,其接法为限流接法。任选固定接线端 A、B 中的一个(例如 A)和滑动接线端 C 串联于电路中,如图 3-1-3(b)所示,移动 C 的位置便相应地改变了串联于电路部分的电阻 $R_{AC}$,从而达到改变电路电流的作用。但应注意,在接通电路前应将滑动端 C 滑到 B 端,使 $R_{AC}$最大,这样接通电源后,电流最小。

②用作分压器来改变电路中电压的大小,其接法为分压接法。将变阻器两端 A、B 分别与电源两端相接,如图 3-1-3(c)所示。从滑动接线端 C 和一个固定端(图中为 A)输出至负载 $R_L$上,输出电压为 $U_{AC}$,在 $0 \leqslant U_{AC} \leqslant U_{AB}$范围内连续变化。应注意,在接通电源前,须

将滑动头C移至A端，这样接通电源后 $U_{AC}=0$。

欲用变阻器控制电路，变阻器的选择除了要考虑其阻值与额定电流外，还要考虑其阻值与负载 $R_L$ 的配比，以及控制要求等技术指标。在后续的设计性实验中将进行专门的训练和研究。

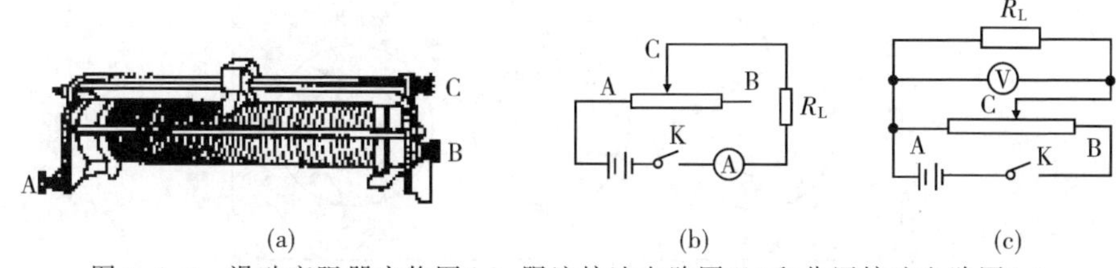


图 3-1-3 滑动变阻器实物图(a)，限流接法电路图(b)和分压接法电路图(c)

(2)电阻箱

电阻箱的面板如图 3-1-4(a)所示。其内部有一套用锰铜丝绕制而成的标准电阻，按图 3-1-4(b)连接，构成旋钮式电阻箱，其最大电阻可达 99 999.9 Ω，由“0”与“99 999.9 Ω”两个接线柱引出。若线路中仅需 0～0.9 Ω 或 0～9.9 Ω 的电阻，则分别由“0”与“0.9 Ω”和“0”与“9.9 Ω”接线柱引出，这样可以避免由电阻箱其余部分的接触电阻带来的误差。

电阻箱的用途与滑动变阻器不同，即不是用作控制器，它在电路中主要是用作度量器件或标准器件。

电阻箱的主要参数有：

①总电阻：即最大电阻值，如图 3-1-4(a)所示电阻箱的总电阻为 99 999.9 Ω。

②额定功率：即电阻箱中电阻的功率额定值。一般电阻箱的额定功率为 0.25 W，可用它来计算额定电流。例如，置 1 000 Ω 时，其额定电流为

$$I=\sqrt{\frac{P}{R}}=\sqrt{\frac{0.25\ \text{W}}{1\ 000\ \Omega}}=0.016\ \text{A}=16\ \text{mA}$$

可见，电阻箱所置的阻值越大，其所允许的电流就越小。过大的电流会使电阻发热，致使电阻值不准，甚至被烧毁。

③电阻箱的等级：根据其误差的大小，电阻箱分为若干个准确度等级，一般有 0.02、0.05、0.1 和 0.2 等。

电阻箱的仪器误差，通常用如下公式计算：

绝对误差：$\Delta R=(Ra+bm)\%$

相对误差：$\dfrac{\Delta R}{R}=\left(a+b\dfrac{m}{R}\right)\%$

其中，$a$ 为电阻箱的准确度等级；$R$ 为电阻箱所示阻值；$b$ 为一个与准确度等级有关的系数；$m$ 为电阻箱的转盘个数。

表 3-1-3 和表 3-1-4 分别是 ZX21 型电阻箱各挡电阻所允许通过的最大电流值和各等级的基本误差。

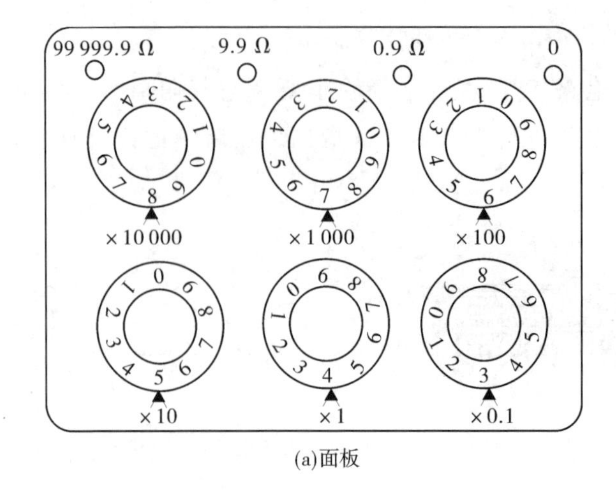


(a)面板

99 999.9 Ω
9.9 Ω
0.9 Ω
0
×10 000
×1 000
×100
×10
×1
×0.1

(b)线路

图 3-1-4　电阻箱面板(a)和内部电路图(b)

**表 3-1-3　允许通过 ZX21 型电阻箱的最大电流值**

| 旋钮倍率 | ×0.1 | ×1 | ×10 | ×100 | ×1 000 | ×10 000 |
|---|---|---|---|---|---|---|
| 允许通过的最大电流值/A | 1.5 | 0.5 | 0.15 | 0.05 | 0.015 | 0.005 |

**表 3-1-4　ZX21 型电阻箱的基本误差**

| 等级 | 0.02 | 0.05 | 0.1 | 0.2 |
|---|---|---|---|---|
| 基本误差/% | $\pm(0.02+0.1m/R)$ | $\pm(0.05+0.1m/R)$ | $\pm(0.1+0.1m/R)$ | $\pm(0.2+0.1m/R)$ |

3.开关(电键)

电路中常用开关接通和切断电源,或变换电路。

实验中常用的开关有单刀单向、单刀双向、双刀双向、双刀换向、按钮开关等多种类型。在电路图中分别用图 3-1-5 所示的各种符号表示。

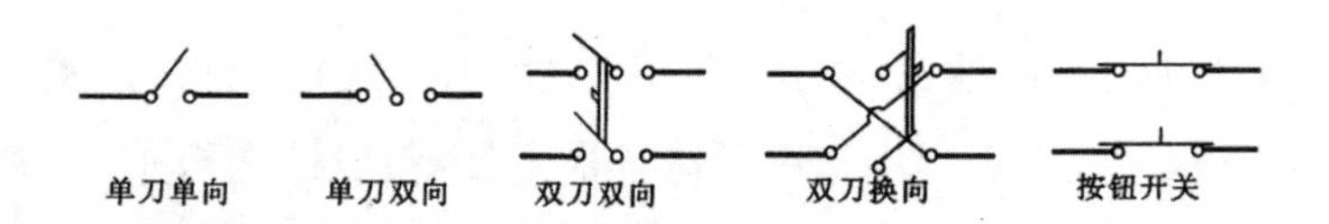


图 3-1-5 实验中常用的开关

双刀双向开关在电路中的作用,可由图 3-1-6(a)来说明。开关的双刀 CC′拨向 AA′处时,由电源 $E_1$向负载 $R_L$供电;CC′拨向 BB′处时,由电源 $E_2$向负载 $R_L$供电。也可由同一电源向不同负载供电,请读者自行设计电路。

双刀换向开关在电路中的作用,可由图 3-1-6(b)来说明。双刀 CC′拨向 AA′处时,电流由电源正极出发沿 CAB′NMBA′C′向电源负极流动,$R_L$中电流方向为 N→M;双刀 CC′拨向 BB′时,电流沿 CBMNB′C′流动,$R_L$中电流方向换成 M→N。

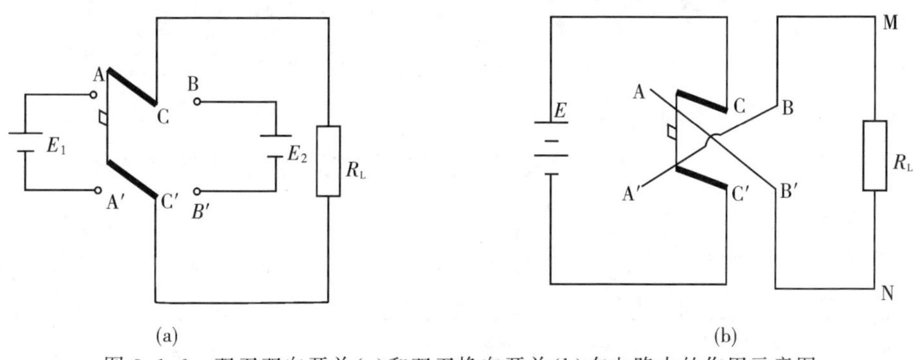


图 3-1-6 双刀双向开关(a)和双刀换向开关(b)在电路中的作用示意图

4.导线

普通导线是由导线和导线外的绝缘层组成。绝缘层包裹在导线的外面,起电气绝缘的作用,把导线通过的电流限制在导线内。有些绝缘导线的外层还会再加上一层护套,起机械保护作用,避免导线受到机械损伤。普通导线通常用于传导电流和传输电能。

实验课常用的导线还有同轴电缆线,简称同轴线。同轴线是常见的信号传输线,具有传送距离长、信号稳定的优点。同轴线的结构比较复杂,由外向内依次是护套、外导体(屏蔽层)、绝缘介质和内导体四部分(如图 3-1-7 所示)。护套(多用聚乙烯)在最外层,是一层绝缘层,起保护作用;外导体(多用铜网或铝网)有双重作用,既作为传输回路的一根导线,传输低电平,又具有屏蔽作用;绝缘介质(聚乙烯或聚四氟乙烯)能够提高抗干扰性能,同时也能防止水、氧侵蚀;内导体(铜芯)用于传送高电平的信号,常用材料为铜。

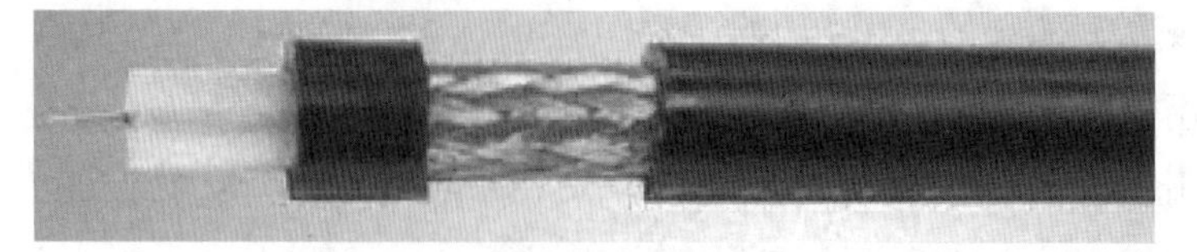

图 3-1-7

同轴电缆线与各种设备的输入/输出接口通常用卡扣式的 BNC 连接器(Bayonet Nut Connector,同轴线连接器)相连。BNC 连接器有很多种,一般由一根中心插针、一个外套和卡座组成,其与同轴线的连接同时包括芯线连接和屏蔽层连接。芯线连接是指同轴电缆线的内导体与 BNC 连接器的中心插针的连接,屏蔽层连接是指同轴电缆线的外导体与 BNC 连接器的外套相连。这两种连接方式都是通过焊接的方式进行的(如图 3-1-8 所示)。

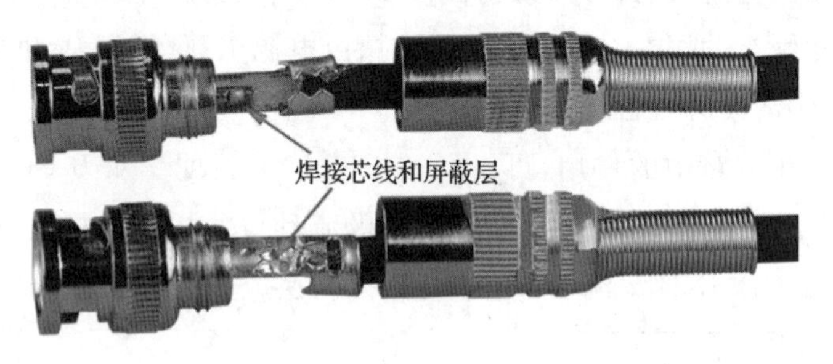


图 3-1-8

## 二、电磁测量的标准量具

电磁测量常用的标准量具有:标准电池、标准电阻、标准电感和标准电容等。

1.标准电池

标准电池是电动势的度量器,其结构如图 3-1-9 所示。它是一种化学电池,电池内所用的化学物质经过严格提纯,化学成分非常稳定,用量也十分准确。标准电池中的电解液通常为硫酸镉饱和溶液。正电极用汞及硫酸亚汞制成;负电极用镉汞合金制成;正负极均用铂丝作引出线引出。

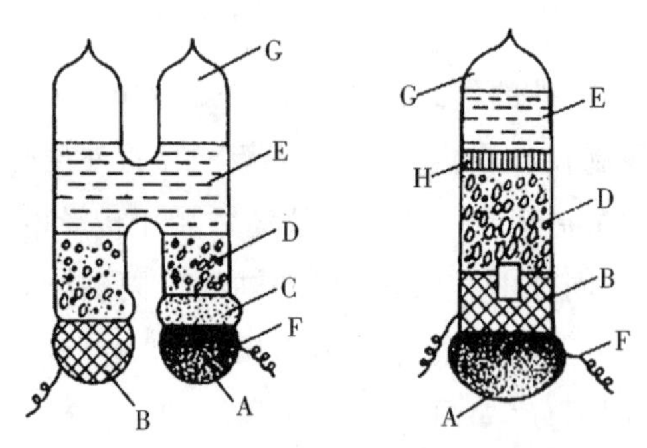


A.汞(电池正极) B.镉汞合金(电池负极) C.硫酸亚汞($Hg_2SO_4$) D.硫酸镉晶体 E.硫酸镉饱和溶液 F.铂引线 G.玻璃容器 H.微孔塞片

图 3-1-9 标准电池结构

根据标准电池电解液中是否有硫酸镉晶体,将标准电池分为饱和标准电池与不饱和标准电池两种。

(1)饱和标准电池

饱和标准电池的电解液中有过剩的硫酸镉晶体,所以在温度为 4 ℃~40 ℃范围内溶液总是饱和的。

饱和标准电池的电动势比较稳定,可以按照较高的标准来生产。但是当温度改变时,电动势的变化要比不饱和标准电池大,当电池不是在温度为 20 ℃下使用时,必须按一定公式计算在该温度下的实际电动势。

下面是国际上经常使用的计算在温度为 $t$ ℃时饱和标准电池电动势 $E_t$ 的一种经验公式:

$$E_t = E_{20} - [40.6(t-20) + 0.95(t-20)^2 - 0.01(t-20)^3] \times 10^{-6}\ \text{V} \quad (3\text{-}1\text{-}1)$$

式中 $E_{20}$ 是指温度为 20 ℃时的标准电池的电动势,不同等级的标准电池的 $E_{20}$ 的取值范围略有不同,在我们的实验课中可取 $E_{20}=1.018\ 6$ V。

(2)不饱和标准电池

不饱和标准电池的电解液中没有多余的硫酸镉晶体,因此在使用温度范围内电解液呈不饱和状态。

不饱和标准电池的电动势的稳定性较饱和标准电池的低得多,因此,只能按较低的标准来制造。它的优点是电动势随温度变化影响较小,通常在允许的工作温度范围内都不需要进行温度校正。

标准电池的准确度和稳定度与使用和维护情况有很大关系,若不注意正确使用和维护,则不仅会降低标准电池的准确度和稳定度,甚至还可能损坏标准电池,因此在使用和存放时,必须符合标准电池说明书或证明书上要求的条件。

实验中,使用标准电池时应特别注意:①严防震动、倾倒,切忌长时间通电;②不允许有大于其技术特性允许值(实验中规定为 5 $\mu$A)的电流通过;③不能用万用表测它的电动势。

2.标准电阻

标准电阻是电阻单位(Ω)的实物样品,是电阻的度量器。

标准电阻是用锰铜导线绕制而成的。锰铜是一种铜、锰、镍的合金材料,它具有很高的电阻系数,因而可以制成紧凑的线圈,同时它的温度系数小,与铜接触的电动势也小。通过适当的工艺处理和用特殊的方法绕制,可以得到准确度很高、稳定性很好的标准电阻。

标准电阻可以做成单个标准电阻,也可以组合成电阻箱。这里只介绍单个标准电阻。

单个标准电阻的阻值一般做成 $10^n$ Ω($n$ 为从 $-5$ 到 $+5$ 的整数),即 0.000 01 Ω、0.000 1 Ω、…、100 000 Ω。

标准电阻铭牌上给出的额定值通常是指温度为 20 ℃时的电阻值,若在规定范围内的其他温度 $t$ ℃下使用时,其电阻值可按下式计算。

$$R_t = R_{20}[t + \alpha(t-20) + \beta(t-20)^2] \quad (3\text{-}1\text{-}2)$$

式(3-1-2)中 $R_{20}$ 为标准电阻在温度为 20 ℃时的实际电阻值;$\alpha$ 和 $\beta$ 为电阻温度系数。标准电阻按准确度分为若干等级。每个标准电阻的 $R_{20}$、$\alpha$、$\beta$ 值，都在出厂时由制造厂或国家计量单位测定并以数字的形式附在说明书中。

为了减小接触电阻的影响，标准电阻都做成四端电阻的形式。图 3-1-10(a)为结构示意图；图 3-1-10(b)为实际结构图。在图 3-1-10(a)中，两侧的端钮 C 称为电流端（习惯上也称为电流接头，在实物上它们对应着较大的一对端钮），利用这对端钮把标准电阻接入电流回路中，让电流流过标准电阻。两 P 端钮称为电位端钮（或称为电位接头，在实物上对应较小的一对端钮）。从这对端钮的引出线可以得到标准电阻上的电压 $U$。

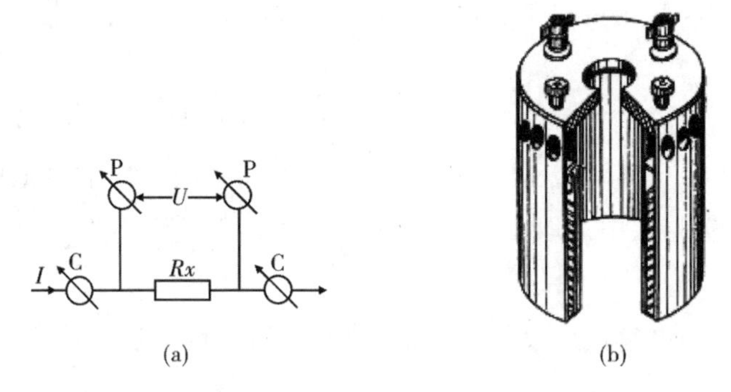


图 3-1-10　结构示意图(a)和实际结构图(b)

四端标准电阻的阻值为

$$R=\frac{U}{I} \tag{3-1-3}$$

式(3-1-3)中的 $U$ 是两电位端钮之间的电压。显然，在电流端钮处的接触电阻上的电位未被计入 $U$ 中，电阻值 $R$ 也就不再包括电流端钮处的接触电阻。通常，电压 $U$ 用具有很大内阻的仪表（或电位差计）进行测量。这样，接到电位端钮支路的电阻非常大，电位端钮处的接触电阻与 $R$ 比较是完全可以忽略不计的。所以电位端钮的接触电阻对测量结果的影响就可以忽略不计了。

使用标准电阻时，要注意它允许通过的最大电流，以免因过热而产生附加误差或过热而损坏标准电阻。

标准电阻是为了在直流电路中使用而设计的，因此，其标准电阻值和所标定的误差，只适用于直流电路测量。适用于交流电路的标准电阻，必须特别绕制。

3.标准电感

标准电感通常是将绝缘铜线绕在用绝缘材料（如大理石或陶瓷）做成的支架上的扁平线圈制成的，如图 3-1-11 所示。对标准电感线圈的要求：①结构坚固；②电阻值很低；③涡流损耗小；④线圈本身及其支架没有铁磁物质；⑤分布电容小。这些要求，可使电感受电流的大小和频率变化的影响小，因而电感值稳定。

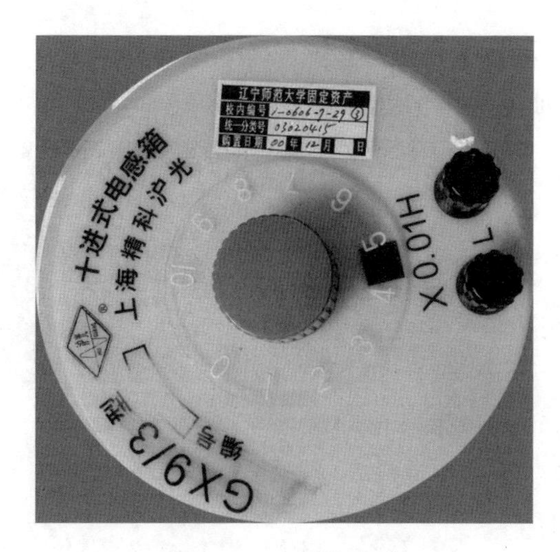


图 3-1-11　标准电感

实验室常用的上海交流仪器厂生产的 BG6 型标准自感线圈的规格为：额定值为 1 H、0.1 H、0.01 H、0.001 H、0.000 1 H，基本误差为±0.1%。

标准电感除了标准自感以外，还有标准互感以及可变的标准电感等。连续可调节的可变电感器由两个电感线圈组成：一个是固定线圈，另一个是可借助箱外的手轮旋转的活动线圈。将两个线圈串联，借两个线圈间的互感变化，得到不同大小的总电感。图 3-1-11 是由上海精科沪光生产的十进式电感箱（型号：GX9/3 型），它由单个十进组合式标准电感器组成，电感范围为 0～100 mH，测量精度为 0.5%，功率为 0.1 W，适合在音频交流电路中当作精密电感元件使用，也可作为标准电感使用。

4.标准电容

常用的标准电容有固定的和可变的两种。对标准电容的要求：①准确度应达到规定的准确度等级；②介质损耗应尽量小；③电容器的标准值稳定，不随温度、湿度、频率和电压的改变而变化。

标准电容器通常按电容器所用的介质不同分为空气电容器和云母电容器两种。目前，小容量的（1 000 pF 以下）固定电容器或可变标准电容器都是以空气为介质的；大容量的（1 000 pF 以上）固定电容器则以云母为介质。

标准空气电容器虽然容量较小，但其电性能好。上海交流仪器厂生产的 BR13 型标准空气电容器，额定值有 1 pF、10 pF、100 pF、1 000 pF 四种，基本误差为±0.05%。

标准云母电容器的容量可以做得很大，但它的电性能较差，介质损耗、温度系数都较大。云母电容器除做成固定式的以外，还有做成十进式的电容箱。杭州精科仪器有限公司生产的 RX7/0 型十进式电容箱（参见图 3-1-12）中的标准电容器就是以云母为介质的。它的电容范围为（0～10）×（0.000 1＋0.001＋0.01＋0.1）$\mu$F，测量精度小于±0.5% 。

标准电容器通常都有屏蔽，并加以密封。屏蔽的目的是防止外电场的影响，密封则是为了防止潮气侵入，以保证电容量的稳定。

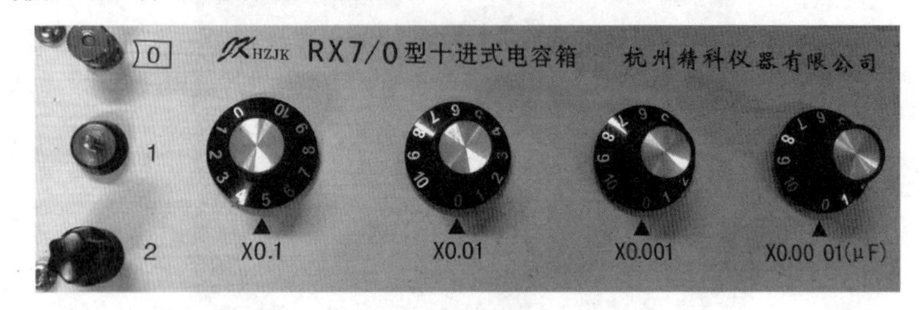


图 3-1-12　RX7/0 型十进式电容箱

## 三、常用的测量仪表

### 1.检流计(直流电流计)

检流计通常用作指零仪表，即确定电路中有无电流通过；有时也用来测量微小电流。实验中常用磁电式检流计，它的构造如图 3-1-13 所示。检流计工作原理如下：将一个可以自由转动的线圈放在永久磁体的磁场中，当被测电流流过这个线圈时，由于受磁力矩作用而转动，同时弹簧游丝又给线圈一个反向恢复力矩使线圈平衡在某一角度，此偏转角度与电流大小成正比。

检流计所允许通过的电流非常小，一般约 $10^{-6}$ A，所以常用作指零仪表，不可任意接在电路中去测量较大的电流。对于 $10^{-6}$ A 以下的弱电流，要用灵敏电流计去测量。灵敏电流计采用了弹性细丝(称为张丝)悬挂转动线圈的结构，从而消除了接触摩擦的影响，提高了灵敏度。

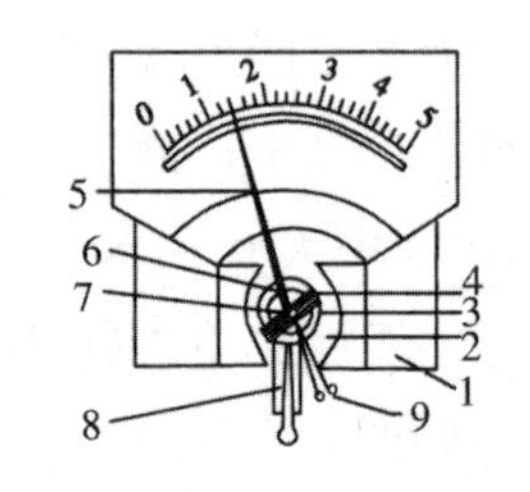


1.永久磁体　2.极掌　3.圆柱形铁芯　4.线圈　5.指针　6.游丝　7.转轴　8.调零螺杆　9.平衡锤

图 3-1-13　磁电式检流计构造图

当检流计作为指零仪表使用时，一般平衡位置(零点)在标尺中央，指针可以向左右两个方向偏转，使用前应调节零点。电路图中检流计用符号 G 表示。

### 2.直流电流表

直流电流表按所测电流大小分为微安表、毫安表、安培表。微安表上并联不同的分流电阻 $R_P$，就能得到不同量程的电流表。电流表所能测量的最大电流称为量程。

### 3.直流电压表

按所测电压大小分为毫伏表、伏特表、千伏表。将微安表串联不同阻值的电阻 $R_s$ 就得到不同量程的电压表。

电表的面板上常标有各种符号，用来表示它们的技术性能。详见表 3-1-5。

**表** 3-1-5　**常用电气仪表面板上的标记**

| 名称 | 符号 | 名称 | 符号 |
|---|---|---|---|
| 指示测量仪表的一般符号 | O | 直流 | — |
| 检流计 | G | 直流和交流 | ≂ |
| 电流表 | A | 以标度尺量限百分数表示的准确度等级，例如 1.5 级 | 1.5 |
| 电压表 | V | 以指标值的百分数表示的准确度等级，例如 1.5 级 | (1.5) |
| 毫安表 | mA | 标度尺位置为垂直的 | ⊥ |
| 微安表 | μA | 标度尺位置为水平的 | ⊓ |
| 毫伏表 | mV | 绝缘强度实验电压为 2 kV | ☆(2) |
| 千伏表 | kV | 接地端钮 | ⏚ |
| 欧姆表 | Ω | 调零器 | ⌒ |
| 兆欧表 | MΩ | Ⅱ级防外磁场及电场 | [Ⅱ] [Ⅱ] |
| 负端钮 | — | | |
| 正端钮 | + | | |
| 公共端钮 | * | | |
| 磁电系仪表 | ⋂ | | |
| 静电系仪表 | ⏚ | | |

4.万用表

万用表是集交直流电流表、交直流电压表、欧姆表于一身的多功能多量程的常用电表，可测量多种物理量，虽然准确度不高，但使用简单，携带方便，特别适用于检查线路和修理电气设备。万用表有磁电式和数字式两种。这里首先详细介绍磁电式万用表的工作原理，然后介绍数字式万用表的使用。

(1)磁电式万用表

磁电式万用表由磁电式微安表、若干分流器、倍压器和二极管及转换开关等组成，可以用来测量直流电流、直流电压、交流电压、交流电流及电阻等参量。图 3-1-14(a)所示的是常用的 MF 型万用表，现将各挡测量电路做详细介绍。

①直流电流挡

测量直流电流时，其内部电路图如图 3-1-14(b)所示。被测电流从"+""—"两端进出。$R_{A1}$～$R_{A5}$是分流器电阻，它们和微安表连成一闭合电路。改变转换开关的位置，就改变了分流器的电阻，从而也就改变了电流的量程。例如，放在 50 mA 挡时，分流器电阻为 $R_{A1}+R_{A2}$，其余则与微安表串联。量程越大，分流器电阻越小。图中的 $R$ 为直流调整电位器。

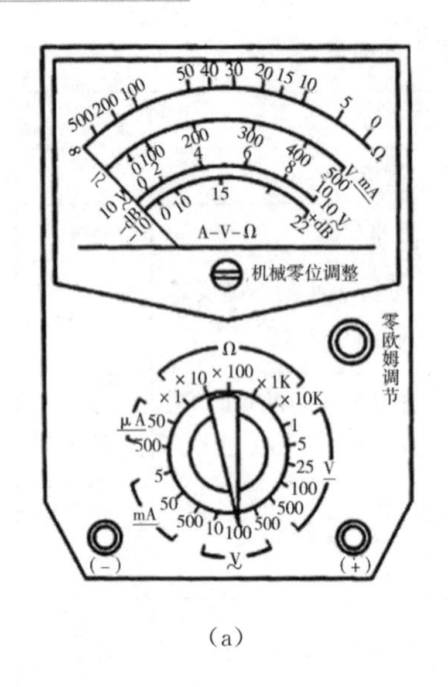


(a)

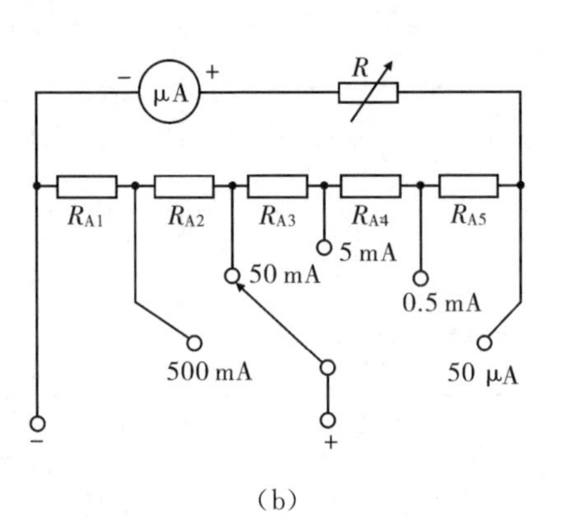


(b)

图 3-1-14　MF 型万用表的面板图(a)和测量直流电流的电路原理图(b)

②直流电压的测量

测量直流电压的电路原理如图 3-1-15 所示。被测电压加在“+”“-”两端。$R_{V1}$、$R_{V2}$、…是倍压器电阻。量程愈大,倍压器电阻也愈大。

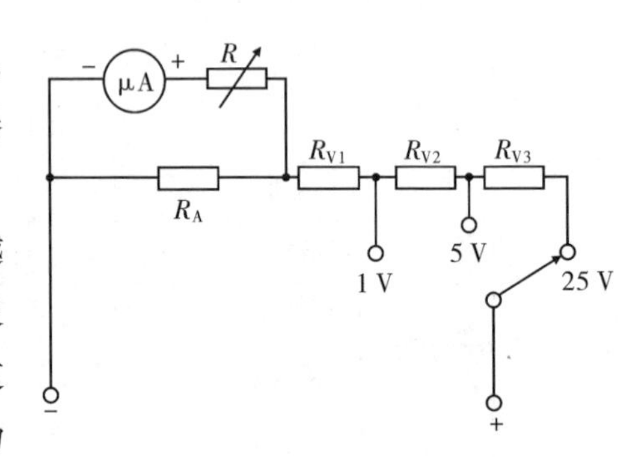


图 3-1-15　测量直流电压的电路原理图

电压表的内阻越高,从被测电路取用的电流越小,被测电路受到的影响也就越小。可以用仪表的灵敏度,也就是用仪表的总内阻除以电压量程来表明这一特征。例如万用表在直流电压 25 V 挡的总内阻为 500 kΩ,则这挡的灵敏度为$\frac{500\ \text{k}\Omega}{25\ \text{V}}=20\ \text{k}\Omega/\text{V}$。

③交流电压的测量

测量交流电压的电路原理如图 3-1-16 所示。磁电式仪表只能测量直流电压,如果要测量交流电压,则必须附有整流元件,即图 3-1-16 中的二极管 $D_1$ 和 $D_2$。二极管只允许一个方向的电流通过,反方向的电流不能通过。被测交流电压也是加在“+”“-”两端。在正半周期时,设电流从“+”端流进,经二极管 $D_1$,部分电流经微安表流出。在负半周期时,电流直接经二极管 $D_2$ 从“+”端流出。可见,通过微安表的是半波电流,因此读数为该电流的平均值。为此,表中有一交流调整电位器(如图 3-1-16 中的 600 Ω 电阻),用来改变表盘刻度;于是,指示读数便被折换成正弦电压的有效值。至于量程的改变,则和测量直流电压时相同。图 3-1-16 中的 $R'_{V1}$、$R'_{V2}$ 是倍压器电阻。

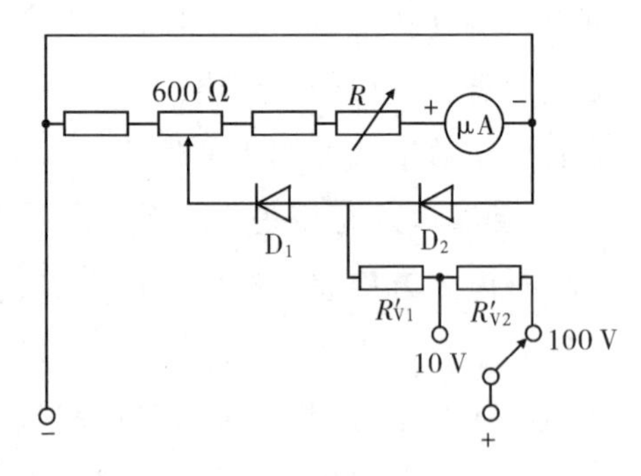


图 3-1-16　测量交流电压的电路原理图

万用表交流电压挡的灵敏度一般比直流电压挡的低。MF 型万用表交流电压挡的灵敏度为 5 kΩ/V。普通万用表只适用于测量频率为 45～1 000 Hz 的交流电压。

④电阻的测量

测量电阻的电路原理如图 3-1-17 所示。测量电阻时要接入电池，被测量电阻也是接在“+”“−”两端。被测电阻越小，电流越大，指针的偏转角就越大。测量前应先将“+”“−”两端短接，看指针是否偏转最大而指在零(刻度盘的最右处)，否则应转动零欧姆调节电位器(图 3-1-17 中的 1.7 kΩ 电阻)进行校正。

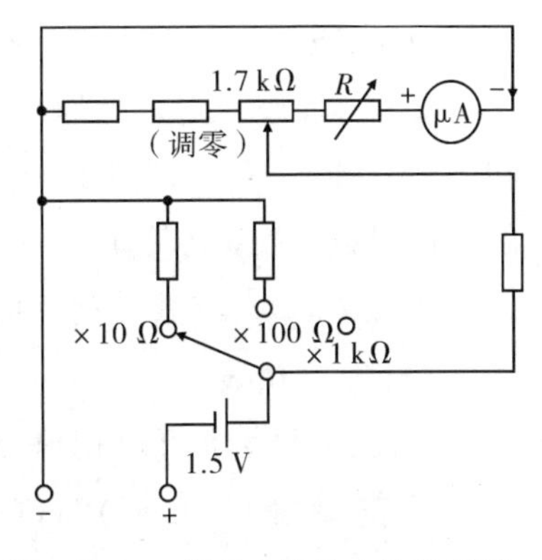

图 3-1-17　测量电阻的电路原理图

使用万用表时应注意转换开关的位置和量程，绝对不能在带电线路上测量电阻，使用完毕应将转换开关转到高电压挡。

此外，从图 3-1-17 中还可看出，面板上的“+”端接在电池的负极，而“−”端是接向电池的正极的。

(2)数字式万用表

以 DT-830 型数字式万用表为例说明它的测量范围和使用方法。

①测量范围

a.直流电压分五挡：200 mV、2 V、20 V、200 V、1 000 V。输入电阻为 10 MΩ。

b.交流电压分五挡：200 mV、2 V、20 V、200 V、750 V。输入阻抗为 10 MΩ，频率范围为 40～500 Hz。

c.直流电流分五挡：200 μA、2 mA、20 mA、200 mA、10 A。

d.交流电流分五挡：200 μA、2 mA、20 mA、200 mA、10 A。

e.电阻分六挡：200 Ω、2 kΩ、20 kΩ、200 kΩ、2 MΩ、20 MΩ。

此外，该表还可检查二极管的导电性能(判断二极管的正负极)，并能测量晶体管的电流放大系数 $h_{FE}$ 和检查线路通断。

②面板说明

图 3-1-18 所示的是 DT-830 型数字式万用表的面板图。

a.显示器显示四位数字，最高位只能显示 1 或不显示数字，算半位，故称三位半或 $3\frac{1}{2}$ 位。最大指示值为 1 999 或 −1 999。当被测量超过最大指示值时，

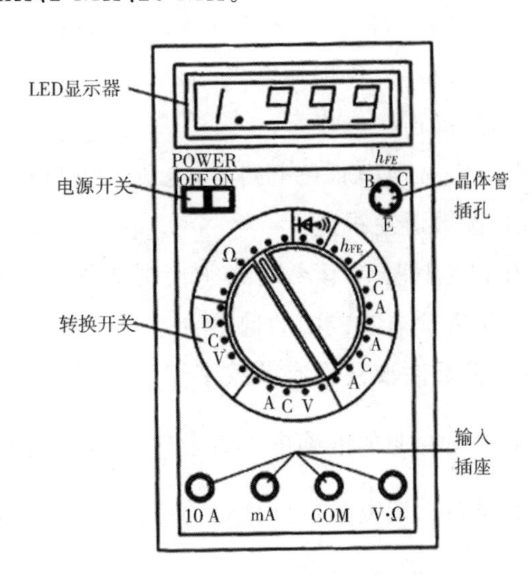

图 3-1-18　DT-830 型数字式万用表的面板图

显示“1”或“−1”。

b.电源开关。使用时将电源开关置于“ON”位置;使用完毕置于“OFF”位置。

c.转换开关用以选择功能和量程。根据被测的物理量(如电压、电流、电阻等)选择相应的功能位;按被测量的大小选择适当的量程。

d.输入插座。将黑色测试笔插入“COM”插座。红色测试笔有如下三种插法:测量电压和电阻时插入“V·Ω”插座;测量小于 200 mA 的电流时插入“mA”插座;测量大于 200 mA 的电流时插入“10 A”插座。

DT-830 型数字式万用表的采样时间为 0.4 s,电源电压为直流 9 V。

5.交流毫伏表

交流毫伏表也可以用来测量交流电压。以上海爱仪电子设备有限公司生产的交流毫伏表(AS2173D 型)为例来说明它的测量范围和使用方法。该表的电压测量范围为 30 μV～300 V 的十三挡量程;电平测量范围为−90 dBV～+50 dBV 或−90 dBm～+52 dBm;准确度为±3%;当交流电压频率为 1 kHz 时,输入阻抗约为 2 MΩ。

测量方法及注意事项:使用前应将测量仪器水平放置;接通电源线检查指针机械零位,如果未在零位应拨动机械调零旋钮使指针指到零位;将交流毫伏表预热 15 min,量程置于最高挡级 300 V,测量 30 V 以上电压时应注意安全,所测交流电压的直流分量应小于 100 V;量程转换时,由于电容放电,指针有所晃动,需等待指针稳定后读取数据。

电表使用方法及注意事项:

(1)合理选择量程

根据待测电流或电压的大小,选择合适的量程。若量程太小,过大的电流或电压会将电表损坏;若量程过大,则指针偏转太小,读数不准确。为安全起见,可先用大量程试触,粗略判断电流或电压的大小,以帮助选择合适的量程。

(2)注意电表极性

接线柱旁标有“+”“−”极性,“+”表示电流流入端,“−”表示电流流出端,接线时切不可把极性接错,以免损坏电表。

(3)正确连接电表

电流表必须串联在电路中,电压表应与被测电压的两端并联。

(4)读数避免视差

为了减小视差,读数时必须使视线垂直于刻度面,精密的电表刻度槽下装有反光镜,读数时应使指针与它镜中的像重合。

(5)读数时要注意有效数字

由表头标明的准确度等级及选用的量程大小按 $\Delta I_{仪}$(或 $\Delta U_{仪}$)$=$量程$\times\frac{级别}{100}$来确定最大示值误差。读数时应读到示值有误差的一位上。例如:0.5 级量程为 0～150 mA 的电流表,最大示值误差 $\Delta I_{仪}=150\times\frac{0.5}{100}\ \text{mA}=0.75\ \text{mA}\approx0.8\ \text{mA}$,即读数时读到小数点后一位。

6.冲击电流计

冲击电流计如图 3-1-19(a)所示。它名为电流计,实际上是一种量度电量的仪器。图 3-1-19(b)所示的是冲击电流计内部结构简图。N、S 是磁体的两极,H 是软铁块,其作用是使磁力线径向均匀化;C 是一个很轻的线圈,上端吊在很细的有弹性磷青铜悬线上,下端接在弹性螺旋丝上;$A_1$ 与 $A_2$ 通过面板上的接线柱与外电路接通;C 的上方有一小镜 M,与标尺和望远镜组成镜尺测读系统。冲击电流计与一般电流计不同之处在于,它的线圈 C 对转轴(悬线)的转动惯量远比一般电流计线圈的转动惯量大。

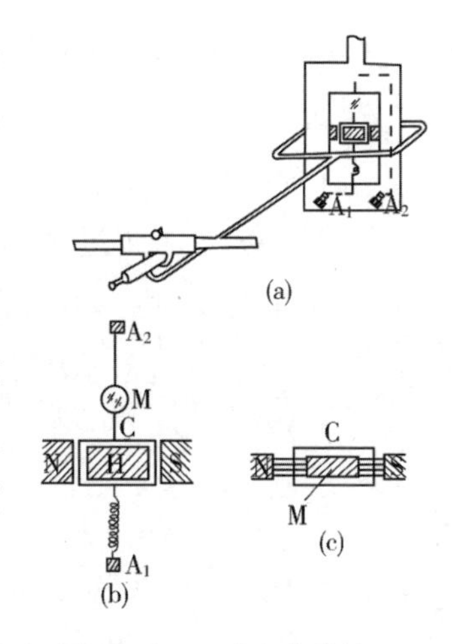


图 3-1-19 冲击电流计

设线圈的截面积为 $S_0$,匝数为 $N_0$,当线圈中有电流 $I$ 时,线圈所受的磁力矩为

$$M = B_0 S_0 N_0 I \sin\varphi \tag{3-1-4}$$

式(3-1-4)中 $\varphi$ 是线圈平面的正法线方向与磁场方向的夹角。因电流通过的时间非常短暂,线圈几乎没有转动[如图 3-1-19(c)所示],即 $\varphi=\frac{\pi}{2}$,所以

$$M = B_0 S_0 N_0 I \tag{3-1-5}$$

在电流通过的短时间内,线圈所受冲量矩为

$$\int M \mathrm{d}t = B_0 S_0 N_0 \int I \mathrm{d}t = B_0 S_0 N_0 q \tag{3-1-6}$$

式(3-1-6)中 $q=\int I \mathrm{d}t$ 为通过线圈的电量。线圈受到冲量矩后,获得的角速度为 $\omega$,则

$$J\omega = B_0 S_0 N_0 q \tag{3-1-7}$$

式(3-1-7)中 $J$ 为线圈的转动惯量。这时线圈的转动动能为

$$E_{\mathrm{k}} = \frac{1}{2} J\omega^2 \tag{3-1-8}$$

设 $\theta$ 为观察到的最大偏转角,$c$ 为悬线的扭转系数,扭力矩为 $M'=c\theta$,则线圈在最大偏转角时的扭转势能是

$$E_{\mathrm{p}} = \int_0^\theta M' d\theta = c\int_0^\theta \theta d\theta = \frac{1}{2} c\theta^2 \tag{3-1-9}$$

因全部动能变为势能,即 $E_{\mathrm{k}}=E_{\mathrm{p}}$,所以

$$\frac{1}{2} J\omega^2 = \frac{1}{2} c\theta^2 \tag{3-1-10}$$

结合式(3-1-7)和式(3-1-10),可得

$$q = \frac{\sqrt{Jc}}{B_0 S_0 N_0}\theta = k'\theta \tag{3-1-11}$$

式(3-1-11)中 $k'$ 是与线圈悬线的扭转系数、磁感应强度、线圈匝数、转动惯量等有关的

常数。

实际测定时，并不是测 $\theta$ 角，而是用镜尺法来放大测量偏转刻度 $d$，如图 3-1-20 所示。

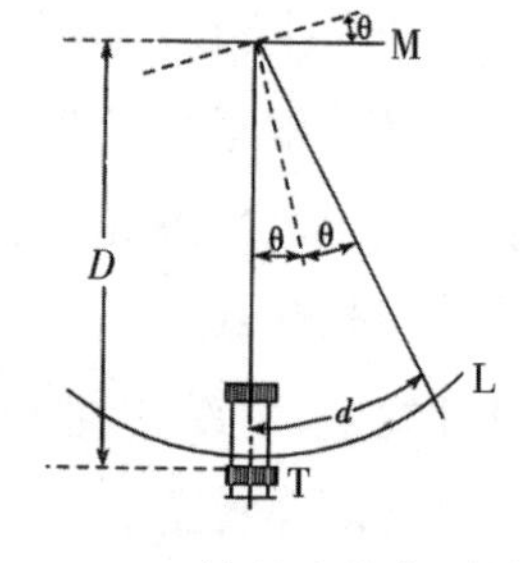


图 3-1-20　镜尺法放大测量偏转刻度示意图

M 为小镜，L 为标尺，T 为望远镜。当线圈转动 $\theta$ 角，连在线圈上的小镜 M 也转过 $\theta$ 角，而望远镜 T 中看到标尺的读数为 $d$ 时，根据光的反射定律，很容易证明镜面的法线转过 $\theta$ 角，反射光线转过 $2\theta$ 角，则 $2\theta=\dfrac{d}{D}$，即

$$\theta=\frac{d}{2D} \tag{3-1-12}$$

式(3-1-12)中 $D$ 为小镜面到标尺的距离。

将式(3-1-12)代入式(3-1-11)，则

$$q=k'\theta=\frac{k'}{2D}d=kd \tag{3-1-13}$$

式(3-1-13)中 $k=\dfrac{k'}{2D}$ 为一常数，称为冲击电流计的冲击常数。由式(3-1-13)可知，通过冲击电流计的电量与冲击电流计的偏转 $d$ 成正比。

本课程中，将使用冲击电流计测定电容、高电阻和磁场，并对冲击电流计的冲击常数进行研究。

7.灵敏电流计

灵敏电流计是供学生或实验室检查直流电路中微小电流或微小电压用的，它是一种高灵敏度的磁电式仪表，可以测量 $10^{-12}\sim10^{-7}$ A 的微小电流，如用作电桥测量、温差电偶、电磁感应及光电效应等实验中的检流计。

光电反射式灵敏电流计的构造原理如图 3-1-21 所示。N、S 是强永久磁体的磁极，圆柱形软铁芯和磁极之间构成辐射状的磁隙，线圈下面有一反射镜，与线圈固定在一起，线圈上下用细磷铜线吊起，上下细磷铜线与外部电路连通，线圈的位置由反射镜投射到标尺上。

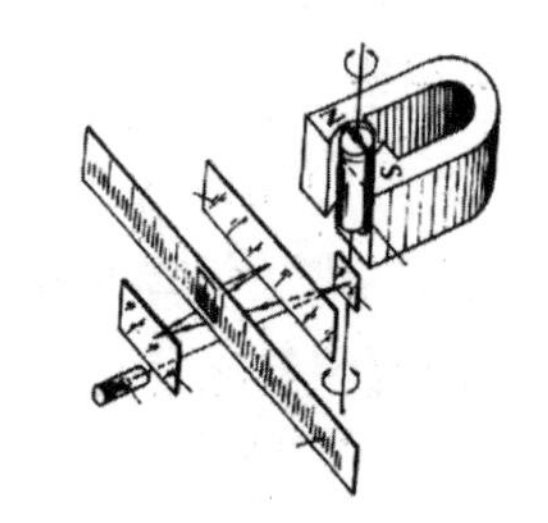

图 3-1-21　光电反射式灵敏电流计的构造原理图

当线圈通以电流 $I$ 时，线圈受磁场的作用力，并以吊线为轴而转动。设线圈的匝数为 $N$，面积为 $S$，磁隙中的磁感应强度为 $B$，由于磁隙中的磁感应强度是辐射状的，磁场的方向总是和线圈平面平行，所以磁场作用在线圈上的力矩为 $NBSI$，当线圈达到平衡时有

$$NBSI=D\theta_{平} \tag{3-1-14}$$

式(3-1-14)中 $D$ 为吊线的扭转力矩常数，$\theta_{平}$ 为线圈达到平衡的转角，$N$、$B$、$S$、$D$ 均为定值，所以有

$$I=\frac{D}{NBS}\theta_{平}=c\theta_{平} \tag{3-1-15}$$

其中 $c$ 为常数，故测出 $\theta_{平}$ 即可得 $I$。通常用光标在标尺上的移动距离 $n$ 来量度偏转角的大小，式(3-1-15)可写成

$$I=c\theta_{平}=k_i n$$

$k_i$ 称为电流计常数$\left(\text{灵敏度为电流计常数的倒数，即 } S_i=\frac{1}{k_i}\right)$。其数值等于光标在标尺上移动 1 mm 时线圈中所通过的电流，也就是这个电流计所能测量的最小电流值。

灵敏电流计的电流变化，使线圈平衡被破坏而发生转动。由于惯性作用，一般来说线圈不可能立刻在电磁力矩与悬线的扭转力矩相平衡的位置上停稳，而往往是超过平衡位置，在其两侧来回摆动，摆动一段时间后，才停止在其确定的平衡位置上。这很浪费时间。灵敏电流计内部没装阻尼线圈，它的阻尼问题需在外部线路解决。用电磁阻尼控制线圈的运动状态，可通过图 3-1-22(a)所示的电路加以说明。

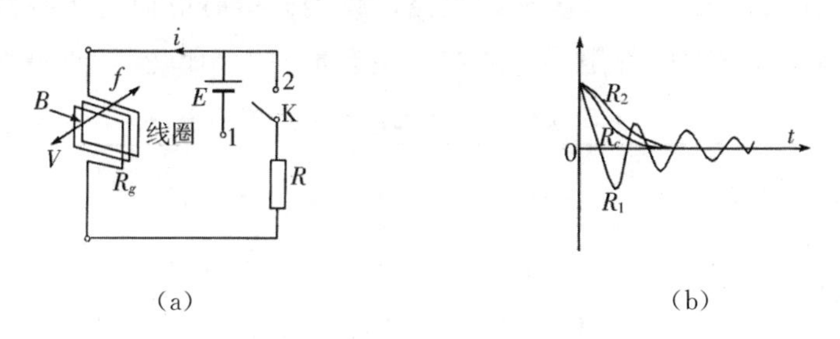


图 3-1-22　电磁阻尼控制线圈的运动状态(a)和 $R$ 的衰减曲线(b)

在图 3-1-22(a)所示的电路中，$R$ 是外电路电阻，开关 K 已经停留在 1 处足够长的时间，光标(由线圈位置定)停留在标尺刻度 $d_0$ 上。将开关 K 从 1 迅速拨到 2，悬丝的扭转力矩使线圈转向零点，转动的方向和速率如图 3-1-22(a)中 $V$ 所示。于是闭合线圈切割磁感线，产生方向如图 3-1-22(a)所示的感应电流 $i$。我们知道，载流线圈又必然受到磁场 $B$ 的作用，产生阻碍线圈运动的电磁阻尼力矩 $M$。电磁阻尼力矩 $M$ 与回路总电阻成反比，即

$$M\propto\frac{1}{R_g+R}$$

当外接电阻较大时，电磁阻尼力矩小，线圈要经过很多次来回振荡后才能停在确定的位置上，我们称这种情况为欠阻尼振动状态。线圈在零点两侧做减幅振动(欠阻尼振动)的轨迹如图 3-1-22(b)中标以“$R_1$”的衰减曲线所示。如果减小图 3-1-22(a)中的外电路电阻 $R$，那么电磁阻尼力矩 $M$ 将增大，线圈振动的衰减就强。逐渐减小 $R$，衰减就逐渐增强，当 $R$ 减小到某一特定值时，线圈刚好不再振动(即不越过零点而很快停在零点)。此时的 $R$ 被称为外临界电阻，用 $R_c$ 表示，这时线圈的运动(光标的运动)轨迹如图 3-1-22(b)中标以“$R_c$”的曲线所示，我们称线圈的运动处于临界阻尼状态。如果在 $R_c$ 的基础上进一步减小 $R$ 的阻值，则电磁阻尼力矩 $M$ 将更大，线圈(或光标)将从它自己的偏离点以非常缓慢的速度回到零点，我们称线圈的运动处于过阻尼状态，线圈的运动轨迹如图 3-1-22(b)中标以“$R_2$”的曲线所示。显然，电

流计工作于临界状态最便于测量,因此我们通常设法使电流计工作在临界阻尼状态。过阻尼状态有时也有用途,例如光标在零点左右不停地摆动时,我们只要按一下电流计短路开关(外电路电阻为零),光标就可以迅速停下来,以便进行下一步测量。

灵敏电流计常数及内阻是灵敏电流计的两个重要参数,可以通过实验的方法测量,通常有两种测量方法,即半偏法和等偏法。用灵敏电流计检查电路中是否存在微弱的电流时,可直接将灵敏电流计串联在待测电路中,根据电流计指针是否偏转来判断电路中有无电流通过。指针向右偏转,表明电路中有电流从"+"接线柱流向"-"接线柱;指针向左偏转,表明电路中电流从"-"接线柱流向"+"接线柱。用灵敏电流计检查电路中某两点间是否存在电压时,可直接将灵敏电流计并联在电路中待测的两点上,根据指针是否偏转来判断该两点间是否存在电压,根据偏转的方向来判断该两点间电压的方向。

无论用来检测电流还是电压,此电流计都不能精确地测量电流或某两点间的电压,而只能作为检流计或示零仪表用。任何时候都不应使通过电流计的电流超过满刻度电流值,更不要将电流计误作安培表或伏特表接入电路。仪表搬运时应使两接线柱短路。

各种电器元件在电路图中都用一定的符号来表示。常用电器元件的符号见表 3-1-6。

表 3-1-6 常用电器元件符号

| 名称 | 符号 | 名称 | 符号 |
|---|---|---|---|
| 直流电源(干电池、蓄电池、晶体管直流稳压电源) | 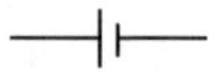 | 单刀单向开关 |  |
| 220 V 交流电源 | 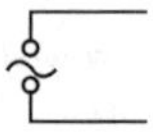 | 双刀双向开关 | 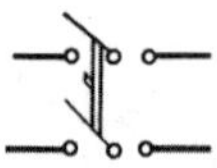 |
| 可变电阻 | 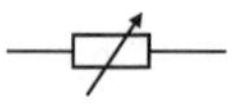 | 双刀换向开关 | 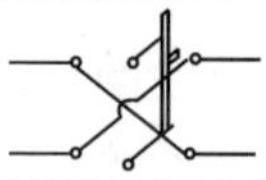 |
| 固定电阻 |  | 按钮开关 |  |
| 滑动变阻器 | 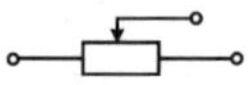 | 二极管 | 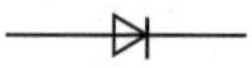 |
| 电容器 | 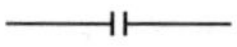 | 稳压管 |  |
| 电解电容器 | 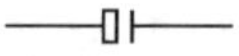 | 导线交叉连接 | 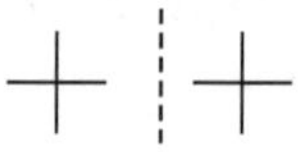 |
| 可变电容器 | 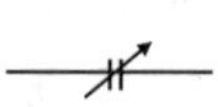 | 导线交叉不连接 | 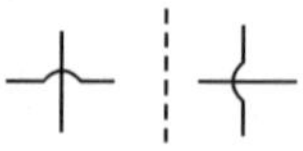 |
| 电感线圈 |  | 变压器 | 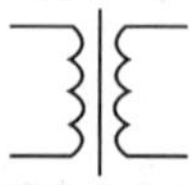 |
| 有铁芯电感线圈 | 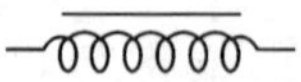 | 调压变压器 | 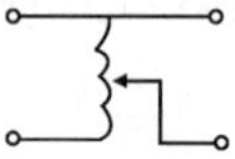 |

# 第二章 电磁学实验

## 实验一 伏安法测电阻

[引言]

伏安法是一种常用的测量电阻的方法。伏安法测电阻是根据欧姆定律,利用通过电阻的电流和电阻两端的电压的关系来测量电阻的大小的。电压、电流测量的准确程度将直接影响电阻的测量结果。伏安法测电阻是一种简单有效的电学测量方法,广泛应用于各种电学实验中。

伏安法测电阻涉及的实验原理和实验思想对学生的安全意识、精益求精的工作态度、团队协作精神和诚实守信的品德等方面的思政教育有着深远的影响。在实验中,学生需要正确选择和使用实验仪器和设备,相互配合、相互支持、相互协作,合理有效地分配任务和角色,共同完成实验。该实验需要人员秉持精益求精的态度,认真细致地完成每一步实验操作,并不断调整和改进实验方法,以提高实验数据的准确性和可靠性。

伏安法测电阻实验可以引入现代科技,如使用传感器测量电流和电压,使用微控制器控制电路以及使用互联网实时监测实验结果等。这些技术的运用,使得实验更加高效,实验结果更加精准和可靠。

[实验目的]

1.学习正确使用电流表、电压表、滑动变阻器。

2.学习连接内接法、外接法两种测电阻的测量电路。

3.了解二极管非线性电阻元件的特点。

4.基于伏安法测量非线性元件的伏安特性曲线。

[仪器用具]

1.DH6101 型伏安特性实验仪及待测电阻、晶体二极管等,技术参数及使用说明详见附录。

2.DH6101 型伏安特性实验仪,半导体二极管、钨丝灯泡若干。

[实验原理]

1.内接法和外接法

用伏安法测电阻,有两种连线方法。一是内接法——安培表在伏特表的内侧;二是外接法——安培表在伏特表的外侧。如图 3-2-1 所示。

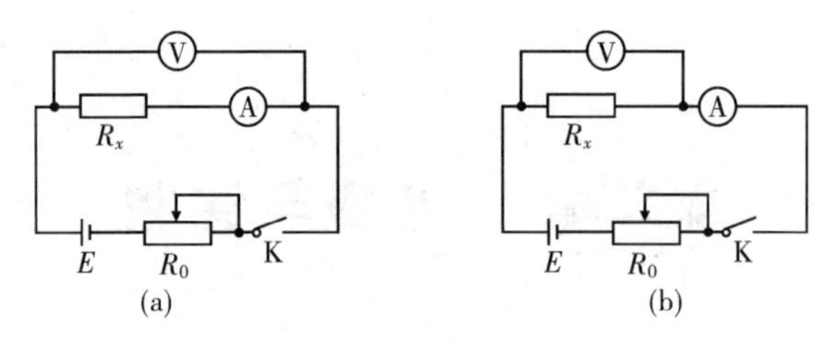


图 3-2-1　内接法(a)和外接法(b)

若采用图 3-2-1(a)所示的内接法，并利用欧姆定律 $R_{测}=U/I$ 计算待测电阻 $R_x$，显然是存在误差的。这个误差主要是由于安培表内阻的存在。设安培表的内阻为 $R_A$，回路电流为 $I$，伏特表的示值为 $U$，则

$$U=IR_x+IR_A=I(R_x+R_A) \tag{3-2-1}$$

因此，电阻的实际值是

$$R_x=\frac{U}{I}-R_A=R_{测}-R_A \tag{3-2-2}$$

如果忽略 $R_A$ 的影响，直接利用所测得的电压和电流求得待测电阻 $R_x$，那么测量值的绝对偏差是 $R_A$，相对偏差就是 $R_A/R_x$。当 $R_x \gg R_A$ 时，相对偏差较小，因此这种方法适合测量阻值大的电阻。

若采用图 3-2-1(b)所示的外接法，并直接利用欧姆定律 $R_{测}=U/I$ 计算待测电阻 $R_x$，也是存在误差的，这个误差主要来源于伏特表。因为此时利用欧姆定律计算得到的值，实际上是待测电阻与伏特表并联的电阻总值。设待测电阻中通过的电流是 $I_{R_x}$，伏特表中通过的电流为 $I_V$，总电流为 $I$，伏特表的内阻为 $R_V$，则

$$I=I_{R_x}+I_V=\frac{U}{R_x}+\frac{U}{R_V}=U\left(\frac{1}{R_x}+\frac{1}{R_V}\right) \tag{3-2-3}$$

因此，电阻的实际值是

$$R_x=\frac{R_{测}R_V}{R_V-R_{测}} \tag{3-2-4}$$

测量的相对偏差是

$$\frac{R_{测}-R_x}{R_x}=-\frac{R_{测}}{R_V} \tag{3-2-5}$$

式(3-2-5)中负号表示测量值小于电阻的实际值。由式(3-2-5)可以看出，$R_x$ 越小，或 $R_V$ 越大，相对偏差的绝对值就越小，因此外接法适合测量阻值较小的电阻。

2.半导体二极管(晶体二极管)的伏安特性

半导体二极管的核心是一个 P—N 结，这个 P—N 结处在一小片半导体材料的 P 区与 N 区之间(如图 3-2-2)，由这片材料中的 P 型半导体区域和 N 型半导体区域相连构成。连接 P 型区域的引出线称为 P 极，连接 N 型区域的引出线称为 N 极。二极管的 P 极或 N 极可利用万用表判断：万用表(指针式)欧姆挡调零后，将二极管接到黑、红表笔之间，若指针指示的电阻很小，则说明二极管两端加的是正向电压，即黑表笔接二极管的正极，红表笔接

二极管的负极；若指针指示的电阻很大，则说明二极管两端加的是反向电压，即黑表笔接二极管的负极，红表笔接二极管的正极。注意，指针式万用表的红表笔接内电源负极，而数字万用表的红表笔接内电源正极。当电压加在P—N结上时，若电压的正端接在P极上，电压的负端接在N极上（如图3-2-3），则称这种连接为“正向连接”；反之，当P—N结的两极反向连接到电压上时则为“反向连接”。正向连接时，二极管很容易导通；反向连接时，二极管很难导通。我们称二极管的这种特性为单向导电性。

实验工作中往往利用二极管的单向导电性进行整流、检波、作电子开关等。

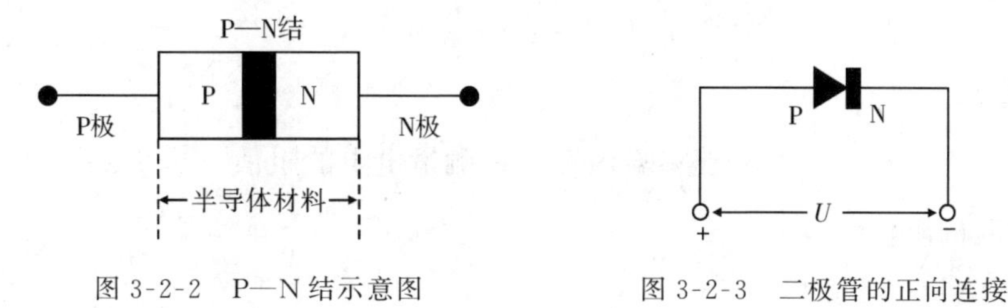


图3-2-2　P—N结示意图　　图3-2-3　二极管的正向连接

半导体二极管最重要的特性是单向导电性。即当外加正向电压时，它呈现的电阻（正向电阻）比较小，通过的电流比较大；当外加反向电压时，它呈现的电阻（反向电阻）很大，通过的电流很小（通常可以忽略不计）。反映二极管的电流随电压变化的关系曲线，叫作二极管的伏安特性，如图3-2-4、图3-2-5所示。

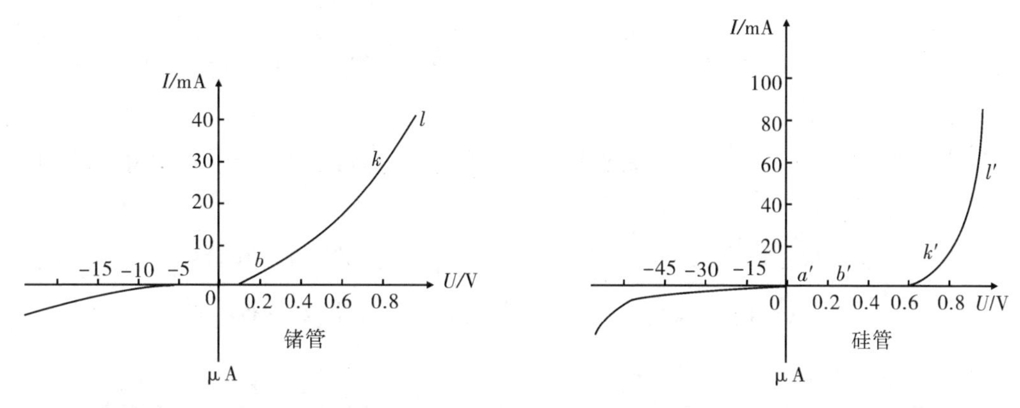


图3-2-4　锗管的伏安特性曲线　　图3-2-5　硅管的伏安特性曲线

当外加正向电压时，随着电压$U$的逐渐增加，电流$I$也增加。但在开始的一段，由于外加电压很低。外电场不能克服P—N结的内电场，半导体中的多数载流子不能顺利通过阻挡层，所以这时的正向电流极小[如曲线中的$a'b'k'$段，该段所对应的电压称为死区电压，硅管的死区电压约为0～0.5 V（如图3-2-5），锗管的死区电压约为0～0.2 V（如图3-2-4）]。当外加电压超过死区电压以后，外电场强于P—N结的内电场，多数载流子大量通过阻挡层，使正向电流随电压很快增长（如曲线中的$k'l'$段）。当外加反向电压时，所加的反向电压加强了内电场对多数载流子的阻挡，所以二极管中几乎没有电流通过。但是这时的外电场能促使少数载流子漂移，所以少数载流子形成很小的反向电流。由于少数载流子数量有限，只要加不大的反向电压就可以使全部少数载流子越过P—N结而形成反向饱和电流，继续增大反向电压时反向电流几乎不再增大。当反向电压增大到某一值以后，反向电流会突然增大，这种现象叫反向击穿，这时二极管失去单向导电性。所以，一般二极管在电路中工作时，所加反向电压在任何时候都必须小于其反向击穿时的电压。

由图 3-2-4 和图 3-2-5 可见，在正向区域，锗管和硅管的起始导通电压不同，电流上升的曲线斜率也不同。利用绘制出的二极管的伏安特性曲线，可以计算出二极管的直流电阻及表征其他特性的某些参数。二极管直流电阻（正、反向电阻）$R$ 等于该管两端所加的电压 $U$ 与流过它的电流 $I$ 之比，即 $R=U/I$。$R$ 是随 $U$ 的变化而变化的。我们通常用万用表所测出的二极管的电阻为某一特定电压下的直流电阻。

［内容要求］

## 基础实验内容——测量电阻的阻值

测量电阻的阻值。

(1)选择测量电路。

(2)根据所用电压表、电流表内阻及被测电阻标称值，选择图 3-2-1(a)或(b)所示电路，使测得的 $R_x$ 偏差较小。

(3)连接电路。

(4)按所选电路，把所用仪器摆好，接好电路。经指导教师检查后方可接通电源进行测量。

(5)调节滑动电阻器 $R_0$，使电流由小变大，测出 5～6 组不同的电流、电压值。

(6)用作图法求出阻值。

以电压 $U$ 为横坐标，电流 $I$ 为纵坐标，描绘图线。由直线斜率计算待测电阻的阻值并求出校正后的阻值。

(7)为了比较内接法和外接法，选择另一种接法重复步骤(2)(3)(4)(5)，并求出阻值。

## 进阶实验内容——测量非线性元件的伏安特性

1.测量半导体二极管的伏安特性

(1)利用万用表判断半导体二极管的 P 极和 N 极（注意磁针式万用表和数字式万用表的区别）。

(2)测定正向伏安特性曲线。

按照图 3-2-6(a)连接电路，调节分压器测量 6 组以上数据（要在起始导通电压附近选择电压值）。

(3)测定反向伏安特性曲线。

按照图 3-2-6(b)连接电路，调节分压器测量 6 组以上数据。

(4)作出半导体二极管的 $I$-$U$ 曲线。

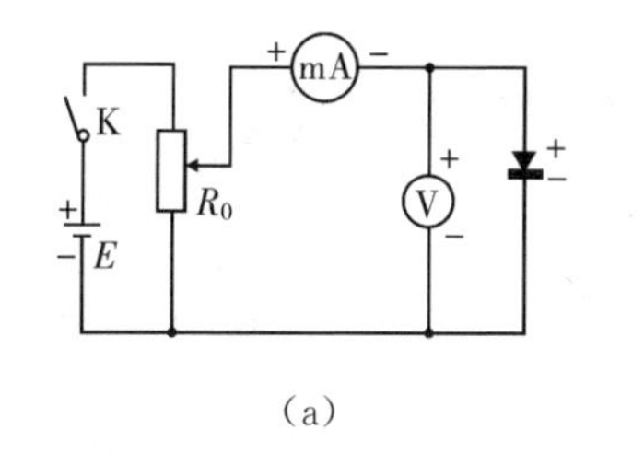


(a)

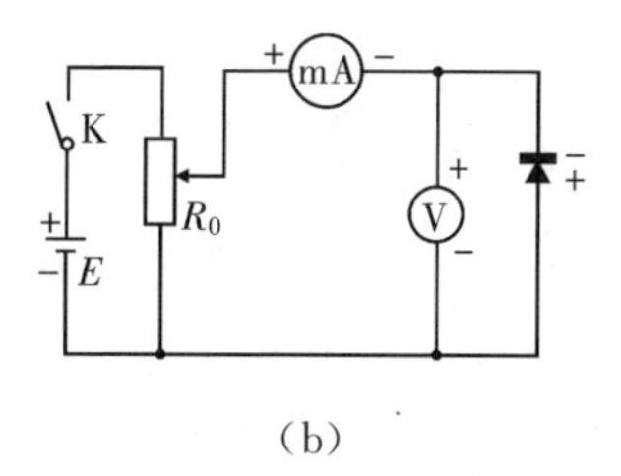


(b)

图 3-2-6　二极管伏安特性正向测量电路(a)和反向测量电路(b)

2.小灯泡伏安特性的测量

小灯泡在工作时灯丝处于高温状态,其灯丝电阻随着温度的升高而增大。通过白炽灯的电流越大,其温度越高,阻值也越大,一般灯泡的"冷电阻"与"热电阻"的阻值可相差几倍至十几倍,它的伏安特性不同于线性电阻的伏安特性。

(1)用伏安法分别测绘钨丝灯泡的伏安特性曲线,设计实验方案,合理选择仪器、仪表及测量参数,修正误差。

(2)比较钨丝灯泡和二极管的伏安特性曲线的异同。

(3)由钨丝灯泡的伏安特性曲线求得灯丝在室温下的电阻值。

(4)比较钨丝灯泡灯丝在小电流负荷和大电流负荷(接近额定电流)下的伏安特性。

[注意事项]

1.用滑动变阻器作分压器时,刚接通电路时必须使输出端电压为零。

2.用滑动变阻器组成降压电路(限流电路)时,接通电路前应将滑动变阻器阻值调为最大,即保证测量电路接通时电路中的电流最小。

[问题讨论]

1.为什么说内接法和外接法都存在系统误差?分析误差来源。

2.滑动变阻器的使用有两种方法,即分压法和降压法,试说明两种方法有何不同。使用时应注意哪些事项?

3.在电表和待测电阻一定的条件下,如何确定滑动变阻器的规格?

4.说明测二极管正向特性时电流表外接,测反向特性时电流表内接的原因。

5.描绘出的小灯泡的 $I$-$U$ 图线是一条曲线,它的斜率随电压的增大而减小,这表明小灯泡的电阻是变化的吗?

## [附录]DH6101 型伏安特性实验仪使用说明书

### 一、实验仪概述

本实验仪由直流稳压电源、可变电阻器、电流表、电压表及被测元件等五部分组成,可以独立完成对线性电阻元件、半导体二极管、钨丝灯泡等八种电学元件的伏安特性测量。电压表和电流表是用指针式微安表头改装的,具有一定的内阻,必须合理配接电压表和电流表,才能使测量误差最小,这样可使初学者在实验方案设计中得到锻炼。

## 二、直流稳压电源技术指标

1.输出电压:0～20 V。

2.负载电流:0～0.5 A。

3.输出电压稳定性:优于 $1\times10^{-4}$/h。

4.输出波纹:≤1 mVrms 。

5.负载稳定性:优于 $1\times10^{-3}$。

6.输出设有短路和过流保护电路,输出电流最大为 0.5 A。

7.输出电压调节:分粗调、细调,两种配合使用。

8.输入电源:220 V±10%,50 Hz;耗电功率最大为 10 W。

## 三、可变电阻箱结构和技术指标

1.电路结构

可变电阻箱由(1～11)×100 Ω 和(0～10)×10 Ω 二位可变电阻开关盘构成,电路原理图如图 3-2-7 所示。

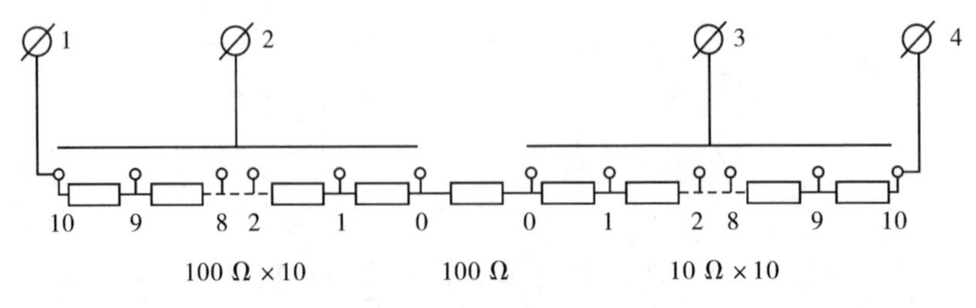


图 3-2-7　变阻器电路原理图

2.技术指标

电阻变化范围:100～1 200 Ω,最小步进 10 Ω。

电阻的功耗值:构成可变电阻箱的每个电阻元件功耗均为 0.5 W。

3.使用说明

(1)作变阻器

2 号和 3 号端子间电阻值等于二位开关盘电阻示值之和,电阻变化范围为 100～1 200 Ω,最小步进值为 10 Ω。

(2)构成定阻输入式分压箱

当电源正极接于 1 号端子,负极接于 4 号端子,在 2 号和 3 号端子上得到电源电压的分压输出。其原理图如图 3-2-8 所示。

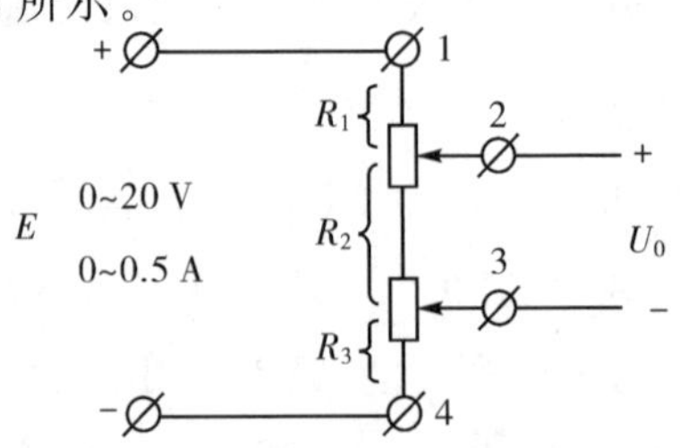


图 3-2-8　定阻输入式分压箱原理图

由图 3-2-8 可得

$$U_0=E\frac{R_2}{R_1+R_2+R_3}=E\frac{R_2}{1\ 200}(\text{V})$$

式中 $U_0$ 为分压电压输出值；$E$ 为电源电压；$R_1+R_2+R_3$ 为变阻箱总电阻，其值为 1 200 Ω；$R_2$ 为从 2 号、3 号端子引出的分压电阻，其值为二位开关盘电阻示值之和。

定阻输入式分压箱的优点是分压范围大，分压级差小，易得到所需分压值；缺点是工作电流较小，电源电压最大为 20 V 时，其分压工作电流最大为 18 mA。

(3)构成变阻输入式分压箱

当电源正极接于 2 号端子，负极接于 4 号端子，从 3 号、4 号端子上获得电源电压的分压输出。其原理图如图 3-2-9 所示。

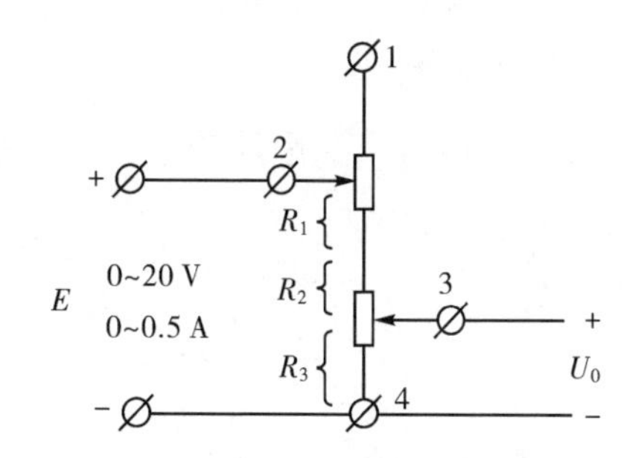


图 3-2-9　变阻输入式分压箱原理图

由图 3-2-9 可得

$$U_0=E\frac{R_3}{R_1+R_2+R_3}$$

式中 $U_0$ 为分压电压输出值；$E$ 为电源电压；$R_1$ 是 ×100 Ω开关盘示值电阻，$R_1$ 值可由开关旋钮转接而变化；$R_2+R_3$ 为×10 Ω 开关盘总电阻，共 100 Ω。

变阻输入式分压箱的优点是分压工作电流可变，当电源电压为 20 V，即电压最大时，分压工作电流的变化范围为 18 mA～0.2 A。

## 四、电压表

1.表头参数

表头内阻：1 450±5 Ω。

满量程电流：100 μA。

刻度：0～200，共 20 格。

表头误差等级：2.5 级。

2.电路图

电压表电路图如图 3-2-10 所示。

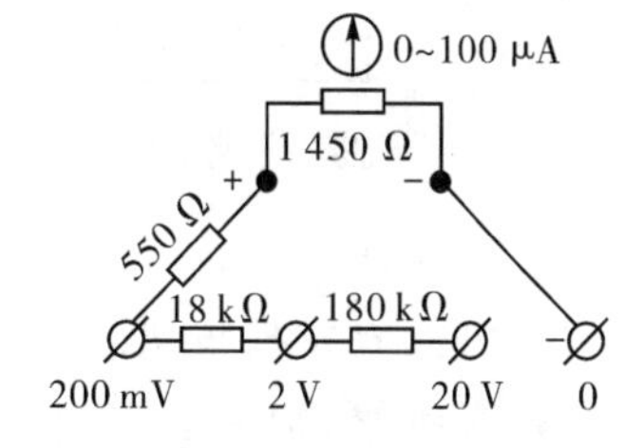


图 3-2-10　电压表电路图

由图 3-2-10 可得电压表量程及对应的内阻，如表 3-2-1 所示。

**表 3-2-1　电压表量程及相应内阻**

| 电压表量程 | 0～200 mV | 0～2 V | 0～20 V |
|---|---|---|---|
| 电压表内阻 | 2 kΩ | 20 kΩ | 200 kΩ |

3.测量误差：≤±2.5%。

4.使用

电压表量程转换是通过专用插头的转接完成的。输入电压负极接“0”，输入电压正极按量程需要分别接于“20 V”、“2 V”或“200 mV”插座中。

5.使用注意事项:当待测电压大小未知时,应首先选用 0～20 V 量程,观察待测电压大小后,再选择合适的量程。

## 五、电流表

1.表头参数

表头内阻:1 450±5 Ω。

满量程电流:100 μA。

刻度:0～200,共 20 格。

表头误差等级:2.5 级。

2.电路图

电流表电路图如图 3-2-11 所示。

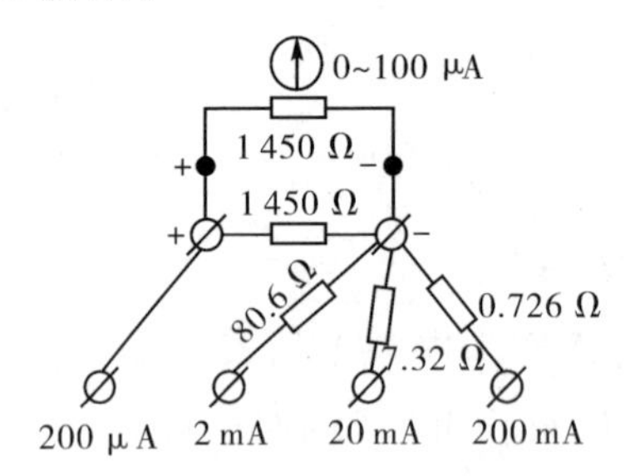


图 3-2-11　电流表电路图

由图 3-2-11 可得电流表量程及对应的内阻,如表 3-2-2 所示。

表 3-2-2　电流表量程及内阻

| 电流表量程 | 0～200 μA | 0～2 mA | 0～20 mA | 0～200 mA |
|---|---|---|---|---|
| 电流表内阻 | 725 Ω | 72.5 Ω | 7.25 Ω | 0.725 Ω |

3.电流表测量误差:≤±2.5%。

4.使用

电流表量程转换是通过专用插头的转接完成的。如将电流表的“+”端子与“2 mA”端子接入电路,则该电流表选择的是 0～2 mA 的量程。“+”和“−”两端子,按极性接入要测量的电流支路中,表头将指示该支路电流的大小。

5.使用注意事项

(1)当被测电流大小未知时,应首先选用 0～200 mA 量程,观察电流大小,再选择最佳的量程。

(2)改变量程时,应撤去“−”端子与电流支路的连接线,选好量程后,再将“−”端子和电流支路连接起来。

## 六、被测元件

1.被测元件主要参数

(1)RX21−10 W−47 Ω±10%:线性线绕电阻器。安全电压:20 V。

(2)DH－5 W－100 Ω±0.5 %:系本厂制锰铜线绕电阻。安全电压:20 V。

(3)RJ－0.5 W－1 kΩ±5%:金属膜电阻器。安全电压:20 V。

(4)2AP10:二极管,反向击穿电压在 13 V 左右,正向最大电流≤10 mA,正向压降≤1 V。

(5)1N4007:硅整流二极管,最高反向峰值电压为 700 V(本实验中反向不能击穿),正向最大电流≤1 A,正向压降≤1 V。

(6)2EZ7.5D5:稳定电压为 7.5 V,最大工作电流为 242 mA ,最小稳定电流为 0.5 mA,工作电流为 66.5 mA 时,动态电阻为 2 Ω,正向压降≤1 V。

(7)发光二极管:正向电压在 1.8 V 左右,正常工作电流≤10 mA ,反向电压为 5 V 时电流最大为 50 μA。

(8)钨丝灯泡:冷态电阻为 10 Ω 左右(室温下),工作电压为 12 V;0.1 A 时热态电阻为 80 Ω 左右,安全电压≤13 V。

2.被测元件安全性说明

(1)RX21－10 W－47 Ω、DH－5 W－100 Ω、RJ－0.5 W－1 kΩ 三只电阻的安全电压都是按额定功耗的 80%计算所得,本实验仪直流稳压电源电压为 0～20 V,因此在作这三只电阻的伏安特性测量时,不加任何限流电阻或分压降压措施,都是安全的。

(2)2AP10、1N4007、2EZ7.5D5 及发光二极管的正向特性大致相同,正向测量时一定要限制正向电流,不要超过最大正向电流的 70%;给定正向工作电流的器件,正向最大电流按给定的工作电流。2EZ7.5D5 反向击穿电压即为稳压值,此时要限制其稳压工作电流不超过最大工作电流,其他器件的反向耐压都较大,在本实验仪电源电压条件下是安全的。

(3)钨丝灯泡的冷态电阻约为 10 Ω,突然加上 12 V 电压,有可能造成灯泡的钨丝断裂。为了保证灯泡钨丝安全,加压前应串入 100 Ω 的限流电阻。

## 实验二　用惠斯登电桥测电阻

[引言]

惠斯登电桥是一种用于测量电阻的电路。电阻是制造电器和通信设备中至关重要的参数之一,电阻测量的准确性非常重要。惠斯登电桥的出现使得电阻的测量变得更加精确和便捷,被广泛应用于实验室和工程领域。惠斯登电桥采用比较法进行测量,即在平衡条件下,将待测电阻与标准电阻进行比较以确定其阻值。惠斯登电桥属于直流单臂电桥,主要用于精确测量中值电阻,具有测试灵敏、精确和方便等优点,在自动化仪器使用和自动控制过程中有许多用途。

惠斯登电桥通过创新发明的电路,解决了电阻测量准确性不够的问题。该实验对学生科研精神的培养、团队合作能力的提升和社会责任担当等方面有着深远的影响。学生实验前通过惠斯登电桥的创新发明过程能够了解创新创造的重要性。教师在利用惠斯登电桥测量中值电阻实验中，能够培养学生的团队合作精神，也可引导学生关注科技的发展，培养他们的工匠精神。

惠斯登电桥虽然是19世纪发明的一种用于测量电阻、电容和电感等参数的电路，但也可以与现代科技结合，如与传感器和微控制器结合可以实现电桥测量的自动化；利用Wi-Fi或蓝牙，可以将电桥与其他设备连接起来，通过智能手机、平板电脑或计算机远程访问电桥并进行控制和测量等。惠斯登电桥在科技研究和实验领域仍然发挥着重要的作用。

[实验目的]

1.理解并掌握用惠斯登电桥测电阻的原理和方法。

2.学会自搭惠斯登电桥，并学习用交换（互易）法减小和修正系统误差。

3.学习使用箱式惠斯登电桥测中值电阻。

4.会对基本惠斯登电桥进行改装。

5.利用改装的电桥测量小电阻值或温度等的微小变化及自感和电容等元件的特性。

[仪器用具]

电源、检流计、电阻箱、待测电阻、开关、箱式惠斯登电桥等。

[实验原理]

根据不同的实验要求，惠斯登电桥可以分为标准惠斯登电桥、差动电桥和反向电桥，除此之外，还有一些其他的变形惠斯登电桥，如Kelvin电桥、Maxwell-Wien电桥等。它们都是在基本惠斯登电桥的基础上，根据实验要求进行了改进和优化。

1.惠斯登电桥的原理

惠斯登电桥是直流平衡电桥，电路如图3-2-12(a)所示。4个电阻$R_1$、$R_2$、$R_0$、$R_x$连成一个四边形，每一条边称为电桥的一个臂。在对角$A$和$D$两端加上电源$E$，另一对角$B$和$C$之间连接检流计Ⓖ，所谓电桥就是指$BC$这条对角线，它的作用是将“桥”两个端点的电阻直接进行比较。当$B$、$C$两点的电位相等时，检流计中无电流通过，电桥达到了平衡。此时

$$U_{AC}=U_{AB},U_{CD}=U_{BD}$$

即

$$I_1R_1=I_2R_2,I_xR_x=I_0R_0$$

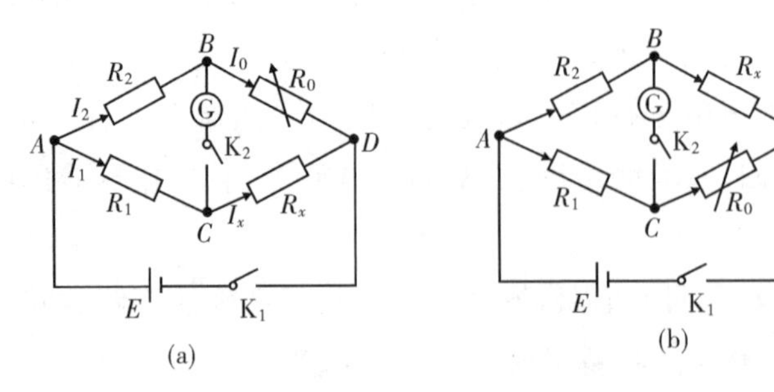


图3-2-12　惠斯登电桥电路(a)和互易电路(b)

因为Ⓖ中无电流，所以 $I_1=I_x$，$I_2=I_0$，上面两式相除，得

$$\frac{R_1}{R_x}=\frac{R_2}{R_0} \tag{3-2-6}$$

$$R_x=\frac{R_1}{R_2}R_0 \tag{3-2-7}$$

式(3-2-6)即为电桥的平衡条件。实验中，$R_1$、$R_2$和 $R_0$由电阻箱给出。若 $R_1$、$R_2$已知，只要改变 $R_0$的值，使Ⓖ中无电流，记下 $R_0$，即可求出 $R_x$。

2.平衡电桥法测电阻的误差

误差来源有两个：一是 $R_1$、$R_2$、$R_0$本身的偏差；另一个是电桥的灵敏度。为了使初学者能简单明了地了解，我们分别加以讨论。

(1)用交换法(互易法)消除 $R_1$、$R_2$本身的偏差对测量结果的影响。

我们先自搭一个电桥，设电桥灵敏度足够高，主要考虑 $R_1$、$R_2$引起的偏差。此时可用交换法(互易法)，即先依据图 3-2-12(a)搭好电桥，调节 $R_0$使Ⓖ中无电流，记下 $R_0$的值，可由式(3-2-7)求 $R_x$。然后将 $R_0$和 $R_x$交换(互易)，如图 3-2-12(b)所示，再调节 $R_0$使Ⓖ中无电流，记下此时的 $R'_0$的值，可得

$$R_x=\frac{R_2}{R_1}R'_0 \tag{3-2-8}$$

(3-2-7)、(3-2-8)两式相乘得

$$R_x^2=R'_0R_0 \text{ 或 } R_x=\sqrt{R'_0R_0} \tag{3-2-9}$$

这样就消除了由 $R_1$、$R_2$本身的偏差引起的 $R_x$的测量误差。

(2)提高电桥的灵敏度。

式(3-2-7)是在电桥平衡的条件下推导出来的，而电桥是否平衡，在实验中是看检流计指针有无偏转来判断的。检流计的灵敏度总是有限的，如我们实验中常用的张丝式指针检流计，指针偏转 1 格所对应的电流大约为 $10^{-6}$ A，当通过它的电流比 $10^{-7}$ A 还要小时，指针的偏转小于 0.1 格，我们就很难觉察出来。假设电桥在$\frac{R_1}{R_2}=1$ 时调到了平衡，则有 $R_x=R_0$，这时若把 $R_0$改变一个小量 $\Delta R_0$，电桥就应失去平衡，从而有电流 $I_g$通过检流计。如果 $I_g$小到使检流计觉察不出来，那么我们就会认为电桥还是平衡的，因而得出 $R_x=R_0+\Delta R_0$，$\Delta R_0$ 就是由于检流计灵敏度不够而带来的测量误差 $\Delta R_x$。对此，我们引入电桥灵敏度 $S$ 的概念，它定义为

$$S=\frac{\Delta n}{\Delta R_x/R_x} \tag{3-2-10}$$

$\Delta R_x$是在电桥平衡后 $R_x$的微小改变量(实际上待测电阻 $R_x$是不能变的，改变的是标准电阻 $R_0$)，而 $\Delta n$ 是由于电桥偏离平衡而引起的检流计的偏转格数。它越大，说明电桥越灵敏，带来的误差也就越小。例如，$S=100$ 格$=1$ 格$/1\%$，也就是当 $R_x$改变 $1\%$时，检流计可

以有1格的偏转。通常我们可以觉察出$\frac{1}{10}$格的偏转，也就是说，该电桥平衡后，$R_x$只要改变0.1%，我们就可以觉察出来，这样由于电桥灵敏度的限制所带来的误差肯定小于0.1%。

实验和理论都已证明，电桥灵敏度与下面诸因素有关：

(1)与电源的电动势 $E$ 成正比。

(2)与检流计的电流灵敏度 $S_g$成正比。

(3)与电源内阻 $R_E$及检流计内阻 $R_g$有关。

因此，提高电源电动势 $E$、减小电源内阻 $R_E$、选择较高灵敏度的检流计，都可以提高电桥灵敏度。

3.差动电桥和反向电桥的原理

差动电桥是一种在惠斯登电桥原理基础上进行改进的电学测量仪器，主要用于测量电阻值较小或变化微小的元件。它的原理是利用“桥梁平衡”的特性，通过比较未知电阻与一个已知小电阻以及电流源之间的电阻关系，从而测算未知电阻的阻值的。

差动电桥一般由四个电阻组成(如图 3-2-13 所示)。

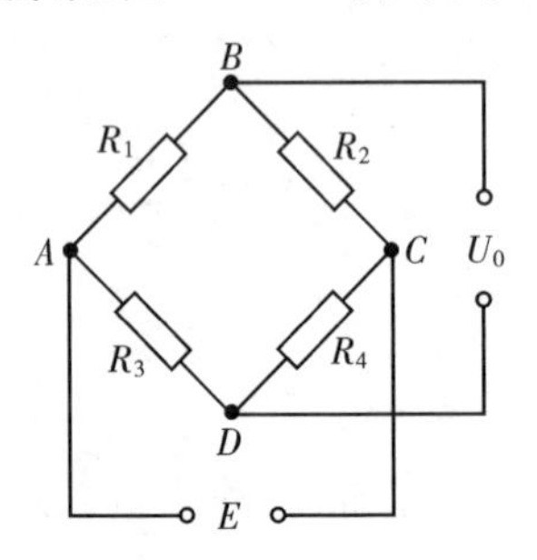


图 3-2-13　差动电桥

$E$ 为电源电动势，$U_0$为测量仪器。差动电桥的输出电压为

$$U_0=E\left(\frac{R_1}{R_1+R_2}-\frac{R_3}{R_3+R_4}\right)$$

当电桥达到平衡时，输出电压为零，即 $R_1R_4=R_2R_3$。令初始时 4 个电阻阻值均为 $R$。若 $R_1$为应变片，$R_2$、$R_3$和 $R_4$为固定电阻，此电桥为四分之一电桥；若 $R_1$和 $R_2$为应变方向相反的两个应变片，$R_3$和 $R_4$为固定电阻，则此电桥为半差动电桥；若 $R_1$、$R_2$、$R_3$和 $R_4$为应变片，且满足“邻臂应变方向相反，对臂应变方向相同”的原则，则此电桥为全差动电桥。

反向电桥是一种惠斯登电桥的变形，主要用于测量自感和电容等元件的特性。它的原理是通过反向连接电路，调节不同点的电势差来达到平衡状态，从而测算电容和自感元件的参数值。

[仪器描述]

箱式惠斯登电桥基本线路与上述相同，它只是把整个装置都放在箱内，便于携带。850型电桥板面外形如图 3-2-14 所示，内部接线如图 3-2-15 所示。

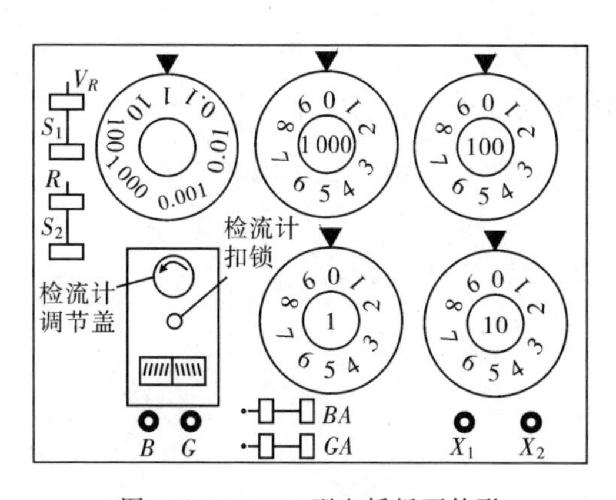

图 3-2-14 850 型电桥板面外形

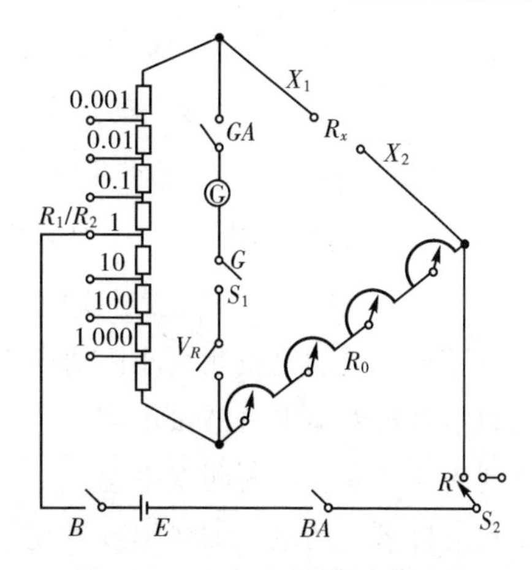

图 3-2-15 850 型电桥内部接线

为了便于测量，箱式电桥中使 $R_1/R_2$ 的值为十进制固定值，共分 0.001、0.01、0.1、1、10、100、1 000 七挡，由一个转柄（称为比例臂）调节。电阻 $R_0$ 为一个四挡电阻箱。测量时，应根据待测电阻数值选取比率值，使 $R_0$ 能有四位读数。例如，待测电阻为几十欧姆，则比率应选 0.01。

［内容要求］

## 基础实验内容——利用惠斯登电桥测量电阻

1.自搭电桥的仪器调整与测量

(1)自搭电桥按图 3-2-16 连接电路。接到桥臂的导线应该较短。与图 3-2-12 相比，在“桥”路开关 $K_G$ 上并联一个高电阻 $R_m$，其作用是保护检流计，方便平衡状态的调节。当电桥不平衡，不必每次按 $K_G$，可以连续调节 $R_0$，而流经Ⓖ的电流不会太大，直到调节 $R_0$ 使Ⓖ中指针指到零附近时，电桥已接近平衡状态，此时闭合 $K_G$ 使高电阻短路，“桥”路灵敏度很高，再仔细调节 $R_0$。在调节时，要反复通断开关（跃接法），观察检流计指针是否发生偏转，判断电桥是否真正达到平衡。

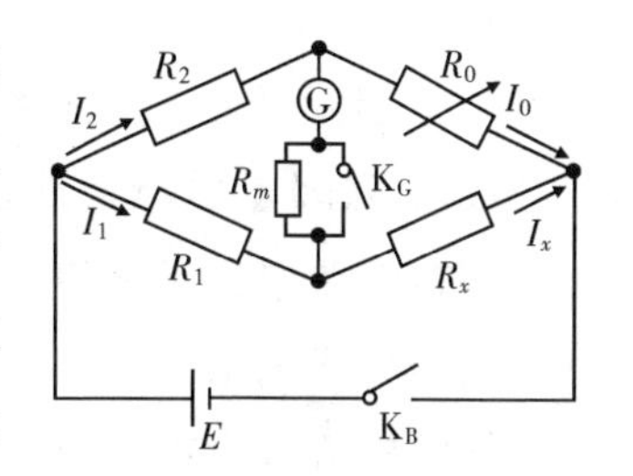

图 3-2-16 自搭电桥电路

(2)取比率臂 $\frac{R_1}{R_2}$ 分别为 1、0.1，测量两个不同阻值的电阻（$R_{x1}$、$R_{x2}$）。对 $R_1 : R_2 = 1 : 1$ 的情况，以交换法再测一次 $R_{x1}$，计算待测电阻。

2.箱式惠斯登电桥

(1)在已调节好零点的箱式电桥上，对不同数量级的待测电阻进行分别测量，比率臂的选取应根据待测电阻标称值而定，务必使 $R_0$ 能有四位读数。

(2)测灵敏度时，用改变 $R_0$ 来代替改变 $R_x$，经过推导可以证明，改变任意一臂得出的电桥灵敏度都是一样的，即 $S = \frac{\Delta n}{\Delta R_0 / R_0}$。

(3)考察比率臂与电桥灵敏度的关系。(自拟表格)

(4)考察电压与电桥灵敏度的关系。(自拟表格)

(5)用箱式电桥测一个电表的内阻。注意考虑待测电表的安全。

**进阶实验内容——改装惠斯登电桥测量电阻、电容和电感等**

1.基于惠斯登电桥原理自搭差动电桥。

2.利用自搭差动电桥测量小阻值电阻。

3.利用自搭差动电桥测量电容。

4.利用自搭差动电桥测量电感。

5.利用自搭差动电桥测量温度变化。

[注意事项]

1.测量前,调节指针旋钮使其指零。

2.测量时,按顺序启闭开关,即先闭合 $K_B$,后闭合 $K_G$;先断开 $K_G$,后断开 $K_B$。

3.闭合开关 $K_G$ 必须采用跃接法。

4.电桥灵敏度太低时,必须更换电池。

5.电桥使用完毕,把检流计指针扣锁。

[问题讨论]

1.电桥法测量电阻的原理是什么?如何判断电桥平衡?具体操作时如何实现电桥平衡?

2.用什么方法修正自组装电桥的系统误差?电阻箱误差 $\Delta R_0$ 如何确定?

3.下列因素是否会使电桥测量误差增大?

(1)电源电压不太稳定。

(2)导线电阻不能完全忽略。

(3)检流计没有调节好零点。

(4)检流计灵敏度不够高。

4.电桥灵敏度是什么意思?如果测量电阻误差要求小于万分之五,那么电桥灵敏度应多大?

5.用电桥测量电表内阻时,你用什么办法保护待测电表?怎样选择保护电阻才算合适?

## 实验三　用电位差计测电池电动势和内阻

[引言]

19 世纪初期,人们已经能够精确地测量电池的电势差,并且发现电势差与电池内部电路的阻抗和电化学反应有关。但是由于电池内部的阻抗较大,当时的测量技术无法直接测量电池的内阻。因此,人们开始寻找其他办法来测量电池的内阻。1843 年,英国物理学家惠斯登提出了用电桥测量电池内阻的方法,即惠斯登电桥。19 世纪初,电位差计逐渐成了测量电池电动势和内阻的标准方法之一。电位差计是按电压补偿原理构成的精密仪器。由于其采用的是补偿测量法，所以测量几乎不损耗被测对象的能量，测量结果稳定可靠而且具有很高的准确度。除可直接测量电源电动势、电压外，还可以间接测量电流、电阻及一切可转换成电压的非电参量。实验室常用的电位差计有学生型电位差计、板式(滑线)电位差计、UJ31 箱式电位差计等。本实验主要学习学生型直流电位差计测电动势和内阻的原理和方法。

使用电位差计测量电池的电动势和内阻是物理实验中的一项基础实验。除了提供科学知识和实验技能外，这个实验还能实现与课程思政相结合。通过将实验与课程思政相结合，学生不仅可以获取物理知识和实验技能，还可以提升诚信意识和科学道德、科学思维能力和创新精神、环境意识和可持续发展意识等。

现代技术的发展对电位差计测量技术也产生了深刻的影响。在现代，电位差计通常使用数字电子测量系统或计算机等来分析和记录数据。这些系统通常可以检测和修正电势差计仪器中的误差，提供更高的测量精度和分辨率。此外，新型材料的发明也改善了电位差计测量的精度和灵敏度。结合多个温度、湿度和气压传感器，可以矫正环境参数对测量结果的影响，使其具有更高的精度、灵敏度和可靠性，广泛应用于干电池、燃料电池、太阳能电池等领域。

**[实验目的]**

1.掌握用补偿法测量电动势的原理。

2.学会用电位差计测量干电池的电动势与内阻。

3.用电位差计间接测量电流、电压。

4.自组装电位差计实现非电量(浓度、温度、压力等)的测量。

**[仪器用具]**

学生型直流电位差计、电阻箱、标准电池、直流电源、标准电阻、干电池(待测电源)、导线、开关等。

**[实验原理]**

1.利用电位差计测量电池电动势和内阻

如图 3-2-17 所示，将电压表接至电池两端，电压表显示的是电池两端电压，不是电池的电动势。其原因在于电池内阻不为零，流经电压表的电流在电池内部产生了内压降。只有当电池内部没有电流时，电池两端的电压才等于电动势。但是，无电流通过电池时，电压表示值为零。因此，从原理上讲不可能用电压表测量电池的电动势。

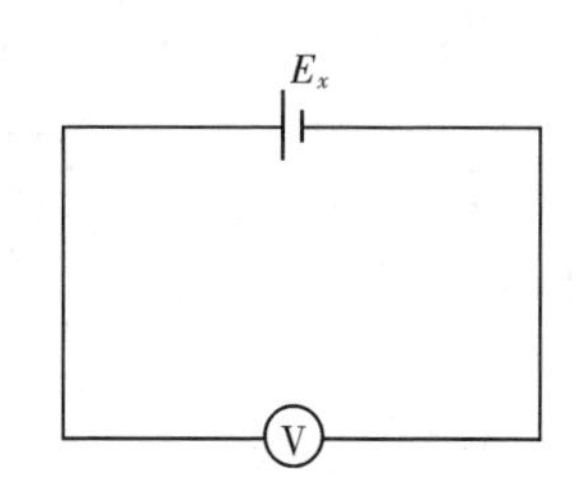


图 3-2-17 用电压表直接测量电源电压

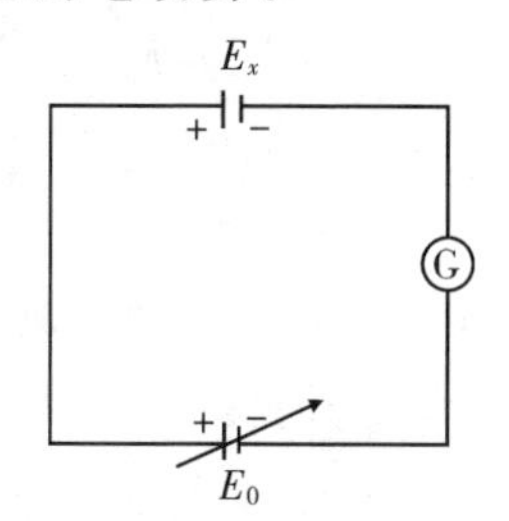


图 3-2-18 补偿原理测量电动势示意图

电位差计是一种利用补偿原理测量电动势或电位差的仪器，其基本原理可用图 3-2-18 所示电路说明。$E_x$是待测电动势的电源，$E_0$是可调输出电压的电源。调节 $E_0$使检流计指针示零，这表明此时电路中两个电源的电动势必然大小相等方向相反，这说明待测电池的电动势 $E_x$已经被可调电源 $E_x$的输出电压所“补偿”。若已知 $E_0$，则可测得 $E_x$。值得指出：原则上这种方法可以测出未知电动势 $E$，但使用可调电源是不切实际的，因此，电位差计是利用分压的方法，使电动势 $E$ 和一个大小可变的、且能准确知道的电势差来达到补偿，即实际应用中 $E_0$来自某个经校准的电压，其大小用分压方式调节。

在实际的电位差计中，一个大小可变的、且能准确知道的电位差是通过下述电路得到的。如图 3-2-19 所示，精密电阻 $R_{AB}$，与电源 $E$、限流电阻 $R_0$串联构成闭合回路，称为辅助回路（有的称工作回路），调节 $R_0$，使辅助回路 $E$ACDB$R_0$的工作电流等于设计时规定的标准值 $I_0$，则改变 C、D 的位置，将使电压 $U_{CD}=I_0R_{CD}$改变。只要 $R_{CD}$和 $I_0$数值精确，$U_{CD}$就为精确的可调补偿电压 $E_0$。

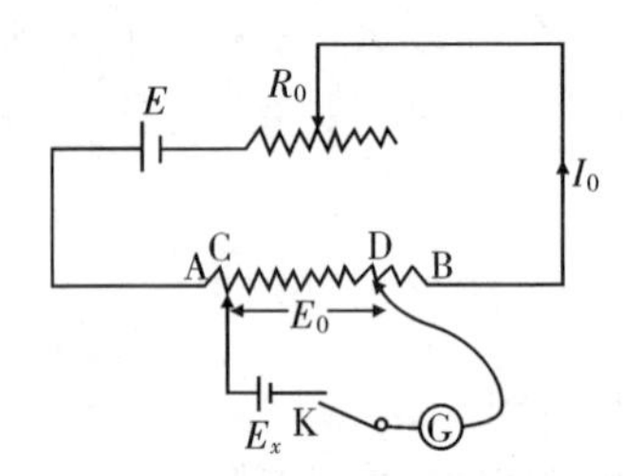


图 3-2-19　电位差计测量电源电动势示意图

根据上述补偿原理，电位差计的使用分两步进行，如图 3-2-20 所示。

（1）校准

电位差计校准的目的是使 $R_{AB}$上流过的电流达到标准值 $I_0$。

将开关 K 合向标准电池 $E_s$一侧，根据标准电池电动势 $E_s$（1.018 6 V）的大小，选定 C、D 间电阻为 $R_{CD}$，使 $R_{CD}=\dfrac{E_s}{I_0}$。调节 $R_0$，改变辅助回路中的电流，当检流计指零时，$R_{CD}$上的电压恰与标准电池电动势相补偿（检流计Ⓖ的示数为零）。此时 $I_0$即被校准。

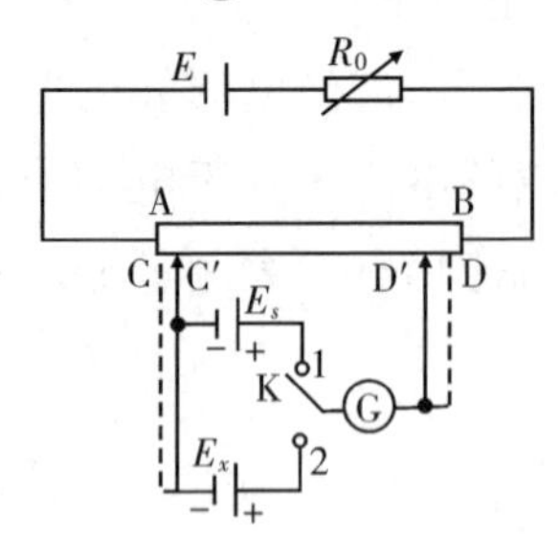


图 3-2-20　电位差计的标定和测量示意图

（2）电动势和内阻测量

保持 $R_0$不变，即 $I_0$不变，将开关 K 合向 $E_x$一边。滑动 C、D，可找到 C′、D′两点，使检流计指针指零，此时 C′、D′两点间的电压 $U_{C'D'}=I_0R_{C'D'}=E_x$，$U_{C'D'}$的数值可由表盘刻度直接读出。

从上面的讨论可知 $E_x = I_0 R_{C'D'}$。

而 $I_0 = \frac{E_s}{R_{CD}}$

因此 $E_x = \frac{R_{C'D'}}{R_{CD}} E_s$

上式说明电位差计测量的实质是：通过电阻的比较代替了被测电动势与标准电动势的比较。如果电阻 $R_{AB}$ 是由均匀电阻丝构成，则上式可改写成

$$E_x = \frac{L_{C'D'}}{L_{CD}} E_s$$

此式说明，精密电阻丝长度的比值，表示了标准电动势和被测电动势的比值。

电源内阻测量的电路图如图 3-2-21 所示。当开关 K 断开时，电位差计直接测量被测电源的电动势 $E_x$。当开关 K 闭合时，测的是标准电阻 $R_0$ 两端的电压 $U_x$。由于

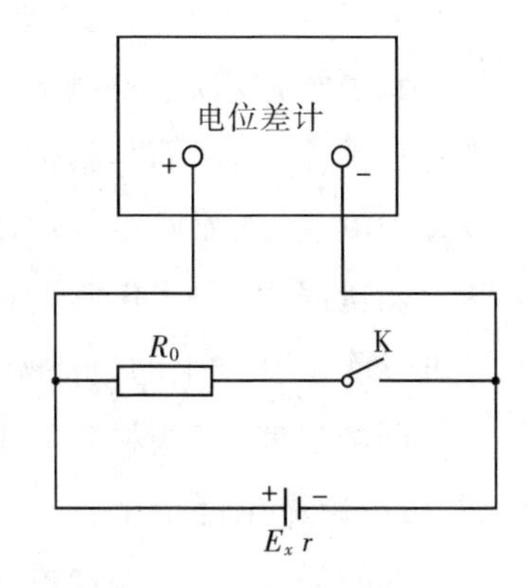

图 3-2-21　测量电源内阻电路图

$U_x = I_x R_0$

$E_x = I_x (r + R_0) = \frac{U_x}{R_0} r + U_x$

所以 $r = \frac{E_x - U_x}{U_x} R_0$

2.利用电位差计间接测量电流、电压

电位差计本身不是用来直接测量电流的。通常情况下，电位差计只能测量电路中两点之间的电势差。只是在一些特定的电路中，可以利用其测量的电势差测量电流。这种测量电流的方法称为电势差法。

用电势差法测量电流基于基尔霍夫第二定律，即一个闭合电路中，所有电势差的代数和等于零。在电路中，电流从高电位流向低电位，因此，在一个闭合电路中，如果两点之间的电势差已知，那么通过测量电势差的变化，就可以得到电流的值。具体来说，用电势差法测量电流通常需要一个电阻箱或可变电阻器的电学元件，用以改变电路的阻抗。在测量电路中串联一个已知的电阻，并通过电位差计测量该电阻两端的电势差。然后，通过改变电路中的电阻值，观察电势差的变化，使用欧姆定律 $I = \frac{U}{R}$ 进行计算，推算出电流的值。

需要注意的是，电势差法通常只适用于测量低电流，因为测量电路本身对电流有一定的阻抗，当电流较大时，电位差法会造成较大的电压降，导致测量误差增大。此外，用电势差法测量电流是基于电路中的电阻是恒定的，所以在实际应用中，需要注意确保适当的电阻值，并保持测量环境稳定。

3.利用电位差计实现非电测量

电位差计是一种电学测量仪器，虽然主要用于测量电路中两点之间的电势差，但在一些特定的情况下，也可以用于实现非电测量，主要包括以下一些应用：

**测量磁场**：将磁场施加在一个金属或半导体材料中会产生霍尔效应，这是一种基于电子漂移的现象。使用一些特殊的霍尔元件(如霍尔传感器)，可以通过电位差计测量材料中产生的电势差来确定磁场的强度和方向。

**测量气体浓度**：一些电势差测量方法可以用于测量气体浓度，例如使用特定的半导体作为传感器，当它们与目标气体接触时，会产生电势差。这种电势差的变化可以通过电位差计来测量，从而确定气体浓度的变化情况。

**测量压力**：一些传感器可以将压力转化为电势差，例如石英晶体压电传感器。电位差计可以测量其产生的电势差，并据此推断出压力的值。

**测量温度**：有些材料的电阻值随温度变化而变化，例如铂电阻、热敏电阻和半导体材料等，可以用作温度传感器。通过电位差计测量它们产生的电势差可以实现温度测量。

总的来说，电位差计虽然主要用于电学测量，但在一些特殊的情况下，也可以实现一些基于非电物理效应的测量应用。这些应用通常都需要特定的传感器或材料，以将被测量的物理量转化为电势差。

**[仪器描述]**

1.学生型直流电位差计

学生型直流电位差计的电路如图 3-2-22 所示。虚线内部所示为学生型直流电位差计内部电路，两个排成圆环的电阻 $R_A$、$R_B$ 相当于图 3-2-19 中的电阻 $R_{AB}$，可见 $BA^+$ 和 $R^-$ 两个接头对应 B、A 两点，$E^-$、$E^+$ 对应 C、D 两点。$R_A$ 全电阻为 160 Ω，分 16 段，每段 10 Ω，$R_B$ 全电阻为11 Ω，连续变化。仪器规定的标准工作电流为 0.01 A，所以 $R_A$ 上每段电阻的电压为 0.1 V，而 $R_B$ 全段电压是0.11 V。

学生型直流电位差计的面板如图 3-2-23 所示。左边大旋钮每次变动刻度 0.1 V，做粗调，右边小旋钮转动一周，读数指示线共经过 110 小格，每小格代表 0.001 V，还可估读到 $10^{-4}$ V，因连续变化，故做细调。

使用学生型直流电位差计时，必须加接外电路，如图 3-2-22 所示。其中电源 $E$、限流电阻 $R_0$ 和标准电阻 $R_A$、$R_B$(由 A 到 B)组成辅助回路。电阻 $R_A$、$R_B$(由 C 到 D)和外电路的检流计Ⓖ、保护电阻 $R_h$、标准电池 $E_s$ 组成补偿回路(又叫校准回路)。$E_x$ 是待测电源。

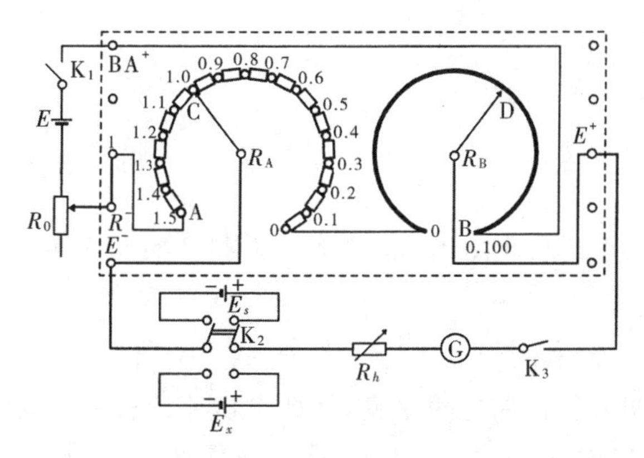


图 3-2-22 学生型直流电位差计的电路图(虚线框内是电位差计的内部电路图,虚线框外是电位差计的外接电路图)

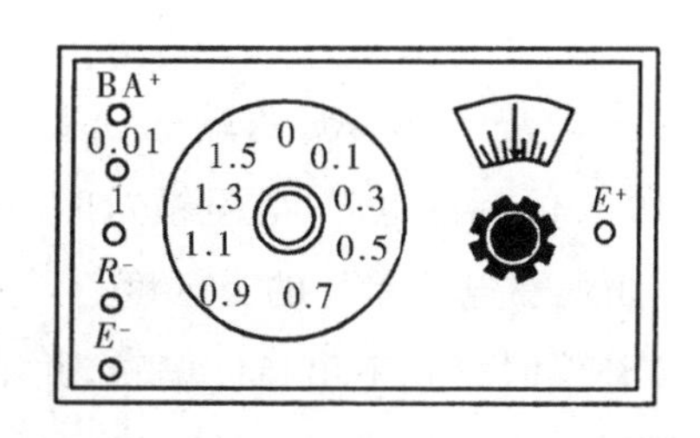


图 3-2-23 学生型直流电位差计面板

2.板式电位差计

图 3-2-24 是板式电位差计的电路图。AB 是由 11 条相同的电阻线组成的。各电阻线的连接处都有插孔,使用中可以把插头插入不同的插孔,用来大幅度地改变阻值,这是粗调;D 点的位置可在 O、B 之间的电阻线上用滑动键来改变,这是细调。$R_h$ 是 10 kΩ 的可调电阻,用它来保护检流计和标准电池。

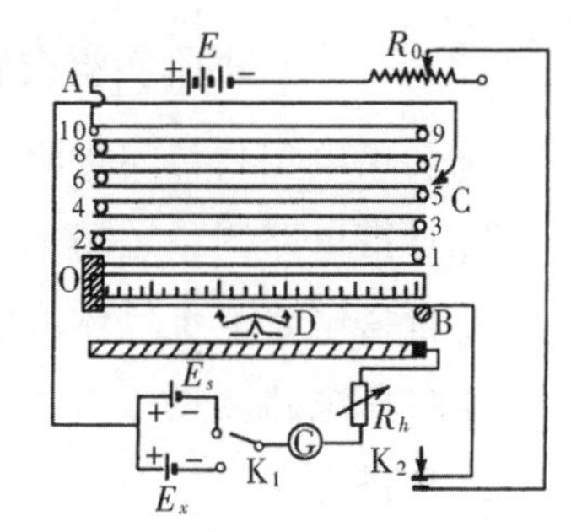


图 3-2-24 板式电位差计的电路图

[内容要求]

## 基础实验内容——利用电位差计测量干电池电动势和内阻

1.测干电池的电动势

(1)按图 3-2-22 或图 3-2-24 连接线路(由所用的是板式电位差计还是学生型直流电位差计而定)。线路连接检查无误后,将工作电源电压调到 6 V 左右。学生型直流电位差计工作电源电压为 2.5 V。

(2)校准。假设工作电流 $I_0$ 为 0.01 A,预先估算 $R_0$ 应调到的数值,调节 $R_A$、$R_B$,使其刻度等于标准电池电动势 1.018 6 V。开关 $K_2$ 合向 $E_s$。校准时,先将保护电阻 $R_h$ 放在阻值最大位置。调节 $R_0$,逐渐减小 $R_h$,反复调节,直到 $R_h$ 为零,检流计指针无偏转,则 $I_0$ 已达规定值。

(3)测量电动势。开关 $K_2$ 合向 $E_x$,进行测量。测量时先将 $R_h$ 放在阻值最大位置,调粗调、细调的读数和等于被测电动势近似值(用万用表粗测),进行仔细调节,在 $R_h$ 为零的情况下,检流计指针无偏转,记下电位差计读数。重复 3 次测量,取其平均值,即为电源的电动势。

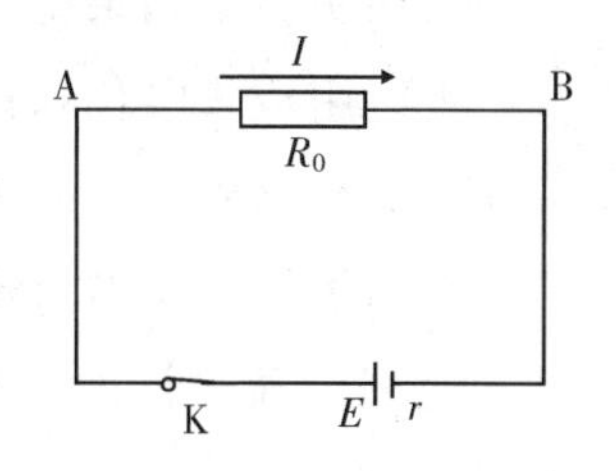


图 3-2-25 电池内阻测量电路示意图

2.测干电池的内阻

如图 3-2-25 所示,设电池内阻为 $r$,闭合开关 K 后,$R_0$ 两端电

压为

$$U_0 = E - Ir = IR_0$$

$$r = \frac{E - U_0}{U_0} R_0$$

电动势 $E$ 和 $R_0$ 两端电压 $U_0$ 均可用电位差计测出，故内阻 $r$ 可测。实验时 $R_0$ 采用 10 Ω 的标准电阻（电阻箱），K 用扣键开关。

3.观察电位差计的灵敏度

补偿时察觉不出指针偏转，并不能说明补偿回路绝对平衡，因此电位差计有一个灵敏度问题。当指针指零时转动 $R_B$，使补偿电压变化 $\Delta E$，这时检流计偏转 $\Delta n$，将 $\Delta n/\Delta E$ 定义为电位差计灵敏度，用 $S_p$ 表示。分别记下校准及测量时的 $\Delta E$，实验中 $\Delta n$ 取 1 格，计算电位差计灵敏度 $S_p$，并由此估计它给测量结果带来的偏差。

**进阶实验内容——利用电位差计进行间接测量和非电测量**

1.利用电位差计间接测量电流、电压。

2.自搭电路测量磁场。

3.自搭电路测量气体浓度。

4.自搭电路测量压力。

5.自搭电路测量温度。

［注意事项］

1.测量时必须先接通辅助回路，后接通补偿回路。测量完毕，必须先断开补偿回路后断开辅助回路。

2.标准电池只能短时间通过 $10^{-6} \sim 10^{-5}$ A 电流，所以校准时一定要用跃接法，不能用电表测它的端电压。

3.在测量中一定要注意，根据检流计偏转方向（电流方向与指针偏转方向相反）来判断要增加 $R_0(R_A、R_B)$ 或减少 $R_0(R_A、R_B)$，不要盲目乱调。

［问题讨论］

1.为什么电位差计能测量电池的电动势，而不是端电压？

2.在校准回路和测量回路中接入保护电阻的作用是什么？何时取最大？何时取最小？

3.在实验中如果检流计总往一个方向偏转，无法调到平衡，试分析可能原因有哪些。

4.使用板式电位差计，开始测量时，必须先接通 $K_2$，后闭合 D，测量完毕先放开 D 再断开 $K_2$，为什么？

5.如果把学生型直流电位差计的工作电流改为 0.02 A，怎样才能把电流校准到这个数值？这时电位差计的量程是几伏？

# 实验四　示波器的使用

［引言］

示波器实验的历史可以追溯到19世纪末的电学和电磁波研究。在20世纪初，一种基于电子管放大器的示波器具有更加灵敏、可靠的性能，开启了示波器技术的新纪元。20世纪中叶，数字计算技术的发展使数字示波器的出现成为可能。数字示波器可以将被测量的电信号转换为数字信号进行处理，更加方便、准确地显示电信号波形。示波器是一种用途较广的电子仪器，它能把肉眼看不见的电信号变换成看得见的图像，便于人们研究各种电现象的变化过程，在教学、生产和科研等领域中有着广泛的应用。因此，了解示波器的结构、原理，特别是学会使用示波器，对于我们今后的学习和未来的工作具有重要意义。

示波器是科学实验和研究中常用的实验仪器之一。通过使用示波器，鼓励学生保持开放的思维，注重观察和实验，发现问题、提出假设并进行实验验证，培养学生的科学精神和实验探究能力。通过引导学生对波形进行分析和判断，培养他们的数据处理和解释能力。学生学会从波形中提取有效信息、判断信号特征、识别异常和噪声等，提高逻辑思维和判断能力。通过提供自由探索和自主设计的机会，培养学生的创新意识和解决问题的能力。

示波器是一种高精度的电子测量仪器，它可以实时监测和显示电信号波形、频率、时间、幅度和相位等信息。示波器的功能和特性，给应用领域带来了诸多好处。比如，示波器被广泛应用于电子生产和维修。再比如，示波器已成为生物医学和医疗技术领域的一种有力的工具。总的来说，示波器的应用在技术和生产各个领域都起到了关键的作用。

［实验目的］

1.了解示波器的基本结构和工作原理。

2.熟练掌握示波器的调节和使用方法，观察简单电路中电流或电压的波形。

3.利用示波器观察李萨如图形，测量电压幅值和信号频率。

4.利用示波器测量电功率。

［仪器用具］

固纬GOS-630型双踪模拟示波器（技术参数及使用说明参见附录）一台，固纬SFG-10030型信号发生器（技术参数及使用说明参见附录）两台，鼎阳SIGLENT SDS1122E＋数字示波器（技术参数及使用说明参见附录）一台，连线若干等。

［实验原理］

示波器实验原理描述以模拟示波器为例。模拟示波器动态显示物理量随时间变化的基本思想是将所要显示的物理量转换成随时间变化的电压加在电极板上，电极板间形成相应的变化电场，使进入这些变化电场的电子运动情况相应地随时间变化，最后把电子运动轨迹用荧光屏显示出来。

示波器有多种型号，其基本结构包括以下四大部分（如图3-2-26所示）：电子示波管；

扫描与整步装置;放大部分,包括Y轴放大和X轴放大两部分;电源部分,它供给以上三部分工作的各种电压。下面我们叙述前两部分的作用以及如何使用示波器得到稳定的图形,至于具体的线路不作介绍。

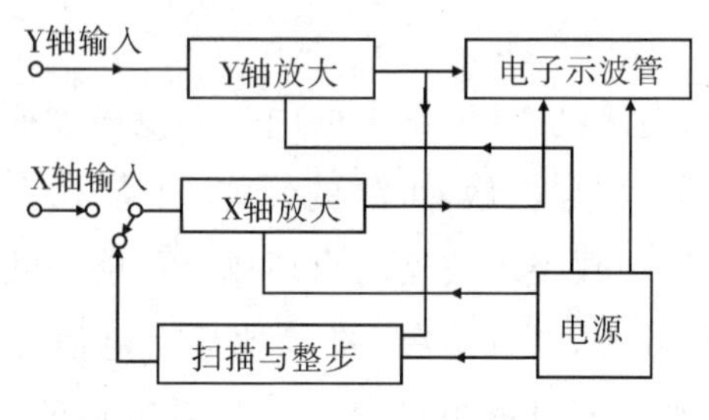


图 3-2-26　示波器的基本结构

1.示波管

示波管(CRT)是示波器的核心部件,如图3-2-27所示。可细分为(左端)电子枪,偏转系统(中间)和荧光屏(右边)三部分。电子枪用于产生并形成高速、聚束的电子流,去轰击荧光屏,并使之发光。它主要由灯丝F、阴极K、控制栅极G、第一阳极$A_1$、第二阳极$A_2$组成。除灯丝外,其余电极的结构都为金属圆筒,且它们的轴心都保持在同一条轴线上。阴极被加热后,可沿轴向发射电子;控制栅极相对阴极来说是负电位,改变电位可以改变通过控制栅极小孔的电子数目,也就是控制荧光屏上光点的亮度。为了提高屏上光点亮度,又不降低对电子束偏转的灵敏度,现代示波管中,在偏转系统和荧光屏之间还加上一个后加速电极。在电子枪和荧光屏间装有两对相互垂直的平行板,称为偏转板。若板上加有电压,则电子束通过偏转板时,会受到正电极吸引,负电极排斥,从而使电子束在荧光屏上的亮点位置也跟着改变。所以偏转板是用来控制亮点位置的。两对偏转板的符号如图3-2-28所示。其中,使电子束横向偏转的一对称为X轴偏转板(简称横偏板),使电子束纵向偏转的一对称为Y轴偏转板(简称纵偏板)。在一定范围内,亮点的位移大小与偏转板上所加电压成正比。

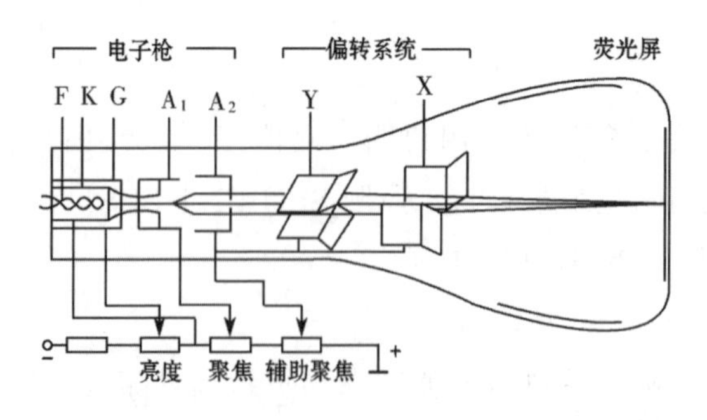


F.灯丝　K.阴极　G.控制栅极　$A_1$、$A_2$.第一、第二阳极

Y.、X.竖直、水平偏转板

图 3-2-27　示波管结构简图

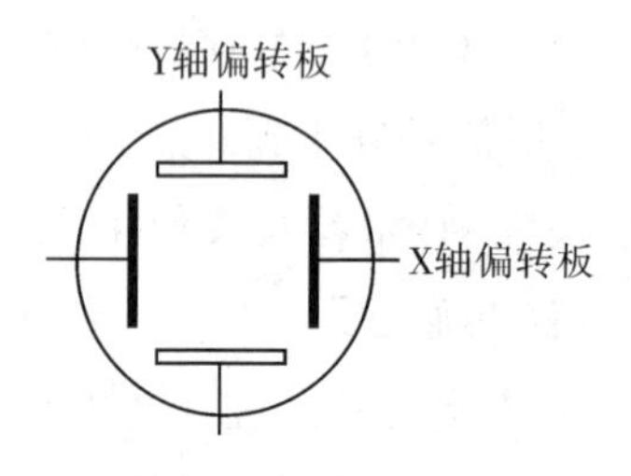


图 3-2-28　两对偏转板

2.扫描与整步的作用

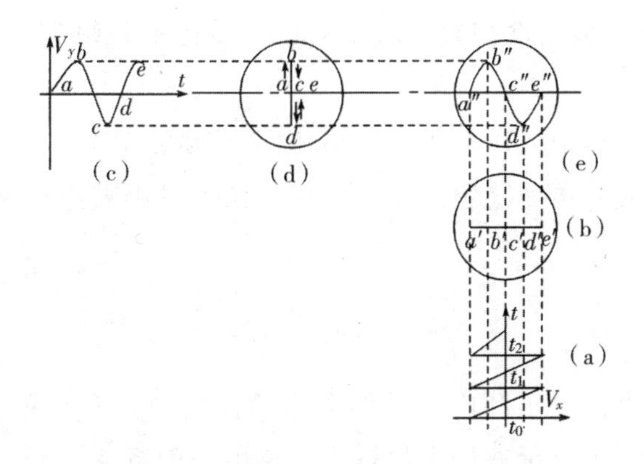

图 3-2-29 电子在偏转电压下的运动

设想在横偏板加上波形为锯齿波的电压[如图 3-2-29(a)]。锯齿电压的特点是:电压从负最大开始($t=t_0$)随时间成正比地增加到正最大($t_0<t<t_1$),然后又突然返回负最大($t=t_1$)。再从此开始与时间成正比地增加($t_1<t<t_2$),……重复前述过程,这时电子在荧光屏上的亮点就会做相应的运动:亮点由左($t=t_0$)匀速地向右运动($t_0<t<t_1$),到右端后马上回到左端($t=t_1$);然后再从左端匀速地向右运动($t_1<t<t_2$),……不断重复前述过程。亮点只在横方向运动,由于人眼的视觉暂留,我们在荧光屏上看到的便是一条水平亮线,如图 3-2-29(b)所示。该锯齿波电压的频率能在一定的范围内连续可调。锯齿波电压的作用是使示波管阴极发出的电子束在荧光屏上形成周期性的、与时间成正比的水平位移,即形成时间基线。这样,才能把加在垂直方向的被测信号按时间的变化波形展现在荧光屏上。

若在纵偏板上加正弦电压[波形如图 3-2-29(c)],而横偏板上不加任何电压,则电子束的亮点在纵方向随时间做正弦式振荡,在横方向不动。我们看到的将是一条垂直的亮线,如图 3-2-29(d)所示。如果在纵偏板上加正弦电压的同时,又在横偏板上加锯齿形电压,根据运动合成原理,荧光屏上的亮点将同时进行方向相互垂直的两种位移。我们看见的将是其合成位移,即正弦图形,如图 3-2-29(e)所示。对于正弦电压的 $a$ 点,锯齿形电压是负值 $a'$,亮点在荧光屏上 $a''$处,对于 $b$ 和 $b'$,亮点在 $b''$处,……故亮点由 $a''$经 $b''$,$c''$,$d''$到 $e''$,描出了正弦图形。若正弦波与锯齿波的周期相同(即频率相同),则正弦波电压到 $e$ 时锯齿波电压也刚好到 $e'$,从而使亮点描完整个正弦曲线。由于锯齿形电压这时马上变负,故亮点回到左边,重复前过程,亮点第二次在同一位置描出同一根曲线,……这时我们将看见这根曲线稳定地停在荧光屏上。但若正弦波与锯齿波的周期稍有不同,则第二次所描出的曲线将和第一次的曲线位置稍微错开,在荧光屏上将看见不稳定的图形,或不断移动的图形,甚至很复杂的图形。综上所述,要想看见纵偏电压随时间变化的稳定图形,必须满足下面两个条件:

(1)必须加上横偏电压,把纵偏电压产生的垂直亮线“展开”,这个光点在 $x$ 方向上发生位移(即“展开”)的过程称为“扫描”。如果扫描电压与时间成正比变化(例如锯齿波电压),

则称为线性扫描，线性扫描可以把纵偏电压随时间变化的函数关系如实地反映出来。如果横偏加非线性电压，则为非线性扫描，描出来的图形将不是纵偏电压随时间变化的函数关系。

(2)只有纵偏电压和横偏电压的周期严格相同，或者后者是前者的整数倍，图形才会简单而稳定。换言之，构成简单而稳定的示波图形的条件是纵偏电压频率与横偏电压频率的比值是整数。用公式表示为

$$\frac{f_y}{f_x}=n, n=1,2,3\cdots \tag{3-2-11}$$

实际上，由于产生纵偏电压和产生横偏电压的振荡源是互相独立的，它们之间的频率之比不会自然满足整数，所以示波器中的锯齿扫描电压的频率必须可调。细心地调节它的频率，就可以大体上满足式(3-2-11)。但要准确地满足式(3-2-11)，光靠人工调节是不够的，特别是被测电压的频率越高，问题就越突出。为了解决这一问题，在示波器内部加装了自动频率跟踪装置，称为“整步”。在人工调节到接近满足式(3-2-11)的条件下，再加入“整步”的作用，扫描电压的周期就能准确地等于被测电压的整数倍，从而获得稳定的波形。

如果纵偏加正弦电压，横偏也加正弦扫描电压，那么得到的图形将是李萨如图形，如图3-2-30所示。利用李萨如图形可测量未知频率。令 $f_y$、$f_x$ 分别代表纵偏电压和横偏电压的频率，$n_y$ 代表 $x$ 方向的切线和图形相切的切点数，$n_x$ 代表 $y$ 方向的切线和图形相切的切点数，则有

$$\frac{f_y}{f_x}=\frac{n_y}{n_x} \tag{3-2-12}$$

若已知 $f_y$，则由李萨如图形和关系式(3-2-12)可求出 $f_x$。

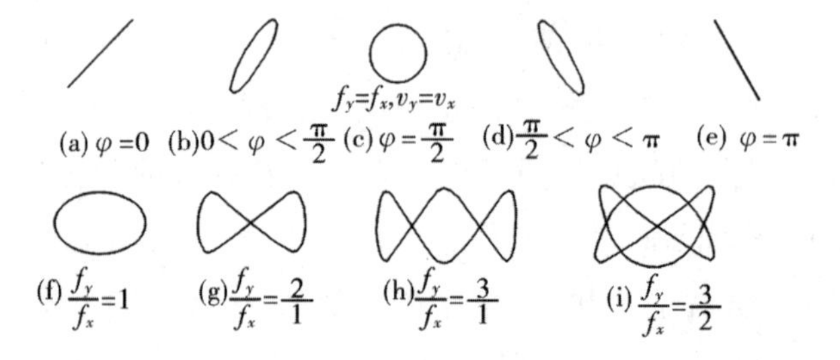


图 3-2-30　不同频率比下的李萨如图形

3.利用示波器测量电功率

电阻 $R$ 和测试电容 $C_m$ 组成闭合 $RC$ 电路，电容 $C_m$ 两端的电压为 $V_m$，假设电容 $C_m$ 放电过程中释放的电荷量为 $Q$，放电回路中流过的电流为 $I$，则

$$I=\frac{\mathrm{d}Q}{\mathrm{d}t}=\frac{\mathrm{d}(C_m V_m)}{\mathrm{d}t}=\frac{C_m \mathrm{d}V_m}{\mathrm{d}t} \tag{3-2-13}$$

则一个周期内电流做的功 $W$ 为

$$W=\int_0^T V_t I \mathrm{d}t=\int_0^T V_t C_m \mathrm{d}V_m=C_m\int_0^T V_t \mathrm{d}V_m \tag{3-2-14}$$

式(3-2-14)中的 $V_t$ 是电路总电压。

把式(3-2-14)代入功率定义式 $P=\frac{W}{t}$ 中,得

$$P=\frac{W}{T}=\frac{C_m\int_0^T V_{appl}\,\mathrm{d}V_m}{T}=f\oint V_{appl}\,\mathrm{d}V_m=fC_mS \tag{3-2-15}$$

式中 $S$ 为 $V_m-V_t$ 所围成李萨如图形的面积,$f$ 是电源频率。利用式(3-2-15)可计算出一个完整的电压周期内电阻的吸收功率 $P$。

**[内容要求]**

## 基础实验内容——示波器的使用

1.观察正弦电压波形

利用两端是BNC连接器的同轴电缆线将低频信号发生器的输出与示波器“Y输入”相连。利用两端是BNC连接器的同轴电缆线进行连接时,信号由低频信号发生器输出,沿着“针-同轴电缆内导线-针”传输,最后进入示波器;信号发生器的“地”与示波器的“地”通过BNC连接器和同轴线的屏蔽层相连。取频率分别为50 Hz、500 Hz、5 000 Hz的信号输入,选择适当的“Y衰减”和“扫描范围”并调整扫描微调、“触发源”和触发电平,调出简单、稳定的正弦波。

2.测信号电压

在示波器上调出幅度适当的稳定波形。按示波器灵敏度定义,测出此信号频率、峰-峰值 $V_{p\text{-}p}$(计算其有效值),测量的频率、电压峰-峰值与低频信号发生器输出信号频率、峰-峰值进行比较。

3.用李萨如图形测量频率

从低频信号发生器输出两路信号,一路通过CH1输入示波器作为X偏转板信号,另一路通过CH2输入示波器作为Y偏转板信号,此路信号可以作为频率已知信号。分别得到 $f_y:f_x=1:1,1:2,1:3,2:3$ 时的李萨如图形,并测量通过CH1输入示波器信号的频率。

## 进阶实验内容——利用示波器测量电功率

1.选择合适的电容、电阻和交流电源,组成电路。

2.利用数字存储示波器储存电容电压和总电压。

3.将采集的数据(截取一个完整电压周期内的电容电压和总电压波形)导入Origin软件,绘制李萨如图形。

4.利用Origin软件的积分功能计算李萨如图形所围面积 $S$。

5.由公式(3-2-15)计算出一个周期内的放电吸收功率 $P$。

**[注意事项]**

1.拧动示波器各旋钮时要轻微平缓用力,不可强拧,否则可能损坏仪器。

2.辉度要适中，以免烧坏荧光屏。

3.第二次启动时，要等 2～3 min 以后，以免保险丝熔断。

4.测信号电压时，一定要将电压衰减旋钮的微调顺时针旋足（校正位置）；测信号周期时，一定要将扫描速率旋钮的微调顺时针旋足（校正位置）。

［问题讨论］

1.示波器是良好的，如果开机后数分钟仍不见光迹，应怎样调节？

2.怎样才能调出清晰、稳定的图形？

［附录］

1.示波器

GOS-620 双轨迹示波器面板布局图如图 3-2-31 所示。

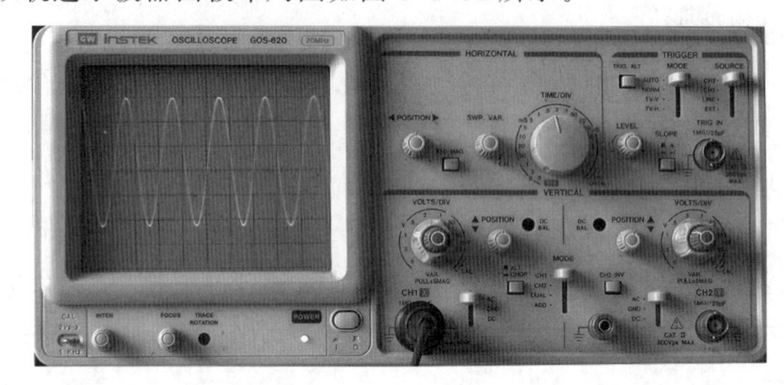


(a)

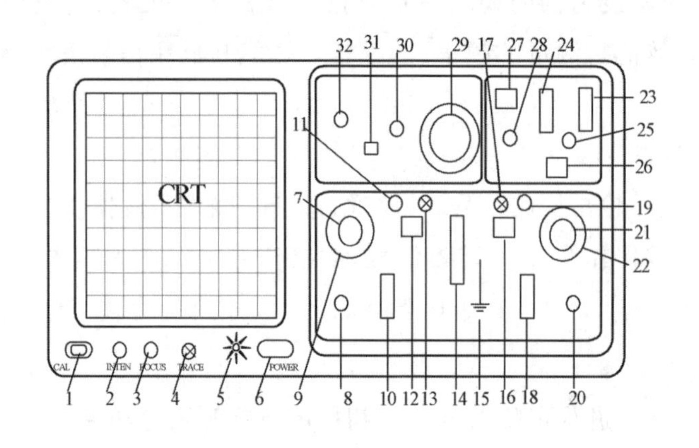


(b)

图 3-2-31　示波器前面板

前面板各旋钮功能说明如下：

**CRT 显示屏**

(1)CAL：校准信号端子（高电平 2 V）。此端子提供幅度为 $2V_{p\text{-}p}$，频率为 1 kHz 的方波信号，用于校正10：1探针的补偿电容器和检测示波器垂直与水平偏转因数。

(2)INTEN：轨迹及光点亮度控制钮。

(3)FOCUS：轨迹聚焦调整钮。

(4)TRACE ROTATION:使水平轨迹与刻度线成平行的调整钮。

(5)电源指示灯。

(6)POWER:电源主开关。压下此钮可接通电源,电源指示灯(5)会亮;再按一次,开关凸起时,则切断电源。

**VERTICAL 垂直偏向**

(7)/(21) VOLTS/DIV:垂直衰减选择钮。以此钮选择 CH1 及 CH2 的输入信号衰减幅度,范围为 5 mV/div~5 V/div,共 10 挡。

(8)CH1(X)输入:CH1 的垂直输入端,但是在 X—Y 模式下,为 X 轴的信号输入端。

(9)/(22)VARIABLE:灵敏度微调控制,至少可调到显示值的 1/2.5。在 CAL 位置时,灵敏度即为挡位显示值。当此旋钮拉出时(×5 MAG 状态),垂直放大器灵敏度增加5 倍。

(10)/(18)AC-GND-DC:输入信号耦合选择按键钮。AC:垂直输入信号电容耦合,截止直流或极低频信号输入。GND:按下此键则隔离信号输入,并将垂直衰减器输入端接地,使之产生一个零电压参考信号。DC:垂直输入信号直流耦合,AC 与 DC 信号一起输入放大器。

(11)/(19)POSITION:轨迹及光点的垂直位置调整钮。

(12)ALT/CHOP:当在双轨迹模式下,放开此键,则 CH1&CH2 以交替方式显示。(一般用于较快速的水平扫描文件位)当在双轨迹模式下,按下此键,则 CH1&CH2 以切割方式显示。(一般用于较慢速的水平扫描文件位)

(13)/(17)CH1& CH2 DC BAL:调整垂直直流平衡点。

(14)VERT MODE:CH1 及 CH2 选择垂直操作模式。CH1 或 CH2:通道 1 或通道 2 单独显示。DUAL:设定本示波器以 CH1 及 CH2 双频道方式工作,此时并可切换 ALT/CHOP 模式来显示两轨迹。ADD:用以显示 CH1 及 CH2 的相加信号。当 CH2 INV 键(16)为按下状态时,即可显示 CH1 及 CH2 的相减信号。

(15)GND:示波器接地端子。

(16)CH2 INV:按下此键时,CH2 的信号将会被反向显示。CH2 输入信号于 ADD 模式时,CH2 触发截选信号(Trigger Signal Pickoff )亦会被反向显示。

(20)CH2 输入:CH2 的垂直输入端。

**TRIGGER 触发**

(23)SOURCE:用于选择 CH1、CH2 或外部触发。CH1:当 VERT MODE 选择器(14)在 DUAL 或 ADD 位置时,以 CH1 输入端的信号作为内部触发源。CH2:当 VERT MODE 选择器(14)在 DUAL 或 ADD 位置时,以 CH2 输入端的信号作为内部触发源。LINE:将 AC 电源线频率作为触发信号。EXT:将 TRIG.IN 端子输入的信号作为外部触发信号源。

(24)EXT TRIG.IN:外触发输入端子。

(25)TRIGGER MODE:触发模式选择开关。常态(NORM):当无触发信号时,扫描将处于预备状态,屏幕上不会显示任何轨迹。本功能主要用于观察频率小于 25 Hz 的信号。自动(AUTO):当没有触发信号或触发信号的频率小于 25 Hz 时,扫描会自动产生。电视场(TV):用于显示电视场信号。

(26)SLOPE:触发斜率选择键。"+":凸起时为正斜率触发,当信号正向通过触发准位时进行触发。"-":按下时为负斜率触发,当信号负向通过触发准位时进行触发。

(27)TRIG. ALT:触发源交替设定键。当 VERT MODE 选择器(14)在 DUAL 或 ADD 位置,且 SOURCE 选择器(23)置于 CH1 或 CH2 位置时,按下此键,本仪器即会自动设定 CH1 与 CH2 的输入信号以交替方式轮流作为内部触发信号源。

(28)LEVEL:触发准位调整钮,旋转此钮以调节或显示同步电平。将旋钮向"+"方向旋转,触发准位会向上移;将旋钮向"-"方向旋转,触发准位则向下移。

**水平偏向**

(29)TIME/DIV:扫描时间选择钮。

(30)SWP.VAR:扫描时间的可变控制旋钮。

(31)×10 MAG:水平放大键,扫描速度可被扩展 10 倍。

(32)POSITION:轨迹及光点的水平位置调整钮。

**单一通道基本操作法**

本节以 CH1 为范例,介绍单一频道的基本操作方法。CH2 单频道的操作程序是相同的,仅需注意要改为设定 CH2 栏的旋钮及按键组。插上电源插头之前,请务必确认后面板上的电源电压选择器已调至适当的位置。确认之后,请依照表 3-2-3 的顺序设定各旋钮及按键。

表 3-2-3 测量前示波器前面板各旋钮及按键的设定

| 项目 | | 设定 |
|---|---|---|
| POWER | (6) | OFF 状态 |
| INTEN | (2) | 中央位置 |
| FOCUS | (3) | 中央位置 |
| VERT MODE | (14) | CH1 |
| ALT/CHOP | (12) | 凸起(ALT) |
| CH2 INV | (16) | 凸起 |
| POSITION ▲▼ | (11)/(19) | 中央位置 |
| VOLTS/DIV | (7)/(21) | 0.5V/div |
| VARIABLE | (9)/(22) | 顺时针转到底 CAL 位置 |
| AC-GND-DC | (10)/(18) | GND |
| SOURCE | (23) | CH1 |
| SLOPE | (26) | 凸起 (+斜率) |
| TRIG. ALT | (27) | 凸起 |
| TRIGGER MODE | (25) | AUTO |
| TIME/DIV | (29) | 0.5 mSec/div |

**续表**

| 项目 | | 设定 |
|---|---|---|
| SWP. VAR | (30) | 顺时针转到底 CAL 位置 |
| ◀POSITION▶ | (32) | 中央位置 |
| ×10 MAG | (31) | 凸起 |

按照表 3-2-3 依次设定完成后，请插上电源插头，继续下列步骤：

1.按下电源开关(6)，并确认电源指示灯(5)亮起。约 20 s 后 CRT 显示屏上会出现一条轨迹，若在 60 s 之后仍未有轨迹出现，请检查表 3-2-3 中各项设定是否正确。

2.转动 INTEN(2)及 FOCUS(3)钮，以调整出适当的轨迹亮度及聚焦。

3.调 CH1 POSITION 钮及 TRACE ROTATION，使轨迹与中央水平刻度线平行。

4.将探棒连接至 CH1 输入端(8)，并将探棒接上 $2V_{p\text{-}p}$ 校准信号端子(1)。

5.将 AC—GND—DC(10)置于 AC 位置。

6.调整 FOCUS(3)钮，使轨迹更清晰。欲观察细微部分，可调整 VOLTS/DIV(7)及 TIME/DIV(29)钮，以显示更清晰的波形。调整 POSITION(11)及 POSITION(32)钮，以使波形与刻度线齐平，并使电压值($V_{p\text{-}p}$)及周期($T$)易于读取。

2.数字示波器

数字示波器是将电信号转换为数字形式进行处理和显示，可以测量和显示电信号波形的仪器。数字示波器的波形由离散的采样点组成，具有较高的分辨率和灵敏度。相较模拟示波器，它具备更多的功能和特性，如自动测量、数据存储、波形分析等，而模拟示波器的功能相对较简单。数字示波器还可以通过软件升级或添加外部模块实现新的功能和扩展，而模拟示波器的功能通常不可扩展。通常情况下，数字示波器的价格相对较高。

实验室提供了一台数字示波器(型号为鼎阳 SIGLENT SDS1122E+)，可以通过网络查找技术参数及使用说明。

3.信号发生器

固纬 SFG-10030 型信号发生器[如图 3-2-32(a)]的前面板及前面板上的旋钮作用如图 3-2-32(b)所示。该型信号发生器能输出正弦波、方波、三角波。其中正弦波和方波的频率范围是 0.1 Hz～3 MHz，三角波的频率范围是 0.1 Hz～1 MHz，它们的幅度调节范围是 $10V_{p\text{-}p}$，输出阻抗是 50 Ω±10%。

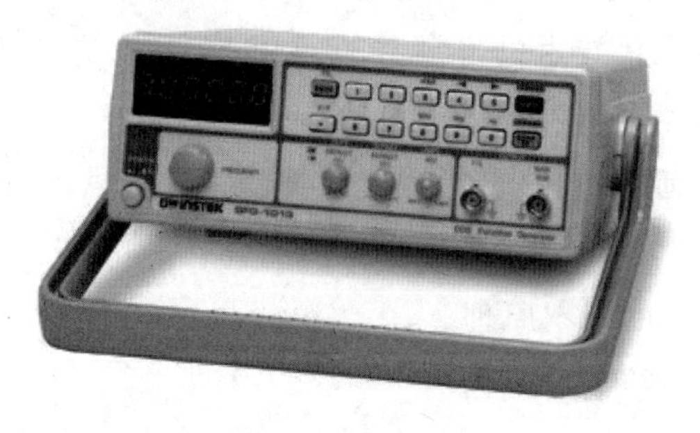

(a)

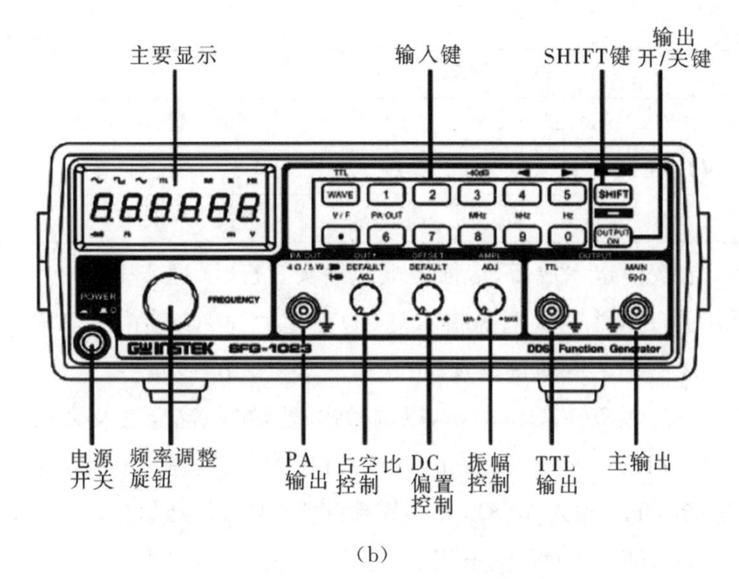


（b）

图 3-2-32 信号发生器(a)及其前面板示意图(b)

# 实验五 静电场的描绘

［引言］

静电场测量对于电子设备制造、环境保护、医学和物理学研究等很多领域都有着重要的意义。在现代的重要技术设备中，如示波管、显像管、电子显微镜、静电加速器等都利用静电场来改变或控制带电粒子的运动。因此我们有必要研究不同形状电极所产生的静电场的分布规律。19 世纪初，科学家们开始通过数学计算来描绘电荷之间相互作用的规律。除了一些简单的特殊带电体外，一般很难写出它们在空间上的数学表达式，对上述器件内部电场进行计算是非常复杂的，而且计算结果与实际电场分布有很大偏差，为此对以上复杂电场分布的研究往往通过实验方法进行。如果我们直接用静电仪表对静电场中的电场强度和电势进行测量，因测量仪器的介入往往会导致原静电场发生变化，因此对静电场进行直接测量十分困难。如果采用模拟法，即用稳恒电流场模拟静电场进行测量，就会得到满意的结果。本实验即用稳恒电流场模拟静电场来研究静电场的分布。

静电场的描绘实验，能够培养学生开拓创新、探究真理和实事求是的科学精神。

静电场的描绘实验对现代技术的发展具有重要的意义，它为电子学、材料科学等学科发展提供了理论和实验依据。随着静电测量的实验仪器和技术的不断更新和改进，高精度的电场测量仪器和微观电荷测量技术，为现代科技的发展提供了重要的技术支持。

［实验目的］

1.了解模拟静电场测绘的基本原理。

2.长同轴电缆中静电场的描绘。

3.长平行圆柱间静电场的描绘。

4.平行板间静电场的描绘。

5.机翼周围速度场的描绘。

6.示波管内聚焦电极间静电场的描绘。

**[仪器用具]**

DH-SEF-1 模拟静电场描绘仪、测试仪、测试架。实验仪器的技术参数及使用说明详见附录。

**[实验原理]**

了解和掌握带电体周围静电场分布,对于某些科学研究和工程技术有着十分重要的意义,如电子管、示波管、电子显微镜等各种电子束管的研制。但是,除了极少数几何形状对称且十分简单的电极系统外,一般很难对静电场分布用理论方法进行计算,必须使用模拟的方法。

静电场可以用场强 $E$ 和电位 $U$ 表示。由于场强是矢量,电位是标量,测定电位比测定场强容易实现,所以一般都先测绘静电场的等位线,然后根据电场线与等位线正交的原理,画出电场线,由等位线的间距确定电场线的疏密和指向,形象地反映出一个静电场的分布。设 $U(x,y,z)$ 代表静电场中电位的分布函数,则场中无源处电位分布遵从拉普拉斯方程

$$\frac{\partial^2 U}{\partial^2 x}+\frac{\partial^2 U}{\partial^2 y}+\frac{\partial^2 U}{\partial^2 z}=0 \tag{3-2-16}$$

对于稳恒电流场,电极之外的均匀导电介质中,电位的分布也遵从拉普拉斯方程。传热学中的温度场、流体力学中不可压缩流体的速度场,在一定边界条件下同样遵从拉普拉斯方程。若具有相同或相似的边界条件,则稳恒电流场和静电场具有相同的电位分布。由于稳恒电流场的测试相当方便,所以,人们常用稳恒电流场来模拟静电场或温度场、速度场。

为了保证具有相同或相似边界条件,用稳恒电流场模拟静电场时,稳恒电流场应满足以下模拟条件:①稳恒电流场中电极的形状和位置必须和静电场中带电体的形状和位置相同或相似,以便用保持电极间电压恒定来模拟静电场中带电体上的电量恒定。②静电场中的导体在静电平衡条件下,其表面是等势面,表面附近的场强(或电力线)与表面垂直。与之对应的稳恒电流场则要求电极表面也是等势面,且电流线与表面垂直。为此必须使稳恒电流场中电极的电导率远大于导电介质的电导率,由于被模拟的是真空中或空气中的静电场,故要求稳恒电流场中导电介质的电导率要处处均匀。此外,模拟电流场中导电介质的电导率还应远大于与其接触的其他绝缘材料的电导率,以保证模拟场与被模拟场边界条件完全相同。

电极系统常选用金属材料,导电介质可选用水、导电纸或导电玻璃等。若满足上述模拟条件,则稳恒电流场中导电介质内部的电流场和静电场具有相同的电势分布规律。

水的电导率非常均匀,且可以方便地与电极作良好的电接触,所以,精确的测量数据目前还是以水作为电介质测出的。本实验也用水作为电介质。

若在电极间加上直流电压，由于水中导电离子向电极附近聚集和电极附近发生的电解反应，增大了电极附近的场强，将破坏稳恒电流场和静电场的相似性，使模拟失真。因此，使用水作为电介质时，电极间应加交流电压。当交流电压频率 $f$ 适当时，即可避免电极间加直流电压引起的稳恒电流场分布的失真。交流电源频率 $f$ 不能过高，过高则场中电极和导电介质间构成的电容就不能忽略不计。此外，应使电磁波的波长 $\lambda(\lambda=c/f)$ 远大于电流场内相距最远两点间的距离，这样才能保证在每个时刻交流电流场和稳恒电流场的电势分布相似。这种交流电流场称作“似稳电流场”。通常 $f$ 选为几百到上千赫兹，低至 50 Hz 也可用。

［内容要求］

**基础实验内容——规则电极间静电场的描绘**

用似稳电流场模拟测绘多种静电场和流体力学中的速度场。其中长直同轴圆柱形电缆中静电场的描绘为必做内容，其他内容供选做或作为本实验内容的延伸和拓展。

1.长同轴电缆中静电场的描绘

模拟同轴电缆中的静电场时，电路连接如图 3-2-33 所示。

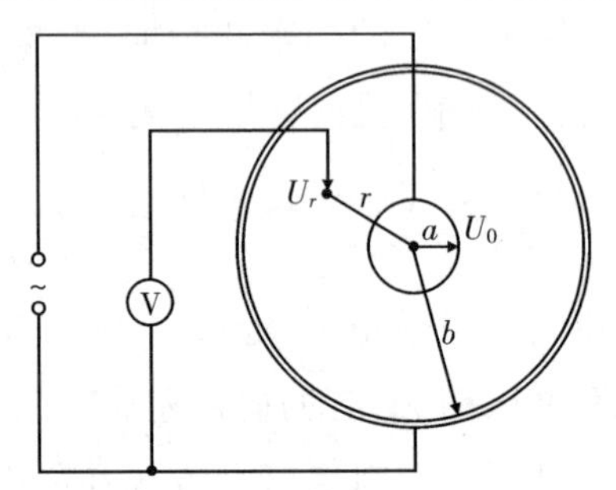


图 3-2-33　同轴电缆中静电场的描绘

设圆柱电极与圆环电极间的电压为 $U_0$，则有

$$U_r=U_0\frac{\ln\frac{b}{r}}{\ln\frac{b}{a}} \tag{3-2-17}$$

$$\text{即 } \ln r=-\frac{\ln\frac{b}{a}}{U_0}U_r+\ln b \tag{3-2-18}$$

式中，$a$ 为圆柱电极半径，$b$ 为圆环电极内表面半径。本实验用仪器以厘米作为长度单位，并在制造时使 $a=1$ cm，以简化测量公式；仪器 $b$ 约为 15 cm，具体以实际测量为准。

实验步骤如下：

(1)先测量小圆柱半径 $a$ 和圆环半径 $b$。

(2)把小圆柱电极放置在水槽坐标纸中心，圆环电极放置在水槽周沿并确保中心与圆柱电极一致，并用导电杆将它们压住。

(3)在水槽中注入干净的自来水，自来水的深度和小圆柱上刻线大致平齐。

(4)调节装置水平。

(5)按照图 3-2-32 接线,给电极施加电压 $U_0$,使幅度为 15~18 V。

(6)在坐标纸上选取某个半径为 $r$ 的同心圆,在该圆周上选取若干个测量点,用探针测出这些点的电压 $V_r$,此圆即为长同轴电缆截面中静电场的一个等位线,该等位线应具有的理论电压 $U_r$ 可由公式(3-2-17)求出,从而可以得出本次测量的误差。

(7)选取不同半径的同心圆,重复上述测量。

(8)依据电力线与等位线处处垂直的原理,描绘出静电场分布图。

**表 3-2-4 模拟长同轴圆柱间静电场实测数据** $a=$________ cm、$b=$________ cm

| $r$/cm | $V_r$/V | | | | | $\overline{V_r}$/V | $U_r$/V | $\Delta V_r$/% |
|---|---|---|---|---|---|---|---|---|
| | | | | | | | | |
| | | | | | | | | |
| $\overline{\Delta V_r}$ | | | | | | | | |

表 3-2-4 中 $r$ 为测试点距圆心的距离;$V_r$ 为距圆心距离 $r$ 的各点所测电压值;$U_r$ 为根据式(3-2-17)计算所得测试点的电势的理论值;$\Delta V_r$ 为电压的实测值 $\overline{V_r}$ 和理论值 $U_r$ 之间的相对误差,$\overline{\Delta V_r}$ 为 $\Delta V_r$ 的平均值,可以表征本次测量总的精度。

2.长平行圆柱间静电场的描绘

上述的长直同轴电缆和聚焦电极内静电场被封闭在电极之内,电极外基本无电场,所以模拟比较准确。长平行圆柱间静电场,由于水槽面积有限,水槽边缘的电流线无法流到水槽外部,只能平行于水槽壁流动,水槽边缘部分的模拟因此失真较大,只有中央部分的测绘比较准确。

实验步骤如下:

(1)将两个圆柱形电极放入水平调节好的水槽(如图 3-2-34 所示)内,并用导电杆压住两电极(注意水位不能高于电极)。

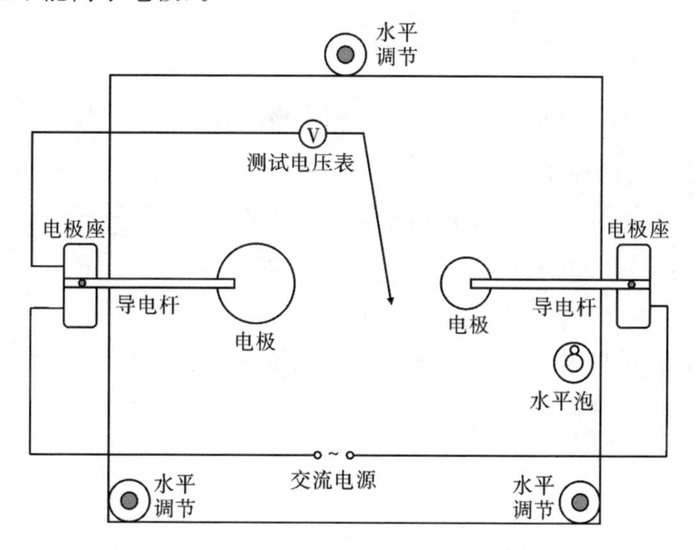


图 3-2-34 长平行圆柱间静电场的描绘测试图

(2)用配置的测试线把电极座与测试仪连接起来。

(3)调节完毕后,测绘圆柱电极间的若干条等位线。

(4)依据等位线,测绘电力线的分布。

3.平行板间静电场的描绘

平行板间静电场的测绘情况同上,但因为平行板电极的长度远大于圆柱形电极,所以边缘部分失真度要小些。

实验步骤如下:

(1)将两个平行板电极放入水平调节好的水槽(如图 3-2-35 所示)内,并用导电杆压住两电极(注意水位不能高于电极)。

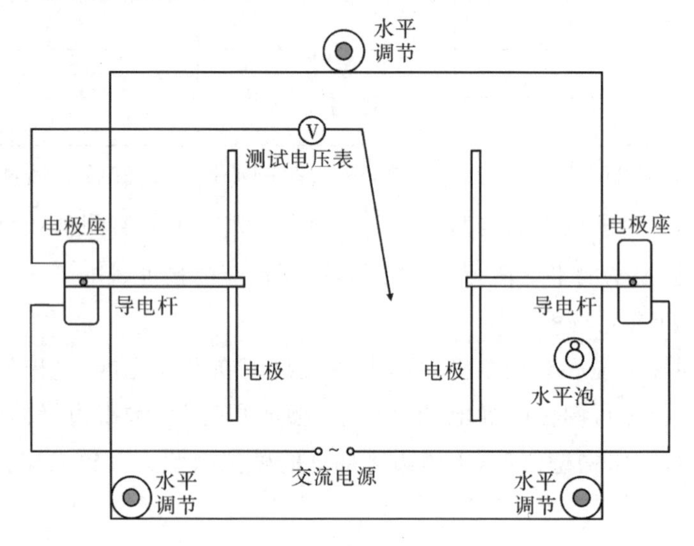


图 3-2-35　平行板间静电场的描绘测试图

(2)用配置的测试线把电极座与测试仪连接起来。

(3)调节完毕后,测绘平行板电极的若干条等位线。

(4)依据等位线,测绘电力线的分布。

## 进阶实验内容——不规则电极间静电场的描绘

1.机翼周围速度场的描绘

两块长平行板间的等位线可模拟液体或不可压缩气体的速度场中的流线。在其间置入一块机翼截面形状的模块后,机翼模块上下表面外的等位线的疏密立即发生变化,反映出流经机翼上下表面的气流的速度变化,示意图如图 3-2-36 所示。

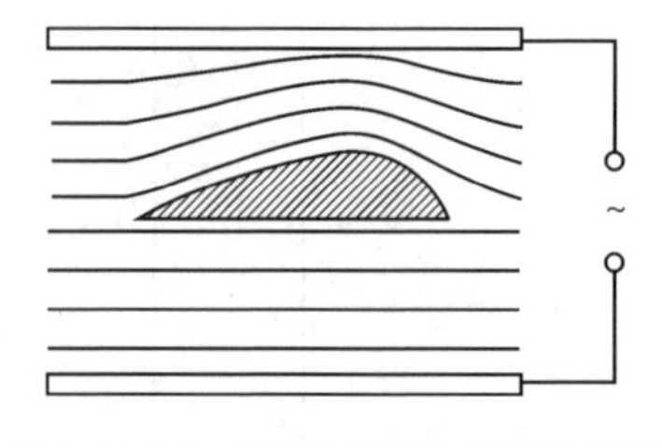

图 3-2-36　机翼周围速度场示意图

实验步骤如下:

(1)将两个平行板电极放入水平调节好的水槽(如图 3-2-37 所示)内,并用导电杆压住两电极(注意水位不能高于电极)。

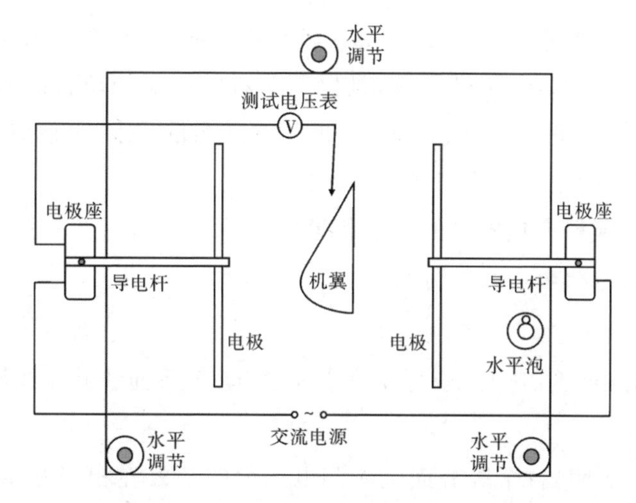


图 3-2-37　机翼周围速度场的描绘测试图

(2)在电极间平行放入机翼模块,注意平行板电极间距约为机翼模块厚度的 3 倍。

(3)用配置的测试线把电极座与测试仪连接起来。

(4)调节完毕后,测绘机翼周围的若干条等位线,这些等位线即为速度场中的流线。

2.示波管内聚焦电极间静电场描绘

长同轴电缆内静电场的分布在与轴线垂直的各个平面上都是相同的,而聚焦电极间静电场的分布在与轴线垂直的各个平面内是各不相同的。所以,为了反映聚焦电极内静电场的全貌,符合电极和电介质的分布状况,可以使两个通过轴线的纵向平面来剖开聚焦电极,截取一个横截面形状为扇形的水层。如果所截取的扇形截面的圆心角较小,则液体内的电极的弧形部分近似于直线。因此,电极可以用平板制作,探针也可以是直的,直插到底板上测量。根据电极和测点位置,可在坐标纸上绘出聚焦电极间静电场的分布状况。

实验步骤如下:

(1)将两个 L 形聚焦电极放入水平调节好的水槽(如图 3-2-38 所示)内,并用导电杆压住两电极。

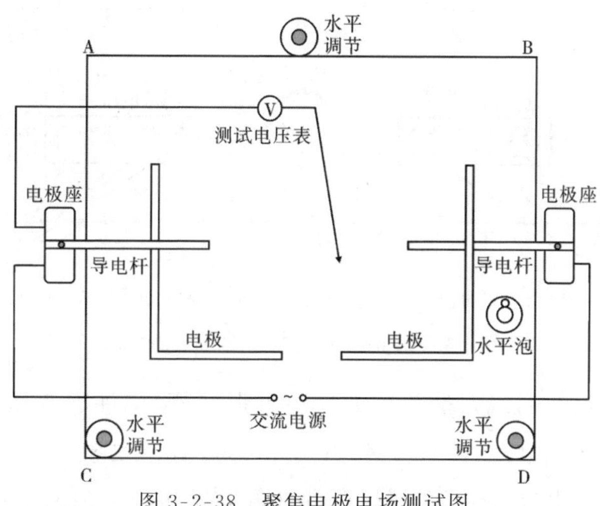


图 3-2-38　聚焦电极电场测试图

(2)调节 A、B 间的水平调节螺钉，使 AB 端位置相对 CD 端位置升高，水槽的水形成一边厚一边薄的楔形，上端水薄，下端水深，且保证左右电极所处位置的水深一致(调节好后的效果如图 3-2-38 中水平泡气泡所示)。一般为提高测量精度，水位应尽量深一些。

(3)用配置的测试线把电极座与测试仪连接起来。

(4)调节完毕后，测绘聚焦电极的若干条等位线。

(5)依据等位线，测绘电力线的分布。

[数据处理]

1.根据测量数据，绘制 $\ln r$-$\overline{V_r}$(其中 $r$ 单位取厘米)关系曲线并作线性拟合，可得拟合曲线方程及相关度。

2.上述实验结果表明，各个等势面上所测电压值的一致性相当好，不确定度很小。$\ln r$ 和$\overline{V_r}$的线性关系非常明确，相关度极高。

[注意事项]

1.实验完毕后，须将电极和导电杆移出水面并擦干保存，防止电极长时间浸泡在水中出现锈斑。

2.避免正、负电极出现短路情况。

[问题讨论]

1.增加或减小两电极间的电压，等势面、电场线的形状是否发生变化?

2.使用一段时间后，仪器的清洁程度有所变化，对实验结果会不会产生影响?

[附录]

1.模拟静电场描绘仪—测试架

图 3-2-39 是模拟静电场描绘仪的测试仪，其各部位功能如图所示。

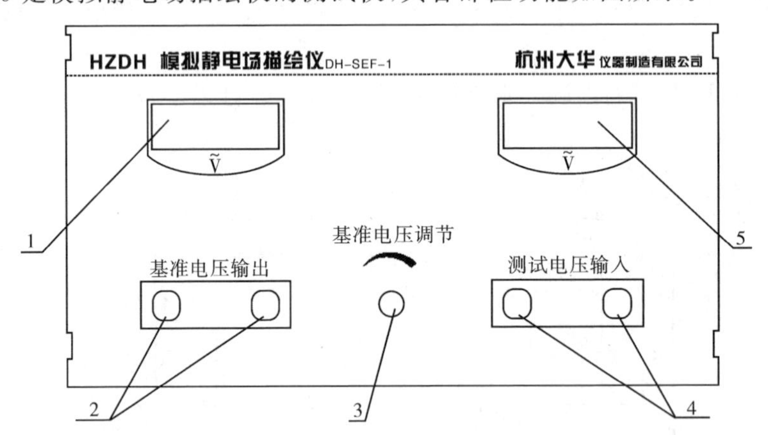


1.基准电压显示　2.基准电压输出　3.基准电压调节　4.测试电压输入　5.测试电压显示

图 3-2-39　模拟静电场描绘仪—测试仪

模拟静电场描绘仪的测试架是一个大尺寸方形水槽，内注自来水，四角有水平调节螺钉。水槽中可以放置各种电极，图 3-2-40 中水槽内放置的是模拟长同轴圆柱间静电场的一个圆电极和一个圆环电极，水槽底部铺有带直角坐标和极坐标的坐标纸。两个电极放置于坐标纸上所需位置，其高度高于水面，分别被水槽上方导电横杆的一端压住。横杆另一端置于水槽外金属横杆座的竖槽内，由固定螺钉压住。两个横杆座分别与电源（基准电压）一极相连。拧松固定螺钉，松动横杆，便可自由变换电极或变动电极位置，改变实验内容。

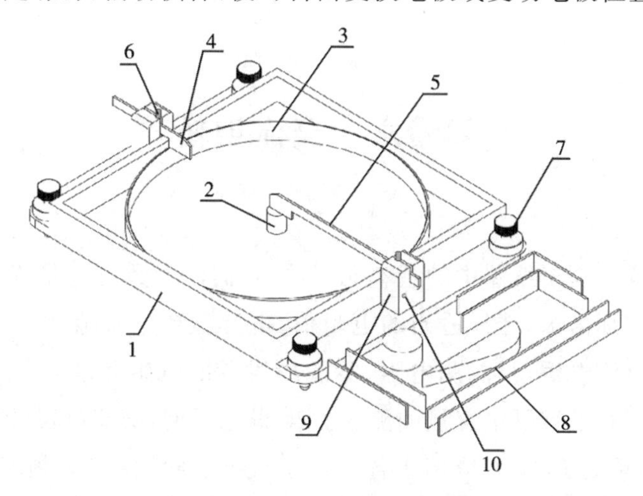


1.水槽　2.圆电极　3.圆环电极　4.导电横杆（图中与圆环电极接触导通）　5. 导电横杆（图中与圆电极接触导通）
6.固定螺钉（使导电横杆、电极座和电极导通）　7.水平调节螺钉　8.待测各种电极　9.金属横杆座（电极座）　10.横杆座导电插孔

图 3-2-40　模拟静电场描绘仪—测试架

测绘前需细致地对水槽进行水平调平：先通过水平泡大致调整水槽中水层的厚度，然后，按照图 3-2-33 长同轴电缆中静电场的描绘测试示意图在水槽的两条对角线上临近圆环电极处，对称地选 4 个点，测量其电压。若电压不等，通过多次调节，最后使这 4 个对称点上所测电压相同或非常接近，即可认为水槽已经调平，可以开展测试。测绘前的这种“电调平”，是实验获得高精度数据的前提。

水槽内电压测点位置依据坐标纸确定，但须对测量表笔直径的影响进行修正。测绘模拟长同轴圆柱间静电场时采用极坐标非常方便。

仪器还配有圆柱形、长方形、三角形、L 形、机翼剖面形等各种形状的电极，可自由组合，模拟长平行导线、平板电容器、聚焦电极、尖劈和平板间的各种静电场，模拟圆柱、平板、机翼等物体周围的流场。

测绘长直同轴圆柱间的静电场时，在极坐标上选择不同半径的若干个圆，在每个圆周上均匀地选若干个点测量电压。若同一个圆上各个点所测电压相同或非常接近，则证明长同轴圆柱间的静电场中的等势面是一个个同心的圆柱面，并可方便地进行数据处理。其他类型静电场的测绘方式类似。

2.产品主要技术参数

（1）基准电压 0～20 $V_{AC}$连续可调，频率为 200 Hz，电压表分辨率为 0.1 V。

（2）交流测试电压表量程为 0～19.99 V，最小分辨率为 0.01 V。

（3）水槽式结构，水槽尺寸约为 300 mm×300 mm。

（4）槽底直角坐标系与极坐标系确定测点位置。

(5)配置电极:圆环电极、大小圆柱电极、大小平行板电极、聚焦电极、机翼形电极。

(6)实验内容:模拟描绘同轴电缆内静电场、点电极间静电场、平行板间静电场、平板与圆电极间静电场、聚焦电极间静电场。能模拟描绘机翼形电极周围的流体流场。

(7)测量误差小于5%。

## 实验六　交流电桥

[引言]

电阻、电感、电容是电子线路中的基本元器件,它们的参数对电路特性和性能有着重要的影响。需要根据实际需求,选择适当的电阻值、电感值或电容值才能实现期望的电路特性。惠斯登电桥是直流电桥,只能测电阻,不能测线圈的电感和电容器的电容。而交流电桥可用于线圈的电感和电容器电容量的测量。20世纪后期,交流电桥已经成为测量电器件电感、电容等参数的重要工具,并应用于各类电子设备、通信网络等领域中,具有广泛的应用价值和重要的实用意义。交流电桥的线路虽然和直流单电桥线路具有同样的结构形式,但它的四个臂是阻抗,即交流电的参量(大小和相位)对电桥的平衡都有影响,因此在调节平衡方面,交流电桥比直流电桥复杂得多。

交流电桥实验作为一项实践教学活动,在训练学生实验技能的同时,也培养了学生的科学态度、创新精神和安全意识。现代科技和交流电桥实验的结合为交流电桥实验的发展和创新提供了更多的支持。比如与自动化技术的结合,提高了实验的准确性和效率;与无线传感技术的结合,可以实时监测和远程控制,提高实验的安全性和稳定性等。

[实验目的]

1.理解交流电桥的平衡原理,学会调节交流电桥平衡的方法。

2.用串联电容电桥电路测量电容器的电容及损耗因数。

3.用并联电容电桥电路测量电容器的电容及损耗因数。

4.用海氏电桥电路测量电感器的电感及品质因数。

5.用麦克斯韦电桥电路测量电感器的电感及品质因数。

[仪器用具]

DH-ADB-A型交流电桥综合实验仪主要由交流电桥综合实验仪、电阻箱、九孔实验板以及电阻、电容、电感元件组成。实验仪器的技术参数及使用说明详见附录。

[实验原理]

交流电桥的电路如图3-2-41所示,其中各桥臂$Z_1$、$Z_2$、$Z_3$、$Z_4$为复阻抗,用交流电源供电(如音频信号发生器、蜂鸣器等),探测器G可选用耳机、晶体管毫伏表、示波器、振动式灵敏电流计或其他整流型交流放大器等,它们均须在所用的电

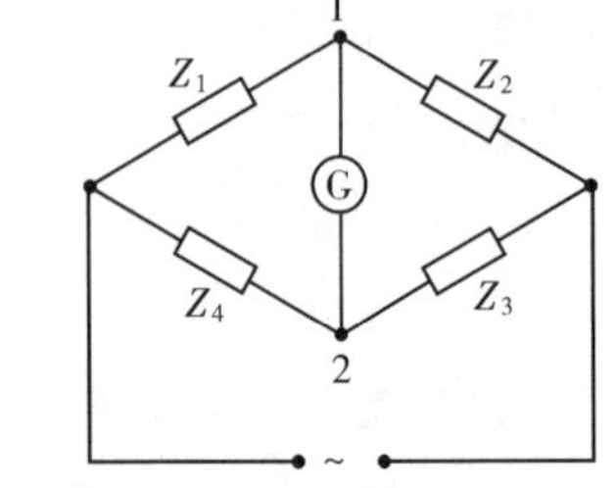


图3-2-41　交流电桥电路

源频率范围内反应灵敏。当电桥平衡时，探测器支路的电压为零，即节点 1 和节点 2 的电位相等。所以，$Z_1$两端的电压等于 $Z_4$两端的电压；$Z_2$两端的电压等于 $Z_3$两端的电压，其平衡方程为

$$\frac{Z_1}{Z_4}=\frac{Z_2}{Z_3} \tag{3-2-19}$$

这一结论在形式上与直流惠斯登电桥相同，但交流电桥的平衡条件由于包含复量，故实际上与直流电桥的平衡条件很不相同。准确地说，惠斯登电桥是交流电桥的特殊情况。重复的平衡意味着方程等号两边的实数与虚数部分应分别相等，因此式(3-2-19)中包含着两个平衡条件。只有当两个平衡条件同时满足时，交流电桥才达到平衡，这就要求在桥路中有两个可调元件用以调节电桥平衡。虽然有多种桥臂阻抗的组合满足平衡方程，但其中一些仅限于理论上，并不能在实际中加以应用。

在介绍常用的电桥电路以前，我们先分析一下电容及电感的等效电路。电容器中一般含有介电常数为 $\varepsilon$ 的介质，因此，电路中会有一小部分电能在介质中被损耗而转变为热能，这称为介质损耗。介质损耗与频率、温度、压力之间有比较复杂的关系，因此往往以实验方法来测定。由于存在着介质损耗，在正弦交流电路中电容两端电压 $V$ 与流过电容器的电流 $I$ 之间的相位差不再是$\frac{\pi}{2}$。如图 3-2-42 所示，设电压、电流矢量间的夹角为 $\varphi$，可定义 $\delta=\frac{\pi}{2}-|\varphi|$ ，为损耗角，而 $D=\tan\delta$ 为损耗因数。为了便于分析，可把实际电容等效为一个理想电容 $C$ 和一个电阻($r'$或 $r$)的组合(串联或并联)。串联等效电路如图 3-2-43 所示，则

$$\tan\delta=\frac{V_{r'}}{V_c}=\omega Cr' \tag{3-2-20}$$

其中 $\omega$ 为交变电流角频率，$\omega=2\pi f$，$f$ 为交变电流频率。并联等效电路如图 3-2-44 所示，则

$$\tan\delta=\frac{Ir}{I_c}=\frac{1}{\omega Cr} \tag{3-2-21}$$

在一般情况下，介质损耗较小(即电阻 $r'$很小或 $r$ 很大)。

电感实际上是由导线绕制而成的，也具有一定的电阻。所以，可把实际电感等效为一个理想电感 $L$ 和一个电阻 $r_L$ 的串联组合(如图 3-2-45 所示)。定义线圈的品质因数 $Q$ 为

$$Q=\omega\,\frac{\text{一周期内储存能量的平均值}}{\text{一周期内平均消耗功率}}=\frac{\omega L}{r_L} \tag{3-2-22}$$

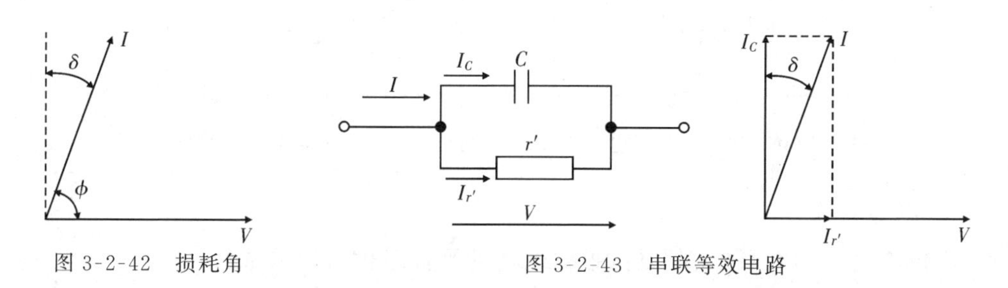


图 3-2-42　损耗角　　　　图 3-2-43　串联等效电路

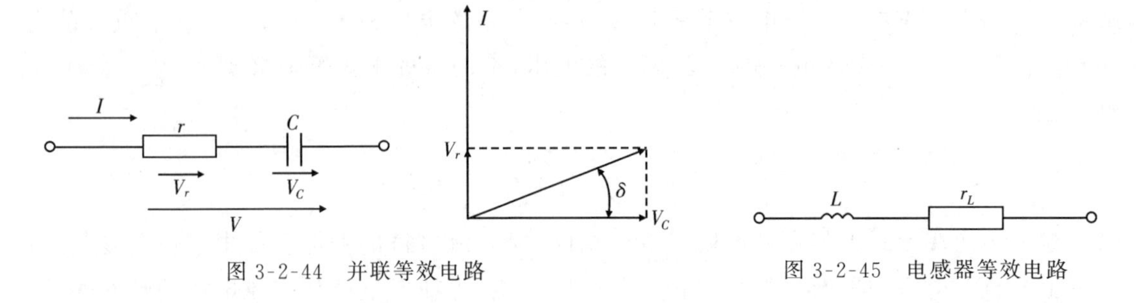

图 3-2-44　并联等效电路　　　　图 3-2-45　电感器等效电路

$Q$ 值大小表示电感线圈性能的好坏，下面介绍几种实际的交流电桥电路。

1.串联电容电桥

图 3-2-46 所示为串联电容电桥，被测电容 $C_x$ 接到电桥的第一臂，等效为电容 $C_x'$ 和串联电阻 $R_x'$，其中 $R_x'$ 表示它的损耗；与被测电容相比较的标准电容 $C_n$ 接入相邻的第四臂，同时与 $C_n$ 串联一个可变电阻 $R_n$，桥的另外两臂为纯电阻 $R_b$ 及 $R_a$，当电桥调到平衡时，有

$$R_x = \frac{R_a}{R_b} R_n \tag{3-2-23}$$

$$C_x = \frac{R_b}{R_a} C_n \tag{3-2-24}$$

由此可知，要使电桥达到平衡，必须同时满足上面两个条件，因此至少调节两个参数。改变 $R_n$ 和 $C_n$，便可以单独调节且互不影响地使电容电桥达到平衡。通常标准电容都是固定的，不连接可变电容 $C_n$，这时我们可以调节 $R_a/R_b$ 的值使式(3-2-24)得到满足，但调节 $R_a$ 与 $R_b$ 的比值时又会影响式(3-2-23)的平衡。因此要使电桥同时满足两个平衡条件，必须对 $R_n$ 和 $R_a/R_b$ 等参数反复调节才能实现。因此使用交流电桥时，必须通过实际操作取得经验，才能迅速获得电桥的平衡。电桥达到平衡后，$C_x$ 和 $R_x$ 值可以分别按式(3-2-23)和式(3-2-24)计算，其被测电容的损耗因数 $D$ 为

$$D = \tan\delta = \omega C_x R_x = \omega C_n R_n \tag{3-2-25}$$

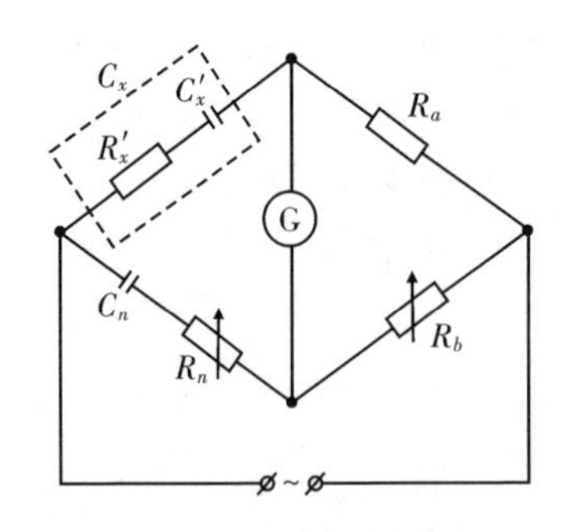

图 3-2-46　串联电阻式电容电桥

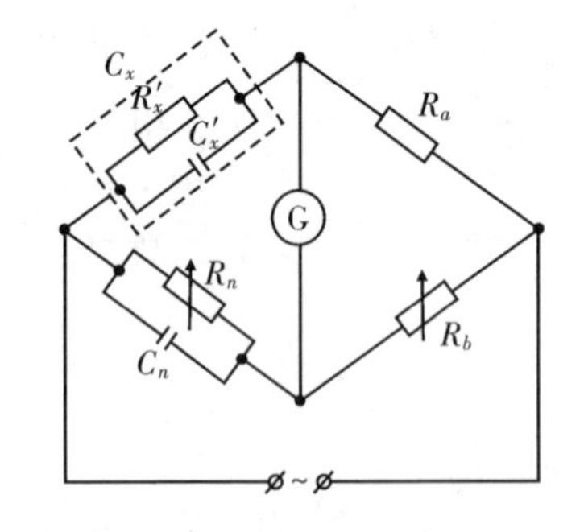

图 3-2-47　并联电阻式电容电桥

2.并联电容电桥

图 3-2-47 所示为并联电容电桥，根据电桥的平衡条件可以写成

$$C_x = C_n \frac{R_b}{R_a} \tag{3-2-26}$$

$$R_x = R_n \frac{R_a}{R_b} \tag{3-2-27}$$

损耗因数为

$$D = \tan\delta = \frac{1}{\omega C_x R_x} = \frac{1}{\omega C_n R_n} \tag{3-2-28}$$

3.海氏电桥

海氏电桥的原理如图 3-2-48 所示。电桥平衡时，根据平衡条件可得

$$L_x = R_a R_b \frac{C_n}{1 + (\omega C_n R_n)^2} \tag{3-2-29}$$

$$R_x = R_a R_b \frac{R_n (\omega C_n)^2}{1 + (\omega C_n R_n)^2} \tag{3-2-30}$$

由式(3-2-29)(3-2-30)可知，海氏电桥的平衡条件是与频率有关的。

用海氏电桥测量时，其 $Q$ 值为

$$Q = \frac{\omega L_x}{R_x} = \frac{1}{\omega C_n R_n} \tag{3-2-31}$$

由式(3-2-31)可知，被测电感的 $Q$ 值越小，则要求标准电容 $C_n$ 的值越大，但一般标准电容的容量都不能做得太大。若被测电感的 $Q$ 值过小，则海氏电桥的标准电容的桥臂中所串联的 $R_n$ 也必须很大。当电桥中某个桥臂阻抗数值过大时，将会影响电桥的灵敏度。

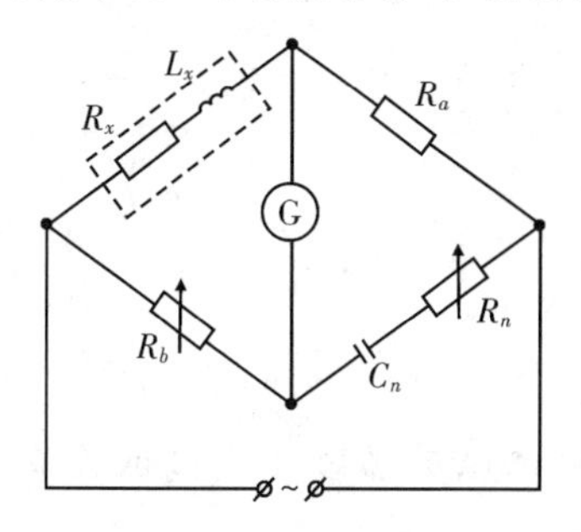

图 3-2-48 海氏电桥

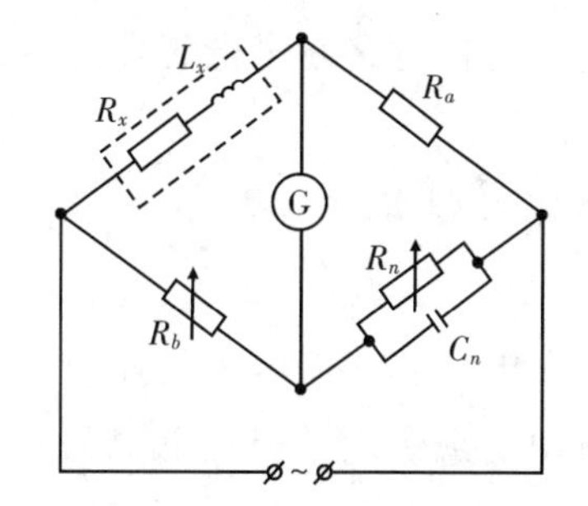

图 3-2-49 麦克斯韦电桥

4.麦克斯韦电桥

麦克斯韦电桥的原理线路如图 3-2-49 所示，它与海氏电桥不同的是标准电容桥臂中的 $C_n$ 和可变电阻 $R_n$ 是并联的。

在电桥平衡时，有

$$L_x = R_a R_b C_n \tag{3-2-32}$$

$$R_x = \frac{R_a R_b}{R_n} \tag{3-2-33}$$

被测对象的品质因数 $Q$ 为

$$Q=\frac{\omega L_x}{R_x}=\omega R_n C_n \tag{3-2-34}$$

麦克斯韦电桥的平衡条件式(3-2-32)(3-2-33)表明，它的平衡是与频率无关的，即电源为任何频率或非正弦的情况下，电桥都能平衡，且其实际可测量的 $Q$ 值范围也较大，所以该电桥的应用范围较广。只是实际上，由于电桥内各元件间的相互影响，交流电桥的测量频率对测量精度仍有一定的影响。

［内容要求］

**基础实验内容——用串、并联电桥测量电容及损耗因数**

按照交流电桥的电路(图 3-2-46 或图 3-2-47)在九孔板上连接各元件，主机提供交流电源与交流电压表，$R_a$ 使用固定阻值的电阻(仪器提供三个固定阻值的电阻，其阻值分别约为10 Ω、100 Ω、1 000 Ω)，$R_b$ 与 $R_n$ 使用可调电阻箱，标准电容 $C_n$ 使用 104 电容(容值约为 100 nF)，仪器还提供了三个不同的电容和三个不同的电感作为待测元件。(各元件的电阻、电感、电容均已在插件外壳上给出参考值，如需更精确的测量结果，可用欧姆表、电容表和电感表自行测量)

在确认电路连接无误后，打开主机电源使其输出交流信号。先用两个电阻箱配合主机上交流电压表的“2 V”挡位进行粗调，再使用“200 mV”以及“20 mV”挡位进行细调，直至交流电压表的示数最小，记录各元件参数，按公式进行计算，并可与参考值进行比较。

**进阶实验内容——用海氏电桥和麦克斯韦电桥测量电容及损耗因数**

1.用海氏电桥电路测量电感器的电感及品质因数。

2.用麦克斯韦电桥电路测量电感器的电感及品质因数。

［注意事项］

实验步骤参考基础实验内容。

［问题讨论］

1.试将惠斯登电桥和交流电桥的操作要点相比较，指出它们的共同点。

2.本实验所用的毫伏表是否足够灵敏？如果选用灵敏度比它高或比它低的零示器，结果会如何？

3.分析图 3-2-46 或图 3-2-47，为什么在 $C_n$ 的臂上加一电阻箱 $R_n$？

4.如果有连续可调的电感，交流电桥的平衡调节是否会简化？为什么？

［附录］

1.仪器用具

DH-ADB-A 型交流电桥综合实验仪主要由交流电桥综合实验仪、电阻箱、九孔实验板以及电阻、电容、电感元件组成，如图 3-2-50 为实验仪面板图。

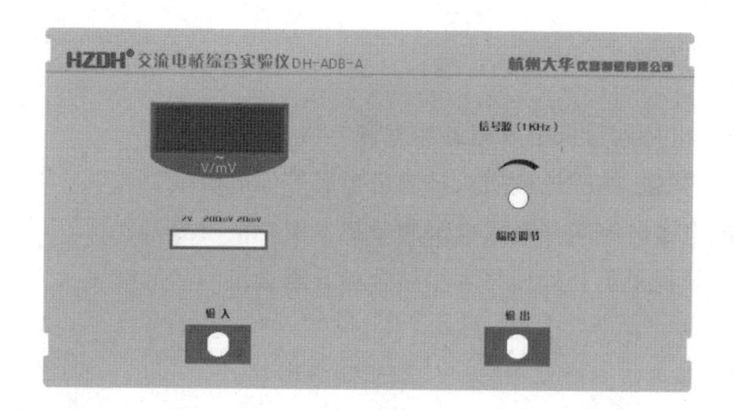


图 3-2-50　交流电桥综合实验仪(面板图)

2.技术指标

交流电源:频率为 1 000 Hz,有效值为 0～2 V。

交流电压表:显示有效值,分三挡。量程为 0～1.999 V,分辨率为 0.001 V;量程为 0～199.9 mV,分辨率为 0.1 mV;量程为 0～19.99 mV,分辨率为 0.01 mV。

电阻箱 2 只:阻值 0～99 999.9 Ω 连续可调,分辨率为 0.1 Ω,精度为 0.1%。

九孔实验板以及实验元件若干。

# 实验七　用开尔文双电桥测低值电阻

[引言]

惠斯登电桥(单电桥)测量的电阻,其数值一般在 $10\sim10^{6}$ Ω 之间(中电阻),不能用来测量阻值小于 1 Ω 的电阻(低电阻),原因是单电桥桥臂上的导线电阻和接点处的接触电阻约为 $10^{-3}$ Ω 量级。这些附加电阻与桥臂电阻相比相差不多,故不可忽略其影响。但若用它测 1 Ω 以下的电阻时,这些附加电阻对测量结果的影响就突出了。开尔文双电桥可用于测量 $10^{-6}\sim10$ Ω 的电阻,能有效地消减附加电阻的影响。用开尔文双电桥测低值电阻实验是由英国物理学家威廉·汤姆孙于 1862 年提出的。目前,开尔文双电桥已成为准确测量电阻值的基本工具,在电力工业、电子工程、通信工程等领域被广泛应用。

开尔文双电桥测低值电阻实验是开尔文本着科学求精的精神,不断探索和实验,发明的一项革命性的测量方法。该测量方法的出现体现了科学家应该具备的严谨求真、探索创新的科学精神。开尔文将自己提出的校正方法与杜芒提出的电度法校正方法进行了比较分析,发现前者的精度更高。这体现了科学家的整体观和批判性思维。

随着现代科技的发展,出现了许多与开尔文双电桥测量相结合的技术,比如开尔文双电桥与计算机、数据采集和处理技术相结合实现对双电桥测量值的操作、采集和处理,提高了测量的精度和速度;与现代微纳加工技术相结合使得开尔文双电桥可以实现更高精度的测量。开尔文双电桥与现代科技的结合提高了测量精度和速度,丰富了测量手段和方法,推进了应用的发展。

[实验目的]

1.了解用双臂电桥测量低值电阻的原理和方法。

2.熟悉双桥的构造,熟练地使用双桥测量金属导体电阻率。

3.通过磁场、电磁波等非接触式电阻测量技术实现电阻测量。

4.与计算机、数据采集和处理技术相结合提升测量范围和准确度。

[仪器用具]

箱式双电桥、两种待测金属棒、米尺、螺旋测微器等。

[实验原理]

1.惠斯登电桥测低值电阻存在的问题

惠斯登电桥由四个电阻和检流计组成。接通电路使电桥达到平衡,此时待测电阻可由比率比和已知电阻求出,通过互易法可以减小比率比产生的误差(参考本章实验二)。但由于引线电阻 $R'$ 和端钮接触电阻 $R''$ 等的存在,如果它们的大小与被测电阻 $R_x$ 的大小相当,就不能被忽略(参考图 3-2-51),那么用惠斯登电桥就不能准确地测得 $R_x$ 的值。

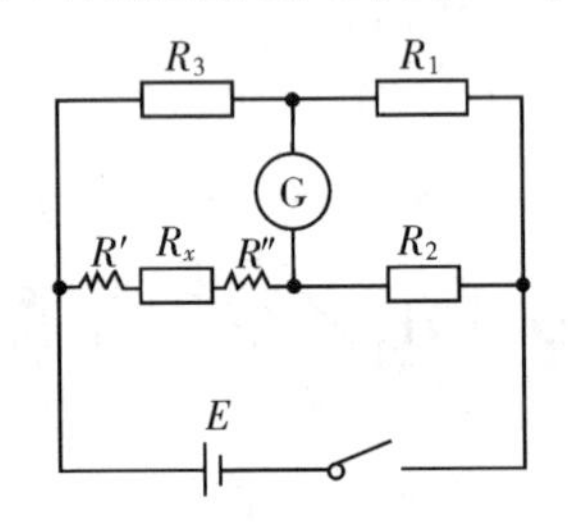


图 3-2-51 考虑引线电阻和端钮接触电阻时的惠斯登电桥

2.伏安法测电阻存在的问题

伏安法测电阻的接线图如图 3-2-52 所示,通过安培计的电流 $I$ 在接点 $A$ 处分为 $I_1$、$I_2$ 两支,$I_1$ 流经金属棒间的线触电阻 $r_1$ 再流入 $R$……,$I_2$ 流经金属棒间的线触电阻 $r_3$ 再流入毫伏计……,$r_2$、$r_4$ 和 $r_1$、$r_3$ 相类似。分析可知,$r_1$、$r_2$ 应算作与 $R$ 串联,$r_3$、$r_4$ 应算作与毫伏计串联,其等效电路图如图 3-2-53 所示。很显然毫伏计上的示数并不只是电阻 $R$ 上的电压值,其中还包括线电阻上的电压值,公式 $R=U/I$ 求电阻的准确度取决于待测电阻上电压与线触电阻 $r$ 上电压的比值,而它们的比值又取决于待测电阻与线电阻的比值。当待测电阻远大于线电阻时,电压 $U$ 与 $R$ 的相关度高;当待测电阻趋近于线电阻时,电压 $U$ 与 $R$ 的相关度低,测量就不准确。从原则上说,在测量低值电阻时,可以通过减小 $r$ 来保证测量的准确,但这样做代价太高,效果有限。如果使待测电阻和 $r$ 分割开来就好了。“四端电阻”(如图 3-2-54 所示)就能做到这一点,它的等效电路如图 3-2-55 所示。由此可见,用伏安法测量电阻时,把通有电流(即通过 $R$ 的电流 $i$)的接头安排在电压表的接头之外,就能把线触电阻 $r$ 与被测电阻有效地分离,为此,我们必须把通电流的接头(简称电流接头)和测量电压的接头(简称电压接头)分开。这就是“四端电阻”的由来。利用“四端电阻”后,待测

电阻 $R$ 的相关度，并不受线触电阻 $r$ 的影响，而受电压表内阻的影响，这一点已经在之前学习过，这里不再讨论。

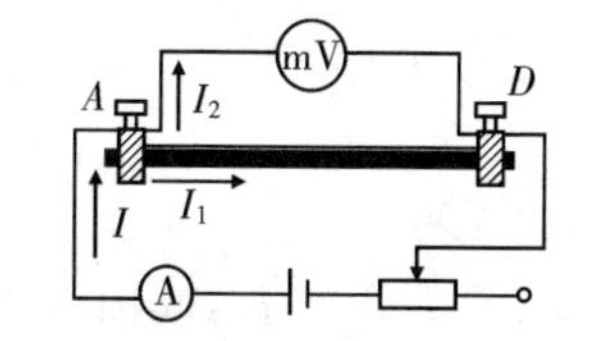


图 3-2-52 伏安法测电阻的接线图

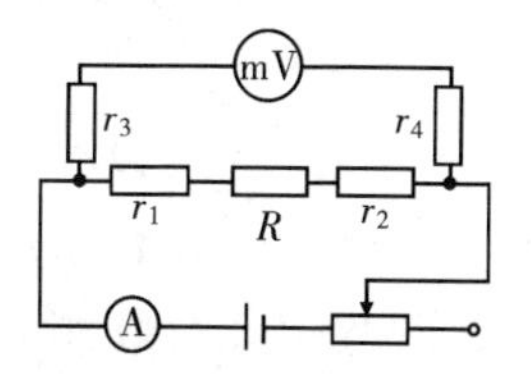


图 3-2-53 伏安法测电阻的等效电路图

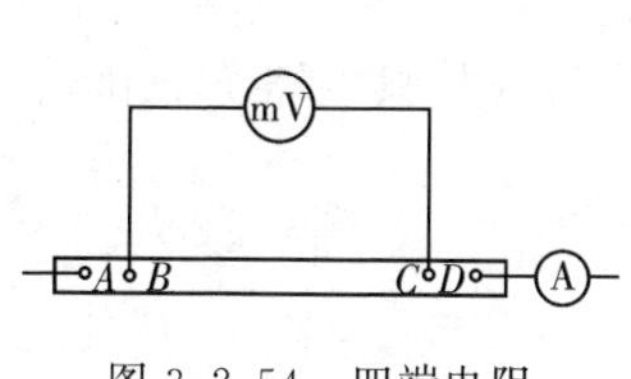


图 3-2-54 四端电阻

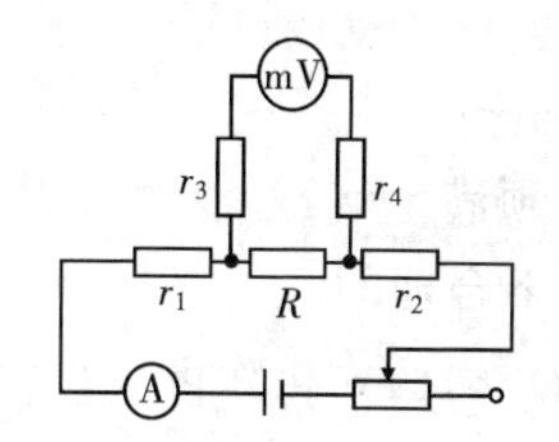


图 3-2-55 伏安法测四端电阻的等效电路图

3.开尔文双电桥

把“四端电阻”应用于惠斯登电桥，桥路就由单回路发展为双回路，并被称为双路电桥（也叫双电桥或开尔文电桥），电路如图 3-2-56 所示，图中的 $X$ 和 $R$ 分别是待测的低电阻和标准低电阻，电流接头 $t$ 和 $s$ 用粗导线连接起来；电压接头 $P$ 和 $N$ 分别接上阻值为几百欧姆的电阻 $a$ 和 $b$，再和检流计相接。

根据前面的分析可知，$Q$、$M$ 处的线触电阻 $r_1$、$r_2$ 应算作与电阻 $A$、$B$ 串联；$P$、$N$ 处的接触电阻 $r_3$、$r_4$ 应算作与电阻 $a$、$b$ 串联，其等效电路如图 3-2-57 所示，图中的 $r$ 为 $t$、$s$ 间的线触电阻之和。采用双桥后，$R$ 和 $X$ 的接线电阻和接触电阻被巧妙地转移到电源内阻和阻值很大的桥臂电阻中。

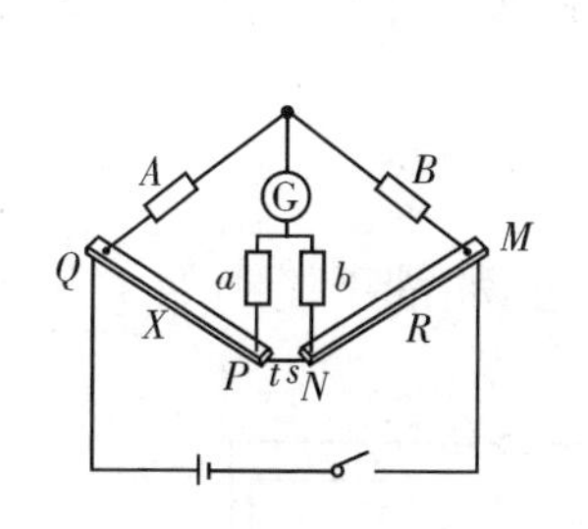


图 3-2-56 双路电桥

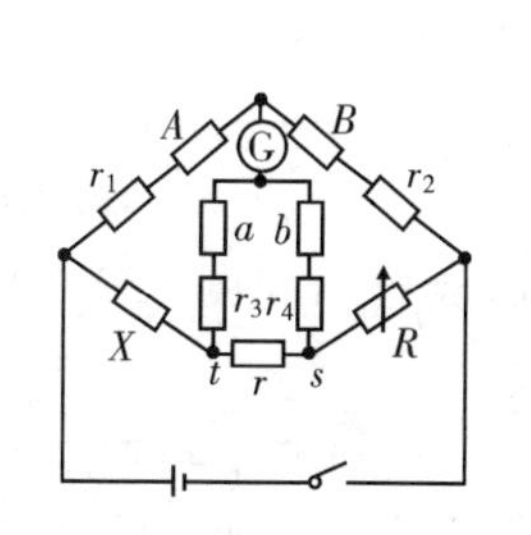


图 3-2-57 双路电桥的等效电路

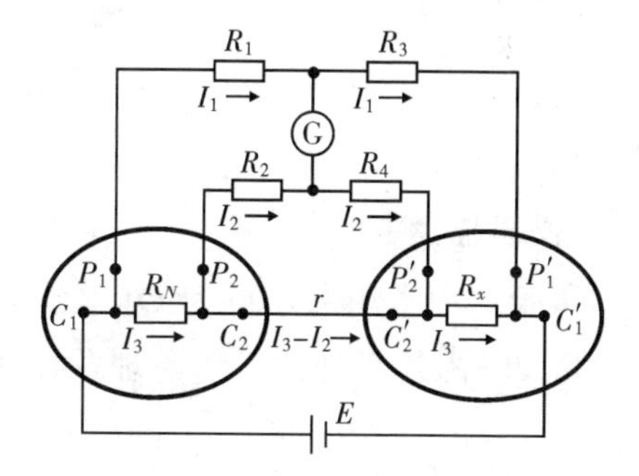


图 3-2-58 双路电桥等效电路的简化图

图 3-2-58 是图 3-2-57 的简化图，更清楚地说明被测电阻 $R_x$ 和标准电阻 $R_N$ 均采用四端接法。$R_x$ 和 $R_N$ 与高阻值 $R_2$、$R_4$ 桥臂串联后，大大减少了电压端 $P$ 的附加电阻的影响。两个内侧的电流端 $C$ 的附加电阻和连线电阻总和为 $r$，只要适当调节 $R_1$、$R_2$、$R_3$、$R_4$ 的阻值，即可消除 $r$ 对测量结果的影响。

我们参照图 3-2-57，推导电桥的平衡条件。调节 $A$、$B$、$a$、$b$、$R$ 使电桥平衡。此时，

$I_g=0$，流过电阻 $A$ 和 $B$ 的电流 $I$ 相等，流过电阻 $X$ 和 $R$ 的电流 $I_0$ 相等；流过电阻 $a$ 和 $b$ 的电流 $i$ 也相等，检流计两端的电位也相等，因此有

$$\left.\begin{aligned}(A+r_1)I&=XI_0+(a+r_3)i\\(B+r_2)I&=RI_0+(b+r_4)i\\(a+r_3+b+r_4)i&=r(I_0-i)\end{aligned}\right\}\tag{3-2-35}$$

一般 $A$、$B$、$a$、$b$ 均取几百欧姆，而 $r_1$、$r_2$、$r_3$、$r_4$ 均只在 0.1 Ω 左右，故由(3-2-35)式的前两式得

$$\left.\begin{aligned}AI&=XI_0+ai\\BI&=RI_0+bi\end{aligned}\right\}\tag{3-2-36}$$

这里必须满足 $XI_0\gg r_3i$ 和 $RI_0\gg r_4i$ 这两个条件，否则，只忽略 $r_3i$ 和 $r_4i$ 而保留 $XI_0$ 和 $RI_0$ 就是不合理的。

把(3-2-36)两式相除可得

$$\frac{A}{B}=\frac{XI_0+ai}{RI_0+bi}\tag{3-2-37}$$

由(3-2-37)式可得

$$X=\frac{A}{B}R+\left(\frac{Ab-Ba}{B}\right)\frac{i}{I_0}$$

如果令 $\frac{A}{B}=\frac{a}{b}$（双臂电桥平衡的辅助条件），则

$$X=\frac{A}{B}R\tag{3-2-38}$$

式(3-2-38)为双电桥的平衡条件。

怎样才能保证 $XI_0\gg r_3i$ 和 $RI_0\gg r_4i$ 呢？因为 $X$、$R$ 均为低电阻，阻值往往比 $r_3$、$r_4$ 还要小，故只能要求 $I_0\gg i$。又从式(3-2-35)的第三式看 $\frac{I_0}{i}\approx\frac{a+b}{r}$，要使 $I_0\gg i$，必须使 $a+b\gg r$，这里 $a$、$b$ 又不能选得过大，否则会降低电桥的灵敏度，所以连接两个低电阻之间的电阻 $r$ 越小越好。

[仪器描述]

实验室中常用的双桥为 QJ42 型，其面板排列如图 3-2-59 所示，原理电路图如图 3-2-60 所示，电桥各部分的工作原理及作用如下：

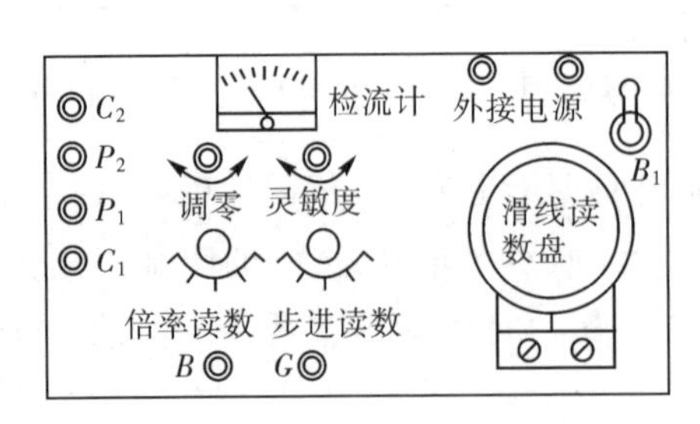

图 3-2-59　QJ42 型双桥面板

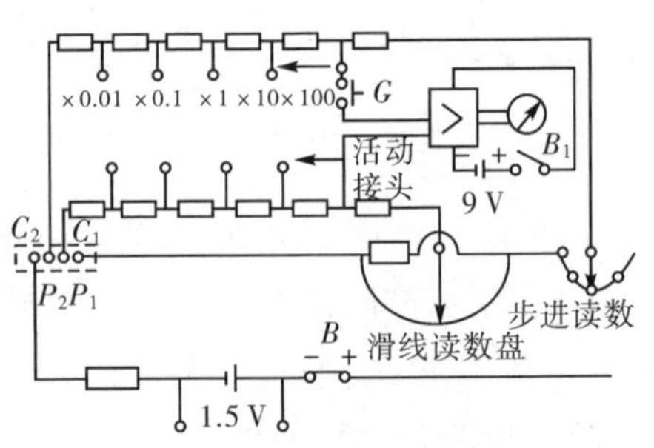

图 3-2-60　QJ42 型双桥原理电路图

1.倍率读数开关带动的是一个双刀多掷开关，转换它即可改变 $A$、$a$ 和 $B$、$b$ 的阻值，从而可以组成不同的测量倍率，这样双桥就有了较多的量程，也就扩大了测量范围。在变换倍率时，$A/B=a/b$ 的关系始终保持不变，这是在设计双桥时，事先安排好的。

2.转动滑线读数盘，可以得到不同的 $R$ 值。

3.面板上的 $C_1$ 和 $C_2$ 与“四端电阻”的电流接点相连，$P_1$ 和 $P_2$ 与电压接点相接。

4.当双桥平衡时，待测电阻 $X$ 的阻值等于刻度盘上的示数与倍率示数的乘积，即 $X=\frac{A}{B}R$。

［内容要求］

**基础实验内容——用开尔文双桥测量金属导体电阻率**

1.测量金属棒的电阻 $X$，测量 6 次并计算不确定度。测量前先估测一下金属棒的阻值，以便选择合适的倍率。

2.用螺旋测微器测金属棒的直径，在不同的地方测 6 次，并计算不确定度。

3.用米尺测量导体的长度，测 6 次并计算不确定度。

4.计算所测金属的电阻率，计算总不确定度并表述结果。

5.设计出用电位差计测低电阻的方案，实施并与双桥的测量结果相对比。

**进阶实验内容——利用自搭电桥和无接触触式电阻测量技术测量电阻**

1.自搭双桥测电阻

用实验室提供的器材自组双桥测低电阻，并与箱式双桥比较测量结果。

2.无接触触式电阻测量技术测量电阻

无接触测量电阻的方法有很多种，这些方法都利用了与电阻率有关的交变磁场在试样上感生的涡流。可以通过线圈的阻抗、高频谐振电路品质因数或者变压器次级线圈上电压相位变化确定电阻值。具体操作自行查阅文献，设计方案，测量低电阻。

［注意事项］

1.测量金属棒的长度时，要注意测量的起点与终点确定在哪里。

2.本实验由于电流很大，要求所用的导线必须接触良好，接头处表面光洁，接触牢靠，某些导线应尽量短而粗。

3.电源接通的时间要尽量短，这样一方面能减轻电源的负担，另一方面能避免导线发热。

4.注意保护电源和检流计，不要超过它们的限度。

［问题讨论］

1.有人说：“双电桥之所以能测准低电阻，是因为它消除或减少了接线电阻与接触电阻的结果。”你如何评价这一说法？

2.“四端电阻”上有四根连线，哪根需要用短粗的线？哪根可以不做要求？

3.双电桥能测导体棒全长的电阻吗？为什么？

4.在双电桥中，如果把电压接头和电流接头互相颠倒，等效电路是怎样的？这样做有何不妥?

5.如果发现电桥的灵敏度不足,原则上可以采取什么措施,这些措施又受到什么限制?

6.到目前为止,你学过几种测量电阻的方法?说出它们各自的适用范围以及优缺点。

[数据处理示范]

表 3-2-5　实验数据

| 次数 | 长度 | 直径 | 金属棒电阻 | 电阻率 | 电阻率平均值 | 电导率平均值 |
|---|---|---|---|---|---|---|
| 1 | | | | | | |
| 2 | | | | | | |
| 3 | | | | | | |
| 4 | | | | | | |
| 5 | | | | | | |
| 6 | | | | | | |

# 实验八　*RLC* 电路谐振特性研究

[引言]

*RLC* 电路是由电阻 $R$、电感 $L$ 和电容 $C$ 组成的电路。这些元件可以分别或同时串联或并联在一起。指在某个特定频率(谐振频率)下,电路中电压或电流变得非常强烈或者频率响应达到峰值的现象,并且在该频率下有特定的相位关系。谐振频率与电路中的电阻、电感和电容的数值有关,通过研究谐振特性可以了解电路的振荡行为和滤波效果,并在实际应用中得到广泛应用,比如在通信、无线电、电子音响等领域中。

对 *RLC* 电路谐振特性的研究,能够将理论知识与实际应用相结合,帮助学生将抽象的物理原理与实际电路之间建立起联系,进而培养学生的实践能力和创新思维。*RLC* 电路谐振特性的研究融合了实践、创新、应用和科学规律的思想,在培养学生科学素养、提高综合能力和推动社会进步方面具有重要意义。

*RLC* 电路谐振特性的研究与现代科技的结合,可以在通信系统、电子音响设备、无线能量传输、光纤通信系统等方面展现出其重要性和应用价值,为各种领域的科学研究和工程应用提供了基础和重要支持,推动了信息技术、通信技术和能量转换技术等领域的发展和进步。

[实验目的]

1.研究交流电路的谐振现象,认识 *RLC* 电路的谐振特性。

2.学习测绘 *RLC* 电路串联谐振曲线和并联谐振曲线的方法。

3.理解电路品质因数 $Q$,理解通频带的物理意义及其测量方法。

[仪器用具]

标准电感、标准电容、低频信号发生器、MF-20 晶体管万用表等。

[实验原理]

1.$RLC$ 串联电路的谐振

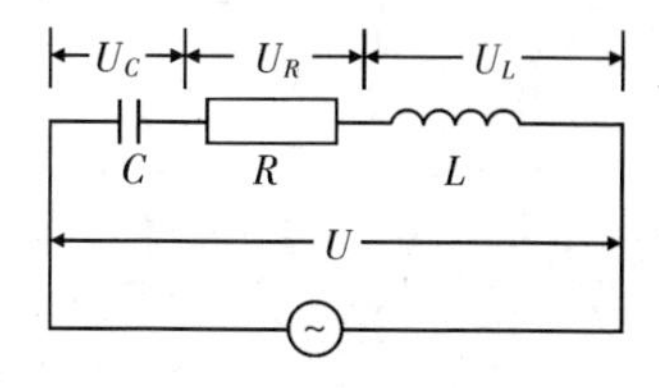

图 3-2-61 $RLC$ 串联电路

$RLC$ 串联电路如图 3-2-61 所示，当外加交流电源电压 $U$ 的圆频率为 $\omega$ 时，各个元件的复阻抗分别为

$$Z_R=R \qquad Z_L=j\omega L \qquad Z_C=\frac{1}{j\omega C}$$

而整个串联电路的总阻抗为

$$Z=Z_R+Z_L+Z_C=R+j\left(\omega L-\frac{1}{\omega C}\right) \tag{3-2-39}$$

所以串联电路的复电流$I$为

$$I=\frac{U}{Z}=\frac{U}{R+j\left(\omega L-\frac{1}{\omega C}\right)}=Ie^{j\varphi} \tag{3-2-40}$$

其中式(3-2-40)中电流有效值 $I$ 为

$$I=\frac{U}{|Z|}=\frac{U}{\sqrt{R^2+\left(\omega L-\frac{1}{\omega C}\right)^2}} \tag{3-2-41}$$

电流与电压间的相位差 $\varphi$ 为

$$\varphi=\arctan\frac{\omega L-\frac{1}{\omega C}}{R} \tag{3-2-42}$$

这里 $U$ 是交流电压的幅值(或有效值)，$|Z|$为交流阻抗的模。

由式(3-2-41)和式(3-2-42)可见，$|Z|$和 $\varphi$ 是关于圆频率 $\omega$ 的函数。当 $\omega L=\frac{1}{\omega C}$时，$\varphi=0$，即电压与电流的相位差为零，此时的圆频率称为谐振圆频率，记为 $\omega_0$，即

$$\omega_0=\frac{1}{\sqrt{LC}} \tag{3-2-43}$$

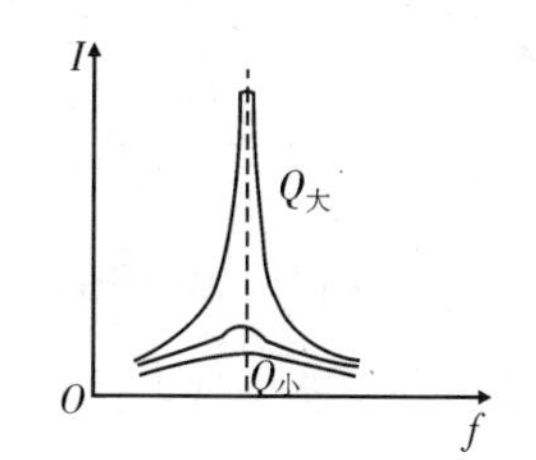

图 3-2-62 串联电路的谐振曲线

本实验研究当电压 $U$ 保持不变时，电流 $I$ 随 $\omega$ 的变化情况。当 $\omega=\omega_0$时，$|Z|$有一极小值，作 $I$-$f\left(f=\frac{\omega}{2\pi}\right)$图线，就可得到有一尖锐峰值的谐振曲线(如图 3-2-62 所示)。

应用交流“欧姆定律”，可得谐振时($Z=R$)各元件上的电压为

$$U_R=RI=R\frac{U}{R}=U \tag{3-2-44}$$

$$U_L=\frac{\omega_0 L}{|Z|}U=\frac{\omega_0 L}{R}U=QU \tag{3-2-45}$$

$$U_C=\frac{\frac{1}{\omega_0 C}}{|Z|}U=\frac{1}{\omega_0 RC}U=QU \tag{3-2-46}$$

式中

$$Q=\frac{U_L}{U}=\frac{U_C}{U}=\frac{\omega_0 L}{R}=\frac{1}{\omega_0 CR}=\frac{1}{R}\sqrt{\frac{L}{C}}$$

它只与电路本身 $R$、$L$、$C$ 元件参数有关，所以常用 $Q$ 值表示谐振电路的性能，并称为电路的“品质因数”。

以上结果表明，谐振时，电阻 $R$ 上的电压与外加电压相等，而电感上的电压值 $U_L$ 和电容上的电压值 $U_C$ 相等(但相位差为 $\pi$)，且为外加电压的 $Q$ 倍。对于一般实用的串联谐振电路，因 $R$ 值很小，往往 $Q\gg 1$，所以谐振时电感和电容上的电压可达很高的值，故串联谐振常称为电压谐振。

$Q$ 值还表示电路的频率选择性，即谐振峰大的尖锐程度。通常规定 $I$ 值为最大值 $I_m$ 的 $\frac{1}{\sqrt{2}}$(约为 $0.707I_m$)时的两点频率之差为“通频带宽度”(两点频率是指图 3-2-63 所示的 $f_1$ 和 $f_2$)。根据这个定义，可知 $Q$ 越大，带宽就越小，谐振曲线就越尖锐，谐振电路的频率选择性就越好。

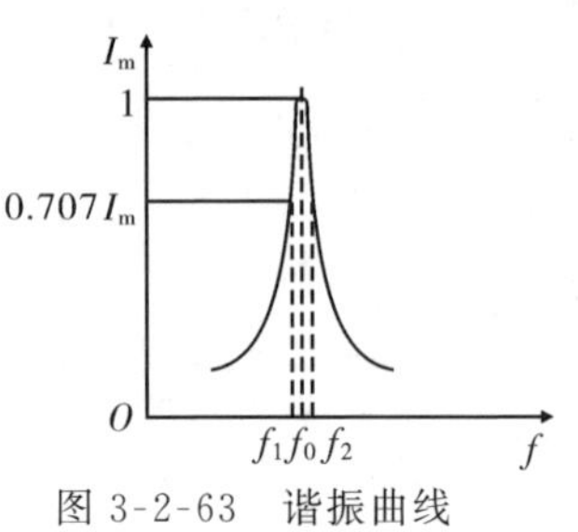

图 3-2-63　谐振曲线

2.RLC 并联电路的谐振

如图 3-2-64 所示的电路，其总阻抗和相位差为

$$Z_{并}=\frac{R^2+(\omega L)^2}{\sqrt{R^2+[\omega CR^2+\omega L(\omega^2 LC-1)]^2}} \tag{3-2-47}$$

$$\varphi=\arctan\frac{\omega L-\omega CR^2-\omega^3 L^2 C}{R} \tag{3-2-48}$$

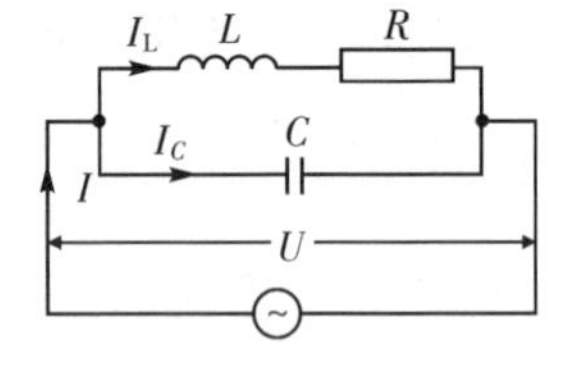

图 3-2-64　RLC 并联谐振电路

谐振时 $\varphi=0$，由式(3-2-48)求出并联电路的谐振圆频率

$$\omega_P=\sqrt{\frac{1}{LC}-\left(\frac{R}{L}\right)^2}=\omega_0\sqrt{1-\frac{1}{Q^2}} \tag{3-2-49}$$

其中，$\omega_0$ 为串联谐振圆频率。当 $Q\gg 1$ 时，$\omega_P\approx\omega_0$。由式(3-2-47)(3-2-48)(3-2-49)可以算出，谐振时电路的阻抗 $Z_{并}$ 出现极大值，即

$$Z_{并m}=\frac{L}{RC}$$

因此，若电压保持不变，电路中的总电流出现极小值，即

$$I=\frac{U}{Z_{并m}}=\frac{RC}{L}U \tag{3-2-50}$$

这和串联谐振电路的性质刚好相反。

谐振时各支路的电流分别为

$$I_L=\frac{U}{\sqrt{R^2+(\omega_P L)^2}},I_C=\omega_P CU \tag{3-2-51}$$

当电路中的电阻很小（$R\ll\sqrt{L/C}$）并可忽略时，有 $\omega_P L\approx\frac{1}{\omega_P C}$，因此，两支路中的电流值几乎相等（相位几乎相反），且近似为总电流 $I$ 的 $Q$ 倍，因而并联电路也称为“电流谐振”。和串联谐振电路一样，$Q$ 越大，电路的选择性越好。

［内容要求］

**基础实验内容——测量串、并联电路的谐振曲线**

1.测量串联电路的谐振曲线

(1)如图 3-2-61 所示，选择 $L=0.1$ H，$C\approx0.05$ μF，$R=100$ Ω（或由教师给出），低频信号输出电压取 1 V，用晶体管伏特计量出 $R$ 两端的电压值，即可算出 $I$ 值。

(2)频率从 1 400 Hz 开始每隔 100 Hz 测一次电压值，一直测到 3 400 Hz，在谐振频率 $f_0$ 附近应多测几个点。注意每次改变频率时都要重新调整音频振荡器的输出电压，使它保持在 1 V。

(3)当谐振时，测量 $L$ 和 $C$ 的电压值。注意伏特计的量程要选得足够大。

(4)改变 $R$ 值，使 $R=500$ Ω，再测得另一组数据。

2.测定并联电路的谐振曲线

实际测量电路如图 3-2-65 所示，为了使电路中 $I$ 保持恒定，我们在电路中加入电阻 $R'$，使 $R'$ 两端的电压 $V'$ 不随频率改变，则 $I=\frac{V'}{R'}=$ 常数，而并联电路的阻抗是与频率有关的，其大小为 $Z_{并}=\frac{V}{I}$，故只要测出 $V$ 的大小即可算出 $Z_{并}$。因 $I$ 为常数，所以 $Z_{并}$ 和 $V$ 成正比，当谐振时，$Z_{并}$ 为极大，$V$ 为极大。

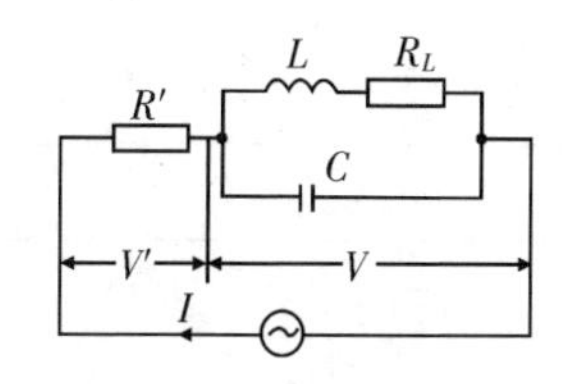


图 3-2-65　测量并联电路谐振曲线的原理图

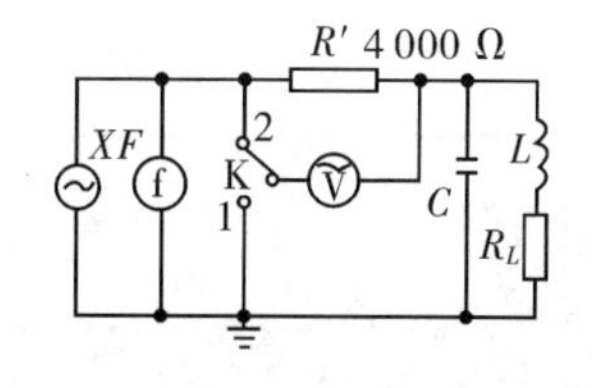


图 3-2-66　实际测量并联电路谐振曲线的示意图

(1)按图 3-2-66 连接线路。

(2)$L$、$C$ 仍用串联电路所取的数值，$Z_L$ 是电感本身的电阻，$R'$ 取 4 000 Ω。调节低频信号发生器的输出电压，使 $V'$ 维持在 0.4 V，测出此时的 $V$ 值。

(3)频率从 1 400 Hz 开始每隔 100 Hz 测一个点，直到 3 400 Hz，在谐振峰附近应多测几个点。注意每次改变频率时都要重新调整信号源的输出电压，使 $V'$ 保持在 0.4 V。

3.作串联谐振的两条 $I$-$f$ 曲线（即 $V_R$-$f$ 曲线）和并联谐振的 $V$-$f$ 曲线，将三条曲线作在同一坐标纸上进行比较。

4.计算谐振频率并与实验曲线测定出的谐振频率进行比较。

5.在串联谐振电路中，用 $Q=\frac{\omega_0 L}{R}$ 计算出的 $Q$ 值与用 $Q=\frac{U_L}{U}=\frac{U_C}{U}$ 测出的 $Q$ 值及从谐振曲线上用 $Q=\frac{f_0}{f_2-f_1}$ 计算出的 $Q$ 值进行比较。

**进阶实验内容——电路参数及非线性元件对谐振特性的影响**

1.探索不同的电路参数对谐振特性的影响。可以通过调整电阻、电感和电容的数值，观察谐振频率、谐振峰值和带宽等参数的变化。

2.研究非线性电感和电容元件对谐振特性的影响。非线性元件可以引起谐振频率变化、非线性失真和谐波产生等现象，进一步探索和分析非线性谐振特性的规律和应用。

3.将 $RLC$ 电路与放大器、滤波器或传感器等组合使用，研究其在实际电子设备和通信系统中的性能和应用效果。

[问题讨论]

1.为什么串联谐振称为电压谐振？为什么并联谐振称为电流谐振？

2.求 $Q$ 值时选取的两个频率 $f_2$、$f_1$ 是否与 $f_0$ 对称？在什么条件下接近对称？

3.解释现象：做串联和并联谐振实验时，为保持输出电压为 1 V 和 $V'$ 为 0.4 V，每次改变频率后总要调整音频率振荡器的输出电压，而且越接近谐振频率，电压输出旋钮越是往大的方向旋转。

4.本实验用的晶体管伏特计的内阻是多大？试分别讨论做串联谐振和并联谐振实验时的接入误差。

5.想用交流电流计代替晶体管伏特计完成本实验，应该用什么样规格的交流电流计才能满足要求？

[数据处理示范]

表 3-2-6　$RLC$ 串联，$U=1$ V 时实验数据表

| $f$/Hz | $R_1=100\ \Omega$ | | $R_2=500\ \Omega$ | |
|---|---|---|---|---|
| | $V$/mV | $I$/mA | $V$/mV | $I$/mA |
| 1 400 | | | | |
| 1 500 | | | | |
| … | | | | |
| 3 300 | | | | |
| 3 400 | | | | |

表 3-2-7 $RLC$ 并联，$U'=0.4$ V，$R'=4\ 000\ \Omega$ 时实验数据表

| $f$/Hz | $R_1=100\ \Omega$ | | $R_2=500\ \Omega$ | |
|---|---|---|---|---|
| | $V$/mV | $I$/mA | $V$/mV | $I$/mA |
| 1 400 | | | | |
| 1 500 | | | | |
| … | | | | |
| 3 300 | | | | |
| 3 400 | | | | |

# 实验九　*RLC* 电路稳态特性研究

［引言］

由电阻、电感和电容组成的电路称为 $RLC$ 电路，它是交流电路中最基本的电路形式。把简谐交流电压加在 $RLC$ 电路上，电路中的电流和各元件上的电压将随电源频率的不同而改变，电流和电源电压间，各元件上的电压和电源电压间的相位差也和电源的频率有关。前者的函数关系称为幅频特性，后者的函数关系称为相频特性。这些特性在无线电技术中有着广泛的应用，例如各种滤波器就是利用幅频特性构成的。

$RLC$ 电路的稳态特性研究实验能够提升学生的创新意识、科学研究能力和批判性思维能力。还能够帮助学生理解科学研究的客观性和相对性，培养学生对真理的追求和思辨的态度。在实验过程中，要鼓励学生学会在小组或团队中合作进行实验设计和结果解释，培养团队协作精神。

$RLC$ 电路的稳态特性研究与现代科技结合起来，还能够在通信系统优化、高频电路设计、电力传输和能源转换、无线充电技术等方面展现出重要的应用价值。

$RLC$ 电路分为串联电路和并联电路两大类，本实验只研究串联电路。

［实验目的］

1.学习用实验方法研究 $RLC$ 串联电路的幅频特性和相频特性。

2.通过实验加深对 $RC$ 和 $RL$ 串联电路的幅频特性和相频特性的认识。

3.学习用二踪示波器测量相位差的方法。

［仪器用具］

音频振荡器、二踪示波器、标准电容箱、标准电感、电阻箱、数字频率计、交流毫伏表。

[实验原理]

1.$RC$ 串联电路

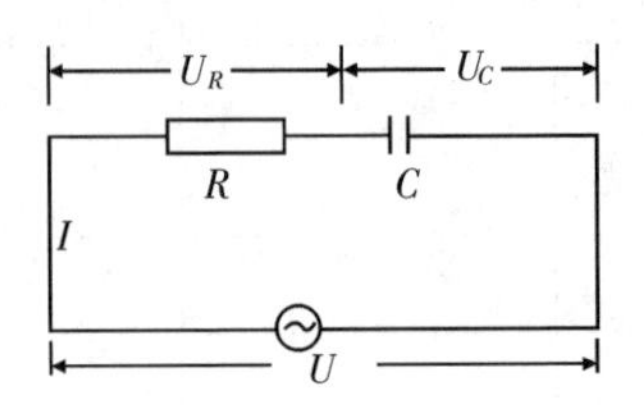


图 3-2-67　$RC$ 串联电路

电路如图 3-2-67 所示。令 $\omega$ 表示电源的圆频率,$U$、$I$、$U_R$、$U_C$ 分别表示电源电压、电流、$R$ 两端的电压、$C$ 两端的电压的有效值,则

$$U=U_R+U_C=I\left(R+\frac{1}{j\omega C}\right) \tag{3-2-52}$$

由式(3-2-52)可得到电路的总阻抗 $|Z|$、电流的有效值 $I$、电阻两端电压的有效值 $U_R$、电容两端电压的有效值 $U_C$,以及电路中的电压与电流之间的相位差 $\varphi$,分别为

$$|Z|=\sqrt{R^2+\left(\frac{1}{\omega C}\right)^2} \tag{3-2-53}$$

$$I=\frac{U}{\sqrt{R^2+\left(\frac{1}{\omega C}\right)^2}} \tag{3-2-54}$$

$$U_R=IR \tag{3-2-55}$$

$$U_C=\frac{I}{\omega C} \tag{3-2-56}$$

$$\varphi=-\arctan\left(\frac{1}{\omega CR}\right) \tag{3-2-57}$$

式(3-2-57)中负号表示电路中的电压滞后于电流。

从式(3-2-53)、(3-2-54)、(3-2-55)和(3-2-56)可知,电阻和电容两端电压 $U_R$、$U_C$ 都是频率 $f$(即 $\omega$)的函数,它们都随频率的改变而改变。当频率很低$\left(\frac{1}{\omega C}\gg R\right)$时,电源电压主要降落在电容上;当频率很高$\left(\frac{1}{\omega C}\ll R\right)$时,电源电压主要降落在电阻上。我们可以利用 $RC$ 电路的这种幅频特性组成各种滤波电路。

在考察式(3-2-57)表示的相频特性时,我们看到,当频率很低时,$\varphi$ 接近 $-\frac{\pi}{2}$,即电压滞后于电流接近 $\frac{\pi}{2}$;当频率很高时,$\varphi$ 接近零,即电流和电压同位相。我们可以利用 $RC$ 电路的这种相频特性,组成各种移

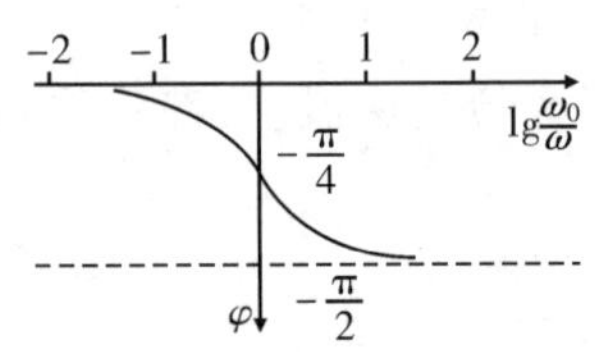


图 3-2-68　串联电路的相频特性曲线

相电路。通常把 $\omega$ 的对数作横坐标，$\varphi$ 作纵坐标，得到典型的相频特性曲线，如图 3-2-68 所示。图中 $\omega_0$ 为 $U_R=U_C$ 时电源的频率，其数值为 $\omega_0=\dfrac{1}{RC}$。

2.$RL$ 串联电路

$RL$ 串联电路如图 3-2-69 所示。$U$、$I$、$U_R$、$U_L$ 分别表示电源电压、电流、$R$ 两端的电压、$L$ 两端电压的有效值，则

$$U=U_R+U_L=I(R+j\omega L) \tag{3-2-58}$$

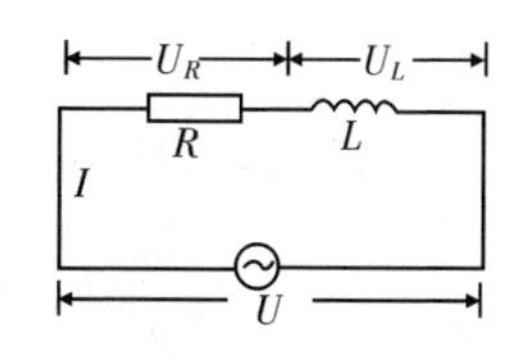

图 3-2-69　$RL$ 串联电路

电路的总阻抗 $|Z|$、电流的有效值 $I$、电阻两端电压的有效值 $U_R$、电感两端电压的有效值 $U_L$ 以及电路中的电压与电流之间的相位差分别为

$$|Z|=\sqrt{R^2+(\omega L)^2} \tag{3-2-59}$$

$$I=\frac{U}{\sqrt{R^2+(\omega L)^2}} \tag{3-2-60}$$

$$U_R=IR=\frac{UR}{\sqrt{R^2+(\omega L)^2}} \tag{3-2-61}$$

$$U_L=I\omega L=\frac{U\omega L}{\sqrt{R^2+(\omega L)^2}} \tag{3-2-62}$$

$$\varphi=\arctan\frac{\omega L}{R} \tag{3-2-63}$$

若电压有效值 $U$ 保持不变，电阻和电感两端电压 $U_R$、$U_L$ 都是频率 $f$（即 $\omega$）的函数，都随频率的改变而改变。当频率很低（$R\gg\omega L$）时，电源电压主要降落在电阻上；当频率很高（$R\ll\omega L$）时，电源电压主要降落在电感上。我们可以利用 $RL$ 电路的这种幅频特性组成各种滤波电路。

$RL$ 的相频特性曲线如图 3-2-70 所示，当 $\omega$ 很低时，$\varphi$ 接近零，即电流与电压同位相；当 $\omega$ 很高时，$\varphi$ 接近 $\dfrac{\pi}{2}$，即电压超前电流接近 $\varphi$。同样，我们也可以利用 $RL$ 电路的这种相频特性，组成移相电路。图中 $\omega_0=\dfrac{R}{L}$ 为 $U_R=U_L$ 时电源的频率。

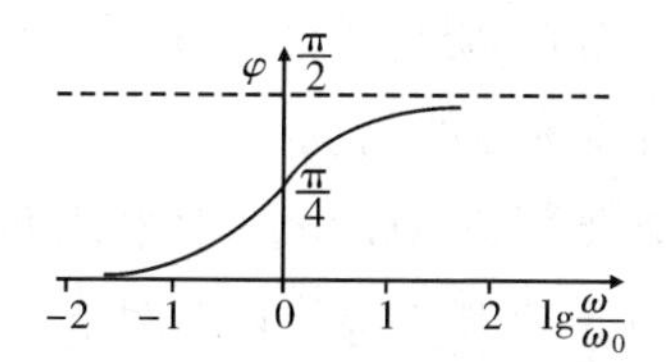

图 3-2-70　$RL$ 串联电路的相频特性曲线

3.$RLC$ 串联电路

$RLC$ 串联电路如图 3-2-71 所示。电路的幅频特性不做详细研究，这里只考虑它的相频特性。即

$$\tan\varphi=\frac{\omega L-\dfrac{1}{\omega C}}{R} \tag{3-2-64}$$

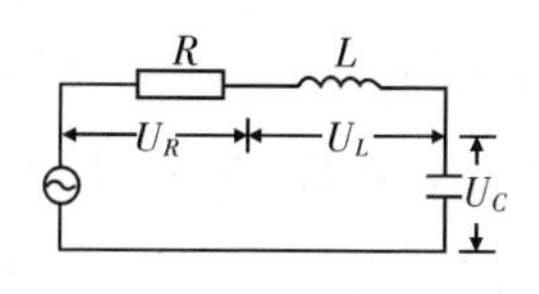

图 3-2-71　$RLC$ 串联电路

当 $\omega L=\frac{1}{\omega C}$ 时，$\varphi=0$，电流与电源电压的位相一致，电路达到谐振，相应的圆频率用 $\omega_0$ 表示

$$\omega_0=\frac{1}{\sqrt{LC}} \tag{3-2-65}$$

注意，这里的 $\omega_0$ 是谐振频率，其含义与前面的不同。

当 $\omega L>\frac{1}{\omega C}$ 时，$\varphi>0$，电流的位相落后于电源电压，整个电路呈感性。随着 $\omega$ 的增大，$\varphi$ 趋近 $\frac{\pi}{2}$；当 $\omega L<\frac{1}{\omega C}$ 时，$\varphi<0$，电流的位相超前于电源电压，整个电路呈容性。随着 $\omega$ 的减小，$\varphi$ 趋近 $-\frac{\pi}{2}$。

4.幅频特性的测试方法

要测量 $RC$ 电路中电流 $I$ 与频率 $f$ 的关系，可按照图 3-2-72 所示连接线路。$R$ 为电阻箱，$C$ 为可变电容箱，Ⓥ为交流电压表（DA-16 型晶体管毫伏表）。

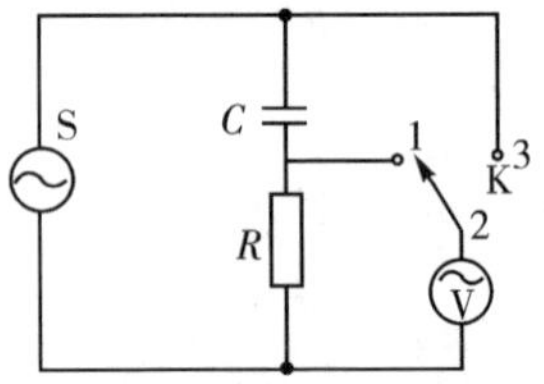

图 3-2-72　测量 $RC$ 串联电路幅频特性电路图

当开关 K 接“3”时，交流电压表测量交流电源的输出电压有效值 $U$，调节输出幅度旋钮，保证在每种频率测量时，$U$ 严格保持定值；当开关 K 接“1”时，交流电压表测量 $R$ 两端的电压 $U_R$。取不同的频率值，保持 $U$ 不变，就可测出各种频率时的 $U_R$ 值，并算出 $I$ 值。取 $f$ 为横坐标，$I$ 或 $U_R$ 为纵坐标，就可画出 $RC$ 电路的电流或电阻两端电压与频率的关系曲线，简称 $RC$ 电路的电阻幅频特性曲线。

如果要测量 $RC$ 电路中电容两端的电压与频率之间的关系，可将图 3-2-72 中 $R$ 和 $C$ 位置相互对调，进行类似上面的测量。

5.相频特性的测试方法

如果要测量 $RC$ 电路中电流和所加信号电压之间相位差与频率的关系，可按图 3-2-73 所示连接线路。图中虚线框内是二踪示波器。示波器的两个信号输入端分别与电阻 $R$ 和信号发生器的输出相连。此外，为了使示波器水平扫描完全与 $Y_A$、$Y_B$ 信号同步来测量两信号的相位差，信号源输出还要与示波器的“外触发”端钮相连，并且将“触发耦合开关”置于“外”的位置。“Y 工作方式选择”开关，是用来对示波器单踪或二踪工作状态进行选择的。当指示“交替”时，表示二踪的工作状态在一个扫描时间内，$Y_A$ 与 $Y_B$ 通道的信号交替通过电子交换器，在荧光屏上同时显出两个波形，如图 3-2-74(a)所示；当指示“断续”时，在一个扫描周期内，$Y_A$、$Y_B$ 信号分别同时间隔通过电子交换器，因此在荧光屏上显示两个断续光点的波形，通常适用

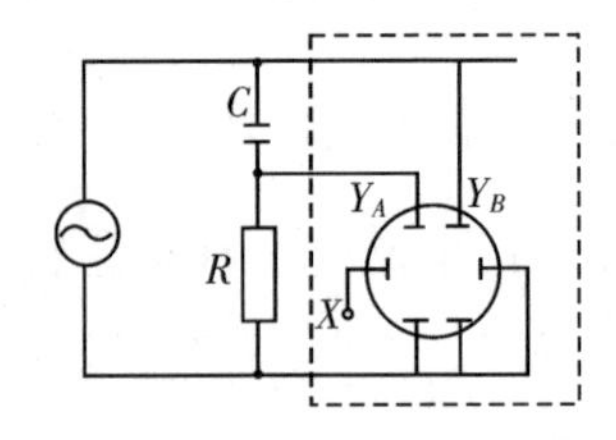

图 3-2-73　测量 $RC$ 串联电路相频特性电路图

于测量低频信号。如图 3-2-74(b)所示。

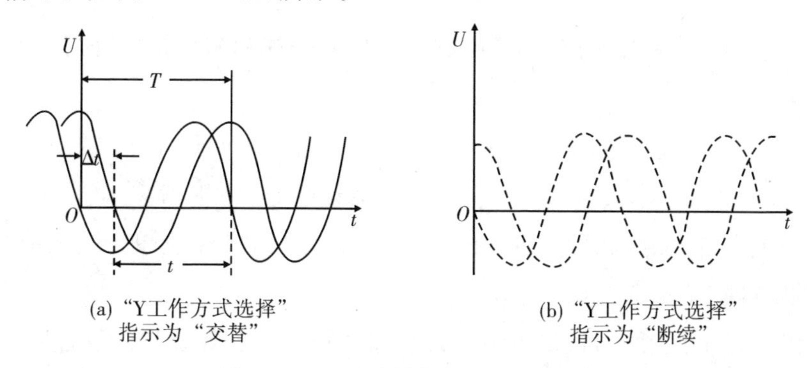


(a) "Y工作方式选择"指示为"交替"

(b) "Y工作方式选择"指示为"断续"

图 3-2-74　示波器荧光屏显示的波形

示波器荧光屏的水平扫描速率(即每厘米相当于多少秒、毫秒或微秒)可根据"扫描选择"所指位置确定,因此根据正弦波一个周期在水平方向所占格数就可换算出它相当的时间值。用这样的方法不仅可以测出周期 $T$,还可测量两个波形的位相差。

设两个振动 $A$ 和 $B$[图 3-2-74(a)]的相位差为 $\varphi$,$B$ 落后于 $A$,显然,$A$、$B$ 可表达为

$$U_A = U_{A0}\sin(\omega t)$$

$$U_B = U_{B0}\sin(\omega t - \varphi) = U_{B0}\sin\left[\omega\left(t - \frac{\varphi}{\omega}\right)\right]$$

时间差
$$\Delta t = \frac{\varphi}{\omega}$$

因此,相位差

$$\varphi = \omega\Delta t = 2\pi f\Delta t = 2\pi\frac{\Delta t}{T}(\text{弧度}) = 360\frac{\Delta t}{T}(\text{度}) \tag{3-2-66}$$

式(3-2-66)中 $\Delta t$ 是振动 $B$ 和振动 $A$ 到达同一相角的时刻差,测出这段时间及振动周期 $T$,即可算出位相差。

根据上面的方法,可选不同频率的正弦波输出,得到对应的位相差值。同样以频率 $f$ 为横坐标,位相差 $\varphi$ 为纵坐标,就可画出 $RC$ 电路的电流和外加电压 $U$ 之间位相差与频率的关系曲线,简称相频特性曲线。若取 $\tan\varphi$ 为纵坐标,$\frac{1}{\omega}$为横坐标,则画出的 $\tan\varphi$-$\frac{1}{\omega}$图线是一条斜率为$\left(-\frac{1}{RC}\right)$的直线。

如果图 3-2-73 中的电容器 $C$ 改用电感线圈 $L$,就可用来测量 $RL$ 电路的相频特性;如果在 $C$ 和 $R$ 之间再串联一只线圈 $L$,就可用来测量 $RLC$ 电路的相频特性。这里的相频是指总电压和电路中的电流之间的位相差与频率的关系。当研究其他相频特性时,线路的接法就要随之变动。

［内容要求］

### 基础实验内容——*RC* 串联电路幅频特性和相频特性研究

1.*RC* 串联电路

(1)取 $R=500.0\ \Omega$,$C=0.500\ 0\ \mu F$,在 50～2 000 Hz 之间取 10 个不同频率值,分别测出 $U_C$、$U_R$ 的值,测量数据填入表 3-2-8,作 $U_C$-$f$ 曲线和 $U'_R$-$f$ 曲线。

(2)电路参数不变,测量相频特性,作出相应曲线,参见“数据处理示范”表 3-2-9。

2.*RL* 串联电路

取 $R=500.0\ \Omega$,$L=0.01$ H,测定幅频特性和相频特性。观察与 *RC* 电路的异同点。数据表格自拟。

### 进阶实验内容——*RLC* 串联电路稳态特性研究

1.*RLC* 串联电路

线路如图 3-2-75 所示,取 $R=500.0\ \Omega$,$C=0.633\ 3\ \mu F$,$L=0.01$ H,在 500～5 000 Hz 之间,取 10 个不同频率值,测定相频特性,作出 $\varphi$-$\left(\frac{f}{f_0}-\frac{f_0}{f}\right)$ 曲线,数据表格自拟。

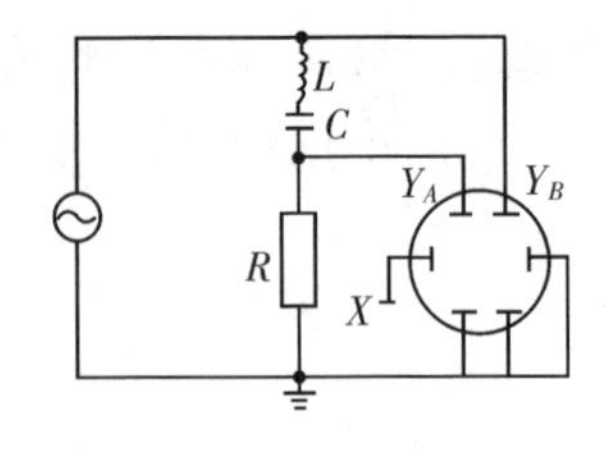


图 3-2-75　*RLC* 串联电路

2.选择示波器的“X—Y”工作方式,用李萨如图形法观察相应的位相关系。

［注意事项］

认真阅读仪器说明书,严格按操作要求使用示波器。

［问题讨论］

1.为什么用 *RC* 电路能比较容易得到接近 $\frac{\pi}{2}$ 的相移,而用 *RL* 电路则较难得到接近 $\frac{\pi}{2}$ 的相移?

2.用 *RC* 电路也可以获得 $0\to\pi$ 的相移。如图 3-2-76 所示,当 $R'$ 的阻值从零变到无穷大,则输出电压 $U_1$ 和输入电压 $U$ 的位相差由零变至 $\pi$。试证明之。

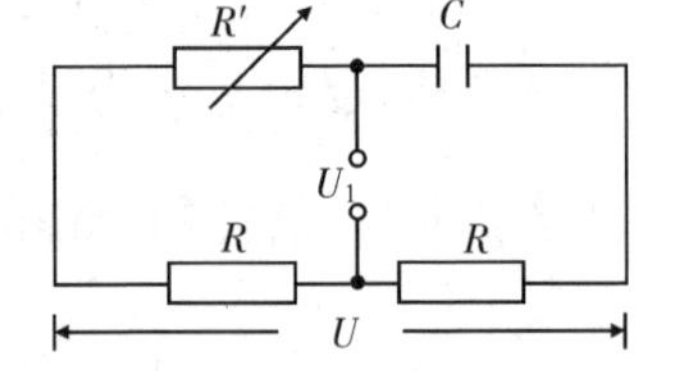


图 3-2-76　*RC* 电路的相移

3.比较两个正弦波的位相差时,它们的零电位线是否要一致?

4.如何判断 *RLC* 串联电路中 $U$ 和 $I$ 之间的位相差是超前还是落后?又怎样确定电路是呈电感性还是电容性?

［数据处理示范］

**表 3-2-8　幅频特性测量**　　$U=1.00$ V,$R=500\ \Omega$,$C=0.5\ \mu F$

| $f$/kHz | | | | | | | | | | | | | | | |
|---|---|---|---|---|---|---|---|---|---|---|---|---|---|---|---|
| $U_{RPP}$/mV | | | | | | | | | | | | | | | |
| $I$/mA | | | | | | | | | | | | | | | |

表 3-2-9 相频特性测量 $R=500\ \Omega, C=0.5\ \mu F$

| $f$/kHz | | | | | | | | | | | |
|---|---|---|---|---|---|---|---|---|---|---|---|
| $\Delta t$ /μs(或 $n$ 格) | | | | | | | | | | | |
| $\varphi$ | | | | | | | | | | | |

# 实验十 *RLC* 电路暂态特性研究

[引言]

一个由电感 $L$(或电容 $C$)和电阻 $R$ 组成的电路,在接通或断开电源的短暂时间内,电路中的电流或电压不会瞬时突变,而是从一个稳定状态(初始状态)迅速地过渡到另一个稳定状态(稳态),这个过渡过程称为暂态过程。

*RLC* 电路暂态特性研究的历史背景可以追溯到 19 世纪末 20 世纪初的电路理论发展阶段。1881 年,德国物理学家赫尔曼·冯·亥姆霍兹在研究中首次提出了电路中存在振荡现象的可能性,为后来的 *RLC* 电路暂态特性研究奠定了基础。20 世纪初,电力传输和通信系统的持续发展使研究者们对电路中的阻抗、电感和电容的相互作用产生了浓厚的兴趣。英国科学家牛顿·莱皮奥特研究了电缆信号传输的问题,并提出了莱皮奥特方程,该方程在分析 *RLC* 电路的暂态特性时起到了重要作用。斯泰因梅茨则通过研究交流电路中的瞬态现象,深入了解电感和电容元件对电路行为的影响,并提出了描述交流电路中暂态行为的瞬变方程。这些早期的研究成果为后来的 *RLC* 电路暂态特性分析与研究打下了基础。随着时间的推移,人们对电路暂态特性的理解逐渐深入,相关的数学模型和分析方法也得到了不断完善和发展。

*RLC* 电路暂态特性研究实验强调科学研究的严谨性和客观性。鼓励学生在 *RLC* 电路暂态特性研究中展现创新意识和创造力,积极思考和解决问题,在实验中相互合作,共同解决问题。培养学生善于思考、勇于探索的科学精神,激发他们的创新思维和创造力,提升他们的团队合作和沟通协作的能力。

*RLC* 电路的暂态特性除了在电子电路中有许多用途,如可起隔直作用、耦合作用、延时作用等,也可与现代科技结合,促进科技发展和创新。如将 *RLC* 电路暂态特性研究与自动化控制相结合,可以实现对电路参数和响应的自动化调整和控制。再如,根据电路的暂态响应实时调整电容或电感的数值,可以实现电路的快速稳定,在实际应用中提高电路性能和稳定性。

本实验研究 *RC*、*RL*、*RLC* 串联电路在暂态过程中电流、电压的变化规律。

[实验目的]

1.学习和训练如何通过实验方法研究有关 *RLC* 串联电路的暂态过程,提高分析能力。

2.通过研究 *RL* 和 *RC* 电路的暂态过程,加深对电感和电容特性的认识。

3.通过研究 *RLC* 电路的暂态过程,加深对阻尼运动规律的理解。

［仪器用具］

电感、电容、电阻箱、信号发生器、示波器、稳压电源等。

［实验原理］

1.$RC$ 串联电路的暂态过程

图 3-2-77 是一个 $RC$ 串联电路，当开关 K 合向“1”时，电源 $E$ 通过 $R$ 对电容 $C$ 充电，在电容 $C$ 充电后，把开关 K 从“1”合向“2”，电容 $C$ 将通过 $R$ 放电。在充电过程中，因为

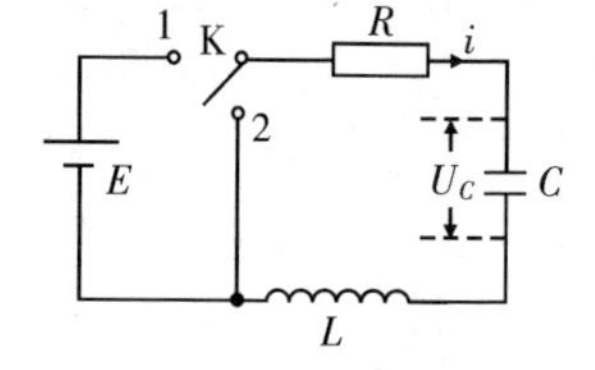

图 3-2-77　$RC$ 串联电路

$$U_C + iR = E$$

又

$$i = C\frac{\mathrm{d}U_C}{\mathrm{d}t}$$

得电路方程

$$RC\frac{\mathrm{d}U_C}{\mathrm{d}t} + U_C = E \tag{3-2-67}$$

设 $t=0$ 时，$U_C=0$。解方程(3-2-67)得，充电过程中电容器两端电压和电阻两端电压为

$$U_C = E(1-\mathrm{e}^{-\frac{t}{RC}})$$

$$U_R(t) = E\mathrm{e}^{-\frac{t}{RC}}$$

充电电流为

$$i(t) = \frac{E}{R}\mathrm{e}^{-\frac{t}{RC}}$$

在放电过程中，因为电路中无电源，得电路方程为

$$\frac{\mathrm{d}U_C}{\mathrm{d}t} + \frac{1}{RC}U_C = 0 \tag{3-2-68}$$

设 $t=0$ 时，$U_C=E$。解方程(3-2-68)得，放电过程中电容器两端电压、电阻两端电压和放电电流为

$$U_C(t) = E\mathrm{e}^{-\frac{t}{RC}}$$

$$U_R(t) = -E\mathrm{e}^{-\frac{t}{RC}}$$

$$i(t) = -\frac{E}{R}\mathrm{e}^{-\frac{t}{RC}}$$

可见，在充、放电过程中，$U_C(t)$、$U_R(t)$、$i(t)$均按指数规律变化，只不过充电时电容电压逐渐上升，而放电时则是逐渐减小。

令 $\tau=RC$，称为电路的时间常数，它反映了指数函数变化的快慢。图 3-2-78 和图 3-2-79 分别是充电和放电过程的 $U_C$-$t$ 和 $i$-$t$ 的曲线图形，并画出了不同的 $\tau$ 所对应的曲线。

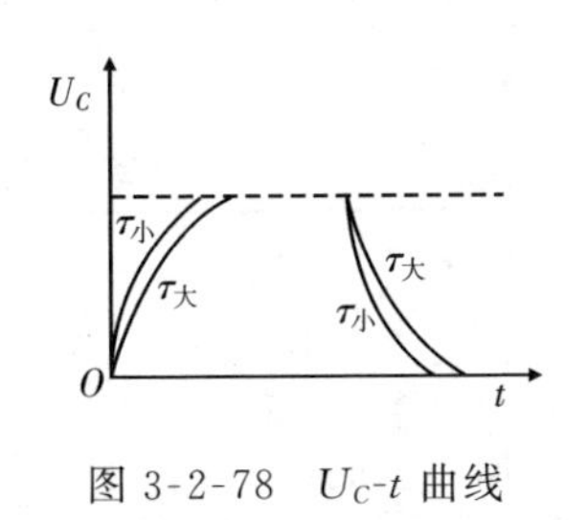


图 3-2-78　$U_C$-$t$ 曲线

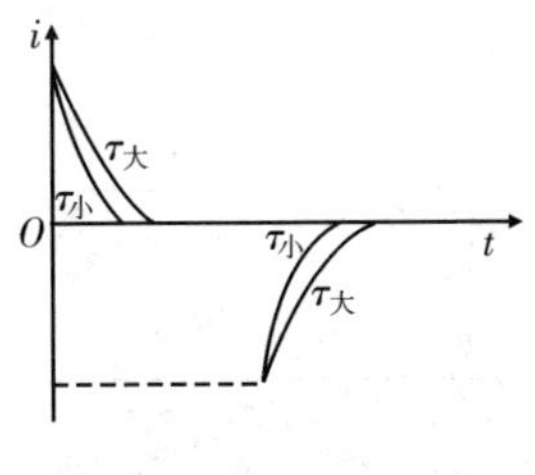


图 3-2-79　$i$-$t$ 曲线

2.$RL$ 串联电路的暂态过程

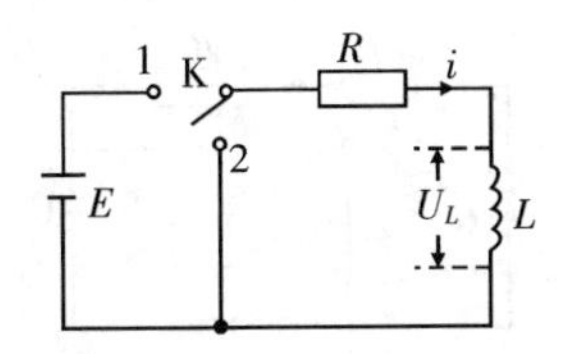


图 3-2-80　$RL$ 串联电路

如图 3-2-80 所示，$E$ 为直流电源，当开关 K 合向“1”时，电路将会有电流 $i$ 流过，但由于电感中的电流不能突变，电流 $i$ 的增长有个相应的过程。同理，当开关 K 从“1”合向“2”时，$i$ 也不会骤降至零，只会逐渐消失。

电流增长过程和消失过程的电流方程分别为

$$L\frac{\mathrm{d}i}{\mathrm{d}t}+iR=E$$

$$L\frac{\mathrm{d}i}{\mathrm{d}t}+iR=0$$

设电流增长过程的初始条件为 $t=0$ 时，$i=0$；电流消失过程的初始条件为 $t=0$ 时，$i=\frac{E}{R}$。可得方程的解为

| 电流增长过程 | 电流消失过程 |
| --- | --- |
| $i=\frac{E}{R}(1-\mathrm{e}^{-\frac{R}{L}t})$ | $i=\frac{E}{R}\mathrm{e}^{-\frac{R}{L}t}$ |
| $U_L=E\mathrm{e}^{-\frac{R}{L}}$ | $U_L=-E\mathrm{e}^{-\frac{R}{L}}$ |
| $U_R=E(1-\mathrm{e}^{-\frac{R}{L}t})$ | $U_R=E\mathrm{e}^{-\frac{R}{L}t}$ |

式中 $U_L$ 为电感 $L$ 的电压。可见，不论是电流增长过程还是消失过程，$i$、$U_L$、$U_R$ 都是按指数规律变化，而电路的时间常数 $\tau$ 是$\frac{L}{R}$。图 3-2-81 和图 3-2-82 分别画出了电流增长和消失过程的 $i$-$t$ 曲线图和 $U_L$-$t$ 曲线图。

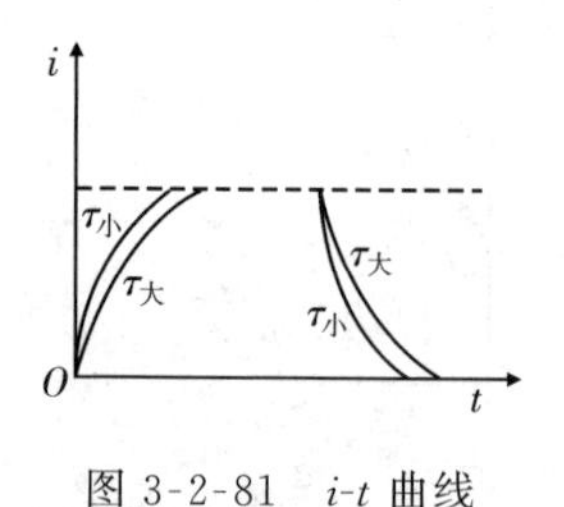


图 3-2-81　$i$-$t$ 曲线

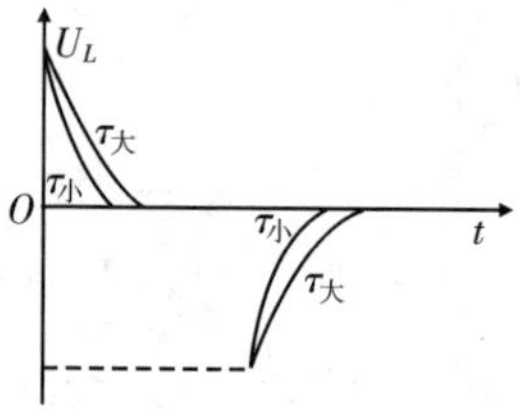

图 3-2-82　$U_L$-$t$ 曲线

3.$RLC$ 串联电路的暂态过程

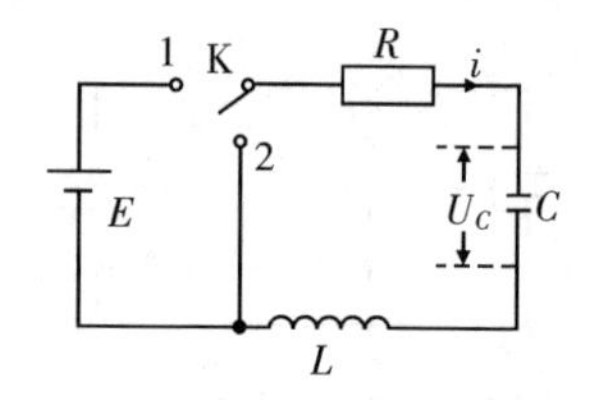


图 3-2-83　$RLC$ 串联电路

仍选直流电源的简单情况讨论。电路图如图 3-2-83 所示。先考察放电过程，即开关 K 先合向“1”使电容充电至 $E$，然后把 K 合向“2”，电容就在闭合的 $RLC$ 电路中放电。列电路方程如下：

$$L\frac{\mathrm{d}i}{\mathrm{d}t}+Ri+U_C=0$$

又

$$i=C\frac{\mathrm{d}U_C}{\mathrm{d}t}$$

代入得

$$L\frac{\mathrm{d}^2U_C}{\mathrm{d}t^2}+R\frac{\mathrm{d}U_C}{\mathrm{d}t}+\frac{1}{C}U_C=0$$

根据初始条件 $t=0$ 时，$U_C=E$，$\frac{\mathrm{d}U_C}{\mathrm{d}t}=0$ 解方程。方程的解分为三种情况：

(1) $R^2<\frac{4L}{C}$，这属于阻尼较小的情况，其解为

$$U_C=E\mathrm{e}^{-\frac{t}{\tau}}\cos(\omega t+\varphi) \tag{3-2-69}$$

其中 $\tau$ 和 $\omega$ 分别为时间常数和衰减振动的圆频率

$$\tau=\frac{2L}{R} \tag{3-2-70}$$

$$\omega=\frac{1}{\sqrt{LC}}\sqrt{1-\frac{R^2C}{4L}} \tag{3-2-71}$$

$U_C$ 随时间变化的规律如图 3-2-84 中的曲线 Ⅰ 所示，即阻尼振动状态。此时振动的幅度呈指数衰减，$\tau$ 的大小决定了振幅衰减的快慢。$\tau$ 越小，振幅衰减越迅速。

如果 $R^2<\frac{4L}{C}$，通常是 $R$ 很小的情况，振幅的衰减会很缓慢，从式(3-2-71)可知，$\omega\approx\frac{1}{\sqrt{LC}}=\omega_0$，即复归为 $LC$ 电路的自由振动，$\omega_0$ 为自由振动的圆频率。

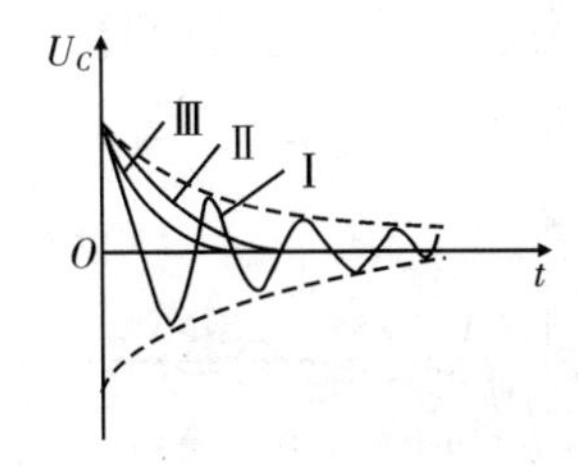

图 3-2-84　放电过程的 $U_C$-$t$ 曲线

(2)$R^2>\frac{4L}{C}$，对应过阻尼状态，其解为

$$U_C=E\mathrm{e}^{-\frac{t}{\tau}}\cosh(\omega t+\varphi) \tag{3-2-72}$$

式中的 $\tau$ 仍等于 $\frac{2L}{R}$，而

$$\omega=\frac{1}{\sqrt{LC}}\sqrt{\frac{R^2C}{4L}-1}$$

尽管式(3-2-69)和式(3-2-72)的两个解在形式上十分相似，但双曲函数 cosh 和余弦函数 cos 具有完全不同的特点，因而式(3-2-72)中的 $\tau$ 和 $\omega$ 不能再理解为时间常数和圆频率。由式(3-2-72)作 $U_C$-$t$ 的关系曲线如图 3-2-84 中的曲线Ⅱ，它是以缓慢的方式逐渐回零。可以证明，若 $L$、$C$ 固定，随电阻 $R$ 的增大，$i$ 衰减到零的过程更加缓慢。

(3)$R^2=\frac{4L}{C}$，对应临界状态。其解为

$$U_C=E\left(1+\frac{t}{\tau}\right)\mathrm{e}^{\frac{-t}{\tau}}$$

式中 $\tau$ 仍等于 $\frac{2L}{R}$，它是从过阻尼到阻尼振动之间的过渡分界，$U_C$-$t$ 关系如图 3-2-84 中的曲线Ⅲ。

下面再考察充电过程，即开关 K 先在位置“2”，待电容放电结束，再把 K 合向“1”，电源 $E$ 将对电容充电，于是电路方程变为

$$L\frac{\mathrm{d}^2U_C}{\mathrm{d}t^2}+R\frac{\mathrm{d}U_C}{\mathrm{d}t}+\frac{1}{C}U_C=E$$

初始条件为 $t=0$ 时，$U_C=E$，$\frac{\mathrm{d}U_C}{\mathrm{d}t}=0$。解得

$$R^2<\frac{4L}{C},U_C=E[1-\mathrm{e}^{-\frac{t}{\tau}}\cos(\omega t+\varphi)] \tag{3-2-73}$$

$$R^2 > \frac{4L}{C}, U_C = E\left[1 - e^{-\frac{t}{\tau}}\cosh(\omega t + \varphi)\right] \tag{3-2-74}$$

$$R^2 = \frac{4L}{C}, U_C = E\left[1 - \left(1 + \frac{t}{\tau}\right)e^{\frac{-t}{\tau}}\right] \tag{3-2-75}$$

可见，充电过程和放电过程十分类似，只是最后趋向的平衡位置不同，对应于三种状态的 $U_C$-$t$ 曲线如图 3-2-85 中的Ⅰ、Ⅱ、Ⅲ。

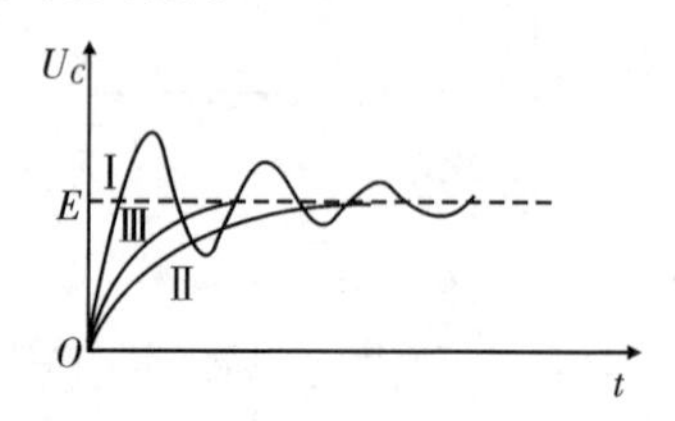


图 3-2-85　充电过程的 $U_C$-$t$ 曲线

本实验是用示波器观察上述暂态过程。从示波器的原理可知，要使屏幕上出现稳定的图形，需要满足两个条件：第一，整个暂态过程所用时间要比较短，例如 $10^{-3}$ s，这是因为屏幕的光点保留的时间比较短，中余辉示波管光点保留时间约为 10 ms 数量级，如果暂态过程很长，那么显示后面的过程时前面的图形已经消失，不能观察到图形的全貌。第二，同样的图形必须重复出现，否则即使图形齐全，但显示一瞬即过，也来不及仔细观察。

为满足图形稳定条件一，$L$、$C$ 的数值选择要合适，例如 $RLC$ 电路中 $L$ 取 10 mH，$C$ 取 0.1 μF。用自由振动的周期 $T_0$ 作为粗略估计暂态过程的时间，$T_0 = 2\pi\sqrt{LC} = 2\times10^{-5}$ s。为了满足条件二，开关 K 不能人工操作，因为人工操作既不能十分迅速，又不能定时重复。办法是用一方波发生器代替直流电源 $E$。方波发生器的波形如图 3-2-86 所示，它在 0～$\frac{t_0}{2}$ 前半周期输出电压为 $E$，然后迅速回零；后半周期输出为零，而后不断重复。这样，前半周期相当于把 K 合向"1"，后半周期相当于把 K 合向"2"。

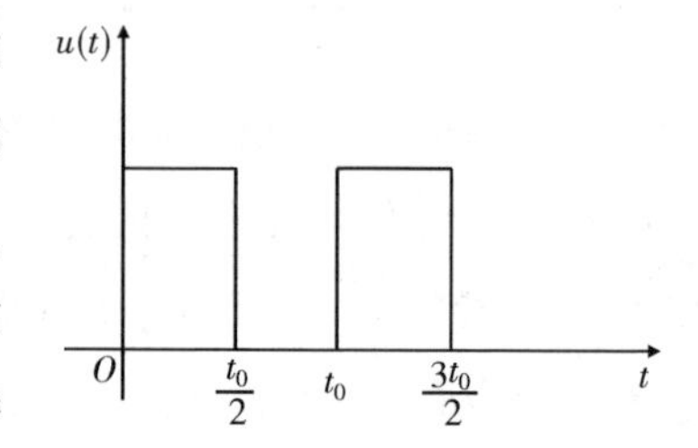


图 3-2-86　方波波形

［内容要求］

## 基础实验内容——观察不同电路的暂态过程

1.观察方波发生器的输出波形

把同轴线的两个 BNC 接头分别插入信号发生器的主输出和示波器的垂直输入端口并旋转一下（保证导线接触良好）；调节信号发生器设置，输出方波信号；调节示波器，观察方波图形。留意观察方波的前沿（电压从零跃过到 $E$）和后沿（电压从 $E$ 跃过到零）是否足够陡，还要留意一个周期内电压为 $E$ 和电压为零是否准确地各占半个周期，记录观察的结果。

2.观察 $RC$ 电路的暂态过程

从函数发生器端输出的方波，接到 $RC$ 串联电路上（同轴线一端为 BNC 接头，接到函数发生器的主输出端；同轴线另一端为两个夹子，一个夹子接红色导线，另一个夹子接黑色导线，这个夹子通常与“地”相连）。用示波器观察电容两端的电压 $U_C$ 的变化规律，解释观察到的图形。改变 $R$ 值，分析观察到的现象。

观察 $RC$ 电路中的电流：把示波器接到电阻的两端，观察电阻两端的电压 $U_R$，解释观察到的图形。改变 $R$ 值，分析观察到的现象。

3.观察 $RL$ 电路的暂态过程

步骤和观察 $RC$ 电路类似，分别观察电感两端的电压 $U_L$ 和电路的电流 $i$ 随时间的变化规律，并做出解释。

4.观察 $RLC$ 电路的暂态过程

示波器接到电容两端观察 $U_C$ 的变化规律。

(1)改变 $R$，使电路出现阻尼振动。

(2)定性地考察 $R$ 值的大小和振幅衰减快慢的关系。

(3)选择一合适的 $R$ 值，使得在方波的半周期内，振幅衰减至约为原来的 $\frac{1}{10}$。数一下方波一个周期中所包含的振动次数 $N$，利用方波的周期 $t_0$，即可算出振动的周期 $T=\frac{t_0}{N}$，再与用公式(3-2-71)计算的结果比较。

(4)测量出开始时的振幅 $U_{C0}$，经衰减后第一次的振幅 $U_{C1}$，第二次的振幅 $U_{C2}$，……用回归法求时间常数 $\tau$，并与公式(3-2-70)相比较。

(5)逐步减小 $R$ 值，直到出现临界状态，记下对应的 $R$ 值，并和公式 $R^2=\frac{4L}{C}$ 相比较。

(6)若实验室未给方波周期 $t_0$，则用频率计测出。测量时应把方波发生器的输出端“高”和“地”端接到频率计上。

### 进阶实验内容——复杂 RLC 电路的暂态特性

1.通过改变电路中的电阻、电感和电容的数值，观察和分析这些参数对电路暂态特性的影响。

2.构建复杂的 $RLC$ 电路网络，包含多个节点和分支。通过对网络中各个节点的电流和电压进行实时监测，研究电路节点之间的耦合效应和相互影响。

**[问题讨论]**

1.$RC$ 电路中，若时间常数 $\tau$ 远大于或远小于方波周期 $t_0$，$U_C$ 和 $i$ 的波形是怎样的？

2.在 $RLC$ 电路中，若电流是直流，电压为 $E$，电容两端电压是否会大于 $E$？实验时电容的耐压值要选多大才能保证安全？

3.用示波器研究 $RC$ 串联电路暂态过程特性的电路应如何连接？

# 实验十一　霍尔效应

[引言]

霍尔效应是指在存在磁场的条件下,当电流通过一块导体时,导体两侧会产生一种电压差的现象,是美国物理学家爱德华·霍尔于 1879 年在导师罗兰的指导下研究载流导体在磁场中受力性质时发现的一种电磁效应。值得注意的是,霍尔发现霍尔效应时,电子尚未被发现。霍尔进一步研究了这个现象,并提出了霍尔效应的数学描述和理论基础。他发现,电势差与电流、磁场强度以及材料特性之间存在一定的关系。这个关系被称为霍尔系数,通常用符号 $R_H$ 表示。霍尔效应的发现和理论解释极大地推动了关于磁场和电流相互作用的研究。一般说来,金属和电解质的霍尔效应都很小,半导体的则较显著。具有明显霍尔效应的半导体器件也叫霍尔元件。霍尔元件因其体积小,使用简便,测量准确度高,可测量交、直流磁场等优点,已广泛用于自动控制、计算机技术和其他科技领域中,并配以其他装置用于位置、位移、转速、角度等物理量的测量。

霍尔效应作为物理学中的重要现象和应用之一,可以与课程思政结合,引发学生对社会、伦理和人文等方面的思考。比如,学习霍尔效应及其应用,能够了解它在工业、交通、医疗等领域的价值和作用,认识到科学的推动力,激发学生对科学发展的兴趣和责任感;再如,学生可以研究利用霍尔效应开发的环境监测设备,探讨如何应用这些设备保护环境和进行资源可持续利用。

霍尔效应与现代科技的结合具有广泛的应用潜力。基于霍尔效应的霍尔传感器广泛应用于磁场测量和控制,使其在电机控制系统、地磁导航系统、磁医学成像等领域得到应用;利用霍尔效应可以测量电流和电压等电动力学量;霍尔电流传感器可以用于高精度电流测量,广泛应用于电力系统、安全监测和控制系统等。这些仅仅是霍尔效应与现代科技结合的一小部分应用,随着科技的不断发展,霍尔效应的利用将会拓展至更多领域。

[实验目的]

1.了解霍尔效应产生的机制。

2.测量霍尔元件的灵敏度,并学会用霍尔元件测量磁感应强度的方法。

3.掌握用霍尔效应法测量磁场的原理和方法。

4.学习用对称交换测量法消除负效应产生的系统误差。

5.了解如何用霍尔效应法测定样品的霍尔系数 $R_H$、电导率 $\sigma$、载流子浓度 $n$ 和漂移迁移率 $\mu$。

[仪器用具]

FD-HL-5 型霍尔效应实验仪、电阻箱等。

[实验原理]

霍尔效应是一种电磁效应。实验发现,一块宽为 $d$、厚为 $W$ 的导电体(如图 3-2-87 所示)，若在 $x$ 方向通以电流 $I_H$，在 $z$ 方向加磁场 $B$，则沿 $y$ 方向将产生电场 $E_H$，这种现象称为霍尔效应。如用 $V_H$ 表示样品两侧的霍尔电位差，则 $V_H$ 与磁感应强度 $B$ 和电流 $I_H$ 成正比，而与样品厚度 $W$ 成反比，即

$$V_H = R_H \frac{I_H B}{W} = K_H I_H B \tag{3-2-76}$$

比例常数 $R_H$ 称为霍尔系数，$R_H$ 与样品的性质有关。$K_H$ 称为霍尔元件的灵敏度，它与材料的性质和几何尺寸有关。对于确定的霍尔片来说，$K_H$ 是一个常数，它表示该元件在单位磁感应强度和单位控制电流下霍尔电压的大小，常采用单位 mV/(mAT)。

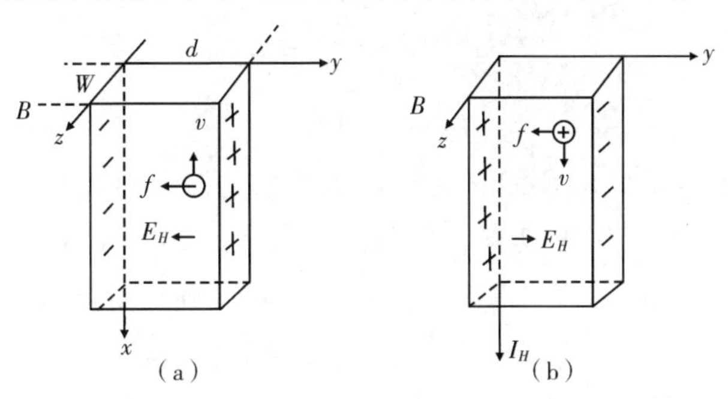


图 3-2-87　导电体的载流子为负(a)和正(b)时产生霍尔电位差示意图

1.霍尔效应

霍尔效应从本质上讲是运动的带电粒子在磁场中受洛伦兹力作用而引起的偏转。当带电粒子(电子或空穴)被约束在固体材料中，这种偏转就导致在垂直电流和磁场的方向上产生正负电荷的聚积，从而形成附加的横向电场，即霍尔电场，这个电场的电势差称为霍尔电压，记作 $V_H$。对于图 3-2-87(a)所示的 N 型半导体试样，若在 $x$ 方向通以电流，在 $z$ 方向加磁场 $B$，试样中载流子(电子)将受洛伦兹力

$$\vec{f}_{洛} = +e\vec{v} \times B \tag{3-2-77}$$

则在 $y$ 方向上，即样品电极所在的两侧，就开始聚积异号电荷而产生相应的附加电场——霍尔电场。电场的指向取决于试样的导电类型。对于 N 型试样，霍尔电场沿 $y$ 轴负方向；对于 P 型试样，霍尔电场则沿 $y$ 轴正方向，即有 $E<0$(N 型)，$E>0$(P 型)。显然，该电场是阻止载流子继续向侧面偏移，当载流子所受的横向电场力与洛伦兹力相等时，样品两侧电荷的积累就达到平衡，故

$$f_{电} = f_{洛}, E_H e = evB \tag{3-2-78}$$

其中 $E_H$ 为霍尔电场，$v$ 是载流子在电流方向上的平均漂移速度。设试样的宽为 $d$，厚度为 $W$，载流子浓度为 $n$，则

$$I_H = nevWd \tag{3-2-79}$$

由(3-2-78)(3-2-79)两式可得

$$V_H = E_H d = \frac{1}{ne} \cdot \frac{I_H B}{W} \tag{3-2-80}$$

2.霍尔系数与载流子浓度关系

由式(3-2-80)得

$$\frac{V_H W}{I_H B}=\frac{1}{ne} \tag{3-2-81}$$

式(3-2-81)与式(3-2-76)对比可得

$$R_H=\frac{1}{ne} \tag{3-2-82}$$

同理可导出P型半导体的霍尔系数与电子浓度的关系为

$$R_H=-\frac{1}{pe} \tag{3-2-83}$$

式中 $p$ 为电子浓度。

由式(3-2-82)和式(3-2-83)可知,通过霍尔系数的测量可以算出载流子浓度的大小。式(3-2-82)和式(3-2-83)适用于只有一种载流子的情况。因为载流子的运动实际上并不以恒定速度进行,它们具有一定的速度分布,并且不断受到散射而改变运动速度,所以实际情况比上述简单模型要复杂得多。如果在半导体中同时存在数量相同的两种载流子,即当电子和空穴同时参加导电时,由于电子和空穴都对霍尔系数有贡献,如果只考虑晶格散射及弱磁场近似的情况,霍尔系数应为

$$R_H=\frac{3\pi}{8q}\cdot\frac{p-nb^2}{(p+nb^2)} \tag{3-2-84}$$

式中 $b=\frac{\mu_n}{\mu_p}$ 称为电子空穴迁移率的比率,一般情况下 $b>1$。

3.半导体材料导电类型的确定

我们知道,在半导体中传导电流的载流子有两种,即电子和空穴,因此有N型半导体和P型半导体之分。因为这些载流子在磁场中运动时都要受到洛仑兹力的作用而偏转,所以不同类型的样品所测量的霍尔电位差 $V_H$ 的符号也不同。从图3-2-87中可见,对于N型试样,霍尔电位差 $V_H$ 应为负值,而P型试样 $V_H$ 为正值,所以根据测得的霍尔系数 $R_H$ 的正负,可以判断半导体的导电类型。(注:利用霍尔系数的正负判断导电类型时,电流、磁场均为正)

4.电导率和迁移率

我们知道,一个物体的电阻大小与其长度成正比,与截面积成反比,比例系数为电阻率 $\rho$,而电导率 $\sigma=\frac{1}{\rho}$,$\sigma$ 的大小与材料性质有关,由图3-2-88可知,当用两探针A和D测量样品的电导率时,如果通过样品的电流为 $I$,则在侧面距离为 $L$ 的两探针间测得的电导电压为

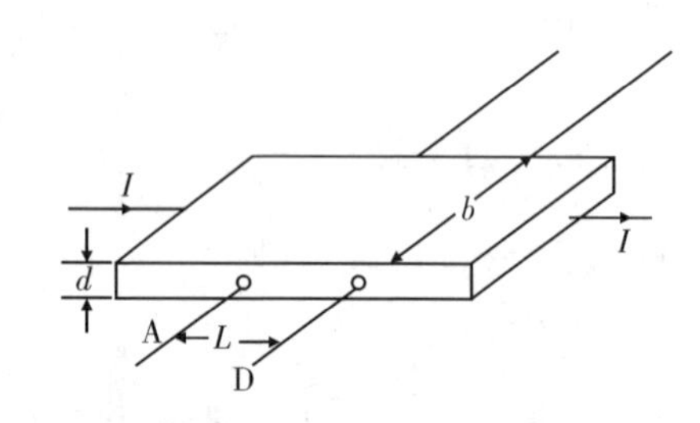

图3-2-88 霍尔器件的探针连接示意图

$$V_{\sigma}=\frac{LI}{\sigma bd}$$

则样品的电导率为

$$\sigma=\frac{IL}{V_{\sigma}bd} \quad (3\text{-}2\text{-}85)$$

其中 $b$ 为样品的宽度，$d$ 为样品的厚度。

当半导体外加一电场 $E$ 时，电场 $E$ 使载流子做定向运动，这种运动叫作漂移运动。如果用 $v$ 表示电子在电场作用下获得的平均漂移速度，则电子的漂移率定义为

$$\mu_n=\frac{v}{E} \quad (3\text{-}2\text{-}86)$$

即单位电场强度作用下载流子所获得的平均漂移速度的大小。

由于通过样品的电流密度 $j=nev$，而 $j=\sigma E$（欧姆定律微分形式），则由式(3-2-86)可得

$$\sigma=ne\mu_n$$

对于 P 型半导体电导率为

$$\sigma=pe\mu_p \quad (3\text{-}2\text{-}87)$$

其中 $\mu_p$ 为空穴的漂移迁移率。

当半导体中同时存在两种载流子时，电导率为

$$\sigma=ne\mu_n+pe\mu_p \quad (3\text{-}2\text{-}88)$$

载流子迁移率是反映半导体中载流子导电能力的重要参数。电子和空穴迁移率在不同的半导体中是不相同的，就是在同一种半导体中它们也要随温度和掺杂情况而变化。

5. 实验中的副效应及其消除方法

在霍尔系数的测量过程中，由于热磁效应的存在所产生的电位差附加在霍尔电位差中，给测量带来许多麻烦，必须采取办法予以消除。

这些副效应主要有：

(1)爱廷毫森效应

如图 3-2-89 所示，当给样品在 $x$ 方向通以电流，在 $z$ 方向加磁场时，由于电子(或空穴)速度不相等，速度快的与速度慢的电能不能同时到达，致使在 $y$ 方向的一端比另一端积累更多的能量，产生温度梯度 $\Delta T=T_1-T_2$，$\Delta T$ 的大小与电流和磁场的乘积成正比，所以爱廷毫森效应的电压 $V_E$ 的符号与 $IB$ 有关，即与 $I$ 和 $B$ 的方向有关。

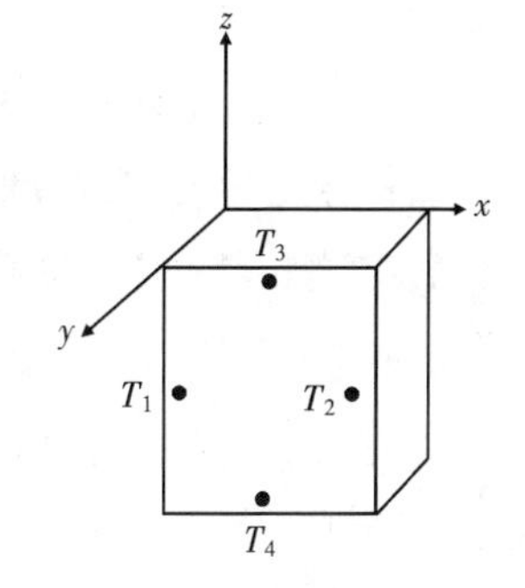

图 3-2-89　热磁副效应的产生

(2)里纪—勒杜克效应

当在 $x$ 方向有热流通过样品时，在 $z$ 方向的磁场作用下，由于电子(或空穴)速度的分布将在 $y$ 方向产生温度梯度，它与热流的温度梯度及磁场大小成正比，因此里纪—勒杜克

效应 $V_R$ 的符号与 $B$ 有关。

(3)能斯脱效应

当热流通过样品时，在 $z$ 方向存在温度梯度 $\Delta T = T_3 - T_4$，沿着温度梯度而有扩散倾向的电子在 $z$ 方向磁场的作用下，在 $y$ 方向建立的电位差 $V_N$ 与磁场大小及热流的温度梯度成正比，因此 $V_N$ 的符号与 $B$ 有关。

(4)不等电位差

霍尔电极的不对称性(对矩形样品)引起的不等位电位差 $V_O$ 的正负与电流的方向 $I_H$ 有关。

上述副效应在测量过程中通过变换样品的电流和磁场方向，可以使 $V_R$、$V_N$ 和 $V_O$ 从计算结果中消除。$V_E$ 因和 $V_H$ 同时随电流和磁场方向而改变，因此不能消除，不过这个误差不大，约 5%，可以忽略。参照下面的数学形式，在测量中消除副效应的方法为

$(+B, +I)$ 时，$V_1 = V_H + V_E + V_N + V_R + V_O$

$(+B, -I)$ 时，$V_2 = -V_H - V_E + V_N + V_R - V_O$

$(-B, -I)$ 时，$V_3 = V_H + V_E - V_N - V_R - V_O$

$(-B, +I)$ 时，$V_4 = -V_H - V_E - V_N - V_R + V_O$

组合以上四式，进行运算，略去 $V_E$，得

$$V_H = \frac{V_1 - V_2 + V_3 - V_4}{4} \tag{3-2-89}$$

在不同磁场和电流方向的情况下所测得的 $V_1$、$V_2$、$V_3$、$V_4$ 的大小和正负可能各不相同，但根据式(3-2-89)计算的 $V_H$ 值，因消除了副效应，故同真实的霍尔电位差相近。

**[仪器描述]**

FD-HL-5 型霍尔效应实验仪由可调直流稳压电源(0～500 mA)、直流稳流电源(0～5 mA)、直流数字电压表、数字式特斯拉计、直流电阻(取样电阻)、电磁铁、霍尔元件(砷化镓霍尔元件)、双刀双向开关、导线等构成。

仪器主要技术参数

1.直流稳流电源：量程为 0～500 mA，数显分辨率为 1 mA。

2.四位半数字电压表：量程为 0～2 V，分辨率为 0.1 mV。

3.数字式特斯拉计：量程为 0～0.35 T，分辨率为 0.000 1 T。

4.电磁铁：间隙 3 mm。

5.待测砷化镓霍尔元件：实验时，工作电流一般小于 3 mA。(最大电流不得超过5 mA)

注意事项

1.仪器应预热 15 min，待电路接线正确，才能进行实验。

2.直流稳流电源(0～500 mA)与电磁铁相接，直流稳压电源用于提供霍尔元件的工作电流 $I_S$(0～5 mA)，相互不能互换。接错时，霍尔元件易超过工作电流而损坏。

3.霍尔元件易碎，引线也易断，不可用手折碰。砷化镓霍尔元件通过的电流应小于

5 mA,使用时应细心。

4.电磁铁磁化线圈通电时间不宜过长,否则线圈易发热,影响实验结果。励磁电流 $I_M$ 不得超过 0.5 A,其外接电流电源时须注意。

[内容要求]

**基础实验内容——直流磁场情况下的霍尔效应与霍尔元件的灵敏度测量**

1.测量霍尔电流 $I_H$ 与霍尔电压 $V_H$ 的关系。

将霍尔片置于电磁铁中心处,按图 3-2-90 接好电路图。在我们的实验课上,电路已经连接好。励磁电流 $I_M$=0.400 A 保持不变,调节霍尔元件的工作电源的电压,使通过霍尔元件的电流 $I_H$ 分别为 0.5 mA、1.0 mA、1.5 mA、2.0 mA、3.0 mA,测出相应的霍尔电压,每次都要消除副效应,方法参见数据处理示范。作 $V_H$-$I_H$ 图,验证 $I_H$ 与 $V_H$ 的线性关系。

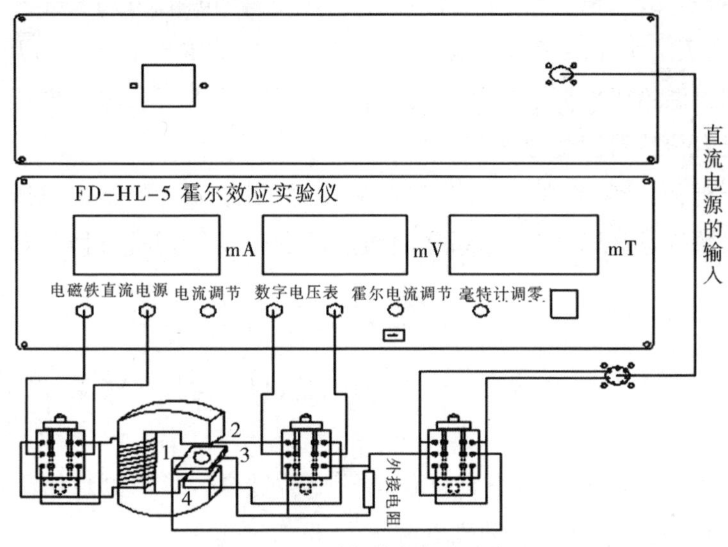


图 3-2-90 霍尔效应实验电路图

2.测量砷化镓霍尔元件的灵敏度 $K_H$

学会数字式特斯拉计的使用。特斯拉计是利用霍尔效应制成的磁感应强度测试仪。数字式特斯拉计用极薄的半导体砷化镓材料制成,较脆,请勿用手折碰,操作时须小心。霍尔电流 $I_H$ 取 1.00 mA,由 1、3 端输入。励磁电流 $I_M$ 分别取 0.05 A、0.1 A、0.15 A、0.20 A,…,0.55 A,分别测出磁感应强度 $B$ 的大小和样品霍尔元件的霍尔电压 $V_H$,参见数据处理示范。用式(3-2-76)算出该霍尔元件的灵敏度。(N 型霍尔元件灵敏度为负值)

3.用砷化镓霍尔元件测量矽钢片材料的磁化曲线

在测得砷化镓霍尔元件灵敏度后,用该霍尔元件测电磁间隙中的磁感应强度 $B$。霍尔电流保持在 $I_H$=1 mA。改变励磁电流由 0 至 0.5 A,每隔 0.1 A 测一点 $B$ 和 $I_M$ 的值,参见数据处理示范。作 $B$-$I_M$ 和 $V_H$-$B$ 曲线,验证 $B$ 与 $V_H$ 的线性关系。测量霍尔电压时要消除副效应。

## 进阶实验内容——交流磁场及不同温度下的霍尔效应

1.测量电磁铁磁场沿水平方向的分布

调节支架旋钮，使霍尔元件从电磁铁左端移到右端。固定励磁电流 $I_M=0.4$ A，霍尔电流 $I_H=1$ mA，磁铁间隙中磁感应强度由数字式特斯拉计测量，$X$ 位置从支架的水平标尺上读得，测量磁场随 $X$ 方向分布的 $B$-$X$ 曲线。（磁场随水平方向分布，不必消除副效应）

2.交流磁场的霍尔效应

用函数发生器中正弦波替代直流稳压电源，使 $f=500$ Hz，保持霍尔电流 $I_H=4$ mA，电磁铁励磁电流依次为交流电流 0.1 A、0.2 A、0.3 A、0.4 A、0.5 A，霍尔元件直流电压由 1、3 端输入，测量霍尔电压 $V_H$，算出相应的磁场，作 $B$-$I_M$ 图。

3.温度对霍尔系数的影响实验

实验材料：霍尔元件、恒温箱、温度传感器、直流电源、电阻、万用表等。

实验步骤：将霍尔元件连接到电路中，其中霍尔元件的输出端连接到万用表，电流通过霍尔元件。使用恒温箱或恒温水槽控制温度，测量不同温度下的输出电压，并记录测量结果。同时使用温度传感器测量温度值。

实验结果分析：通过实验观察到，当温度变化时，霍尔元件的输出电压也会发生变化。通过分析得到的数据，可以研究霍尔系数随温度的变化规律，并探讨霍尔效应与温度之间的关系。

[注意事项]

1.霍尔元件是易损元件，必须防止元件受压、挤、扭和碰撞等现象，以免损坏元件而无法使用。

2.电磁铁磁化线圈通电时间不宜过长，否则线圈发热，影响测量结果，因此记录数据时，一般应断开励磁电流的开关。励磁电流 $I_B$ 不得超过 500 mA。

[问题讨论]

1.什么是霍尔效应？霍尔效应怎样产生的？怎样判断半导体的导电类型？

2.用霍尔法测磁感应强度 $B$ 的公式是什么？

[数据处理示范]

表 3-2-10　$I_M=400$ mA，$R=300.0\ \Omega$

| $I_H$/mA | $\pm V_1$/mV | $\pm V_2$/mV | $\pm V_3$/mV | $\pm V_4$/mV | $\pm V_H$/mV |
|---|---|---|---|---|---|
| | $+B,+I$ | $+B,-I$ | $-B,-I$ | $-B,+I$ | $\frac{V_1-V_2+V_3-V_4}{4}$ |
| 0.5 | | | | | |
| 1.5 | | | | | |
| 2.0 | | | | | |
| 2.5 | | | | | |
| 3.0 | | | | | |

表 3-2-11　$I_H=1$ mA, $R=300.0\ \Omega$

| $I_M$/A | $V_H$/mV | $B$/mT | $V_H$/mV | $B$/mT | $V_H$/mV | $B$/mT | $V_H$/mV | $B$/mT | $V_H$/mV | $B$/mT |
|---|---|---|---|---|---|---|---|---|---|---|
| | $+B,+I$ | | $+B,-I$ | | $-B,-I$ | | $-B,+I$ | | | |
| 0.05 | | | | | | | | | | |
| 0.10 | | | | | | | | | | |
| 0.15 | | | | | | | | | | |
| 0.20 | | | | | | | | | | |
| 0.25 | | | | | | | | | | |
| 0.30 | | | | | | | | | | |
| 0.35 | | | | | | | | | | |
| 0.40 | | | | | | | | | | |

# 实验十二　超声声速的测量

[引言]

声波是在弹性媒质中传播的纵波。人类耳朵能听到的声波频率范围为 20～20 000 Hz，我们把频率高于 20 000 Hz 的声波称为超声波，它因其频率下限高于人的听觉上限而得名。

19 世纪初，科学家们开始对声波的传播速度感兴趣。当时，通过实验和理论计算，人们已经了解到在空气和液体等介质中声波的传播速度与介质的性质有关。在此背景下，法国物理学家让·巴蒂斯特·比奥和法国工程师雅克·贝尔纳多使用振动的金属盘片和结晶体进行实验，通过测量传播时间和距离来计算声速。1927 年，奥地利物理学家卡尔·迈尔斯将超声波(高频声波)引入声学研究。他利用超声波的高频特性，开发了更精确的声速测量方法，并且开始研究超声波在固体和液体介质中的传播行为。20 世纪中叶，随着电子技术和计算机技术的发展，人们能够更精确地测量声速，并利用声速的变化来获取关于材料性质和介质的信息。这为超声检测、医学超声成像、工业无损检测等领域的发展提供了坚实的基础。

本实验利用压电晶体换能器来测量超声波在空气中的速度。声速的测量方法可分为两类：第一类方法是根据 $v=\frac{s}{t}$，测出距离 $s$ 和时间间隔 $t$，即可求出声速 $v$；第二类方法是利用 $v=\nu\lambda$，测出频率 $\nu$ 和波长 $\lambda$，即可求出声速 $v$。本实验采用的驻波法(共振干涉法)和相位比较法(行波法)均属于第二类方法。

超声波的方向性好，穿透能力强，易于获得较集中的声能，在水中传播距离远，可用于测距、定位、探伤、测速、清洗、焊接、碎石、杀菌消毒等。它与现代科技结合，在医学、军事、工业、农业、材料科学上都有着广泛的应用。

[实验目的]

1.熟悉示波器的原理与使用方法。

2.学会用驻波法和相位比较法测量超声波在空气中的速度。

3.了解非电量的一般测试方法。

[仪器用具]

超声声速测定仪、专用信号源、晶体管毫伏表、示波器等。

[实验原理]

由波动理论可知,声波的传播速度 $v$ 与声波频率 $\nu$ 和波长 $\lambda$ 的关系为

$$v=\nu\lambda \tag{3-2-90}$$

所以,只要知道声波的频率和波长,即可求出波速。本实验用专用信号发生器控制换能器,因此,信号发生器的输出频率就是声波频率。声波波长则用驻波法或相位比较法测量。

1.驻波法(共振干涉法)

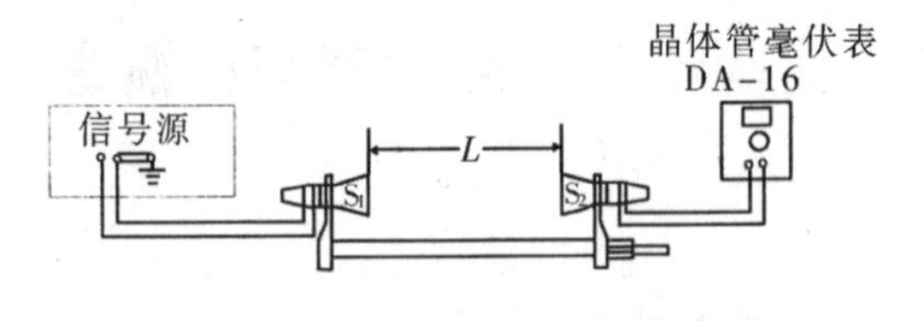


图 3-2-91　共振干涉实验装置图

共振干涉实验装置如图 3-2-91 所示,信号源输出 20 000 Hz 以上的交流信号,信号幅值和频率可调。$S_1$ 和 $S_2$ 为压电晶体换能器,它是实现电能、机械能或声能从一种形式的能量转换为另一种形式的能量的装置,也称为有源传感器。它的结构是在两片铜制圆形电极中间放入压电陶瓷介质材料。它的工作原理是当电压作用于压电陶瓷时,压电陶瓷会随电压和频率的变化产生机械变形和伸缩振动,从而推动周围媒介运动;另一方面,当振动压电陶瓷时,则会产生一个电荷。利用这一原理,当给双压电晶片元件(由两片压电陶瓷或一片压电陶瓷和一个金属片构成的振动器)施加一个电信号时,它就会因弯曲振动而发射出超声波。相反,当给双压电晶片元件施加超声振动时,它就会产生一个电信号。基于以上作用,便可以将压电陶瓷用作超声波传感器。由$\frac{1}{2}$波长振子、极化的压电陶瓷构成的装置,在媒介的推动下会发生伸缩振动产生电信号,此为接收换能器。换能器是超声波设备的核心器件,其特性参数决定整个设备的性能。从 $S_1$ 发出的一定的平面声波,经过空气传播,到达接收器 $S_2$。如果接收面与发射面严格平行,入射波即在接收面上垂直反射,当接收面与发射面间的距离满足一定条件时,入射波与反射波相干涉形成驻波。在声波驻波中,波腹处声压最小(介质被"拉伸"变疏),波节处声压最大(介质被"压缩"变密)。接收换能器的反射界面处为波节,声压应最大。所以可从接收换能器端面声压的变化,即接收换能器输出电压的变化来判断驻波是否形成。

设两列波的频率、振动方向和振幅相同,在 $l$ 轴上的传播方向相反,其波动方程分别为

$$\left.\begin{aligned} y_1 &= y_0\cos\left[2\pi\left(\nu t-\frac{l}{\lambda}\right)\right] \\ y_2 &= y_0\cos\left[2\pi\left(\nu t+\frac{l}{\lambda}\right)\right] \end{aligned}\right\} \tag{3-2-91}$$

叠加后合成波为 $y=y_1+y_2=y_0\cos\left[2\pi\left(\nu t-\frac{l}{\lambda}\right)\right]+y_0\cos\left[2\pi\left(\nu t+\frac{l}{\lambda}\right)\right]$，利用三角函数关系展开化简后得

$$y=\left[2y_0\cos\left(2\pi\frac{l}{\lambda}\right)\right]\cos(2\pi\nu t) \tag{3-2-92}$$

上式表明，两波合成后介质中各点都在做同频率的简谐振动，各点的振幅为 $\left|2y_0\cos\left(2\pi\frac{l}{\lambda}\right)\right|$，它是位置 $l$ 的余弦函数，对应于 $\cos\left(2\pi\frac{l}{\lambda}\right)=\pm1$ 的点，振幅最大，为波腹；对应于 $\cos\left(2\pi\frac{l}{\lambda}\right)=0$ 的点，振幅最小，为波节。根据余弦函数的特性，由以上条件可知，当位相 $2\pi\frac{l}{\lambda}=\pm n\pi(n=0,1,2,\cdots)$ 时，$l=\pm n\frac{\lambda}{2}$，该点为波腹位置；当 $2\pi\frac{l}{\lambda}=\left(n+\frac{1}{2}\right)\pi(n=0、1、2、\cdots)$ 时，$l=\left(\frac{1}{2}n+\frac{1}{4}\right)\lambda$，该点为波节位置。相邻两波腹（或波节）间的距离为 $\frac{\lambda}{2}$。因此，只要测得相邻两波腹（或波节）的位置 $l_1$、$l_2$ 就可得到波长 $\lambda$，即

$$|l_2-l_1|=\frac{\lambda}{2} \tag{3-2-93}$$

因此若保持声源频率 $\nu$ 不变，移动接收器（或发射器），依次测出接收信号极大的位置 $l_1$、$l_2$、$l_3$、$l_4$、…（如图 3-2-92 所示），则可求出声波波长 $\lambda$，再结合声波频率 $\nu$，即可计算声速 $v$。

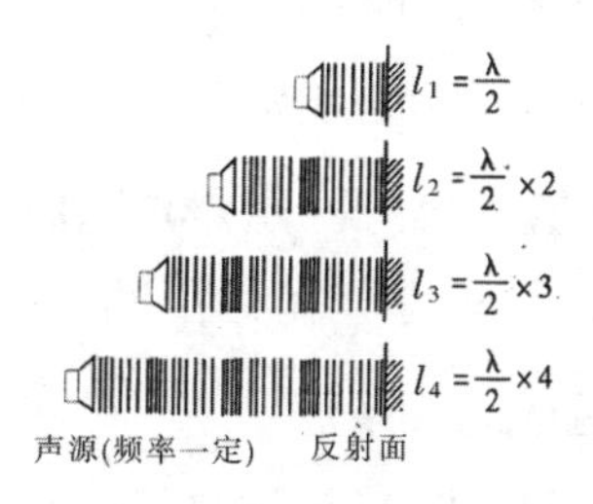


图 3-2-92　接收信号示意图

2.相位比较法（行波法）

声波波源和接收点存在相位差，而这个相位差可以通过比较接收器输出的信号与发射器输入的激励信号的相位关系得出。

当接收点和波源的距离变化等于一个波长时，两点间的相位差也正好变化一个周期（即 $\Delta=2\pi$）。实验装置如图 3-2-93 所示，沿波传播方向移动接收器 $S_2$，总可以找到一点，使接收到的信号与发射的信号的相位相同；继续移动接收器 $S_2$，直到接收到的信号再次与

发射的信号的相位相同时,移动的这段距离恰好等于超声波的波长。

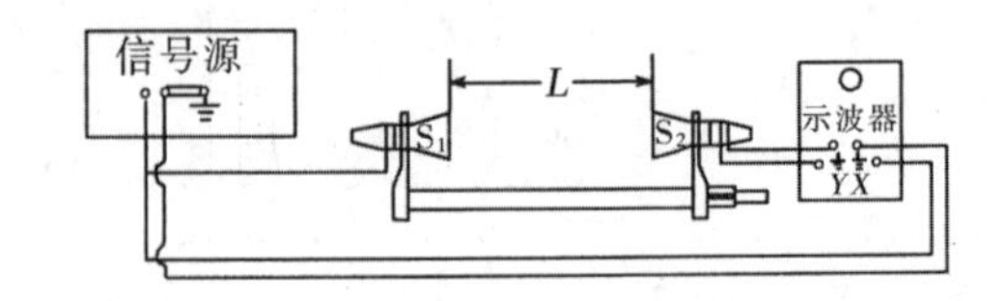


图 3-2-93 实验装置图

判断相位差可以利用李萨如图形,由于输入示波器的是两个严格一致的频率,因此李萨如图形是稳定的椭圆,当相位差为 0 或 π 时,椭圆变成倾斜的直线。

[内容要求]

**基础实验内容——利用驻波和相位法测量波长和声速**

1.连接仪器

连接好仪器,使用前开机预热 10 min,仪器自动工作在连续方式,选择的介质为空气,观察两换能器端面是否平行。

2.测量信号源的输出频率

将示波器调整为 $Y$-$t$ 模式,观察到正弦信号的波形,保持信号的波幅不变,调节频率,同时观察波形,使信号幅度最大,此时频率为实验系统的谐振频率。

3.用驻波法测波长和声速

向右缓慢移动接收器,观察示波器正弦信号的变化,选择信号最大位置开始读数(参见"数据处理示范"),用逐差法求出声波波长和误差。利用谐振频率计算声波波速和误差。

4.用相位比较法测波长和声速

将示波器调整为 $X$-$Y$ 工作方式。观察示波器出现的李萨如图形,缓慢移动接收器,当重复出现该图形时,说明相位变化了 2π,即移动了一个波长。向右连续测量 10 个周期(参见"数据处理示范"),用逐差法处理数据,求出波长、声速及误差。

**进阶实验内容——超声声速应用研究**

1.超声声速与温度的关系实验

实验目的:讨论超声声速与温度的关系。

实验材料:超声波发生器、超声接收器、温度计、示波器等。

实验步骤:将超声波发生器和接收器固定在一定距离上,建立一个声波传播路径。测量室温,并记录作为初始温度。开始超声波信号的发送和接收,同时记录温度值。在不同温度下重复上述测量,获取不同温度下超声声速的数据。

2.超声声速在材料非破坏性检测中的应用实验

实验目的:了解超声声速在非破坏性检测中的应用;学习如何通过超声波的传播和接收信号来检测材料中的缺陷,并了解超声声速在材料检测中的灵敏度和准确性。

实验材料:不同材料的样品(如金属、陶瓷等)、超声波发生器、超声接收器、示波器、扫描仪等。

实验步骤：准备不同材料的样品，并确定需要检测的缺陷位置(如裂纹、气泡等)。将样品固定在一个平台上，并使用超声波发生器和接收器沿着样品表面进行扫描。观察示波器上的波形图，检测并记录可能存在的缺陷信号。分析检测结果，确定缺陷的位置、尺寸和性质。

3.超声导波实验

实验目的：了解超声导波技术的原理和应用。

实验材料：导波器件(如导波管、光纤光栅)、超声波发生器、超声接收器、示波器等。

实验步骤：准备导波器件，并连接超声波发生器和接收器。发送超声波信号，观察信号在导波器件中的传播情况。调整超声波的频率和幅度，观察导波器件中的多模态现象。通过示波器观察导波器件中超声波信号的幅度和相位变化，分析超声波在导波器件中的传播特性。

**[问题讨论]**

1.为什么要在换能器共振状态下测声速？

2.为什么驻波法中换能器端面要平行，而相位比较法中又不需平行？如果不这么做将会产生什么问题？

3.气柱的长度不同，共振频率也不同，那么此实验中为何不同长度的气柱能和同一频率的振源发生共振呢？

**[数据处理示范]**

1.基础数据记录

谐振频率=________ kHz

2.用驻波法测量声速

**表 3-2-12 用驻波法测量声速的数据记录表格**

| $i$ | $l_i$/cm | $i+6$ | $l_{i+6}$/cm | $\lambda_i=\frac{l_{i+6}-l_i}{3}$/cm | $\bar{\lambda}$ | $\bar{v}$ |
|---|---|---|---|---|---|---|
| 1 | | | | | | |
| 2 | | | | | | |
| 3 | | | | | | |
| 4 | | | | | | |
| 5 | | | | | | |
| 6 | | | | | | |

3.用相位比较法测量声速

表 3-2-13 用相位比较法测量声速的数据记录表格(相位变换 $2\pi$)

| $i$ | $l_i$/cm | $i+7$ | $l_{i+7}$/cm | $\lambda_i=\frac{l_{i+7}-l_i}{7}$/cm | $\bar{\lambda}$ | $\bar{v}$ | 谐振频率 |
|---|---|---|---|---|---|---|---|
| 1 | | | | | | | |
| 2 | | | | | | | |
| 3 | | | | | | | |
| 4 | | | | | | | |
| 5 | | | | | | | |
| 6 | | | | | | | |
| 7 | | | | | | | |

# 实验十三 圆线圈和亥姆霍兹线圈的磁场测量

[引言]

磁感应强度 $B$ 是空间矢量点函数,与电场强度类似。为了描绘它,不仅要测定它的数值,还要确定其在空间各点的方向。圆线圈是早期用于磁场生成和测量的设备之一。亥姆霍兹线圈由两个相同半径的圆线圈组成,它们平行排列并且具有相同的方向,是 19 世纪中期由德国物理学家赫尔曼·冯·亥姆霍兹提出的。亥姆霍兹线圈设计的初衷是产生均匀的磁场区域,并且在其中进行精确的磁场测量。磁场测量是磁测量中最基本的内容,最常用的测量方法有三种:感应法、核磁共振法和霍尔效应法。本实验介绍的是利用交变感应法和霍尔效应法测量圆线圈和亥姆霍兹线圈的磁场。

圆线圈和亥姆霍兹线圈的磁场测量实验,可以培养学生的科学素养、责任感、环保意识、团队协作和学术诚信等方面的素质,有助于培养学生全面发展、担负社会责任和促进可持续发展的意识。

圆线圈和亥姆霍兹线圈被广泛应用于医学成像、磁场传感器、磁场控制和教学实验等领域,为科学研究、技术创新及教育提供了重要的工具和实践基础。在医学领域,圆线圈和亥姆霍兹线圈被广泛应用于 *MRI*(磁共振成像)技术。*MRI* 利用强大的磁场和射频脉冲来观察人体内部的结构和组织。圆线圈和亥姆霍兹线圈作为接收线圈,在 *MRI* 设备中用于接收信号并转化为图像,提供精确的医学诊断。圆线圈和亥姆霍兹线圈的磁场测量能力也广泛应用于磁场传感器,磁场传感器在导航系统、地磁测量、非接触式测量等许多领域中都发挥着重要作用。

[实验目的]

1.研究载流线圈轴向磁场的分布。

2.了解感应法测磁场的原理。

3.了解霍尔效应法测磁场的原理。

4.描绘亥姆霍兹线圈的磁场均匀区。

[**仪器用具**]

FD-HM-Ⅱ型磁场测定仪、高灵敏度毫特计、数字式直流稳流电源、亥姆霍兹线圈、音频信号发生器(有功率输出的)、交流电压表、交流电流表、探测线圈、定位垫片等。

[**实验原理**]

1.载流线圈轴线上的磁场

由毕奥—萨伐尔定律可以知道,载流线圈轴线上某点 $P$ 的磁感应强度 $B$ 的方向沿轴线方向,其大小为

$$B=\frac{\mu_0 IR^2}{2(R^2+x^2)^{\frac{3}{2}}}=\frac{\mu_0 I}{2R}\cdot\frac{1}{\left[1+\left(\frac{x}{R}\right)^2\right]^{\frac{3}{2}}}=B_0\frac{1}{\left[1+\left(\frac{x}{R}\right)^2\right]^{\frac{3}{2}}} \tag{3-2-94}$$

其中,$I$ 为线圈中的电流,$B_0=\frac{\mu_0 I}{2R}$为圆心处($x=0$)的磁感应强度,$x$ 为 $P$ 点到圆心 $O$ 的距离,$R$ 为圆线圈的半径(如图 3-2-94 所示)。由式(3-2-94)可得

$$\frac{B}{B_0}=\frac{1}{\left[1+\left(\frac{x}{R}\right)^2\right]^{\frac{3}{2}}} \tag{3-2-95}$$

以$\frac{x}{R}$为横坐标、$\frac{B}{B_0}$为纵坐标,可以得到$\frac{B}{B_0}$-$\frac{x}{R}$曲线,如图 3-2-95 所示。

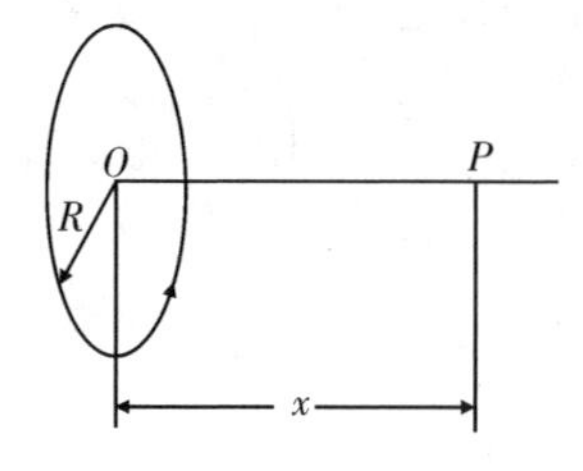


图 3-2-94 通电线圈产生磁场空间示意图

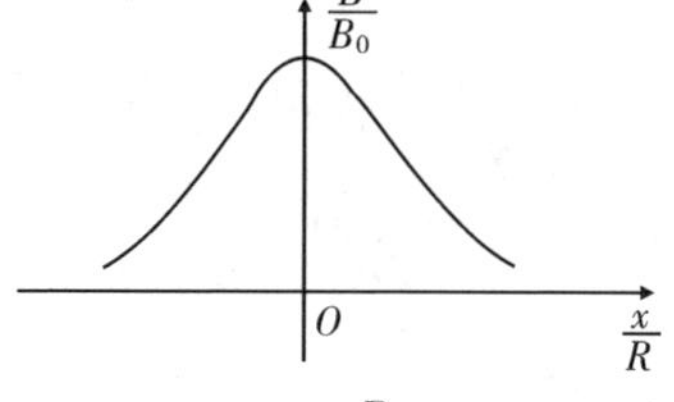


图 3-2-95 $\frac{B}{B_0}$-$\frac{x}{R}$曲线

2.亥姆霍兹线圈

两个完全相同的圆线圈彼此平行且共轴,通以同方向的电流 $I$,线圈间距 $d$ 等于线圈半径(即 $d=R$)时,从磁感应强度分布曲线可以看出(理论计算也可以证明):两线圈合磁场在中心轴线(两线圈圆心连线)附近较大范围内是均匀的。这样的一对线圈称为亥姆霍兹线圈,如图 3-2-96 所示。从分布曲线可以看出,在两线圈中心连线一段,出现一个平台,这说明该处是匀强磁场,它在生产和科研中有较大的实用价值,也常用于弱磁场的计量标准。它的磁场分布如图 3-2-96 所示。

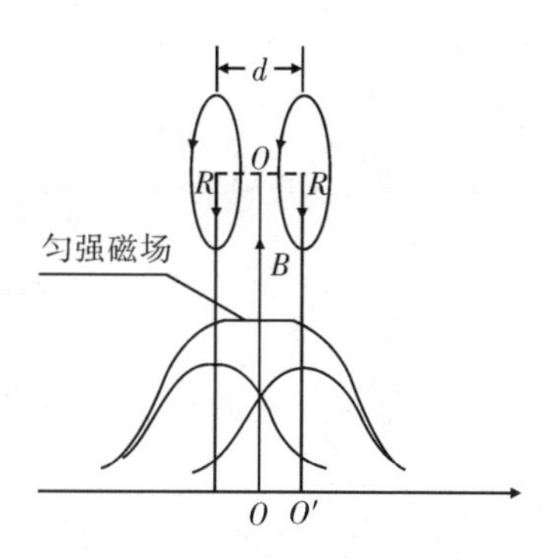


图 3-2-96 亥姆霍兹线圈产生磁场示意图

3.霍尔效应法测量磁场

霍尔效应法测量灵敏度高，霍尔元件体积小，易于在磁场中移动和定位，其工作原理也基于霍尔效应，即将通电的霍尔元件放入磁场，会产生一个霍尔电压（$V_H = KI_H B$，其中 $K$ 为常数）。这样 $V_H$ 与 $B$ 建立简单的正比对应关系，由 $V_H$ 值可得出 $B$ 的值，具体参考霍尔效应实验。

4.感应法测量磁场

感应法的具体方法是在圆线圈中通交变电流，产生交变磁场。实验时把探测线圈置于其中，通过测量探测线圈上的感应电动势来间接测量磁场的磁感应强度。

设圆线圈中通以正弦式交变电流 $i = I_m \sin\omega t$，由式(3-2-95)可得

$$\frac{B_m}{B_{0m}} = \frac{1}{\left[1+\left(\frac{x}{R}\right)^2\right]^{\frac{3}{2}}} \tag{3-2-96}$$

其中，$B_m$是轴线上一点磁感应强度的峰值，$B_{0m}$是圆线圈圆心处磁感应强度的峰值。

若探测线圈有 $N$ 匝，横截面积为 $S$，探测线圈法线与圆线圈轴线的夹角为 $\theta$，则穿过探测线圈的磁通链数为

$$\Psi = NSB\cos\theta = NSB_m \sin\omega t \cos\theta \tag{3-2-97}$$

探测线圈中产生的感应电动势数值为

$$\varepsilon = \frac{\mathrm{d}\Psi}{\mathrm{d}t} = NSB_m \omega \cos\theta \cos\omega t = E_m \cos\omega t \tag{3-2-98}$$

式中 $E_m = NSB_m \omega\cos\theta$ 是感应电动势的最大值。在探测线圈两端接上交流电压表，其读数为有效值 $E = \frac{1}{\sqrt{2}}E_m = \frac{1}{\sqrt{2}}NSB_m\omega\cos\theta$。$\theta$ 越小，$E$ 越大；当 $\theta = 0$，即探测线圈的法线方向与磁场方向一致时，$E$ 最大，这时

$$E = \frac{1}{\sqrt{2}}NSB_m\omega \tag{3-2-99}$$

由此可求出磁感应强度的峰值

$$B_m = \frac{\sqrt{2}E}{NS\omega} \tag{3-2-100}$$

圆线圈圆心处磁感应强度的峰值

$$B_{0m} = \frac{\sqrt{2}E_0}{NS\omega} \tag{3-2-101}$$

其中 $E_0$ 为探测圈在圆心处测得的感应电动势的有效值。由式(3-2-96)、(3-2-100)、(3-2-101)可得

$$\frac{E}{E_0} = \frac{1}{\left[1+\left(\frac{x}{R}\right)^2\right]^{\frac{3}{2}}} \tag{3-2-102}$$

对照式(3-2-95)、(3-2-102)发现,$\frac{E}{E_0}$-$\frac{x}{R}$曲线和$\frac{B_m}{B_{0m}}$-$\frac{x}{R}$曲线的变化规律完全相同。因此,作出了$\frac{E}{E_0}$-$\frac{x}{R}$曲线,就可以代替$\frac{B_m}{B_{0m}}$-$\frac{x}{R}$曲线,即可知道圆线圈轴线上的磁场分布情况。

需要注意的是,当交流电压表示数达到最大值时,探测线圈的法线指向磁场 $B$ 的方向。但是这样定方向不够灵敏。我们采用以下方法:当交流电压表示数为零时,探测线圈平面与磁场 $B$ 平行,即线圈法线与磁场 $B$ 垂直。

[仪器描述]

实验装置如图 3-2-97 所示,FD-HM-Ⅱ型磁场测定仪由圆线圈和亥姆霍兹线圈实验平台(包括圆线圈两个、固定夹、不锈钢直尺、铝尺)、高灵敏度交流电压表和数字式直流稳流电源等组成。

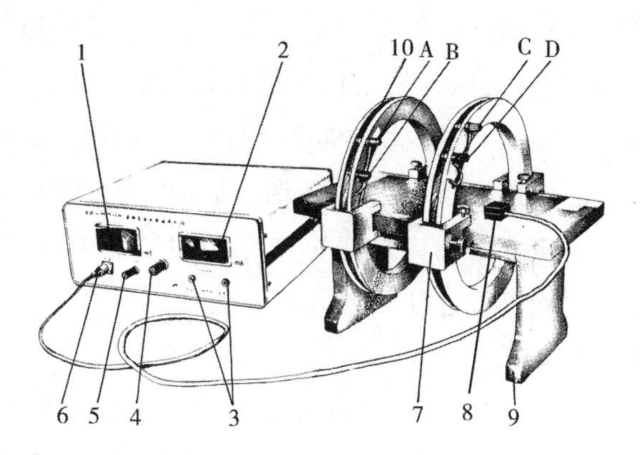


1.毫特计 2.电流表 3.直流电流源 4.电流调节旋钮 5.调零旋钮 6.传感器插头 7.固定架 8.霍尔传感器 9.大理石 10.线圈 A、B、C、D 为接线柱

图 3-2-97 实验装置图

1.实验平台

两个线圈各 500 匝,圆线圈的内径为 19.00 cm,外径为 21.00 cm,平均半径为 10.00 cm。实验平台的台面应在两个对称圆线圈轴线上(台面中心横刻度线与两个对称圆线圈轴线重合),台面上有相间 1.00 cm 的均匀网格线。

2.高灵敏度毫特计

高灵敏度毫特计采用两个参数相同的 SS95A 型集成霍尔传感器配对组成探测器,用三位半数字电压表测量探测器输出的被放大的信号。该仪器量程为 0~2.000 mT,分辨率为 1。

3.数字式直流稳流电源

数字式直流稳流电源由直流稳流电源、三位半数字式电流表组成。当两线圈串联时,电源输出电流为50~200 mA,电流连续可调;当两线圈并联时,电源输出电流为 50~400 mA,电流连续可调。用数字式电流表显示输出电流时应注意:

(1)开机后,应至少预热 10 min,再进行实验。

(2)每测量完一点磁感应强度值，换另一位置测量时，应断开线圈电路，在电流为零时调零，然后接通线圈电路，进行测量和读数。调零的作用是抵消地磁场的影响并对其他不稳定因素进行补偿。

[内容要求]

**基础实验内容——测量磁场**

1.霍尔效应法测量磁场

(1)开机预热 10 min 以上。用铝尺和钢板尺调整两线圈位置，使两线圈共轴且轴线与台面中心横刻度线重合，两线圈距离 $R$ 为 10.00 cm(线圈半径)，即组成一个亥姆霍兹线圈。

(2)单线圈 $a$ 轴线上各点的磁感应强度 $B_a$

只给单线圈 $a$ 通电，旋转电流调节旋钮，令电流 $I$ 为 100 mA。取台面中心为坐标原点 $O$，通过 $O$ 的横刻度线为 $OX$ 轴。把传感器探头从一侧沿 $OX$ 轴移动，每移动 1.00 cm 测一磁感应强度 $B_a$，测出一系列与坐标 $x$ 对应的磁感应强度 $B_a$(参见“数据处理示范”)。测量区域为 $-10\sim+10$ cm。实验中，应注意毫特计探头沿线圈轴线移动，每次要测量一个数据时，必须先在直流电流输出电路断开($I=0$)并调零后，再进行测量和记录。在轴线上某点转动毫特计探头，观察一下该点磁感应强度的方向：转动探头观测毫特计的读数值，当读数最大时，传感器法线方向即该点磁感应强度方向。

(3)测量亥姆霍兹线圈轴线上各点的磁感应强度

令两线圈串联且流过的电流方向一致(红黑接线柱交错相接)，即组成了亥姆霍兹线圈。然后，旋转电流调节旋钮，在电流相同($I=100$ mA)条件下，测轴线上各点的磁感应强度 $B_R$ 的值，测量方法同上。得出一系列 $X$-$B_R$ 的值(参见“数据处理示范”)。测量区域为 $-10\sim+10$ cm。用直角坐标纸，在同一坐标系作 $B_R$-$X$、$B_a$-$X$、$B_b$-$X$、$(B_a+B_b)$-$X$ 四条曲线，考察 $B_R$-$X$ 与 $(B_a+B_b)$-$X$ 曲线，验证磁场叠加原理。用直角坐标纸，在坐标系中作 $B_R$-$X$、$B_{\frac{R}{2}}$-$X$、$B_{2R}$-$X$ 三条曲线，证明磁场叠加原理。

2.感应法测量磁场

参考实验指导材料，自拟实验步骤，测定载流线圈的磁场分布；验证载流圆线圈轴线上磁场的分布规律；验证磁场叠加原理。

**进阶实验内容——测量磁场与距离、电流等参量的关系**

1.磁场平均值实验。

2.磁场与距离关系实验。

3.磁场与电流关系实验。

4.圆线圈和亥姆霍兹线圈的磁场校准实验。

[问题讨论]

1.感应法测量磁场的基本原理是什么？

2.亥姆霍兹线圈中若通以直流电，上述原理还能应用吗？为什么？

3.亥姆霍兹线圈能产生强磁场吗？为什么？

4.用交变感应法测磁场时误差来源主要有哪些？

5.在测量电路中串联的交流电流表的作用是什么？

[数据处理示范]

**表 3-2-14　单线圈 $a$ 轴线上各点的磁感应强度 $B_a$ 的值**

| $X$/cm | −10 | −9 | −8 | −7 | −6 | −5 | −4 |
|---|---|---|---|---|---|---|---|
| $B_a$/mT | | | | | | | |
| $X$/cm | −3 | −2 | −1 | 0 | 1 | 2 | 3 |
| $B_a$/mT | | | | | | | |
| $X$/cm | 4 | 5 | 6 | 7 | 8 | 9 | 10 |
| $B_a$/mT | | | | | | | |

**表 3-2-15　双线圈轴线上各点的磁感应强度 $B_R$ 的值**

| $X$/cm | −10 | −9 | −8 | −7 | −6 | −5 | −4 |
|---|---|---|---|---|---|---|---|
| $B_R$/mT | | | | | | | |
| $X$/cm | −3 | −2 | −1 | 0 | 1 | 2 | 3 |
| $B_R$/mT | | | | | | | |
| $X$/cm | 4 | 5 | 6 | 7 | 8 | 9 | 10 |
| $B_R$/mT | | | | | | | |

# 实验十四　铁磁材料的磁滞回线和磁化曲线测量

[引言]

铁磁材料分为硬磁和软磁两类。硬磁材料(如铸钢)的磁滞回线宽,剩磁和矫顽磁力较大(120～20 000 A/m,甚至更大),因而磁化后,它的磁感应强度能保持,适宜制作永久磁铁。软磁材料(如硅钢片)的磁滞回线窄,矫顽磁力小(一般小于 120 A/m),但它的磁导率和饱和磁感应强度大,容易磁化和去磁,故常用于制造电机、变压器和电磁铁。可见,铁磁材料的磁滞回线和磁化曲线是该材料的重要特性,也是设计电磁机构或仪表的依据之一。铁磁材料的磁滞回线和磁化曲线测量实验是磁性材料研究的重要实验。

磁滞回线和磁化曲线测量的研究可追溯到 19 世纪末。当时,法国物理学家皮埃尔—路易斯·居里和玛丽·居里等人发现铁磁材料在受磁场作用时会发生磁化,而且具有磁滞现象。20 世纪初期,瑞典物理学家鲁道夫·穆斯堡提出了磁滞回线的概念,并通过改变施加的磁场强度或方向,测量材料的磁感应强度来实现磁滞回线的测量。20 世纪中期,霍尔效应传感器、磁力计和霍尔磁强计等仪器测量技术,为磁化曲线测量提供了更高的精确度和灵敏度。

磁滞回线和磁化曲线测量实验，能够使学生感受和理解铁磁材料的磁性行为，培养其科学思维和实验能力，增强其科学素养与责任感，符合课程思政的目标。实验融入了人文关怀和社会责任，通过科学实践引导学生正确理解科学、崇尚科学精神。

铁磁材料的磁滞回线和磁化曲线测量可以与磁存储技术、磁传感器、磁计量仪器和磁性材料研究与开发等现代科技紧密结合，使学生深入理解铁磁材料的磁化特性，推动磁性材料的研究与应用。这种结合不仅为现代科技的发展提供了理论和实验基础，也拓展了磁场应用的广度和深度，推动了科技创新和社会进步。

［实验目的］

1.认识铁磁物质的磁化规律，测定样品的磁化曲线。

2.测绘样品的磁滞回线，测定样品的 $H_c$、$B_r$、$H_m$、$B_m$。

3.掌握用示波器观察磁滞回线的方法和测绘基本磁化曲线的方法，观察磁滞现象，加深对铁磁材料主要物理量(如矫顽磁力、剩磁和磁导率等)的理解。

［仪器用具］

HM-1 霍尔法磁化曲线与磁滞回线实验仪、电阻箱(两个)、电容(3～5 μF)、数字万用表、示波器、交流电源、互感器等。

［实验原理］

1.起始磁化曲线、基本磁化曲线和磁滞回线

铁磁材料(如铁、镍、钴和其他铁磁合金)具有独特的磁化性质。取一块未磁化的铁磁材料，以外面密绕线圈的钢圆环样品为例，如果流过线圈的磁化电流从零逐渐增大，则钢圆环中的磁感应强度 $B$ 随激励磁场强度 $H$ 的变化如图 3-2-98 中 $Oa$ 段所示，这条曲线称为起始磁化曲线。继续增大磁化电流，即增加激励磁场强度 $H$，则磁感应强度 $B$ 上升很缓慢。如果 $H$ 逐渐减小，则 $B$ 也相应减小，但并不沿 $aO$ 段下降，而是沿另一条曲线 $ab$ 下降。

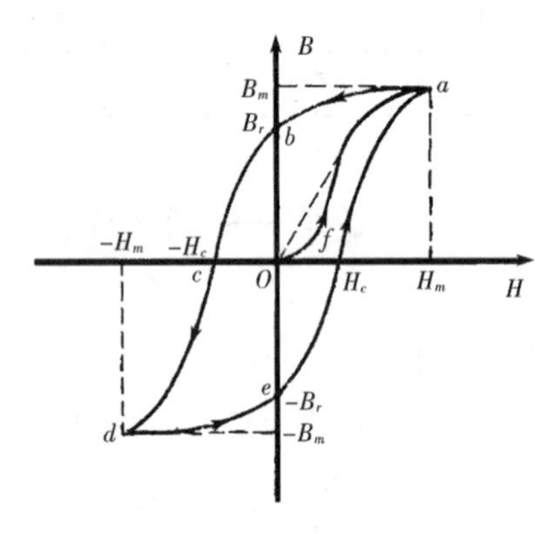


图 3-2-98　磁感应强度 $B$ 随激励磁场强度 $H$ 变化曲线

$B$ 随 $H$ 变化的全过程如下：

当 $H$ 按 $O \to H_m \to O \to -H_c \to -H_m \to O \to H_c \to H_m$ 的顺序变化时，$B$ 相应沿 $O \to B_m \to B_r \to O \to -B_m \to -B_r \to O \to B_m$ 的顺序变化。

将上述变化过程的各点连接起来，就得到一条封闭曲线 $abcdefa$，这条曲线称为磁滞回线。

从图 3-2-98 可以看出：

(1)当 $H=0$ 时，$B$ 不为零，铁磁材料还保留一定的磁感应强度 $B_r$，通常称 $B_r$ 为铁磁材料的剩磁。

(2)要消除剩磁 $B_r$，使 $B$ 降为零，必须加一个反方向磁场，这个反向磁场强度 $H_c$ 叫作

该铁磁材料的矫顽磁力。

(3)$H$ 上升到某一个值和下降到同一数值时，铁磁材料内的 $B$ 值并不相同，即磁化过程与铁磁材料过去的磁化经历有关。

对于同一铁磁材料，若其开始时不带磁性，依次选取磁化电流为 $I_1$、$I_2$、…、$I_m$($I_1 < I_2 < \cdots < I_m$)，则产生的相应的磁场强度依次为 $H_1$、$H_2$、…、$H_m$。选定每一个磁场值，使其方向发生两次变化(即 $H_1 \rightarrow -H_1 \rightarrow H_1, \cdots, H_m \rightarrow -H_m \rightarrow H_m$)，即可得到一组逐渐增大的磁滞回线(如图 3-2-99 所示)。我们把原点 $O$ 和各个磁滞回线的顶点 $a_1$、$a_2$、…、$a$ 所连成的曲线，称为铁磁材料的基本磁化曲线。可以看出，铁磁材料的 $B$ 和 $H$ 曲线不是直线，即铁磁材料的磁导率$\mu = \dfrac{B}{H}$不是常数。

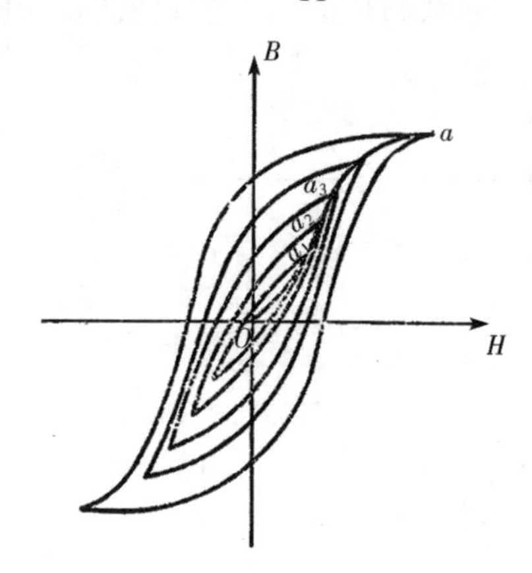

图 3-2-99　增加 $H$ 时的磁滞回线

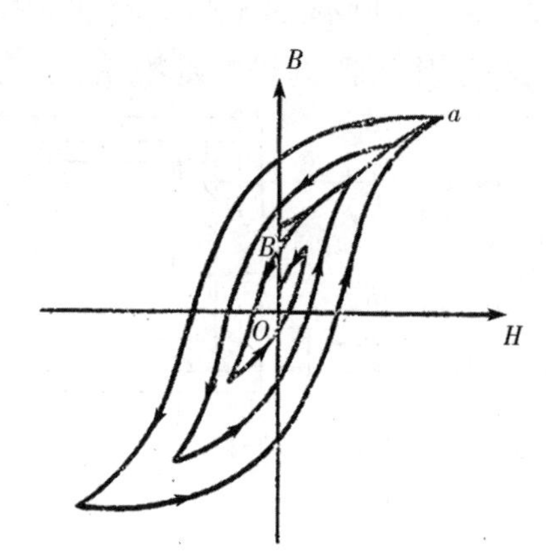

图 3-2-100　减小 $H$ 时的磁滞回线

由于铁磁材料的磁化过程是不可逆的且具有剩磁，在测定磁化曲线和磁滞回线时，首先必须将铁磁材料预先退磁，以保证外加磁场 $H=0$ 时，$B=0$；其次，磁化电流在实验过程中只允许单调增大或减小，不可时增时减。

在理论上，要消除剩磁 $B_r$，只需通一反方向磁化电流，使外加磁场正好等于铁磁材料的矫顽磁力即可。实际上，矫顽磁力的大小通常并不知道，因而无法确定退磁电流的大小。我们从磁滞回线得到启示：如果使铁磁材料磁化达到饱和，然后不断改变磁化电流的方向，与此同时逐渐减小磁化电流至零，那么该材料的磁化过程就是一连串逐渐缩小而最终趋于原点的环状曲线，如图 3-2-100 所示。当 $H$ 减小到零时，$B$ 也同时降为零，即完全退磁。

2.霍尔效应法测量样品磁滞回线

将待测的铁磁材料做成环形样品，绕上一组线圈，在环形样品的中间开一极窄的均匀气隙，在线圈中通以励磁电流，则铁磁材料即被磁化，气隙中的磁场应与铁磁材料中的磁场一致。如果样品截面的线度与气隙的宽度比例恰当，则气隙中有一定区域的磁场是均匀的。若在线圈中通过的电流为 $I$，则磁场的磁场强度 $H$ 为

$$H = \frac{N}{\bar{l}} I \tag{3-2-103}$$

其中 $N$ 为磁化线圈的匝数，$\bar{l}$ 为样品平均磁路长度。改变通电线圈中的励磁电流，磁场强度 $H$ 也做相应的变化，用特斯拉计测得气隙中均匀磁场区域内的磁感应强度 $B$ 与 $H$ 的对应关系，即能得到该铁磁材料的磁滞回线和磁化曲线。从中可测得剩磁、矫顽磁力及饱和磁感应强度等表征铁磁材料基本磁特性的物理量。

3.示波器显示样品磁滞回线的实验原理及电路

只要设法使示波器 $X$ 轴输入正比于被测样品的 $H$ 的信号，使 $Y$ 轴输入正比于样品的 $B$ 的信号，保持 $H$ 和 $B$ 为样品中原有的关系，就可在示波器荧光屏上如实地显示样品的磁滞回线。

怎样才能使示波器的 $X$ 轴输入正比于被测样品的 $H$ 的信号，$Y$ 轴输入正比于 $B$ 的信号呢？图 3-2-101 所示为测试磁滞回线的原理图。$L$ 为被测样品的平均长度(虚线框的长度)，$N_1$、$N_2$ 分别为原、副线圈匝数，$R_1$、$R_2$ 为电阻，$C$ 为电容。

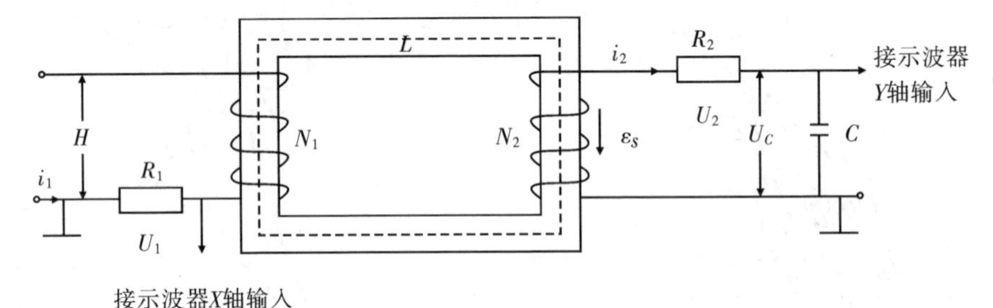


图 3-2-101　测试磁滞回线的原理图

当原线圈输入交流电压 $U_1$ 时电路就产生交变的磁化电流 $i_1$，由安培环路定律可计算出磁场强度为

$$H=\frac{N_1 i_1}{l} \tag{3-2-104}$$

又因为

$$i_1=\frac{U_1}{R_1} \tag{3-2-105}$$

所以

$$H=\frac{N_1}{l}\cdot\frac{U_1}{R_1}=\frac{N_1}{LR_1}\cdot U_1 \tag{3-2-106}$$

由上式可知 $H\propto U_1$，则加到示波器 $X$ 轴的电压 $U_1$ 能反映 $H$。

在样品中交变的 $H$ 会产生交变的磁感应强度 $B$。假设被测样品的截面积为 $S$，穿过该截面的磁通 $\Phi=BS$，由法拉第电磁感应定律可知，在副线圈中将产生感应电动势

$$\varepsilon_s=-N_2\frac{\mathrm{d}\Phi}{\mathrm{d}t}=-N_2 S\frac{\mathrm{d}B}{\mathrm{d}t} \tag{3-2-107}$$

图 3-2-101 所示的副线圈的回路方程式为

$$\varepsilon_s=i_2R_2+U_c \tag{3-2-108}$$

式中 $i_2$ 为副线圈中的电流，$U_c$ 为电容 $C$ 两端的电压。设 $i_2$ 向电容器 $C$ 充电，在 $t$ 时间内充电量为 $Q$，则此时电容两端的电压表示如下

$$U_c = \frac{Q}{C} \tag{3-2-109}$$

当我们选取足够的 $R_2$、$C$ 时，使 $U_c$ 减小到与 $i_2R_2$ 相比可以略去不计时，式(3-2-108)可简化为

$$\varepsilon_s = i_2R_2 \tag{3-2-110}$$

又因为

$$i_2 = \frac{\mathrm{d}Q}{\mathrm{d}t} = C\,\frac{\mathrm{d}U_c}{\mathrm{d}t} \tag{3-2-111}$$

所以式(3-2-110)变为

$$\varepsilon_s = R_2C\,\frac{\mathrm{d}U_c}{\mathrm{d}t} \tag{3-2-112}$$

根据电磁感应定律，得

$$R_2C\,\frac{\mathrm{d}U_c}{\mathrm{d}t} = -N_2S\,\frac{\mathrm{d}B}{\mathrm{d}t} \tag{3-2-113}$$

将式(3-2-113)两边积分，经整理后可得到 $B$ 的值为

$$B = \frac{R_2C}{N_2S}U_c \tag{3-2-114}$$

式(3-2-114)表明电容器上的电压 $U_c \propto B$，$U_c$ 能反映 $B$。

只要将 $U_1$、$U_c$ 分别接到示波器的 $X$ 轴与 $Y$ 轴输入，则在荧光屏上扫描出来的图形就能如实反映被测样品的磁滞回线。依次改变 $U_1$ 的值(从零递增)，便可得到一组磁滞回线，各条磁滞回线顶点的连线便是基本磁化曲线。由此可近似确定其磁导率 $\mu = \frac{B}{H}$，因 $B$ 与 $H$ 是非线性的，故铁磁材料的磁导率 $\mu$ 不是常数而是随磁场强度 $H$ 变化。铁磁材料的相对磁导率可高达数千乃至数万，这一特点是它用途广泛的主要原因之一。铁磁材料分为硬磁和软磁，$B$-$H$ 曲线如图 3-2-102 所示。

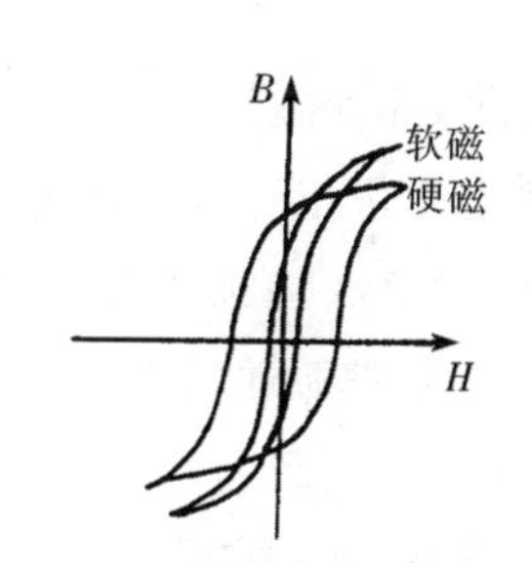

图 3-2-102　硬磁和软磁 $B$-$H$ 曲线图

［仪器描述］

HM-1 霍尔效应法磁化曲线与磁滞回线实验仪，其中包括 SXG-2 000 数字式毫特计(量程 0～2 000 mT)、IS600 恒流电源(可调恒定电流 0～600 mA)、实心铁芯样品(绕有 2 000 匝励磁线圈，截面长 2.00 cm、宽 2.00 cm，气隙间隔 2.0 mm，样品的平均磁路长度为 24.00 cm)。

[内容要求]

**基础实验内容——霍尔效应法测量磁滞回线**

1.霍尔效应法

(1)铁磁材料磁隙磁场分布的测量和样品退磁

样品气隙中的磁场分布与横向位置 $X$ 有关,测试时,应将毫特计的霍尔探头置于磁感应强度均匀区域内的最大值处。我们可以通过测定样品中剩磁的磁感应强度 $B$ 与 $X$ 的关系,来确定测量磁化曲线和磁滞回线时探头的放置位置。

转动霍尔探头支架上的鼓轮,将探头平行地插入气隙,注意不能与样品接触。线圈通以一定的直流电流,用毫特计沿 $X$ 方向等间隔(1.0 mm)测出磁场分布,以均匀区域内最大值处为测量点。

由于铁磁材料中有剩磁存在,在测量磁化曲线和磁滞回线前必须对样品进行退磁处理。在测量点,将励磁电流调到 600 mA,然后减小到零,再把电流反向,调到 600 mA,然后也调到零。这样,不断改变电流方向,同时逐渐减小励磁电流的大小,重复上述过程直至毫特计示值为零,退磁完成。(参见“数据处理示范”)

(2)起始磁化曲线的测量

励磁电流 $I$ 以 50 mA 为间隔从零开始逐渐增加,直至磁感应强度 $B$ 趋向饱和,即测得起始磁化曲线。(参见“数据处理示范”)

(3)磁滞回线的测量

为了得到一个中心对称而稳定的磁滞回线,在测量磁滞回线之前必须对样品进行反复磁化,称为磁锻炼。磁锻炼是这样实现的:当测量的起始磁化曲线增加得十分缓慢(即 $B$ 达到饱和状态)时,励磁电流 $I_m$ 保持不变,把双刀换向开关来回拨动 10 次即可。在拉动开关时,触点从接触到断开的时间应该长些。磁锻炼后就可以测量磁滞回线。

调节励磁电流从饱和电流 $I_m$ 开始,每隔 50 mA 减小到零,然后用双刀换向开关将电流换向,电流反向从零增加(每隔 50 mA)到 $-I_m$,这样使励磁电流 $I$ 按照 $I_m\to0\to-I_m\to0\to I_m$ 变化(每隔 50 mA),记录相应的磁感应强度 $B$ 的值(参见“数据处理示范”)。由励磁电流 $I$ 可得到 $H$。在直角坐标纸上作铁磁材料样品的起始磁化曲线和磁滞回线,读出该样品的饱和磁感应强度 $B_m$、矫顽磁力 $H_c$ 以及剩磁 $B_r$。由于 $H$ 数据有效数字比较多,在直角坐标纸上画出$B$-$H$曲线不易,我们可以作 $B$-$I$ 曲线,二者变化规律相同。同样在图上可读出 $B_m$ 和 $B_r$。至于矫顽磁力 $H_c$,可以先读出 $I_c$(即对应于 $H_c$ 的电流),再用公式 $H=\frac{N}{l}I$ 计算得出。

2.用示波器观察磁滞回线和基本磁化曲线

参考实验指导材料,自拟实验步骤,用示波器观察磁滞回线以及基本磁化曲线。

**进阶实验内容——铁磁材料的磁滞回线和磁化曲线其他特性测量**

在进行铁磁材料的磁滞回线和磁化曲线其他特性测量之前,对样品进行预处理是必要的。铁磁材料样品的预处理通常包括清洁表面、去除表面氧化物、消除残余磁场等步骤。

铁磁材料的磁滞回线和磁化曲线其他特性测量主要包括：

1.磁场扫描速率

测量过程中，可以改变磁场的扫描速率，以观察不同扫描速率下的磁滞回线和磁化曲线的变化。快速的扫描速率将导致材料内部的涡流损耗增加，从而影响测量结果。

2.温度依赖性

铁磁材料的磁滞回线和磁化曲线通常会随温度的变化而变化。因此，在测量时可以通过改变温度来研究铁磁材料的热稳定性和温度相关特性。

3.磁场依赖性

除了改变磁场强度的方向外，还可以通过改变磁场的大小，来研究铁磁材料在不同磁场强度下的磁滞回线和磁化曲线。

4.循环测试

通过重复多次的磁场循环，可以观察铁磁材料的磁滞回线和磁化曲线的稳定性，并评估其在循环工作中的性能。

5.磁饱和度测量

饱和磁感应强度是衡量材料磁性能的重要指标之一，测量铁磁材料的饱和磁感应强度是非常重要的实验。可以通过测量磁滞回线的最大磁感应强度来确定材料的饱和磁感应强度。

**[问题讨论]**

1.什么叫磁滞回线？测绘磁滞回线和磁化曲线为何要先退磁？

2.怎样使样品完全退磁，使初始状态在 $H=0,B=0$ 点上？

3.为什么用电学量来测量磁学量 $H$、$B$？

4.磁滞回线包围面积的大小有何意义？

5.磁滞回线的形状随交流信号频率如何变化？为什么？

**[数据处理示范]**

**表 3-2-16　铁磁材料磁隙磁场分布**

| $X$/mm | | | | | | |
|---|---|---|---|---|---|---|
| $B$/mT | | | | | | |
| $X$/mm | | | | | | |
| $B$/mT | | | | | | |
| $X$/mm | | | | | | |
| $B$/mT | | | | | | |
| $X$/mm | | | | | | |
| $B$/mT | | | | | | |

表 3-2-17　铁磁材料起始磁化曲线

测量点位置 $X_B$ =________

| 励磁电流/mA | | | | | | |
|---|---|---|---|---|---|---|
| $B$/mT | | | | | | |
| 励磁电流/mA | | | | | | |
| $B$/mT | | | | | | |
| 励磁电流/mA | | | | | | |
| $B$/mT | | | | | | |
| 励磁电流/mA | | | | | | |
| $B$/mT | | | | | | |

表 3-2-18　铁磁材料磁滞回线

| 励磁电流/mA | | | | | | |
|---|---|---|---|---|---|---|
| $B$/mT | | | | | | |
| 励磁电流/mA | | | | | | |
| $B$/mT | | | | | | |
| 励磁电流/mA | | | | | | |
| $B$/mT | | | | | | |
| 励磁电流/mA | | | | | | |
| $B$/mT | | | | | | |

# 第一章　实验基本仪器介绍

## 一、光学实验特点

光学实验与力学、电学实验相比，有以下主要特点：

1.光学实验和光学理论的联系更加密切。如光的直线传播定律、反射定律和折射定律是许多光学仪器设计的基础；光的干涉、衍射、偏振实验都是在光的波动理论指导下进行的，而且在建立光的波动理论时，这些实验都起了重要作用；对于迈克尔逊干涉仪、光栅衍射、偏振光现象研究和空间滤波等实验，若不清楚其理论，则实验就无法进行。所以在做实验之前掌握相应的理论是十分必要的。

2.光学实验用的仪器大多数都是比较精密、造价比较高的。光学仪器的核心部件是光学元件，如各种透镜、棱镜、反射镜等，这些光学元件大多数都是玻璃制品，表面经过精细抛光或镀膜，使用时一定要十分小心、谨慎。光学仪器的机械部分，很多都经过精密加工，如摄谱仪和单色仪的狭缝、迈克尔逊干涉仪的蜗轮蜗杆、分光计的刻度盘等。操作时应加倍爱护，严格按操作规则仔细调节，严禁私自拆卸仪器。

3.光学元件的工作面都是经过精细加工及抛光而成的反射面或折射面，称为光学表面。光学表面必须保持清洁，避免划伤及与任何溶液接触，不得用手触摸，不可对着它讲话、打喷嚏等。移动光学元件时，仅可以触碰它的框架、磨砂面或棱边等非光学表面部位，不可以直接触摸光学表面。光学表面一旦被污染，不可自行动手擦拭，应由实验室管理人员负责处理。

4.光学实验多数是在暗室中进行。在暗室中应先熟悉电源插座和各种仪器用具安放的位置。插电源插头时，必须小心谨慎。在黑暗环境中摸索光学仪器时，手应贴着桌面，动作要轻而缓慢，以免碰倒或带落仪器、元件等物品。

5.光学实验离不开光源。实验室常用的光源有白炽灯、汞灯、钠光灯和氦氖激光器。各类电源，规格繁多，性能各异，各有其适用范围，且随着工作条件的改变，其发光性能亦将发生变化。因此实验时必须合理地选择光源，注意其正常的工作条件。实验前必须严格检查光源，包括所用的电源是否合适，线路是否正确无误。若光源所用的高压电源有触电危险，则 在使用时禁止用手直接触摸电极和导线。汞灯除发出可见光外，还发出较强的紫外线(紫外线对眼睛有强烈刺激作用，容易引起灼伤)。激光对眼睛也有伤害。实验时应尽量避免眼睛直接对着汞灯或正对着激光来观察，这一点是要特别注意的。

6.光学实验须对光学元件进行同轴等高的调整。光学实验中几乎每个实验都有调整光路的问题，而光路调整的核心是光学元件的共轴调整问题。调节的要求是:(1)所有光学元件的光轴重合;(2)公共的光轴与光具座的导轨严格平行。调节的方法是:①粗调，将光具座上的所有元件，如光源、物屏、透镜、像屏等尽量靠拢。用眼睛观察，以光源为准逐一调节各元件的高低及左右，使各元件的中心大致在同一条直线上，并与轨道平行，且使各元件的平面与光具座轨道垂直。②细调，借助仪器或应用成像规律进行调节。例如利用点光源共轭成像法调节，如果物的中心偏离透镜的光轴，移动透镜在两个位置成像时，就会发现两次成像的中心位置不重合，这时，可根据像的偏移判断物的中心究竟偏左还是偏右，偏上还是偏下，然后加以调整。

若物中心 $C$ 点不在光轴上，则大、小像的中心都不会在光轴上，而是偏在光轴的同一侧，且大像中心点 $C_1$ 偏离较远，小像中心点 $C_2$ 离光轴较近，如图 4-1-1 所示。若发现 $C_1$ 点高于 $C_2$ 点，说明透镜 $L$ 位置偏高(或物偏低)，这时应将透镜 $L$ 降低(或把物升高)。若 $C_1$ 点低于 $C_2$ 点，应将透镜 $L$ 升高。

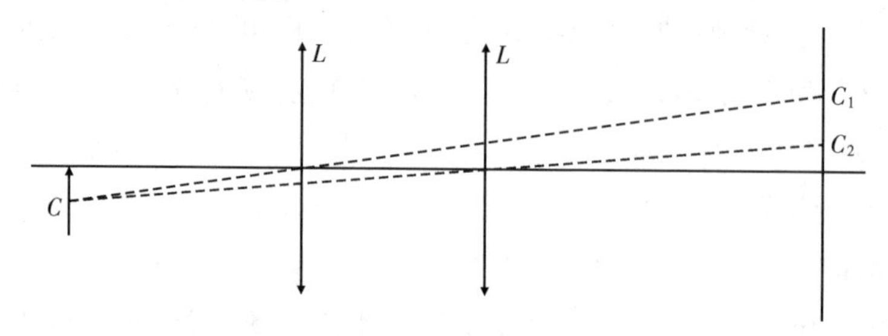


图 4-1-1　共轴调节的原理

具体做法是:保持物不动，成小像时调光屏，使屏中心(屏上有十字标记)与 $C_2$ 点重合;成大像时调透镜，使 $C_1$ 点位于屏中心(此时 $C_1$ 点与前次的 $C_2$ 点重合)。如此反复几次，便可调好。上述原则同样适用于水平方向的调节。

如果光学系统由多个透镜组成，则应先调好一个透镜的共轴并保持不动，再逐个加入其余透镜，逐一调节它们的光轴使其与原系统的光轴一致。

**二、光源**

能够发光的物体称为光源。下边主要介绍实验室常用的电光源和激光光源。

1.白炽灯

它是根据电流通过金属丝，使金属丝在真空或惰性气体中达到白炽状态而发光的原理制成的。白炽灯能发出连续光谱。

(1)普通灯泡

即常用的钨丝灯,可作白色光源及仪器照明灯用,有时在灯泡前加滤色片,可得到所需要的单色光。由于这种灯泡规格型号很多,使用时要按灯泡上注明的电压和功率选用。

(2)卤钨灯

碘钨灯、溴钨灯是最常用的卤钨灯。碘、溴卤族元素能和钨结合,但高温时又极易分解。把它们充入白炽灯泡中,它们能和蒸发在灯泡上的钨结合成化合物,这些化合物在灯丝附近因高温而分解,可使钨重新回到灯丝上去。这就解决了普通灯泡长期使用后,钨丝受热挥发变细,灯泡变黑,影响使用寿命的缺点。与普通灯泡相比,卤钨灯有体积小、发光强度高、光色好、寿命长等优点。

2.气体放电灯

它是根据电流通过气体发生放电而发光的原理制成的。

(1)钠光灯

它是利用钠蒸气在放电管内进行弧光放电而发光的,在可见光范围内辐射两条黄色谱线,波长是 589.0 nm 和 589.6 nm。由于两者十分接近,因此在实验室中常作单色光源,其平均波长为 589.3 nm。这种灯是把金属钠封闭在抽成真空的特种玻璃泡内,泡内充以辅助气体氩。灯泡两端电压约为 20 V,电流为 1.0～1.3 A。钠光灯电源与汞灯一样用 220 V 交变电流,并串联到扼流圈。

(2)汞灯

汞灯又称为水银灯,它是利用水银蒸气放电而发光的。点燃之后,稳定时发出绿白色光,它的光谱在可见光范围内有 10 条分立的强谱线。汞灯分低压汞灯、高压汞灯和超高压汞灯三种。低压汞灯稳定工作时在放电管内汞蒸气的压强为$(2.6\times10^{-4}\sim10^{-3})\times101\ 325$ Pa(即 $2.6\times10^{-4}\sim10^{-3}$个标准大气压);高压汞灯稳定工作时在放电管内汞蒸气的压强可达$(1\sim20)\times101\ 325$ Pa(即 1～20 个标准大气压);汞蒸气压强达到 $21\times101\ 325$ Pa(即 21 个标准大气压)时为超高压汞灯。实验室内常用的有低压汞灯、高压汞灯两种。高压汞灯从启动到正常工作需要一段预热、点燃时间,这通常约需 5～10 min。高压汞灯熄灭后,不能立即启动,因为在它熄灭后,管内还保持着较高的汞蒸气压,要等灯管冷却、汞蒸气凝结之后才能再次点燃。冷却过程约需 5～10 min。汞灯管接线必须经过扼流圈才能与 220 V 电源相连。汞灯辐射紫外线较强,不能直接注视汞灯以防止眼睛受伤。

3.激光器

激光器是利用受激辐射原理,使光在某些激发的工作物质中放大或发射的器件。按工作物质分类,可以分为固体(红宝石、钕玻璃、钇铝石榴石等)、气体(氦氖氩、二氧化碳等)、半导体和液体激光器等。

激光是一种亮度极高,单色性、方向性极好,空间相干性和时间相干性都很高的光源。

在实验室最常用的是氦氖激光器(波长为 632.8 nm)。它的构造是在一个抽成真空的粗玻璃管内固定着一个充有氦氖混合气体(工作物质)的细玻璃管谐振腔,细玻璃管两端装上镀介质膜的反射镜。在通常状态下,管内工作物质的粒子数分布是下能级 $E_1$ 的粒子数多于上能级 $E_2$ 的粒子数。但可通过在管的两端加高压的电激励方法使具有上能级 $E_2$ 的粒子数多于下能级 $E_1$ 的粒子数,这种状态称为粒子数反转。当工作物质处于此种状态时,由于自发辐射的存在,若有一个频率为 $\nu=\frac{1}{h}(E_2-E_1)$ 的光子通过介质,它就会被放大。传到反射镜又被反射回来,再通过介质继续放大,如此往返多次形成持续振荡。在近轴方向上往返一次增益大于损耗的那些频率的光逐渐加强,最后在谐振腔内形成稳定的光强分布,便有激光输出。

氦氖激光管的型号有很多,实验用的激光器是小型激光器,管长有 200 mm、280 mm 及 500 mm 等几种,输出功率由 2 mW 到 7 mW 不等。它经常用作干涉仪、准直仪、光电光波比长仪的光源。

激光电源为高压电源,其电路之中常有大电容器,用完后必须切断电源,再使输出端短路放电。否则,高压会维持相当长时间,有造成触电的危险。由于激光亮度高,还要注意不能用眼睛或望远镜等直接观察激光光束,以免造成视网膜严重的、不可恢复的损坏。可以借助白纸、灰色或黑色玻璃、塑料薄膜等漫反射材料对激光光束进行间接的观察。

## 三、助视仪器

主要包括平行光管、测微目镜、显微镜、望远镜、读数显微镜等。

### 1.平行光管

平行光管是一种能产生平行光束的仪器。它是装校、调整光学仪器的重要工具之一,也是光学量度仪器中的重要组成部分,配用不同的分划板,连同测微目镜,或显微镜系统,则可以测定透镜或透镜组的焦距、分辨率及其成像质量。

实验室常用的 CPG-550 型平行光管附有高斯目镜和调整式平面反射镜,其光路结构如图 4-1-2 所示。

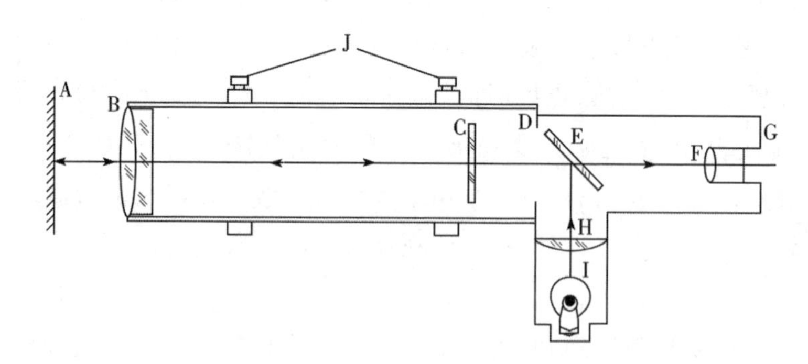


A.可调式反射镜　B.物镜　C.分划板　D.光栅　E.分光板　F.目镜　G.出射光瞳　H.聚光镜　I.光源　J.十字螺钉

图 4-1-2　平行光管示意图

光源发出的光,经聚光镜和分光板后照亮分划板,而分划板被调节在物镜的焦平面上,因此,分划板的像将成于无穷远,即平行光管发出的是平行光。这可用高斯目镜根据自准直原理来检验。

CPG-550 型平行光管物镜的焦距 $f'=550$ mm(铭牌标示值)，使用时按实测值。口径 $D=55$ mm，相对孔径 $D/f'=1/10$。高斯目镜焦距 $f'=44$ mm，放大率为 5.7，平行光管还附有一套分划板，共 5 块，如图 4-1-3 所示，在进行不同的测量时可进行更换。

(1)十字分划板

如图 4-1-3(a)所示，它主要是用来调整平行光管，亦可作为无穷远目标使用。

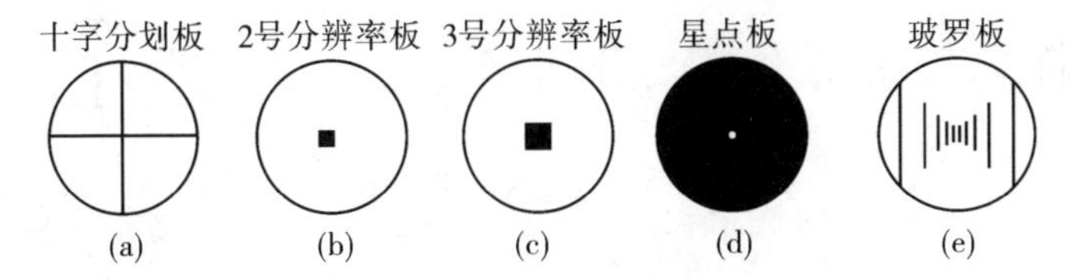


图 4-1-3　分划板种类

(2)分辨率板

分辨率板如图 4-1-3(b)(c)所示，可用来测定透镜或透镜组的分辨率。两块板上各有 25 个图案单元，每个图案单元中平行条纹的宽度不同:2 号分辨率板上第 1 单元到第 25 单元的条纹宽度是由 20 $\mu$m 递减至 5 $\mu$m，3 号分辨率则由 40 $\mu$m 递减至 10 $\mu$m。

(3)星点板

星点板如图 4-1-3(d)所示。板上星点直径为 0.05 mm。通过被检验光学系统可得到一个星点的衍射像，根据衍射像的形状可定性检查光学系统的成像质量。

(4)玻罗板

玻罗板如图 4-1-3(e)所示。它是一块镀有五组平行条纹的玻璃板，铭牌上每组条纹间距的标示值分别是 1.000 mm、2.000 mm、4.000 mm、10.000 mm 和 20.000 mm，使用时以出厂实测值为准。它与测微目镜或显微镜一起，可测定透镜或透镜组的焦距。

2.测微目镜

测微目镜是用来测量微小长度的助视仪器。实验室中常用的是 MCU-15 型测微目镜。

(1)外形和结构

外形和结构分别如图 4-1-4 和图 4-1-5 所示。

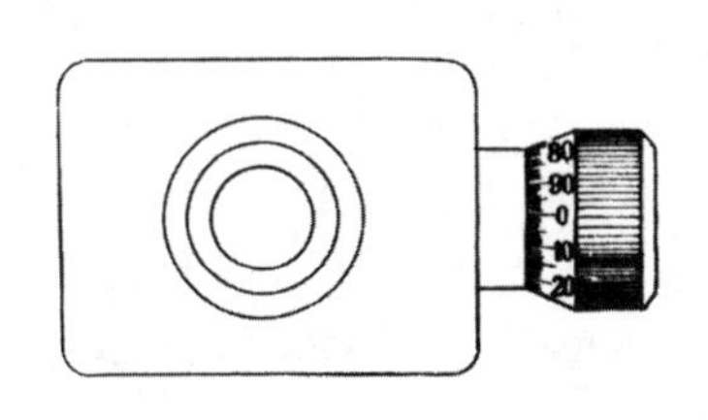

图 4-1-4　测微目镜外形

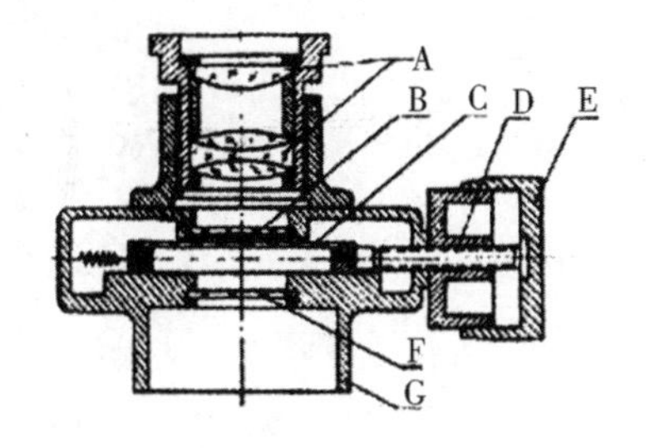


A.复合目镜　B.玻璃标尺　C.分划板　D.丝杠
E.读数鼓轮　F.防尘玻璃　G.接头套筒

图 4-1-5　测微目镜结构

(2)使用方法

使用测微目镜进行测量时,应先调节目镜的前后位置,把目镜准焦在有毫米刻度的固定玻璃板(分划尺)上,如图 4-1-6(a),使玻璃板上的刻度线最清楚。然后把被测对象成像到分划尺玻璃板上,且无视差。最后移动鼓轮,将分划板上的竖直双线和十字叉丝[图 4-1-6(b)]退到被测目标以外,再反转前进,先使标记"ﾒ"的叉点对准目标一侧,记下读数[图 4-1-6(c)]。继续前进使标记"ﾒ"的叉点对准目标另一侧,记下读数。两次读数之差即被测目标的大小。

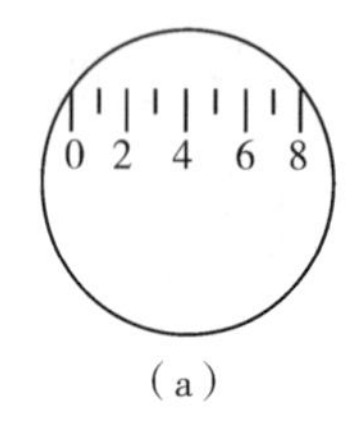

(a)

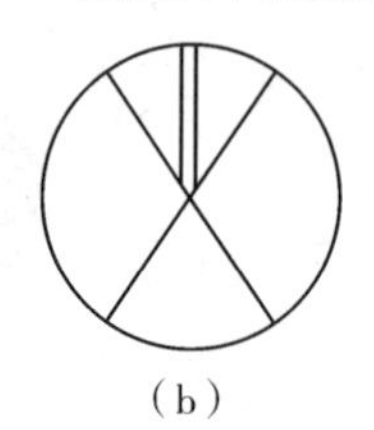
(b)

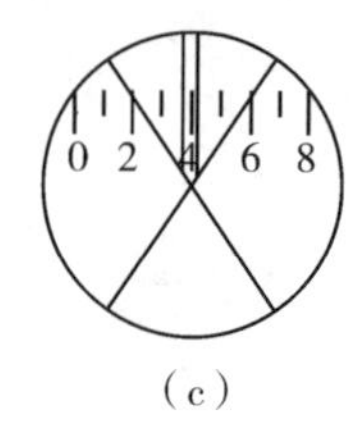

(c)

图 4-1-6　测微目镜读数

读数鼓轮每转动一圈,竖线和十字叉丝就移动 1 mm;由于鼓轮上又细分 100 小格,因此,每转过 1 小格,叉丝就移动了 0.01 mm,所以鼓轮上每 1 小格就代表 0.01 mm,读数时还应估读一位。

每次测量时,螺旋应沿同一方向旋转,不要中途反向。这是因为螺纹接触之间有间隙,称为螺距差。当向相反方向旋转时,必须转过这个间隙后叉丝才能跟着螺旋移动。因此,若旋过了头,必须退回一圈,再从原方向旋转推进、重测。旋转测微螺旋时,动作要平稳、缓慢,如已到达一端,则不能再强行旋转,否则会损坏螺旋。

3.显微镜

显微镜是能将微小物体放大以利于观察的助视仪器。

(1)显微镜的构造

常用的生物显微镜的外形和构造如图 4-1-7 所示。它由光学部件和机械部件两部分组成。

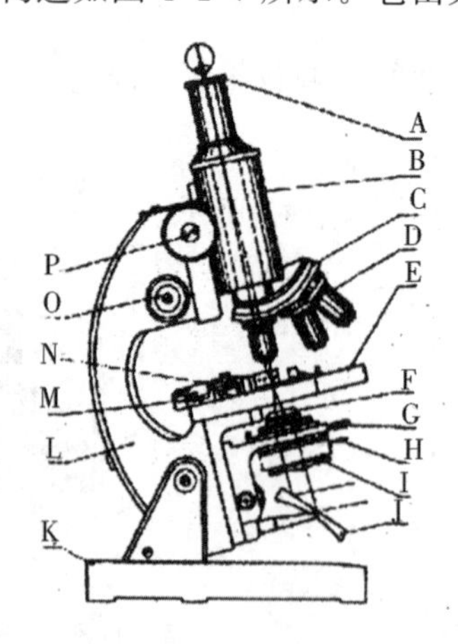


A.目镜　B.镜筒　C.转换器　D.物镜　E.载物台　F.通光孔　G.聚光器　H.滤光片架　I.可变光阑　J.反光镜　K.镜座　L.镜臂　M.压片夹　N.载物台移动手轮　O.细准焦螺旋　P.粗准焦螺旋

图 4-1-7　生物显微镜的外形和构造

①光学部件

成像系统由物镜和目镜组成。物镜由多块透镜复合组成，安装在镜筒下端的转换器上，转动转换器可调换使用。通常配有3个不同放大倍数的物镜，放大倍数分别为10×、40×、100×。目镜安装在镜筒上端，可以拔出。一般显微镜配有三至四个不同放大倍数的目镜，分别为5×、10×、15×。目镜和物镜组合，可得到9种不同的放大率。

照明系统由聚光器、可变光阑和反光镜组成。聚光器一般由两个或两个以上透镜组成，它的作用是会聚光线，增加像的亮度，使会聚光线以更大角度的光锥射入物镜，增大数值孔径，提高分辨本领。可变光阑用以控制进光量，调节出射光锥的角度，以适应不同透明度的观察物。反射镜有两面，一面为凹面，一面为平面，两面翻转可以改变反射光的入射方向，在光线较强时使用平面，在光线较弱时使用凹面，使光线会聚增加亮度。

②机械部件

镜座：用来支持整个镜体。

镜架：在镜筒后面，以支持镜筒、载物台、聚光器和调焦装置。

镜筒：固定镜筒一般长度为16 cm，但也有长度可以调节的镜筒。

物镜转换器：用来安装和调换物镜。

载物台：在物镜下方，用来搁置载物玻片和标本。

载物台移动手轮：装在载物台上，用以前后左右移动载物玻片和标本，移动距离可由游标尺读出。

调焦装置：有粗调和微调两种(粗调手轮和微调手轮)，用来调节物镜与被观察物体间的距离。

(2)显微镜的调整

显微镜系精密光学仪器，使用时应严格遵守调整规程。不同放大率的物镜其焦距和孔径是不同的，放大率越大，焦距越短，孔径也越小。所以使用高倍物镜时，由于物镜视场小而暗，工作距离短，给显微镜的调整带来困难。而且由于镜头和载物玻片都是用玻璃做的，调焦时稍不小心就可能使物镜与被观察物体互相挤压造成损坏。为避免事故，显微镜的调整规程规定如下：

①使用低倍物镜时，先转动粗调手轮，把镜筒向下移，并从旁边严密监视，当物镜与被观察物体相距4～5 cm时应立即停止。然后用眼睛从目镜上面观察视场，转动粗调手轮使镜筒缓慢上升(不许下降!)，直到视场内出现被观察物体的像为止。而后再用微调手轮仔细调整(不可大动)，使成像清晰。

②使用高倍物镜时，由于工作距离短(例如100×物镜，工作距离只有十分之几毫米)，焦距短，像常常一晃而过，视场小，只能看到载物台上很小一个部位，所以用高倍物镜直接去找物体很困难，且容易造成事故。为此规定：在使用高倍物镜时，需先用低倍物镜进行预调节，待被观察物体在低倍镜头中成像清晰后，再转动转换器，换用高倍物镜观察，稍加调节微调手轮，即可获得最清晰的像。

③为了增加视场亮度，可利用聚光器和反射镜来照明被观察物体。聚光器上的光圈可以调节，以便根据需要改变视场的明暗程度。

4.读数显微镜

读数显微镜是用来测量微小距离或微小距离变化的，又称测距显微镜或比长仪，其结构如图 4-1-8 所示。读数显微镜由螺旋测微装置和显微镜两部分组成。它除有一个稳固的基座外，还有一个由测微尺带动的平台，而镜筒就安装在这个可移动的平台上。因此，它既可以做水平方向的测量，又可做垂直方向的测量。读数显微镜分游标型和千分尺型，千分尺型测量精度可达 0.01 mm，测量范围为 0～50 mm，游标型的按游标读数原理读取，最小分度为 0.01 mm。读数显微镜的镜筒仅有一组目镜和物镜，且放大率也较低（一般为 30～50 倍），目镜内有一个十字叉丝，是测量时作对准目标用的。

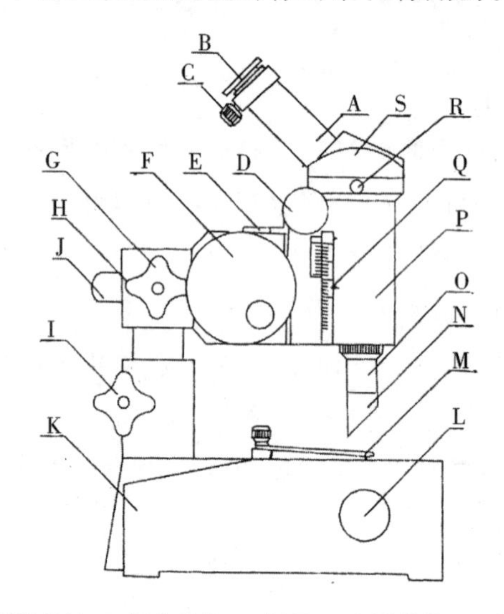


A.目镜接筒　B.目镜　C.锁紧螺钉　D.调焦手轮　E.标尺　F.测微鼓轮　G.锁紧手轮Ⅰ　H.接头轴　I.锁紧手轮Ⅱ　J.方轴　K.底座　L.反光镜旋轮　M.压片　N.半反镜组　O.物镜组　P.镜筒　Q.刻尺　R.锁紧螺钉　S.棱镜室

图 4-1-8　读数显微镜

读数显微镜的操作步骤如下：

(1)将读数显微镜筒对准被测物体。

(2)调节显微镜的目镜，以清楚地看到叉丝。

(3)调焦，即改变镜筒与被测物体的距离，使被测物体成像清晰，并消除视差（眼睛上下移动时，看到叉丝与被测物的像之间无相对运动）。

(4)测量时，先将十字叉丝推到被测物体以外，然后反向移动安装镜筒的平台，使十字叉丝与被测物体一端对齐，记下读数。继续移动平台，使十字叉丝与被测物体另一端对齐，再记下读数。两次读数之差即为被测物体的长度。注意两次读数时，测微螺旋只能朝一个方向旋转，以避免螺距差。

5.阿贝折射仪

以阿贝的名字命名的折射仪，是测量物质折射率的专用仪器。测量时不需任何计算，能直接准确地读出被测物质的折射率。

(1)仪器结构

如图4-1-9所示，仪器的光学部分由望远系统与读数系统两部分组成。进光棱镜(3)与折射棱镜(2)之间有一微小均匀的间隙，被测液体就放在此空隙内。当光线(日光或白炽灯光)射入进光棱镜时，会在其下方的磨砂面上产生漫折射，使被测液层内形成各种不同角度的入射光，再经过折射棱镜产生一束折射角均大于临界角 $s$ 的光。摆动与刻度板同轴相连的反射镜(1)可将此束光射入消色散棱镜组(4)，此消色散棱镜组是一对等色散阿米西棱镜，其作用是相互转动时可获得一定的色散以抵消由折射棱镜对被测物体产生的色散。望远物镜(5)将此束具有不同方向的光会聚于分划板(7)上，分划板上有十字分划线，通过目镜(8)能看到有明暗分界线的像。光线经聚光镜(12)照明刻度板(11)，通过反射镜(10)、读数物镜(9)、平行棱镜(6)将刻度板上不同部位折射率示值成像于分划板上。

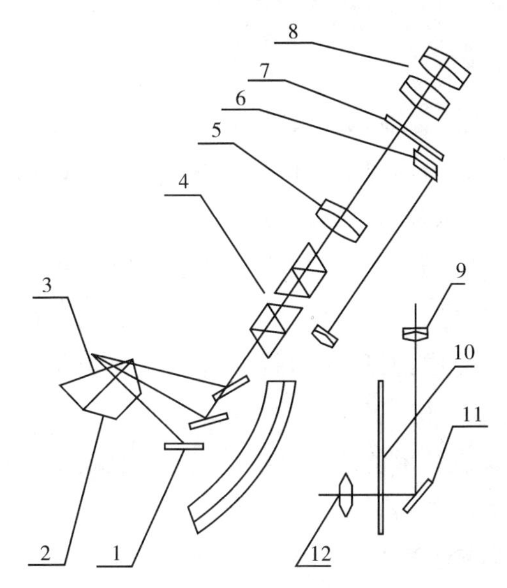


1.反射镜　2.折射棱镜　3.进光棱镜　4.消色散棱镜组　5.望远物镜　6.平行棱镜　7.分划板　8.目镜　9.读数物镜　10.反射镜　11.刻度板　12.聚光镜

图4-1-9　阿贝折射仪的光学部分

仪器的结构部分如图4-1-10所示。壳体(17)固定在底座(14)上。棱镜和目镜以外的其他光学组件及主要结构封闭于壳体内部。折光棱镜组由进光棱镜、折射棱镜以及棱镜座等组成，进光棱镜座(5)、折射棱镜座(11)固定于壳体上。两棱镜分别用特种黏合剂粘在棱镜座内。两棱镜座由转轴(2)连接。进光棱镜能打开和关闭，当两棱镜座密合并用手轮(10)锁紧时，两棱镜面之间有一均匀的间隙，被测液体应充满于此间隙。四只恒温器接头(18)，可用作连接乳胶管与恒温器使用。

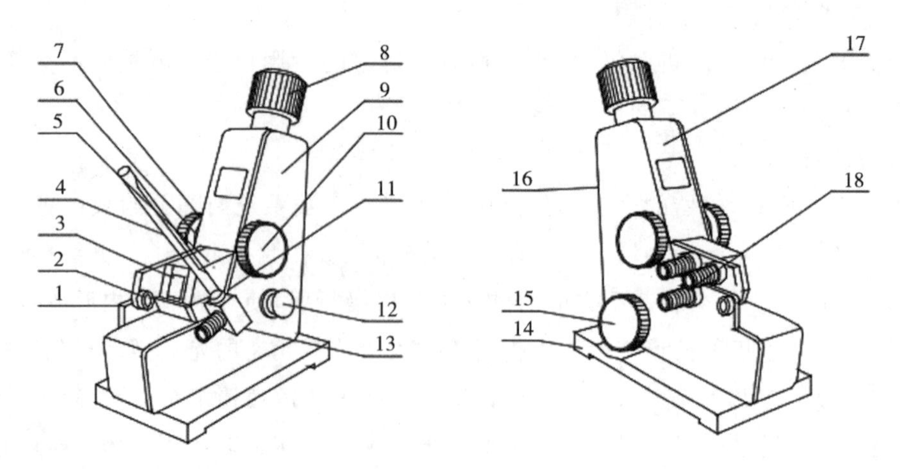


1.反射镜　2.转轴　3.遮光板　4.温度计　5.进光棱镜座　6.色散调节手轮　7.色散值刻度圈　8.目镜　9.盖板　10.手轮　11.折射棱镜座　12.照明刻度盘聚光镜　13.温度计座　14.底座　15.折射率刻度调节手轮　16.小孔　17.壳体　18.四只恒温器接头

图 4-1-10　阿贝折射仪的结构部分

(2)使用与操作方法

①在开始测定前,必须先用标准试样校对读数。对折射棱镜的抛光面加 1～2 滴溴代萘,再贴上标准试样的抛光面,当读数视场指示于标准试样上的值时,观察望远镜内明暗分界线是否在十字线中心,若有偏差则用螺丝刀微量旋转图 4-1-10 上小孔内的螺钉,此螺钉带动物镜偏摆,使分界线的像移至十字线中心。通过反复观察与校正,使示值的起始误差(包括操作者的瞄准误差)降至最小。校正完毕后,在以后的测定过程中不允许随意再动此部位。如果在日常的测量工作中,对所测的折射率示值有怀疑时,可按上述方法用标准试样进行检验,是否有起始误差,并进行校正。

②每次测定工作之前及进行示值校准时必须将进光棱镜的毛面、折射棱镜的抛光面及标准试样的抛光面用无水酒精与乙醚(1∶4)的混合液和脱脂棉花轻擦干净,以免留有其他物质,影响成像清晰度和测量精度。

## 四、分光计

分光计是一种小型多用途的分光仪器。用它可以观察光谱、测定波长、测量棱镜角和偏向角等。

1.构造

JJY1′型分光计的外形如图 4-1-11 所示。

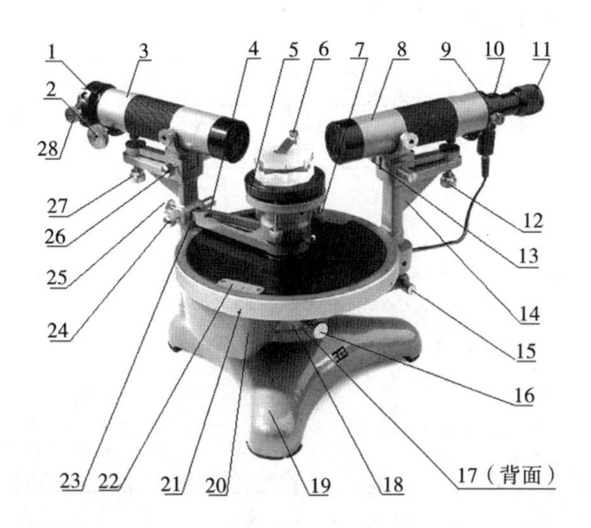


1.狭缝装置　2.调焦手轮　3.平行光管部件　4.制动架(二)　5.载物台　6.载物台锁紧螺钉　7.载物台调平螺钉(三颗)　8.望远镜部件　9.目镜锁紧螺钉　10.阿贝式自准直目镜　11.目镜视度调节手轮　12.望远镜光轴高低调节螺钉　13.望远镜光轴水平调节螺钉　14.支臂　15.望远镜微调螺钉　16.转座与度盘止动螺钉　17.望远镜止动螺钉　18.制动架(一)　19.底座　20.转座　21.度盘　22.游标盘　23.立柱　24.游标盘微调螺钉　25.游标盘止动螺钉　26.平行光管光轴水平调节螺钉　27.平行光管光轴高低调节螺钉　28.狭缝宽度调节手轮

图 4-1-11　JJY1′型分光计

在底座的中央固定一中心轴，度盘(21)和游标盘(22)套在中心轴上，可以绕中心轴旋转，度盘下端有一推力轴承支撑，使旋转轻便灵活。度盘上刻有 720 等分的刻度线，每一格的格值为 30 分，对径方向设有两个游标读数装置。测量时，读出两个数值，然后取平均值，这样可以消除偏心引起的误差。

立柱(23)固定在底座上，平行光管(3)安装在立柱上，平行光管的光轴位置可以通过立柱上的调节螺钉(26、27)来进行微调，平行光管带有一狭缝装置(1)，可沿光轴移动和转动，狭缝的宽度在 0.02～2 mm 内可以调节。

阿贝式自准直望远镜(8)安装在支臂(14)上，支臂与转座(20)固定在一起，并套在度盘上，当松开止动螺钉(16)时，转座与度盘可以相对转动，当旋紧止动螺钉时，转座与度盘一起旋转。旋转制动架(一)(18)与底座上的止动螺钉(17)时，借助制动架(一)末端上的微调螺钉(15) 可以对望远镜进行微调(旋转)，同平行光管一样，望远镜系统的光轴位置，也可以通过调节螺钉(12、13)进行微调。望远镜系统的目镜(10)可以沿光轴移动和转动，目镜的视度可以调节。

载物台(5)套在游标盘上，可以绕中心轴旋转，旋紧载物台锁紧螺钉(6)和制动架(二)(4)与游标盘止动螺钉(25)时，借助立柱上的调节螺钉(24)可以对载物台进行微调(旋转)。放松载物台锁紧螺钉时，载物台可根据需要升高或降低，调到所需位置后，再把锁紧螺钉旋紧。载物台有三颗调平螺钉(7)，用来调节使载物台面与旋转中心线垂直。

望远镜系统的照明器外接 3 V 电源插头或定时照明系统。

分划板视场如图 4-1-12 所示。

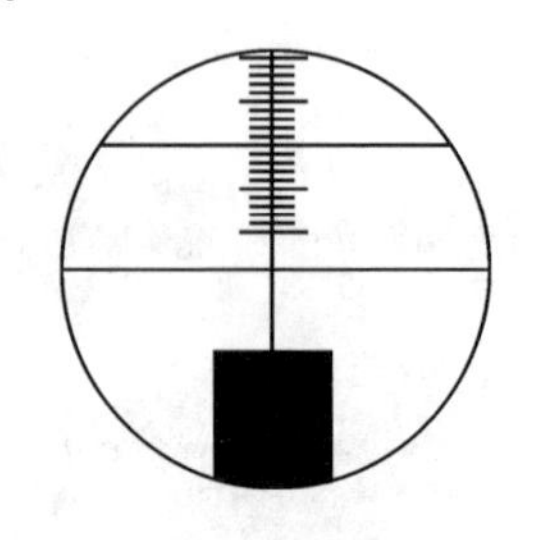

图 4-1-12 分划板视场图

2.仪器的调整

①目镜的调焦

目镜调焦的目的是使眼睛通过目镜能够清楚地看到目镜中分划板上的刻度线。

先把目镜视度调节手轮(11)旋出，然后一边旋进，一边从目镜中观察，直至分划板刻度线成像清晰，再慢慢地旋出手轮，至目镜中的像的清晰度将被破坏而未被破坏时为止。

②望远镜的调焦

望远镜调焦的目的是将目镜分划板上的十字线调整到物镜的焦平面上，也就是望远镜对无穷远调焦。其方法如下：

a.接上灯源。

b.把望远镜光轴位置的调节螺钉(12、13)调到适中的位置。

c.在载物台的中央放上附件光学平行平板。其反射面对着望远镜物镜，且与望远镜光轴大致垂直。

d.通过调节载物台调平螺钉和转动载物台，使望远镜的反射像和望远镜在一直线上。

e.从目镜中观察，可以看到一十字线，通过调焦手轮前后移动目镜，对望远镜进行调焦，使亮十字线成清晰的像，然后，利用载物台的调平螺钉和载物台微调机构，把这个亮十字线调节到与分划板上方的十字线重合，往复移动目镜，使亮十字线和十字线无视差地重合。

③用渐近法调整望远镜光轴垂直于载物台主轴

a.调整望远镜光轴高低调节螺钉(12)，使反射回来的亮十字线精确地成像在十字线上。

b.把游标盘连同载物台平行平板旋转 180°时，观察到亮十字线可能与十字线有一个垂直方向的位移，就是说，亮十字线可能偏高或偏低。

c.调节载物台调平螺钉，使位移减小一半。

d.调整望远镜光轴高低调节螺钉，使垂直方向的位移完全消除。

e.把游标盘连同载物台平行平板再转动 180°，检查其重合程度。重复 b 和 c 使偏差得到完全校正。

④将分划板十字线调成水平和垂直方向

当载物台连同光学平行平板相对于望远镜旋转时，观察亮十字线是否水平方向移动，如果分划板的水平刻度线与亮十字线的移动方向不平行，就要转动目镜，使亮十字线的移动方向与分划板的水平刻度线平行。注意不要破坏望远镜的调焦，然后将目镜锁紧螺钉旋紧。

⑤平行光管的调焦

目的是把狭缝调整到物镜的焦平面上，也就是平行光管对无穷远调焦。

方法如下：

a.去掉目镜照明器上的光源，打开狭缝，用漫射光照明狭缝。

b.在平行光管物镜前放一张白纸，检查在纸上形成的光斑，调节光源的位置，使得在整个物镜孔径上照明均匀。

c.除去白纸，把平行光管光轴水平（左右位置）调节螺钉(26)调到适中的位置，将望远镜管正对平行光管，从望远镜目镜中观察，调节望远镜微调机构和平行光管光轴高低（上下位置）调节螺钉(27)，使狭缝位于视场中心。

d.通过调焦手轮前后移动狭缝机构，使狭缝清晰地成像在望远镜分划板平面上。

⑥调整平行光管的光轴垂直于旋转主轴

调整平行光管光轴高低调节螺钉，升高或降低狭缝像的位置，使得狭缝关于目镜视场的中心对称。

⑦将平行狭缝调成垂直

旋转狭缝机构，使狭缝与目镜分划板的垂直刻线平行，注意不要破坏平行光管的调焦，然后将狭缝装置锁紧螺钉旋紧。

## 五、干涉仪

干涉仪是利用光的干涉原理来解决实际问题的装置。利用它通常可以测长度、光波波长、角度、折射率和检查各种光学元件的质量。

干涉仪根据工作原理可分为分波前干涉和分振幅干涉两种。分波前干涉装置有杨氏双缝干涉装置和菲涅尔双棱镜干涉装置。分振幅干涉装置包括尖劈、牛顿环装置和迈克尔逊干涉仪。这里仅介绍迈克尔逊干涉仪。

1.构造

迈克尔逊干涉仪的构造如图 4-1-13 所示。

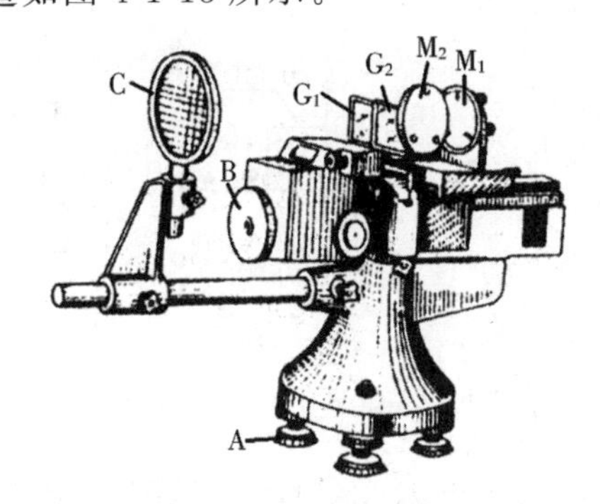


A.调平螺丝　B.粗调手轮　C.投影屏　$G_1$. 分束器　$G_2$.补偿板　$M_1$. 动镜　$M_2$. 不动镜

图 4-1-13　迈克尔逊干涉仪

(1)基座

基座是位于迈克尔逊干涉仪底部的圆形金属部分。它的重量大,可以增加稳度减少震动。基座下安装着 3 个调平螺丝 A,用以调节其高度及水平。

(2)导轨

装在基座上面,其表面经仔细研磨而成,平直程度很高,以保证动镜移动时的稳度和准确度。

(3)平面反射镜 $M_1$、$M_2$ 及其调节系统

动镜 $M_1$ 装在平直轨道上面,通过传动系统与精密加工的丝杠相连。不动镜 $M_2$ 的镜面与 $M_1$ 的镜面垂直。两镜的背面安装 3 个调节螺丝,用来对镜面的方位进行粗调节。在不动镜的镜座下,还装有两个螺栓,转动螺栓可对不动镜的水平及竖直方位进行微调,以使两镜面达到严格垂直。

(4)分束器 $G_1$ 和补偿板 $G_2$

二者装在不动镜座上。分束器与补偿板互相平行,且与不动镜成 45°角。$G_1$ 和 $G_2$ 的方位可用紧固螺丝微调。

(5)测距系统

测距系统包括装在仪器正面的粗调手轮 B 及装在侧面的微调手轮,以及装在另一侧面的离合器手柄(有的迈克尔逊干涉仪不带离合器手柄)。转动粗调手轮可使动镜前后移动,移动的距离可由仪器正面小窗内的刻度盘读出。扳上离合器手柄,微调手轮即与丝杠联动,这时转动微调手轮,动镜可做十分缓慢的移动。动镜移动前后的位置可从轨道侧面的标尺的示数、正面刻度盘的示数及微调手轮的刻度联合读出。移动前后读数之差即动镜移动的距离。其准确度可达 0.000 1 mm。

(6)投影屏

即毛玻璃屏 C,可插在屏座的插孔内,使干涉条纹直接投影到屏上,便于观察和测量。

2.原理

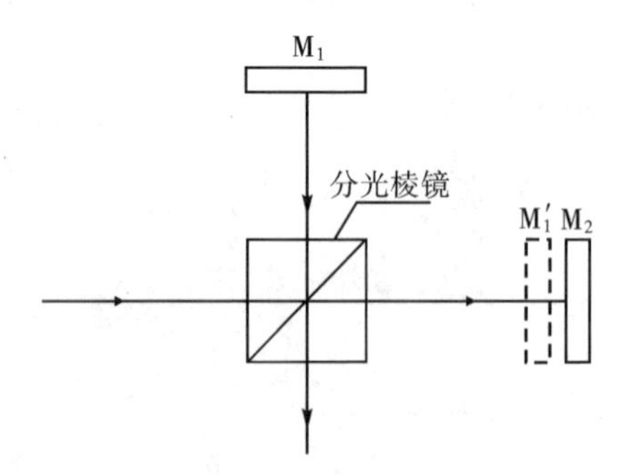


图 4-1-14　迈克尔逊干涉仪原理

如图 4-1-14 所示,从光源发出的一束光,射向分光棱镜,因分光棱镜内的反射界面镀了半透膜,光束在半透膜上反射和透射分成互相垂直的两束光。这两束光分别射向相互垂直的粗动镜 $M_1$、微动镜 $M_2$,经 $M_1$、$M_2$ 反射后,又汇于分光棱镜,最后光线朝着向下的方向射

出。在此处我们就能观察到清晰的干涉条纹。

图中 $M_1'$ 是粗动镜 $M_1$ 在半透膜表面所成的虚像。在光学上，这里的干涉就相当于 $M_1'$ 和 $M_2$ 之间的空气板的干涉。

# 第二章 光学实验

## 实验一 薄透镜焦距的测定

[引言]

任何光学仪器均由各种光学元件组成，其中透镜是光学仪器中最基本的成像元件。透镜是用透明材料(如光学玻璃、熔石英、水晶、塑料等)制成的一种光学元件，一般由两个或两个以上共轴的折射表面组成。描述透镜的参数有很多，其中最重要、最常用的参数是透镜的焦距。测定透镜的焦距并熟悉透镜的成像规律，是分析一切光学成像系统的基础，也是我们实际选择透镜的重要依据。

焦距概念是人们从光通过透镜产生会聚现象的感性认识材料中抽象出来的，是从多种透镜的众多光学现象中概括得来的共同特征，其形成过程应用了抽象与概括的科学思维方法；透镜成像公式是应用数学工具对成像现象的物与透镜的距离、像与透镜的距离进行定量分析，并通过这些数据的比对、演算，寻求彼此之间的内在联系后综合而来的，其发现过程应用了分析与综合的科学思维方法；焦距及相关理论的形成过程是从大量的光学成像现象中得出的科学认知，其过程是一个归纳的过程。

透镜是使用最广泛的一种光学元件，透镜及各种透镜的组合可形成放大的或缩小的实像及虚像，利用透镜及其组合可观察到遥远宇宙中的星体运行情况以及肉眼看不见的微观世界。

[实验目的]

1.了解凸透镜、凹透镜及常用透镜的参量。

2.理解薄透镜成像的原理及规律。

3.掌握测量薄透镜焦距的基本方法。

[仪器用具]

光具座、光源、会聚透镜、发散透镜、物屏、像屏、平面反射镜。

[实验原理]

本实验仅考虑薄透镜的情况，也就是只考虑厚度比球面曲率半径小得多的透镜。此时，物距、像距、焦距分别视为物、像、焦点至透镜中心的距离。如图 4-2-1 所示，设薄透镜的焦距为 $f$，物距

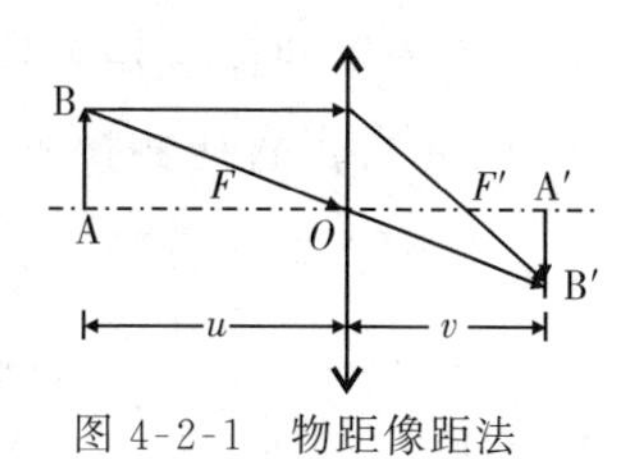

图 4-2-1 物距像距法

为 $u$,像距为 $v$,则薄透镜近轴光线的成像公式为

$$\frac{1}{u}+\frac{1}{v}=\frac{1}{f} \tag{4-2-1}$$

$$f=\frac{uv}{u+v} \tag{4-2-2}$$

式(4-2-1)称为高斯公式,是测量透镜焦距的理论基础。

1.测量会聚透镜的焦距

(1)物距像距法测焦距

实物经会聚透镜后可成像于像屏上,测得物距、像距,依据式(4-2-2)即可算出焦距 $f$。

(2)共轭法测焦距

由凸透镜的成像规律可知:若物屏与像屏之间的相对距离 $D$ 不变,且满足 $D>4f$,则在物屏与像屏之间移动透镜,可成像两次。当透镜移到 $x_1$ 位置时,屏上得到一个倒立、放大的实像 $A_1B_1$;移到 $x_2$ 位置时,屏上得到一个倒立、缩小的实像 $A_2B_2$,如图 4-2-2 所示。因此共轭法也称两次成像法。

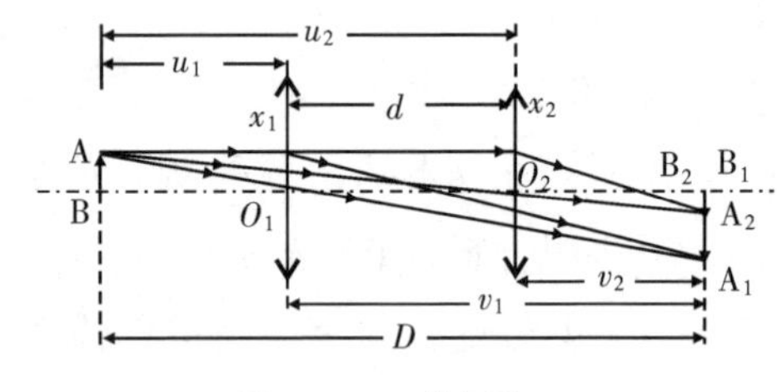


图 4-2-2　共轭法

在 $x_1$ 位置时,有 $v_1=D-u_1$

在 $x_2$ 位置时,有 $u_2=u_1+d$,$v_2=D-u_1-d$

代入高斯公式,有

$$\frac{1}{u_1}+\frac{1}{D-u_1}=\frac{1}{f} \tag{4-2-3}$$

$$\frac{1}{u_1+d}+\frac{1}{D-u_1-d}=\frac{1}{f} \tag{4-2-4}$$

联立(4-2-3)(4-2-4)两式,解得

$$u_1=\frac{D-d}{2} \tag{4-2-5}$$

将式(4-2-5)代入式(4-2-3),得

$$f=\frac{D^2-d^2}{4D} \tag{4-2-6}$$

式(4-2-6)表明,只要测出 $D$ 和 $d$ 即可算出透镜的焦距。此方法是把透镜看成无限薄,物距、像距近似地用从透镜光心算起的距离来代替,无须考虑透镜本身的厚度,因此用这种方法测出的焦距比用其他方法测出的焦距更准确。

(3)自准直法测焦距

如图 4-2-3(a)所示,点光源 $S_0$ 置于透镜的焦点处,发出的光经透镜后成为平行光。若在透镜后面放一块与透镜主光轴垂直的平面镜 M,依据光的可逆性原理,平行光垂直射入 M 并原路返回,成像于 $S_0$ 处。此时透镜光心 $O$ 与光源 $S_0$ 之间的距离即为凸透镜的焦距 $f$。

如光源为线光源 AB，则光路图如图 4-2-3(b)所示。由于测量结果是物像共面，因此自准直法也被称为物像共面法或平面镜法。

自准直法简单便利，因而被广泛应用在光学仪器的调节以及透镜生产过程的检测环节。

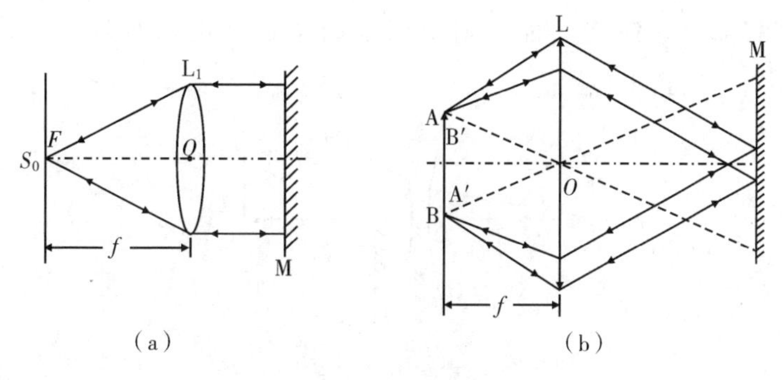


图 4-2-3　自准直法

2.测量发散透镜的焦距

由于凹透镜对光的发散作用，光屏上得不到实像，所以它的焦距无法用直接成像的方法来测定。下面是测量凹透镜焦距的两种方法。

(1)用辅助透镜成像法测焦距

如图 4-2-4(a)所示，首先用辅助会聚透镜 $L_1$ 对狭缝光源 $P$ 成实像 $P'$，此像作为凹透镜 L 的虚物，光经由置于 $L_1$ 和 $P'$之间的凹透镜 L 的折射后，成一实像 $P''$。分别测出 L 到 $P'$和 $P''$的距离，即可根据高斯公式计算出 L 的焦距。此方法即为物像距法测量凹透镜的焦距，光路图如图 4-2-4(b)所示。须注意的是，由于虚物距 $u<0$，实像距 $v>0$，计算出的焦距 $f$ 为负值。

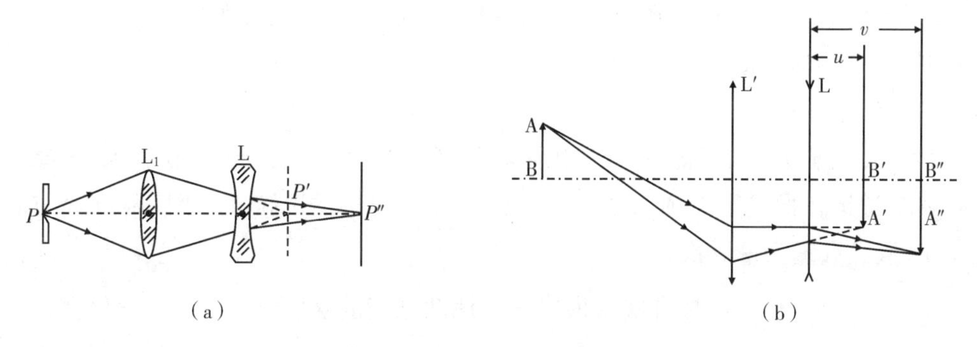


图 4-2-4　物像距法测凹透镜的焦距

(2)由视差法求焦距

视差是一种视觉差异现象，如图 4-2-5 所示。设有远近不同的两个物体 A 和 B，当观察者的眼睛 E 沿着垂直于 AB 连线的方向左右移动时，将观察到 A、B 之间有相对运动。距离近的 A 物体移动的方向与眼睛移动的方向相反；距离远的物体 B 则与眼睛的运动方向相同。如果 A、B 离观

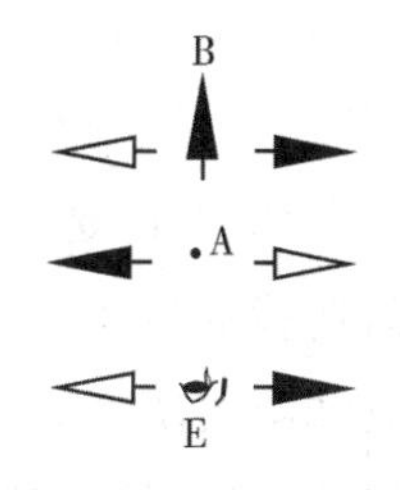


图 4-2-5　视差现象

察者眼睛的距离相等，则当观察者的眼睛左右移动时，A、B之间不产生相对运动。因此根据视差现象可以准确地判断A、B的远近及是否共面。

实验中元件摆放如图4-2-6所示。物P经发散透镜L于$P'$处成正立的虚像，在L前面放置一指针Q和平面镜M，则观察者在E处可同时看到$P'$和Q在M镜中的反射像$Q'$，利用视差法调节$P'$与$Q'$，并使之共面。则根据平面镜成像的对称性直接求出虚像的像距$OP'$，再根据高斯公式计算出焦距。

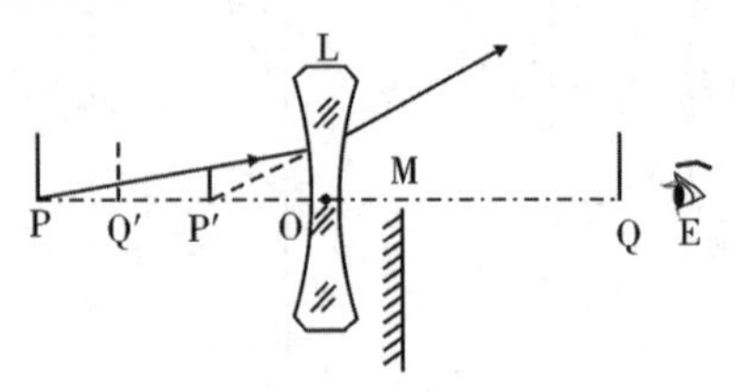


图4-2-6　视差法测凹透镜的焦距

［内容要求］

### 基础实验内容——测凸透镜的焦距

1.调节光学元件使之共轴(方法详见本单元第一章实验基本仪器介绍)。

2.测凸透镜的焦距

(1)自准直法测透镜焦距

按图4-2-3所示，将各元件置于光具座上，移动透镜位置和改变平面反射镜的方位，使物平面上形成一个与物大小相同的清晰的像。测出物平面与透镜光心的距离，即得透镜的焦距$f$，重复测量5次。

(2)物距像距法测焦距

按图4-2-1组成光路，移动透镜在屏上得到清晰的像，记录物距和像距。改变透镜位置，重复测量5次，列表记录数据。

(3)共轭法测焦距

按图4-2-2组成光路，将物屏、像屏固定在两者相对距离大于$4f$的位置上，被测透镜置于中间，移动透镜在像屏上得到二次清晰的像。分别记录透镜位置，计算两位置间的距离$d$，测量$D$值。重复测量5次。

### 提升实验内容——测凹透镜的焦距

1.物距像距法测焦距

(1)如图4-2-4(b)所示，先不放凹透镜，使物经凸透镜$L'$成一小像$A'B'$。

(2)记录凸透镜所成小像$A'B'$的位置$z_{A'B'}$。

(3)在凸透镜$L'$与小像$A'B'$之间离$A'B'$比较近的地方插入待测凹透镜L(注意：此时凸透镜的位置不能动)，根据目测先进行粗调，使凹透镜L与原系统共轴，移动像屏直至形成清晰的实像，再细调凹透镜L的上下左右进行共轴细调。调好共轴后仔细调节像屏前后位置，确定最终的二次成像位置$A''B''$，记录此时像屏、凹透镜L的位置$z_{A''B''}$、$z_L$，算出物距

$u$、像距 $v$，代入式(4-2-2)可求出凹透镜的焦距 $f$。改变凹透镜的位置，重复测量5次。

2.视差法测焦距

依图4-2-6所示摆好各光学元件，平面镜略低于透镜L。观察者于L前可以同时看到L中P的虚像P′及M中Q的虚像Q′，移动指针Q，利用视差法调至P′与Q′共面，此时像距 $OP'=QM-MO$ 。改变发散透镜位置，重复测量5次，列表记录数据。

3.自准直法测凹透镜的焦距

自己设计一个用"自准直法"原理测量凹透镜焦距的实验方案，画出简单的原理性光路(物点在光轴上的图)，写出实验步骤，列出数据表，并进行测量。

**进阶实验内容——观察凸透镜成像规律**

知道凸透镜的焦距 $f$ 之后，可以分成几种情况定性地观察其成像规律。分别在 $u>2f$、$f<u<2f$、$u<f$ 的3种情况下，观察凸透镜所成像的虚实、大小、倒正情况。

**高阶实验内容——自制显微镜**

1.准备两块凸透镜(焦距分别为4～6 cm和25～30 cm)自组显微成像系统。

2.将扩展光源、有细微特征的物屏、物镜和目镜按顺序装在光具座上进行共轴调节。

3.在物镜和目镜之间加入毛玻璃屏，调节物镜及毛玻璃屏的位置，使屏上成一清晰放大的实像(此实像不宜过大)。

4.移动目镜，眼紧贴目镜观察，直到看清放大的虚像为止(无严重色散)。

5.拿掉毛玻璃，仔细移动眼睛的位置到主光轴上，依然能看到这一虚像。

[**数据处理**]

1.根据实验数据分别计算出由物距像距法、共轭法及自准直法测得的凸透镜的焦距 $\overline{f_{凸}}$ 和总不确定度 $\sigma$，将结果表示成 $\overline{f_{凸}}\pm\sigma$ 的形式，并比较分析不同测量方法的实验结果。

2.依据实验数据分别计算出物距像距法和视差法所测得的凹透镜的焦距 $\overline{f_{凹}}$ 和总不确定度 $\sigma$，将结果写成 $\overline{f_{凹}}\pm\sigma$ 形式，并分析两种方法测出的实验结果。

[**注意事项**]

实验误差与判断像的清晰程度有很大关系，实验时应仔细观察、判断。

[**问题讨论**]

1.如何用简单的光学方法判断透镜的凹凸？又如何估测凸透镜的焦距？

2.用二次成像法(共轭法)细调光学元件等高同轴时，如果大像中心在上，小像中心在下，说明物的位置是偏上还是偏下。请画出光路图加以分析。

3.用共轭法测透镜焦距，为何物屏间距要大于四倍焦距？共轭法有何优点？物屏间距为何不能取太大？

4.能否用眼睛直接观察实像？为什么人们通常用毛玻璃(或白屏)看实像？

5.自准直法测凸透镜的焦距，当物距小于焦距时，也会在物屏上生成一倒立、等大的实像，且取走平面镜后，此像依然存在，请予以解释。

# 实验二　分光计的调整及固体折射率的测定

[引言]

1814 年，夫琅和费在研究太阳暗线时设计了由入射狭缝、三棱镜和安装在经纬仪旋转环上的望远镜组成的分光计，该分光计的设计思想、基本构造原理成为现代光谱仪、摄谱仪设计制造的基本依据。

分光计是一种小型多用途的分光仪器。其基本原理是让光线通过狭缝和聚焦透镜形成一束平行光线，经过反射或折射后进入望远镜物镜并成像在望远镜的焦平面上，通过目镜进行观察和测量各种光线的偏转角度，从而得到光学参量等。在分光计实验中，三棱镜顶角的测量是非常重要的一项内容，三棱镜顶角测量常用的一种方法是转换法。该方法不是直接测量三棱镜的两个面的夹角，而是通过测量三棱镜的两个面的垂线，再计算得出三棱镜顶角的度数。在处理实践问题时，如果从一个角度去处理非常棘手，不妨考虑从其他角度入手，问题或许便能迎刃而解。

分光计可用来观察光谱、测定光谱线的波长、测量偏向角、棱镜顶角、棱镜材料的折射率和色散率等。了解分光计的结构并能在实验中熟练地调节和使用它，即可实现多种光学量的测量。分光计装置精密，结构复杂，调节要求也较高，对于初学者来说有一定难度，在预习本实验时，请同时学习本单元第一章实验基本仪器介绍中的分光计部分内容。

[实验目的]

1.了解分光计的结构和基本功能。

2.理解分光计的测量原理。

3.掌握分光计的调节和使用规范。

4.探究分光计的应用技术和方法。

[仪器用具]

分光计、钠光灯、三棱镜。

[实验原理]

物质的折射率是波长的函数，对应不同的波长有不同的折射率，通常所说的物质折射率是对钠光(波长为 589.3 nm)而言的。当入射光波长给定后，可以有多种方法测玻璃棱镜的折射率。这里仅介绍用最小偏向角法测玻璃三棱镜折射率的原理。

我们用$\triangle ABC$ 表示三棱镜的横截面，如图 4-2-7 所示。其中 $AB$、$AC$ 两面为光学面，$BC$ 为毛面(磨砂面)；顶角为 $\alpha$；棱镜玻璃折射率为 $n$。

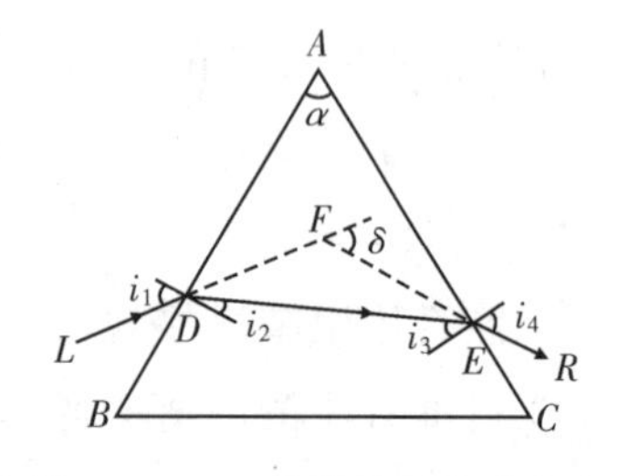

图 4-2-7　三棱镜的最小偏向角

设一束单色平行光沿 $LD$ 方向入射，光线经 $AB$ 和 $AC$ 面两次折射后，沿 $ER$ 方向射出。我们将入射光线的延长线 $DF$ 与出射光线反方向的延长线 $EF$ 间的夹间称为偏向角，

如图 4-2-7 中 $\delta$ 所示。由图中的几何关系可知

$$\begin{aligned}\delta &= \angle FDE + \angle FED = (i_1 - i_2) + (i_4 - i_3) \\ &= (i_1 + i_4) - (i_2 + i_3)\end{aligned}$$

因为 $\alpha = i_2 + i_3$

所以

$$\delta = (i_1 + i_4) - \alpha \tag{4-2-7}$$

从式(4-2-7)看出,当顶角 $\alpha$ 一定时,偏向角 $\delta$ 随入射角 $i_1$ 和出射角 $i_4$ 变化而变化。而出射角 $i_4$ 又随入射角 $i_1$ 变化而变化,因此归根结底偏向角 $\delta$ 是入射角 $i_1$ 的函数。在实验中可观察到,当入射角 $i_1$ 沿着 $\delta$ 变小的方向改变时,$\delta$ 不总是变小,而是达到某一值时,反而会增大。这就是说,偏向角 $\delta$ 随入射角 $i_1$ 的变化中存在着一个极小值,这个极小值 $\delta_{\min}$ 称为最小偏向角。

我们用求极值的方法,求出最小偏向角产生的充分必要条件是:入射角与出射角相等,即 $i_1 = i_4$。

从图 4-2-7 可知,若 $i_1 = i_4$,则有 $DE \parallel BC$,即 $i_2 = i_3$,所以 $i_2 = \frac{\alpha}{2}$,$i_1 = \frac{1}{2}(\alpha + \delta_{\min})$。

根据折射定律

$$\sin i_1 = n \sin i_2$$

故

$$n = \frac{\sin \frac{\alpha + \delta_{\min}}{2}}{\sin \frac{\alpha}{2}} \tag{4-2-8}$$

可见,只要测出三棱镜顶角 $\alpha$ 和最小偏向角 $\delta_{\min}$,就可由式(4-2-8)求得折射率 $n$。

**[仪器描述]**

分光计的结构,参阅本单元第一章实验基本仪器介绍中的分光计部分。

**[内容要求]**

**基础实验内容——分光计的调节**

1.调节望远镜聚焦无穷远

这一步的目的是将目镜分划板上的十字叉丝调整到物镜的焦平面上。利用自准直法进行调节,具体调节步骤如下:

(1)将三棱镜放在载物台中央,为了方便调节,最好使棱镜的 3 个边分别垂直于载物台下的 3 个螺钉的连线。

(2)用目视法调节载物台下的 3 个螺钉,使载物平台与平台座之间的间距相等;调节望远镜光轴位置螺钉,使望远镜的光轴基本水平。转动载物台,使棱镜的光学面与望远镜光轴大致垂直。

(3)打开望远镜侧面的照明小灯,将绿色十字叉丝照亮。缓慢转动载物台,从目镜中观察,寻找反射回来的光斑。找到光斑后,前后移动目镜套筒,将绿色十字叉丝像看清晰,并使叉丝像和视场中的叉丝重合,无视差。此时望远镜已调焦无穷远了。

2.调节望远镜光轴,使之与仪器转轴垂直

从目镜中看到反射回来的绿色叉丝像后,转动载物台,使棱镜的另一反射面对准望远镜,同样找到反射回来的绿色叉丝像。这两个绿叉丝像并不在同一高度上,与视场中的叉丝交点不重合。采用渐近法进行调节,可以使之重合:先调节载物平台下的一螺丝(反射面前面的),使绿叉丝像与上面叉丝交点间的相对距离减小一半,再调望远镜下的水平螺丝,使绿色叉丝像与上面叉丝交点重合。然后转动载物台,使望远镜对准另一个光学面,同样用渐近法调节,使绿色叉丝像与上面叉丝交点重合。这时,先前已调好的那个面所反射回来的绿色叉丝像与叉丝的重合情况可能变化,因此需要重复上述方法继续调节,直至两个光学面反射回来的绿色叉丝像均与上面叉丝交点重合为止。此时,望远镜的光轴已垂直于仪器的转轴。

3.对平行光管进行调焦,并使其光轴与望远镜光轴重合

去掉棱镜,将光源置于狭缝前,调节狭缝至适当宽度。将望远镜对准平行光管,从望远镜中观察狭缝的像。调节狭缝与准直透镜间的距离,使狭缝像清晰并与目镜中的叉丝在同一平面上(无视差)。再调节平行光管下的螺丝,使狭缝像在望远镜的视场中被中央水平叉丝平分。这样就基本达到了使平行光管与望远镜共轴。

**提升实验内容——测量顶角 $\alpha$**

1.将三棱镜放在载物台上,使被测顶角正对平行光管。两光学面被光照射,如图 4-2-8 所示。

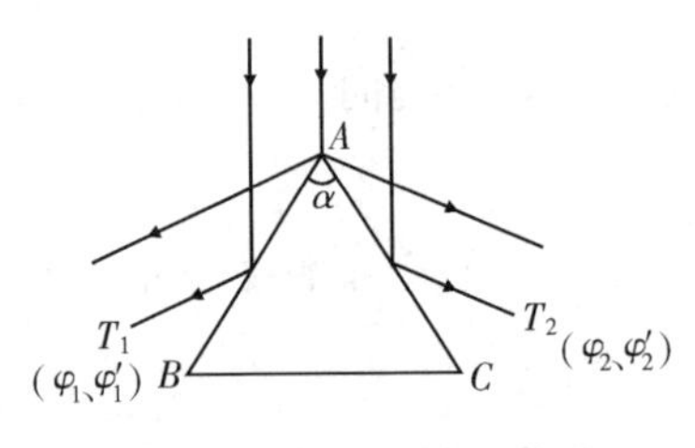


图 4-2-8 测量顶角光路图

2.转动望远镜到 $T_1$ 位置,在视场中找到被 $AB$ 面反射回来的狭缝像。调节望远镜下的微调螺丝,使叉丝的竖直线对准狭缝像。记录下左右游标的读数 $\varphi_1$、$\varphi_1'$。

3.转动望远镜到 $T_2$ 位置,重复步骤(2)。记录左右游标的读数 $\varphi_2$、$\varphi_2'$。

由几何关系可知

$$\alpha=\frac{1}{2}\left[\frac{1}{2}(\varphi_2-\varphi_1)+\frac{1}{2}(\varphi_2'-\varphi_1')\right]$$

$$=\frac{1}{4}[(\varphi_2-\varphi_1)+(\varphi_2'-\varphi_1')] \tag{4-2-9}$$

重复测量 3 次，求其平均值。

### 进阶实验内容——测定钠光的最小偏向角

1.用钠光灯照亮狭缝，将三棱镜放在载物平台上，$A$ 为折射棱，如图 4-2-9 所示。

2.转动望远镜，在视场中找到清晰的黄色谱线。

3.固定内刻度盘，微微转动载物台，改变入射光的入射角度，使黄色谱线向偏向角减小的方向移动，同时用望远镜跟踪该谱线。

4.当载物台转到某一位置时，谱线不再移动，此时，无论载物台向何方向转动，该谱线均向反方向移动。此转折点位置即为该谱线最小偏向角的位置。

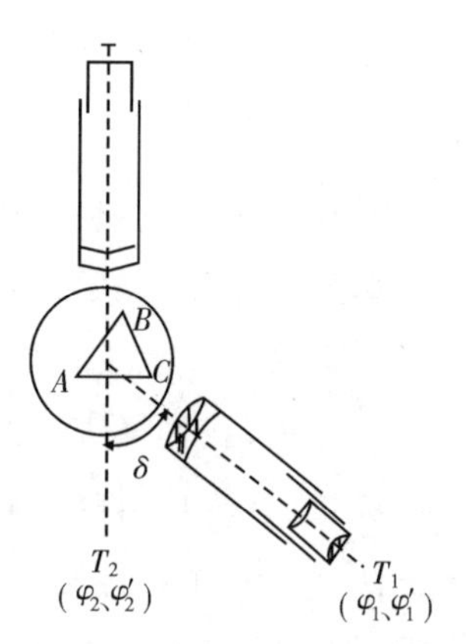


图 4-2-9　测定钠光的最小偏向角

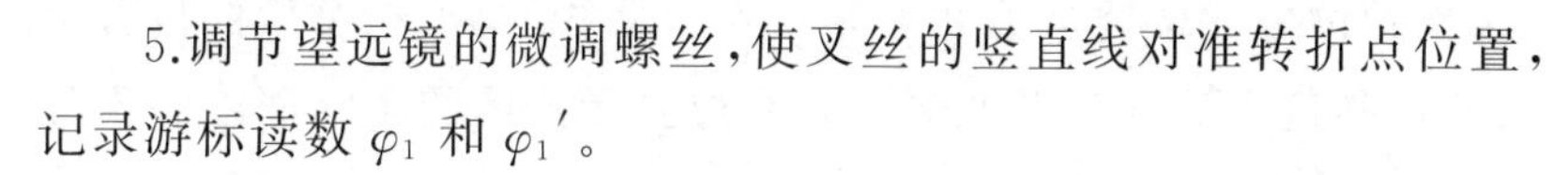

5.调节望远镜的微调螺丝，使叉丝的竖直线对准转折点位置，记录游标读数 $\varphi_1$ 和 $\varphi_1'$。

6.取下棱镜，转动望远镜使其正对平行光管，叉丝竖线对准狭缝像，记录游标读数 $\varphi_2$、$\varphi_2'$。

按下面公式计算 $\delta_{\min}$

$$\delta_{\min}=\frac{1}{2}[(\varphi_1-\varphi_2)+(\varphi_1'-\varphi_2')] \tag{4-2-10}$$

重复 3 次取平均值。

7.利用公式(4-2-8)计算棱镜折射率 $n$。

### 高阶实验内容——测量玻璃折射率随波长变化的色散曲线

1.采用不同光源，如钠光灯、汞灯等，重复以上步骤测量折射率。

2.记录不同谱线的折射率数据并画图，得到玻璃的色散曲线。

**[注意事项]**

测顶角 $\alpha$ 时，三棱镜的折射棱应置于载物台的中心位置，否则两折射面的反射光将不能进入望远镜内。

**[问题讨论]**

1.为什么分光计要有两个游标刻度?

2.如果在测三棱镜顶角时，不用书中之法而采用自准法，那么应该怎样进行测量?请推出测量公式。

3.测量最小偏向角位置稍有偏离，带来的误差为什么对实验结果仅产生较小的影响?

4.三棱镜在棱镜台上前后移动对测顶角有无影响?为什么?

5.分光计主要由哪几部分组成?它们的作用是什么?分光计的调节包括哪几部分?

# 实验三　液体折射率的测定

［引言］

在光学领域，折射率是一个重要的物理量，它在很多实际应用中都发挥着重要的作用，例如光纤通信、光学设计、材料科学等领域。液体折射率的测定是光学实验的基础内容之一。折射率反映了物质对光的传播速度的影响，是研究物质的光学性质的重要指标。

这里，我们详细介绍两种常见的液体折射率测定方法：读数显微镜测量法和阿贝折射仪测量法（全反射临界角法）。读数显微镜测量法是一种利用光的折射现象测量折射率的方法。将一个目标物放在平底烧杯的底部，从烧杯的上方用读数显微镜观察目标物。然后，倒入适量的被测液体，再次用读数显微镜从液面上方观察目标物的像，这个像的位置会因为光的折射而接近液面，我们称这个深度为像似深度。通过测量液体的实际深度和像似深度，根据折射定律，在入射角很小的条件下，可以测得液体的折射率。阿贝折射仪测量法是一种更精确的测量方法，它基于光的折射定律，通过测量入射光和折射光的角度来确定折射率。这种方法需要使用专用的阿贝折射仪，测量精度较高，但设备成本也较高。除了上述两种方法，液体折射率的测量方法还包括最小偏向角法、$V$ 棱镜折射法、干涉法和飞秒激光光学频率梳法等。

通过对比和理解这两种测量方法，我们不仅可以深入理解光的折射现象，还能够领略到科学实验的严谨性和多样性。

［实验目的］

1.深入理解折射率概念，了解其在物理学和光学工程中的应用。

2.掌握折射率测定的基本方法。

［仪器用具］

用读数显微镜测液体的折射率：读数显微镜、平底烧杯、被测液体。

用阿贝折射仪测液体的折射率：阿贝折射仪、被测液体、脱脂棉、酒精。

［实验原理］

方法一：用读数显微镜测液体的折射率

用一平底烧杯，底部置一个目标物 $p$，如图 4-2-10 所示。用读数显微镜从上部垂直位置观察目标物，再在烧杯内倒入适量的被测液体，通过读数显微镜从液面上方观察目标物的像 $p'$。根据折射定律，$p'$ 的位置在离液面较近的地方，其深度被定义为像似深度。设 $t_1$ 为液体的实际深度，$t_2$ 为像似深度，$n$ 为被测液体的折射率，取空气的折射率为 1。

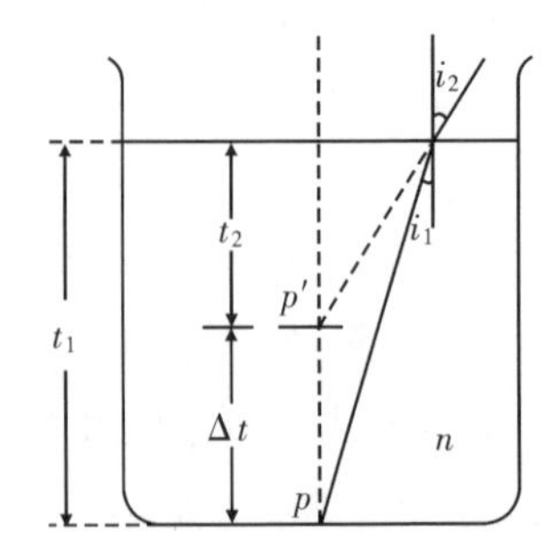

图 4-2-10　用读数显微镜测液体的折射率实验原理图

测出液体深度 $t_1$ 和像似深度 $t_2$，根据折射定律，在入射角很小的条件下，可得液体的折射率

$$n=\frac{t_1}{t_2}=\frac{t_1}{t_1-\Delta t} \tag{4-2-11}$$

方法二：用阿贝折射仪测液体的折射率

将折射率为 $n$ 的被测液体放在已知折射率为 $N(n<N)$ 的棱镜 $ABCD$ 的折射面 $AB$ 上。当用扩展光源照射分界面 $AB$ 时，如图 4-2-11 所示，光线②将以 90°入射角掠射到棱镜内。

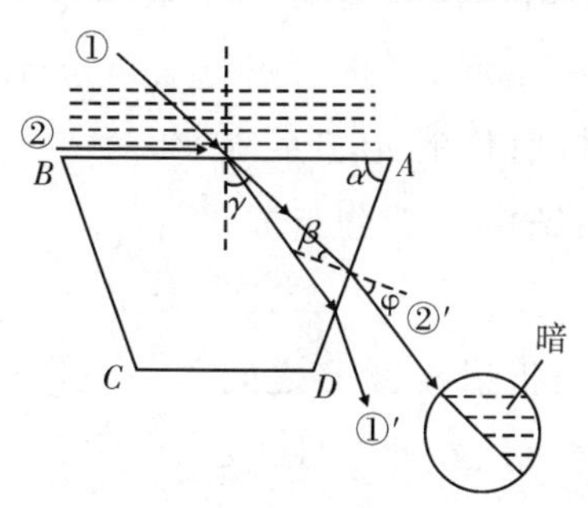


图 4-2-11　全反射临界角法测量液体折射率实验原理图

显然，其折射角 $\gamma$ 应为临界角，因而满足关系式

$$\sin\gamma=\frac{n}{N} \tag{4-2-12}$$

当光线②折射到棱镜 $AD$ 面后，再经折射进入空气。设在 $AD$ 面上的入射角为 $\beta$，折射角为 $\varphi$，则有

$$\sin\varphi=N\sin\beta \tag{4-2-13}$$

除光线②外，其他方向入射的光线，在 $AB$ 面上的入射角都小于 90°。所以经过棱镜折射的光线出射方向只能在②′以下，当用望远镜迎着出射方向观察时，则在视场中将看到以光线②′为界线的一半明一半暗的状态。

由图 4-2-11 可知，棱镜 $\angle\alpha$ 与 $\angle\gamma$ 及 $\angle\beta$ 有如下关系：

$$\alpha=\gamma+\beta$$

应用此式，并从(4-2-12)和(4-2-13)两式中消去 $\gamma$ 和 $\beta$ 后可得

$$n=\sin\alpha\,\frac{\sqrt{N^2-\sin^2\varphi}}{\sin\varphi}-\cos\alpha\cdot\sin\varphi \tag{4-2-14}$$

因此，当棱镜的折射率 $N$、$\angle\alpha$ 已知时，测出 $\varphi$ 角，即可计算出被测液体的折射率 $n$。

上述测量方法称为全反射临界角法，是基于全反射原理的实验方法。

阿贝折射仪是测定透明、半透明液体及固体的折射率的仪器(其中以测定透明液体为主)。它的工作原理就是上面所述的全反射临界角法。阿贝折射仪中所用的棱镜折射角 $\alpha=45°$，当被测物是液体时，用一进光棱镜 $A'B'C'$ 作为辅助棱镜，其 $A'C'$ 面为磨砂面，目的在于获得扩展光源。将被测液体放置在进光棱镜 $A'B'C'$ 的 $A'C'$ 面和折射棱镜 $ABCD$ 的 $AB$ 面

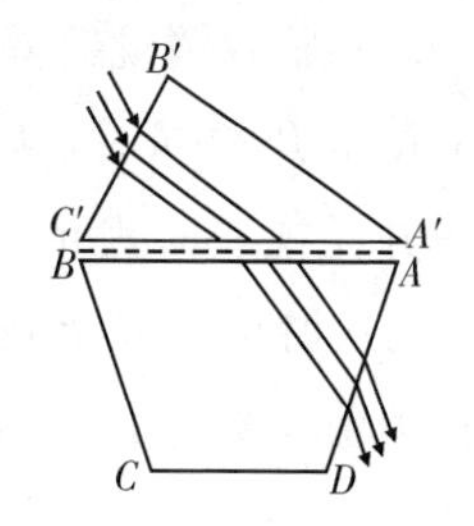


图 4-2-12　阿贝折射仪中进光棱镜($A'B'C'$)及折射棱镜($ABCD$)光路示意图

之间，如图 4-2-12 所示，进光棱镜的磨砂面主要是产生漫反射，对被测液产生不同方向的入射光，经过折射棱镜产生一个明显的明暗分界。

阿贝折射仪是以望远镜为观察部分，以角度测量为基础的一种直读式光学仪器，仪器中直接刻出了 $\varphi$ 角对应的折射率数值。因此，在测量中，不需要任何计算，就可直接读数。我们所用的阿贝折射仪，测量折射率范围是 1.300～1.700[阿贝折射仪还能测定蔗糖溶液含糖量的百分数(0～95%)，相当于 20 ℃时折射率为 1.333～1.531 范围内]。

如图 4-2-13 所示为阿贝折射仪的光学系统示意图。阿贝折射仪的光学系统由两部分组成，即望远镜系统与读数系统。

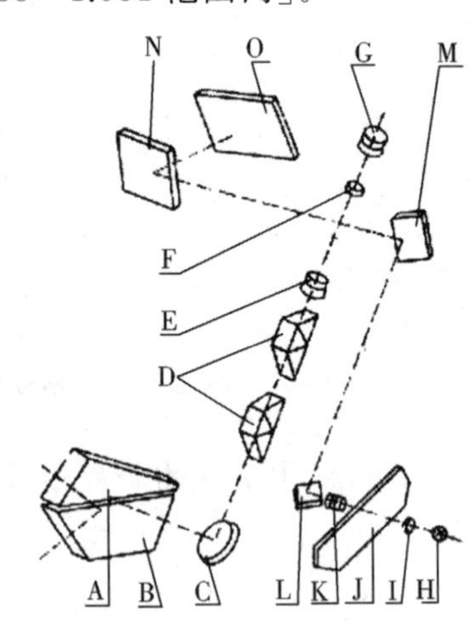

A.进光棱镜　B.折射棱镜　C.反光镜　D.消色散棱镜组　E.物镜　F.场镜　G.目镜　H.、I.聚光镜　J.刻度板　K.投影物镜组　L.、M.、N.反光镜　O.投影屏

图 4-2-13　阿贝折射仪的光学系统示意图

望远镜系统：进光棱镜 A 与折射棱镜 B 之间有一微小均匀的间隙，被测液体就放在此空隙内。当光线(自然光或白炽灯光)射入光棱镜时，便在其磨砂面产生漫反射，使被测液体层内有各种不同方向的入射光，经过折射棱镜产生了一个明暗分界的全反射像。摆动反光镜 C 将此分界线射入消色散棱镜组 D，此消色散棱镜组是由一对等色散的阿米西棱镜组成，其作用是获得一可变色散来抵消由于折射镜及不同被测物体所产生的色散。再由物镜 E 将此明暗分界线成像于场镜 F，场镜上直接带有十字分划线，经目镜 G 放大后成像于观察者眼中。

读数系统：刻度板 J 与摆动反光镜 C 连成一体，同时绕刻度中心做回转运动，通过投影物镜组 K 及反光镜 L、M、N 将刻度板上不同部位的折射率数值成像于投影屏 O 之上。

[内容要求]

### 基础实验内容——用读数显微镜测液体的折射率

1.在烧杯内放一深色的薄金属片作为目标物。

2.调节显微镜目镜视度，使看到的叉丝的像清晰。

3.将显微镜镜筒降到最低位置(不要碰到烧杯底)，然后，在镜筒上升的同时，从目镜中观察目标物，直至目标物成像清晰并无视差时为止。

4.从游标卡尺上读取目标物 $p$ 的相对高度 $y_1$。如图 4-2-14 所示，A 为游标卡尺，B 为测杆，C 为显微镜，D 为固定镜架。

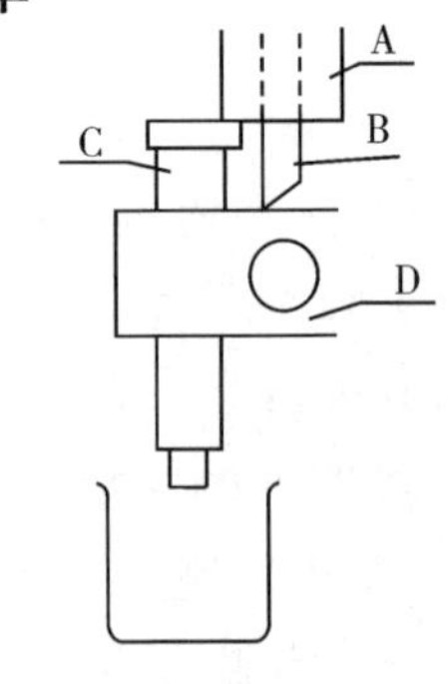

A.液标卡尺　B.测杆　C.显微镜　D.固定镜架

图 4-2-14　读数显微镜结构示意图

5.向烧杯内加入被测液体，液面与显微镜间要留有一小段距离，以不浸到物镜为宜。

6.将显微镜向上移动,同时从显微镜内观察目标物,至目标物再次成像清晰时为止,用测 $y_1$ 的方法测 $p'$ 的相对高度 $y_2$,则 $\Delta t=y_2-y_1$。

7.继续调节显微镜(上升),直至从显微镜中看到液面的清晰像为止,测液面的相对高度 $y_3$,则 $t_1=y_3-y_1$。

8.重复以上过程 5 次,代入式(4-2-11),计算折射率,并求不确定度。

**提升实验内容——用阿贝折射仪测液体的折射率**

1.调整反射平面镜,直到望远镜视场被均匀照明为止。

2.用仪器所配备的标准玻璃块校对读数。先将玻璃块的光面及折射棱镜的上表面用无水酒精或乙醚擦洗干净,在标准玻璃块的光面加 1～2 滴溴代萘,并把它的光面向下放在折射棱镜上表面,用手压实玻璃块,在接触面上排除气泡。然后转动刻度手轮,使投影屏的读数正好等于标准玻璃块上所标的折射率数值。旋转接目镜,使叉丝清晰;旋转消色散手轮,使目镜中明暗界线附近没有任何彩色。此时,明暗界线应正好位于目镜中叉丝的交点上,若稍有偏离,就取下示值保护盖,用大小合适的螺丝做微量调节,至分界面正好位于叉丝交点上为止。盖好示值保护盖,取下标准玻璃块,用无水酒精或乙醚把溴代萘擦洗干净。

3.测定糖溶液的折射率及浓度。把被测的糖溶液用滴管滴到折射棱镜上(1～2 滴),盖上进光棱镜,注意其间不能有气泡。调节目镜使叉丝清晰;旋转刻度手轮,在目镜中找到明暗界面;转动消色散手轮消除色散;再微动刻度手轮,使明暗界线位于叉丝交点上,从投影屏上读取此糖溶液的折射率及浓度。对同一种糖溶液,滴一次测 3 遍。用以上同种方法,把实验室制备若干种糖溶液按顺序测量好,画表格做好记录。

4.用测得的若干种糖溶液的折射率及浓度平均值,作出浓度与折射率的关系曲线,横坐标为浓度,其原点为零,纵坐标为折射率,其原点为 1.330。

5.测定蒸馏水和酒精的折射率。进行多次测量以减少偶然误差,对蒸馏水测量 5 次并估算 $n$ 的不确定度。

6.测定普通玻璃的折射率。玻璃块的大小要小于折射棱镜的表面积。在玻璃块上加 1～2 滴溴代萘,把该面向下放在折射棱镜上,用手压实,使其间没有气泡,进光棱镜不要盖上,测量方法同前。要求测 3 遍,用算术平均偏差表示出测量结果。

**进阶实验内容——用干涉法测液体的折射率**

1.基于迈克尔逊干涉仪实验,设计实验测量前述实验中液体的折射率,并写出方案和步骤。

2.了解其余干涉法测量液体折射率的原理及方法,包括但不限于劈尖干涉、牛顿环干涉法、法布里–珀罗干涉法等。

[**注意事项**]

1.测固体折射率时,进光棱镜不要盖上。

2.滴管与滴瓶,要一一对应,不许混放。

3.用阿贝折射仪测糖溶液时，每测完一种，都要先用脱脂棉擦干，再用酒精棉球擦洗干净后，才允许放入下一种糖溶液中。

4.处理液体样品时，要注意实验安全，避免液体溅出或接触皮肤和眼睛。

[问题讨论]

1.什么是折射率？它是如何定义的？折射率的物理含义是什么？

2.描述并解释实验所用设备的工作原理。例如，使用阿贝折射仪是如何测量折射率的？

3.分析实验过程中可能出现的误差，并讨论如何减小这些误差。

4.讨论温度和液体纯度如何影响液体的折射率，并解释原因。

5.用阿贝折射仪时，如果被测液体的折射率比折射棱镜的折射率还高，那么能否用此法测量？为什么？

## 实验四　显微镜的使用与放大倍率的测量

[引言]

显微镜在各种科学研究和应用中都扮演着至关重要的角色。显微镜的基本功能是放大我们肉眼无法看清的微小对象，从而帮助我们更好地理解物质的微观世界。在生物学、医学、材料科学等领域，显微镜都发挥着十分重要的作用，显微镜的发明体现了人类对知识的探索和对真理的追求。

显微镜的放大倍率是指显微镜能够将观察对象放大的倍数。它是显微镜的一项基本性能参数，对于观察和研究微观世界具有重要意义。显微镜的放大倍率是通过物镜和目镜的放大倍率相乘来确定的。例如，如果物镜的放大倍率是10倍，目镜的放大倍率是20倍，那么显微镜的总放大倍率就是200倍。在实际应用中，显微镜的放大倍率可以通过测量实物图像和物体实际大小的比例来确定。例如，如果通过显微镜观察到的图像是实际大小的200倍，那么显微镜的放大倍率就是200倍。需要注意的是，选择显微镜时并非显微镜的放大倍率越大越好。过高的放大倍率可能会导致图像的分辨率降低，使得观察到的图像变得模糊。在实际使用中，需要根据观察对象和实验目的选择合适的放大倍率。

[实验目的]

1.熟悉显微镜的构造及放大原理。

2.学会测量显微镜放大率的方法。

3.学会使用显微镜测量微小长度的方法。

[仪器用具]

光具座、读数显微镜、生物显微镜、测微目镜、标准石英尺、被测光栅波片、毫米尺。

[实验原理]

显微镜的视角放大率(以下简称放大率)定义为

$$M=\frac{\text{用仪器时虚像所张视角 }\alpha_O}{\text{不用仪器时物体所张视角 }\alpha_E} \tag{4-2-15}$$

如图 4-2-15 所示，显微镜由物镜和目镜两部分组成。最简单的显微镜是由一个短焦距（通常在几毫米到一厘米左右）的凸透镜作为物镜 O（靠近被观察物体）、一个较长焦距（通常在几厘米）的凸透镜作为目镜 E（靠近人眼）共轴组成的。实物 AB 经物镜 O 后成倒立的实像 A′B′，A′B′位于目镜 E 的焦距以内，则它经目镜 E 成放大的虚像 A″B″，A″B″位于人眼的明视距离处。

显微镜的放大率为

$$M=M_O\cdot M_E=\frac{\Delta\cdot S}{f_O\cdot f_E} \tag{4-2-16}$$

式(4-2-16)中$M_O$是物镜的放大率；$M_E$是目镜的放大率；$f_O$、$f_E$分别为物镜和目镜的焦距；Δ 是显微镜的光学间隔，它的数值等于物镜和目镜焦点间的距离$\overline{F'_OF_E}$，一般光学显微镜的光学间隔 Δ 在 17～19 cm 范围内；$S=25$ cm 为人眼的明视距离。由式(4-2-16)可知，在 Δ 已知的情况下，只要测出$f_O$和$f_E$，就可计算出显微镜的放大率 $M$。可见，若想提高显微镜的放大率，只要缩短$f_O$和$f_E$的值而加大镜筒长度 Δ 便可以实现。

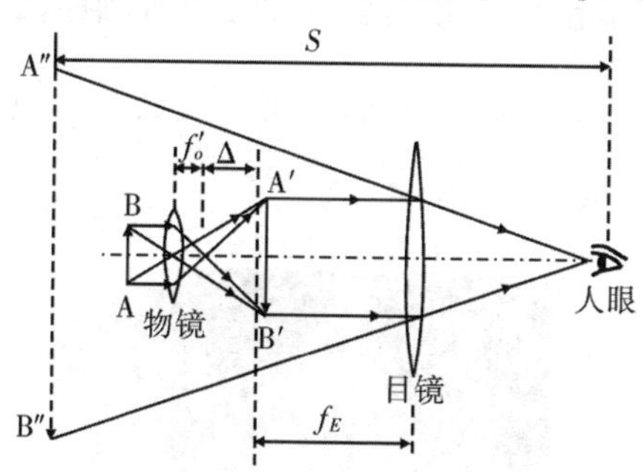


图 4-2-15　显微镜放大原理示意图

显微镜与标准刻度板是测量微小长度时一组常见的测量工具。

通常使用已知刻度的标准刻度板来校准显微镜。标准刻度板上的每个刻度代表一个已知的长度(例如，1 μm 或 10 μm)。将这个标准刻度板放在显微镜下，并调整显微镜的放大倍率，直到可以清晰地看到刻度。然后，根据显微镜下看到的刻度和标准刻度板上的实际刻度来计算显微镜的放大倍率。例如，如果通过显微镜下测量到的刻度是标准刻度的 10 倍，那么显微镜的放大倍率就是 10×。

显微镜被校准且放大倍率被确定后，就可以开始测量未知的样品了。例如测量一个未知参数的光栅。将光栅放在显微镜下，使用和校准过程相同的放大倍率来观察光栅，记录在显微镜下观察到的光栅刻线数，即放大后的刻线数。想要得到光栅的实际刻线数(即光栅常数)，需要将测量结果除以显微镜的放大倍率。如在显微镜下测量的光栅刻度是 10 μm，而显微镜的放大倍率是 10×，那么光栅的光栅常数就是 1 μm。

［内容要求］

## 基础实验内容——显微镜放大倍率的测量

目前，高像素的智能手机已基本普及，这为智能手机应用于大学物理实验创造了条件。实验过程如下：

1.如图 4-2-16 所示，在显微镜前放置 1 mm 分度的米尺 A，分别调节显微镜的目镜（清楚看到目镜中的十字叉丝）和物距，使从显微镜中能清楚地看到直尺 A 的像。

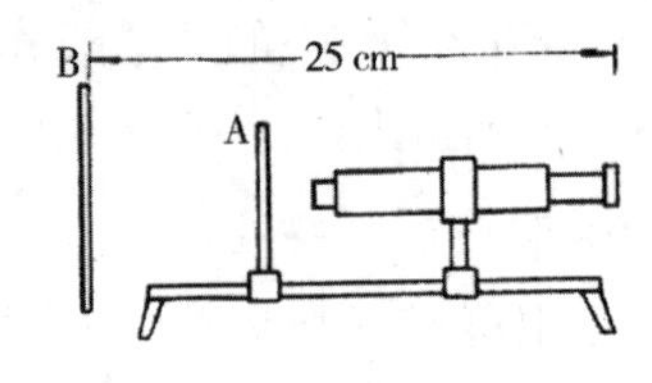


图 4-2-16　显微镜放大倍率的测量实验设置示意图

2.将智能手机后置摄像头垂直放置在目镜前方，微调智能手机的角度，使在智能手机屏上看到显微镜中直尺 A 的像，拍下直尺 A 像的照片。为了便于描述，此照片定义为照片 A。

3.稍微移开显微镜，利用智能手机直接拍摄直尺 B 的照片，此照片定义为照片 B。需要说明的是：在拍摄照片 A 和照片 B 时，智能手机位置固定不变；直尺 B 与智能手机之间的距离为 25 cm。

4.利用智能手机将照片 A 和照片 B 放置在同一画面中（如图 4-2-17 所示）。读出照片 A 某一分度的读数$l'_0$和该分度在照片 B 上的长度$l'_1$。利用公式 $M=\frac{l'_1}{l'_0}$计算显微镜的放大倍率。

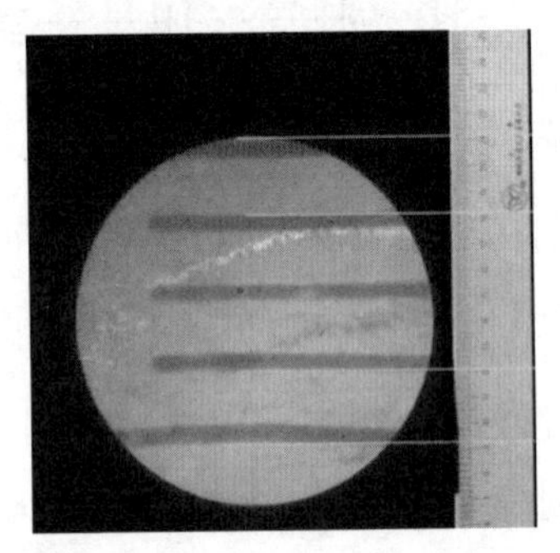

图 4-2-17　智能手机拍摄的显微镜中和显微镜外的直尺图像

## 提升实验内容——利用显微镜、测微目镜测量微小长度

1.将所需测量的样品或标本放在载物台上夹住。

2.将显微镜上的目镜卸下，换上测微目镜，调焦至物的像最清晰。

3.转动测微目镜鼓轮（或转动载物台移动手轮），使分划板上叉丝的取向与标准石英尺平行，然后将叉丝移至和显微镜视场中标准石英尺某一刻度重合，记下测微目镜的读数（包括测微尺刻度和鼓轮刻度）$m$，如图 4-2-18 所示。

4.转动测微目镜鼓轮，使叉丝在标准石英尺上移动 $N$ 格，这时叉丝与标准石英尺上另一刻度线重合，记下测微目镜的读数 $n$。

5.重复测量 5 次,求出 $|m-n|$ 的平均值,计算出测微目镜鼓轮每 1 小格所对应的叉丝实际移动的长度。这样,测微目镜刻度便得到校正。

6.取下标准石英尺,换上所需测量的标本玻片(光栅),对每一长度重复测量 3 次,取其平均值。

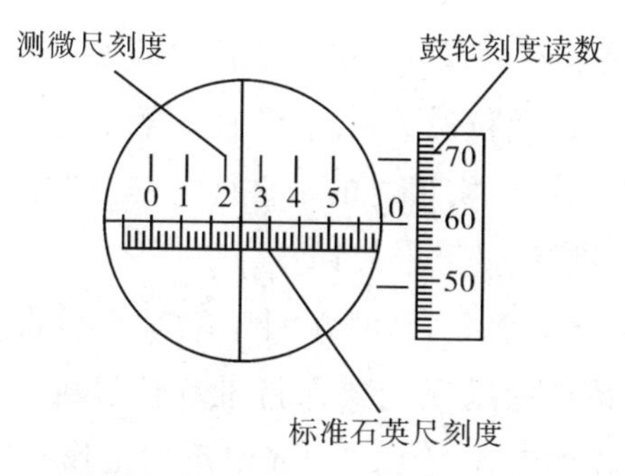


图 4-2-18 利用显微镜、测微目镜测量微小长度读数示意图

## 进阶实验内容——显微镜分辨率测试

显微镜的分辨率是指显微镜可以区分的两点之间的最小距离。在实验设计中,我们通常使用标准刻度板来测试显微镜的分辨率。

1.将标准刻度板放在显微镜的样品台上。

2.使用显微镜的最低倍率物镜开始观察。逐渐调节聚焦旋钮,直到刻度板的线条清晰可见。

3.记录能清晰区分的最小刻度之间的距离。例如,如果可以区分 0.01 mm 间的刻度,那么显微镜在这个倍率下的分辨率就是 0.01 mm。

4.切换到更高倍率的物镜,重复步骤 2 和 3。

5.对所有的物镜重复以上步骤,记录每个物镜的分辨率, 比较这些数据,理解不同倍率对显微镜分辨率的影响。

6.探索影响显微镜分辨率的其他因素,例如光源的亮度、样品的颜色和透明度等,分析影响显微镜分辨本领的因素。

[注意事项]

1.熟悉显微镜的机械结构,学会调节使用,熟悉各手轮的使用方法。实验中要注意镜筒的升降方向,遵照操作规程先粗调,后微调,直至目镜视场中观察到最清晰的像。

2.避免触碰显微镜的玻璃部件,以免造成划痕或者破碎。

[问题讨论]

1.显微镜由哪些主要部件组成?

2.怎样简单地判别显微镜的物镜和目镜?

3.试说明显微镜的放大原理及实测显微镜放大率的方法。

4.用显微镜测量微小长度依据的原理是什么?为什么要用标准石英尺来校正?

5.什么是显微镜的分辨率?它对我们在显微镜下观察样品有什么影响?

# 实验五　牛顿环实验

[引言]

牛顿环现象是英国物理学家牛顿于1675年首先观察到的，是典型的光的干涉现象。牛顿对其进行了定量测量，但在微粒说的框架下并未给出完整的解释。直到1800年，托马斯·杨通过经典的双缝干涉实验证实了光的干涉性，并运用光的干涉理论完美地解释了这一现象。牛顿环和劈尖干涉都是分振幅干涉。

牛顿环现象的解释历经100多年，体现了科学家对真理的不懈追求。托马斯·杨大胆质疑、勇于挑战权威的科研精神激励我们要保持批判性思维，勇于探索和创新。牛顿环实验有助于学生养成细心、耐心的工作习惯和严谨细致的工作态度。实验操作过程中学生需要通过视场范围较小的读数显微镜来测量多级干涉环纹的直径，需要测量多组数据，而且牛顿环仪本身有产生干涉环纹的特点，需要长时间观察，整个实验过程学生必须将眼睛紧贴目镜，很容易因为眼睛疲劳而数错圆环环数。

牛顿环通常用来测量平凸、平凹透镜的曲率半径，或用来检验物体表面的平面度，测量精度高。

[实验目的]

1.理解牛顿环等厚干涉原理和仪器结构。

2.掌握利用读数显微镜测量牛顿环的方法。

3.应用牛顿环的干涉计量方法测量透镜的曲面参量。

[仪器用具]

牛顿环仪、读数显微镜、钠光灯、升降台等。

[实验原理]

牛顿环仪是由平凸透镜L和磨光的平玻璃板P叠合装在金属框架F中构成的，如图4-2-19所示。框架边上有3个螺旋H，用以调节L和P之间的接触程度，以改变干涉环纹的形状和位置。调节螺旋时不可旋得过紧，以免接触压力过大引起透镜的弹性形变，甚至损坏透镜。

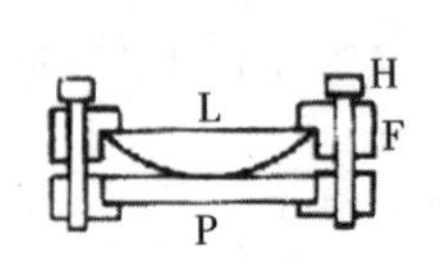

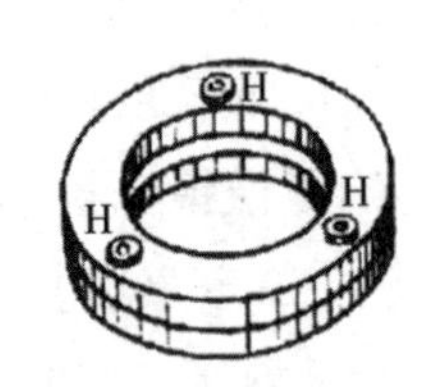


图4-2-19　牛顿环仪

当一曲率半径很大的平凸透镜的凸面与一磨光平玻璃板接触时，在透镜的凸面与平玻璃板之间将形成一空气薄膜，离接触点等距离的地方厚度相同，等厚膜的轨迹是以接触点为圆心的圆。如图4-2-20所示，若以波长为$\lambda$的单色光从上面垂直照射，则由空气膜上下表面反射的光波将产生干涉，形成的干涉条纹为等厚膜的各点的轨迹。因此，牛顿环是等厚干涉的一种。在反射方向观察时，将看到一组以接触点为圆心的明暗相间的圆环形干涉条纹，中心是一暗斑，如图4-2-21(a)所示。如果在透射方向观察，则看到的干涉环纹与反射光的干涉环纹的光强分布恰成互补，中心是亮斑，如图 4-2-21(b)所示。这种干涉现象最早为牛顿所发现，故称为牛顿环。

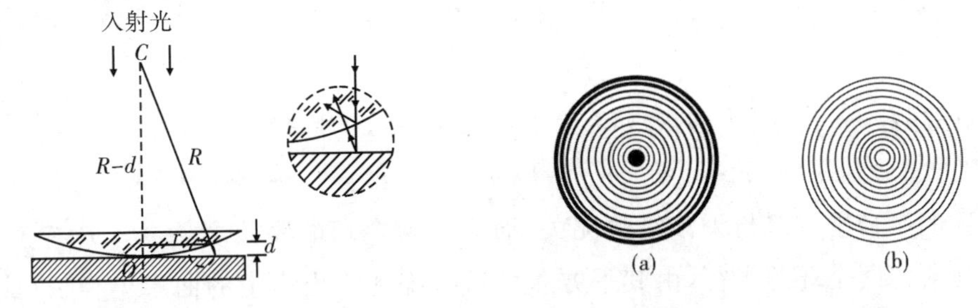


图 4-2-20　牛顿环光路图　　图 4-2-21　牛顿环干涉图

设透镜的曲率半径为 $R$，离接触点 $O$ 任一距离 $r$ 处的空气膜厚度为 $d$，则由图 4-2-20 中的几何关系可知

$$R^2=(R-d)^2+r^2$$
$$=R^2-2Rd+d^2+r^2$$

因 $R\gg d$，故略去 $d^2$ 项，可得

$$r^2=2Rd \text{ 或 } d=\frac{r^2}{2R} \tag{4-2-17}$$

当光线垂直入射时，由空气膜上、下表面反射的光产生的光程差为

$$\Delta=2d+\frac{\lambda}{2} \tag{4-2-18}$$

式中$\frac{\lambda}{2}$是附加光程差，反映光在平玻璃面上反射时的半波损失。整理(4-2-17)、(4-2-18)两式可得到以 $O$ 为圆心、$r$ 为半径的圆上各点处的光程差为

$$\Delta=\frac{r^2}{R}+\frac{\lambda}{2} \tag{4-2-19}$$

当光程差满足

$$\Delta=(2k+1)\frac{\lambda}{2} \tag{4-2-20}$$

时，即为反射光的相消条件，式中 $k$ 为干涉条纹的级数。整理(4-2-19)、(4-2-20)两式可得

$$r_k=\sqrt{kR\lambda} \tag{4-2-21}$$

式中 $r_k$ 为第 $k$ 级暗纹的半径。同理可导出第 $k$ 级亮条纹的半径为

$$r'_k=\sqrt{(2k-1)\cdot R\cdot\lambda/2} \tag{4-2-22}$$

由(4-2-21)、(4-2-22)两式可以看出，若已知波长 $\lambda$，只要测出第 $k$ 级暗环(或亮环)的半径，即可计算透镜的曲率半径 $R$；当 $R$ 为已知时，也可算出波长 $\lambda$。

由于牛顿环的两接触镜面之间难免附着尘埃并在接触时难免发生弹性形变，因而接触处不可能是一个几何点，而是一个圆面。所以近圆心处的环纹比较模糊和粗阔，以致难以准确判断环纹的干涉级数 $k$，也难以精确测定其半径 $r_k$，计算结果必然有较大的误差。为保证测量的精确度，必须测量距中心较远的、比较清晰的两个环纹的半径，用其差值计算 $\lambda$ 或 $R$。

由式(4-2-21)可得

$$r_m^2=(m+j)R\lambda \tag{4-2-23}$$

式中 $m$ 为环序数，$m+j$ 为干涉级数($j$ 为干涉修正值)，于是有

$$r_m^2-r_n^2=[(m+j)-(n+j)]R\lambda=(m-n)R\lambda \tag{4-2-24}$$

即任意两环的半径平方差与干涉级数无关，而只与两个环的序数之差 $m-n$ 有关。因此，只要精确地测定两个环的半径，由其平方差就可准确地算出透镜的曲率半径 $R$(或入射光的波长 $\lambda$)，即

$$R=\frac{r_m^2-r_n^2}{(m-n)\lambda} \text{ 或 } R=\frac{d_m^2-d_n^2}{4(m-n)\lambda} \tag{4-2-25}$$

其中 $d_m$、$d_n$ 分别为第 $m$ 级和第 $n$ 级的暗环的直径。

[内容要求]

### 基础实验内容——观察等厚干涉现象

1.将平凸透镜与平玻璃板安装成牛顿环仪，调节牛顿环仪上的 3 个螺旋，借助室内的灯光，用眼睛直接观察，使干涉条纹呈圆环形，并位于透镜的中心。

2.将牛顿环仪按图 4-2-22 所示安装好。由单色光源 $S$ 发出的光经辅助透镜 $L_1$ 后成为平行光(亦可以不用平行光而直接用扩展光源)照射到玻璃片 G 上，使一部分光由 G 反射进入牛顿环仪。先用眼睛在竖直方向观察，调节玻璃片 G 的高低及倾斜角度(约与水平方向成 45°角)，使观察到的干涉环纹处于透镜的中央。

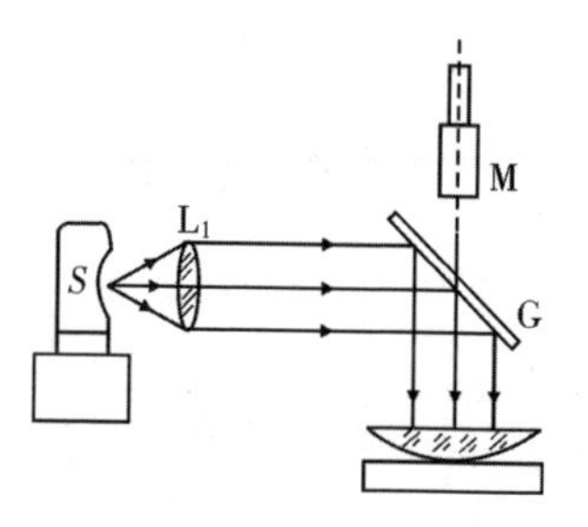

图 4-2-22　等厚干涉观察装置

3.调节读数显微镜 M 的目镜，使目镜中看到的叉丝最清晰。然后将读数显微镜对准牛顿环仪，视场中应出现黄色的明亮区域。上下移动镜筒对干涉条纹聚焦，同时细调玻璃片 G 的高低及倾斜角度，使看到的环纹尽可能清晰。

### 提升实验内容——用干涉法测量透镜的曲率半径

1.旋转读数显微镜的控制丝杆螺旋，使叉丝与显微镜移动的方向垂直，移动时始终保持这根叉丝与干涉环纹相切，这样便于观察测量。移动叉丝使其交点由暗斑中心向右移到干涉环纹的较外层，然后返回向左越过中心移到较外层，观察整个干涉场中条纹的清晰度，以选择干涉环纹的测量范围。

2.根据选定的测量范围，确定所要测量的条纹数目。由条纹的一侧开始测量，记录显微镜上对应第 $m_i$ 个暗环的读数 $x_i$，继续旋转螺旋使叉丝移向第 $m_{i-1}, m_{i-2}, \cdots, m_{i-k}$ 个暗环，依次记下对应的读数 $x_{i-1}, x_{i-2}, \cdots, x_{i-k}$。继续移动叉丝越过中心暗斑，记录第 $m_{i-k}$，

…，$m_i$ 个暗环在另一侧的读数 $x'_{i-k}$，…，$x'_i$。

3.由式(4-2-25)知，$R$ 为待测半径，$\lambda$ 为光源单色光波长，$R$、$\lambda$ 都为常数。如果取 $m-n$ 为一确定值(例如，假定 $m-n=15$)，则 $d_m^2-d_n^2$ 也为一常数。也就是说，凡是级数相隔 15 的两环(例如第 30 环和第 15 环，第 29 环和第 14 环，……)，它们的直径的平方差应该不变。据此，为了测量方便和提高精度，可以相继测出各环的直径，再用逐差法处理数据。本实验要求至少测出 6 个($d_m^2-d_n^2$)的值，取其平均值计算出 $R$。

4.数据表格如下：

表 4-2-1　干涉法测量透镜曲率半径数据表格

| 环的级数 | $m$ | 30 | 29 | 28 | 27 | 26 | 25 |
|---|---|---|---|---|---|---|---|
| 环的位置/mm | 左 | | | | | | |
| | 右 | | | | | | |
| 环的直径/mm | $d_m$ | | | | | | |
| 环的级数 | $n$ | 15 | 14 | 13 | 12 | 11 | 10 |
| 环的位置/mm | 左 | | | | | | |
| | 右 | | | | | | |
| 环的直径/mm | $d_n$ | | | | | | |
| $d_m^2/\text{mm}^2$ | | | | | | | |
| $d_n^2/\text{mm}^2$ | | | | | | | |
| $(d_m^2-d_n^2)/\text{mm}^2$ | | | | | | | |

5.计算测量结果 $R$ 并估算不确定度 $\sigma_R$，估算时可把 $\lambda$ 作为常数。

## 进阶实验内容——数据处理改进

1.基于 Origin 或 Excel 处理实验数据。

2.对数据测量误差进行统计建模分析。

## 高阶实验内容——利用牛顿环测量液体折射率

1.将牛顿环装置的凸透镜和平板玻璃拆开，用滴管在平板玻璃上滴一层待测液体，然后压上凸透镜。由于液体表面有张力，能够充满凸透镜和平板玻璃之间的空间，使得凸透镜和平板玻璃之间形成液体膜。

2.将此装置放到显微镜的载物台上，调节手轮，使显微镜由低到高缓慢移动，直至在目镜中看到清晰的干涉条纹为止。重复提升实验内容部分步骤进行数据处理。

3.推导公式进行液体折射率计算并分析误差。

**[注意事项]**

1.使用读数显微镜时，为了避免产生螺距误差，测量时必须向同一方向旋转，中途不可倒退。自右向左测量和自左向右测量两种方式都可以。起始处也要清除螺距的空程误差。

2.环序数绝对不可数错。若有一环出现错误，将会影响测量的效果，必须重新测量。

3.数据处理所用的计算方法称为逐差法，目的是充分利用所测得的全部数据和提高测量结果的准确性。

[问题讨论]

1.什么是牛顿环？用来测量透镜曲率半径的理论公式是什么？

2.牛顿环被调节到什么情形才能用来测量？

3.实验中为什么要测量多组数据并分组处理所测数据？

4.如果读数时显微镜中的叉丝没有准确地通过环心，则测得的读数差就不是直径，而是弦，用弦的平方差代替式(4-2-24)中的直径 $d$ 的平方差，结果将怎样？

5.能否依据实验数据作 $r_m^2-m$ 的关系曲线，由曲线得出 $R$ 的值？

## 实验六　用衍射光栅测光波波长

[引言]

衍射光栅是光栅的一种，它是根据单缝衍射和多缝干涉原理制成的一种分光元件，能把不同颜色(波长)的光在空间上按照一定规律分散开。衍射光栅具有很高的分辨本领，广泛用于光谱分析和分光光度的测量。常见衍射光栅每厘米的刻线数有几百到上万条，即光栅常数约为 $10^{-4}\sim10^{-6}$ m 数量级。本实验用的衍射光栅 1 mm 刻有 300 条刻线，光栅常数 $d$ 为 1/300。衍射光栅的发明可以追溯到 19 世纪初，当时主要用于研究光的干涉和衍射现象。随着科技的发展，衍射光栅的制造工艺和性能都得到了不断改进和提升。现代衍射光栅已经实现了高精度、高效率、高稳定性的发展，出现了多种新型衍射光栅，如多层膜光栅、全息光栅等。如今，衍射光栅不仅可用于光谱学研究，还广泛应用于惯性约束聚变、激光加工、天文、计量、光通信、AR 显示等众多领域。

[实验目的]

1.进一步熟悉分光计的调整与使用方法。

2.加深对光的干涉、衍射原理的理解和对光栅特性的认识。

3.学会用透射光栅测定光栅常数、角色散及光波波长的方法。

[仪器用具]

分光计、全息光栅、汞灯等。

[实验原理]

衍射光栅是具有空间周期性的衍射屏，可分为透射光栅和反射光栅。在一块透明的平板玻璃上刻有大量相互平行、等宽等间距的刻痕，这样一块屏板就是一种透射光栅，刻痕部分会将光散射，故不能透光；无刻痕部分透光，相当于狭缝。在一块光洁度很高的金属表面上，刻出一系列等间距平行刻痕(其剖面为如图 4-2-23 所示的锯齿形)，即构成一种反射光栅。反射光栅有平面反射光栅和凹面反射光栅两种。

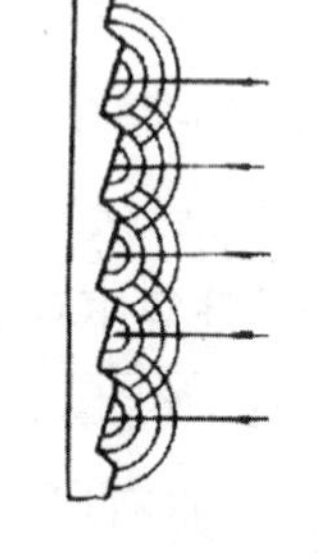

图 4-2-23　光栅剖面

实用的衍射光栅一般每毫米内有几十条乃至上千条缝，由于制造困难，价格昂贵，所以平常使用的光栅不是原刻光栅，大都是复制品。本实验所用的光栅是一块全息光栅，它是用全息照相的方法拍摄的双光束干涉照片。

当光波在光栅上透过或反射时，将发生衍射并形成一定衍射花样，它可以把入射光中的不同波长的光分隔开来。光栅和棱镜一样，是一种分光器件，其主要用途是形成光谱。

按照夫琅和费衍射理论，当一束单色平行光垂直照射在光栅平面上时，透过各狭缝的光因衍射将向各个方向传播，经透镜会聚后相互干涉，并在透镜焦平面上形成一系列被相当宽的暗区隔开的间距不同的明条纹。衍射角满足条件

$$d\sin\varphi = k\lambda \tag{4-2-26}$$

光将会加强，成为明条纹。上式叫光栅方程。式中 $d$ 是光栅常数，即相邻两狭缝对应点之间的距离。如果狭缝宽度为 $a$，相邻两缝的间距为 $b$，则$d=a+b$。参见图 4-2-24，$k$ 为明条纹的(光谱线)级数，$\varphi_k$ 是第 $k$ 级明条纹的衍射角。$\varphi_k=0$ 时，可以得到中央极强，称零级谱线，其他级谱线对称地分布在零级谱线两侧。

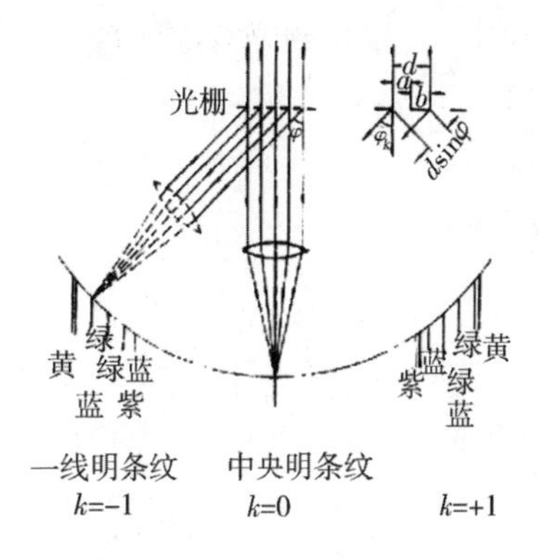

图 4-2-24　光栅分光谱

如果入射光为复色光，则由式(4-2-26)可以看出，对于不同波长的光，除零级谱线外，同一级光谱线中的衍射角也各不相同，于是复色光将按波长被分开，并按波长大小顺序排列，紫光的谱线在内侧，红光的谱线在外侧，这就是光谱。图 4-2-25 为汞灯的光谱示意图。

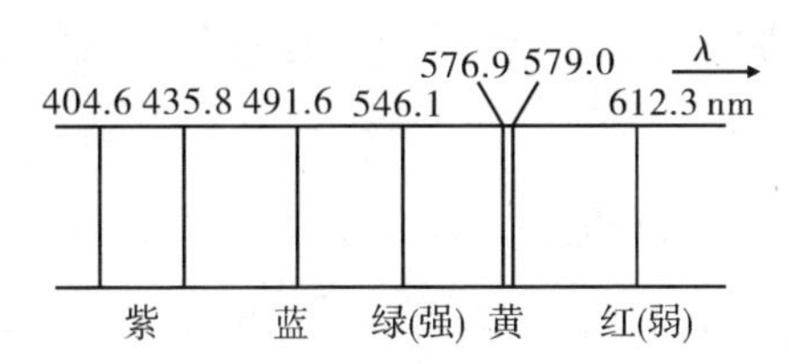

图 4-2-25　汞灯的光谱示意图

如果已知光栅常数 $d$，用分光计测出 $k$ 级光谱中某一明纹的衍射角 $\varphi_k$，按式(4-2-26)即可算出该明条纹所对应的单色光的波长 $\lambda$。反之，若已知入射光波长 $\lambda$，并测出谱线的衍射角 $\varphi_k$，就可求出光栅常数 $d$。

衍射光栅基本特性可用它的“分辨本领”与“色散率”来表征。光栅角色散率 $D$ 定义为

$$D=\frac{\Delta\varphi}{\Delta\lambda} \tag{4-2-27}$$

上式表示角色散率等于同一级的两谱线的衍射角之差 $\Delta\varphi$ 与该两谱线波长差 $\Delta\lambda$ 的比值。通过对光栅方程微分，角色散率可表示为

$$D=\frac{\mathrm{d}\varphi}{\mathrm{d}\lambda}=\frac{k}{d\cos\varphi}\quad（弧度 / 纳米） \tag{4-2-28}$$

由此看出,光栅常数 $d$ 越小,角色散率越大;光谱级次越高,角色散率也越大。若光栅常数 $d$ 已知,如果测得某谱线的衍射角 $\varphi_k$ 和光谱级次 $k$,即可由式(4-2-28)计算这个波长的角色散率。

分辨本领 $R$ 定义为两条刚可被分开的谱线的波长差 $\Delta\lambda$ 除该波长 $\lambda$,即

$$R=\frac{\lambda}{\Delta\lambda} \tag{4-2-29}$$

按照瑞利条件,所谓两条刚可被分开的谱线可规定为其中一根谱线的极强应落在另一根谱线的极弱上,如图 4-2-26 所示。由此条件可推知光栅的分辨本领

$$R=kN \tag{4-2-30}$$

式中 $N$ 为光栅总刻痕数。因为级数不会很高,所以光栅的分辨本领主要取决于狭缝数目 $N$。

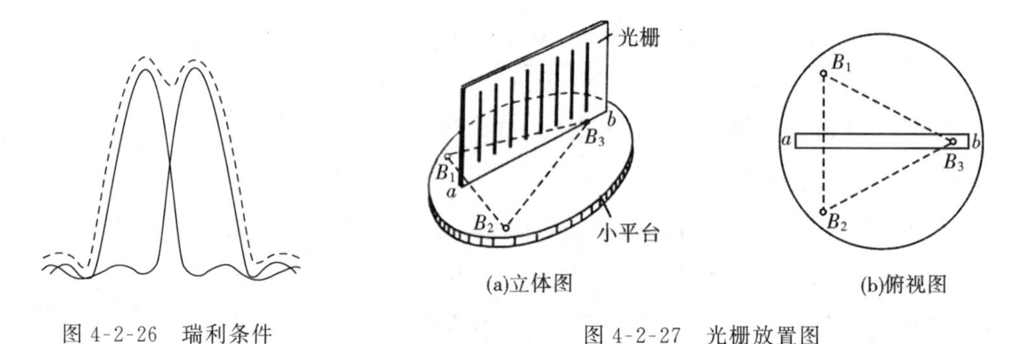


图 4-2-26　瑞利条件

图 4-2-27　光栅放置图

[内容要求]

**基础实验内容——调节分光计及其上的衍射光谱**

1.调整分光计

(1)望远镜调焦于无穷远(自准直法)

把平面光栅垂直放置在载物台上,放置的位置如图 4-2-27 所示,使光栅平面小平台的接触边与平台调节螺丝 $B_1$、$B_2$ 连线的中垂线尽量重合。利用光栅衬底玻璃的反射作用调分光计,使望远镜聚焦于无穷远。(具体调节方法参见光学基本仪器中分光计的调整)

(2)调节望远镜的光轴与分光计转轴垂直

先调节平台调节螺丝 $B_1$ 或 $B_2$,边调节边转动读数圆盘,直到目镜中从光栅平面反射回来的亮叉丝像重合在上面黑叉丝的位置上。然后使载物台连同分度盘一起旋转 180°,通常平面光栅不再垂直于望远镜的光轴,则亮叉丝像与上面黑叉丝的水平线不重合了。利用渐近法,先调节 $B_1$ 或 $B_2$ 使亮叉丝像和上面黑叉丝的水平线的相对距离减小一半,再调节望远镜下螺丝使两者重合。最后将载物平台转回 180°,观察亮叉丝像与上面黑叉丝是否重合,若不重合,应利用渐近法重复调节,直到旋转平面光栅的任意一面,均能使亮叉丝像与上面黑叉丝重合为止。此时望远镜的光轴已经垂直于分光计转轴,即光栅平面与转轴平行。

(3)调节平行光管,使它发射平行光,并使它的光轴与望远镜光轴平行。(具体调节方法参见光学仪器中分光计的调整)

2.调节光栅使其刻痕与分光计转轴平行

移动分光计使平行光管光轴对准汞灯,以保证有足够的光照射到光栅上,然后移动望远镜,一般可看到一级和二级谱线,正负分别位于零级谱线两侧。检查两侧光谱线是否等高,若等高说明刻痕(栅缝)已与分光计转轴平行;若不等高,可调节载物台下的螺丝 $B_3$。调好后再重新检查光栅平面是否仍与转轴平行。如果有改变,则要反复多次调节,直到两个条件都满足为止。

**提升实验内容——测定光栅常数**

汞灯绿光波长 $\lambda=546.1$ nm,由光栅方程可知,测出 $k=1$ 级的绿线对应的衍射角 $\varphi_k$,就能求出光栅常数 $d$。

1.为了提高测量准确度,测量第 $k$ 级谱线对应的衍射角 $\varphi_k$ 时,应测出 $+k$ 级和 $-k$ 级光谱线的角位置 $\varphi_{+k}$ 和 $\varphi_{-k}$,取其平均值 $\varphi_k=\dfrac{\varphi_{+k}+\varphi_{-k}}{2}$。

2.为消除分光计刻度盘的偏心误差,测量每一条谱线时,在刻度盘上的两个游标都要读数,然后取其平均值。

3.为使叉丝精确对准光谱线,必须使用望远镜微动螺旋来对准。

4.转动望远镜,使十字叉丝依次对准左右两边的 $k=\pm1$ 的绿线亮条纹,记下相应的衍射角 $\varphi_{左1}$、$\varphi'_{左1}$、$\varphi_{右1}$、$\varphi'_{右1}$,

则

$$\varphi_1=\frac{1}{4}[(\varphi_{左1}-\varphi_{右1})+(\varphi'_{左1}-\varphi'_{右1})] \tag{4-2-31}$$

其中 $\varphi_{左1}-\varphi_{右1}$ 和 $\varphi'_{左1}-\varphi'_{右1}$ 均取其绝对值。

5.重复测量3次取其平均值,代入式(4-2-26)计算 $d$。

**进阶实验内容——利用光栅测未知谱线波长**

由于光栅常数 $d$ 已测定,如果能测出某谱线的衍射角,就能求出该谱线的波长。本实验测定汞灯双黄线的波长 $\lambda_1$ 和 $\lambda_2$,方法同"提升实验内容"要求,步骤自拟。

**高阶实验内容——计算汞灯双黄线处的角色散率**

1.由所测的数据,计算出汞灯双黄线处的角色散率 $D=\dfrac{\Delta\varphi}{\Delta\lambda}$。

2.用米尺测光栅宽度 $l$,算出 $N$,代入 $R=kN$,求出光栅的分辨本领 $R$。

**[注意事项]**

1.光栅是精密的光学器件,严禁用手触摸刻痕,以免弄脏或损坏。

2.汞灯的紫外线很强,不可直视,以免灼伤眼睛。

[问题讨论]

1.怎样调整分光计,调整时应注意哪些事项?

2.用式(4-2-26)测 $d$ 时,应满足什么条件?实验时这些条件是怎样保证的?

3.当狭缝太宽或太窄时将出现什么现象?为什么?

4.用不同颜色的色光来校正光栅常数 $d$,其结果是否应该一致,为什么?

5.如果光栅平面与转轴平行,但光栅的栅缝与转轴不平行,则所观察到的光谱分布图有什么变化?对测量结果有何影响?

6.将光栅按图 4-2-26 放置在平台上来调整分光计有什么优点?

## 实验七　基于迈克尔逊干涉仪的实验研究

[引言]

迈克尔逊干涉仪是一种基于光的干涉原理的实验装置,它由美国物理学家迈克尔逊于19 世纪末发明。光的干涉实验往往比较复杂,难以获得准确的测量结果。迈克尔逊干涉仪凭借其简单可靠的干涉原理,成为一种十分精良的光学仪器,能够用于精确测量光的波长、折射率和空气中的光速等物理量。

20 世纪,随着科技的进步,迈克尔逊干涉仪得到不断改进和完善,应用范围也不断扩大。在现代科技领域,如精密测量光速、折射率等物理量,激光干涉、光学元件的制造等,迈克尔逊干涉仪都有着十分广泛的应用。在高新技术领域,应用于激光技术中的迈克尔逊干涉仪具有非常重要的地位,可应用于光路稳定、激光频率稳定、光电子学等领域中。它是光学实验装置中极具代表性的仪器之一,在科学技术领域中具有重要的作用和广泛的应用前景。基于干涉原理的引力波探测物理实验,可用于探测时空弯曲,检测引力波的存在。迈克尔逊干涉仪因其高精度的光路稳定和干涉测量,被广泛应用于引力波探测领域。2017 年诺贝尔物理学奖就颁给了负责研制使用了迈克尔逊干涉仪的引力波探测器——激光干涉引力波天文台(LIGO)的三位创始人。了解和熟练掌握迈克尔逊干涉仪的工作原理和实验操作,对于我们未来的光学研究和发展具有重大的意义。

实验过程中,我们可以运用所学物理知识,了解光学测量的实际应用场景。这不仅有助于我们深入理解物理学科的本质,还有助于我们更深入地认识科技的应用。

[实验目的]

1.理解迈克尔逊干涉仪的基本原理和实验原理,掌握干涉仪的组成部分和工作原理。

2.学习和熟练使用迈克尔逊干涉仪,掌握实验操作技巧,如调节光源、调整光路、观察干涉条纹等,提高实验操作能力和实验技能。

3.通过实验数据的分析和处理,探究干涉条纹的形成和变化规律,如环形干涉条纹的形成条件,干涉条纹间距与光源波长、光路差等因素之间的关系。

4.基于迈克尔逊干涉仪的实验原理,设计和实现更复杂的光学实验,如测量光的波长、测定透镜的焦距、研究材料的折射率等。利用干涉原理解决实际问题。

[仪器用具]

WSM-PT 型迈克尔逊干涉仪，如图 4-2-28 所示。

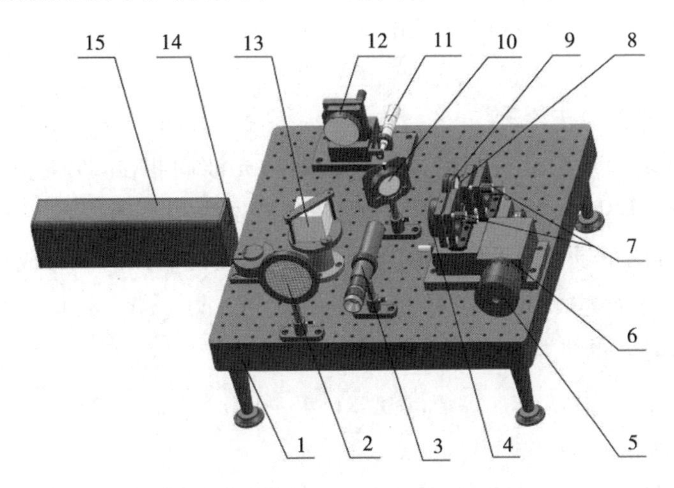


1.平台(或防震面包板) 2.投影屏连框 3.观察望远镜 4.微调反射镜 5.微调手轮 6.刻度标尺 7.二维微倾架 8.F-P 系统固定镜 9.F-P 系统微调镜 10.反射镜 11.粗调手轮 12.粗调反射镜 13.分光棱镜 14.扩束镜 15.氦氖激光器

图 4-2-28 WSM-PT 干涉仪结构示意图

[实验原理]

1.光的干涉原理简述

当我们将在介质中传播的两个频率相同(或几乎相同)且振动方向相同(或几乎相同)的波叠加在一起时，我们可以观察到干涉现象。干涉实际上是光波动现象的有力证据之一。杨氏双缝实验通过显示通过两个缝隙穿过的光的干涉条纹(亮条纹和暗条纹)，证明了光的波动性质。此后，许多干涉装置逐渐被用于实验和应用中。

波的叠加原理表明，当两个或多个波在空间的某个区域内相互作用时，每个点的振幅是各个波的振幅之和。如果波的总振幅比各个波的振幅大，则发生了相长干涉。同样，如果波的总和小于各个波的振幅，则发生了相消干涉。如图 4-2-29 所示，如果两个频率相同并且振幅相等的波是同相位的，即波峰与波峰对齐、波谷与波谷对齐，则会叠加产生完全的相长干涉，同样的，两个振幅和频率相等但相位完全相反的波，即一个波的波峰与另一个波的波谷对齐，则会叠加产生完全的相消干涉。

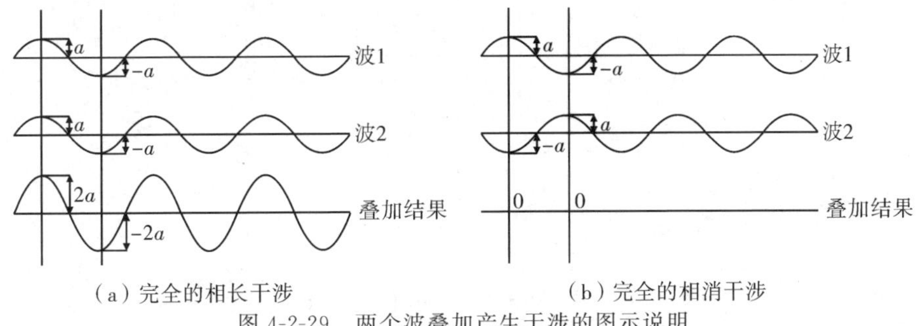


(a) 完全的相长干涉　　(b) 完全的相消干涉

图 4-2-29 两个波叠加产生干涉的图示说明

两个光波的电矢量可分别描述为

$$E_1 = a_1 \exp\left[i(\alpha_1 - \omega t)\right]$$

$$E_2 = a_2 \exp\left[i(\alpha_2 - \omega t)\right]$$

其中，$a$ 为光电矢量的振幅，$\alpha$ 为位相、$\omega$ 为角频率、$t$ 为时间。两光波叠加时光电矢量可表示为

$$E = E_1 + E_2 = a_1 \exp\left[i(\alpha_1 - \omega t)\right] + a_2 \exp\left[i(\alpha_2 - \omega t)\right]$$

如果$\alpha_1 - \alpha_2 = 2n\pi$，其中 $n = \{0,1,2,3\cdots\}$，即两光波同相位，发生相长。相反的，如果$\alpha_1 - \alpha_2 = (2n+1)\pi$，其中 $n = \{0,1,2,3\cdots\}$，则两光波发生相消。

然而，我们通常测量场强度而不是场本身，其中强度与场强的平方成正比。可表示为

$$I \propto \langle EE^* \rangle = E_1^2 + E_2^2 + 2E_1E_2\cos(\alpha_1 - \alpha_2)$$

其中$\langle \cdot \rangle$表示时间的平均。同时，上式可表示为

$$I = I_1 + I_2 + 2\sqrt{I_1 I_2}\cos(\alpha_1 - \alpha_2)$$

2.迈克尔逊干涉仪

迈克尔逊干涉仪是较为常见的一种干涉仪，可用于天文干涉、光学相干层析成像（一种医学成像技术）以及引力波探测等领域。迈克尔逊干涉仪因其推翻了光传播介质以太存在的假设而闻名于世，为相对论的发展铺平了道路。

如图 4-2-30 所示，为了研究迈克耳逊干涉仪所形成的干涉图样的性质，可以做出虚平面$M_2'$，它是平面镜$M_2$在分光棱镜半反射面（反射界面镀了半透膜）$A$ 中的虚像，位置在$M_1$附近。当在投影屏处观察时，可直接看到镜面$M_1$和$M_2$的虚像$M_2'$反射过来的像，此两表面构成一个虚平板（虚空气层）。容易看出，从 $S$ 沿 $SCDCP$ 路线到达 $P$ 点的光程等于沿$SCD'CP$路线到达 $P$ 点的光程，因此可以认为，观察系统接收到的干涉图样是由实反射面$M_1$和虚反射面$M_2'$构成的虚平板产生的。虚平板的一定的厚度和楔角可以通过调节$M_1$和$M_2$反射镜实现：在$M_1$和$M_2$的背面各有三个调节螺钉可用来调节它们的相对位置。$M_1$和$M_2$各安置在一滑座上，滑座可以借测微螺杆沿精密导轨平移，以改变虚平板的厚度。这样，利用迈克耳逊干涉仪可以产生厚的或薄的平行平板和楔形平板的干涉现象。

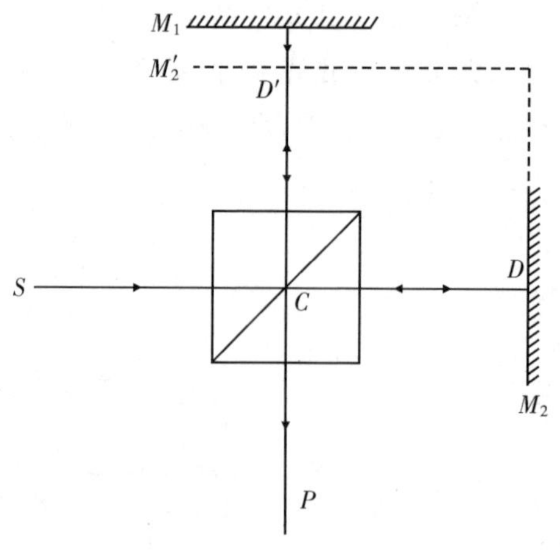


图 4-2-30　迈克尔逊干涉仪原理示意图

如果调节$M_2$，使它的反射像$M_2'$与$M_1$平行，所观察到的干涉图样是一组定域在无穷远的等倾圆环条纹。这时，如$M_2'$移向$M_1$（虚平板厚度减小），条纹则向中心收缩，并在中心消失。每当$M_2'$移动$\frac{\lambda}{2}$的距离，就会在中心消失一个条纹。但是，根据条纹角间距公式

$$\Delta\theta \approx \frac{n\lambda}{2n'\theta_1 h}$$

虚平板的厚度$h$减小时，条纹的角间距增大，所以条纹将疏松起来。当$M_2'$与$M_1$完全重合时，视场是均匀的，这时对于各个方向的入射光，光程差均相等。如果继续移动$M_2'$，使$M_2'$逐渐远离$M_1$，则条纹不断由中心冒出，并且随虚平板厚度的增大，条纹又逐渐地密集起来。

如果调节$M_2$，使它的反射像$M_2'$与$M_1$相互倾斜成一个很小的角度，那么当$M_2'$与$M_1$比较接近时，所观察到的干涉图样将与楔形平板的干涉图样一样，条纹定域在楔表面上或楔表面附近。迈克耳逊干涉仪产生的这种干涉条纹一般不属于等厚条纹，只是当楔形虚平板很薄，且观察面积很小时，可以近似地视为等厚条纹（这时可认为入射光有相同的入射角），它们是一些平行于楔棱的等距直线。在扩展光源照明下，如果$M_2'$与$M_1$的距离增大，干涉条纹与等厚线的偏离程度也随之增大，这时条纹将发生弯曲。

［**内容要求**］

**基础实验内容——观察干涉条纹并测量光源波长**

根据微调手轮的设计特点，微调手轮读数及实际值计算方法如下：

鼓轮刻度值，单位1 mm；手轮刻度值，单位0.002 5 mm，加估读位读4位；实际值＝（鼓轮刻度值×1 mm＋手轮刻度值×0.002 5 mm）÷25。

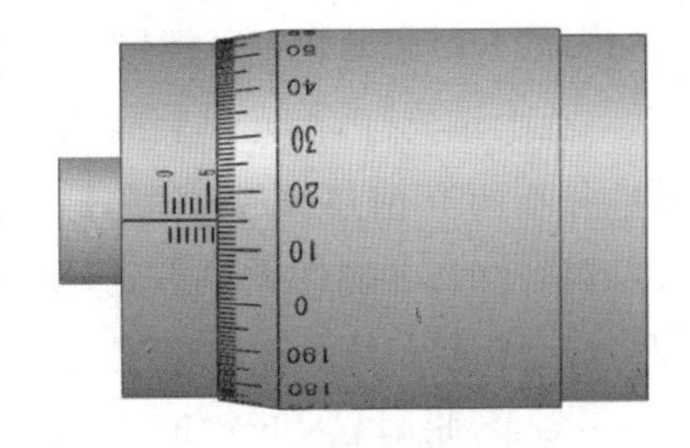

图 4-2-31　微调手轮示意图

如图4-2-31所示，其实际值为(6.0×1 mm＋15.1×0.002 5 mm)÷25＝0.241 51 mm。

仪器需配适当的光源，如激光、钠光灯、加滤色片的汞灯、白光等。实验前应将仪器调整至水平。

1.观察非定域干涉条纹

采用仪器标配的JGQ-250氦氖激光源或用户自主配置其余点光源。

转动粗调手轮，将粗调反射镜$M_1$的位置置于微分头读数约12.5 mm处，此位置为固定镜$M_1$和移动镜$M_2$相对于分光板大约等光程的位置。通过投影屏观察，可观察到由$M_1$和$M_2$各自反射的两排光点像，仔细调整$M_1$和$M_2$后的两颗调节螺钉，使两排光点像完全重合，这样$M_1$和$M_2$就基本垂直，即$M_1$和$M_2'$互相平行了。加扩束镜，并将扩束的激光斑照在干涉仪分光板上，光轴基本与固定镜垂直，即可在屏上观察到非定域干涉条纹，再轻轻调节$M_2$后的调节螺钉，使出现的圆条纹中心处于投影屏中心。

转动粗调手轮和微调手轮，使$M_2$在导轨上移动，并观察干涉条纹的形状、疏密及中心

“吞”“吐”条纹随光程差的改变而变化的情况。

2.测量氦氖激光的波长

利用非定域的干涉条纹测定波长。按照“1”的方法调出干涉圆条纹，单向缓慢转动微调手轮移动$M_2$，将干涉环中心调至最暗（或最亮），记下此时$M_2$的位置，继续转动微调手轮，当条纹“吞进”或“吐出”变化数为 $m$ 时，再记下$M_2$的位置，设$M_2$位置的变化数为 $\Delta L$，则根据双光束干涉原理，测得氦氖激光的波长

$$\lambda=\frac{2\Delta L}{m}$$

备注：测量时，$m$ 的总数要不少于 100 条。

3.观察定域干涉条纹

扩展光源：建议采用可升降式低压钠光灯（$GP_{20}$ Na-Ⅱ）、氦氖激光器作调整仪器用辅助光源。

**等倾干涉**

用氦氖激光器调整仪器，在激光器前放一小孔光栏，使扩束的激光束通过光栏，并经分光棱镜反射到移动镜$M_2$上（此时应将固定镜的反射面遮住），再反射经分光棱镜返回至小孔光栏上，仔细调整$M_2$后的两个调节螺钉，使最后的反射光点像与光栏的小孔完全重合。转动粗调手轮移动$M_1$，使反射光点像不随$M_2$的移动而产生漂移。此后的实验过程中，不可再旋动$M_1$后的两颗调节螺钉。

换上钠光灯，出光口装有毛玻璃，以使光源成为面光源，用聚焦到无穷远的眼睛代替屏，仔细调节 $M_2$后的调节螺钉，可观察到圆条纹，进一步调节$M_2$的调节螺钉，使眼睛上下左右移动时，各圆的大小不变，仅是圆心随眼睛移动，这时观察到的就是严格的等倾条纹。移动$M_2$观察条纹的变化情况。

备注：此调节过程亦可通过在钠光灯光源上标识特定的记号，如“+”，然后透过分光棱镜来观察十字像，调节十字像重合，则干涉现象出现。

**等厚干涉**

移动$M_1$和$M_2'$大致重合，调节$M_2$后的螺钉使$M_1$和$M_2'$成一个很小的夹角，这时视场中出现的直线干涉条纹就是等厚干涉条纹。仔细调节 $M_2$后的螺钉和微调螺钉，即改变夹角的大小，观察条纹的疏密变化。

**提升实验内容——测量钠光的相干长度与波长差**

1.测量钠光的相干长度

利用等厚条纹的观察方式，用等厚干涉条纹测出钠光的相干长度。

把干涉仪两臂调到接近相等，此时干涉条纹的对比度最佳，然后移动$M_2$，直至干涉条纹由模糊变为几乎消失，这时的光程差即为相干长度。钠光灯的相干长度为 2 cm 左右。

观察氦氖激光的相干情况。激光的单色性很好，相干长度在几米到几十米的范围，故不能在干涉仪上测出。

2.测钠黄光波长及钠黄光双线的波长差

按“基础实验内容”中等倾干涉的调节方法将仪器调整好，并调出干涉圆条纹，再按测量氦氖激光波长的方法进行测量。

调整好实验仪器。如果使用绝对单色光源，当干涉光的光程差连续改变时，条纹的可见度一直是不变的。当使用的光源包含两种波长$\lambda_1$、$\lambda_2$，且$\lambda_1$、$\lambda_2$相差很小，光程差

$$L = m\lambda_1 = \left(m + \frac{1}{2}\right)\lambda_2 \text{（其中 } m \text{ 为正整数）}$$

时，两种光的条纹为重叠的亮纹和暗纹，使得视野中条纹的可见度降低，若$\lambda_1$和$\lambda_2$的光的亮度相同，则条纹的可见度为零，即看不清条纹了。再逐渐移动 $M_1$ 以增加（或减少）光程差，可见度又会逐渐提高，直到$\lambda_1$的亮条纹与$\lambda_2$的亮条纹重合，暗条纹和暗条纹重合，此时可观察到清晰的干涉条纹。再继续移动$M_2$，条纹可见度（对比度）又会下降，在光程差

$$L + \Delta L = (m + \Delta m)\lambda_1 = \left(m + \Delta m + \frac{3}{2}\right)\lambda_2$$

时，可见度最小（或为零）。因此，可测出从某一可见度为零的位置到下一个可见度为零的位置，位置差为 $\Delta L$。其间光程差变化为

$$\Delta\lambda = \frac{\lambda_1\lambda_2}{\Delta L} = \frac{\lambda^2}{\Delta L}$$

$\Delta\lambda$ 即为待测的钠黄光双线的波长差，$\lambda$ 为$\lambda_1$和$\lambda_2$的平均值，可用测出的波长值代入计算。

**进阶实验内容——基于迈克尔逊干涉仪的其他测量(1)**

1.利用迈克尔逊干涉仪测量微小位移

将其中一个光路引入待测样品区域，并测量干涉条纹的变化。样品的微小位移会导致光程差发生变化，从而影响干涉条纹的位置和形态，通过测量干涉条纹的变化可以确定样品的微小位移量。

2.利用迈克尔逊干涉仪测量光学薄膜厚度

将其中一个光路引入一层薄膜，薄膜厚度引起的反射和透射光的干涉导致干涉条纹移动，通过测量移动距离和光源波长可以计算出薄膜的厚度。

**高阶实验内容——基于迈克尔逊干涉仪的其他测量(2)**

1.利用迈克尔逊干涉仪评估光学元件表面质量

可以通过观察干涉条纹的数量、形态和分布等特征来评估样品表面的粗糙程度和平整度。表面形貌不均匀或者存在缺陷和瑕疵的样品会导致出现干涉条纹分布不规则、干涉条纹数量多或者亮度变化等现象，通过分析干涉条纹的形态和密度等特征，可以对样品表面粗糙度和平整度进行定性和定量的描述。

2.利用迈克尔逊干涉仪测量材料的热膨胀系数

在测量热膨胀系数的实验中，可以利用迈克尔逊干涉仪观察样品在加热和冷却过程中的长度变化，确定其热膨胀系数。

设置迈克尔逊干涉仪，将待测样品置于一条光路中。在恒定的温度下，记录初始的干涉条纹位置。使用外部热源对样品进行加热。由于热膨胀，样品在光路中的长度将发生变化，导致干涉条纹移动。记录干涉条纹的移动和温度的变化。停止加热，让样品自然冷却，同时记录干涉条纹的移动。根据记录的数据，计算样品的热膨胀系数。

[注意事项]

1.仪器应妥善地放在干燥、清洁的房间内；防止振动，搬动仪器时，应托住底座。

2.光学零件不用时，应存放在清洁的干燥盆内，以防止发霉。反光镜、分光镜一般不允许擦拭，必须擦拭时，须先用备件毛刷小心掸去灰尘，再用脱脂清洁棉球滴上酒精和乙醚混合液轻拭。

3.传动部件应保持良好的润滑。

4.使用时，各调整部位用力要适当，不可强旋、硬扳。

[问题讨论]

1.迈克尔逊干涉仪的工作原理是怎样的？应该怎样调节和使用？

2.如何利用干涉条纹的“冒出”和“陷入”测定光波波长？

3.计算波长差的公式是怎样得出的？如何应用干涉条纹视见度的变化测定钠光 $D$ 双线的波长差？

4.分析扩束激光和钠光产生的圆形干涉条纹的差别。

5.试用扩展单色光源观察并分析讨论当 $M_1$ 和 $M_2'$ 不平行时，干涉条纹随两者的夹角变化而变化的情况。

6.如用白光照明，分析干涉条纹生成的条件，试调节并观察干涉条纹。

## 实验八　偏振光的研究

[引言]

偏振是光的一个基本属性，它描述了光的电场矢量如何在空间中分布。在自然光中，电场的方向是随机的，但在偏振光中，电场会在特定的平面内振动。这种特性使得偏振光在科学和工程领域中有着广泛的应用，比如激光技术、光纤通信、遥感探测以及生物医学成像等领域，偏振光都发挥了重要的作用。

本节实验中，我们将通过观察和测量，对偏振光的基本性质和应用进行深入的理解和掌握。首先，将通过简单的实验观察偏振光现象，理解偏振光的产生和其与自然光的区别。其次，将验证马吕斯定律——一个描述偏振光强度随着偏振器旋转角度变化的基本定律，它对理解偏振光的性质有着重要的意义。再次，将观察光以布儒斯特角入射的偏振现象，这是一个在光学系统设计、光电器件制造以及光学精密测量中都有重要应用的现象。最后，我们将使用波片调制偏振光，通过实验深入理解波片的工作原理和基本概念，以及如何利用波片在光路中实现特定的偏振状态。

[实验目的]

1.理解偏振光的基本概念和产生原理，学习偏振器、波片等光学元件的基本性质和应用。

2.学习和熟练使用偏振光实验设备，如偏振光片、波片、光学检测仪等。

3.分析和处理实验数据，探究偏振光的特性和变化规律，如马吕斯定律、光的椭圆偏振、光的圆偏振等现象和原理。

[仪器用具]

TWZS-Ⅰ型偏振光实验仪，如图 4-2-32 所示。

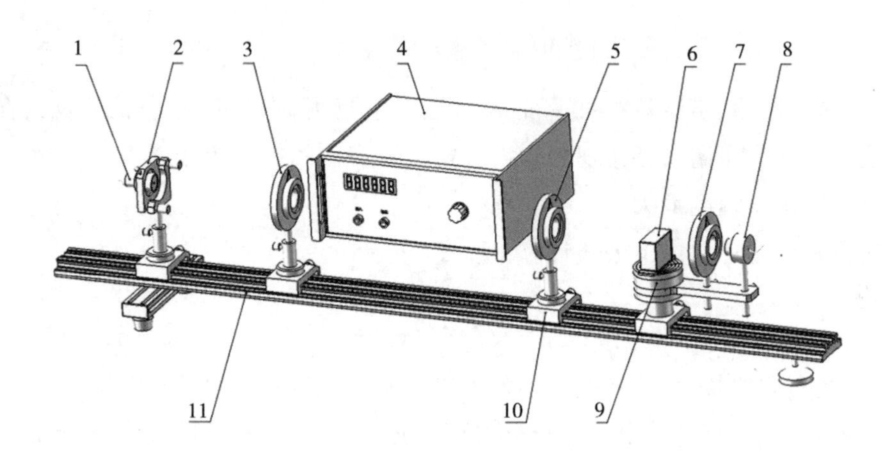


1.半导体激光器 2.二维微倾架 3.起偏器 4.多功能光信号分析仪(或光功率计) 5.波片 6.玻璃堆 7.检偏器 8.光电探头 9.旋转台及移动座 10.标准移动座 11.导轨

图 4-2-32 TWZS-Ⅰ型偏振光实验仪

[实验原理]

1.偏振光和自然光

自然光是一种非偏振的光，其电场矢量在垂直于光传播方向的平面内随机分布。换句话说，自然光的振动方向是沿着传播方向垂直的平面上的各个方向均匀分布的。例如，太阳光、白炽灯泡等发出的光都是自然光。

如图 4-2-33 所示，偏振光是指电场矢量在垂直于光传播方向的平面内只沿一个特定方向振动的光。偏振光的振动方向是沿着一个固定方向的，分为线偏振光、圆偏振光和椭圆偏振光等不同类型。偏振光可以采用将自然光通过偏振器、反射、散射等方式产生。

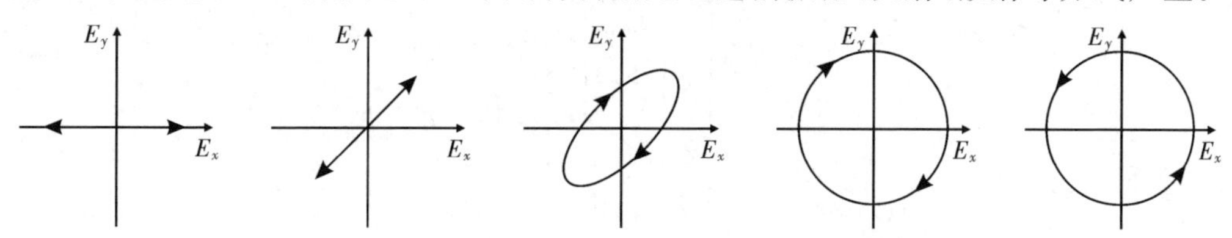


图 4-2-33 几种典型的偏振光

2.偏振光的获得方法

(1)利用反射或透射获得偏振光

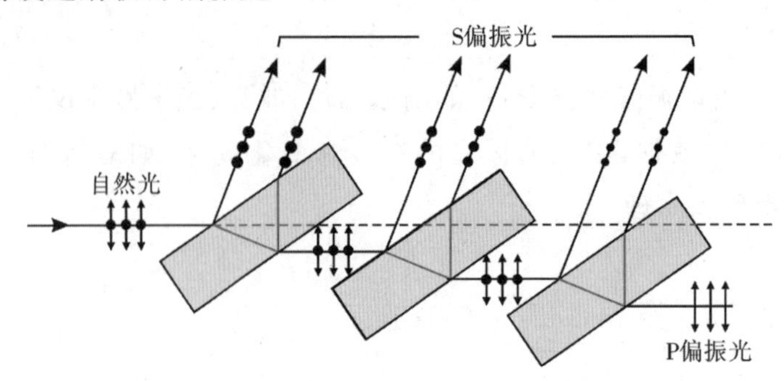


图 4-2-34　利用反射或透射获得偏振光原理示意图

如图 4-2-34 所示,当自然光在一个表面上发生反射时,反射光会根据反射角发生偏振。这种现象被称为布儒斯特角现象。当入射光与表面的夹角等于布儒斯特角时,反射光和透射光之间的偏振程度最大。

布儒斯特角可以通过以下公式计算:

$$\theta_B = \arctan\left(\frac{n_2}{n_1}\right) \tag{4-2-32}$$

其中,$\theta_B$是布儒斯特角,$n_1$和$n_2$分别是入射介质和反射介质的折射率。

在布儒斯特角下,反射光中平行于反射面的振动成分基本上被消除,剩下的反射光主要包含垂直于反射面的振动成分,从而形成线偏振光。

(2)利用材料的二向色性获得偏振光

二向吸光法是利用某些材料吸收特定振动方向光的特性来实现光的偏振的。这类材料称为二向吸光材料。当自然光通过二向吸光材料时,与其吸收方向平行的振动成分会被吸收,而垂直于吸收方向的振动成分会通过,从而产生偏振光。

如图 4-2-35 所示,当自然光通过二向吸光材料时,与材料吸收方向平行的光振动成分会被吸收。这意味着光在通过材料后,剩余的振动成分主要是垂直于吸收方向的。由于垂直于吸收方向的振动成分几乎未被吸收,当光通过二向吸光材料后,我们就可以获得具有特定振动方向的偏振光。

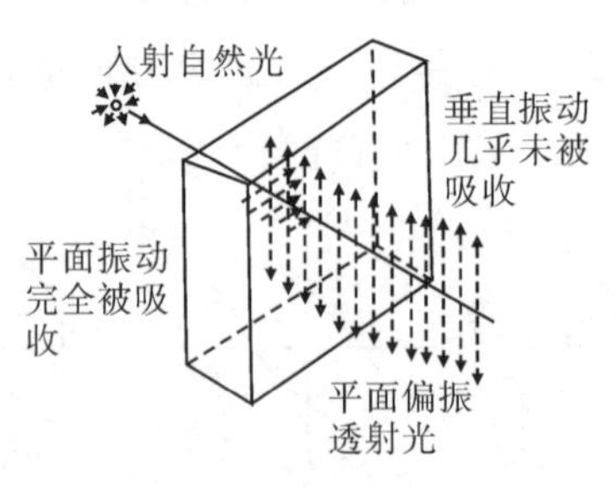


图 4-2-35　二向吸光法获得偏振光的原理示意图

(3)利用双折射材料获得偏振光

当自然光通过双折射晶体时,会分成两束具有不同振动方向和折射率的光,从而可以获得偏振光。

如图 4-2-36 所示,当自然光入射到双折射晶体上时,光会分为两束具有不同振动方向的光:普通光($o$ 光)和非普通光($e$ 光)。普通光的振动方向与晶体的光轴垂直,非普通光的振动方向平行于光轴。

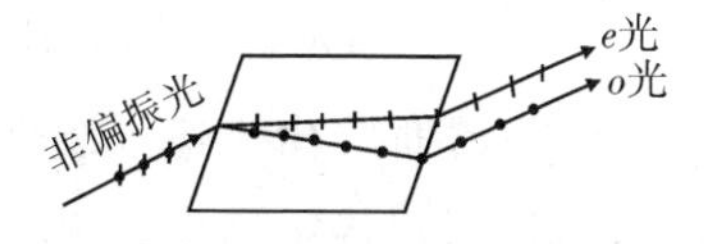

图 4-2-36　利用双折射获得偏振光的原理示意图

由于双折射晶体对普通光和非普通光的折射率不同,这两束光在晶体内部沿着不同的光路传播。这导致它们在通过晶体后会产生一定的光程差。

当通过双折射晶体的光再次通过一个偏振片时,即可根据偏振片的取向选择性地透过普通光或非普通光。此时,就可以获得具有特定振动方向的偏振光。

还有一种方法,可以调整晶体的厚度或光轴取向,使得普通光和非普通光之间的光程差达到半波长。在这种情况下,两束光在晶体外部会相互干涉,形成线偏振光、圆偏振光或椭圆偏振光,具体形成什么形式的偏振光取决于入射光的振动方向和晶体的光学性质。

(4)利用散射获得偏振光

散射偏振法获得偏振光主要利用光在与物质相互作用过程中发生的散射现象。当光通过某些粒子或分子时,不同振动方向的光会以不同的强度被散射,从而产生偏振光。通过合适的观察方向,就可以观察到具有偏振特性的散射光。

如图 4-2-37 所示,当自然光入射到具有散射特性的物质(如大气中的气体分子、液体中的悬浮粒子等)中时,光会在物质内部发生散射。散射过程中,光的振动方向与散射方向垂直的成分会被优先散射。换句话说,散射光中垂直于散射方向的振动成分的强度较高。观察散射光时,如果从与入射光成 90°角的方向观察,可以发现散射光具有偏振特性。这是因为在这个观察方向上,散射光中垂直于散射方向的振动成分占主导地位。

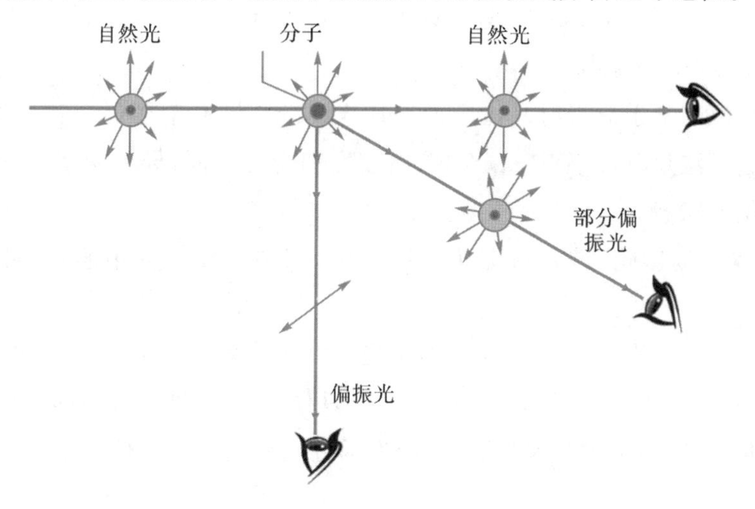

图 4-2-37　利用散射获得偏振光的原理示意图

例如，在大气中，天空的蓝色散射光具有偏振特性。阳光在通过大气时，短波长的蓝光因为瑞利散射更容易被散射。当我们观察与太阳成 90°角方向的天空时，可以观察到蓝光具有较高的偏振度。

3.马吕斯定律和消光比

马吕斯定律描述了线性偏振光通过偏振片时，透过光强度与入射光强度之间的关系。偏振片具有特定的振动方向，只允许与其振动方向平行的光振动成分通过。马吕斯定律可用于计算透过偏振片的光强度。

马吕斯定律的表达式

$$I = I_o \cos^2\theta \tag{4-2-33}$$

其中，$I$ 是透过偏振片的光强度，$I_o$ 是入射偏振光的光强度，$\theta$ 是入射偏振光的振动方向与偏振片振动方向之间的夹角。由此可见，透过光强度与入射光强度之比($I/I_o$)等于夹角 $\theta$ 的余弦值的平方。

消光比是一种衡量偏振器性能的参数，指的是偏振器透过光强度中与其振动方向垂直的光振动成分与平行的光振动成分之比。消光比越高，说明偏振器对光的偏振能力越强，对不需要的振动成分的抑制效果越好。

$$消光比 = I_{\perp} / I_{/\!/}$$

其中，$I_{\perp}$ 是偏振器透过的与其振动方向垂直的光振动成分的光强度，$I_{/\!/}$ 是偏振器透过的与其振动方向平行的光振动成分的光强度。

在实际应用中，消光比的数值通常用分贝(dB)表示。消光比的分贝值可以通过以下公式计算：

$$消光比(\mathrm{dB}) = 10\lg(I_{\perp} / I_{/\!/})$$

4.波片概述

波片是一种光学元件，其主要作用是改变光的偏振状态。波片通常用具有双折射特性的晶体制成，如石英、钙钛矿等。当线性偏振光通过波片时，光的振动方向会发生变化，从而实现对光的偏振状态的控制。

波片的工作原理基于双折射晶体中的普通光($o$ 光)和非普通光($e$ 光)的折射率差异。当线性偏振光通过波片时，$o$ 光和 $e$ 光的传播速度和光程不同，导致两者之间存在光程差，进而改变光的偏振状态。

根据对光程差的影响，波片可分为多种类型，其中主要包括半波片和四分之一波片两类。

如图 4-2-38 所示，半波片的光程差等于光的一个半波长，即 $\Delta = \lambda/2$。当线性偏振光通过半波片时，可以实现光的振动方向的旋转。具体来说，当偏振光的振动方向与波片的光轴之间的夹角为 $\theta$ 时，透过半波片后，光的振动方向将旋转 $2\theta$ 角度。

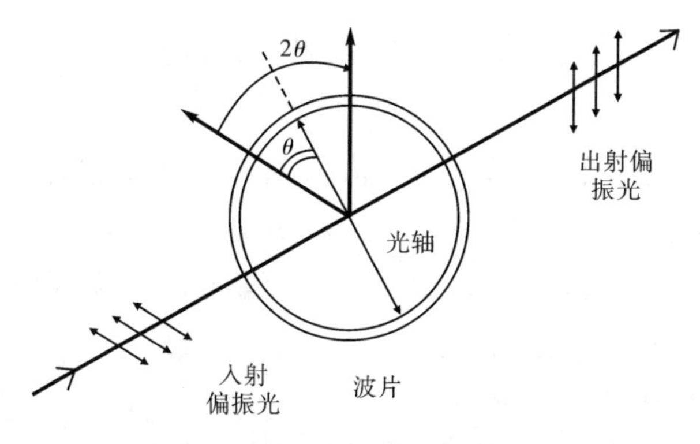


图 4-2-38 半波片工作示意图

四分之一波片的光程差等于光的四分之一波长，即 $\Delta=\lambda/4$。当线性偏振光通过四分之一波片时，可以实现线性偏振光和圆偏振光之间的转换。具体来说，当偏振光的振动方向与波片的光轴之间的夹角为 45°时，透过四分之一波片后，光将变为左旋圆偏振光或右旋圆偏振光(具体取决于光和光之间的相位差)。

［内容要求］

**基础实验内容——观察偏振光现象，验证马吕斯定律**

1.如图 4-2-32 所示，在导轨(11)左侧放置半导体激光器(1)，连接电源(仪器如配置多功能光信号分析仪，半导体激光器由多功能光信号分析仪输出端供电；仪器如配置光功率计，半导体激光器由适配器供电)。

2.在导轨的右侧放置旋转台(9)，使转臂刻线对准零位，拧紧锁定螺钉(光源与旋转台离得不要太远)。

3.在旋转台转臂的外侧孔中插入光电探头(8)，调节光源的微调螺钉和光电探头，使光源的光斑全部射入光电转换器的遮光罩内。

4.在光源与旋转台之间放入起偏器(3)，调节起偏器高低，使光斑全部射入起偏器，并使刻线对准零位。

5.在旋转台转臂的内侧孔中插入检偏器(7)，刻线对准零位，此时光通量最大，旋转检偏器，功率计显示功率变小，当旋转 90°时显示功率最小，说明此时为偏振光。

6.根据马吕斯定律，定量观测光电流 $I$(光强)随检偏器转角的变化关系，并画出关系曲线，验证马吕斯定律。光电流 $I$(光强)与光功率成线性关系，因此可以用光功率代替光电流 $I$。

**提升实验内容——观测光以布儒斯特角入射的偏振现象**

去掉起偏器，把玻璃堆(6)放置在旋转台中心位置，用压片固定，调节转台使玻璃堆与入射光线垂直，然后将玻璃堆转至布儒斯特角，转动转臂，观察功率计读数。在读数最大处固定转臂，旋转检偏器，旋转一周，观察功率计功率的变化，并分析原因。

## 进阶实验内容——观察波片现象

1.观察 $\lambda/4$ 波片现象

先调节起偏器和检偏器的透光轴垂直，加入 $\lambda/4$ 波片(5)，旋转波片使其消光，再将 $\lambda/4$ 波片转动 15°，然后将检偏器转动 360°，观察现象，并分析这时从 $\lambda/4$ 波片出射的光的偏振状态。依次转动总角度 30°、45°、60°、75°、90°，转动检偏器，记录所观察到的现象。分析与理论是否符合，如有误差，分析误差原因。

2.观察 $\lambda/2$ 波片现象

(1)将 $\lambda/4$ 波片换成 $\lambda/2$ 波片，旋转波片使其消光。把检偏器转动 360°，观察消光的次数并解释现象。将 $\lambda/2$ 波片旋转任意角度，此时消光现象被破坏。把检偏器转动 360°，观察发生的现象并作出解释。

(2)仍使起偏器和检偏器处于正交(即消光现象时)，加入 $\lambda/2$ 波片，使其消光，再将 $\lambda/2$ 波片旋转 10°，破坏其消光。沿相同方向转动检偏器至消光位置，并记录检偏器所转动的角度。

(3)继续将 $\lambda/2$ 波片旋转 10°，即总转动角为 20°，记录检偏器达到消光所转动的总角度。依次使 $\lambda/2$ 波片总转角为 30°、40°，记录检偏器消光时所转动的总角度。对实验结果进行分析，验证结果是否与理论符合，如有误差，分析误差原因。

**[注意事项]**

1.光路的对准：实验过程中，要确保光路对准准确，避免光损失和误差。涉及多个光学元件的实验，要逐步调整并检查每个元件的位置和角度。

2.避免多次反射：多次反射可能导致光的偏振状态发生变化。实验过程中，要尽量减少光的反射次数，可使用带抗反射涂层的光学元件。

3.实验记录和数据处理：实验过程中，详细记录实验参数、设备信息和数据。数据处理阶段，注意消除系统误差和随机误差，提高实验结果的可靠性。

4.人为误差的减小：实验时，注意操作规范，避免因人为操作不当导致的误差。涉及角度测量的实验，可以使用高精度角度测量设备，如光学自准直仪和角度计。

5.实验安全：实验过程要确保实验安全，特别是在使用激光等高功率光源时，要采取相应的防护措施，如佩戴护目镜等，避免直接观察光源。

**[问题讨论]**

1.除了使用偏振片，还有哪些方式可以产生偏振光？这些方式的原理是什么？

2.马吕斯定律在实际中有哪些应用？如何在光学系统设计中利用马吕斯定律？

3.波片是如何改变偏振光的偏振状态的？在实际中，如何选择合适的波片以实现特定的偏振状态？

4.除了使用偏振片和波片，还有哪些技术可以测量偏振光的偏振状态？这些技术的原理是什么？

# 实验九 单缝衍射光强分布的测定

[引言]

光的衍射现象最早由意大利物理学家弗朗西斯科·格里马尔迪于 17 世纪末观察到。1801 年,英国科学家托马斯·杨进行了著名的双缝干涉实验,进一步证实了光的波动性,并对光的衍射现象提出了更深入的理论解释。他的实验和理论奠定了后来光学领域的基础,使人们对光的波动性有了更深入的理解。19 世纪初期,法国科学家奥古斯特·菲涅尔也对光的衍射现象进行了深入的研究,并提出了著名的菲涅尔衍射理论,对光的波动理论的发展做出了重要贡献。

衍射通常分为菲涅尔衍射和夫琅禾费衍射,其中单缝夫琅禾费衍射是光学中重要的物理模型之一,是光的波动性的特征之一,也是衍射现象最简单的典型例子之一。衍射现象使光强在空间重新分布,通过制作衍射的光强分布曲线,可以加深对光的衍射现象和理论的理解。利用光电元件测量相对光强分布是近代技术中常用的光强测量方法之一。

光的衍射理论是光谱分析、晶体分析、全息技术、光学信息处理和现代光学测试技术的基础理论之一。夫琅禾费衍射在理论上理解相对简单,有了激光以后,在实际应用上也比较容易,因而激光衍射在测量微小尺寸(如缝宽、细丝直径)方面有着广泛的应用。

[实验目的]

1.通过对单缝衍射现象的观测,加深对衍射理论的理解。

2.掌握用光电元件(硅光电池)测量相对光强的实验方法。

[仪器用具]

TWGZ-Ⅱ型光强分布测定仪,仪器含氦氖激光器、导轨、二维调节架、一维光强测试装置、小孔狭缝板、光栅板、可调狭缝、光电探头、小孔白屏、多功能光信号分析仪(或光功率计)等。

[实验原理]

光的衍射现象是光的波动性的重要表现。根据光源及观察衍射图像的屏幕(衍射屏)到产生衍射的障碍物的距离不同,衍射现象可分为菲涅尔衍射和夫琅禾费衍射两种。前者是光源和衍射屏到衍射物的距离为有限远时的衍射,即近场衍射;后者则为无限远时的衍射,即远场衍射。要实现夫琅禾费衍射,必须保证光源至单缝的距离和单缝到衍射屏的距离均为无限远(或相当于无限远),即要求照射到单缝上的入射光、衍射光都为平行光,衍射屏应放到相当远处,在实验中只需用两个透镜即可达到此要求。实验光路如图 4-2-39 所示。

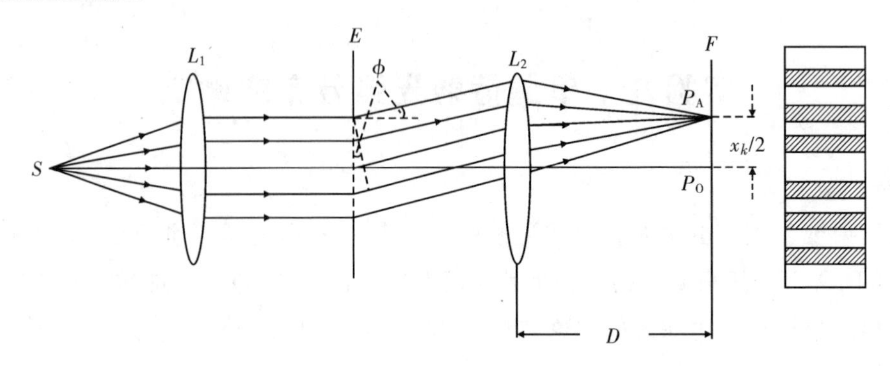


图 4-2-39　夫琅禾费单缝衍射光路图

$S$ 为一点光源，它位于透镜 $L_1$ 的焦平面上，它发出的光经过 $L_1$ 后成为平行光，将此平行光垂直照射到宽度为 $b$ 的狭缝 $E$ 上。根据惠更斯—菲涅尔原理，狭缝上的每一点都可看作发射子波的新波源。透镜 $L_2$ 使各子波发出的各个方向的光线会聚于其后焦面 $F$ 上。由于子波叠加的结果，在 $L_2$ 后焦面的观察屏上可以看到一组平行于狭缝的明暗相间的衍射条纹。与狭缝 $E$ 垂直的衍射光束会聚于屏上 $P_0$ 处，即中央明纹的中心，光强最大，设为 $I_0$，与光轴方向成 $\phi$ 角的衍射光束会聚于屏上 $P_A$ 处，$P_A$ 的光强计算可得

$$I_A = I_0 \frac{\sin^2\beta}{\beta^2} \quad \left(\beta = \frac{\pi b \sin\phi}{\lambda}\right) \tag{4-2-34}$$

式(4-2-34)即为夫琅和费单缝衍射的光强分布公式，式中 $b$ 为狭缝的宽度，$\lambda$ 为单色入射光的波长，$\phi$ 为观察点方向与透镜 $L_2$ 法线之间的夹角。

当 $\beta=0$ 时，即 $\phi=0$ 时，$I_A=I_0$，即观察屏中央 $P_0$ 点对应光强极大位置。

当 $\beta=k\pi(k=\pm1,\pm2,\pm3,\cdots)$ 时，即 $b\sin\phi=k\lambda$ 时，$I=0$，即在与透镜 $L_2$ 的光轴夹角为 $\phi=\arcsin\frac{k\lambda}{b}\approx\frac{k\lambda}{b}$（因为 $\phi$ 角很小）方向上的点的光强度为零。由上式可知，主极大两侧暗纹之间的角距离 $\Delta\phi=\frac{2\lambda}{b}$，为其他相邻暗纹之间的角距离 $\Delta\phi=\frac{\lambda}{b}$ 的 2 倍。

在两个相邻极小之间有一次极大，由数学计算 $\frac{\mathrm{d}\left(\frac{\sin^2\beta}{\beta^2}\right)}{\mathrm{d}\beta}$ 可得，这些次极大的位置出现在 $\beta=\pm1.43\pi,\pm2.46\pi,\pm3.47\pi,\cdots$ 处，这些次极大的相对光强 $I/I_0$ 分别为 0.047，0.017，0.008，…各次极大的宽度为中央主极大宽度的一半。夫琅禾费衍射的光强分布如图 4-2-40 所示。

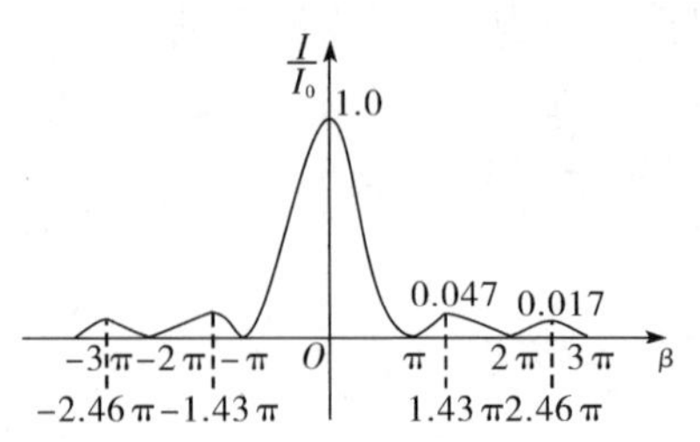


图 4-2-40　夫琅禾费衍射的光强分布

用激光器作光源，由于激光束的方向性好，能量集中，且缝的宽度 $b$ 一般很小，因此可以不用透镜 $L_1$。若观察屏(接收器)距离狭缝也较远(即 $D$ 远大于 $b$)，那么透镜 $L_2$ 也可以不用，这样夫琅禾费单缝衍射装置就简化为图 4-2-41 所示。

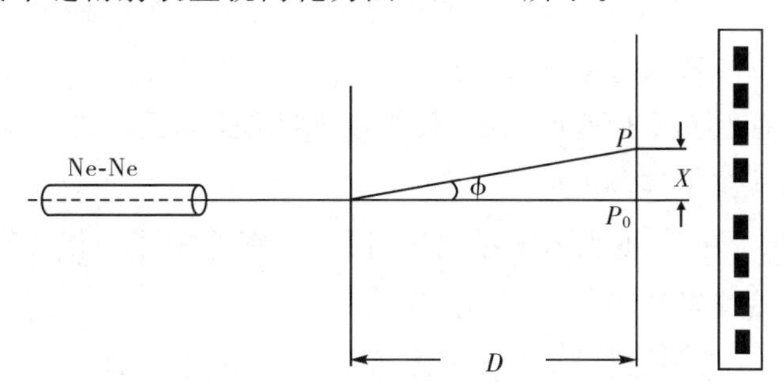


图 4-2-41　夫琅禾费单缝衍射的简化装置

这时，

$$\sin\phi \approx \tan\phi = x/D \tag{4-2-35}$$

由式(4-2-34)、(4-2-35)可得

$$b = K\lambda D/x \tag{4-2-36}$$

［内容要求］

**基础实验内容——观察单缝的夫琅禾费衍射**

1.按图 4-2-42 放置各部件，搭好实验装置，并接好电源。

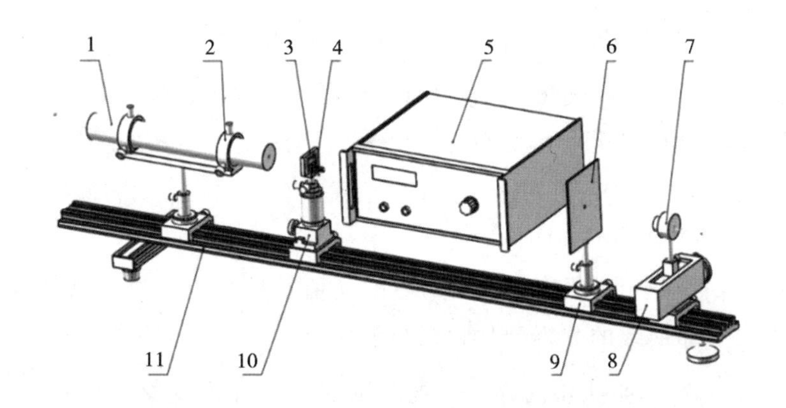


1.氦氖激光器(连电源)　2.氦氖激光器调节架　3.可调狭缝、小孔狭缝板、光栅板　4.夹持架　5.多功能光信号分析仪(或光功率计)　6.小孔白屏　7.光电探头　8.一维光强测量装置及移动座　9.标准移动座　10.二维调节移动座　11.导轨

图 4-2-42　TWGZ-Ⅱ型光强分布测定仪

2.打开激光器，调节小孔白屏，调整光路，使出射的激光束与导轨平行。

3.调节二维调节架，调整单缝的位置和宽度。对准激光束中心，使入射光在小孔白屏上形成良好的衍射光斑，并观察缝宽的变化对衍射条纹的影响。

### 提升实验内容——单缝衍射光强分布测定

1.接通多功能光信号分析仪电源(或光功率计),连接光电探头后开机。适当调节旋钮,当无光信号输入时,读数趋近于零,尽可能消除背景光对测量的影响,当光信号输入最强时,读数仍处于量程范围之内。

注:使用激光器直射光电探头时,光强度太大往往超出量程,此实验中一般取衍射或干涉图像最亮点处,使其在量程范围内。

2.移去小孔白屏,调整一维光强测量装置,使光电探头中心与激光束高低一致,移动方向与激光束垂直,起始位置适当。

3.开始测量,转动手轮,使光电探头沿衍射图样展开方向($x$ 轴)单向平移,以等间隔的位移(如 0.5 mm)对衍射图样的光强进行逐点测量,记录位置坐标 $x$ 和对应的多功能光信号分析仪所指示的光电流值读数 $I$,要特别注意衍射光强的极大值和极小值所对应的坐标的测量。

4.绘制衍射光的相对强度 $I/I_0$ 与位置坐标 $x$ 的关系曲线。由于光的强度与光信号分析仪所指示的电流读数成正比,因此可用光信号分析仪的光电流的相对强度 $i/i_0$ 代替衍射光的相对强度 $I/I_0$。可在坐标纸上以横轴为测量装置的移动距离,纵轴为光电流值,将记录下来的数据绘制出来,即单缝衍射光强分布图。

5.由于激光衍射会产生散斑效应,光电流值显示在实时值的约 10%范围内均属正常现象。实验中可根据判断选一中间值,由于一般相邻两个测量点(如间隔为0.5 mm时)的光电流值相差一个数量级,故该波动一般不影响测量。

### 进阶实验内容——测量单缝的宽度

1.测量单缝到光电池的距离 $D$,用卷尺(或导轨刻度)测取相应移动座间的距离即可。

2.再从“提升实验内容”中所得的分布曲线可得各级衍射暗条纹到明条纹中心的距离 $x_k$,求出同级距离 $x_k$ 的平均值 $\bar{x}_k$,并将它和 $D$ 值代入公式(4-2-36),计算出单缝宽度 $b$,用不同级数的结果计算平均值。

3.由光强分布曲线确定 1 级次极大所对应的 $u$ 值及相对光强,并与理论值相比较。

4.通过对强度分布曲线的分析、归纳,总结单缝衍射条纹的分布规律和特点。

### 高阶实验内容——观察其他衍射、干涉现象

按此前所述单缝衍射实验的步骤做好实验准备,调好光路,通过调换仪器所配的两块分划板,可将小孔、小屏、矩孔、双孔、光栅及正交光栅等不同器件产生的衍射、干涉现象在小孔白屏上演示出来。

[注意事项]

1.不要正对激光束观察。

2.不宜将仪器直接放置在地面或靠近暖气及阳光直接照射的地方。

3.使用完毕,应将小孔狭缝板、光栅板及可调狭缝包藏好,以免受污、受损。

4.光电探头使用完毕后,应收妥放置于较暗处,避免光电池长时间暴露于强光下加速

老化。

[问题讨论]

1.缝宽的变化对衍射条纹有什么影响?

2.硅光电池前的狭缝光阑的宽度对实验结果有什么影响?

3.若在单缝到观察屏的空间区域内,充满着折射率为 $n$ 的某种透明媒质,此时单缝衍射图样与不充媒质时有何区别?

4.用白光作光源观察单缝的夫琅禾费衍射,衍射图样将会与用激光作光源有何不同?

## 实验十 用双棱镜测光波波长

[引言]

如果两列频率相同、振动方向相同的光沿着几乎相同的方向传播,并且这两列光波的位相差不随时间变化,那么在两列光波相交的区域内,光强的分布是不均匀的,在某些地方表现为加强,在另一些地方表现为减弱(甚至为零),这种现象称为光的干涉。

在光学发展的历史上,从惠更斯提出光的波动说,到光的波动理论的确立,历时一百多年。1801 年,英国科学家托马斯・杨用双缝做了光的干涉实验后,光的波动说开始被许多学者接受,但仍有不少反对意见,有人认为杨氏双缝干涉条纹不是干涉所致,而是双缝的边缘效应。直到二十多年后,法国科学家菲涅尔做了几个新实验,证明了光的干涉现象的存在,以无可辩驳的实验证据再次验证了光的波动性质,为波动光学奠定了坚实的基础。其中较为著名的就是菲涅尔双棱镜实验。菲涅尔巧妙地设计出菲涅尔双棱镜,用毫米级的测量得到纳米级的测量精度。实验装置虽然比较简单,但其物理思想、实验方法与测量技巧非常经典,至今仍然值得我们学习。

[实验目的]

1.学习双棱镜干涉光路的共轴调节方法。

2.观察双棱镜产生的双光束干涉现象,进一步理解产生干涉的条件。

3.学会用双棱镜测定光波波长。

[仪器用具]

TSLJ 双棱镜干涉实验仪,包括钠光灯、双棱镜、可调狭缝、测微目镜、扩束镜、辅助透镜、小孔白屏等。

[实验原理]

光的干涉体现出光的波动性。两个独立的光源不可能产生干涉,必须用分波前或分振幅的方法令同一光源发出的光产生相干光束。双棱镜是典型的分波前干涉元件,它是由玻璃制成的等腰三角形棱镜,有两个非常小的锐角($\leqslant 1^{\circ}$)和一个非常大的钝角。其干涉光路如图 4-2-43 所示,经钠光灯 $N$ 照明,从狭缝 $S$ 发出的单色光经双棱镜 B 折射后形成两束相干光,在两束光的重叠区域发生干涉,从而在小孔白屏 $P$ 上形成等间距的明暗交替的直线形干涉条纹。

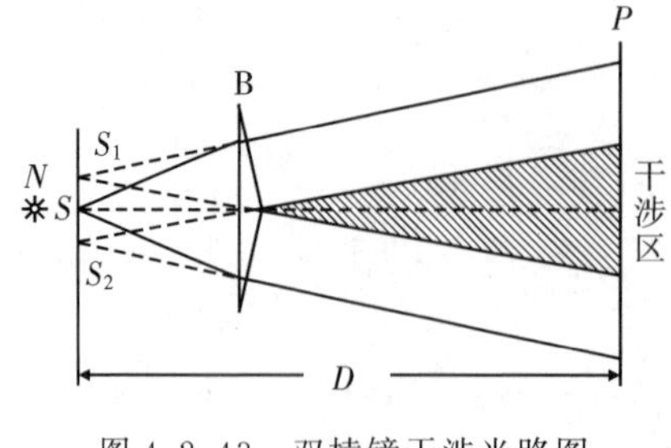


图 4-2-43　双棱镜干涉光路图

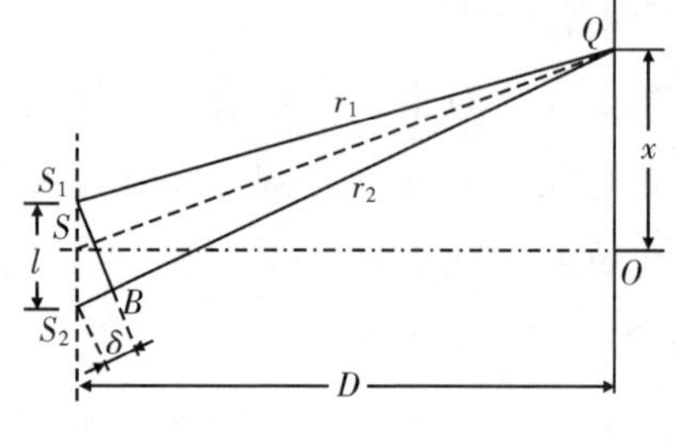


图 4-2-44　干涉条纹的计算

双棱镜干涉条纹的计算方法如图 4-2-44 所示，当由 $S$ 发出的光束投射到双棱镜上时，经折射后形成两束光，透过双棱镜观察就好像它们是由虚光源 $S_1$、$S_2$ 发出的，设二者的间距为 $l$，缝 $S$ 至观察屏的间距为 $D$，且 $D \gg l$，$O$ 点是 $S_1S_2$ 的中垂线与屏的交点。由虚光源 $S_1$ 和 $S_2$ 射出的两束光到达 $O$ 点的光程相等，在 $O$ 点形成亮条纹。现在研究屏上距 $O$ 点为 $x$ 的 $Q$ 点的情况，虚光源 $S_1$ 和 $S_2$ 到 $Q$ 点的距离分别为 $r_1$ 和 $r_2$，光程差 $\delta = r_2 - r_1$。当 $D \gg l$，$D \gg x$ 时，$\angle S_2S_1B \approx \angle OSQ$ 且很小，有

$$\frac{\delta}{l} \approx \frac{x}{SQ} \approx \frac{x}{D}$$

则光程差

$$\delta = \frac{l}{D}x \tag{4-2-37}$$

由式(4-2-37)可知

当 $\delta = k\lambda$ 时，在 $x = \frac{D}{l}k\lambda\ (k = 0, \pm 1, \pm 2, \cdots)$ 处产生亮条纹。

当 $\delta = \left(k + \frac{1}{2}\right)\lambda$ 时，在 $x = \frac{D}{l}\left(k + \frac{1}{2}\right)\lambda\ (k = 0, \pm 1, \pm 2, \cdots)$ 处产生暗条纹。相邻亮条纹（或暗条纹）之间的距离是 $\Delta x = x_{k+1} - x_k = \frac{D\lambda}{l}$，即

$$\lambda = \frac{l}{D}\Delta x \tag{4-2-38}$$

由实验测得 $D$、$l$、$\Delta x$，由公式(4-2-38)可确定光波的波长 $\lambda$。

［内容要求］

**基础实验内容——双棱镜干涉光路调节**

1.实验光路如图 4-2-45 所示，$N$ 是钠光灯，$S$ 为宽度可调的狭缝，B 是双棱镜（镶嵌在金属框内，棱脊方位可微调），E 是测微目镜（其叉丝面相当于图 4-2-43 中的小孔白屏 $P$），L 是凸透镜。为了便于调节和测量，将所有仪器、元件都安装在光具座上。

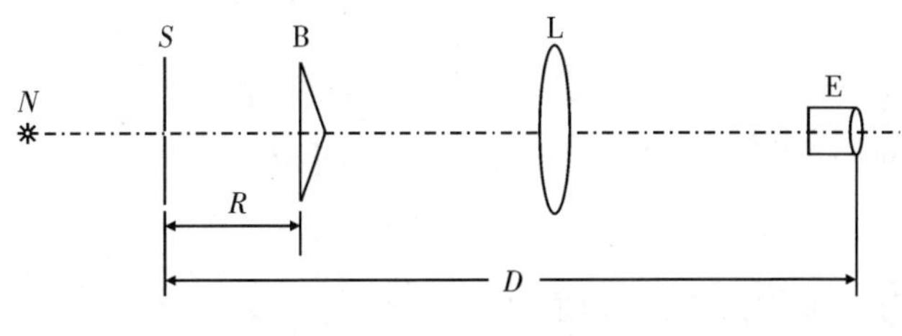


图 4-2-45 实验光路

2.光路调节的基本步骤如下：

(1)在光具座上放上钠光灯 $N$，狭缝 $S$，凸透镜 L 以及小孔白屏。先粗调，后细调，移动透镜 L 成小像时，调小孔白屏，成大像时调透镜，使狭缝 $S$ 的大像、小像处于小孔白屏的中心。

(2)放入双棱镜 B，调其高低、左右，使之与原光路共轴，并纵向微调 B 的位置，使小孔白屏上出现的两个虚光源 $S_1$ 和 $S_2$ 的光强基本相同，且平行等高。

(3)以测微目镜 $E$ 代替小孔白屏，进一步细调目镜 E 与光路共轴，使两个虚光源 $S_1$ 和 $S_2$ 的像与叉丝双线板重合无视差，且位于视野的中心部位。

(4)移去透镜 L，调节双棱镜 B 的棱脊取向与狭缝 $S$ 大致平行。同时，减小狭缝 $S$ 的缝宽并微调棱脊方位，使棱脊与狭缝严格平行，直到从测微目镜 E 中看到清晰的干涉条纹。获得条纹后，改变狭缝 $S$ 与双棱镜 B 以及测微目镜 E 的距离 $R$ 和 $D$，使目镜视野中出现近 20 条宽度合适的清晰的干涉条纹。

**提升实验内容——测量钠光的波长 $\lambda$**

1.测量干涉条纹的间距 $\Delta x$。

固定狭缝 $S$、双棱镜 B 以及测微目镜 E 在光具座上的位置，记下 $S$ 与 B、E 之间的距离 $R$ 和 $D$。用测微目镜 E(测微目镜的结构和使用方法，参看本单元第一章"实验基本仪器介绍"部分)测量相隔较远的两条暗(或亮)纹之间的距离，除以所经过的亮(或暗)纹之间的距离，即得到相邻两条纹的间距 $\Delta x$。重复测量三次，求出间距 $\Delta x$ 的平均值 $\overline{\Delta x}$。

2.测量两个虚光源 $S_1$ 和 $S_2$ 的间距。

保持 $S$ 与 B 的位置不变，即与测量 $\Delta x$ 时相同，在 $B$、$E$ 之间放上凸透镜 L(焦距为 $f$)，使 $S$ 与 E 之间距离 $A$ 略大于 $4f$($A$ 可以不等于 $D$)。调节 L 可以找到两个位置，使两虚光源 $S_1$ 和 $S_2$ 在 E 的叉丝双线板处成实像，如图 4-2-46 所示。

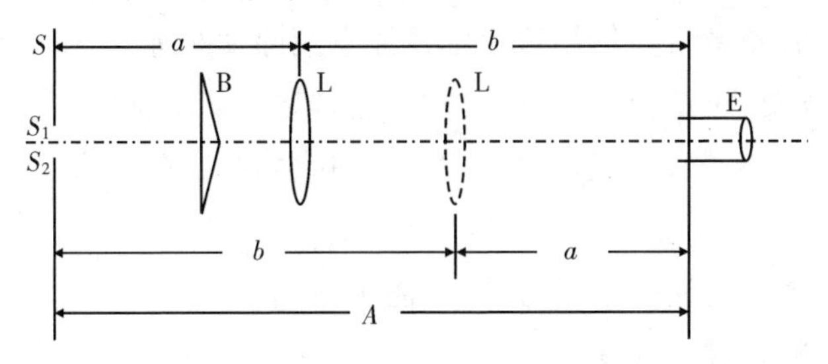


图 4-2-46 测量间距

用测微目镜测得大像 $S_1'$ 和 $S_2'$ 的间距 $l'$ 以及小像 $S_1''$ 和 $S''_2$ 的间距 $l''$，则有

$$\frac{l}{a}=\frac{l'}{b},\frac{l}{b}=\frac{l''}{a}$$

从上两式中消去 $a$ 和 $b$，可得两个虚光源 $S_1$ 和 $S_2$ 的间距

$$l=\sqrt{l'l''} \tag{4-2-39}$$

重复测量三次，求出间距 $l$ 的平均值。

该方法省略了对 $a$、$b$ 的直接测量，避免了虚光源 $S_1$ 和 $S_2$ 与狭缝 $S$ 不共面导致的测量误差，即 $a$、$b$ 从 $S$ 量起的不准确性。而 $D$，由于它本身的数值很大，仍可以从 $S$ 量起。

3.将 $\overline{\Delta x}$、$\bar{l}$ 和 $D$ 代入公式(4-2-38)中，可求出钠光的波长 $\lambda$。

**进阶实验内容——以白光作为光源的双棱镜实验**

实验光路图与钠光灯光路一致，观察干涉条纹，记录所观察到的现象并做出相应的解释。

**高阶实验内容——以激光器作为光源的双棱镜实验**

用激光器取代钠光源做双棱镜实验，可以带来如下方便：

1.激光具有良好的空间相干性，利用扩束后的激光直接照射双棱镜，可省去狭缝 $S$。

2.激光方向性好，能量集中，即使屏幕较远(例如 $D=4$ m)，也能用眼睛直接观察到屏上的干涉条纹。

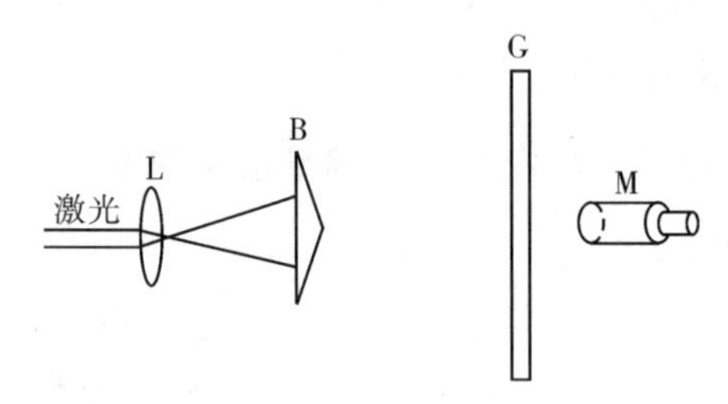


图 4-2-47　光源为激光的光路

光路图如图 4-2-47 所示。由于激光直接照射眼睛会损伤视网膜，故不宜将测微目镜直接放在激光束中观察干涉条纹。为了观察和测量干涉条纹的间距，可在显微镜前放一毛玻璃屏，利用毛玻璃对激光束的散射来大幅减弱光强，起到保护眼睛的作用。由于干涉条纹的分布范围较大，故可用读数显微镜取代测微目镜进行读数测量。

[注意事项]

1.读数显微镜或者测微目镜使用过程中要注意消除回程差。

2.不要在强光、潮湿、震动较大的场合进行实验，以免影响测量精度。

3.实验结束，应将扩束镜、透镜、双棱镜及可调狭缝收藏好，以免受污、受损。

[问题讨论]

1.如果狭缝和双棱镜的棱脊不平行，是否能观察到干涉条纹？为什么？

2.干涉条纹的间距与哪些因素有关？当狭缝 $S$ 和双棱镜 $B$ 之间的距离增大时，条纹间距是变大还是变小？

3.如果在双棱镜前面用一小孔代替狭缝，得到的干涉条纹是什么形状？为什么本实验

中用狭缝而不用小孔？

4.用白炽灯代替钠光灯作光源时，干涉条纹有何特点？

5.用双棱镜测量波长时，怎样减小测量误差？

# 实验十一　旋光仪的使用及应用

［引言］

旋光性也称光学活性，是一种物质特性，表现为该物质能使入射的平面偏振光的偏振面发生旋转。这种现象常常出现在一些具有特殊结构(如手性分子结构)的物质，即旋光物质中。旋光物质在自然界中广泛存在，主要包括许多有机化合物和生物分子，例如糖类、氨基酸和蛋白质等。

旋光仪是一种能够测量旋光物质光旋转度的仪器。它通过分析检测物质的旋光强度和旋光角来测量物质的旋光度，从而确定物质分子结构及组成。在旋光仪中，一束平面偏振光通过旋光物质样品后至偏振片(检偏器)。旋转检偏器并观察透过光的强度，即可测量物质的旋光角。

糖是生活中常见的旋光物质，不同类型的糖旋转偏振光的方向和幅度都不同。此外，糖溶液的旋光角与其浓度成正比，这使得旋光仪可以用来测量糖溶液的浓度。

旋光测量是一个在许多领域都有应用的重要技术，比如食品工业、医药工业、生物化学研究等。本实验中，我们将使用旋光仪测量糖溶液的浓度，测量不同浓度的糖溶液的旋光角度，并根据测量结果画出旋光角度与浓度的关系图。实验可以帮助我们了解旋光现象的基本原理，掌握旋光仪的使用方法，并理解旋光测量的应用。

**［实验目的］**

1.熟悉旋光计的结构原理，并学会用旋光计测量糖溶液的浓度。

2.观察旋光现象，了解旋光物质的旋光性质。

**［仪器用具］**

TWZS-Ⅱ型旋光实验仪、糖溶液、样品容器若干。

**［实验原理］**

1.旋光性

线偏振光通过某些物质的溶液后，偏振光的振动面将旋转一定的角度，这种现象称为旋光现象。旋转的角度称为该物质的旋光度。溶液的旋光度与溶液中所含旋光物质的旋光能力、溶液的性质、溶液浓度、样品管长度、温度及光的波长等有关。当其他条件均固定时，旋光度与溶液浓度 $c$ 呈线性关系，即

$$\varphi=\beta \cdot c \tag{4-2-40}$$

式(4-2-40)中，比例常数 $\beta$ 与物质旋光能力、溶液的性质、样品管长度、温度及光的波长等有关，$c$ 为溶液的浓度。

物质的旋光能力用比旋光度即旋光率来度量，旋光率

$$[\alpha]_{\lambda}^{t}=\frac{\varphi}{l\cdot c} \tag{4-2-41}$$

式(4-2-41)中，$[\alpha]_{\lambda}^{t}$右上角的$t$表示实验时的温度(单位：℃)；$\lambda$是旋光仪采用的单色光源的波长(单位：nm)，不同波长的偏振光旋转角度不同，这种现象称为旋光色散；$\varphi$为测得的旋光度(单位：°)；$l$为样品管的长度(单位：dm)；$c$为溶液浓度(单位：g/100 mL)。

由式(4-2-41)可知：

①偏振光的振动面是随着光在旋光物质中向前行进而逐渐旋转的，因而振动面转过角度$\varphi$与通过的长度$l$成正比。

②振动面转过的角度$\varphi$不仅与通过的长度$l$成正比，而且还与溶液浓度$c$成正比。

旋光性物质还有右旋和左旋之分。从面对光射来的方向观察，如果振动面沿顺时针方向旋转，则称右旋物质；如果振动面沿逆时针方向旋转，称左旋物质。

2.旋光仪工作原理

如图4-2-48所示为旋光仪的工作原理示意图，其中光源(1)通常是单色光源，以避免旋光色散，起偏器(3)将来自光源的光转化为线性偏振光(4)，产生的线性偏振光进入样品池(5)中，样品池装入待测溶液，当线性偏振光经过样品后，其偏振平面会旋转一定的角度，其转过的角度通过可旋转的检偏器(7)测量，探测器(8)可为人眼或其他光学传感器件。现代旋光仪通常还包括一些其他特性，如自动化操作和数字化读数等，设计非常复杂，用以满足各种科研和工业应用的需求。

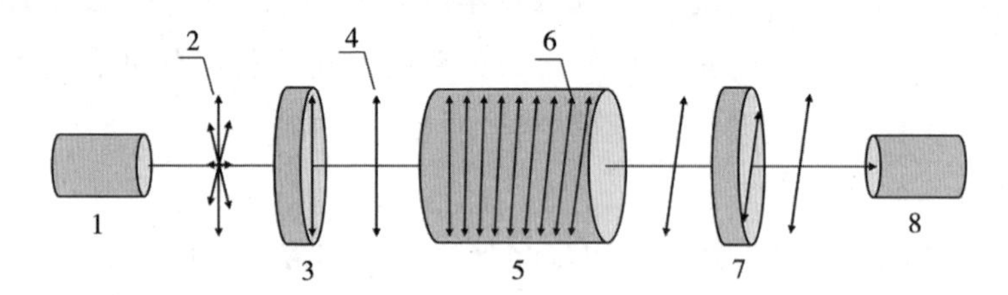


1.光源　2.非偏振光　3.起偏器　4.线性偏振光　5.样品池　6.分子引起的旋光　7.可旋转的检偏器　8.探测器

图4-2-48　旋光仪的工作原理示意图

当使用人眼作为探测器对旋光性进行测量时，由于人眼对光强敏感性较低，图4-2-48中起偏器和样品池中设置有半荫片来辅助测量。半荫片的结构如图4-2-49所示。通常有两种形式：图4-2-49(a)为一半玻璃片、一半石英半波片；图4-2-49(b)为两片玻璃片中间夹一片石英半波片。

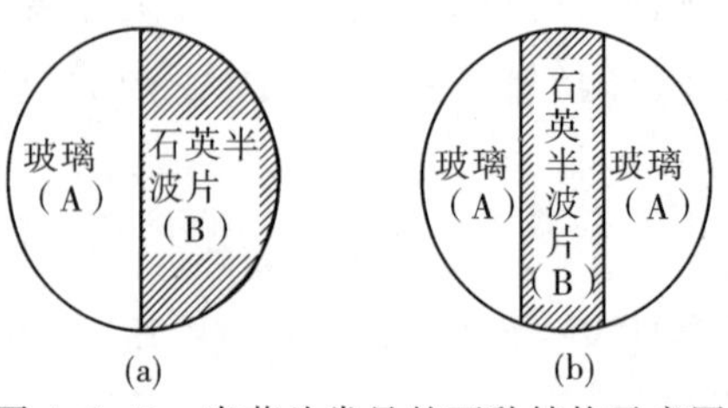


图4-2-49　半荫片常见的两种结构示意图

假设起偏器、检偏器均是尼科尔棱镜。由光源 $S$ 发出的光经起偏器成为平面偏振光，其光振动面平行于该尼科尔棱镜的主截面 $N_1$，如图 4-2-50(a)所示。此平面偏振光通过半荫片后，透过玻璃的一半偏振光振动方向不变，如图 4-2-50(a)中的 $OA_1$ 矢量。透过石英半波片的一半偏振光振动面却转过了 $2\theta$ 角，如图 4-2-50(a)中的 $OA_2$ 矢量。从图中看出二矢量在夹角的平分线 $Oy$ 上分量相等，所以把检偏器的主截面 $N_2$ 转到 $Oy$ 时，在视场中看到两个区域的亮度相同。同样由图 4-2-50(b) 看出，在与 $Oy$ 相垂直的 $Ox$ 方向上，二矢量的分量也相同，把检偏器的主截面 $N_2$ 转到 $Ox$ 方向时，在视场中看到两区域的亮度也相同。因为此时分量较小，故视场较暗，考虑到人眼对暗视场的变化比较敏感，所以旋光仪把检偏器处于两区域亮度相等时的暗视场位置作为测量起点。

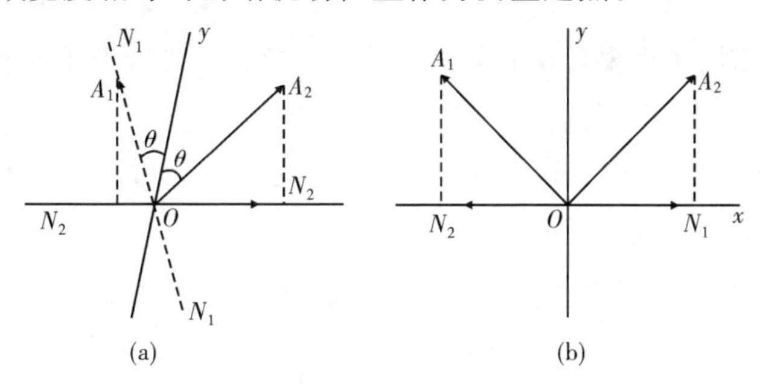


图 4-2-50　半荫片检测原理图(1)

当样品测试管内装满溶液后，透过溶液的两束偏振光的振动面又都转过了同一角度 $\varphi$，分别到 $A'_1$、$A'_2$位置，如图 4-2-51，通过检偏器的两偏振光的分量(在 $N_2$ 上的投影)不再相等，从望远镜看去两区域的亮度又出现差异。若欲使二者再呈现相同亮度的暗视场，则必须将检偏器从 $N_2N_2$ 转过 $\varphi$ 角到$N'_2N'_2$位置，这一角度即偏振光通过溶液的振动面转过的角度。它可以通过放大镜从光学刻度盘上读出。

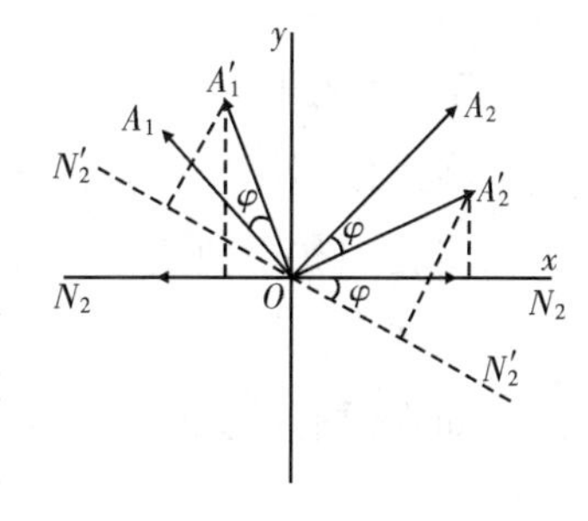


图 4-2-51　半荫片检测原理图(2)

［内容要求］

## 基础实验内容——用旋光仪测糖溶液的浓度

1.定出旋光仪零点

将旋光仪中的测试管取出，对准钠光灯，调节望远镜，使其准焦在半荫片上，可看到半荫片两部分亮度不等，然后转动检偏器的手轮，使半荫片两部分的亮度相等且较暗，此时刻度盘上数值定为检偏器的零点。重复测 5 次取平均值。数值应取到 0.02。(旋光仪上双游标的读数和数据处理方法与分光计类似)

2.测糖溶液的旋光角

将长度和浓度已知的糖溶液测试管放入旋光仪，此时半荫片两部分亮度不相等，旋转检偏器，使视场再度出现亮度相等的暗视场，记下刻度盘上指示的数值。它与零点角度之差为旋光角 $\varphi$。重复测 5 次取其平均值。

3.将测得的旋光角 $\varphi$ 代入式(4-2-41)中,求出糖溶液的旋光率。

4.将另一长度已知的,装有未知浓度的糖溶液的试管放入旋光仪,按以上方法测出旋光角 $\varphi$,用上面已求得的旋光率 $\alpha$,代入公式求糖溶液的浓度。

**进阶实验内容——研究温度对旋光性的影响**

在不同的温度下测量糖溶液的旋光性,研究温度对旋光率的影响。

实验材料:旋光仪、糖溶液、热水浴、冰水浴、精确温度计等。

该实验可以帮助学生理解物质的旋光性如何受环境因素(如温度)的影响,对进一步理解化学反应的动力学以及许多生物化学和物理化学过程也非常重要。

[注意事项]

1.放入样品试管时,注意要使试管有凸起的一端朝上,若试管中有少量气泡,应汇集在凸起部分。

2.刻度盘的读数范围为 0～180°,对于果糖等左旋物质,应将读数减去 180°,所得负值表示样品为左旋物质。

3.在数据处理时要注意准确使用各个物理量的单位。样品浓度的单位用 $g/cm^3$,长度的单位用 dm,旋光率的单位是°/(dm·g·$cm^{-3}$)。

4.旋光度与温度有关。溶液温度每升高 1 ℃,旋光度减少约 0.3%。在实际要求较高的工作中,环境温度一般控制在 20 ℃。

[问题讨论]

1.旋光仪不用半荫片能否进行测量?不用半荫片对测量精度有何影响?

2.实验中如果使用不同类型的糖,结果会有何不同?

3.在现实生活中,旋光仪有哪些应用?

4.如果没有旋光仪,有什么其他的方法可以测量糖溶液的浓度?

## 实验十二　利用超声光栅测量超声波在液体中的速度

[引言]

超声波的研究在物理学中占据重要的地位,它涉及波动理论、流体动力学、声学等多个物理学领域基本原理的探究。从医学影像到材料检测,从无损检测到导航和定位,超声波在各个科学领域中都有着广泛的应用。本实验,我们将利用超声光栅这一光学技术,测量超声波在液体中的传播速度。

超声光栅是一种利用超声波在介质中产生的压力变化,造成介质折射率的周期性变化形成的动态光栅。当一束激光通过动态光栅时,由于介质的折射率变化,光将发生衍射形成明暗相间的衍射条纹。这些条纹的位置和间距与超声波的频率、液体的折射率以及超声波在液体中的传播速度等因素有关。通过精确地测量这些衍射条纹的位置和间距,我们可以计算出超声波在液体中的传播速度。本实验中,我们将利用超声光栅的原理,精确地测量超声波在液体中的传播速度。这个实验不仅可以帮助我们理解超声波的基本性质，还可以让我们掌握一种精确测量超声波速度的实验方法，这对于理解和掌握声学理论和技术具有重要的意义。

**[实验目的]**

1.了解超声致光衍射的原理。

2.利用声光效应测量声波在液体中的传播速度。

**[仪器用具]**

FD-UG-A 型超声光栅实验仪，包括：

1.超声信号源：共振频率约 10.000 MHz，分辨率 0.001 MHz。

2.光刻狭缝：缝宽 0.04 mm，缝长 6 mm。

3.透镜：通光孔径 28 mm，透镜焦距 157 mm

4.超声池：长度 80 mm，宽度 40 mm，高度 59 mm。

5.测微目镜：测量范围 0～8 mm，分辨率 0.01 mm。

6.光学导轨：长度 650 mm，长度测量分辨率 1 mm。

**[实验原理]**

压电陶瓷片(PZT)在高频信号源(频率约 10 MHz)产生的交变电场的作用下，发生周期性的压缩和伸长振动，其在液体中的传播就形成超声波。当一束平面超声波在液体中传播时，其声压使液体分子做周期性变化，液体的局部就会产生周期性的膨胀与压缩，这使得液体的密度在波传播方向上形成周期性分布，促使液体的折射率也做同样分布，形成了所谓疏密波。这种疏密波所形成的密度分布层次结构，就是超声场的图像。此时若有平行光沿垂直于超声波传播方向通过液体时，平行光会发生衍射。以上超声场在液体中形成的密度分布层次结构是以行波运动的。为了使实验条件易实现，衍射现象易于稳定观察，实验是在有限尺寸液槽内形成稳定驻波条件下进行观察的。由于驻波振幅可以达到行波振幅的两倍，所以加剧了液体疏密变化的程度。驻波形成以后，在某一时刻 $t$，驻波某一节点两边的质点涌向该节点，使该节点附近成为质点密集区，在半个周期以后，$t+\frac{T}{2}$($T$ 为超声振动周期)这个节点两边的质点又向左右扩散，使该波节附近成为质点稀疏区，而相邻的两波节附近成为质点密集区。

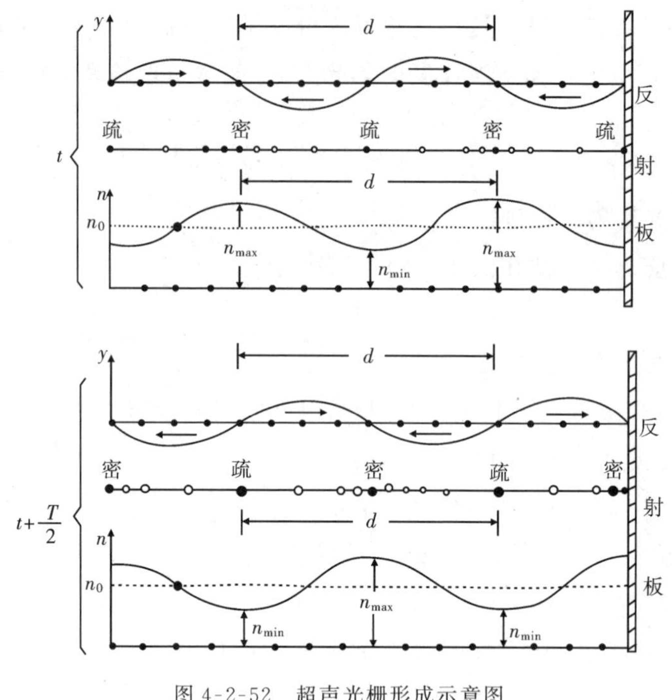


图 4-2-52 超声光栅形成示意图

图 4-2-52 所示为在 $t$ 和 $t+\dfrac{T}{2}$（$T$ 为超声振动周期）两时刻振幅 $y$、液体疏密分布和折射率 $n$ 的变化分析。由图 4-2-52 可见，超声光栅的性质：在某一时刻 $t$，相邻两个密集区域的距离为 $d$，$\lambda$ 为液体中传播的行波的波长。当平行光通过超声光栅时，光线衍射的主极大位置由光栅方程决定：

$$d\sin\varphi_k = k\lambda(k=0,1,2\cdots\cdots)$$

对应的光路图如图 4-2-53 所示。

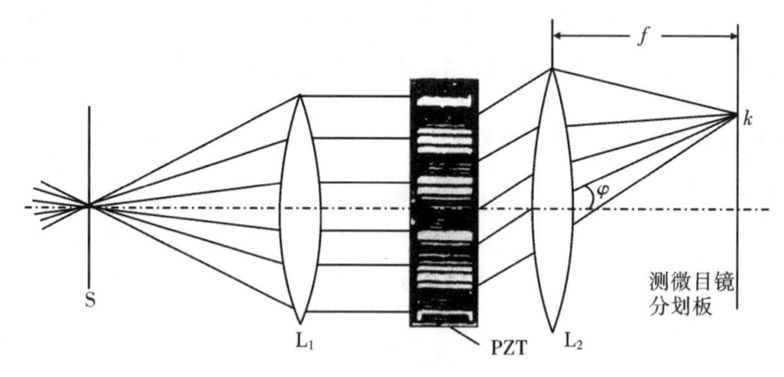


图 4-2-53 超声光栅实验光路图

实际上，由于 $\varphi$ 很小，可以认为

$$\sin\varphi_k = \frac{l_k}{f}$$

其中 $l_k$ 为衍射零级光谱线至第 $k$ 级光谱线的距离，$f$ 为 $L_2$ 透镜的焦距，所以超声波的

波长

$$d=\frac{k\lambda}{\sin\varphi_k}=\frac{k\lambda f}{l_k}$$

超声波在液体中的传播速度

$$V=d\nu=\frac{k\lambda f\nu}{l_k}$$

其中，$\nu$ 为信号源的振动频率。

［内容要求］

**基础实验内容——利用超声光栅测量超声波在液体中的速度**

1.调节狭缝与透镜 $L_1$ 的位置，使狭缝垂直，狭缝中心法线与透镜 $L_1$ 的光轴（即主光轴）重合。二者间距为透镜 $L_1$ 的焦距（即透镜 $L_1$ 射出平行光）。

2.调节透镜 $L_2$ 与测微目镜的高度，使二者光轴与主光轴重合。调焦目镜，使十字丝清晰。

3.开启电源。调节钠光灯位置，使钠光灯照射在狭缝上，并且上下均匀，左右对称，光强适宜。

4.将待测液体（如蒸馏水、乙醇或其他液体）注入液槽，将液槽放置于固定支架上，放置时，使液槽两侧表面基本垂直于主光轴。

5.将两根高频连接线的一端接入液槽盖板上的接线柱，另一端接入超声光栅仪上的输出端。

6.调节测微目镜与透镜 $L_2$ 的位置，使目镜中能观察到清晰的衍射条纹。

7.前后移动液槽，从目镜中观察条纹间距是否改变，若改变，则改变透镜 $L_1$ 的位置，直到条纹间距不变。

8.微调超声光栅实验仪上的调频旋钮，使信号源频率与压电陶瓷片谐振频率相同，此时，衍射光谱的级次会显著增多且谱线更为明亮。微转液槽，使射于液槽的平行光束垂直于液槽，同时观察视场内的衍射光谱亮度及对称性。重复上述操作，直到从目镜中观察到清晰而对称稳定的 2～3 级衍射条纹为止。

9.利用测微目镜逐级测量各谱线位置读数，测量时单向转动测微目镜鼓轮，以消除转动部件的螺纹间隙产生的空程误差（例如：－3、…、0、…、＋3）。

10.自拟数据表格，记录各级各谱线的位置读数，计算各谱线衍射条纹平均间距，并计算液体中的声速 $V$。

**进阶实验内容——温度对超声速度的影响**

控制液体的温度，观察温度变化对超声波在液体中的传播速度的影响。理解温度对液体物理性质以及超声波传播速度的影响。

［注意事项］

1.液槽必须稳定置于载物台上，在实验过程中应避免震动，以使超声在液槽内形成稳定的驻波。导线分布电容的变化会对输出信号频率有影响，因此不能触碰连接液槽和信号源的导线。

2.压电陶瓷片表面与对面的液槽壁表面必须平行，才会形成较好的驻波，因此实验时应将液槽的上盖盖平。

3.压电陶瓷片的共振频率在 10 MHz 左右，在稳定共振时，数字频率计显示的频率应是稳定的，仅允许最末尾有 1～2 个单位数的变动。

4.实验时间不宜过长，因为声波在液体中的传播与液体温度有关，时间过长，液体温度可能有变化。实验时，特别注意不要使频率长时间调在 10 MHz 以上，以免振荡线路过热。

5.提取液槽应拿两端面，不要触摸两侧表面通光部位，以免污染。如已有污染，可用酒精清洗干净，或用镜头纸擦净。

6.实验时液槽中会产生一定的热量，并导致媒质挥发，槽壁可见挥发气体凝聚，一般不影响实验结果，但须注意若液面下降太多致使压电陶瓷片外露时，应及时补充液体至正常液面线处。

7.实验完毕应将被测液体倒出，不要使压电陶瓷片长时间浸泡在液槽内。

8.仪器长时间不用时，请将测微目镜收于原装小木箱中，并放置干燥剂。液槽应清洗干净，自然晾干后，妥善放置，不可让灰尘等污物侵入。

[问题讨论]

1.超声波在不同液体中的传播速度有何差异？这些差异是如何产生的？液体的哪些性质可能影响超声波的传播速度？

2.为何超声波可以在液体中形成光栅？这种光栅是如何影响通过它的光的？超声光栅的原理与传统的光栅有何相同之处和不同之处？

3.超声波的频率是否影响其在液体中的传播速度？为什么？

4.液体的温度如何影响超声波的传播速度？为什么？

5.超声波在现实生活和工业中有哪些应用？这些应用是如何利用超声波的特性的？

6.超声波在传播过程中会不会衰减？如果会，这种衰减是怎么产生的？液体的哪些性质可能影响超声波的衰减？

## 实验十三　杨氏双缝干涉测量光波的波长

[引言]

光的波动性是 18 世纪英国科学家托马斯·杨提出的，他的双缝干涉实验是证明光的波动性的里程碑式的实验。这个实验，不仅证明了光的波动性，还首次测量了光的波长，为光学实验的发展奠定了重要的基础。

杨氏双缝干涉实验的基本原理：当两束相干光在空间产生重叠时，由于相位差的存在，会在空间中形成明暗相间的干涉条纹。这些条纹的位置和宽度与入射光的波长、缝隙位置和宽度以及观察位置等因素有关。通过精确测量这些条纹的位置，可以计算出入射光的波长。本实验中，我们将重现这个历史性的实验，通过精确测量干涉条纹的位置，来测量光的波长。通过这个实验，我们不仅可以理解光的波动性，还能够掌握测量光波长的实验方法，对于理解和掌握光学理论和技术具有重要意义。

[实验目的]

1.理解光的干涉现象及其原理，掌握杨氏双缝干涉实验的基本操作步骤和方法。通过实验观察干涉条纹的形成，学会测量干涉条纹间距，并利用干涉公式计算光波的波长。

2.学会分析实验中的误差来源，如光源稳定性、缝宽和缝间距的精度、测量工具的精度等，以及如何通过改进实验方法和技巧来减小误差。

3.提高实验数据处理能力，能够对实验结果进行合理的分析和解释。

[仪器用具]

TWZG-Ⅰ杨氏双缝干涉实验仪，如图 4-2-54 所示。

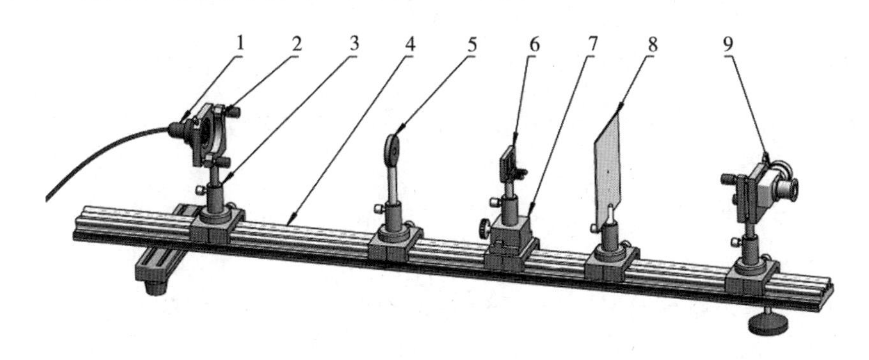


1.半导体激光器 2.二维微倾架 3.标准滑座 4.导轨 5.扩束镜 6.双缝板及框 7.一维滑台 8.小孔白屏 9.测微目镜

图 4-2-54 TWZG-Ⅰ杨氏双缝干涉实验仪示意图

[实验原理]

1.光的干涉原理简述

参见本章实验七“光的干涉原理简述”。

2.杨氏双缝干涉

光的干涉指的是因为波的叠加而引起光强重新分布的现象。两个独立的光源不可能产生干涉，必须用分波前或分振幅的方法令同一光源发出的光产生相干光束。

杨氏双缝是典型的分波前干涉装置，其干涉光路如图 4-2-55 所示，经相干光源照明，从缝 $S_1$ 和缝 $S_2$ 发出两束相干光，在两束光的重叠区域发生干涉，最终在观察屏 $P$ 上形成等间距的明暗交替的直线形干涉条纹。

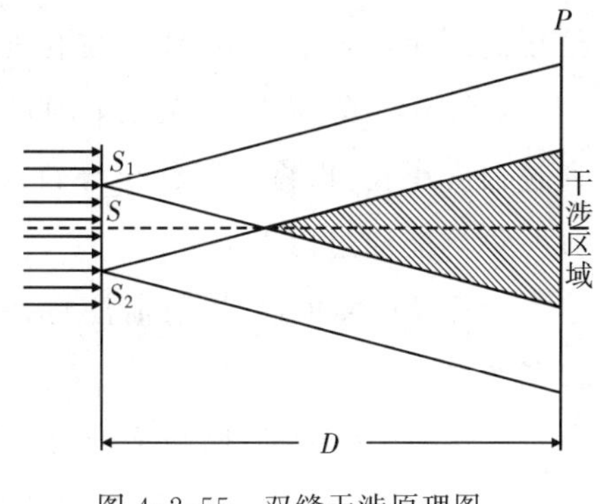


图 4-2-55 双缝干涉原理图

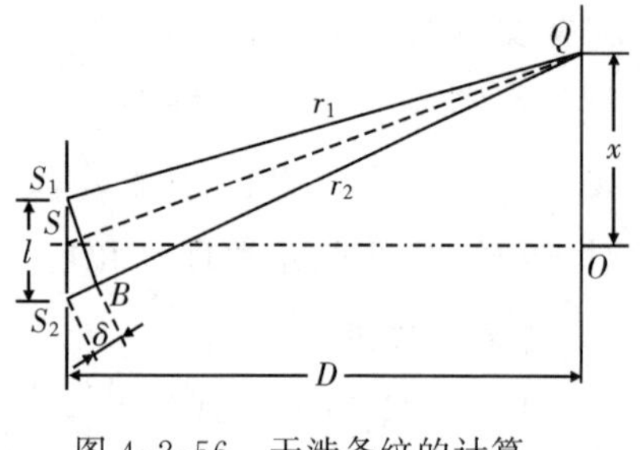

图 4-2-56　干涉条纹的计算

杨氏双缝干涉条纹的计算方法与双棱镜干涉相同。如图 4-2-56 所示，设缝 $S_1$ 和缝 $S_2$ 的间距为 $l$，双缝板 $S$ 至观察屏的间距为 $D$，且 $D \gg l$，$O$ 点是缝 $S_1$、缝 $S_2$ 的中垂线与屏的交点。由缝 $S_1$ 和缝 $S_2$ 射出的两束光到达 $O$ 点的光程相等，在 $O$ 点形成亮条纹。现在研究屏上距 $O$ 点为 $x$ 的 $Q$ 点的情况，缝 $S_1$ 和缝 $S_2$ 到 $Q$ 点的距离分别为 $r_1$ 和 $r_2$，光程差 $\delta = r_2 - r_1$。当 $D \gg l, D \gg x$ 时，$\angle S_2S_1B \approx \angle OSQ$ 且很小，有

$$\frac{\delta}{l} \approx \frac{x}{SQ} \approx \frac{x}{D}$$

则光程差

$$\delta = \frac{l}{D}x$$

由上式可知

当 $\delta = k\lambda$ 时，在 $x = \frac{D}{l}k\lambda$ $(k=0,\pm1,\pm2,\cdots)$处产生亮条纹。

当 $\delta = \left(k+\frac{1}{2}\right)\lambda$ 时，在 $x = \frac{D}{l}\left(k+\frac{1}{2}\right)\lambda$$(k=0,\pm1,\pm2,\cdots)$处产生暗条纹。相邻亮条纹(或暗条纹)之间的距离是 $\Delta x = x_{k+1} - x_k = \frac{D\lambda}{l}$，即

$$\lambda = \frac{l}{D}\Delta x$$

由实验测得 $D$、$\Delta x$，查找双缝板的参数 $l$，利用上式即可计算出光波的波长 $\lambda$，反之也可以已知光源波长 $\lambda$ 求出双缝间隔 $l$。

[内容要求]

**基础实验内容——杨氏双缝干涉测量光波的波长**

1.移去扩束镜、双缝板部件，保留激光器、小孔白屏部件，调节白屏位置，使其中央小孔处于高度相对合适位置，将白屏位移至导轨末端。

2.调节激光器，使激光光束通过白屏小孔，将白屏移至激光器前最近处，调节激光光束通过白屏小孔，再将白屏移至导轨末端，调节激光器，如此反复，直至白屏在导轨上移动时，其光束均能通过白屏小孔。

3.放置双缝板，放置时需注意，激光要通过双缝板中央，此时在像屏上可观察到线状干涉条纹。

4.放置扩束镜部件，放置位置(扩束镜位置可根据使用要求自行调节)距离激光器约 50 mm，调节扩束镜位置，使光束均匀扩束。

5.向扩束镜方向移动双缝板部件，扩束光束均匀照亮双缝板，此时在像屏上可观察到

带状干涉条纹。

6.移去小孔白屏,安装上测微目镜部件,适当调节目镜高度、微倾角度,即可在测微目镜中观察到干涉条纹,前后移动测微目镜直至视场中出现所需的观测条纹数量,即可进行实验数据的测量。

**进阶实验内容——观察单缝、双缝及多缝衍射结果**

1.学习衍射和干涉的基本原理,包括菲涅尔衍射、夫琅和费衍射以及杨氏双缝干涉等概念。理解衍射和干涉现象在单缝、双缝和多缝情况下的特点和差异。

2.准备合适的实验设备,包括光源(如激光器或单色光源)、单缝装置、双缝装置、多缝装置(如光栅)以及屏幕或其他接收设备。

3.分别搭建单缝、双缝和多缝衍射实验的光路系统。调整光源、缝宽、缝间距和屏幕位置,使衍射和干涉条纹清晰可见。

4.观察并记录单缝衍射、双缝干涉和多缝衍射(如光栅衍射)的实验结果。注意分析条纹的形状、宽度、间距、对比度等特征,并比较不同实验条件下的差异。

5.对实验结果进行定性和定量分析。例如,测量衍射角、条纹间距等参数,并利用相应的衍射或干涉公式计算光波波长、缝宽、缝间距等实验参数。

6.分析实验误差的来源,如光源稳定性、缝宽和缝间距的精度、测量工具的精度等。讨论如何改进实验方法和技巧来减小误差,优化实验结果。

[注意事项]

1.使用光源(尤其是激光器)时,避免直视光源或用光束照射他人眼睛,以防对眼睛造成损伤。操作实验器材时要小心谨慎,避免破坏仪器或发生意外。

2.选择光强适度、无强烈光源干扰、震动较小的环境进行实验。避免在实验过程中移动实验台和仪器,以减小实验误差。

3.在调整光路时,保持光源、双缝装置和屏幕之间的距离适当,使得干涉条纹分布均匀且清晰可见。同时,确保光束通过双缝装置时尽可能平行,以获得更准确的干涉结果。

4.在测量干涉条纹间距时,使用适当的测量工具(如显微镜、测微计等),选择足够数量的条纹进行测量,以减小误差。同时,注意记录条纹的顺序,避免重复或遗漏。

5.在处理实验数据时,应使用合适的数据处理方法(如均值、标准差等),以评估实验结果的精度和可靠性。同时,分析实验误差的来源,探讨如何优化实验方法和条件,提高测量精度。

[问题讨论]

1.如果双缝板偏离光路中心,是否能观察到干涉条纹?为什么?

2.干涉条纹的间距与哪些因素有关?

3.探讨双缝干涉实验需要满足的条件,例如光源的相干性、双缝间距和光波波长之间的关系等。

4.讨论干涉条纹的形成过程,以及干涉条纹的宽度、间距、对比度等特征与实验条件之间的关系。

5.讨论实验的误差来源,例如光源稳定性、双缝装置的精度、测量工具的精度等,并探讨如何通过改进实验方法和技巧来减小误差。

6.比较单色光、白光、激光等不同类型光源在双缝干涉实验中的干涉特性,讨论光源选择对实验结果的影响。

7.探讨如何优化实验方法和条件,以提高测量精度和可靠性。例如,选择合适的光源、改进光路调整方法、使用更精确的测量工具等。

8.讨论杨氏双缝干涉实验在现代科学技术中的应用,例如光纤通信的波长复用技术、激光器的波长测量等。关注光学领域的前沿发展,了解新型光学测量技术和方法。

## 实验十四　晶体的电光效应

[引言]

当给晶体或液体加上电场后,该晶体或液体的折射率发生变化,这种现象称为电光效应。电光效应在工程技术和科学研究中有许多重要应用,它响应时间很短,能够跟上频率为 $10^{10}$ Hz 的电场变化,可以用作高速摄影的快门或光速测量的光束斩波器等。在激光出现以后,电光效应的研究和应用得到迅速的发展,电光器件被广泛应用在激光通信、激光测距、激光显示和光学数据处理等方面。

晶体的电光效应实验涉及光学、电子学、材料科学等多个学科领域,是一项跨学科的综合性实验。实验过程中,学生需要将理论联系实际,仔细观察现象,总结规律,不断调整实验条件,以获得最佳实验效果。这种科学实验精神对于培养学生的创新意识和独立思考能力具有积极意义。

[实验目的]

1.掌握电光效应的基本原理和实验方法,了解晶体在外加电场作用下光学性质发生变化的现象,为后续实验内容打下基础。

2.学习和熟练使用光学实验仪器,如激光器、偏振器、电光调制器等,提高实验操作能力。

3.通过实验数据的分析和处理,探究电光效应的关键参数,如电场强度、晶体材料、光波长等因素对电光效应的影响,为优化实验条件和提升实验效果提供依据。

4.基于电光效应的原理和实验数据,设计和构建简单的光电子器件,如光学调制器或传感器,培养学生的创新能力和实际应用能力,促使学生将理论知识与实际应用相结合。

[仪器用具]

电光调制电源组件、光接收放大器组件、氦氖激光器组件、电光调制晶体组件、起偏器组件、检偏器组件等。

[实验原理]

1.一次电光效应和晶体的折射率椭球

由电场引起的晶体折射率的变化，称为电光效应。通常可将电场引起的折射率的变化用下式表示

$$n = n_0 + aE_0 + bE_0^2 + \cdots \tag{4-2-42}$$

式中 $a$ 和 $b$ 为常数，$n_0$ 为不加电场时晶体的折射率。由一次项 $aE_0$ 引起折射率变化的效应，称为一次电光效应，也称线性电光效应或泡克耳斯(Pockels)效应；由二次项 $bE_0^2$ 引起折射率变化的效应，称为二次电光效应，也称平方电光效应或克尔(Kerr)效应。一次电光效应只存在于不具有对称中心的晶体中，二次电光效应则可能存在于任何物质中。一次电光效应要比二次电光效应显著。

光在各向异性晶体中传播时，因光的传播方向不同或者是电矢量的振动方向不同，光的折射率也不同。如图 4-2-57 所示，通常用折射率椭球来描述折射率与光的传播方向、振动方向的关系。在主轴坐标中，折射率椭球及其方程为

$$\frac{x^2}{n_1^2} + \frac{y^2}{n_2^2} + \frac{z^2}{n_3^2} = 1 \tag{4-2-43}$$

式中 $n_1$、$n_2$、$n_3$ 为椭球三个主轴方向上的折射率，称为主折射率。当晶体加上电场后，折射率椭球的形状、大小、方位都发生变化，椭球方程变成

$$\frac{x^2}{n_{11}^2} + \frac{y^2}{n_{22}^2} + \frac{z^2}{n_{33}^2} + \frac{2yz}{n_{23}^2} + \frac{2xz}{n_{13}^2} + \frac{2xy}{n_{12}^2} = 1 \tag{4-2-44}$$

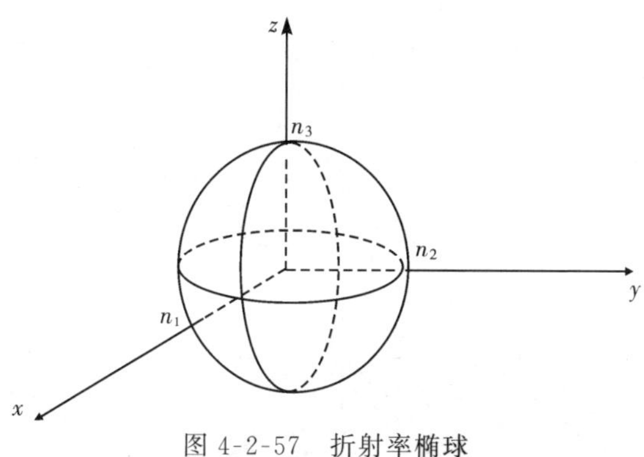


图 4-2-57　折射率椭球

晶体的一次电光效应分为纵向电光效应和横向电光效应两种。纵向电光效应是指加在晶体上的电场方向与光在晶体里传播的方向平行时产生的电光效应；横向电光效应是指加在晶体上的电场方向与光在晶体里传播方向垂直时产生的电光效应。通常，KD * P(磷酸二氘钾)类型的晶体用它的纵向电光效应，$LiNbO_3$(铌酸锂)类型的晶体用它的横向电光效应。本实验研究 $LiNbO_3$ 晶体的一次电光效应，用 $LiNbO_3$ 晶体的横向调制装置测量 $LiNbO_3$ 晶体的半波电压及电光系数，并用两种方法改变调制器的工作点，观察相应的输出特性的变化。

2.电光调制原理

要用激光作为传递信息的工具，首先要解决如何将传输信号加到激光辐射上的问题。我们把信息加载于激光辐射的过程称为激光调制，把完成这一过程的装置称为激光调制器。由已调制的激光辐射还原出所加载信息的过程则称为解调。因为激光实际上只起到了“携带”低频信号的作用，所以称为载波，而起控制作用的低频信号是我们所需要的，称为调制信号，被调制的载波称为已调波或调制光。按调制的性质而言，激光调制与无线电波调制相类似，可以采用连续的调幅、调频、调相以及脉冲调制等形式，但激光调制多采用强度调制。强度调制是根据光载波电场振幅的平方比例于调制信号这一性质，使输出的激光辐射的强度按照调制信号的规律变化。激光调制之所以常采用强度调制形式，主要是因为光接收器一般都是直接响应其所接受的强度变化的光。

激光调制的方法很多，如机械调制、电光调制、声光调制、磁光调制和电源调制等。其中电光调制器开关速度快、结构简单。因此，在激光调制技术及混合型光学双稳器件等方面有广泛的应用。电光调制根据所施加的电场方向的不同，可分为纵向电光调制和横向电光调制。下面我们来具体介绍一下这两种调制原理和典型的调制器。

(1)KD * P 晶体纵调制

设电光晶体是与 $xy$ 平行的晶片，沿 $z$ 方向的厚度为 $L$，在 $z$ 方向加电压(纵调制)，在输入端放一个与 $x$ 方向平行的起偏器，入射光波沿 $z$ 方向传播，且沿 $x$ 方向偏振，射入晶体后，它分解成 $\xi$、$\eta$ 方向的偏振光(如图 4-2-58 所示)，射出晶体后的偏振态可表示为

$$J_{\xi\eta}=\frac{1}{\sqrt{2}}\begin{pmatrix} e^{i(\Gamma/2)} \\ e^{-i(\Gamma/2)} \end{pmatrix} \tag{4-2-45}$$

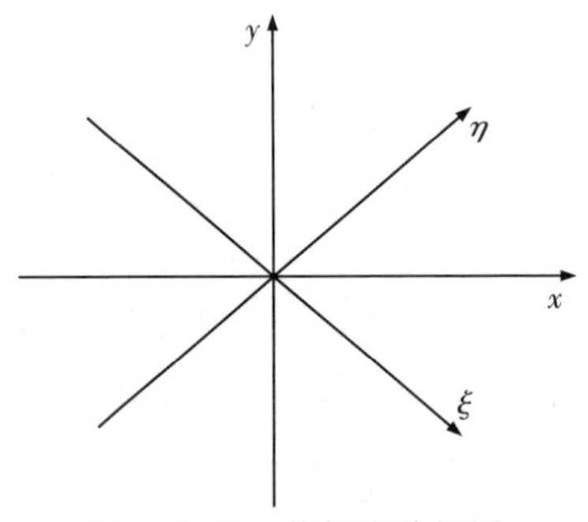


图 4-2-58 偏振光分解图

首先进行坐标变换，得到 $xy$ 坐标系内琼斯矩阵的表达式：

$$R(\pi/4)J_{\xi\eta}=\frac{1}{2}\begin{pmatrix} 1 & 1 \\ -1 & -1 \end{pmatrix}\begin{pmatrix} e^{i(\Gamma/2)} \\ e^{-i(\Gamma/2)} \end{pmatrix}=\begin{pmatrix} \cos(\Gamma/2) \\ -i\sin(\Gamma/2) \end{pmatrix} \tag{4-2-46}$$

如果在输出端放一个与 $y$ 平行的检偏器，就构成泡克耳斯盒。由检偏器输出的光波琼斯矩阵为

$$J_{xy}=\begin{pmatrix}0 & 0\\0 & 1\end{pmatrix}\begin{pmatrix}\cos(\Gamma/2)\\-i\sin(\Gamma/2)\end{pmatrix}=\begin{pmatrix}0\\-i\sin(\Gamma/2)\end{pmatrix} \tag{4-2-47}$$

其中 $\Gamma$ 为两个本征态通过厚度为 $L$ 的电光介质获得的相位差，由于 $\Gamma=\pi V/V_\pi$，所以输出光波是沿 $y$ 方向的线偏振光，其光强

$$I'=\frac{I_0}{2}(1-\cos\Gamma)=I_0\sin^2\left(\frac{\pi V}{2V_z}\right) \tag{4-2-48}$$

式(4-2-48)说明光强受到外加电压的调制，称振幅调制，$I_0$ 为光强的幅值。当 $V=V_\pi$ 时，$I'=I_0$。

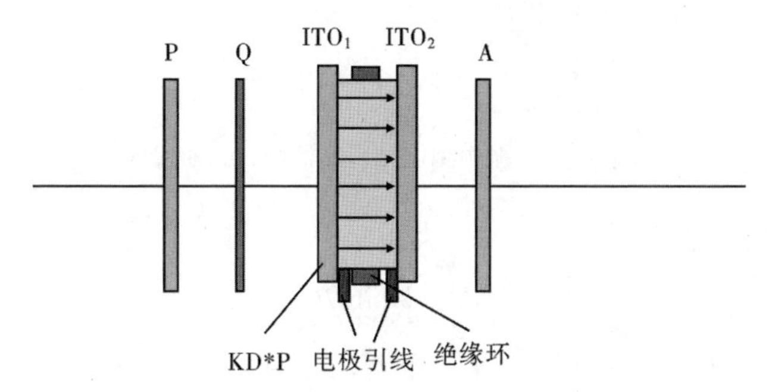


P:起偏器　Q:1/4 波片　A:检偏器　ITO:透明电极

图 4-2-59　泡克耳斯盒(振幅型纵调制系统)示意图

图 4-2-59 为泡克耳斯盒(振幅型纵调制系统)示意图，把 $z$ 向切割的 KD＊P 晶体两端胶合上透明电极 $ITO_1$、$ITO_2$，电压通过透明电极加到晶体上。在玻璃基底上蒸镀透明导电膜，就构成透明电极，膜层材料为锡、铟的氧化物，膜层厚度从几十微米到几百微米，其透明度高(大于 80%～90%)，膜层的面电阻小(几十欧姆)。在通光孔径外镀铬，再镀金或铜即可将电极引线焊上。KD＊P 调制器前后为一对互相正交的起偏器 P 与检偏器 A，P 的透过率极大方向沿 KD＊P 感生主轴 $\xi$、$\eta$ 的角平分线。在 KD＊P 和 A 之间通常还加相位延迟片 Q(即 1/4 波片)，其快、慢轴方向分别与 $\xi$、$\eta$ 相同。由于入射光波预先通过 1/4 波片移相，因而有

$$I'=\frac{I_0}{2}[1-\cos(\Gamma+\Gamma_0)]_{\Gamma_0=\pi/2}=I_0\sin^2\left(\frac{\pi V}{2V_\pi}+\frac{\pi}{4}\right) \tag{4-2-49}$$

加上预置的相位 $\Gamma_0$ 后，工作点移到调制曲线的中点附近，使线性大大改善，泡克耳斯盒的特性曲线如图 4-2-60 所示，其输出随着外电压的加大而加大，表明有更多的能量从 $x$－偏振态转移到 $y$－偏振态中去。

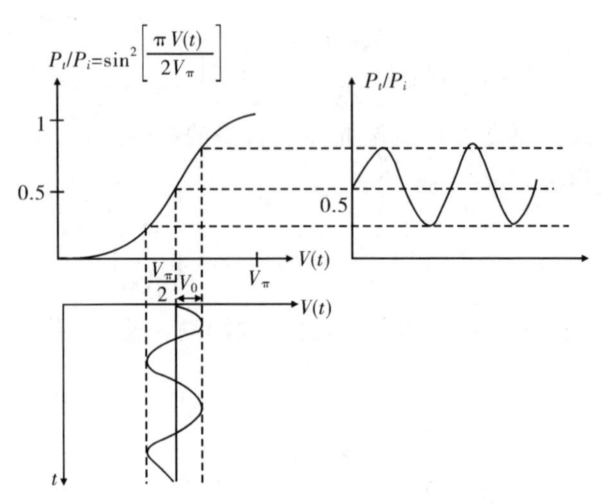


图 4-2-60　振幅型电光调制器的特性曲线图

如果在电极间加交变电压

$$V=V\sin\Omega t \tag{4-2-50}$$

则

$$\begin{aligned} T&=\frac{1}{2}+\frac{1}{2}\sin(\Gamma_m\sin\Omega t)\\ &=\frac{1}{2}+\sum_{k=0}^{\infty}J_{2k+1}\left(\frac{\Gamma_m}{2}\right)\sin(2k+1)\Omega t \end{aligned} \tag{4-2-51}$$

式中 $J_{2k+1}(z)$ 为 $2k+1$ 阶贝塞尔函数，

$$\Gamma_m=\frac{\pi V_m}{V_z} \tag{4-2-52}$$

当 $\Gamma_m$ 不大时(即调制电压幅度较低时)，式(4-2-51)近似表示为

$$T=\frac{1}{2}+\frac{\Gamma_m}{2}\sin\Omega t \tag{4-2-53}$$

可见系统的输出光波的幅度也是正弦变化，称正弦振幅调制。

图 4-2-60 表示振幅型电光调制器的特性曲线。图中 $P_i(t)$ 为输入光信号的功率，$P_t(t)$ 为输出光信号的功率，$P_t(t)/P_i(t)$ 即器件的透过率，$V(t)$ 为调制电压。可以看出 1/4 波片的作用相当于工作点偏置到特性曲线中部线性部分，在这一点进行调制效率最高，波形失真小。如不用波片($\Gamma_0=0$)，输出信号中只存在二次谐波分量。

对于 650 nm 激光，KD＊P 的半波电压近似为

$$V_z=\frac{\gamma_0}{2n_0^3y_{63}}=8.971\times10^3\ \text{V} \tag{4-2-54}$$

如果用 KD＊P，$V_\pi=3.448\times10^3$ V，调制电压仍相当高，给电路的制造带来不便。常常用环状金属电极代替透明电极，但电场方向在晶体中不一致，这会使透过调制器的光波的消光比下降。

(2)$LiNbO_3$ 晶体横调制

式(4-2-53)表明纵调制器件的调制度近似为 $\Gamma_m$，与外加电压振幅成正比，而与光波在晶体中传播的距离(即晶体沿光轴 $z$ 的厚度 $L$，又称作用距离)无关。这是纵调制的重要特性。纵调制器也有一些缺点。首先，大部分重要的电光晶体的半波电压 $V_\pi$ 都很高。由于 $V_\pi$ 与 $\lambda$ 成正比，当光源波长较长时(例如 10.6 μm)，$V_\pi$ 更高，使控制电路的成本大大增加，电路体积和重量都很大。其次，为了沿光轴加电场，必须使用透明电极，或带中心孔的环形金属电极。前者制作困难，插入损耗较大；后者引起晶体中电场不均匀。解决上述问题的方案之一，是采用横调制。图 4-2-61 为横调制器示意图。电极 $D_1$、$D_2$ 与光波传播方向平行。外加电场则与光波传播方向垂直。

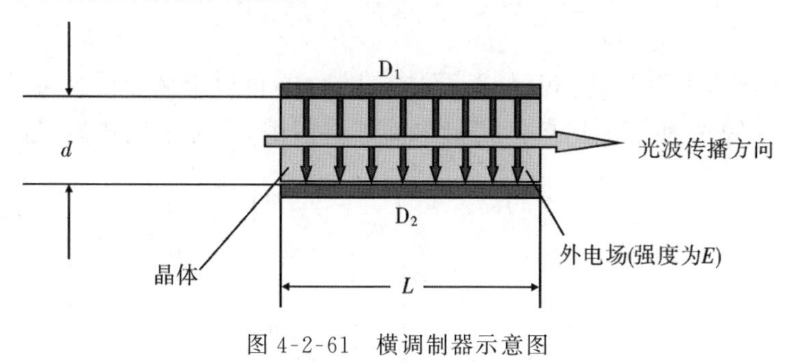


图 4-2-61　横调制器示意图

我们已经知道，电光效应引起的相位差 $\Gamma$ 正比于电场强度 $E$ 和作用距离 $L$(即晶体沿光轴 $z$ 的厚度)的乘积 $EL$，$E$ 正比于电压 $V$、反比于电极间距离 $d$，因此

$$\Gamma \propto \frac{LV}{d} \tag{4-2-55}$$

对一定的 $\Gamma$，外加电压 $V$ 与晶体长宽比 $\frac{L}{d}$ 成反比，加大 $\frac{L}{d}$ 可使得 $V$ 下降。电压 $V$ 下降，不仅能使控制电路成本下降，而且有利于提高开关速度。

$LiNbO_3$ 晶体具有优良的加工性能及很高的电光系数，$\gamma_{22}=6.8\times10^{-12}$ m/V，所以常常用来做成横向调制器，$LiNbO_3$ 为单轴晶体，有 $n_x=n_y=n_0=2.286$，$n_z=n_e=2.203$。

把晶体的通光方向设为 $Z$ 方向，沿 $X$ 方向施加电场 $E$。晶体由单轴变为双轴，新的主轴 $X'$、$Y'$、$Z'$ 轴又称为感应轴，其中 $X'$ 和 $Y'$ 绕 $Z$ 轴转 45°，而 $Z'$ 与 $Z$ 轴重合。晶体的线性电光系数 $\gamma$ 是一个三阶张量，受晶体对称性的影响，$LiNbO_3$ 的线性电光系数矩阵为

$$\begin{bmatrix} 0 & -\gamma_{22} & \gamma_{13} \\ 0 & \gamma_{22} & \gamma_{13} \\ 0 & 0 & \gamma_{33} \\ 0 & \gamma_{42} & 0 \\ \gamma_{42} & 0 & 0 \\ -\gamma_{42} & 0 & 0 \end{bmatrix}$$

施加电场后，得到电场强度矩阵($E$,0,0)，此时在 $X$ 轴上加上电场后的电光系数矩阵为

$$\begin{bmatrix}\Delta B_1\\ \Delta B_2\\ \Delta B_3\\ \Delta B_4\\ \Delta B_5\\ \Delta B_6\end{bmatrix}=\begin{bmatrix}0 & -\gamma_{22} & \gamma_{13}\\ 0 & \gamma_{22} & \gamma_{13}\\ 0 & 0 & \gamma_{33}\\ 0 & \gamma_{42} & 0\\ \gamma_{42} & 0 & 0\\ -\gamma_{42} & 0 & 0\end{bmatrix}\begin{bmatrix}E\\ 0\\ 0\end{bmatrix}=\begin{bmatrix}0\\ 0\\ 0\\ 0\\ \gamma_{42}E\\ -\gamma_{42}E\end{bmatrix} \tag{4-2-56}$$

当外加电场($E$,0,0)时，电场作用下的光折射率椭球方程为

$$\frac{x^2}{n_0^2}+\frac{y^2}{n_0^2}+\frac{z^2}{n_0^2}+2\gamma_{42}E_{xz}+2\gamma_{22}E_{xy}=1 \tag{4-2-57}$$

沿 $Z$ 轴方向射入入射光，令式(4-2-57)中的 $z=0$，折射率椭球就变为与波矢垂直的折射率平面，图 4-2-62 是加了电场后的折射率椭球截面图，经过坐标转换，得到截迹方程为

$$\left(\frac{1}{n_0^2}-\gamma_{22}E\right)x'^2+\left(\frac{1}{n_0^2}-\gamma_{22}E\right)y'^2=1 \tag{4-2-58}$$

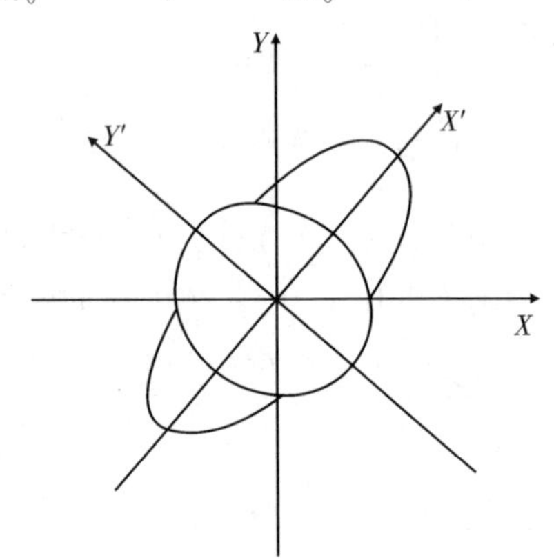


图 4-2-62　加电场的折射率椭球截面图

将式(4-2-58)与椭圆标准式

$$\frac{x'^2}{a^2}+\frac{y'^2}{b^2}=1 \tag{4-2-59}$$

比较，可以算出新主轴折射率

$$a=n_0+\frac{1}{2}n_0^3\gamma_{22}E$$

$$b=n_0-\frac{1}{2}n_0^3\gamma_{22}E$$

即

$$\left.\begin{aligned}n_x&=n_0+\frac{1}{2}n_0^3\gamma_{22}E\\ n_y&=n_0-\frac{1}{2}n_0^3\gamma_{22}E\end{aligned}\right\} \tag{4-2-60}$$

由于新主轴 $X'$ 和 $Y'$ 的折射率不同，当激光由晶体出射时两个分量会有一定的相位差。此相位差可以表示为

$$\varphi=\frac{2\pi}{\lambda}(n_x-n_y)L=\frac{2\pi}{\lambda}n_0^3\gamma_{22}V\frac{L}{d} \tag{4-2-61}$$

式中 $\lambda$ 为激光的波长，$L$ 为晶体的通光长度，$d$ 为晶体在 $X$ 方向的厚度，$V$ 是外加电压。$\varphi=\pi$ 时所对应的 $V$ 为半波电压，于是可得

$$V_\pi=\frac{\lambda d}{2n_0^3\gamma_{22}L} \tag{4-2-62}$$

我们用到关系式 $E=\frac{V}{d}$。由上式可知半波电压 $V_\pi$ 与晶体长宽比 $\frac{L}{d}$ 成反比。因而可以通过加大器件的长宽比 $\frac{L}{d}$ 来减小 $V_\pi$。

横调制器的电极不在光路中，工艺上比较容易解决。横调制器的主要缺点在于它对波长 $\lambda_0$ 很敏感，$\lambda_0$ 稍有变化，自然双折射引起的相位差即发生显著的变化。当波长确定时(例如使用激光)，这一项又强烈地依赖于作用距离 $L$。加工误差、装调误差引起的光波方向的稍许变化都会引起相位差的明显改变，因此通常只用于准直的激光束中。或用一对晶体，把第一块晶体的 $x$ 轴与第二块晶体的 $z$ 轴相对，使晶体的自然双折射部分相互补偿，以消除或降低器件对温度、入射方向的敏感性。有时也用巴比涅—索勒尔补偿器，将工作点偏置到特性曲线的线性部分。

迄今为止，我们所讨论的调制模式均为振幅调制，其物理实质在于输入的线偏振光在调制晶体中分解为一对偏振方位正交的本征态，在晶体中传播过一段距离后获得相位差 $\Gamma$，$\Gamma$ 为外加电压的函数。在输出的偏振元件透光轴上这一对正交偏振分量重新叠加，输出光的振幅被外加电压所调制，这是典型的偏振光干涉效应。

(3)改变直流偏压对输出特性的影响

①当 $U_0=\frac{U_\pi}{2}$、$U_m=U_\pi$ 时，将工作点选定在线性工作区的中心处，如图 4-2-63(a)所示，此时，可获得较高效率的线性调制，可得

$$\begin{aligned}T&=\sin^2\left(\frac{\pi}{4}+\frac{\pi}{2U_\pi}U_m\sin\omega t\right)\\&=\frac{1}{2}\left[1-\cos\left(\frac{\pi}{2}+\frac{\pi}{U_\pi}U_m\sin\omega t\right)\right]\\&=\frac{1}{2}\left[1+\sin\left(\frac{\pi}{U_\pi}U_m\sin\omega t\right)\right]\end{aligned} \tag{4-2-63}$$

由于 $U_m=U_\pi$ 时，$T\approx\frac{1}{2}\left[1+\left(\frac{\pi U_m}{U_\pi}\right)\sin\omega t\right]$，即

$$T\propto\sin\omega t \tag{4-2-64}$$

这时，调制器输出的信号和调制信号虽然振幅不同，但是两者的频率却是相同的，输出

信号不失真，我们称为线性调制。

②当 $U_0=0$ V、$U_m=U_\pi$时，如图 4-2-63(b)所示，可得

$$\begin{aligned} T &= \sin^2\left(\frac{\pi}{2U_\pi}U_m\sin\omega t\right) \\ &= \frac{1}{2}\left[1-\cos\left(\frac{\pi}{2}+\frac{\pi}{U_\pi}U_\pi\sin\omega t\right)\right] \\ &\approx \frac{1}{4}\left(\frac{\pi}{U_\pi}U_m^2\right)\sin^2\omega t \\ &\approx \frac{1}{8}\left(\frac{\pi}{U_\pi}U_m^2\right)(1-\cos2\omega t) \end{aligned} \tag{4-2-65}$$

即

$$T \propto \cos2\omega t \tag{4-2-66}$$

从式(4-2-66)可以看出，输出信号的频率是调制信号频率的 2 倍，即产生“倍频”失真。

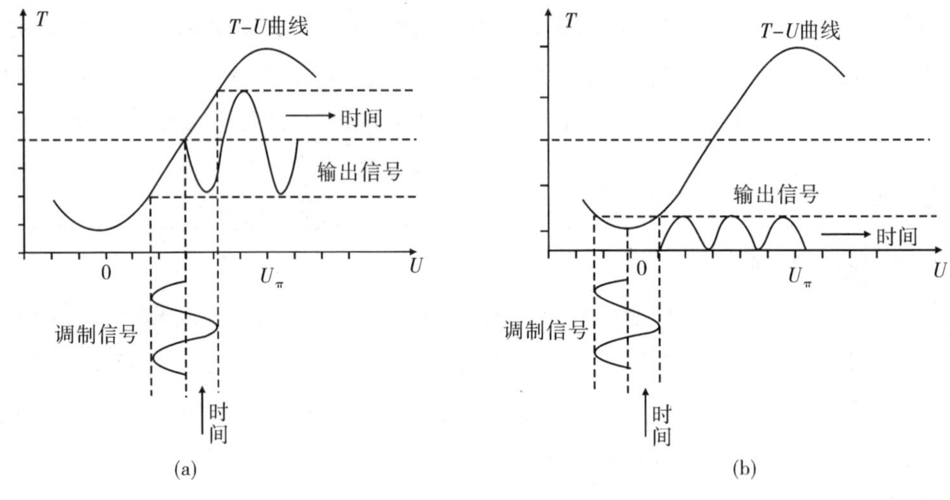


图 4-2-63　改变直流偏压的输出信号图

③直流偏压 $U_0$ 在 0 V 附近或在 $U_\pi$ 附近变化时，由于工作点不在线性工作区，输出波形将失真。

④当 $U_0=\frac{U_\pi}{2}$，$U_m>U_\pi$时，调制器的工作点虽然选定在线性工作区的中心，但不满足小信号调制的要求。因此，工作点虽然选定在了线性区，输出波形仍然是失真的。

(4)用 $\lambda/4$ 波片进行光学调制

上面分析说明电光调制器中直流偏压的作用主要是使晶体中 $x'$、$y'$ 两偏振方向的光之间产生固定的位相差，从而使正弦调制工作在光强调制曲线上的不同点。直流偏压的作用可以用 $\lambda/4$ 波片来实现。在起偏器和检偏器之间加入 $\lambda/4$ 波片，调整 $\lambda/4$ 波片的快慢轴方向使之与晶体的 $x'$、$y'$ 轴平行，即可保证电光调制器工作在线性调制状态下，转动波片可使电光晶体处于不同的工作点上。

3.锥光干涉

锥光干涉的实质就是偏振光干涉。偏振光干涉的条件与自然光的干涉条件是一致的，即频率相同、振动方向相同，或存在互相平行的振动分量、位相差恒定。典型的偏振光干涉装置是在两块共轴的偏振片 $P_1$ 和 $P_2$ 之间放一块厚度为 $d$ 的波片 E，如图 4-2-64 所示。在这个装置中，波片同时起分解光束和相位延迟的作用。它将入射的线偏振光分解成振动方向互相垂直的两束线偏振光，这两束光射出波片时，存在一定的相位延迟。干涉装置中的第一块偏振片 $P_1$ 的作用是把自然光转变为线偏振光。第二块偏振片 $P_2$ 的作用是把两束光的振动引导到相同方向上，从而使经 $P_2$ 出射的两束光满足产生干涉的条件。

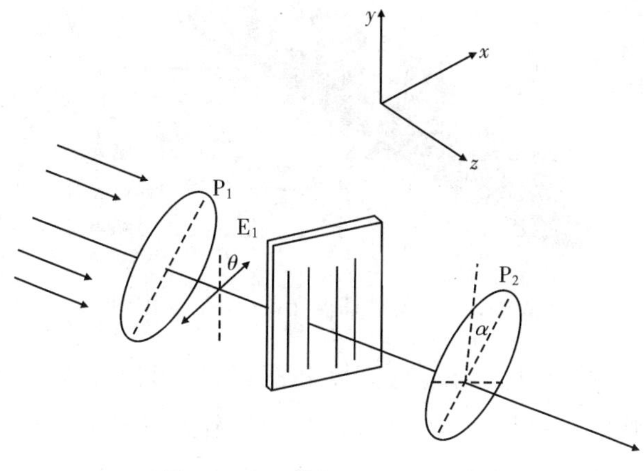


图 4-2-64　偏振光干涉装置图

当振动方向互相垂直的两束线偏振光经偏振片 $P_2$ 后，两束投射光的振幅为

$$\left.\begin{aligned} A_{2o} &= A_o \sin\alpha = A_1 \sin\theta \sin\alpha \\ A_{2e} &= A_e \sin\alpha = A_1 \cos\theta \cos\alpha \end{aligned}\right\} \tag{4-2-67}$$

其中，$A_1$ 是射向波片 $E_1$ 的线偏振光的振幅，$\theta$ 为起偏器 $P_1$ 出射线偏振光方向与波片光轴的夹角，$\alpha$ 为检偏器 $P_2$ 的透光轴方向与波片光轴的夹角。

若两束光之间的相位差为 $\Delta\varphi'$，那么合强度为

$$I = A^2 = A_{2o}^2 + A_{2e}^2 + 2A_{2o}A_{2e}\cos\Delta\varphi' = A_1^2\left[\cos^2(\alpha-\theta) - \sin 2\theta \sin\alpha \sin\frac{\Delta\varphi}{2}\right] \tag{4-2-68}$$

其中 $\Delta\varphi'$ 是从偏振片 $P_2$ 出射的两束光之间的相位差。入射在波片上的光是线偏光时，$o$ 光和 $e$ 光的相位相等，波片引入的相位差

$$\Delta\varphi = \frac{2\pi}{\lambda}(n_0 + n)d \tag{4-2-69}$$

其中 $d$ 是波片的厚度。

产生锥光干涉是因为当在晶体前放置毛玻璃时，光会发生漫散射，沿各个方向传播。不同方向入射光经过晶体后会引入不同的相位差，不同入射角的入射光将落在接收屏上不同半径的圆周上，因为相同入射角的光通过晶体的长度是一样的，所以引入的相位差也是一样的，每一个圆环上光程差是一致的，从而造成了圆环状的明暗干涉条纹。

正交偏振系统中，设入射光振幅为 $E$，入射面与起偏器的夹角为$\partial$，经过前后两个偏振片后，两束光的振幅为 $E_o = E_e = E\cos\partial\sin\partial$。当$\partial = 0$、$\pi/2$、$\pi$、$\partial\pi/2$ 时，$E$ 都趋向于 0。所以干涉图中有一个与偏振片透光方向相同的黑十字。

［内容要求］

**基础实验内容——观察线偏振光透过晶体后的旋转现象**

1.按图 4-2-65 所示摆放激光器，激光器开机预热 5～10 min。

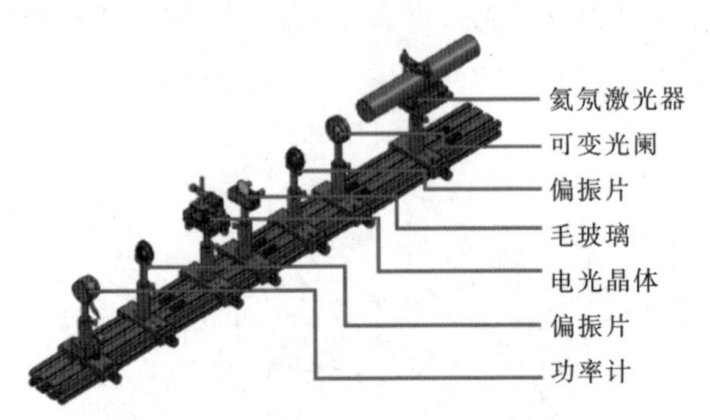


图 4-2-65　晶体的电光效应实验装配图

2.调整激光器水平，固定可变光阑的高度和孔径，使出射光在近处和远处都能通过可变光阑。调整完成后将电光晶体放入光路，并保持与激光束同轴等高。

3.使氦氖激光器射出的光入射到晶体的中心，并使晶体前后表面反射的光都反射至可变光阑的小孔中心。（注意：此时电光调制电源应处于关闭状态）

4.在晶体前加入毛玻璃，用白屏在晶体后观察光斑图案，如图 4-2-66(a)所示，是一均匀光斑。如图 4-2-65，在可变光阑和毛玻璃之间插入起偏器，在电光晶体和功率计间插入检偏器，在检偏器后观察光斑图案，调节起偏器和检偏器的角度，使干涉图两暗线互相垂直，且各自在水平和竖直方向，如图 4-2-66(b)所示，此时起偏器与检偏器的偏振方向互相垂直，且在水平和竖直方向上。将检偏器旋转 90°，可观察到明暗相反的图案，如图 4-2-66(c)所示。

5.旋转检偏器使光斑变成图 4-2-66(b)所示的锥光干涉图。将晶体与电光调制器连接。（注意：晶体没有正负极）打开开关，调制切换选择“内调”，旋转电光调制器上“晶体高压”旋钮，观察锥光干涉图变化，如图 4-2-66(d)所示。［注意：必须调出图 4-2-66(b)的锥光干涉图才能准确测量半波电压］。

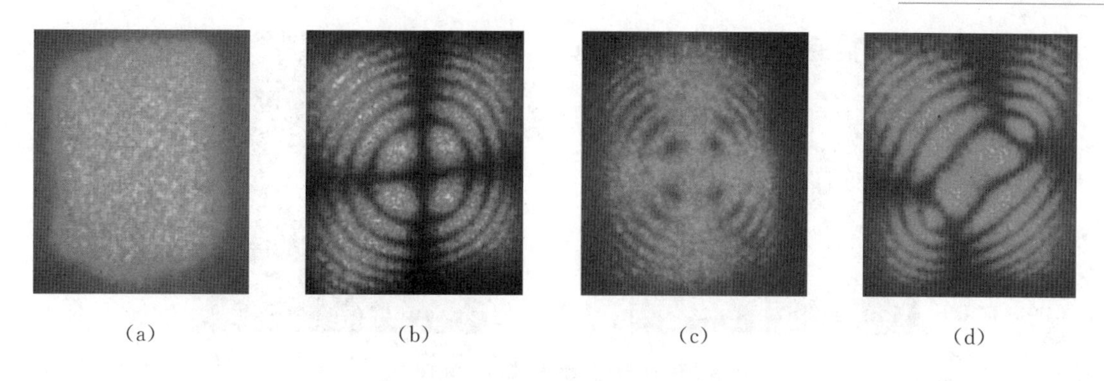


图 4-2-66　不同条件下的光斑图案

## 提升实验内容——测量半波电压

取下毛玻璃，装上三波长功率计。加在晶体上的电压从零开始，调节“晶体高压”使其逐渐增大，在电源面板上的数字表上读出加在晶体上的电压，每隔 10 V 记录一次功率计读数。功率值将会出现极小值和极大值，相邻极小值和极大值对应的电压之差即半波电压。再根据式$V_{\pi}=\dfrac{\lambda d}{2n_0^3\gamma_{22}L}$，计算出半波电压的理论值，与测量值进行对比。

（已知：$\lambda=0.650\ \mu\text{m}$，$n_0=2.286$，$\gamma_{22}=6.8\times10^{-12}\ \text{m/V}$，$L=35\ \text{mm}$，$d=3\ \text{mm}$）

## 进阶实验内容——用 λ/4 波片进行光学调制

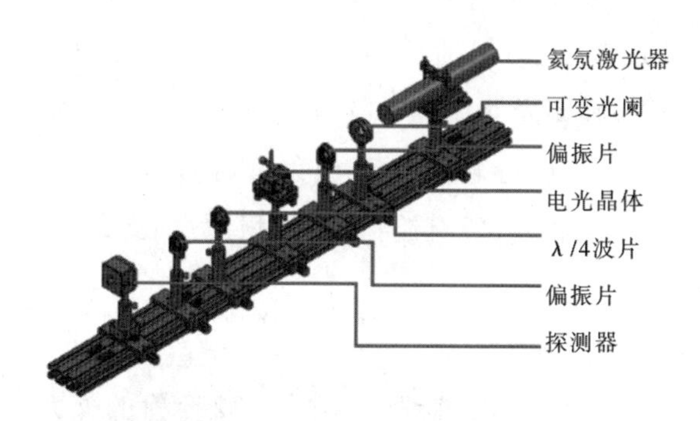


图 4-2-67　插入 λ/4 波片的装置图

1.如图 4-2-67 所示，在检偏器和电光晶体间插入 λ/4 波片，将示波器 CH1 与探测器接通，观测到解调出来的信号，适当调整“调制幅度”和“高压调节”旋钮，观察解调波形的变化，如图 4-2-68 所示。适当旋转光路中的 λ/4 波片，得到最清晰稳定的波形。将示波器的 CH2 与电光调制箱的“信号监测”连接，则可直接得到内置波形信号，与解调出来的波形信号作对比。效果如图 4-2-69 所示。

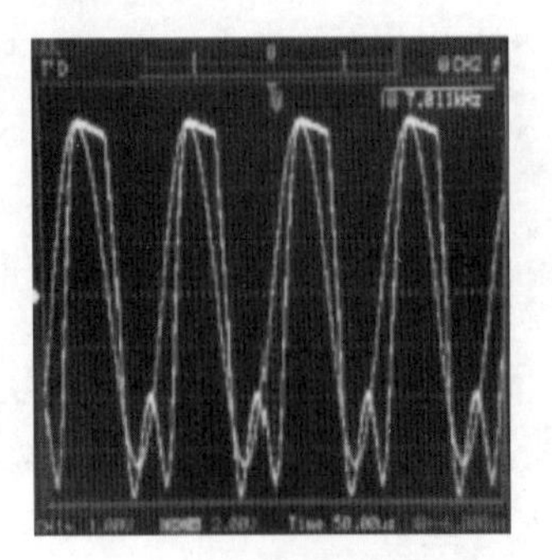
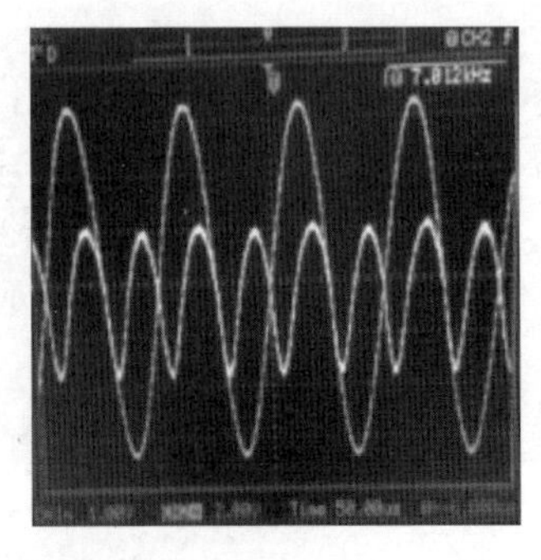

图 4-2-68 解调波形变化图

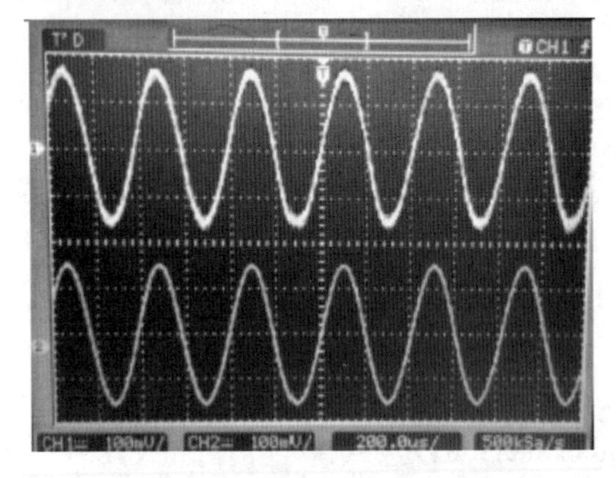

图 4-2-69 内置波形信号与解调波形信号的对比图

2.将 MP3 音源与电光调制实验箱的“外部输入”连接，调制切换选择“外调”。

3.将探测器与扬声器连接，此时可通过扬声器听到 MP3 中播放的音乐。适当调整“调制幅度”和“高压调节”旋钮，旋转光路中的 $\lambda/4$ 波片，使音乐最清晰。

注：电源的旋钮沿顺时针方向旋转为增益加大，因此，电源开关打开前，所有旋钮应该沿逆时针方向旋转到头。关仪器前，所有旋钮沿逆时针方向旋转到头后再关闭电源。

［注意事项］

1.不要正对激光束观察。

2.不宜将仪器直接放置地面或靠近暖气及阳光直接照射的地方。

［问题讨论］

1.什么叫电光效应？

2.如何产生锥光干涉？

3.不同晶体结构和类型对电光效应的影响如何？为什么某些晶体具有显著的电光效应，而另一些晶体则不明显？讨论这些差异的原因和机制。

4.外加电场强度、光波长、温度等实验条件如何影响电光效应？讨论不同实验条件下电光效应的变化规律，以及实验条件对实验结果的影响。

5.讨论电光效应的非线性特性对光通信、光学传感器和光学调制器等应用的影响。探讨如何利用这些非线性特性优化器件性能，或者利用非线性特性实现新的功能。

# 实验十五 典型图案的傅里叶变换实验

[引言]

衍射系统一般由光源、衍射屏和接收屏组成。按它们距离的关系,通常把光的衍射分为两大类:一种是菲涅尔衍射,单缝距光源和接收屏均为有限远或者入射波和衍射波不都是球波面;另一种是夫琅禾费衍射,单缝距光源和接收屏均为无限远或者相当于无限远,即入射波和衍射波都可看作是平面波。在单色平面波垂直照射衍射屏的情况下,夫琅和费衍射就是屏函数的傅里叶变换。对透射物体进行傅里叶变换运算的物理手段就是实现它的夫琅和费衍射。也就是说,透镜可以用来实现物体的傅里叶变换。透镜是光学系统中最基本的元件之一,正是由于透镜在一定条件下能实现傅里叶变换,才使得傅里叶分析在光学中得到如此广泛的应用。典型图案的傅里叶变换实验是利用计算机模拟典型几何图案的傅里叶变换,也就是其夫琅和费衍射。

实验教学可引导学生思考数字傅里叶变换在图像和信号处理中的应用,例如在JPEG图像压缩中的使用,并结合图案背后所蕴含的文化底蕴,引导学生思考数字傅里叶变换在文化遗产保护、数字博物馆建设等领域的应用前景。

实验课程涉及图像处理、信号处理、数字傅里叶变换等多个学科的知识,旨在帮助学生更深入地了解傅里叶变换的原理和应用,引导学生思考傅里叶变换在实际生活中的价值和意义。

[实验目的]

1.了解菲涅尔衍射与夫琅和费衍射的本质区别。

2.了解不同图形夫琅和费衍射的光强分布。

3.对比不同图形菲涅尔衍射与夫琅和费衍射的光强分布。

[仪器用具]

激光器、准直镜、激光管夹持器、导轨、滑块、支杆、套筒、白板、相机等。

[实验原理]

1.傅里叶变换实验

傅里叶光学主要研究以光波为载波,实现信息的传递、变换、记录和再现问题。描述光的传播规律的标量衍射理论,显然正是研究这些问题的物理基础。

利用基尔霍夫或瑞利—索末菲衍射公式计算衍射光场复振幅分布虽然准确,但是在计算积分时存在数学上的困难。在一定条件下对瑞利—索末菲衍射公式进行近似,便可以将衍射现象划分为两种类型——菲涅尔衍射与夫琅和费衍射,也称近场衍射与远场衍射。先简单分析一下单色光经过衍射小孔后的衍射现象。图 4-2-70 表示一个单色平面波垂直照射到圆孔 $\Sigma$ 上(圆孔直径大于波长)的情形。若在离 $\Sigma$ 很近的 $K_1$ 处观察透过的光,将看到边缘比较锐利的光斑,其形状、大小和圆孔基本相同,可看作是圆孔的投影。这时光的传播可看作是直线进行的。若距离再远些,例如在 $K_2$ 处,将看到一个边缘模糊的略大的圆光斑,光斑内有一圈圈的亮暗环,这时光斑已不能看作是圆孔的投影了。随着距离的增大,光斑范围将不断扩大,但光斑中圆环数目则逐渐减小(如 $K_3$ 处的情况),而且环纹中心的明暗也表现为交替出现。当观察平面距离很远时,如在 $K_4$ 处,将看到一个较大的中间亮、边缘暗,且在边缘外有较弱的亮暗交替的光斑。此后观察距离再增大时,只是光斑扩大,但光斑形状不变。通常菲涅尔衍射指近场衍射,夫琅和费衍射指远场衍射。

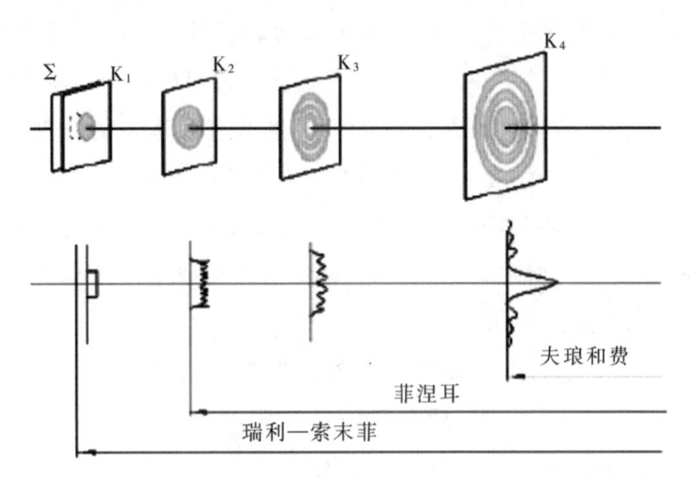


图 4-2-70　单色光经过衍射小孔后的衍射现象图

下面我们根据瑞利—索末菲衍射公式来讨论远和近的范围是怎样划分的。考虑无限大的不透明屏上的一个有限孔径 $\Sigma$ 对单色光的衍射。如图 4-2-71 所示,设平面屏有直角坐标系 $(x_1, y_1)$,在平面观察区域有坐标系 $(x, y)$,两者坐标平行,相距 $Z$。

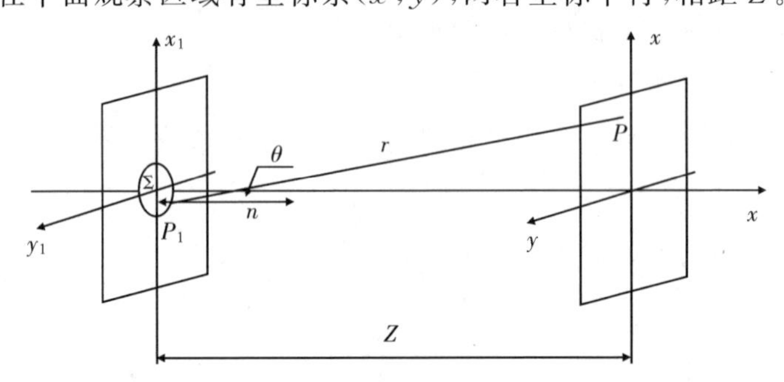


图 4-2-71　单色光的衍射图

2.菲涅尔衍射

根据瑞利—索末菲衍射公式

$$U(P)=\frac{1}{j\lambda}\iint_{\Sigma}U_0(P_1)\frac{\exp(jkr)}{r}K(\theta)\mathrm{d}S \tag{4-2-70}$$

其中 $\Sigma$ 为光波的一个波面,$U(P_1)$ 为波面任一点 $P_1$ 的复振幅,$r$ 为从 $P$ 到 $P_1$ 的距离;$\theta$ 为 $P_1P$ 和过 $P_1$ 点的元波面法线 $n$ 的夹角,这里用倾斜因子 $K(\theta)$ 表示子波源在 $P_1$ 对 $P$ 的作用与角度 $\theta$ 有关。

当光源足够远，观察屏和衍射屏的距离 $Z$ 远远大于 $\Sigma$ 的线度和观察范围的线度，那么在 $z$ 轴附近

$$K(\theta) \approx 1$$

令系统脉冲为

$$h(P,P_1)=\frac{1}{j\lambda}K(\theta)\frac{\exp(jkr)}{r}$$

则

$$\begin{aligned}h(x,y,x_1,y_2)&=\frac{\exp[jk\sqrt{z^2+(x-x_1)^2+(y-y_1)^2}]}{j\lambda\sqrt{z^2+(x-x_1)^2+(y-y_1)^2}}\\&=h(x-x_1,y,y_1)\end{aligned} \tag{4-2-71}$$

在图 4-2-71 所示的坐标系下，上式可以写为

$$\begin{aligned}U(x,y)&=\frac{1}{j\lambda}\iint_{\Sigma}U_0(x_1,y_1)\frac{\exp[jk\sqrt{z^2+(x-x_1)^2+(y-y_1)^2}]}{\sqrt{z^2+(x-x_1)^2+(y-y_1)^2}}K(\theta)\mathrm{d}x_1\mathrm{d}y_1\\&\approx\frac{1}{j\lambda}\iint_{\Sigma}U_0(x_1,y_1)\frac{\exp(jkz)\left[1+\dfrac{(x-x_1)^2+(y-y_1)^2}{2}\right]}{z\left[1+\dfrac{(x-x_1)^2+(y-y_1)^2}{2z^2}\right]}\mathrm{d}x_1\mathrm{d}y_1\\&\approx\frac{1}{jz\lambda}\iint_{\Sigma}U_0(x_1,y_1)\exp(jkz)\left[1+\frac{(x-x_1)^2+(y-y_1)^2}{2z^2}\right]\mathrm{d}x_1\mathrm{d}y_1\\&=\frac{1}{jz\lambda}\exp(jkz)\iint_{\Sigma}U_0(x,y_1)\exp(jkz)\left[\frac{(x-x_1)^2+(y-y_1)^2}{2z^2}\right]\mathrm{d}x_1\mathrm{d}y_1\end{aligned} \tag{4-2-72}$$

这一近场近似成为菲涅尔衍射公式。使以上近似成立的观察区称为菲涅尔衍射区，菲涅尔衍射公式成立的条件是

$$Z \gg \frac{1}{2}\sqrt[3]{\frac{1}{\lambda}[(x-x_1)^2+(y-y_1)^2]^2_{\max}}$$

3. 夫琅和费衍射

菲涅尔衍射公式是

$$U(x,y)=\frac{1}{jz\lambda}\exp(jkz)\iint_{\Sigma}U_0(x_1,y_1)\exp(jkz)\left[\frac{(x-x_1)^2+(y-y_1)^2}{2z^2}\right]\mathrm{d}x_1\mathrm{d}y_1 \tag{4-2-73}$$

如果我们的观察区域远远大于衍射孔线度，即 $x \gg x_{\max}, y \gg y_{\max}$，那么上式进一步近似为

$$\begin{aligned}U(x,y)&\approx\frac{1}{jz\lambda}\exp(jkz)\iint_{\Sigma}U(x_1,y_1)\exp(jk)\frac{x^2+y^2-2xx_1-2yy_1}{2z}\mathrm{d}x_1\mathrm{d}y_1\\&=\frac{1}{jz\lambda}\exp(jk)\left(z+\frac{x^2+y^2}{2z}\right)\iint_{\Sigma}U_0(x_1,y_1)\exp(jk)\frac{-(xx_1+yy_1)}{z}\mathrm{d}x_1\mathrm{d}y_1\end{aligned} \tag{4-2-74}$$

我们这样对于菲涅尔衍射公式的进一步近似，得到的衍射公式称为夫琅和费公式，这一积分公式对菲涅尔衍射公式在数学上又简单了一些。对应的衍射区域称为夫琅和费衍射区。

容易看出，满足夫琅和费衍射的条件是

$$k\frac{(x_1^2+y_1^2)_{\max}}{2z}=\frac{2\pi(x_1^2+y_1^2)_{\max}}{2z}\ll 2\pi$$

即

$$z\gg\frac{(x_1^2+y_1^2)_{\max}}{2\lambda} \tag{4-2-75}$$

这是一个很强的条件，比如当 $\lambda=600$ nm，孔径的直径为 2 mm 时，要观察夫琅和费衍射，观察位置必须在远远大于 1 666 mm 的地方。实际中，往往用

$$k\frac{x_1^2+y_1^2}{2z}=\frac{2\pi}{\lambda}\times\frac{(x_1^2+y_1^2)_{\max}}{2z}=\frac{\pi}{10}$$

即

$$z=10\frac{(x_1^2+y_1^2)_{\max}}{\lambda} \tag{4-2-76}$$

来确定出现夫琅和费衍射的位置。在实际操作过程中我们一般采用正透镜把远处的像转移到正透镜的焦平面上。

4. 几种典型的夫琅和费衍射

在无限远处观察的衍射是严格的夫琅和费衍射，用一正透镜在后焦面上观察的衍射就是这种情况。夫琅和费衍射在分析光学仪器的极限分辨本领时有着重要的意义。夫琅和费衍射计算较为简单，同时它与傅里叶变换有着直接的联系，为此我们有必要进行专门的讨论。

我们已经得到夫琅和费衍射公式

$$U(x,y)=\frac{1}{jz\lambda}\exp(jk)\left(z+\frac{x^2+y^2}{2z}\right)\iint_{\Sigma}U_0(x_1,y_1)\exp(jk)\frac{-(xx_1+yy_1)}{z}\mathrm{d}x_1\mathrm{d}y_1$$

如果令

$$f_x=\frac{x}{\lambda z},f_y=\frac{y}{\lambda z}$$

根据傅里叶变换的定义，则

$$\begin{aligned}U(x,y)&=\frac{1}{jz\lambda}\exp(jk)\left(z+\frac{x^2+y^2}{2z}\right)\iint_{\Sigma}U_0(x_1,y_1)\exp\left[-2j\pi\left(\frac{x}{\lambda z}x_1+\frac{y}{\lambda z}y_1\right)\right]\mathrm{d}x_1\mathrm{d}y_1\\&=\frac{1}{jz\lambda}\exp(jk)\left(z+\frac{x^2+y^2}{2z}\right)F[U_0(x_1,y_1)]\\&=\frac{1}{jz\lambda}\exp(jk)\left(z+\frac{x^2+y^2}{2z}\right)|G_0(f_x,f_y)|^2\end{aligned}$$

所以观察屏上的光强分布

$$I(x,y)=|U(x,y)|^2$$

$$=\frac{1}{z^2\lambda^2}\mid G_0(f_x,f_y)\mid^2 \tag{4-2-77}$$

可以看出观察屏上的衍射花样主要由

$$F[U_0(x_1,y_1)]=|G_0(f_x,f_y)|^2$$

决定。

下面利用

$$U(x,y)=\frac{1}{jz\lambda}\exp(jk)\left(z+\frac{x^2+y^2}{2z}\right)F[U_0(x_1,y_1)]$$

分析几种典型的夫琅和费衍射。

(1)矩孔的夫琅和费衍射

设矩孔的边长分别为 $L_x$、$L_y$,在单位振幅的平行光垂直照明的情况下,衍射屏后表面的复振幅与屏的透过率函数是相等的,即

$$U_0(x_1,y_1)=t(x,y)=\mathrm{rect}\left(\frac{x_1}{L_x}\right)\mathrm{rect}\left(\frac{y_1}{L_y}\right) \tag{4-2-78}$$

而

$$F\left[\mathrm{rect}\left(\frac{x_1}{L_x}\right)\mathrm{rect}\left(\frac{y_1}{L_y}\right)\right]=L_xL_y\mathrm{sinc}(L_xf_x)\mathrm{sinc}(L_yf_x)$$

$$=L_xL_y\mathrm{sinc}\left(L_x\frac{x}{\lambda z}\right)\mathrm{sinc}\left(L_y\frac{y}{\lambda z}\right)$$

$$U(x,y)=\frac{L_xL_y}{jz\lambda}\exp(jk)\left(z+\frac{x^2+y^2}{2z}\right)\mathrm{sinc}\left(L_x\frac{x}{\lambda z}\right)\mathrm{sinc}\left(L_y\frac{y}{\lambda z}\right)$$

$$I(x,y)=\left(\frac{L_xL_y}{jz\lambda}\right)^2\mathrm{sinc}\left(L_x\frac{x}{\lambda z}\right)^2\mathrm{sinc}\left(L_y\frac{y}{\lambda z}\right)^2$$

(2)圆孔的夫琅和费衍射

对于圆孔,采用极坐标。单位振幅的平行光垂直照明的情况下

$$U_0(\tau_1)=t(\tau_1)=\mathrm{circ}\left(\frac{\tau_1}{l/2}\right)$$

观察屏处的复振幅分布:

$$U(r)=\frac{1}{jz\lambda}\exp(jk)\left(z+\frac{r^2}{2z}\right)F[U_0(R_1)]$$

$$=\frac{1}{jz\lambda}\exp(jk)\left(z+\frac{r^2}{2z}\right)F\left[\mathrm{circ}\left(\frac{r_1}{l/2}\right)\right]$$

$$=\frac{1}{jz\lambda}\exp(jk)\left(z+\frac{r^2}{2z}\right)\left(\frac{l}{2}\right)^2\frac{J_1(\pi l\rho)}{\frac{1}{2}\rho}$$

$$=\frac{kl^2}{8jz}\exp(jk)\left(z+\frac{r^2}{2z}\right)\left[2\frac{J_1\left(\frac{klr}{2z}\right)}{\frac{klr}{2z}}\right]$$

观察屏处的强度分布

$$I(r)=|U(r)|^2=\left(\frac{kl^2}{8jz}\right)^2\left[2\frac{J_1\left(\frac{klr}{2z}\right)}{\frac{klr}{2z}}\right]^2$$

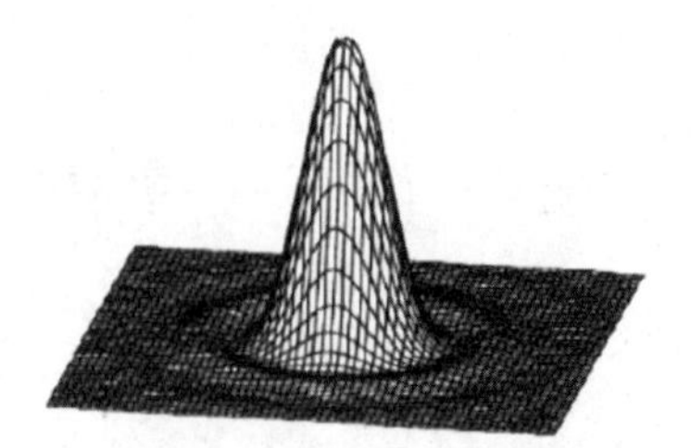

图 4-2-72 圆孔的夫琅和费衍射

如图 4-2-72,可以看出,中央有一强度远远高于其他条纹的亮斑(这一亮斑叫爱里斑),中央亮斑的半径

$$r=1.22\frac{\lambda z}{1}=1.22\frac{\lambda}{D}$$

而 $D$ 就是光学仪器的相对孔径,$D$ 越大,亮斑的半径越小,也就是由于衍射产生的像模糊越小,光学仪器的分辨本领越高。

在光学上,透镜是一个傅里叶变换器,它具有二维傅里叶变换的本领。理论证明,若在焦距为 $f$ 的正透镜 $L$ 的前焦面($X$-$Y$ 面)上放一光场振幅透过率为 $g(x,y)$的物屏,并以波长为 $\lambda$ 的相干平行光照射,则在 $L$ 的后焦面($X'$-$Y'$面)上就得到 $g(x,y)$的傅里叶变换,即 $g(x,y)$的频谱,这就是夫琅和费衍射情况。由于分别正比于 $x'$、$y'$,所以当 $\lambda$、$f$ 一定时,频谱面上远离坐标原点的点对应于物频谱中的高频部分,中心点 $x'=y'=0,f_x=f_y=0$ 对应于零频。

[内容要求]

**基础实验内容——观察不同图形夫琅和费衍射光强分布**

1.按如图 4-2-73 所示安装各光学器件。

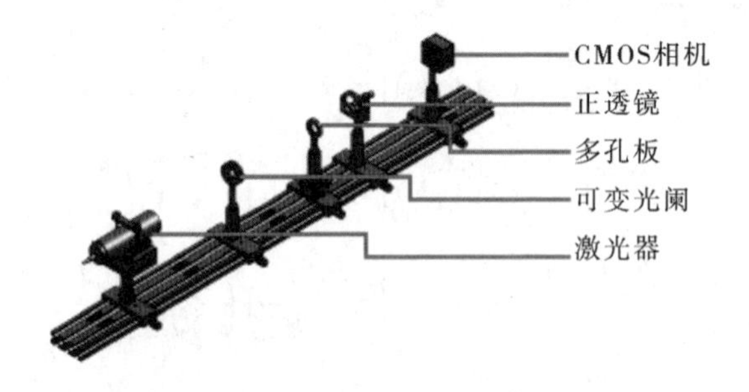


图 4-2-73 仪器安装示意图

2.在激光管夹持器中安装 30 mm 准直镜,安装可变光阑调至与准直镜等高,打开激光器,调整激光器,使激光在近处、远处都恰好通过可变光阑。

3.依次加入多孔板、正透镜($f=150$ mm),调节高度使激光光轴通过各光学器件中心。调整光阑至合适大小,将多孔板下的 $Y$ 调向滑块方向至合适位置,使激光仅打在多孔板中的一个孔上。

4.在正透镜像方焦面上安置相机,打开相机采集软件,微调相机与透镜之间距离,调整相机频率、增益,使相机采集清晰的衍射图像,如图 4-2-74 所示。

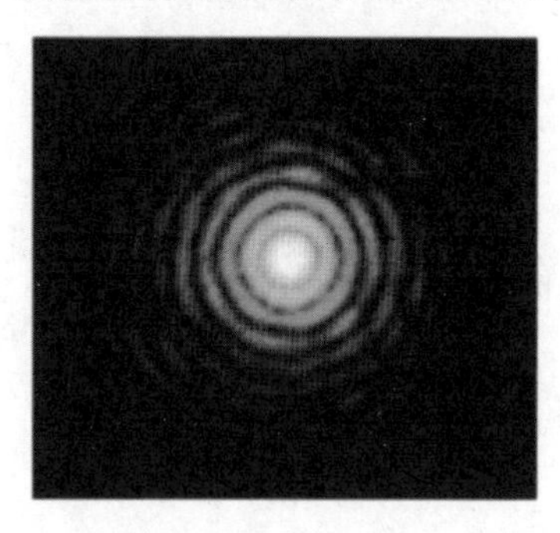
(a)圆孔衍射图样

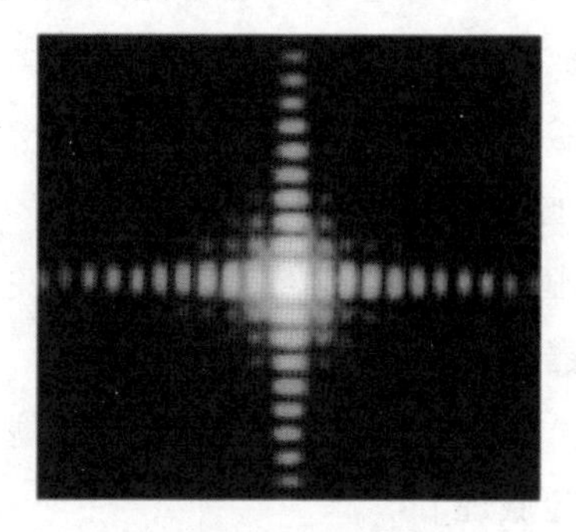
(b)方孔衍射图样

图 4-2-74　衍射图样

**提升实验内容——对比不同图形菲涅尔衍射、夫琅和费衍射光强分布**

1.在上述实验基础上去掉正透镜,前后移动多孔板,观察菲涅尔衍射图像。

2.将多孔板下的 $Y$ 向滑块方向调整至合适位置,使激光打在多孔板的另一个孔上(与上一步调整顺序相同),观察不同图形的菲涅尔衍射图像。

3.与夫琅和费衍射光强分布进行对比,得出结论。

[注意事项]

1.注意等高共轴的调节。

2.不能直视激光器。

[问题讨论]

1.菲涅尔衍射与夫琅和费衍射的本质区别是什么?

2.如何得到夫琅和费衍射光强分布?

## 实验十六　$\theta$ 调制与伪彩色编码实验

[引言]

黑白图像有相应的灰度分布。人眼对灰度的识别能力不高,最多 15～20 个层次。但是人眼对色度的识别能力却很高,可以分辨数十种乃至上百种色彩。若能将图像的灰度分布转化为彩色分布,势必大大提高人们分辨图像的能力,这项技术称为光学图像的伪彩色编码。伪彩色编码方法有很多种,按其性质可分为等空间频率伪彩色编码和等密度伪彩色编码两类;按其处理方法则可分为相干光处理和白光处理两类。等空间伪彩色编码是对图像不同的空间频率赋予不同的颜色，从而使图像按空间频率的不同显示不同的色彩；等密度伪彩色编码则是对图像的不同灰度赋予不同的颜色。前者用来突出图像的结构差异，后者则用来突出图像的灰度差异，以提高对黑白图像的判读能力。黑白图像的伪彩色化已在遥感、生物医学和气象等领域的图像处理中得到了广泛的应用。

本实验需要学生团结协作，实现数据采集、处理和分析等任务，同时学生也要积极参与讨论，形成自己独特的思考。

**［实验目的］**

1.掌握 $\theta$ 调制伪彩色编码的原理。

2.巩固和加深对光栅衍射基本理论的理解，获得伪彩色编码图像。

**［仪器用具］**

LED 白光光源、三维光栅、白屏、滤波板等。

**［实验原理］**

光栅是近代分光仪器(如光谱仪)的主要 DOE 元件，有透射光栅和反射光栅两类。光栅是由许多等间距的狭缝组成的，$a$ 为每条狭缝的宽度，$d$ 为缝距，又称光栅常数，如图 4-2-75 所示。

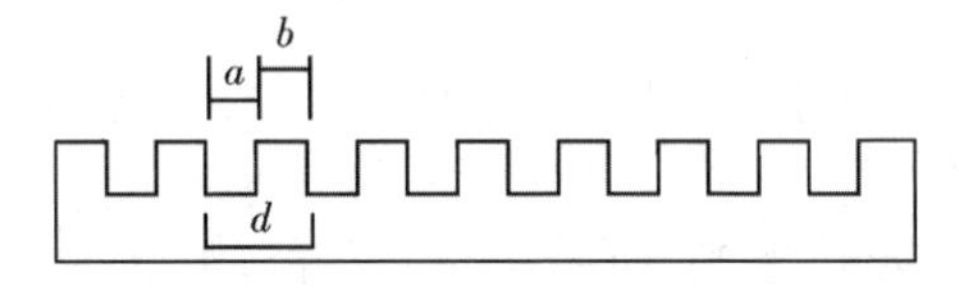


图 4-2-75　光栅剖面图

当单色平行光垂直投射到光栅平面上时，凡满足光栅色散方程式

$$d(\sin\sigma + \sin\theta) = k\lambda \tag{4-2-79}$$

的衍射光经透镜会聚后，在其焦面上出现亮条纹，称为谱线。式(4-2-79)称为光栅方程，式中 $k$ 为谱线级次，$\theta$ 为谱线的衍射角。当 $k=0$ 时，在衍射角 $\theta=0$ 方向看到的中央亮纹，称零级谱线。其他各级谱($k=0,\pm1,\pm2,\cdots$)对称地分布在两侧，谱线强度逐渐减弱。当入射光是不同波长的复合光时，中央零级是各种波长的零级谱线重叠而成的复合光的零级谱线，其余各级条纹都是散开的色线，称为光谱线。若已知入射光波长，当测出该谱线的衍射角 $\theta$ 和谱线级次 $k$ 后，可由光栅色散方程求得光栅常数 $d$。若给定光栅常数 $d$，测定衍射角 $\theta$，可求得该谱线的波长，这就是光谱分析的基本思想。

对一幅图像的不同区域分别用取向不同(方位角 $\theta$ 不同)的光栅预先进行调制，经多次曝光和显影、定影等处理后制成透明胶片，并将其放入光学信息处理系统的输入面，用白光照明，则在其频谱面上，不同方位的频谱均呈彩虹颜色。如果在频谱面上开一些小孔，则在不同的方位角上，小孔可选取不同颜色的谱，最后在信息处理系统的输出面上便得到所需的彩色图像。这种编码方法由于是利用不同方位的光栅对图像不同空间部位进行调制来实现的，故称为 $\theta$ 调制空间伪彩色编码。具体编码过程如下：

样品的不同颜色曝光过程如图 4-2-76 所示。若要使其中草地、天安门和天空 3 个区域呈现 3 种不同的颜色，则可在一胶片上曝光 3 次，每次只曝光其中一个区域(其他区域被挡住)，并在其上覆盖某取向的光栅。3 次曝光分别取 3 个不同取向的光栅，如图 4-2-76(b)中线条所示。将这样获得的调制片显影、定影处理后，置于光学信息处理的输入平面。用白光平行光照明，并进行适当的空间滤波处理。

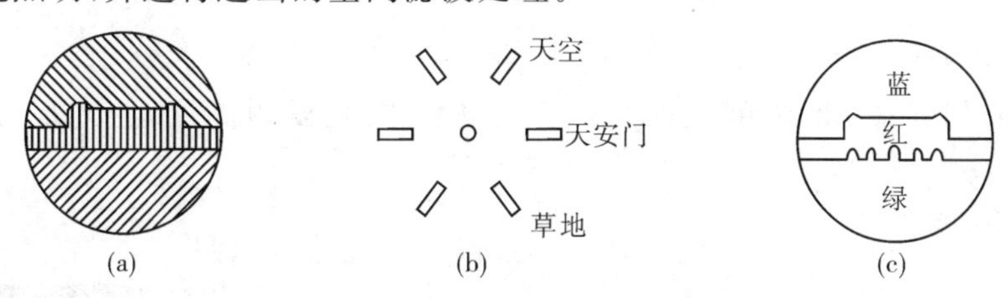


图 4-2-76 不同颜色曝光过程图

由于物被不同取向的光栅所调制，所以在频谱面上得到的将是取向不同的带状谱(均与其光栅栅线垂直)。物的 3 个不同区域的信息分布在 3 个不同的方向上，互不干扰。当用白光照明时，各级频谱呈现出的是色散的彩带，由中心向外按波长从短到长的顺序排列。在频谱面上选用一个带通滤波器，实际是一个被穿了孔的光屏或波长选择性透光纸。

如图 4-2-76(a)中的天安门图案。其中天安门用条纹竖直的光栅制作，天空用条纹左倾 60°的光栅制作，地面用条纹右倾 60°的光栅制作。因此在频谱面上得到的是三个取向不同的正弦光栅的衍射斑，如图 4-2-76(b)所示。由于是用白光照明以及光栅的色散作用，除 0 级保持为白色外，±1 级衍射斑展开为彩色带，蓝色靠近中心，红色在外。在 0 级斑点位置、条纹竖直的光栅±1 级衍射带的红色部分、条纹左倾光栅±1 级衍射带的蓝色部分以及条纹右侧光栅±1 级衍射带的绿色部分分别打孔进行空间滤波。然后在像平面上将得到蓝色天空下、绿色草地上的红色天安门图案，如图 4-2-76(c)所示。

因此，在代表草地、天安门和天空信息的频谱带上分别让绿色、红色和蓝色的频谱通过，挡住其余颜色的谱，则在系统的输出面就会得到绿地、红色天安门和蓝天效果的彩色图像。很明显，$\theta$ 调制空间伪彩色编码就是通过 $\theta$ 调制处理手段，“提取”白光中所包含的彩色，再“赋予”图像。

[内容要求]

## 基础实验内容——搭建调制空间伪彩色编码实验装置

1. 根据“调制空间伪彩色编码实验”的实验装配图安装所有的器件，如图 4-2-77 所示。

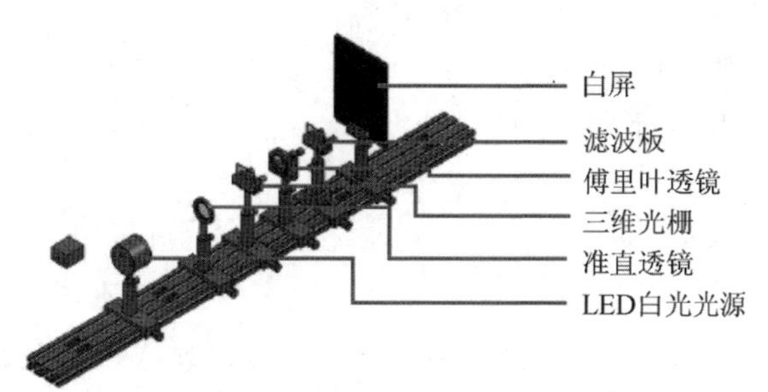


图 4-2-77 调制空间伪彩色编码实验仪器装配图

2.调整各器件高度，使 LED 白光光源、准直透镜、天安门光栅、傅里叶透镜、滤波板、白屏处于同一水平高度。

3.调整 LED 白光光源高度与方向，使其射出的光沿着导轨方向。

4.调整准直透镜与 LED 白光光源之间的距离，使用白屏观察准直后的光斑，使光斑在近处和远处的直径大致相等。

5.插入天安门光栅(光栅倒立插入)，调节天安门光栅的高度，使光斑尽可能打到光栅上。

**提升实验内容——获得伪彩色编码图像**

1.在上述装置中插入傅里叶透镜，做傅里叶变换。

2.将滤波板调整在傅里叶透镜的后焦面位置上，使得 6 个焦点分别打到 6 条色彩条纹上，前后移动白屏，找出清晰的像，效果如图 4-2-78 所示。如果成像出现缺失或效果不好，可把光源的前盖取下，在光源后用可变光阑来控制透光面积，透光面积较大时，效果更好。

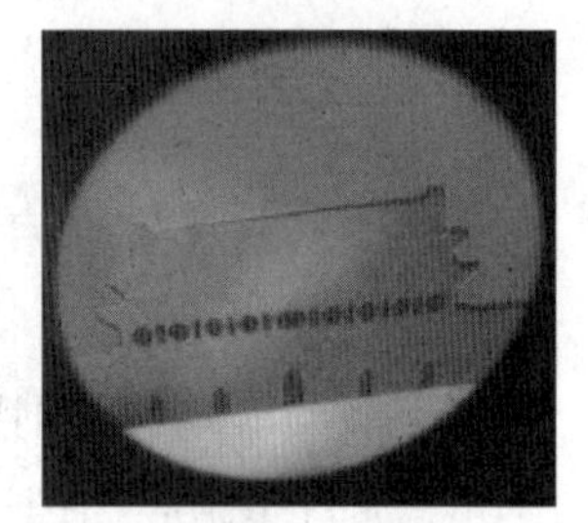

图 4-2-78　效果图

**进阶实验内容——自制光栅获得伪彩色编码图像**

1.设计和制作伪彩色编码图像，如水杯、球类等双色图案。在硬纸板上画好图案，并且将其分成两部分，分别刻成窗口。

2.搭建马赫－曾德尔光路，要求参考光和物光的光程和光强基本相等，光栅常数为 100 线/mm。

3.将硬纸板与全息干板紧紧地贴在一起，利用等时曝光和不同方位光栅记录各个窗口的图案。

4.将曝光后的全息底片进行显影、定影、漂白和烘干处理，制成由两个不同方位光栅组成的光栅片。

5.进行前两项实验内容，观察自制光栅的伪彩色编码图像。

[注意事项]

1.注意等高共轴的调节。

2.原始图像需要具备清晰的边缘和明显的色彩对比度。

[问题讨论]

1.什么是伪彩色编码？

2.伪彩色编码有哪些方面的应用？

# 实验十七 彩色数字编码实验与光学解码图像还原实验

[引言]

彩色数字图像编码、解码是基于光学信息处理技术，通过傅里叶变换和光学频谱分析的方法，借助空间滤波技术对光学信息(图像)进行处理的彩色图像记录技术。RealLight© 采用液晶空间光调制器对物函数进行光栅抽样(编码)，再将编码后的物函数通过衍射光学系统进行傅里叶变换和彩色滤波处理，以得到原物的彩色图像。空间光调制器(Spatial Light Modulator，SLM)是一种属于现代光学和光学成像技术领域的重要设备和技术。它的主要原理是通过电场调制光通过的介质的折射率，进而控制光的相位和振幅，实现对光波的精确控制和调制。

彩色数字编码和解码是一种现代化的加密技术，它可以在数字数据上注入色彩信息，以便于传输和保护数字数据的安全性。学生应充分认识信息安全的重要性，并具备信息安全意识和风险意识，自觉采取有效措施，保护个人和组织信息安全。

SLM 可应用于各种光学系统和实验中，例如激光束调制、光学干涉、光学图案识别、光学计算、光学成像等领域。它具有调制速度快、空间分辨率高、无机械振动和稳定性好等优点，是现代光学研究和应用中不可或缺的重要工具。

[实验目的]

1.了解空间光调制器的基础知识及工作原理。

2.了解 G-S 算法。

3.彩色数字编码实验。

4.光学解码图像还原实验。

[仪器用具]

空间光调制器、LED 白光光源、正透镜、滤波板、白屏等。

[实验原理]

根据液晶分子的空间排列不同，可将液晶分为向列型、近晶型、胆甾型三类。其中扭曲向列液晶(Twisted Nematic Liquid Crystal，TNLC)是液晶屏的主要材料之一，它是一种各向异性的媒质，可以看作同轴晶体，它的光轴与液晶分子的长轴平行。TNLC 分子自然状态下扭曲排列，在电场作用下会沿电场方向倾斜，在这个过程中对空间光的强度和相位都会产生调制。

定量分析液晶屏对光的调制特性，需要将调制过程用数学方法来模拟，液晶盒里的扭曲向列液晶可沿光的透过方向分层，每一层可看作单轴晶体，它的光学轴与液晶分子的取向平行。由于分子的扭曲结构，分子在各层间按螺旋方式逐渐旋转，各层单轴晶体的光学轴沿光的传输方向螺旋式旋转。

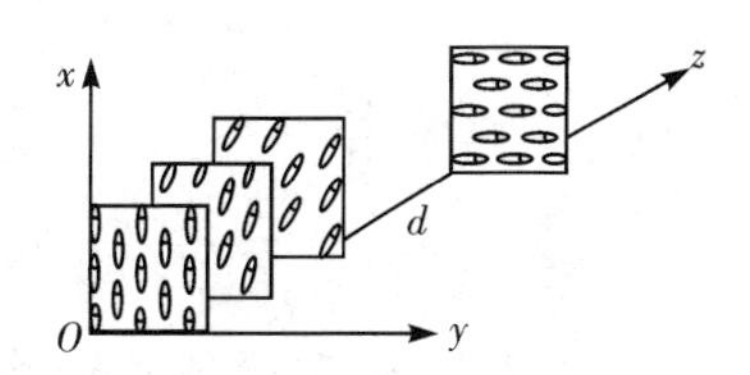

图 4-2-79 单轴晶体数学模拟图

如图 4-2-79 所示。

在空间光调制器液晶屏的使用中,光线依次通过起偏器 $P_1$、液晶分子、检偏器 $P_2$,如图 4-2-80 所示。光路中要求偏振片和液晶屏表面都在 $x$-$y$ 平面上,图中已经分别标出了液晶屏前后表面分子的取向,两者相差 90°。偏振片角度的定义是,逆着光的方向看,$\varphi_1$ 为液晶屏前表面分子的方向顺时针旋转到 $P_1$ 偏振方向的角度,$\varphi_2$ 为液晶屏后表面分子的方向逆时针旋转到 $P_2$ 偏振方向的角度。偏振光沿 $z$ 轴传输,各层分子可以看作具有相同性质的单轴晶体,它的 Jones 矩阵表达式与液晶分子的寻常折射率 $n_o$ 和非常折射率 $n_e$,以及液晶盒的厚度 $d$ 和扭曲角 $\alpha$ 有关。除此之外,Jones 矩阵还与两个偏振片的转角 $\varphi_1$、$\varphi_2$ 有关。因此,光波强度和相位的信息可简单表示为 $T=T(\beta,\varphi_1,\varphi_2)$,$\delta=\delta(\beta,\varphi_1,\varphi_2)$,其中 $\beta=\pi d[n_e(\theta)-n_o]/\lambda$。$\beta$ 又称为双折射,它其实为隐含电场的量。因为 $\beta$ 为非常折射率 $n_e$ 的函数,非常折射率 $n_e$ 随液晶分子的倾角 $\theta$ 改变,$\theta$ 又随外加电压变化。

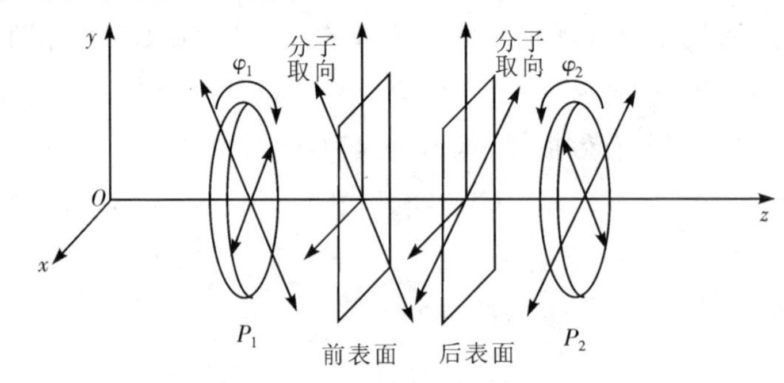


图 4-2-80 空间光调制器光线路径图

目前主流的液晶显示器组成比较复杂,它主要是由荧光管、导光板、偏光板、滤光板、玻璃基板、配向膜、液晶材料、薄膜式晶体管等构成。作为空间光调制器来使用时,通常只保留液晶材料和偏振片。液晶被夹在两个偏振片之间,能实现显示功能。光线入射面的偏光板称为起偏器,出射面的偏光板称为检偏器。实验时通常将这两个偏振片从液晶屏中分离出来,用可旋转的偏振片代替,这样方便调节角度。在不加电压和加电压的情况下液晶屏的透光原理如图 4-2-81 所示。

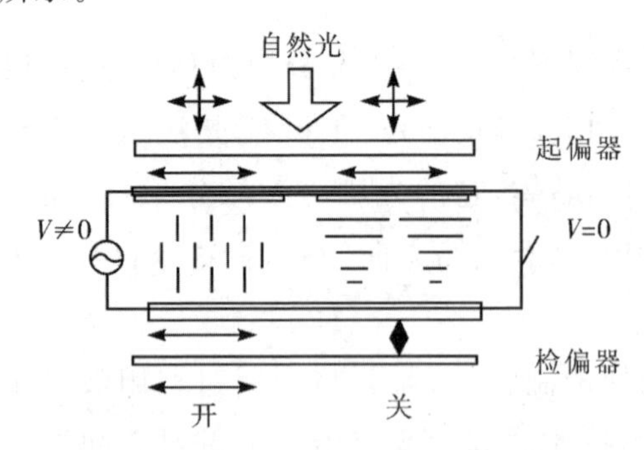


图 4-2-81 液晶屏的透光原理图

图 4-2-81 中液晶屏两侧的起偏器和检偏器相互平行,自然光透过起偏器后变为线偏振光,偏振方向为水平。右侧 $V=0$,不加电压,液晶分子自然扭曲 90°,透过光的偏振方向

也旋转 90°，与检偏器方向垂直，无光线射出，即为关态。而左侧 $V\neq0$，分子沿电场方向排列，对光的偏振方向没有影响，光线经检偏器射出，即为开态。这样即实现了通过电压控制光线通过的功能。

液晶在某个温度范围内兼有液体和晶体二者的特性，因此液晶分子排列并非像晶体结构那样牢固，而是柔软且容易变形。如果对表面处理正性向列相液晶盒施加一个与分子指向矢垂直的电场，液晶内部将受到两个转矩的影响，一个是外电场对液晶施加的转矩，另一个是由于受边界条件限制而引起的变形转矩。在平衡态下，两个转矩的作用相互抵消。一旦电场超过一定的阈值，液晶分子将转向外电场的方向排列。对液晶盒外加电压时，液晶光学各向异性和介电各向异性将随之变化，即发生弗雷德里克转变，从而产生电控双折射现象。液晶光栅正是利用了液晶折射率等光学特性在发生周期变化时会引起寻常光与非寻常光产生的相位差及偏转特性也发生变化这一性质。液晶光栅的这一电光特性在光学计算处理、衍射光学、三维图像显示和光电开关等许多领域具有广泛的应用前景。

本实验利用液晶光栅这一特性，模拟二维光栅通过 $4f$ 光学系统处理进行傅里叶变化和彩色滤波处理，以得到原物的彩色图像，从而实现彩色数字编码实验和光学解码图像还原。

［内容要求］

**基础实验内容——实验设备安装调试**

1. 根据图 4-2-82 安装各光学元件。

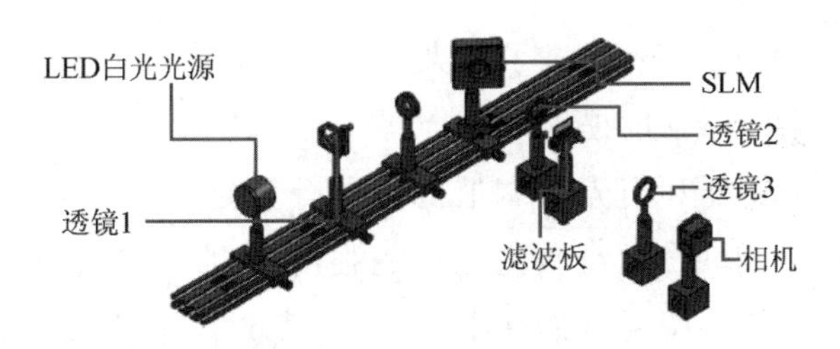


图 4-2-82　安装示意图

2. 调整 LED 白光光源输出光束使光轴通过可变光阑，且使 LED 白光光源处于正透镜 1 前焦面，微调透镜使近处、远处光斑大小相同。

**提升实验内容——彩色数字编码实验**

1.加入 SLM，调整角度，使其与透镜 2 也在同一光轴上。依次打开“数字式阿贝语信息光学基础综合实验软件”“调制空间伪彩色编码实验”“图片光栅设置”，读入“reallight”图，输入光栅常数(基于光栅衍射的能级分布、SLM 像素的大小，光栅常数在 6～10 线/mm 时，现象较好)。

2.把“区域选取”改为手动，然后点击不同角度“选取”不同区域取向，然后点击“停止”，再点击“写入 SLM”。

### 进阶实验内容——光学解码图像还原实验

1.把 $\theta$ 滤波板放在透镜 2 后焦面上，即液晶光栅的频谱面上，进行滤波。

2.在滤波板后加入透镜 3。透镜 3 与滤波板距离越近，成像越小，图像才能完全被采集。调整相机的位置，采集图像。改变区域的光栅取向，使区域颜色改变，重复采集图像。

[注意事项]

1.空间光调制器应避免长时间暴露在高温环境下。

2.空间光调制器要避免受到剧烈震动。空间光调制器是精密的光学器件，受到剧烈震动会影响设备的精度和稳定性。

[问题讨论]

1.什么叫 G-S 算法?

2.空间光调制器有哪些方面的应用?

## 实验十八　晶体的声光效应实验

[引言]

声光效应是指光通过某一受到超声波扰动的介质时发生衍射的现象，这种现象是光波与介质中声波相互作用的结果。光被声场衍射这一概念的出现最早可追溯到 20 世纪 20 年代，法国巴黎大学莱昂·布里渊首次从理论上讨论了光被声波散射的问题。1932 年，美国麻省理工学院德拜等人首次通过实验验证了该现象。20 世纪 60 年代激光器的问世为声光现象的研究提供了理想的光源，促进了声光效应理论和应用研究的迅速发展。声光效应为控制激光束的频率、方向和强度提供了一个有效的手段。

声光调制器、声光偏转器和声光可调谐滤波器等都是基于声光效应的器件。其中，声光调制器是利用 Bragg 衍射原理，对激光光束的强度、方向和频率进行调制的。与机械调制器和电光调制器相比，声光调制器具有体积小、衍射效率高、温度稳定性高及消光比大等优点，已广泛地应用到激光技术、网络通信和雷达波谱分析仪等领域。

随着声光材料制备、器件设计、器件可靠性技术的不断改进以及制作成本的不断降低，高性能声光器件的应用和市场发展需求对声光材料性能提出了更高的要求。因而从业者必须坚持创新发展，不断提高自身专业素质和核心竞争力，积极推进行业的发展和进步。

[实验目的]

1.了解声光效应的原理。

2.了解拉曼—奈斯衍射和布拉格衍射的实验条件和特点。

3.测量声光偏转和声光调制曲线。

4.完成声光通信实验光路的安装及调试。

[仪器用具]

TSGMG-1/Q 型高速正弦声光调制器及驱动电源等。

[实验原理]

当超声波在介质中传播时，将使介质的弹性应变在时间和空间上作周期性变化，并且使介质的折射率也发生相应变化。当光束通过有超声波的介质后就会产生衍射现象，这就是声光效应，如图 4-2-83 所示。有超声波传播的介质如同一个相位光栅。

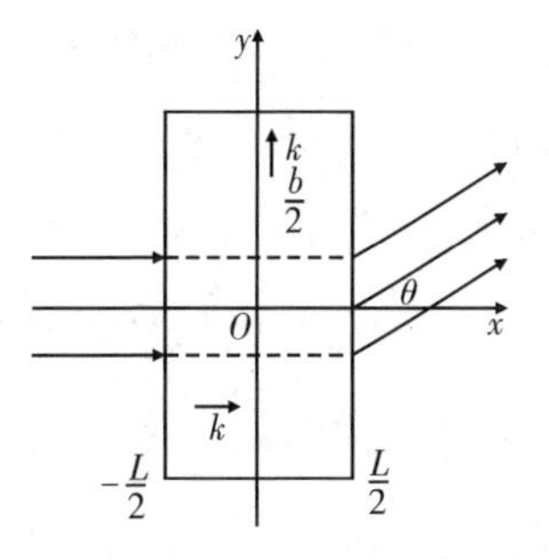


图 4-2-83 声光效应光路图

声光效应有正常声光效应和反常声光效应之分。在各向同性介质中，声—光相互作用不导致入射光偏振状态的变化，产生正常声光效应。在各向异性介质中，声—光相互作用可能导致入射光偏振状态的变化，产生反常声光效应。反常声光效应是制造高性能声光偏转器和可调滤波器的基础。正常声光效应可用拉曼—奈斯的光栅假设做出解释，而反常声光效应不能用光栅假设做出说明。在非线性光学中，利用参量相互作用理论，可建立起声—光相互作用的统一理论，并且运用动量匹配和失配等概念对正常和反常声光效应都可做出解释。本实验只涉及各向同性介质中的正常声光效应。

设声光介质中的超声行波是沿 $y$ 方向传播的平面纵波，其角频率为 $\omega_s$，波长为 $\lambda_s$，波矢为 $k_s$。入射光为沿 $x$ 方向传播的平面波，其角频率为 $\omega$，在介质中的波长为 $\lambda$ ，波矢为 $k$。介质内的弹性应变也以行波形式随声波一起传播。由于光速大约是声速的 $10^5$ 倍，在光波通过的时间内介质在空间上的周期变化可看成是固定的。

由于应变而引起的介质的折射率的变化由下式决定

$$\Delta\left(\frac{1}{n^2}\right)PS \tag{4-2-80}$$

其中，$n$ 为介质折射率，$S$ 为应变，$P$ 为光弹系数。通常，$P$ 和 $S$ 为二阶张量。当声波在各向同性介质中传播时，$P$ 和 $S$ 可作为标量处理，如前所述，应变也以行波形式传播，所以可写成

$$S=S_0\sin(\omega_s t-k_s y) \tag{4-2-81}$$

当应变较小时，折射率作为 $y$ 和 $t$ 的函数可写作

$$n(y,t)=n_0+\Delta n\sin(\omega_s t-k_s y) \tag{4-2-82}$$

式中，$n_0$ 为无超声波时的介质的折射率，$\Delta n$ 为声波折射率变化的幅值，由式(4-2-80)可求出

$$\Delta n=-\frac{1}{2}n^3PS_0$$

设光束垂直入射($k\perp k_s$)并通过厚度为 $L$ 的介质，则前后两点的相位差为

$$\begin{aligned}\Delta\varphi&=k_0n(y,t)L\\&=k_0n_0L+k_0\Delta nL\sin(\omega_s t-k_s y)\\&=\Delta\varphi_0+\delta\varphi\sin(\omega_s t-k_s y)\end{aligned} \tag{4-2-83}$$

式中，$k_0$ 为入射光在真空中的波矢的大小，右边第一项 $\Delta\varphi_0$ 为不存在超声波时光波在介质前后两点的相位差，第二项为超声波引起的附加相位差(相位调制)，$\delta\varphi=k_0\Delta nL$。可见，当平面光波入射在介质的前界面上时，超声波使出射光波的波振面变为周期变化的皱折波面，从而改变出射光的传播特性，使光产生衍射。

设入射面上 $x=-\dfrac{L}{2}$ 的光振动为 $E_i=Ae^{it}$，$A$ 为常数，也可以是复数。考虑到在出射面 $x=-\dfrac{L}{2}$ 上各点相位的改变和调制，在 $xy$ 平面内离出射面很远一点的衍射光叠加结果为

$$E\propto A\int_{-\frac{b}{2}}^{\frac{b}{2}}\exp\{i[\omega t-k_0n(y,t)-k_0y\sin\theta]\}\mathrm{d}y$$

写成等式为

$$E=C\exp(i\omega t)\int_{-\frac{b}{2}}^{\frac{b}{2}}\exp[i\delta\varphi\sin(k_sy-\omega_st)\exp(-ik_0y\sin\theta)]\mathrm{d}y \qquad (4\text{-}2\text{-}84)$$

式中，$b$ 为光束宽度，$\theta$ 为衍射角，$C$ 为与 $A$ 有关的常数，为了简单可取为实数。利用与贝塞尔函数有关的恒等式

$$\exp(ia\sin\theta)=\sum_{m=-\infty}^{+\infty}J_m(a)\exp(im\theta)$$

式中 $J_m(a)$ 为(第一类)$m$ 阶贝塞尔函数，将式(4-2-84)展开并积分得

$$E=Cb\sum_{m=-\infty}^{\infty}J_m(\delta\varphi)\exp\left\{i(\omega-m\omega_s)t\,\frac{\sin[b(mk_s-k_0\sin\theta)/2]}{b(mk_s-k_0\sin\theta)/2}\right\} \qquad (4\text{-}2\text{-}85)$$

上式中与第 $m$ 级衍射有关的项为

$$E_m=E_0\exp[i(\omega-m\omega_s)t] \qquad (4\text{-}2\text{-}86)$$

$$E_0=CbJ_m(\delta\varphi)\,\frac{\sin[b(mk_s-k_0\sin\theta)/2]}{b(mk_s-k_0\sin\theta)/2} \qquad (4\text{-}2\text{-}87)$$

因为函数 $\dfrac{\sin x}{x}$ 在 $x=0$ 取极大值，因此有衍射极大的方位角 $\theta_m$ 由下式决定：

$$\sin\theta_m=m\frac{k_s}{k_0}=m\frac{\lambda_0}{\lambda_s} \qquad (4\text{-}2\text{-}88)$$

式中，$\lambda_0$ 为真空中光的波长，$\lambda_s$ 为介质中超声波的波长。与一般的光栅方程相比可知，超声波引起的有应变的介质相当于光栅常数为超声波长的光栅。由式(4-2-86)可知，第 $m$ 级衍射光的频率

$$\omega_m=\omega-m\omega_x \qquad (4\text{-}2\text{-}89)$$

可见，衍射光仍然是单色光，但发生了频移。由于 $\omega\gg\omega_s$，这种频移是很小的。

第 $m$ 级衍射极大的强度 $I_m$ 可用式(4-2-86)模数平方表示为

$$\begin{aligned}I_m&=E_0E_0^*\\&=C^2b^2J_m^2(\delta\varphi)\end{aligned}$$

$$=I_0 J_m^2(\delta\varphi) \quad (4\text{-}2\text{-}90)$$

式中，$E_0^*$ 为 $E_0$ 的共轭复数，$I_0=C^2b^2$。

第 $m$ 级衍射极大的衍射效率 $\eta_m$ 定义为第 $m$ 级衍射光的强度与 $m$ 入射光的强度之比。由式(4-2-90)可知，$\eta_m$ 正比于 $J_m^2(\delta\varphi)$。当 $m$ 为整数时，$J_{-m}(a)=(-1)J_m(a)$。由式(4-2-88)和式(4-2-90)表明，各级衍射光相对于零级对称分布。

当光束斜入射时，如果声光作用的距离满足 $L<\lambda_s^2/2\lambda$，则各级衍射极大的方位角 $\theta_m$ 由下式决定

$$\sin\theta_m=\sin i+m\frac{\lambda_0}{\lambda_s} \quad (4\text{-}2\text{-}91)$$

式中 $i$ 为入射光波矢 $k$ 与超声波波面的夹角。上述的超声衍射称为拉曼—奈斯衍射，有超声波存在的介质起平面位光栅的作用。

当声光作用的距离满足 $L<\lambda_s^2/2\lambda$，而且光束相对于超声波波面以某一角度斜入射时，在理想情况下除了 0 级之外，只出现+1 级或−1 级衍射。如图 4-2-84 所示。

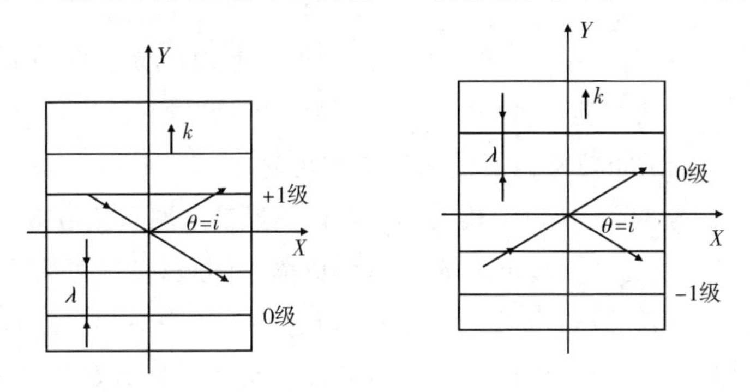


图 4-2-84　声光效应衍射图

这种衍射与晶体对 X 光的布拉格衍射很类似，故称为布拉格衍射。能产生这种衍射的光束入射角称为布拉格角。此时有超声波存在的介质起体积光栅的作用。

测量光屏上 0 级到+1 级或 0 级到−1 级的衍射光斑中心的距离 $a$ 及光屏到声光器件的距离 $r$，可计算出空气中的发散角 $\theta_V$。由于 $\theta_V$ 很小，所以其正弦值与其弧度值可以看作相等，所以

$$\theta_V\approx\sin\theta_V=\frac{a}{r} \quad (4\text{-}2\text{-}92)$$

根据折射率定律，将 $\theta_V$ 转换到声光介质中，可得到介质中的衍射角

$$\theta_D=2i_B=\frac{n_V\cdot\theta_V}{n_D} \quad (4\text{-}2\text{-}93)$$

而衍射角 $\theta_D$ 的理论计算值可由

$$\sin\theta_D=\frac{\lambda\cdot f}{n_D\cdot V} \quad (4\text{-}2\text{-}94)$$

给出，由于 $\theta_D$ 很小，其正弦值与其弧度值可看作相等，从而得到

$$\theta_D \approx \frac{\lambda \cdot f}{n_D \cdot V} \tag{4-2-95}$$

若已知激光的波长及其在声光调制晶体中的折射率，则可通过

$$V = \frac{\lambda \cdot f}{n_D \cdot \theta_D} \tag{4-2-96}$$

计算出激光在声光调制晶体中的传播速度。

衍射效率是指在某一个衍射方向上的光强与入射光强的比值，定义为

$$\eta = \frac{P_m}{P} \tag{4-2-97}$$

其中，$P_m$ 为第 $m$ 级衍射的光功率，$P$ 为入射光的功率。

在布拉格衍射条件下，一级衍射光的效率为

$$\eta = \sin^2\left[\frac{\pi}{\lambda_0}\sqrt{\frac{M_2 L P_s}{2H}}\right] \tag{4-2-98}$$

式中，$P_s$ 为超声波功率，$L$ 和 $H$ 为超声换能器的长和宽，$M_2$ 为反映声光介质本身性质的常数，$M_2 = n^6 p^2/\rho v_s^\delta$，$\rho$ 为介质密度，$p$ 为光弹系数。在布拉格衍射下，衍射光的效率也由式(4-2-89)决定。理论上布拉格衍射的衍射效率可达 100%，拉曼—奈斯衍射中一级衍射光的最大衍射效率仅为 34%，所以使用的声光器件一般都采用布拉格衍射。由式(4-2-95)和式(4-2-97)可看出，通过改变超声波的频率和功率，可分别实现对激光束方向的控制和强度的调制，这是声光偏转器和声光调制器的基础。从式(4-2-98)可知，超声光栅衍射会产生频移，因此利用声光效应还可以制成频移器件。超声频移器在计量方面有重要应用，如用于激光多普勒测速仪。

以上讨论的是超声行波对光波的衍射。实际上，超声驻波对光波的衍射也产生拉曼—奈斯衍射和布拉格衍射，而且各衍射光的方位角和超声频率的关系与超声行波的相同。不过，各级衍射光不再是简单地产生频移的单色光，而是含有多个傅里叶分量的复合光。

［内容要求］

**基础实验内容——搭建晶体的声光效应装置**

1.依据声光效应的原理，按照“晶体的声光效应实验装配图”(如图 4-2-85 所示)正确连接声光调制器各个部分，激光器开机预热 5～10 min。

2.调整激光器水平，固定可变光阑的高度和孔径，使出射光在近处和远处都能通过可变光阑。调整完成后将其他器件依次放入光路。

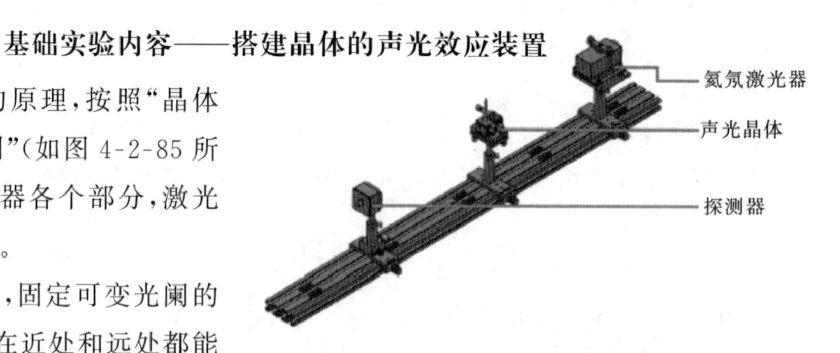

图 4-2-85　晶体的声光效应实验装配示意图

3.调整光路同轴等高,声光调制电源处于关闭状态,微调声光调制器的角度,使激光束按照一定角度入射声光调制器晶体,激光不发生衍射现象。对照拉曼－奈斯衍射和布拉格衍射的实验条件尝试调试。

**提升实验内容——测量声光偏转和声光调制曲线**

1.开启声光调制电源,微调声光调制器的角度,使激光束按照一定角度入射声光调制器晶体,可观察到衍射现象。

2.继续调节声光调制器,使得只出现 0 级和+1 级衍射或者只出现 0 级和－1 级衍射,用白屏测量 0 到+1 级或者 0 到－1 级衍射光斑的距离 $a$ 和声光晶体调制器到白屏的距离 $r$,代入式$\theta_V \approx \frac{a}{r}$计算出空气中的角度,再将$\theta_V$代入式$\theta_D = \frac{n_V \theta_V}{n_D}$算出衍射角。(注意:距离 $r$ 越大越好)

3.将算出的衍射角$\theta_D$代入式 $v = \frac{\lambda f}{n_D \theta_D}$计算出超声波的速度,与理论声速进行对比。($\lambda =$ 650 nm,$f = 100$ MHz,$n_D = 2.81$ $n_V \approx 1$)(声波在二氧化碲晶体中的速度为 4 200 m/s)

**进阶实验内容——测量声光器件的衍射效率和带宽**

1.在声光调制器的 AD 端,接电光调制器的"调制幅度"接口,以获得正弦波信号的调制。

2.把"调制幅度"调至最大。改变"内调频率",在低频时,可观察到衍射光斑的闪烁现象;在高频时,人眼已经无法识别这种高频的闪烁,此时需通过探测器来探测,用示波器观察,效果如图 4-2-86 所示。

3.用功率计测量并记录激光器的功率 $P$。

4.在 AD 端输入正弦信号,调整出激光正入射时的拉曼－奈斯衍射,测量+1 级或者－1 级的衍射光功率 $P_1$。

图 4-2-86　高频闪烁示意图

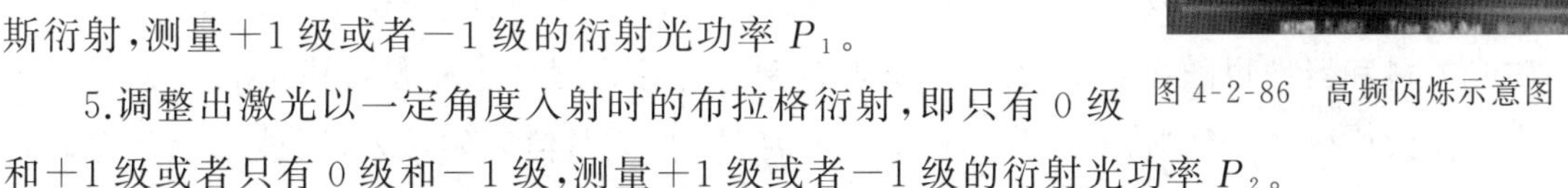

5.调整出激光以一定角度入射时的布拉格衍射,即只有 0 级和+1 级或者只有 0 级和－1 级,测量+1 级或者－1 级的衍射光功率 $P_2$。

6.把功率值代入式 $\eta = \frac{P_m}{p}$,得出两种衍射的衍射效率,并对比两种衍射的效率。

7.调整探测器的一维平移台,用探测器接收+1 级或－1 级衍射光斑。

8.将 MP3 与声光调制器驱动电源连接,扬声器与探测器连接,则可听到 MP3 播出的音乐声。

[**注意事项**]

1.调节实验仪器过程中不可操之过急,应耐心认真调节,声光器件尤为贵重,注意保护。

2.在观察和测量以前,应将整个光学系统调至等高共轴。

[问题讨论]

1.为什么说声光器件相当于相位光栅？

2.声光器件在什么实验条件下产生拉曼－奈斯衍射？在什么实验条件下产生布拉格衍射？两种衍射的现象各有什么特点？

3.调节拉曼－奈斯衍射时，如何保证光束垂直入射？

4.声光效应可能有哪些方面的应用？

# 实验十九　晶体的磁光效应实验

[引言]

磁光效应是指光与磁场中的物质，或光与具有自发磁化强度的物质之间相互作用所产生的各种现象，主要包括法拉第效应、克顿－莫顿效应、克尔效应、塞曼效应、光磁效应等。磁场中某些非旋光物质具有旋光性，该现象称为“法拉第效应”或“磁致旋光效应”。

1845 年，法拉第将一片玻璃置于一对磁极之间，发现沿外磁场方向的入射光经玻璃透射后的光偏振面发生了旋转。这是历史上第一次有人发现光与磁场的相互作用现象，因而后来该现象就被称为法拉第效应。受法拉第效应的启发，1876 年克尔发现了光在物质表面反射时光偏振面发生旋转的现象，即克尔效应；1896 年，塞曼在观察置于磁场中的钠蒸气光谱时发现了塞曼效应；1989 年，发现了与横向塞曼效应有相似特性的佛赫特效应；1907 年，艾梅·克顿和亨利·莫顿在做液体实验时又发现了克顿一莫顿效应；之后又陆续发现了磁圆振二向色性、磁线振二向色性、磁激发光散射、磁光吸收、磁等离子体效应和光磁效应等。1956 年，美国贝尔实验室的狄龙等人利用透射光的磁致旋光效应，观察了忆铁石榴石单晶材料中的磁畴结构，此后磁光效应才被大量应用于各方面。1960 年，第一台激光器的问世，使得磁光效应的研究与发展走上了深入扩展的道路，许多磁光性质和现象相继被发现，新的磁光材料和器件也随之被研制出来，此时的磁光理论也得到了完善与补充。

磁光效应除了广泛应用于磁力计、磁光隔离器、光纤通信等领域外，还被用于磁力显微镜、磁光偏转器等实验和仪器中，使得人们能够更好地了解物质的磁性和电子结构等性质。在学习磁光效应的过程中，我们应该注重创新意识的培养，积极开展科学探究，提高自己的科学素养，体验创新和发明的乐趣，还要注重实验探索与人类社会的联系，为社会发展做出积极贡献。

[实验目的]

1.掌握磁光效应的原理和实验方法。

2.计算磁光介质的维尔德常数。

3.对比理论计算与实验测得的磁致旋转角度。

4.测试各种磁物质的费尔德常数。

[仪器用具]

532 nm 半导体激光器、650 nm 半导体激光器、磁光玻璃棒等。

[实验原理]

1.磁场和磁场方向

安培定则,也叫右手螺旋定则,是表示电流和电流激发磁场的磁感线方向间关系的定则。通电直导线中的安培定则(安培定则一):用右手握住通电直导线,让大拇指指向电流的方向,那么四指的指向就是磁感线的环绕方向。通电螺线管中的安培定则(安培定则二):用右手握住通电螺线管,使四指弯曲与电流方向一致,那么大拇指所指的那一端是通电螺线管的N极。磁感线:在磁场中画一些曲线(用虚线或实线表示),使曲线上任何一点的切线方向都跟这一点的磁场方向相同(且磁感线互不交叉),这些曲线叫磁感线。磁感线是闭合曲线。磁体外部的磁感线都是从N极出来进入S极,在磁体内部磁感线从S极到N极。在这些磁感线上,每一点的切线方向都在该点的磁场方向上。

2.磁光效应

一束入射光进入具有固有磁矩的物质内部传输或者在物质界面反射时,光的传播特性,例如偏振面、相位或者散射特性发生变化,这个物理现象被称为磁光效应。磁光效应包括法拉第效应、克尔效应、塞曼效应、磁线振双折射(克顿—莫顿效应或者佛赫特效应)、磁圆振二向色性、磁线振二向色性和磁激发光散射等许多类型。迄今为止,法拉第效应和克尔效应是被研究和应用最广泛的磁光效应。

磁场可以使某些非旋光物质具有旋光性。该现象称为磁致旋光效应(法拉第效应),是磁光效应的一种形式。如图 4-2-87 所示。

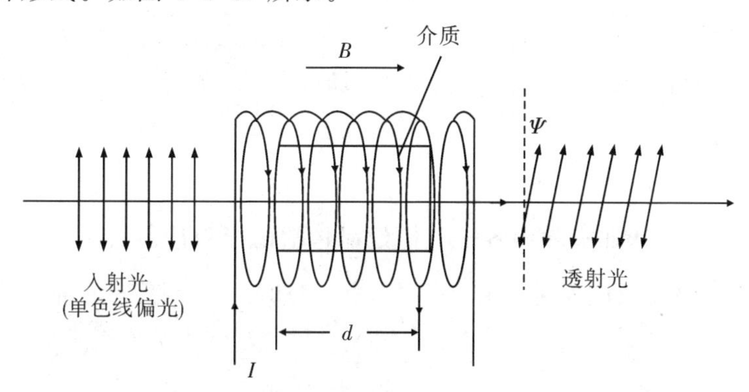


图 4-2-87 左旋的磁旋光示意图

当线偏振光在媒质中沿磁场方向传播距离 $d$ 后,振动方向旋转的角度

$$\Psi = V_e d B \tag{4-2-99}$$

式中 $B$ 是磁感应强度(注意:此时 $B$ 的方向是线圈内部的磁场方向,即穿过晶体的磁场方向),$V_e$ 是物质常数,称为维尔德常数。维尔德常数 $V_e$ 为一比例系数,由物质和工作波长决定,它表征物质的磁光特性。

几乎所有的物质都存在法拉第效应,但不同的物质偏振面旋转的方向可能不同。面对光传播的方向观察，当振动面旋转绕向与磁场方向满足右手螺旋定则时，叫作“正旋”，也称为“右旋”，此时维尔德常数 $V_e>0$；反之，则称为“负旋”，也称为“左旋”，此时维尔德常数$V_e<0$。分析可得，对于不同的旋光介质来说，发生法拉第效应时，光振动面的旋转方向就会不同。图 4-2-87 就是“负旋”的磁旋光示意图。(图中，面对光的传播方向，偏振光顺时针偏转 $\Psi$)

对于每一种给定的旋光物质，无论传播方向与 $B$ 同向还是反向，磁光旋转方向与光波的传播方向无关，仅由磁场 $B$ 的方向决定。

法拉第效应产生的旋光与自然旋光物质产生的旋光有一个重大区别。自然旋光效应是由晶体的微观螺旋状晶格结构引起的，与光波传播的正反向有关。设光波沿光轴传播一段距离 $L$，并沿原路反向时，偏振面的旋向也相反，因而光波传播到原始位置时偏振面也将回转到原始方向。而对于磁致旋光，当光波往返通过磁光介质传播到原始位置时，旋转角 $\Psi$ 将加倍，这一特殊的现象称为非互易性，又称不可逆性或单向性。图 4-2-88 是利用光的反射来增强磁光效应的示意图，我们在螺线管的两端放置了两块平行的反射镜，当光线进入时，光在平行端被反射，这样就可以使光束多次通过同一介质，所以就达到了增加光在反射镜间传播的几何光路的目的，从而使旋光的旋转角度变大，最后达到提高测量精度的目的。

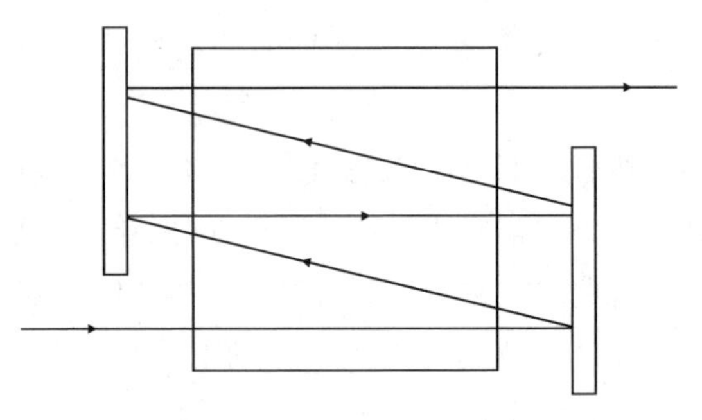
图 4-2-88　利用光的反射来增强磁光效应的示意图

法拉第效应与自然旋光效应相似，也有维尔德常数随波长变化的色散效应。旋光本领与波长的平方成反比，]所以当我们把一束复合光穿过旋光介质，这时就会发现紫光的振动面要比红光的振动面转过的角度大，也就是不同波长的光在同一旋光介质中，其旋光本领不同，这就是旋光色散。

[内容要求]

**基础实验内容——搭建晶体的磁光效应装置**

1.按照“晶体的磁光效应实验光路图”(如图 4-2-89 所示)搭建光路。激光器开机预热 5～10 min。

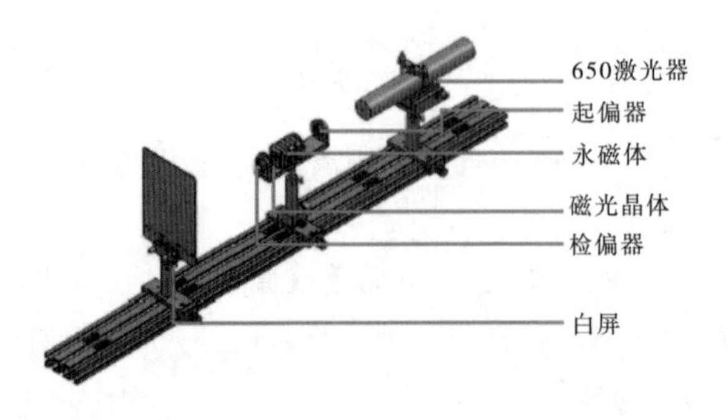

图 4-2-89　晶体的磁光效应实验光路图

2.调整激光器水平，固定可变光阑的高度和孔径，使出射光在近处和远处都能通过可变光阑。调整完成后将其他器件依次放入光路，调节同轴等高。

**提升实验内容——测量磁光介质的维尔德常数**

1.调整出射位置偏振片角度，使得出射光强最弱，记录此时检偏器刻度 $\Psi_0$。

2.放入 $d=50$ mm 的导光柱，此时出射光光强变强。已知磁光晶体为负旋晶体，再根据穿过晶体的磁场方向，用右手螺旋定则判断出偏振光的旋转方向，根据偏振光旋转方向调整检偏器使得出射光强最弱。记录此时检偏器刻度 $\Psi_1$，磁致旋角度 $|\Psi|=|\Psi_1-\Psi_0|$，由公式 $\Psi=V_e dB$，计算维尔德常数。$d$ 是导光柱的长度，$B$ 是磁感应强度，三块磁铁平均磁感应强度 $B=122$ mT。

**进阶实验内容——理论计算与实验测得的磁致旋转角度对比**

1.换上 $d=20$ mm 的导光柱，重复“提升实验内容”实验步骤。

2.去掉中间磁铁，使用 $d=50$ mm 的导光柱，此时内部磁感应强度 $B=82$ mT，根据步骤 1 计算出来的维尔德常数，计算磁致旋转角度。通过实验得出实际旋转角，并与理论旋转角对比。（在 $\lambda=650$ nm 处的维尔德常数参考值 $V=-980°/\mathrm{m}\cdot\mathrm{T}$）

**高阶实验内容——对各种磁物质的费尔德常数进行测试**

取下 650 nm 半导体激光器，安装 532 nm 半导体激光器，重复上述实验步骤。计算此磁光介质在 532 nm 处的维尔德常数。

**[注意事项]**

1.不能直视激光器。

2.导光柱拆放要注意轻拿轻放。

**[问题讨论]**

1.怎样测量色散效应？

2.磁光效应有哪些方面的应用？

# 第五单元　特色实验设计

目前为止，我们学习了偶然误差的基本理论、系统误差的分析和处理，并做了许多实验。在实践中我们学习和掌握了很多具体的实验知识，如实验原理、仪器使用、实验方法、测量方法、消除或减小误差的方法和技巧及数据处理等，具备了一定的实验技能。但是，这些我们所做过的实验，其实验原理、实验方法、仪器选择、测量步骤和要求等基本上都是事先安排好的，这些实验的设计工作是由前人完成的。那么，怎样来进行实验的设计呢？这就是我们在本篇中所要学习的。从本质上讲，设计实验是一项创造性的工作，它更能体现出一个人的独立实验能力和他的聪明才智。从事实验设计工作，需要扎实的理论基础、较强的实验技能、广泛的实践经验和周密严谨的思维。

本单元第一章介绍实验设计的基本过程和基本方法，并给出了几个参考实例。二、三、四各章分别给出一些具体的实验设计题目，在每一个设计题目中都明确给出实验条件和要求。教师在教学过程中可根据需要和实际情况进行变通。

## 第一章　概　述

从科学发展的角度看，设计实验是一项十分重要的工作，也是一项极为艰难的工作。由于研究对象千差万别，设计实验的目的、内容和要求等就会不同，因此不会有统一的实验设计过程和方法。但从物理学发展史上看，有一类实验的设计，其目标或所要解决的主要矛盾是找到一种可实施的测量途径。例如著名的油滴实验，是为测量基本电荷而设计的；迈克尔逊—莫雷实验，是为证明“以太”的存在而设计的；“火花室”“乳胶室”等实验是为探测宇宙射线而设计的等。还有一类实验的设计目标主要是为了提高测量的精度。例如对光速更精确地测量；验证中微子质量是否为零的实验；检验引力质量与惯性质量是否相等的实验等。当然，许多实验的设计，是兼顾测量途径和测量精度两方面的。

学习设计实验是为更深层次的实验研究打基础的，学生从中了解实验设计最基本的知识和方法，从一些简单实验的设计实践中提高实验的设计能力。

## 第一节　实验设计的基本过程

实验设计的基本过程大致可以分为3个阶段。

1.制订实验方案阶段

这是实验的研究阶段，也是最重要的阶段。这一阶段工作质量的好坏，直接决定了整个实验的成败、优劣。

制订实验方案阶段的主要任务是根据实验目的和具体要求，寻求科学、可靠的实验原理；依据实验原理拟订实验方法；根据实验方法合理选择实验仪器，置备必要的实验器材；全面、周密地分析实验中的误差来源，并拟订消除或减小这些误差的有效措施；综合上述各方面因素，确定实验的具体步骤以及注意事项。

2.实验实施阶段

这一阶段是实验的关键阶段，也是实验的主体阶段。实验实施阶段的主要任务是正确地组装实验器材和调试实验仪器；根据实验步骤有条不紊地完成实验过程，准确无误地采集实验数据。

3.总结报告阶段

这是实验的最后阶段，也是实验结果的形成阶段。这一阶段的任务是正确合理地处理实验数据，使之更恰当地反映测量精度，得出实验结论，写出实验报告。设计性实验报告一般要求包括以下内容：

(1)实验题目；

(2)实验目的、任务和要求；

(3)实验原理：应精炼地写出设计思想，给出基本的实验方法及必要的原理图；

(4)实验仪器：根据实验任务、要求和基本实验方法，合理地选择实验仪器和器材；

(5)测量条件：根据实验目的、任务和精度要求，进行必要的计算，给出实验参数、测量条件等；

(6)实验步骤：清晰地写出实验步骤及相应的注意事项；

(7)数据记录：设计合理的数据记录表，并实事求是地、清晰地记录好每一个实验中的观测数据；

(8)数据处理：正确地处理实验数据，得出实验结果(含误差估计)；

(9)分析评价：对实验结果的优劣和可靠性进行分析和评价，提出进一步工作的改进意见和想法；

(10)总结：对在本实验过程中的收获进行总结，对设计性实验的教学工作提出自己的改进意见及建议等。

上述3个阶段是一种基本的划分，在实际的实验工作中，往往要根据进展情况对实验方案进行必要的调整和完善。在有的实验中，可能还要先做一些局部性的预备实验，以便对某些关键问题进行研究、考察和分析。

## 第二节　实验设计举例

本节给出4个实验设计的实例，以进一步说明设计实验的过程和方法。在各个例子中，为突出思路，有些地方文字说明比较多。注意不能把这些文字当作设计性实验报告的“范例”。

前3个实例均是在给定实验仪器和器材的情况下进行的实验设计，没有限定测量结果的精度。第4个实例则限定了测量方法，给出了测量误差的要求。

### 一、测定液体密度

实验器材：待测液体、物理天平、游标卡尺、烧杯、温度计、小圆柱、尼龙线等。

实验要求：根据以上器材测出待测液体的密度。

有了题目以后，首先分析该题目的实验目的、任务和要求。实验目的是测出给定液体的密度。其具体任务和要求是在给定实验仪器和器材的条件下，设计出一种实验方案，完成实测，经数据处理得出实验结果。该题目虽然没有测量精度的要求，但对主要的系统误差来源仍应加以定性分析，并以适当方法加以排除或减小。

实验原理：由于限定了实验仪器和器材，因此，在考虑实验原理时应从所给的仪器出发。

设圆柱在空气中的重量为 $W=mg$（空气浮力不计），完全浸入待测液体后的视重为 $W_1=m_1g$，则圆柱所受浮力为

$$F=W-W_1=(m-m_1)g$$

根据阿基米德原理，圆柱所受浮力又等于

$$F=\rho Vg$$

其中 $\rho$ 为液体密度，$V$ 是圆柱的体积。因此

$$\rho Vg=(m-m_1)g$$

所以

$$\rho=\frac{m-m_1}{V}$$

实验步骤：

1.将天平各部分装好，调水平，调平衡。

2.用卡尺测圆柱的高和底面圆直径，并求出圆柱体积 $V$。

3.用天平称得圆柱的质量 $m$。

4.将待测液体倒入烧杯，置于天平左端的托盘上，用尼龙线吊起圆柱使其完全浸入待

测液体中再称其质量 $m_1$。

5.用温度计测待测液体的温度。

注意事项：

1.实验步骤中 3 和 4 的次序不能颠倒，否则圆柱沾有被测液体，会使 $m$ 的测量值大于实际值，带来系统误差。

2.如果可以自己选择圆柱，应尽可能选大一些的，以减小误差。

3.天平的等臂性应在实验前用复称法加以检验。

4.不要忽视游标卡尺可能存在的零点误差问题。

5.圆柱的实际几何形状不一定是规则的，肉眼难以鉴别，因此测量高和直径一般应换位测量几次，取平均值。

## 二、测量电流表的内阻

实验器材：被测电流表 1 块、多量程直流毫伏表 1 块、检流计 1 个、0～9 999 Ω 电阻箱 1 个、标准电阻（1 Ω）1 个、滑动变阻器 2 个、1.25 V 蓄电池 2 节、双刀双掷开关 1 个、单刀开关 2 个、导线若干等。

设计要求：采用与标准电阻比较的方法来测定电流表的内阻，要求 2 个滑动变阻器均做控制器使用。

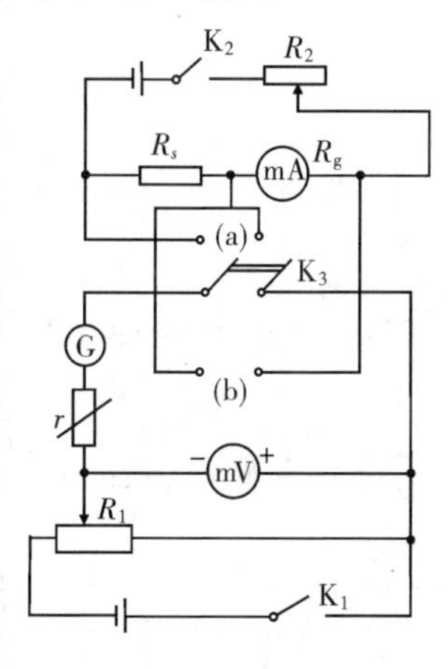


图 5-1-1　测量电流表内阻电路图

本实验限定实验仪器和器材，实验设计关键在于按照题目要求设计出实验原理图。在一般情况下，很容易想到用自组电桥进行测量，但这是不行的。一是可能受到电流表量程限制，电桥工作电压过低，灵敏度达不到要求，使得测量误差增大；二是在实验要求中已经限定两个滑动变阻器均必须作控制器使用，且双刀双掷开关派不上用场。

因此，可以考虑将电流表和标准电阻串联，在保持流过两者的电流 $I$ 不变的情况下，用毫伏表分别测得它们各自两端的电压，即可得到电流表的内阻 $R_g$。

电路如图 5-1-1 所示。$R_s$ 为标准电阻，用毫伏表可测得其两端电压为 $U_1$，有

$$I=\frac{U_1}{R_s} \tag{5-1-1}$$

因 $R_s$ 与 $R_g$ 串联，用毫伏表可测得其两端电压为 $U_2$，有

$$R_g=\frac{U_2}{I} \tag{5-1-2}$$

由式(5-1-1)和(5-1-2)可得

$$R_g=\frac{U_2}{U_1}R_s \tag{5-1-3}$$

其中，双刀双掷开关作换向开关使用，电阻箱用来作检流计的保护电阻。

实验步骤：

1.按设计好的电路图(如图 5-1-1 所示)连接好电路。

2.调节滑动变阻器 $R_2$，使电流值不超过电流表的量程。

3.保护电阻 $r$ 置于最大，选择毫伏表量程，闭合开关 $K_1$。

4.将 $K_3$ 合向 $a$，调节 $R_1$ 使检流计指零；将保护电阻 $r$ 逐渐减小到短路，同时细调 $R_1$ 使检流计再次指零，从毫伏表读出示数 $U_1$。

5.将 $K_3$ 合向 $b$，重复步骤 3、4，从毫伏表读出示数 $U_2$。

注意事项：

1.两个电池的极性应相对，形成电流补偿。

2.标准电阻的两个电压接钮应与换向开关相连，两个电流接钮应分别与电流表及电池负极相连。

3.通电之前，应仔细检查电路是否有误。将保护电阻 $r$ 的阻值置于最大，以保护检流计。

4.通电之前，调节滑动变阻器 $R_1$ 和 $R_2$，分别使电压和电流值为最小。

5.进行实验第 4 步骤时，在减小保护电阻 $r$ 值的过程中，应与调解 $R_1$ 协调进行，以保护检流计。

6.进行实验第 5 步骤时，滑动变阻器 $R_2$ 不可以再动。

### 三、用双凸透镜和平面镜测定液体的折射率

实验器材：双凸透镜 1 个、平面反射镜 1 个、物屏 1 个、白炽灯 1 个、玻璃皿 1 个、支架 1 个、蒸馏水($n_0=1.333$)、待测液体、米尺等。

设计要求：根据给定的实验器材，设计出测定液体折射率的实验方案(要求画出实验光路图)。

根据液体的流动性质，可使液体与双凸透镜组成复合透镜，然后用测定焦距的方法，可达到实验目的。

光路图如图 5-1-2 所示。设双凸透镜的焦距为 $f_1$，两表面的曲率半径均为 $r$。蒸馏水在凸透镜和平面镜之间形成一平凹透镜，设这个平凹透镜的焦距为 $f_0$，双凸透镜和平凹透镜的组合透镜的焦距为 $f_2$。另外，待测液体在双凸透镜和平面镜之间也能形成一平凹透镜，设这个平凹透镜的焦距为 $f$，双凸透镜和这个平凹透镜的组合透镜的焦距为 $f_3$。根据组合透镜的焦距公式，有

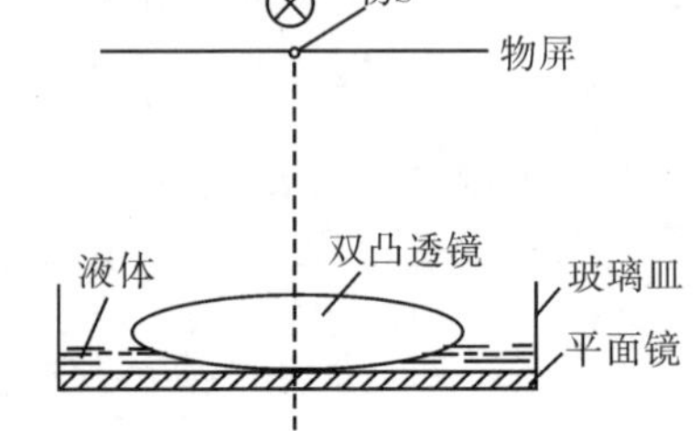

图 5-1-2 测定液体折射率光路图

$$\frac{1}{f_2}=\frac{1}{f_1}+\frac{1}{f_0} \tag{5-1-4}$$

$$\frac{1}{f_3}=\frac{1}{f_1}+\frac{1}{f} \tag{5-1-5}$$

由(5-1-4)、(5-1-5)两式得

$$f_0=\frac{f_1 f_2}{f_1-f_2} \tag{5-1-6}$$

$$f=\frac{f_1 f_3}{f_1-f_3} \tag{5-1-7}$$

根据平凹透镜的焦距公式，有

$$\frac{1}{f_0}=(n_0-1)\frac{1}{r} \tag{5-1-8}$$

$$\frac{1}{f}=(n-1)\frac{1}{r} \tag{5-1-9}$$

将(5-1-8)、(5-1-9)两式相除，得

$$\frac{f}{f_0}=\frac{n_0-1}{n-1}=\frac{1.333-1}{n-1}$$

所以

$$n=1+0.333\frac{f_0}{f}=1+0.333\frac{f_2(f_1-f_3)}{f_3(f_1-f_2)} \tag{5-1-10}$$

被测液体折射率即可求得。

实验步骤：

1.按设计图安装好光学元件，用白炽灯照亮物屏上的物 S，使物屏垂直于光轴，用目视法调节物 S 在光轴上。在没有注液之前，用自准法测双凸透镜的焦距 $f_1$，即上下移动物屏，使屏上得到 S 清晰的像，用米尺测量焦距。

2.如图 5-1-2 所示，注入蒸馏水，用自准法测双凸透镜和蒸馏水的平凹透镜的组合透镜焦距 $f_2$，方法同上。

3.倒掉蒸馏水，注入待测液体，重复步骤 2，测得 $f_3$。

4.用式(5-1-10)计算结果 $n$。

注意事项：

1.须将物 S 调节到双凸透镜的光轴上。

2.测量时米尺与光轴平行。

3.$f_1$、$f_2$、$f_3$ 从透镜光心测起。

4.物屏与光轴垂直。

### 四、用伏安法测定一碳膜电阻的阻值 $R_x$

设计要求：自行选择仪器并确定测量条件，使测量误差达到$\frac{\Delta R_x}{R_x}\leqslant 1.5\%$。

该设计题目限定了测量方法和误差要求。因此，设计任务主要在于仪器规格、精度的合理选择(对于仪器、仪表精度，选低了达不到误差要求，选高了会造成不必要的浪费)，测

量条件的确定,误差的修正。

伏安法测电阻的实验原理依据 $R=\frac{U}{I}$。测得电阻 $R_x$ 两端电压 $U$ 及通过的电流强度 $I$,即可得到 $R_x$。

1.电压表和电流表精度等级的确定

误差传递公式为$\frac{\Delta R_x}{R_x}=\frac{\Delta I}{I}+\frac{\Delta U}{U}$。由题目要求可知,必须满足$\frac{\Delta R_x}{R}\leqslant 1.5\%$。根据各误差项的等分配原则,应有$\frac{\Delta I}{I}\leqslant 0.75\%$,$\frac{\Delta U}{U}\leqslant 0.75\%$。由电表的精度等级规定可知:

电压表的最大误差 $\Delta U_{\max}$=精度等级×满量程($U_m$)/100,因此有$\frac{\Delta U_{\max}}{U_m}$=精度等级%。由此可知,当测量中电压值 $U$ 较接近满量程 $U_m$ 时,电压表的精度等级选择 0.5 级即可满足要求。

同理,电流表亦应选择 0.5 级表。

2.供电电压的确定

电源电压的确定取决于待测电阻 $R_x$ 的额定功率 $P$。

$$P_m=\frac{U_m^2}{R_x},U_m=\sqrt{P_mR_x}$$

用万用表粗测 $R_x\approx 30\ \Omega$,若已知其额定功率为$\frac{1}{8}$ W,则 $U_m=\sqrt{30/8}\approx 1.94$ V,即测试电压不得大于 1.94 V,可选 1.5 V 电源供电。

3.电压表和电流表量程的选择

若采用 1.5 V 电源供电,显然,电压表量程应选择 0~1.5 V。因为 $R_x\approx 30\ \Omega$,于是,由

$$I_m=\frac{U_m}{R_x}\approx\frac{1.5\ \text{V}}{30\ \Omega}=50(\text{mA})$$

可知电流表的量程为 0~50 mA。

4.确定测量条件

由于电压表级别已定为 0.5 级,量程取 0~1.5 V,所以

$$\Delta U=0.5\%\times 1.5=0.007\ 5(\text{V})$$

为了满足$\frac{\Delta U}{U}\leqslant 0.75\%$,要求测量电压 $U$ 应满足

$$U\geqslant\frac{\Delta U}{0.75\%}=\frac{0.007\ 5}{0.75\%}=1\ \text{V}$$

由此,得到电压的测量条件为 1 V$\leqslant U\leqslant$1.5 V。

同理,可以求得电流的测量条件。

因为电流表的级别为 0.5 级,量程为 0~50 mA。所以

$$\Delta I=0.5\%\times 50\ \text{mA}=0.25(\text{mA})$$

为了达到$\frac{\Delta I}{I}\leqslant 0.75\%$的要求，测量电流应满足

$$I\geqslant\frac{\Delta I}{0.75\%}=\frac{0.25\ \text{mA}}{0.75\%}=34(\text{mA})$$

于是得到电流的测量条件为 34 mA$\leqslant I\leqslant$50 mA。

5.系统误差的修正

伏安法测电阻的电路有电流表的外接法和内接法两种。在外接法中，由于电流表的分流而引起电流 $I$ 的测量值偏大，应予以修正；在内接法中，由于电流表的分压作用而导致电压 $U$ 的测量值偏大，亦应予以修正。设电压表(量程为 0～1.5 V 时)的内阻为 $R_V$，电流表(量程为 0～50 mA 时)的内阻为 $R_A$，则

(1)用外接法时，电流应为 $I-\frac{U}{R_V}$，待测电阻值

$$R_x=\frac{U}{I-\frac{U}{R_V}}$$

(2)用内接法时，电压应为 $U-R_AI$，待测电阻值

$$R_x=\frac{U-R_AI}{I}$$

至此，该题目设计的主体已完成，其他部分从略。

# 第二章　力学、热学实验设计

**实验 2-1　测定锌粒的密度**

[**条件**]物理天平(含砝码)、比重瓶、待测锌粒若干、蒸馏水、移液管、吸水纸、温度计等。

[**要求**]自行提出实验原理，推导计算公式，设计实验方案，列出简要步骤，完成测量，记录并处理数据，得出实验结果，做出评价和分析。

**实验 2-2　落球法测 g 值的最佳条件的确定**

[**条件**]同本书第二单元第二章实验三。

[**要求**]

1.从误差分析的角度比较该实验中的几种测量方法的优劣，选出最优的方法。

2.分析和推导前述最优方法的最佳测量条件。

3.进行实测验证。

**实验 2-3　测定空气密度**

[**条件**]分析天平、比重瓶、抽气机。

[要求]同实验 2-1。

**实验 2-4　测未知液体密度**

[条件]密度已知的液体两种(其密度 $\rho_1$、$\rho_2$ 由实验室给出),待测液体(密度介于 $\rho_1$、$\rho_2$ 之间),玻璃管 1 支(其上部带刻度的部分直径均匀),小垂物(保险丝若干),细钢丝少许,清水 1 杯,毛巾 1 条,剪刀 1 把,坐标纸 1 张等。

[要求]

1.用上述器材制作一个测定液体密度的仪器。

2.用已知密度的液体给所做仪器定标,并在直角坐标纸上作出其呈线性关系的定标曲线。

3.写出实验方案。

4.测出待测液体的密度 $\rho_x$。

**实验 2-5　测量金属颗粒和酒精的密度**

[条件]均质玻璃棒 1 根(60 cm)、砝码 1 个(50.00 g)、无塞子的比重瓶、米尺、滴定管、水(密度 $\rho_0=1.00\ \mathrm{g/cm^3}$)、小铁丝、细线数根、烧杯、待测金属颗粒、酒精等。

[要求]写出测量方案和测量实验,尽可能减小实验误差;分步记录并计算有关数据。

**实验 2-6　冰熔解热的研究**

[条件]量热器、物理天平、水银温度计、秒表、冰箱、冰块等。

[要求]

1.设计一个利用混合法测定冰的熔解热的实验。

2.考虑实验中尽可能地防止热量散失。

3.对实验中的热量散失进行初步修正。

[提示]

1.为了做好本实验,可先预做一次,在分析实验情况和结果的基础上,确定冰的质量、冷水的初温和末温以多少为宜$\left(\text{水的容积一般约为量热器内筒的}\frac{2}{3}\right)$。

2.把测得冰的熔解热与标准值作比较,并分析产生误差的原因。($L_{标}=3.35\times10^5\ \mathrm{J\cdot kg^{-1}}$)

**实验 2-7　水的密度变化规律研究**

设计一个实验方案,考察从 0～60 ℃水的密度变化规律,要求能显示出在 4 ℃时水的密度最大。仪器自选,作出图像。

**实验 2-8　滑块阻尼系数测定**

滑块在导轨上运动时,受到的阻力主要是滑块与导轨之间的薄空气层的黏滞阻力,其大小与滑块速度 $v$ 成正比,即 $f=bv$,$b$ 称为黏滞阻尼系数。试设计一个实验方案,能准确测出阻尼系数 $b$ 值。仪器自选。

[提示]可以用“在倾斜导轨上的往复测量法”或“阻尼振动法”。

**实验 2-9　刚体转动实验研究**

[条件]实验所用 NN2-2 型刚体转动实验仪包括主机、显示仪表、操作控制箱三部分。

待测刚体由球、环、棒等组成。主机包括基础转盘和测量传感器。控制箱包括测控按键、转数表、计时表、拉线、悬臂及砝码。

**[要求]**参考仪器说明书及相关资料完成下列实验内容。

1.测量基础转盘的转动惯量。

2.测量圆盘(或圆环)的转动惯量。

3.用球体验证平行移轴定理。

4.测量圆棒的转动惯量并验证平行轴定理。

**实验 2-10　液体黏滞系数的测定及其温度特性的研究**

**[条件]**NLQ 型升降温液体黏滞系数测定仪 1 套,读数显微镜 1 台,待测小球若干,小球移动棒 1 支等。

**[要求]**参考仪器说明书及相关资料完成下列实验内容。

1.测量室温时的甘油黏滞系数。

2.测量室温±5 ℃时的甘油黏滞系数。

# 第三章　电磁学实验设计

**实验 3-1　小灯泡伏安特性的测量**

小灯泡在工作时灯丝处于高温状态,其灯丝电阻随着温度的升高而增大。通过白炽灯的电流越大,其温度越高,阻值也越大。一般灯泡的“冷电阻”与“热电阻”的阻值可相差几倍至十几倍,它的伏安特性不同于线性电阻的伏安特性。

**[条件]**

照明小电珠(6.3 V　0.15 A)、二极管(2AP25,最大整流电流 16 mA,最高反向工作电压 50 V,正向工作电压 1 V 时,$I$ 为 5～10 mA)、电压表、电流表,其他自选。

**[要求]**

1.用伏安法分别测绘电珠和二极管的伏安特性曲线,设计实验方案,合理选择仪器、仪表及测量参数,修正误差。

2.比较两者的伏安特性曲线的异同。

3.由电珠的伏安特性曲线求得灯丝在室温下的电阻值。

4.比较电珠灯丝在小电流负荷和大电流负荷(接近额定电流)下的伏安特性。

**[思考问题]**

描绘出的小灯泡的 $I$-$U$ 图线是一条曲线,它的斜率随电压的增大而减小,表明小灯泡的电阻是变化的。

**实验 3-2　电表的改装及使用**

电流表是物理实验中常用的仪器,对电流表进行改装,能在很大程度上提升实验的价值。深入分析电流表改装的原理,并对电流表改装成为其他形式的电流表或电压表进行研究,能在很大程度上提升物理实验的科学性。

[条件]

电流表头、标准电流表、标准电压表、电阻箱、电源、单刀双掷开关、导线等。

[要求]

1.将量程为 $I_g=1$ mA、内阻为 $R_g$ 的毫安表的量程扩大为 $I=10$ mA 的电流表,给出原理图及理论计算公式。

2.将量程为 $I_g=1$ mA、内阻为 $R_g$ 的毫安表的量程扩大为 $U=10$ V 的电压表,给出原理图及理论计算公式。

3.将量程为 $I_g=1$ mA、内阻为 $R_g$ 的毫安表改装为串联分压式欧姆表,给出原理图及理论计算公式。

4.分别用改装后的电压表、电流表测定电阻的阻值。

[思考问题]

1.表头内阻如何确定?

2.组装电流表的量程、分流电阻各等于多少,级数等于多少?

3.组装电压表的量程、分压电阻各等于多少,级数等于多少?

4.组装的欧姆表的中值电阻等于多少,刻度是否均匀?

5.改装后的电表如何校准?

**实验 3-3　电表内阻的测量**

灵敏电流表是用来测定电路中电流强度且灵敏度很高的仪表。它有三个参数:满偏电流、满偏时电流表两端的电压和内阻。一般灵敏电流表的满偏电流为几十微安到几毫安,内阻为几十到几百欧姆。将电流表改装为其他电表时要测定它的内阻,根据提供的器材不同,可以设计出不同的测量方案。练习用多种方法测定电流表的内阻,可以培养学生思维的发散性、创造性,实验设计能力和综合实验技能。

[条件]

电位差计、惠斯登电桥、电压表、电流表、电池、电阻箱等。

[要求]

1.用电位差计测电压表、电流表的内阻。

2.用惠斯登电桥测电压表、电流表的内阻。

3.用自组织电桥测检流计内阻。

4.用半偏法测检流计内阻。

**实验 3-4　高阻放电法测电容器的电容**

电容值是电容器的参数之一,它对于解决很多生活及实验中的实际问题,起着很重要的作用。在交流电路中,电容器的电容值发生变化(调换电容),相位也会发生变化。本实验利用示波器和电容的交流特性,通过实验得出谐振频率的特殊值进而通过公式计算,得出电容器的电容值大小。

[条件]

干电池 2 节,已标明电容值的电容器 1 个,伏特表 1 只,小量程微安表 1 只,电阻箱几只,开关 1 只,导线若干等。

[要求]

测量出已知电容的容值。

[思考问题]

1.实验为什么要选择高值电阻?

2.电容电量是否等于电流与时间的乘积?该如何计算电容电量?

**实验 3-5　地磁场测定**

地磁场的数值比较小,约 $10^{-5}$ T 量级,但在直流磁场(特别是弱磁场)测量中,往往需要知道其数值,并设法消除其影响。地磁场作为一种天然磁源,在军事、工业、医学、探矿等科研中也有着重要用途。本实验采用新型坡莫合金磁阻传感器测量地磁场磁感应强度及地磁场磁感应强度的水平分量和垂直分量;测量地磁场的磁倾角,从而掌握磁阻传感器的特性及测量地磁场的一种重要方法。磁阻传感器由于体积小、灵敏度高、易安装,因而在弱磁场测量方面有着广泛的应用前景。

[条件]

FD-HMC-2 磁阻传感器、亥姆霍兹线圈等。

[要求]

1.用亥姆霍兹线圈产生的磁场作为已知量,测量磁阻传感器的灵敏度 $K$。

2.测量当地地磁场水平分量 $B_{\parallel}$。

3.测量磁倾角的值。

4.测量地磁场磁感应强度的值,并计算地磁场的垂直分量。

[注意事项]

1.测量地磁场水平分量,须将转盘调节至水平;测量地磁场的磁倾角时,须将转盘面处于地磁子午面方向。

2.测量磁倾角应记录不同时刻传感器的输出电压,应取 10 组值,求其平均值。因为测量时有偏差,变化很小,所以实验时应测出变化很小的角的范围,然后求其平均值。

[思考问题]

1.磁阻传感器和霍尔传感器在工作原理和使用方法方面各有什么特点和区别?

2.如果测量地磁场时,在磁阻传感器较近处放一枚铁钉,对测量结果将产生什么影响?

3.为何坡莫合金磁阻传感器遇到较强磁场时,其灵敏度会降低?用什么方法来恢复其原来的灵敏度?

**实验 3-6　热敏电阻温度计的设计安装和使用**

热敏电阻是一种敏感元件,其特点是电阻随温度的变化而显著变化,因而能直接将温度的变化转换为电量的变化，也就是说它能将温度信号转化为电信号，从而实现非电量的测量。热敏电阻一般是用半导体材料制成的，温度系数范围约为－0.003～＋0.6/℃。热敏电阻的温度系数有正有负，因此分成正温度系数热敏电阻和负温度系数热敏电阻两类。热敏电阻作为温度传感器具有体积小、结构简单、灵敏度高等优点，在自动化、无线技术、测温技术等方面都有广泛应用。

[条件]

热敏电阻温度计实验仪、NTC热敏电阻、温度计、万用表、旋转式电阻箱等。

[要求]

1.用半导体热敏电阻作为传感器，设计制作一台测量范围在20～70 ℃的半导体温度计。

2.利用“非平衡电桥”的电路原理来实现对温度的测量。

3.对该热敏电阻进行标定，获得定标曲线。

[注意事项]

受热敏电阻特性影响不能测量过高的温度。

[思考问题]

1.为什么温度计与热敏电阻要尽量接近但又不能接触？

2.热敏电阻有什么特性？用热敏电阻为什么可以测量温度？

### 实验3-7 金属电子逸出功的测定

金属电子逸出功(或逸出电位)的测定实验，综合应用了直线测量法、外延测量法和补偿测量法等多种基本实验方法，在数据处理方面，有比较独特的技巧性训练。

[条件]

WF-3型金属电子逸出功测定仪，包括励磁电源、二极管灯丝电源和阳极电压、电表、励磁螺线管等。

[要求]

1.用里查逊直线法测定金属(钨)电子的逸出功。

2.学习用磁场控制电子运动的实验方法，并测量电子比荷。

3.用螺线管作磁筛选的装置，测定热电子发射中电子的速率分布。

[注意事项]

1.在实验中，如较长时间不读数，二极管灯丝电流不要放太大，以免管老化。

2.电流调节为多圈电位器，切忌调到头时继续硬旋，把后盖顶掉。

[思考问题]

1.实验需要测量哪些物理量？为什么需要间接测量电压值来转换成逸出功数据？

2.实验中如何测量阴极与阳极之间的电位差？

3.实验中如何稳定阴极温度？

### 实验3-8 用两种方法测定介电常数

电介质的介电系数$\varepsilon$，不仅是静电学、电磁学、电工学中一个重要的物理量，还常常在工程技术中作为反映各种材料特性的重要参数。所以,介电系数的测量是普通物理实验的重要内容之一。这个实验不仅可以加深对相对介电系数 $\varepsilon$ 的理解,而且可以学到固体、液体电介质介电系数的测量方法,提高实验技能。本实验的两种介电系数的测试方法,不仅可以消除边缘效应及分布电容对测量结果的影响,而且在测固体介电系数时,不需要像传统测试方法那样在被测试样表面喷涂或粘贴导电薄膜,克服了工艺上的困难,使测试更为简便,很适合工业测量及学生实验。

**[条件]**

介电系数测定仪、测微电极系统、万能电桥、频率计等。

**[要求]**

1.用电桥法测量固体和液体电介质的介电系数。

2.用频率法测量固体和液体电介质的介电系数。

**[注意事项]**

电桥法和频率法测量电容电介质时,保证系统状态不变。

**[思考问题]**

1.交流电桥是由哪些元件和仪器构成的?

2.交流电桥是怎么测出待测电容的?

**实验 3-9　用冲击电流计测磁场**

螺线管是实验室常用的产生均匀磁场的装置。测定螺线管磁场的方法,最常用的是冲击法和霍尔元件法。本实验用冲击法,这一方法设备简单,测量的磁场范围宽,但费时间,不能直接读数。霍尔元件法具有结构简单、探头体积小、测量快和可以直接连续读数等优点,缺点是测量结果受温度的影响较大。

**[条件]**

冲击电流计、待测螺线管及探测线圈、标准互感器、滑线电阻器、电阻箱、直流安培计、直流电源、开关(换向开关、双刀开关、单刀开关)等。

**[要求]**

1.了解用冲击电流计测量磁场的基本原理。

2.进一步熟悉冲击电流计的使用方法。

3.用冲击电流计测定螺线管轴向磁场的分布,通过与理论计算值比较,加深理解圆形电流磁场的理论。

**[注意事项]**

1.保证光标在标尺内偏,既能保证读数,且不容易损坏电流计。

2.螺线管的磁化电流和互感器的通电电流均不得超过额定值(实验室给出),否则将烧毁线圈。

**[思考问题]**

1.电路中电阻应包括哪几部分?计算一下你的测量电路中电阻为多少。

2.为什么在测冲击常数 $K_q$ 和 $B$ 时,标准互感器的次级线圈和探测线圈要始终和冲击电流计串联在一起?能否分别与冲击电流计相连进行测量?为什么?

3.实验电路中为什么要用换向开关?它能带来什么好处?在使用换向开关时,动作是否可以很慢?换向动作快慢对测量结果有无影响?为什么?

4.将实验值与理论计算值相比较,分析产生误差的原因。

# 第四章 光学实验设计

**实验 4-1 凸透镜焦距的多种测定方法比较研究**

[条件]自选仪器。

[要求]至少实现 3 种测定方法的比较研究。要求从原理的繁简、方法的难易、误差的大小等方面进行对比,并通过实测结果进行比较,说明哪种方法最好。

**实验 4-2 测定平凸透镜的曲率半径**

[条件]平凸透镜两块(其中一个的曲率半径已知,另一个的为待测),其他仪器自选。

[要求]自行设计实验方案,说明实验原理,画出光路图,推导公式,合理选择仪器,给出实验步骤和注意事项,测出结果。

[提示]牛顿环。

**实验 4-3 测定一个双凸透镜和一个平凸透镜的曲率半径**

[条件]读数显微镜 1 台、钠光源 1 个、待测双凸透镜和平凸透镜各 1 个,其余自选。

[要求]利用光的干涉法测出两个透镜的曲率半径,自行设计实验方案,说明实验原理,画出光路图,推导公式,合理选择仪器,给出实验步骤和注意事项,测出结果。

**实验 4-4 测定发散透镜组的基点**

[条件]根据设计自行选择。

[要求]自行设计实验方案,说明实验原理,画出光路图,推导公式,合理选择仪器,给出实验步骤和注意事项,测出结果。

**实验 4-5 用读数显微镜测定玻璃砖的折射率**

[条件]读数显微镜 1 台、待测玻璃砖 1 块,其余自选。

[要求]同实验 4-4。

**实验 4-6 用分光计测定有机玻璃的折射率**

[条件]分光计 1 台、待测有机玻璃 1 块,其余自选。

[要求]同实验 4-4。

**实验 4-7 用迈克尔逊干涉仪测薄膜厚度**

[条件]迈克尔逊干涉仪 1 台、待测薄膜(如玻璃纸)1 块,其余自选。

**[要求]**同实验 4-4。

**实验** 4-8　**用干涉法测一张电容器纸的厚度**

**[条件]**仪器等根据设计自选。

**[要求]**同实验 4-4。

**实验** 4-9　**用干涉法测金属细丝的直径**

**[条件]**读数显微镜 1 台、钠光源 1 个、游标卡尺、平面玻璃 2 块、待测金属细丝 1 根。

**[要求]**同实验 4-4。

**[提示]**劈尖干涉原理。

**实验** 4-10　**用双棱镜比较法测钠光波长**

**[条件]**双棱镜 1 片、激光器 1 台(已知波长)、钠光源 1 个,其余自选。

**[要求]**同实验 4-4。

**实验** 4-11　**用双面镜测量光波波长**

**[条件]**平面镜 1 块、钠光源 1 个,其余自选。

**[要求]**同实验 4-4。

**实验** 4-12　**测定一对称双凸透镜的折射率** $n$

**[条件]**双凸透镜、白炽灯、透明物屏、平面反射镜。

**[要求]**自行设计实验方案,说明实验原理,写出测量公式,测出实验数据,计算测量结果。

**实验** 4-13　**利用反射成像测凸透镜曲率半径和折射率**

**[条件]**光具座、光源、透明物屏。

**[要求]**绘出光路图,说明测量原理,推导计算公式,记录测试数据,计算测量结果。

**[说明]**透镜的反射像是指当物体发出的光线经过透镜的第一个折射面,到达第二个折射面时,会受到第二个折射面的反射,反射光线再次经第一折射面折射而成的像。当物体与透镜之间的距离取某一特定值时,反射像与原物等大而倒立,物像共面。

**实验** 4-14　**测双凹薄透镜的折射率**

**[条件]**光具座、光源、物屏、小孔屏、凸透镜、圆形透光屏、观测屏、参照物、平面反射镜、米尺、手电筒、待测的两侧表面曲率半径相同的双凹薄透镜。

**[要求]**用所提供的仪器、用具,采用两种比较准确的方法测量双凹薄透镜的焦距 $f$ 和曲率半径 $R$,并由此计算出折射率 $n$。要求画出光路图,写出测量公式和测量步骤,求出 $f$、$R$ 和 $n$ 的值。

**[提示]**当双凹透镜两个折射面的曲率半径相同时,透镜的焦距 $f$、曲率半径 $R$ 和材料的折射率 $n$ 之间有如下关系:

$$|f| = \frac{|R|}{2(n-1)}$$

**实验** 4-15　**利用劳埃镜干涉法测定光波波长**

**[条件]**全息平台、钠光灯、透镜($f=50$ mm)、可调狭缝、劳埃镜及支架、测微目镜及支

架、二维和三维平移底座等。

[要求]

1.摆好光路,调出质量较高的劳埃镜干涉条纹。

2.利用双光干涉原理,测出钠光波长。

[提示]

$\lambda=\frac{d}{l}\Delta x$,其中 $\Delta x$ 为条纹间距,$d$ 为狭缝和虚光源的距离;$l$ 为狭缝到目镜分划板的距离。

**实验 4-16 FGD-3 型多功能光栅光谱仪与光谱分析**

[条件]FGD-3 型多功能光栅光谱仪及使用说明书 1 套,1 组光谱灯,汞、氢、钠光灯各 1 个。

[要求]

1.熟悉光栅光谱仪的各部分结构及功能。

2.阅读说明书,按程序进行光谱采集与处理。

3.将汞光谱按 350～510 nm、510～670 nm 分两帧采集。第一帧注意认清 Hg 的三线结构 365.2 nm、365.48 nm、366.33 nm,第二帧认清 546.1 nm、577.0 nm、579.1 nm 三线的特点。(参考实验室已有图谱)

4.定标。每帧至少取 3 条谱线,进行波长定标。

5.用已定标的界面测量氢放电管的光谱,至少采集到 3 条谱线以上。课后根据测得的波长验证氢原子光谱的巴尔末系经验公式:

$$\frac{1}{\lambda}=R_H\left(\frac{1}{2^2}-\frac{1}{n^2}\right)$$

并根据测出的波长计算氢的里德伯常数 $R_H$。

**实验 4-17 利用多普勒效应综合实验仪研究物体的运动状态**

[条件]ZKY-DPL-3 型多普勒效应综合实验仪及使用说明书 1 套。

[要求]

1.熟悉多普勒效应综合实验仪的各部分结构及功能。

2.测量超声接收器运动速度与接收频率之间的关系,验证多普勒效应并由测量数据计算声速。

3.研究自由落体速度,并由 $v$-$t$ 关系直线的斜率求自由落体加速度。

4.研究简谐振动,测量简谐振动的周期等参数,并与理论值比较。

5.研究匀变速直线运动,测量力、质量与加速度之间的关系,验证牛顿第二定律。

6.进行其他变速直线运动的测量。

**实验 4-18 光伏探测器光电特性实验仪相关研究**

[条件]FD-PPD-A 型光伏探测器光电特性实验仪及使用说明书 1 套。

[要求]

1.熟悉光伏探测器光电特性实验仪各部分元件及功能。

2.观测光电二极管的光电特性。

3.观测光电池的光电特性。

4.测量光电池的输出特性。

5.测量光敏电阻的光电特性。

**实验 4-19　利用迈克尔逊干涉仪测量压电陶瓷的压电系数**

[**条件**]SGO-20 型压电陶瓷特性实验装置及使用说明书 1 套。

[要求]

1.熟悉 SGO-20 型压电陶瓷特性实验装置各部分结构。

2.搭建迈克尔逊干涉仪。

3.研究压电陶瓷相关特性。

4.计算压电系数。

**实验 4-20　太阳能电池特性研究与应用**

[**条件**]FB736A 型太阳能电池特性研究与应用综合实验仪及使用说明书 1 套。

[要求]

1.在没有光照时,太阳能电池主要结构为一个二极管,测量该二极管在正向偏压时的伏安特性曲线,并求得电压和电流关系的经验公式。

2.测量太阳能电池在光照时的输出伏安特性,作伏安特性曲线图,由图求得它的短路电流、开路电压、最大输出功率及填充因子。

3.测量太阳能电池的光照特性。

4.了解太阳能电池的应用及相关电路实验。

附录1 基本物理常数

真空中的光速 $c=2.997\ 924\ 58\times10^{8}$(米·秒$^{-1}$)$\mathrm{m\cdot s^{-1}}$

电子的电荷 $e=1.602\ 189\ 2\times10^{-19}$(库)C

普朗克常数 $h=6.626\ 176\times10^{-34}$(焦·秒)J·s

阿伏伽德罗常数 $N_0=6.022\ 045\times10^{23}$(摩$^{-1}$)$\mathrm{mol^{-1}}$

原子质量单位 $u=1.660\ 565\ 5\times10^{-27}$(千克)kg

电子的静止质量 $m_0=9.109\ 534\times10^{-31}$(千克)kg

电子的荷质比 $e/m_e=1.758\ 804\ 7\times10^{11}$(库·千克$^{-1}$)$\mathrm{C\cdot kg^{-1}}$

法拉第常数 $F=9.648\ 456\times10^{4}$(库·摩$^{-1}$)$\mathrm{C\cdot mol^{-1}}$

氢原子的里德伯常数 $R_H=1.096\ 776\times10^{7}$(米$^{-1}$)$\mathrm{m^{-1}}$

摩尔气体常数 $R=8.314\ 41$(焦·摩$^{-1}$·开$^{-1}$)$\mathrm{J\cdot mol^{-1}\cdot K^{-1}}$

波耳兹曼常数 $k=1.380\ 662\times10^{-23}$(焦·开$^{-1}$)$\mathrm{J\cdot K^{-1}}$

洛喜密德常数 $n=2.687\ 19\times10^{25}$(米$^{-3}$)$\mathrm{m^{-3}}$

万有引力常数 $G=6.672\ 0\times10^{-11}$(牛·米$^{2}$·千克$^{-2}$)$\mathrm{N\cdot m^{2}\cdot kg^{-2}}$

标准大气压 $p_0=101\ 325$(帕)Pa

冰点的绝对温度 $T_0=273.15$(开)K

标准状态下声音在空气中的速度 $v_{声}=333.146$(米·秒$^{-1}$)$\mathrm{m\cdot s^{-1}}$

标准状态下干燥空气的密度 $\rho_{空气}=1.293$(千克·米$^{-3}$)$\mathrm{kg\cdot m^{-3}}$

标准状态下水银的密度 $\rho_{水银}=13\ 595.04$(千克·米$^{-3}$)$\mathrm{kg\cdot m^{-3}}$

标准状态下理想气体的摩尔体积 $V_m=22.413\ 83\times10^{-3}$(米$^{3}$·摩$^{-1}$)$\mathrm{m^{3}\cdot mol^{-1}}$

真空的介电系数(电容率) $\varepsilon_0=8.854\ 188\times10^{-12}$(法·米$^{-1}$)$\mathrm{F\cdot m^{-1}}$

真空的磁导率 $\mu_0=12.566\ 371\times10^{-7}$(亨·米$^{-1}$)$\mathrm{H\cdot m^{-1}}$

钠光谱中黄线的波长 $D=589.3\times10^{-9}$(米)m

在15 ℃,101 325 Pa时镉光谱中红线的波长 $\lambda_{CD}=643.846\ 96\times10^{-9}$(米)m

**附录** 2　　**在海平面上不同纬度处的重力加速度**①

| 纬度 $\phi$/度 | $g/(m\cdot s^{-2})$ | 纬度 $\phi$/度 | $g/(m\cdot s^{-2})$ |
|---|---|---|---|
| 0 | 9.780 49 | 50 | 9.810 79 |
| 5 | 9.780 88 | 55 | 9.815 15 |
| 10 | 9.782 04 | 60 | 9.819 24 |
| 15 | 9.783 94 | 65 | 9.822 94 |
| 20 | 9.786 52 | 70 | 9.826 14 |
| 25 | 9.789 69 | 75 | 9.828 73 |
| 30 | 9.793 38 | 80 | 9.836 5 |
| 35 | 9.797 46 | 85 | 9.831 82 |
| 40 | 9.801 80 | 90 | 9.832 21 |
| 45 | 9.806 29 | | |

①表中所列数值是根据公式 $g=9.780\ 49(1+0.005\ 288\sin^2\phi-0.000\ 005\sin^2 2\phi)$算出的，其中 $\phi$ 为纬度。

**附录** 3　　**液体的密度**　　单位：$g\cdot cm^{-3}$

| 物质 | 密度 | 物质 | 密度 | 物质 | 密度 |
|---|---|---|---|---|---|
| 丙酮 | 0.791* | 甲苯 | 0.866 8* | 海水 | 1.01～1.05 |
| 乙醇 | 0.789 3* | 重水 | 1.105 | 牛乳 | 1.03～1.04 |
| 苯 | 0.879 0* | 柴油 | 0.85～0.90 | | |
| 三氯甲烷 | 1.489* | 松节油 | 0.87 | | |
| 甘油 | 1.261* | 蓖麻油 | 0.96～0.97 | | |

标有“*”记号者为 20 ℃值。

**附录** 4　　**固体的密度**　　单位：$g\cdot cm^{-3}$

| 物质 | 密度 | 物质 | 密度 | 物质 | 密度 |
|---|---|---|---|---|---|
| 银 | 10.492 | 铅锡合金(7) | 10.6 | 软木 | 0.22～0.26 |
| 金 | 19.3 | 磷青铜(8) | 8.8 | 电木板(纸层) | 1.32～1.40 |
| 铝 | 2.70 | 不锈钢(9) | 7.91 | 纸 | 0.7～1.1 |
| 铁 | 7.86 | 花岗岩 | 2.6～2.7 | 石蜡 | 0.87～0.94 |
| 铜 | 8.933 | 大理石 | 1.52～2.86 | 蜂蜡 | 0.96 |
| 镍 | 8.85 | 玛瑙 | 2.5～2.8 | 煤 | 1.2～1.7 |
| 钴 | 8.71 | 熔融石英 | 2.2 | 石板 | 2.7～2.9 |
| 铬 | 7.14 | 玻璃(普通) | 2.4～2.6 | 橡胶 | 0.91～0.96 |
| 铅 | 11.432 | 玻璃(冕牌) | 2.2～2.6 | 硬橡胶 | 1.1～1.4 |
| 锡(白、四方) | 7.29 | 玻璃(火石) | 2.8～4.5 | 丙烯树脂 | 1.182 |
| 锌 | 7.12 | 瓷器 | 2.0～2.6 | 尼龙 | 1.11 |

续表

| 物质 | 密度 | 物质 | 密度 | 物质 | 密度 |
|---|---|---|---|---|---|
| 黄铜(1) | 8.5～8.7 | 砂 | 1.4～1.7 | 聚乙烯 | 0.90 |
| 黄铜(2) | 8.78 | 砖 | 1.2～2.2 | 聚苯乙烯 | 1.056 |
| 康铜(3) | 8.88 | 混凝土(10) | 2.4 | 聚氯乙烯 | 1.2～1.6 |
| 硬铝(4) | 2.79 | 沥青 | 1.04～1.40 | 冰(0℃) | 0.917 |
| 德银(5) | 8.30 | 松木 | 0.52 | | |
| 殷钢(6) | 8.0 | 竹 | 0.31～0.40 | | |

(1)Cu 70,Zn 30 (2)Cu 90,Sn 10 (3)Cu 60,Ni 40 (4)Cu 4,Mg 0.5,Mn 0.5,其余为 Al (5)Cu 26.3,Zn 36.6,Ni 36.8 (6)Fe 63.8,Ni 36,C 0.2 (7)Pb 87.5,Sn 12.5 (8)Cu 79.7,Sn 10,Sb 9.5,P 0.8 (9)Cr 18,Ni 8,Fe 74 (10)水泥 1,砂 2,碎石 4

## 附录 5 水的密度

单位:g·cm$^{-3}$

| 温度/℃ | 0 | 1 | 2 | 3 | 4 | 5 | 6 | 7 | 8 | 9 |
|---|---|---|---|---|---|---|---|---|---|---|
| 0 | 0.999 84 | 0.999 90 | 0.999 94 | 0.999 96 | 0.999 97 | 0.999 96 | 0.999 94 | 0.999 91 | 0.999 88 | 0.999 81 |
| 10 | 0.999 73 | 0.999 63 | 0.999 52 | 0.999 40 | 0.999 27 | 0.999 13 | 0.998 97 | 0.998 80 | 0.998 62 | 0.998 43 |
| 20 | 0.998 23 | 0.998 02 | 0.997 80 | 0.997 57 | 0.997 33 | 0.997 06 | 0.996 81 | 0.996 54 | 0.996 26 | 0.995 97 |
| 30 | 0.995 68 | 0.995 37 | 0.995 05 | 0.994 73 | 0.994 40 | 0.994 06 | 0.993 71 | 0.993 36 | 0.992 99 | 0.992 62 |
| 40 | 0.992 2 | 0.991 9 | 0.991 5 | 0.991 1 | 0.990 7 | 0.990 2 | 0.989 8 | 0.989 4 | 0.989 0 | 0.988 5 |
| 50 | 0.988 1 | 0.987 6 | 0.987 2 | 0.986 7 | 0.986 2 | 0.985 7 | 0.985 3 | 0.984 8 | 0.984 3 | 0.983 8 |
| 60 | 0.983 2 | 0.982 7 | 0.982 2 | 0.981 7 | 0.981 1 | 0.980 6 | 0.980 1 | 0.979 5 | 0.978 9 | 0.978 4 |
| 70 | 0.977 8 | 0.977 2 | 0.976 7 | 0.976 1 | 0.975 5 | 0.974 9 | 0.974 3 | 0.973 7 | 0.973 1 | 0.972 0 |
| 80 | 0.971 8 | 0.971 2 | 0.970 6 | 0.969 9 | 0.969 3 | 0.978 7 | 0.968 0 | 0.967 3 | 0.966 7 | 0.966 0 |
| 90 | 0.965 3 | 0.964 7 | 0.964 0 | 0.963 3 | 0.962 6 | 0.961 9 | 0.961 2 | 0.960 5 | 0.959 8 | 0.959 1 |
| 100 | 0.958 4 | 0.957 7 | 0.956 9 | | | | | | | |

## 附录 6 空气密度

单位:kg·m$^{-3}$

| 温度/℃ \ 压强/kPa | 96.00 | 97.33 | 98.66 | 100.00 | 101.32 | 102.66 | 104.00 |
|---|---|---|---|---|---|---|---|
| 0 | 1.225 | 1.242 | 1.259 | 1.276 | 1.293 | 1.310 | 1.327 |
| 4 | 1.207 | 1.224 | 1.241 | 1.258 | 1.274 | 1.291 | 1.308 |
| 8 | 1.190 | 1.207 | 1.223 | 1.240 | 1.256 | 1.273 | 1.289 |
| 12 | 1.173 | 1.190 | 1.206 | 1.222 | 1.238 | 1.255 | 1.271 |
| 16 | 1.157 | 1.173 | 1.189 | 1.205 | 1.221 | 1.237 | 1.253 |
| 20 | 1.141 | 1.157 | 1.173 | 1.189 | 1.205 | 1.220 | 1.236 |
| 24 | 1.126 | 1.141 | 1.157 | 1.173 | 1.188 | 1.204 | 1.220 |
| 28 | 1.111 | 1.126 | 1.142 | 1.157 | 1.173 | 1.188 | 1.203 |

**附录 7** 　　**气体的密度(1 标准大气压、0 ℃)** 　　单位:kg・$m^{-3}$

| 物质 | 密度 | 物质 | 密度 |
|---|---|---|---|
| Ar | 1.783 7 | $Cl_2$ | 3.214 |
| $H_2$ | 0.089 9 | $NH_2$ | 0.771 0 |
| He | 0.178 5 | 乙炔 | 1.173 |
| Ne | 0.900 3 | 乙烷 | 1.356 |
| $N_2$ | 1.250 5 | 甲烷 | 0.716 8 |
| $O_2$ | 1.429 0 | 丙烷 | 2.009 |
| $CO_2$ | 1.977 | | |

**附录 8** 　　**水银的密度** 　　单位:g・$cm^{-3}$

| 温度/℃ | 0 | 10 | 20 | 30 | 40 | 50 |
|---|---|---|---|---|---|---|
| 密度 | 13.595 1 | 13.570 5 | 13.546 0 | 13.521 6 | 13.497 1 | 13.472 7 |
| 温度/℃ | 60 | 70 | 80 | 90 | 100 | |
| 密度 | 13.448 4 | 13.424 1 | 13.399 9 | 13.375 7 | 13.351 7 | |

**附录 9** 　　**各种固体的弹性模量**

| 名称 | 杨氏模量 $E$/ ($10^{10}$ N・$m^{-2}$) | 切变模量 $G$/ ($10^{10}$ N・$m^{-2}$) | 泊松比 $\sigma$ | 名称 | 杨氏模量 $E$/ ($10^{10}$ N・$m^{-2}$) | 切变模量 $G$/ ($10^{10}$ N・$m^{-2}$) | 泊松比 $\sigma$ |
|---|---|---|---|---|---|---|---|
| 金 | 8.1 | 2.85 | 0.42 | 硬铝 | 7.14 | 2.67 | 0.335 |
| 银 | 8.27 | 3.03 | 0.38 | 磷青铜 | 12.0 | 4.36 | 0.38 |
| 铂 | 16.8 | 6.4 | 0.30 | 不锈钢 | 19.7 | 7.57 | 0.30 |
| 铜 | 12.9 | 4.8 | 0.37 | 黄铜 | 10.5 | 3.8 | 0.374 |
| 铁(软) | 21.19 | 8.16 | 0.29 | 康铜 | 16.2 | 6.1 | 0.33 |
| 铁(铸) | 15.2 | 6.0 | 0.27 | 熔融石英 | 7.31 | 3.12 | 0.170 |
| 铁(钢) | 20.1～21.6 | 7.8～8.4 | 0.28～0.30 | 玻璃(冕牌) | 7.1 | 2.9 | 0.22 |
| 铝 | 7.03 | 2.4～2.6 | 0.355 | 玻璃(火石) | 8.0 | 3.2 | 0.27 |
| 锌 | 10.5 | 4.2 | 0.25 | 尼龙 | 0.35 | 0.122 | 0.4 |
| 铅 | 1.6 | 0.54 | 0.43 | 聚乙烯 | 0.077 | 0.026 | 0.46 |
| 锡 | 5.0 | 1.84 | 0.34 | 聚苯乙烯 | 0.36 | 0.133 | 0.35 |
| 镍 | 21.4 | 8.0 | 0.336 | 橡胶(弹性) | $(1.5-5)\times10^{-4}$ | $(5-15)\times10^{-5}$ | 0.46～0.49 |

附录 10

**固体的摩擦系数**

物体Ⅰ在物体Ⅱ上静止或运动的情况

| Ⅰ | Ⅱ | 静摩擦系数 | | 动摩擦系数 | |
|---|---|---|---|---|---|
| | | 干燥 | 涂油 | 干燥 | 涂油 |
| 钢铁 | 钢铁 | 0.7 | 0.005～0.1 | 0.5 | 0.03～0.1 |
| 钢铁 | 铸铁 | — | 0.18 | 0.23 | 0.13 |
| 钢铁 | 铅 | 0.95 | 0.5 | 0.95 | 0.3 |
| 镍 | 钢铁 | — | — | 0.64 | 0.18 |
| 铝 | 钢铁 | 0.61 | — | 0.47 | — |
| 铜 | 钢铁 | 0.53 | — | 0.36 | 0.18 |
| 黄铜 | 钢铁 | 0.51 | 0.11 | 0.44 | |
| 黄铜 | 铸铁 | — | — | 0.30 | |
| 铜 | 铸铁 | 1.05 | — | 0.29 | |
| 铸铁 | 铸铁 | 1.10 | 0.2 | 0.15 | 0.070 |
| 铝 | 铝 | 1.05 | 0.30 | 1.4 | — |
| 玻璃 | 玻璃 | 0.94 | 0.35 | 0.4 | 0.09 |
| 铜 | 玻璃 | 0.68 | — | 0.53 | — |
| 聚四氟乙烯 | 聚四氟乙烯 | 0.04 | — | 0.04 | — |
| 聚四氟乙烯 | 钢铁 | 0.04 | — | 0.04 | — |

附录 11

**固体中的声速(沿棒传播的纵波)**

单位：$m \cdot s^{-1}$

| 固体 | 声速 | 固体 | 声速 |
|---|---|---|---|
| 铝 | 5 000 | 锡 | 2 730 |
| 黄铜(Cu 70,Zn 30) | 3 480 | 钨 | 4 320 |
| 铜 | 3 750 | 锌 | 3 850 |
| 硬铝 | 5 150 | 银 | 2 680 |
| 金 | 2 030 | 硼硅酸玻璃 | 5 170 |
| 电解铁 | 5 120 | 重硅钾铅玻璃 | 3 720 |
| 铅 | 1 210 | 轻氯铜银冕玻璃 | 4 540 |
| 镁 | 4 940 | 丙烯树脂 | 1 840 |
| 莫涅尔合金 | 4 400 | 尼龙 | 1 800 |
| 镍 | 4 900 | 聚乙烯 | 920 |
| 铂 | 2 800 | 聚苯乙烯 | 2 240 |
| 不锈钢 | 5 000 | 熔融石英 | 5 760 |

**附录 12**　　**液体中的声速(20 ℃)**　　单位:m·$s^{-1}$

| 液体 | 声速 | 液体 | 声速 |
|---|---|---|---|
| $CCl_4$ | 935 | $C_3H_8O_3$(甘油) | 1 923 |
| $C_6H_6$ | 1 324 | $CH_3OH$ | 1 121 |
| $CHBr_3$ | 928 | $C_2H_5OH$ | 1 168 |
| $C_6H_5CH_3$ | 1 327.5 | $CS_2$ | 1 158.0 |
| $CH_3COCH_3$ | 1 190 | $H_2O$ | 1 482.9 |
| $CHCl_3$ | 1 002.5 | Hg | 1 451.0 |
| $C_6H_5Cl$ | 1 284.5 | NaCl (4.8%水溶液) | 1 542 |

**附录 13**　　**气体中的声速(标准状态下)**　　单位:m·$s^{-1}$

| 液体 | 声速 | 液体 | 声速 |
|---|---|---|---|
| 空气 | 331.45 | $H_2O$(水蒸气)(100 ℃) | 404.8 |
| Ar | 319 | He | 970 |
| $CH_4$ | 432 | $N_2$ | 337 |
| $C_2H_4$ | 314 | $NH_3$ | 415 |
| CO | 337.1 | NO | 325 |
| $CO_2$ | 258.0 | $N_2O$ | 261.8 |
| $CS_2$ | 189 | Ne | 435 |
| $Cl_2$ | 205.3 | $O_2$ | 317.2 |
| $H_2$ | 1 269.5 | | |

**附录 14**　　**水的饱和蒸汽压与温度的关系**

[压强单位 100 ℃以上为 101 325 Pa(atm),100 ℃以下为 133.32 Pa(mmHg)]

| 温度/℃ | 0.0 | 1.0 | 2.0 | 3.0 | 4.0 | 5.0 | 6.0 | 7.0 | 8.0 | 9.0 |
|---|---|---|---|---|---|---|---|---|---|---|
| −20.0 | 0.779 0 | 0.707 6 | 0.642 2 | 0.582 4 | 0.527 7 | 0.477 8 | 0.432 3 | 0.390 7 | 0.352 9 | 0.318 4 |
| −10.0 | 1.956 | 1.790 | 1.636 | 1.495 | 1.365 | 1.246 | 1.135 8 | 1.034 8 | 0.942 1 | 0.857 0 |
| −0.0 | 4.581 | 4.220 | 3.884 | 3.573 | 3.285 | 3.018 | 2.771 | 2.542 | 2.331 | 2.136 |
| 0.0 | 4.581 | 4.925 | 5.292 | 5.683 | 6.099 | 6.542 | 7.012 | 7.513 | 8.045 | 8.609 |
| 10.0 | 9.209 | 9.844 | 10.518 | 11.231 | 11.988 | 12.788 | 13.635 | 14.531 | 15.478 | 16.478 |
| 20.0 | 17.535 | 18.651 | 19.828 | 21.070 | 22.379 | 23.759 | 25.212 | 26.742 | 28.352 | 30.046 |
| 30.0 | 31.827 | 33.700 | 35.668 | 37.735 | 39.904 | 42.181 | 44.570 | 47.075 | 49.701 | 52.453 |
| 40.0 | 55.335 | 58.354 | 61.513 | 64.819 | 68.277 | 71.892 | 75.671 | 79.619 | 83.744 | 88.050 |
| 50.0 | 92.545 | 97.236 | 102.129 | 107.232 | 112.551 | 118.09 | 123.87 | 129.88 | 136.14 | 142.66 |

续表

| 温度/℃ | 0.0 | 1.0 | 2.0 | 3.0 | 4.0 | 5.0 | 6.0 | 7.0 | 8.0 | 9.0 |
|---|---|---|---|---|---|---|---|---|---|---|
| 60.0 | 149.44 | 156.50 | 163.83 | 171.46 | 179.38 | 187.62 | 196.17 | 205.05 | 214.27 | 223.84 |
| 70.0 | 233.76 | 244.06 | 254.74 | 265.81 | 277.29 | 289.17 | 301.49 | 314.24 | 327.45 | 341.12 |
| 80.0 | 355.26 | 369.89 | 385.03 | 400.68 | 416.87 | 433.59 | 450.88 | 468.73 | 487.18 | 506.22 |
| 90.0 | 525.88 | 546.18 | 567.12 | 588.73 | 611.02 | 634.01 | 657.71 | 682.14 | 707.82 | 733.27 |
| 100.0 | 1.000 | 1.036 | 1.074 | 1.112 | 1.151 | 1.192 | 1.234 | 1.277 | 1.321 4 | 1.367 0 |
| 110.0 | 1.413 8 | 1.462 0 | 1.511 6 | 1.562 4 | 1.614 7 | 1.668 4 | 1.723 6 | 1.780 3 | 1.838 4 | 1.898 0 |
| 120.0 | 1.959 3 | 2.022 2 | 2.086 7 | 2.152 9 | 2.220 8 | 2.290 4 | 2.361 8 | 2.435 0 | 2.510 1 | 2.587 0 |
| 130.0 | 2.665 3 | 2.746 6 | 2.829 2 | 2.913 9 | 3.000 7 | 3.089 6 | 3.180 5 | 3.273 6 | 3.3689 | 3.466 4 |

**附录 15** 水的沸点与压强的关系

| $p$(133.322 Pa /mmHg) | 0.0 | 1.0 | 2.0 | 3.0 | 4.0 | 5.0 | 6.0 | 7.0 | 8.0 | 9.0 |
|---|---|---|---|---|---|---|---|---|---|---|
| 700.0 | 97.714 | 97.753 | 97.792 | 97.832 | 97.871 | 97.910 | 97.949 | 97.989 | 98.028 | 98.067 |
| 710.0 | 98.106 | 98.145 | 98.184 | 98.223 | 98.261 | 98.300 | 98.339 | 98.378 | 98.416 | 98.455 |
| 720.0 | 98.493 | 98.532 | 98.570 | 98.609 | 98.647 | 98.686 | 98.724 | 98.762 | 98.800 | 98.838 |
| 730.0 | 98.877 | 98.915 | 98.853 | 98.991 | 99.029 | 99.067 | 99.104 | 99.142 | 99.180 | 99.218 |
| 740.0 | 99.255 | 99.293 | 99.331 | 99.368 | 99.406 | 99.443 | 99.481 | 99.518 | 99.555 | 99.592 |
| 750.0 | 99.630 | 99.667 | 99.704 | 99.741 | 99.778 | 99.815 | 99.852 | 99.889 | 99.926 | 99.963 |
| 760.0 | 100.000 | 100.037 | 100.074 | 100.110 | 100.147 | 100.184 | 100.220 | 100.257 | 100.293 | 100.330 |
| 770.0 | 100.366 | 100.403 | 100.439 | 100.475 | 100.511 | 100.548 | 100.584 | 100.620 | 100.656 | 100.692 |
| 780.0 | 100.728 | 100.764 | 100.800 | 100.836 | 100.872 | 100.908 | 100.944 | 100.979 | 101.015 | 101.051 |
| 790.0 | 101.087 | 101.122 | 101.158 | 101.193 | 101.229 | 101.264 | 101.300 | 101.335 | 101.370 | 101.406 |

**附录 16** 一些元素的熔点和沸点(101 325 Pa 大气压)

| 元素 | 熔点/℃ | 沸点/℃ | 元素 | 熔点/℃ | 沸点/℃ |
|---|---|---|---|---|---|
| 铜 | 1 084.5 | 2 580 | 金 | 1 064.43 | 2 710 |
| 铁 | 1 535 | 2 754 | 银 | 961.93 | 2 184 |
| 镍 | 1 455 | 2 731 | 锡 | 231.97 | 2 270 |
| 铬 | 1 890 | 2 212 | 铅 | 327.5 | 1 750 |
| 铝 | 660.4 | 2 486 | 汞 | −38.86 | 356.72 |
| 锌 | 419.58 | 903 | | | |

**附录** 17　　**物质的比热**

| 元素 | 温度/℃ | 比热容/(cal·$g^{-1}$·$℃^{-1}$) | 比热容/×$10^2$(J·$kg^{-1}$·$℃^{-1}$) | 物质 | 温度/℃ | 比热容/(cal·$g^{-1}$·$℃^{-1}$) | 比热容/×$10^2$(J·$kg^{-1}$·$℃^{-1}$) |
| --- | --- | --- | --- | --- | --- | --- | --- |
| Al | 25 | 0.216 | 9.04 | 水 | 25 | 0.997 0 | 41.73 |
| Ag | 25 | 0.056 5 | 2.37 | 乙醇 | 25 | 0.577 9 | 24.19 |
| Au | 25 | 0.030 6 | 1.28 | 石英玻璃 | 20～100 | 0.188 | 7.87 |
| C(石墨) | 25 | 0.169 | 7.07 | 黄铜 | 0 | 0.088 3 | 3.70 |
| Cu | 25 | 0.091 97 | 3.850 | 康铜 | 18 | 0.097 7 | 4.09 |
| Fe | 25 | 0.107 | 4.48 | 石棉 | 0～100 | 0.19 | 7.95 |
| Ni | 25 | 0.104 9 | 4.39 | 玻璃 | 20 | 0.14～0.22 | 5.9～9.2 |
| Pb | 25 | 0.030 5 | 1.28 | 云母 | 20 | 0.10 | 4.2 |
| Pt | 25 | 0.032 55 | 1.363 | 橡胶 | 15～100 | 0.27～0.48 | 11.3～20 |
| Si | 25 | 0.170 2 | 7.125 | 石蜡 | 0～20 | 0.694 | 29.1 |
| Sn(白) | 25 | 0.053 1 | 2.22 | 木材 | 20 | 约 0.30 | 约 12.5 |
| Zn | 25 | 0.092 9 | 3.89 | 陶瓷 | 20～200 | 0.17～0.21 | 7.1～8.8 |

**附录** 18　　**固体的线胀系数(101 325Pa 大气压)**

| 物质 | 温度/℃ | 线胀系数/(×$10^{-6}$ $℃^{-1}$) | 物质 | 温度/℃ | 线胀系数/(×$10^{-6}$ $℃^{-1}$) |
| --- | --- | --- | --- | --- | --- |
| 金 | 20 | 14.2 | 碳素钢 | | 约 11 |
| 银 | 20 | 19.0 | 不锈钢 | 20～100 | 16.0 |
| 铜 | 20 | 16.7 | 镍铬合金 | 100 | 13.0 |
| 铁 | 20 | 11.8 | 石英玻璃 | 20～100 | 0.4 |
| 锡 | 20 | 21 | 玻璃 | 0～300 | 8～10 |
| 铅 | 20 | 28.7 | 陶瓷 | | 3～6 |
| 铝 | 20 | 23.0 | 大理石 | 25～100 | 5～16 |
| 镍 | 20 | 12.8 | 花岗岩 | 20 | 8.3 |
| 黄铜 | 20 | 18～19 | 混凝土 | －13～21 | －6.8～12.7 |
| 殷钢 | －250～100 | －1.5～2.0 | 木材(垂直纤维) | | 3～5 |
| 锰铜 | 20～100 | 18.1 | 木材(平行纤维) | | 35～60 |
| 磷青铜 | — | 17 | 电木板 | | 21～33 |
| 镍铜(Ni 10) | — | 13 | 橡胶 | 16.7～25.3 | 77 |
| 镍钢(Ni 43) | — | 7.9 | 硬橡胶 | | 50～80 |
| 石蜡 | 16～38 | 130.3 | 冰 | －50 | 45.6 |
| 聚乙烯 | | 180 | 冰 | －100 | 33.9 |
| 冰 | 0 | 52.7 | | | |

附录 19　　液体的体胀系数(101 325 Pa 大气压)

| 物质 | 温度/℃ | 体胀系数/($\times10^{-3}$ ℃$^{-1}$) | 物质 | 温度/℃ | 体胀系数/($\times10^{-3}$ ℃$^{-1}$) |
|---|---|---|---|---|---|
| 丙酮 | 20 | 1.43 | 水 | 20 | 0.207 |
| 乙醚 | 20 | 1.66 | 水银 | 20 | 0.182 |
| 甲醇 | 20 | 1.19 | 甘油 | 20 | 0.505 |
| 乙醇 | 20 | 1.08 | 苯 | 20 | 1.23 |

附录 20　　液体的表面张力系数

| 物　质 | 接触气体 | 温度/℃ | 表面张力系数/($\times10^{-3}$ N/m) |
|---|---|---|---|
| 水 | 空气 | 10 | 74.22 |
| 水 | 空气 | 30 | 71.18 |
| 水 | 空气 | 50 | 67.91 |
| 水 | 空气 | 70 | 64.4 |
| 水 | 空气 | 100 | 58.9 |
| 水银 | 空气 | 15 | 487 |
| 乙醇 | 空气 | 20 | 22.3 |
| 甲醇 | 空气 | 20 | 22.6 |
| 乙醚 | 蒸气 | 20 | 16.5 |
| 甘油 | 空气 | 20 | 63.4 |

附录 21　　气体导热系数(101 325 Pa 大气压)　　单位:J·m$^{-1}$·s$^{-1}$·K$^{-1}$

| 物质 | 温度/K | 导热系数/($\times10^{-2}$) | 物质 | 温度/K | 导热系数/($\times10^{-2}$) |
|---|---|---|---|---|---|
| $CH_4$ | 300 | 3.43 | Hg | 476 | 0.77 |
| $C_6H_6$ | 300 | 1.04 | $N_2$ | 300 | 2.598 |
| $C_2H_5OH$ | 373 | 2.09 | $O_2$ | 300 | 2.674 |
| $H_2$ | 300 | 18.15 | 空气 | 300 | 2.61 |
| $H_2O$ | 380 | 2.45 | 空气 | 1 000 | 6.72 |

附录 22　　液体导热系数　　单位:J·m$^{-1}$·s$^{-1}$·K$^{-1}$

| 物质 | 温度/K | 导热系数/($\times10^{-1}$) | 物质 | 温度/K | 导热系数/($\times10^{-1}$) |
|---|---|---|---|---|---|
| $C_6H_6$ | 300 | 1.44 | 甘油 | 293 | 2.83 |
| $C_2H_5OH$ | 293 | 1.68 | 石油 | 293 | 1.50 |
| $H_2O$ | 273 | 5.62 | 硅油 | | |
| $H_2O$ | 293 | 5.97 | (分子量)162 | 333 | 0.993 |
| $H_2O$ | 360 | 6.74 | (分子量)1 200 | 333 | 1.32 |
| Hg | 273 | 84 | (分子量)15 800 | 333 | 1.60 |

**附录** 23 **固体导热系数** 单位：$J \cdot m^{-1} \cdot s^{-1} \cdot K^{-1}$

| 物质 | 温度/K | 导热系数/(×10²) | 物质 | 温度/K | 导热系数/(×10²) |
| --- | --- | --- | --- | --- | --- |
| Ag | 273 | 4.28 | 锰铜 | 273 | 0.22 |
| Al | 273 | 2.35 | 康铜 | 273 | 0.22 |
| Au | 273 | 3.18 | 不锈钢 | 273 | 0.14 |
| C(金刚石) | 273 | 6.60 | 镍铬合金 | 273 | 0.11 |
| C(石墨)(⊥c) | 273 | 2.50 | 硼硅酸玻璃 | 300 | 0.011 |
| Ca | 273 | 0.98 | 软木 | 300 | 0.000 42 |
| Cu | 273 | 4.01 | 耐火砖 | 500 | 0.002 1 |
| Fe | 273 | 0.835 | 混凝土 | 273 | 0.0084 |
| Ni | 273 | 0.91 | 玻璃布 | 300 | 0.000 34 |
| Pb | 273 | 0.35 | 云母(黑) | 373 | 0.005 4 |
| Pt | 273 | 0.73 | 花岗石 | 300 | 0.016 |
| Si | 273 | 1.70 | 赛璐珞 | 303 | 0.000 2 |
| Sn | 273 | 0.67 | 橡胶(天然) | 298 | 0.001 5 |
| 水晶(∥c) | 273 | 0.12 | 杉木 | 293 | 0.001 13 |
| 水晶(⊥c) | 273 | 0.068 | 棉布 | 313 | 0.000 8 |
| 石英玻璃 | 273 | 0.014 | 呢绒 | 303 | 0.000 43 |
| 黄铜 | 273 | 1.20 | | | |

**附录** 24 **液体的黏滞系数** 单位：$Pa \cdot s(Pa \cdot S = N \cdot s/m^2)$

| 温度/℃ | 水/(×10⁻⁴) | 水银/(×10⁻⁴) | 乙醇/(×10⁻⁴) | 氯苯/(×10⁻⁴) | 苯/(×10⁻⁴) | 温度/℃ | 甘油/(×10⁻⁴) |
| --- | --- | --- | --- | --- | --- | --- | --- |
| 0 | 17.94 | 16.85 | 18.43 | 10.56 | 9.12 | 0 | 12.10 |
| 10 | 13.10 | 16.15 | 15.25 | 9.15 | 7.58 | 6 | 6.62 |
| 20 | 10.09 | 15.54 | 12.0 | 8.02 | 6.52 | 15 | 2.33 |
| 30 | 8.00 | 14.99 | 9.91 | 7.09 | 5.64 | 20 | 1.49 |
| 40 | 6.54 | 14.50 | 8.29 | 6.35 | 5.03 | 25 | 0.954 |
| 50 | 5.49 | 14.07 | 7.06 | 5.74 | 4.42 | | |
| 60 | 4.70 | 13.67 | 5.91 | 5.20 | 3.91 | | |
| 70 | 4.07 | 13.31 | 5.03 | 4.76 | 3.54 | | |
| 80 | 3.57 | 12.98 | 4.35 | 4.38 | 3.23 | | |
| 90 | 3.17 | 12.68 | 3.76 | 3.97 | 2.86 | | |
| 100 | 2.84 | 12.40 | 3.24 | 3.67 | 2.61 | | |

**附录 25** 　　**气体的黏滞系数** 　　(101 325 Pa,20 ℃)

| 物质 | 黏滞系数/(×$10^{-9}$ Pa·s) | 物质 | 黏滞系数/(×$10^{-9}$ Pa·S) |
|---|---|---|---|
| Ar | 222.86 | $Cl_2$ | 133.0 |
| $H_2$ | 88.77 | $NH_3$ | 97.4 |
| He | 196.14 | 空气 | 181.92 |
| Ne | 313.8 | 乙炔 | 93.5(0 ℃) |
| $N_2$ | 175.69 | 乙烷 | 91.0 |
| $O_2$ | 203.31 | 甲烷 | 109.8 |
| $CO_2$ | 146.63 | 丙烷 | 80.0 |

**附录 26** 　　**某些金属或合金的电阻率及其温度系数***

| 金属或合金 | 电阻率/(μΩ·m) | 温度系数/$℃^{-1}$ | 金属或合金 | 电阻率/(μΩ·m) | 温度系数/$℃^{-1}$ |
|---|---|---|---|---|---|
| 铝 | 0.028 | $42\times10^{-4}$ | 锌 | 0.059 | $42\times10^{-4}$ |
| 铜 | 0.0172 | $43\times10^{-4}$ | 锡 | 0.12 | $44\times10^{-4}$ |
| 银 | 0.016 | $40\times10^{-4}$ | 水银 | 0.958 | $10\times10^{-4}$ |
| 金 | 0.024 | $40\times10^{-4}$ | 武德合金 | 0.52 | $37\times10^{-4}$ |
| 铁 | 0.098 | $60\times10^{-4}$ | 钢(0.10%～0.15%碳) | 0.10～0.14 | $6\times10^{-3}$ |
| 铅 | 0.205 | $37\times10^{-4}$ | 康铜 | 0.47～0.51 | $(-0.04\sim0.01)\times10^{-3}$ |
| 铂 | 0.105 | $39\times10^{-4}$ | 铜锰镍合金 | 0.34～1.00 | $(-0.03\sim0.02)\times10^{-3}$ |
| 钨 | 0.055 | $48\times10^{-4}$ | 镍铬合金 | 0.98～1.10 | $(0.03\sim0.4)\times10^{-3}$ |

* 电阻率与金属中的杂质有关,因此表中列出的只是 20 ℃时电阻率的平均值。

**附录 27** 　　**几种常用热电偶的塞贝克系数值(μV/℃)**

1.铂铑一铂

| 温度/℃ | μV/℃ | 温度/℃ | μV/℃ | 温度/℃ | μV/℃ | 温度/℃ | μV/℃ |
|---|---|---|---|---|---|---|---|
| 100 | 7.33 | 500 | 9.89 | 900 | 11.20 | 1 200 | 12.02 |
| 200 | 8.46 | 600 | 10.19 | 961.93 | 11.40 | 1 300 | 12.12 |
| 300 | 9.14 | 630.74 | 10.30 | 1 000 | 11.53 | 1 400 | 12.12 |
| 400 | 9.57 | 700 | 10.54 | 1 084.88 | 11.79 | 1 500 | 12.03 |
| 419.58 | 9.64 | 800 | 10.87 | 1 100 | 11.83 | 1 600 | 11.85 |

2.镍铬—镍硅(镍铬—镍铝亦可用)

| 温度/℃ | μV/℃ | μV/℃ | μV/℃ |
|---|---|---|---|
| | 镍铬—镍硅 | 镍铬—铂 | 镍硅—铂 |
| 0 | 39.48 | 25.84 | 13.64 |
| 100 | 41.37 | 30.12 | 11.25 |
| 200 | 39.95 | 32.76 | 7.19 |
| 300 | 41.46 | 34.12 | 7.34 |
| 400 | 42.22 | 34.55 | 7.64 |
| 500 | 42.61 | 34.33 | 8.28 |
| 600 | 42.53 | 33.73 | 8.00 |
| 700 | 41.93 | 32.96 | 8.97 |
| 800 | 41.00 | 32.16 | 8.84 |
| 900 | 39.96 | 31.43 | 8.53 |
| 1 000 | 38.93 | 30.75 | 8.18 |
| 1 100 | 37.84 | 30.06 | 7.78 |
| 1 200 | 36.50 | 29.18 | 7.32 |
| 1 300 | 34.88 | 27.81 | 7.07 |

3.铜—康铜

| 温度/℃ | μV/℃ | μV/℃ | μV/℃ |
|---|---|---|---|
| | 铜—康铜 | 铜—铂 | 铂—康铜 |
| −270 | 1.016 | 0.316 | 0.700 |
| −195.802 | 16.328 | −4.255 | 20.583 |
| −100 | 28.394 | 1.211 | 27.183 |
| −78.476 | 30.828 | 2.347 | 28.481 |
| 0 | 38.741 | 5.881 | 32.860 |
| 100 | 46.773 | 9.378 | 37.395 |
| 200 | 53.146 | 11.885 | 41.261 |
| 300 | 58.086 | 14.302 | 43.785 |
| 400 | 61.793 | 16.297 | 45.495 |

## 附录 28　各种物质的折射率(对 $\lambda_D = 589.3$ nm)

a.一些气体的折射率

| 物质名称 | 折射率 |
| --- | --- |
| 空气 | 1.000 292 6 |
| 氢气 | 1.000 132 |
| 氮气 | 1.000 296 |
| 氧气 | 1.000 271 |
| 水蒸气 | 1.000 254 |
| 二氧化碳 | 1.000 488 |
| 甲烷 | 1.000 444 |

(气体在正常温度和气压下)

b.一些液体的折射率

| 物质名称 | 温度/℃ | 折射率 |
| --- | --- | --- |
| 水 | 20 | 1.333 0 |
| 乙醇 | 20 | 1.361 4 |
| 甲醇 | 20 | 1.328 8 |
| 苯 | 20 | 1.501 1 |
| 乙醚 | 22 | 1.351 0 |
| 丙酮 | 20 | 1.359 1 |
| 二硫化碳 | 18 | 1.625 5 |
| 三氯甲烷 | 20 | 1.446 |
| 甘油 | 20 | 1.474 |
| 加拿大树胶 | 20 | 1.530 |

c.一些晶体及光学玻璃折射率

| 物质名称 | 折射率 |
| --- | --- |
| 熔凝石英 | 1.458 43 |
| 氯化钠(NaCl) | 1.544 27 |
| 氯化钾(KCl) | 1.490 44 |
| 萤石($CaF_2$) | 1.433 81 |
| 冕牌玻璃 K6 | 1.511 10 |
| 冕牌玻璃 K8 | 1.515 90 |
| 重冕玻璃 ZK6 | 1.612 60 |
| 重冕玻璃 ZK8 | 1.614 00 |
| 钡冕玻璃 BaK2 | 1.539 90 |
| 火石玻璃 F8 | 1.605 51 |
| 重火石玻璃 ZF1 | 1.647 50 |
| 重火石玻璃 ZF6 | 1.755 00 |
| 钡火石玻璃 BaF8 | 1.625 90 |

d.一些单轴晶体的 $n_o$ 和 $n_e$

| 物质名称 | $n_o$ | $n_e$ |
| --- | --- | --- |
| 方解石 | 1.658 4 | 1.486 4 |
| 晶态石英 | 1.544 2 | 1.553 3 |
| 电石 | 1.669 | 1.638 |
| 硝酸钠 | 1.587 4 | 1.336 1 |
| 锆石 | 1.923 | 1.968 |

e.一些双轴晶体的光学常数

| 物质名称 | $n_\alpha$ | $n_\beta$ | $n_\gamma$ |
| --- | --- | --- | --- |
| 云母 | 1.560 1 | 1.593 6 | 1.597 7 |
| 蔗糖 | 1.539 7 | 1.566 7 | 1.571 6 |
| 酒石酸 | 1.495 3 | 1.535 3 | 1.604 6 |
| 硝酸钾 | 1.334 6 | 1.505 6 | 1.506 1 |

**附录** 29　　**一些常用谱线波长**　　单位：$\times 10^{-1}$ nm

| 元素 | λ | 元素 | λ | 元素 | λ |
|---|---|---|---|---|---|
| 氢(H) | 6 562.8$H_\alpha$ | 氦(He) | 4 387.0 | 氖(Ne) | 6 334.4 |
| | 4 861.3$H_\beta$ | | 4 143.8 | | 6 304.8 |
| | 4 340.5$H_\gamma$ | | 4 120.8 | | 6 266.5 |
| | 4 101.7$H_\delta$ | | 4 026.2 | | 6 217.3 |
| | 3 970.1$H_\varepsilon$ | | 3 964.7 | | 6 163.6 |
| | 3 889.0$H_\zeta$ | | 3 888.6 | | 6 143.1 |
| 氦(He) | 7 065.2 | 氖(Ne) | 6 929.5 | | 6 092.6 |
| | 6 678.1 | | 6 717.0 | | 6 074.3 |
| | 5 875.6 | | 6 678.3 | | 6 030.0 |
| | 5 047.7 | | 6 599.0 | | 5 975.5 |
| | 5 015.7 | | 6 532.9 | | 5 944.8 |
| | 4 921.9 | | 6 506.5 | | 5 881.9 |
| | 4 713.1 | | 6 402.2 | | 5 852.5 |
| | 4 471.5 | | 6 383.0 | | 5 820.2 |
| 氖(Ne) | 5 764.4 | 钠(Na) | 5 895.92 | 钙(Ca) | 3 968.5 |
| | 5 400.6 | | 5 889.95 | | 3 933.7 |
| | 5 341.1 | 钾(K) | 7 699.0 | 钡(Ba) | 5 535.5 |
| | 5 330.8 | | 7 664.9 | | 4 934.1 |
| 锂(Li) | 6 707.9 | | 4 047.2 | | 4 554.0 |
| | 6 103.6 | | 4 044.1 | | |
| | 4 602.9 | | | | |

**附录** 30　　**可见光区定标用的已知波长**

汞(Hg)发射光谱　　单位：$\times 10^{-1}$ nm

| 波长 | 颜色 | 相对强度 | 波长 | 颜色 | 相对强度 |
|---|---|---|---|---|---|
| 6 907.2 | 深红 | 弱 | 5 460.7 | 绿 | 很强 |
| 6 716.2 | 深红 | 弱 | 5 354.0 | 绿 | 弱 |
| 6 234.4 | 红 | 中 | 4 960.3 | 蓝绿 | 中 |
| 6 123.3 | 红 | 弱 | 4 916.0 | 蓝绿 | 中 |
| 5 890.2 | 黄 | 弱 | 4 353.4 | 蓝紫 | 很强 |
| 5 859.4 | 黄 | 弱 | 4 347.5 | 蓝紫 | 中 |
| 5 790.7 | 黄 | 强 | 4 339.2 | 蓝紫 | 弱 |
| 5 789.7 | 黄 | 强 | 4 103.1 | 紫 | 弱 |
| 5 769.6 | 黄 | 强 | 4 077.8 | 紫 | 中 |
| 5 675.9 | 黄绿 | 弱 | 4 046.6 | 紫 | 强 |

镉(Cd)发射光谱

单位:$\times 10^{-1}$ nm

| 波长 | 颜色 | 相对强度 | 波长 | 颜色 | 相对强度 |
|---|---|---|---|---|---|
| 6 438.5 | 红 | 很强 | 4 799.9 | 蓝 | 强 |
| 6 325.2 | 红 | 弱 | 4 678.2 | 蓝 | 强 |
| 6 099.2 | 橙 | 强 | 4 662.3 | 蓝 | 弱 |
| 5 085.8 | 绿 | 强 | 4 414.6 | 蓝 | 弱 |

**附录 31**　　**紫外光区定标用的已知波长**

汞(Hg)发射光谱

单位:$\times 10^{-1}$ nm

| 波长 | 相对强度 | 波长 | 相对强度 |
|---|---|---|---|
| 3 906.4 | 弱 | 2 893.6 | 弱 |
| 3 704.2 | 弱 | 2 804.0 | 弱 |
| 3 663.3 | 很强 | 2 759.7 | 弱 |
| 3 650.1 | 很强 | 2 752.8 | 强 |
| 3 341.5 | 强 | 2 699.0 | 弱 |
| 3 131.6 | 强 | 2 653.0 | 强 |
| 3 125.7 | 强 | 2 536.5 | 很强 |
| 3 022.5 | 强 | 2 482.0 | 弱 |
| 2 967.3 | 强 | 2 399.4 | 弱 |
| 2 925.4 | 弱 | 2 378.3 | 弱 |

镉(Cd)发射光谱

单位:$\times 10^{-1}$ nm

| 波长 | 相对强度 | 波长 | 相对强度 |
|---|---|---|---|
| 3 610.5 | 很强 | 2 868.3 | 弱 |
| 3 466.2 | 很强 | 2 836.9 | 强 |
| 3 403.7 | 强 | 2 775.0 | 弱 |
| 3 261.1 | 强 | 2 763.9 | 弱 |
| 3 252.5 | 强 | 2 748.6 | 弱 |
| 3 133.2 | 强 | 2 288.0 | 很强 |
| 3 080.8 | 强 | 2 265.0 | 弱 |
| 2 980.6 | 很强 | 2 144.4 | 弱 |
| 2 880.8 | 强 | | |

**附录** 32 **近红外区定标用的已知波长**

汞(Hg)发射光谱 单位:nm

| 波长 | 相对强度 | 波长 | 相对强度 |
| --- | --- | --- | --- |
| 773 | 弱 | 1 530 | 强 |
| 925 | 弱 | 1 692 | 强 |
| 1 014 | 强 | 1 707 | 强 |
| 1 129 | 强 | 1 833 | 弱 |
| 1 357 | 强 | 1 970 | 弱 |
| 1 367 | 强 | 2 250 | 弱 |
| 1 395 | 弱 | 2 325 | 弱 |

铯(Cs)发射光谱 单位:nm

| 波长 | 相对强度 | 波长 | 相对强度 |
| --- | --- | --- | --- |
| 852.11 | 很强 | 894.35 | 很强 |

钕镨玻璃吸收光谱 单位:nm

| 波长 | 相对强度 | 波长 | 相对强度 |
| --- | --- | --- | --- |
| 808 | 强 | 1 220 | 弱 |
| 880 | 强 | 1 517 | 强 |
| 1 067 | 弱 | 1 918 | 强 |

苯($C_6H_7$)发射光谱 单位:nm

| 波长 | 相对强度 | 波长 | 相对强度 |
| --- | --- | --- | --- |
| 1 140 | 强 | 2 150 | 强 |
| 1 671 | 强 | 2 464 | 强 |

**附录 33　几种常用激光器的主要谱线波长**　单位：$\times 10^{-1}$ nm

| 氦氖激光 | 氦镉激光 | 氩离子激光 | 二氧化碳激光 | 红宝石激光 | 钕激光器 |
|---|---|---|---|---|---|
| 6 328 | 4 416 | 5 287.0 | $10.6\times 10^{4}$ | 6 943 | $1.35\times 10^{4}$ |
| | 3 250 | 5 145.3* | | 6 934* | $1.336\times 10^{4}$ |
| | | 5 017.2 | | 5 100 | $1.317\times 10^{4}$ |
| | | 4 965.1 | | 3 600 | $1.06\times 10^{4}$* |
| | | 4 879.9* | | | $0.914\times 10^{4}$ |
| | | 4 764.9 | | | |
| | | 4 726.9 | | | |
| | | 4 657.9 | | | |
| | | 4 579.4 | | | |
| | | 4 545.0 | | | |
| | | 4 370.7 | | | |

* 表示最强的谱线

**附录 34　光在有机物中偏振面的旋转**

| 旋光物质<br>溶剂，浓度 | 波长<br>/($\times 10^{-1}$ nm) | ($\rho$) | 旋光物质<br>溶剂，浓度 | 波长<br>/($\times 10^{-1}$ nm) | ($\rho$) |
|---|---|---|---|---|---|
| 葡萄糖＋水 | 4 470 | 96.62 | 酒石酸＋水 | 3 500 | −16.8 |
| $c=5.5$ | 4 790 | 83.88 | $c=28.62$ | 4 000 | −6.0 |
| ($t=20$ ℃) | 5 080 | 73.61 | ($t=18$ ℃) | 4 500 | +6.6 |
| | 5 350 | 65.35 | | 5 000 | +7.5 |
| | 5 890 | 52.76 | | 5 500 | +8.4 |
| | 6 560 | 41.89 | | 5 890 | +9.82 |
| 蔗糖＋水 | 4 047 | 152.8 | 樟脑＋乙醇 | 3 500 | 378.3 |
| $c=26$ | 4 358 | 128.8 | $c=34.70$ | 4 000 | 158.6 |
| ($t=20$ ℃) | 4 800 | 103.05 | ($t=19$ ℃) | 4 500 | 109.8 |
| | 5 209 | 86.80 | | 5 000 | 81.7 |
| | 5 893 | 66.52 | | 5 500 | 62.0 |
| | 6 708 | 50.45 | | 5 890 | 52.4 |

[注]表中给出旋光率：$[\rho]\zeta=\frac{\phi\times 100}{lc}$式中 $\phi$ 表示温度 $t$ ℃时所给溶液中振动面的旋转角；$l$ 表示透过旋光溶液厚度，以 dm 为单位；而 $c$ 为溶液的浓度，即 100 $cm^3$ 溶液中旋光性物质的克数。

**附录** 35　　**亮度单位换算**

| 换算系数＼单位 | 单位 | | | | |
|---|---|---|---|---|---|
| | 坎德拉/米$^2$（尼堤） | 坎德拉/厘米$^2$（熙提） | 坎德拉/英尺$^2$ | 坎德拉/英寸$^2$ | 英尺一朗伯 |
| 坎德拉/米$^2$ | 1 | 1 000 | 10.765 | 1 550 | 3.426 |
| 坎德拉/厘米$^2$ | 0.001 | 1 | 0.001 076 | 0.155 | 0.000 342 6 |
| 坎德拉/英尺$^2$ | 0.092 9 | 929 | 1 | 144 | 0.318 3 |
| 坎德拉/英寸$^2$ | 0.000 645 | 6.452 | 0.006 94 | 1 | 0.002 211 |
| 英尺一朗伯 | 0.291 9 | 2 919 | 31 416 | 452.4 | 1 |

**附录** 36　　**照度单位换算**

| 换算系数＼单位 | 单位 | | | |
|---|---|---|---|---|
| | 英尺坎德拉 | 勒克斯(流明/米$^2$) | 辐透 | 毫辐透 |
| 英尺坎德拉 | 1 | 0.072 9 | 929 | 0.929 |
| 流明/米$^2$ | 10.764 | 1 | 10 000 | 10 |
| 辐透 | 0.001 08 | 0.000 1 | 1 | 0.001 |
| 毫辐透 | 1.076 | 0.1 | 1 000 | 1 |

**附录** 37　　**几种纯金属的“红限”波长及脱出动力(功函数)**

| 金属 | $\lambda_0$/($10^{-1}$ nm) | W(电子伏特) | 金属 | $\lambda_0$/($10^{-1}$ nm) | W(电子伏特) |
|---|---|---|---|---|---|
| 钾(K) | 5 500 | 2.2 | 汞(Hg) | 2 735 | 4.5 |
| 钠(Ca) | 5 400 | 2.4 | 金(Au) | 2 650 | 5.1 |
| 锂(Li) | 5 000 | 2.4 | 铁(Fe) | 2 620 | 4.5 |
| 铯(Cs) | 4 600 | 1.8 | 银(Ag) | 2 610 | 4.0 |

# 参考文献

1.丁永文,刘成森. 大学物理实验[M]. 沈阳:辽宁民族出版社,2005.

2.杨述武,孙迎春,沈国土,等. 普通物理实验(1)力学、热学部分[M]第五版. 北京:高等教育出版社,2015.

3.杨述武,孙迎春,沈国土,等. 普通物理实验(2)电磁学部分[M]第五版. 北京:高等教育出版社,2015.

4.杨述武,孙迎春,沈国土,等. 普通物理实验(3)光学部分[M]第五版. 北京:高等教育出版社,2016.

5.杨述武,孙迎春,沈国土,等. 普通物理实验(4)综合设计部分[M]第五版. 北京:高等教育出版社,2016.

6.李海洋. 大学物理实验[M]. 北京:高等教育出版社,2014.

7.梁华翰,朱良铱,张立. 大学物理实验[M]修订版.上海:上海交通大学出版社,2001.

8.王云才. 大学物理实验教程[M]. 北京:科学出版社,2016.

9.刘扭参. 大学物理实验[M]. 北京:机械工业出版社,2017.

10.何光宏,汪涛,韩忠. 大学物理实验[M]. 北京:科学出版社,2017.

11.彭魁. 大学物理实验[M]. 北京:科学出版社,2016.

12.吕斯骅,段家忯,张朝晖. 新编基础物理实验[M]. 北京:高等教育出版社,2013.

13.王宙斐. 大学物理实验[M]. 北京:中国农业大学出版社,2009.

14.王红理,俞晓红,肖国宏. 大学物理实验[M]. 西安:西安交通大学出版社,2014.

15.姚列明. 结构化大学物理实验[M]. 北京:高等教育出版社,2012.

16.方路线. 大学物理实验教程[M]. 上海:同济大学出版社,2016.

17.张晓宏,阎占元. 大学物理实验[M]. 北京:科学出版社,2014.

18.吴平. 大学物理实验教程[M]. 北京:机械工业出版社,2015.

19.郭松青,李文清. 普通物理实验教程[M] 北京:高等教育出版社,2015.

20.丁永文,王玉新,霍伟刚.大学物理实验[M]. 大连:辽宁师范大学出版社,2017.

21.罗晓琴,罗浩.新编大学物理实验[M]. 北京:科学出版社,2019.